Arnim von Gleich | Stefan Gößling-Reisemann (Hrsg.)

Industrial Ecology

Erfolgreiche Wege zu nachhaltigen industriellen Systemen

STUDIUM

VIEWEG+
TEUBNER

Bibliografische Information Der Deutschen Nationalbibliothek
Die Deutsche Nationalbibliothek verzeichnet diese Publikation in der Deutschen Nationalbibliografie; detaillierte bibliografische Daten sind im Internet über <http://dnb.d-nb.de> abrufbar.

Dr. Arnim von Gleich, geb. 1949, ist Professor für das Lehrgebiet Technikgestaltung und Technologieentwicklung am Fachbereich Produktionstechnik der Universität Bremen. Seine Forschungsschwerpunkte liegen in den Bereichen „Risiko und Vorsorge" in der Technikgestaltung (v.a. chemische, biologische und Nanotechnologien) sowie im Bereich der „leitbildorientierten Technikgestaltung" (Nachhaltige Chemie, Bionik, Industrial Ecology). Er ist Mitglied des Ausschusses für Gefahrstoffe beim Bundesministerium für Arbeit und Soziales und Mitglied in der Nanokommission beim Bundesministerium für Umwelt, Naturschutz und Reaktorsicherheit.

Dr. Stefan Gößling-Reisemann studierte in Düsseldorf, Seattle und Hamburg Physik. Seine Promotion erhielt er an der Universität Hamburg. Er ist derzeit wissenschaftlicher Assistent an der Universität Bremen im Fachgebiet Technikgestaltung und Technologieentwicklung. Seine Forschungsinteressen gelten der Industrial Ecology im Allgemeinen und liegen im Speziellen auf dem Gebiet von Thermodynamik und Ressourcenverbrauch, Ökobilanzen, dynamischer Modellierung von Stoffströmen und der Bewertung von Recycling.

1. Auflage 2008

Lektorat: Harald Wollstadt

Der Vieweg+Teubner Verlag ist ein Unternehmen von Springer Science+Business Media.
www.viewegteubner.de

Umschlaggestaltung: KünkelLopka Medienentwicklung, Heidelberg
Druck und buchbinderische Verarbeitung: Strauss Offsetdruck, Mörlenbach
Gedruckt auf säurefreiem und chlorfrei gebleichtem Papier.
Printed in Germany

ISBN 978-3-8351-0185-2

Danksagung

Dieses Buch basiert auf einer Ringvorlesung zum Thema Industrial Ecology an der Universität Bremen. Für das Zustandekommen der Vorlesung und dieses Buches sind wir vielen Beteiligten zu besonderem Dank verpflichtet. Unser Dank gilt zunächst unserem Team: Daniela Fricke, Ralf Isenmann, Maike Kastrup, Birgitt Lutz-Kunisch, Sebastian Rosskamp, Ole Schirrmeister, Marlies Timmermann und Tino Tuchel.

Darüber hinaus gilt unser ausdrücklicher Dank unseren Unterstützern und Sponsoren, ohne die weder die Vorlesungsreihe noch dieses Buch zustande gekommen wären: Universität Bremen, Bremer Energie-Konsens, Heinrich-Böll-Stiftung Bremen, Flexiti GmbH, Senator für Bau, Umwelt und Verkehr Bremen, artec Forschungszentrum Nachhaltigkeit, Hochschule Bremen, Hochschule Bremerhaven, VDI Landesverband Bremen, Wittheit zu Bremen und die International Society for Industrial Ecology.

Für die professionelle und sehr gelungene Übersetzung der englischen Beiträge bedanken wir uns ganz herzlich bei Cornelia Perthes. Für die wertvolle technische und redaktionelle Hilfe bedanken wir uns bei Sönke Stührmann.

Arnim von Gleich und Stefan Gößling-Reisemann

Inhaltsverzeichnis

1 Industrial Ecology – Einleitung

Stefan Gößling-Reisemann, Arnim von Gleich

Die Forschungsrichtung *Industrial Ecology (IE)* vereint in ihrem Namen zwei scheinbare Gegensätze: Industrie und Ökologie. Wenn jedoch die zukünftigen gesellschaftlichen Entwicklungen ohne dramatische Zusammenbrüche in Ökonomie, Gesellschaft und Umwelt verlaufen sollen, muss aus diesem Gegensatz ein Miteinander werden. Mit diesem Ziel ist die Industrial Ecology angetreten, und zwar mit einem Ansatz, der so elegant wie naheliegend ist: wenn schon Industrie und Ökosysteme im Einklang leben sollen, warum dann nicht gleich von den über Jahrmillionen entwickelten Strategien und Strukturen der Ökosysteme lernen? Wenn dies gelänge, so die damit verbundene Hoffnung, wären gleich mehrere Ziele gleichzeitig zu erreichen: die Ressourcenbasis wäre auf erneuerbare Quellen umgestellt, die Emissionen in die Umwelt könnten von den natürlichen Systemen verarbeitet werden und die Entwicklung der Menschheit wäre auf Dauer gesichert. Wie die IE dies umsetzen will, welche Ansätze bereits Früchte tragen, wo deren Grenzen liegen und wo in Zukunft geforscht werden soll, ist Thema dieses Buches. Um jedoch einen Anfang zu machen, soll zunächst erläutert werden, aus welcher Problemlage heraus die IE entwickelt wurde, worauf ihr spezifischer Ansatz beruht, was das Neue an ihr ist und welchen Beitrag sie zu einer nachhaltigen Entwicklung leisten kann.

1.1 Von den hohen Schornsteinen bis zur Industrial Ecology

Der Umweltschutz bezieht sich nicht nur auf den Schutz der Natur, sondern immer auch auf den Schutz der menschlichen Gesellschaften, denn diese leben schließlich mit und von der Natur. Allein schon dieser Zusammenhang ermöglicht eine tragfähige und weitestgehend konsensfähige Argumentation für den Schutz von Umwelt und Ressourcen und das Ergreifen entsprechender Maßnahmen. Dies war schon zu Beginn der Industrialisierung so, als beispielsweise im 19. Jahrhundert die Emissionen der Erzverhüttung zu massiven Beeinträchtigungen in Gartenanbau und Landwirtschaft der umgebenden Regionen führte (Andersen 2006). Die Schutzmaßnahmen bezogen sich nicht auf den Schutz der Natur an sich, sondern auf die Interessen der umliegenden Landwirte und Gartenbesitzer. Da die Schäden lokal begrenzt waren, und zudem auch zeitlich eng mit dem Auftreten der Emissionen korrelierten (d.h. es gab keine zeitlich versetzten Wirkungen und die Schäden waren weitgehend reversibel), lag die Lösung auf der Hand: man musste einfach die Schonsteine erhöhen, um die Abgase entsprechend zu verteilen und zu verdünnen. Bei diesen Maßnahmen war aber auch klar, dass man damit das Problem nicht wirklich aus der Welt geräumt hatte, sondern lediglich verschoben. Trotzdem erfreute sich die „Politik der hohen Schornsteine“ noch lange einer ungebrochenen Beliebtheit. Man konnte sich lange Zeit gar nicht vorstellen, dass die Emissionen eine Größenordnung erreichen können, mit der sie selbst die Assimilationskapazitäten der Atmosphäre oder der Weltmeere übersteigen.

In den 1960er und 70er Jahren entwickelte sich die Umweltdebatte in einer neuen Qualität. Nicht nur rüttelte der Bericht über „Grenzen des Wachstums“ an den Club of Rome (Meadows et al. 1972) am Glauben an die Unerschöpflichkeit natürlicher Ressourcen, sondern es wurden auch vermehrt Umweltprobleme sichtbar, die eine neue Größenordnung erreichten. Stinkende Müllhalden, Schaumkronen auf Flüssen, eutrophierte und umkippende Binnengewässer, der massive Einsatz von Pestiziden, mit Industriechemikalien belastete Nahrungsmittel, ölverseuchte Strände und später auch das Waldsterben waren zwar immer noch lokal begrenzte Phänomene, ihre Reichweite war aber schon deutlich größer, und sie betrafen mehr als nur eine begrenzte Bevölkerungsgruppe. Die Antwort auf diese Probleme hatte insofern eine gewisse Ähnlichkeit mit den hohen Schornsteinen, als man an die Emissionsquellen, also an die Abwasser- und Abgasausleitungen „einfach" Abgasfilter und Kläranlagen anhängte. Die Produktionsprozesse und die Produkte selbst blieben weitgehend unverändert. Dementsprechend nannte man dieses Vorgehen den additiven Umweltschutz oder „End-of-the-Pipe" Ansatz.

Bald erkannte man, dass dem effektiven Schutz der Umwelt (und der Menschheit) mit Filtern nicht wirklich beizukommen war. Es gab einfach zu viele Emissionsquellen und zu viele Schadstoffe, die man so nicht bewältigen konnte. Die Schadstoffe wurden zwar nicht mehr weiträumig verteilt, sie wurden aber auch nicht vermieden, sondern lagen konzentriert in den Filterstäuben und im Klärschlamm vor. In den 1980er Jahren ging man deshalb immer mehr von der Filterung von Schadstoffen zur Vermeidung von Schadstoffen über, vom additiven zum produkt- und prozessintegrierten Umweltschutz (PIUS, s. Wiesner 1990 bzw. im Englischen *Cleaner Production*, s. Jackson 1993). Durch Veränderung der Produktionsprozesse und Produkte wurde der Hebel zur Beeinflussung von Emissionen und zum Ersatz von Schadstoffen deutlich größer. Auch die Kosten auf der Inputseite für Materialien, Wasser usw. sowie die Kosten auf der Outputseite für die Einhaltung von Emissionsgrenzwerten konnten so gesenkt werden.

In den 1980er und 90er Jahren begann sich die Qualität der akuten Umweltprobleme abermals zu ändern. Erstmalig mit dem Auftreten des sogenannten Ozonlochs über der Arktis zu Beginn der 1980er Jahre, später dann mit den ersten Anzeichen eines möglichen Klimawandels wurde zunehmend deutlich, dass diese Probleme von einer anderen Art waren, sie kamen schleichend und lange Zeit unsichtbar daher und sie waren nicht so ohne weiteres reversibel. Das heißt, wenn sie erkannt wurden, war es für erfolgreiche Gegenmaßnahmen tendenziell schon zu spät[1]. Bei der stratosphärischen Ozonzerstörung kam die Weltgesellschaft zum Glück vergleichsweise rasch zu einer angemessenen Reaktion, indem die meisten Nationen dem Montrealer Abkommen beitraten, welches den Ausstieg aus den FCKW zum Ziel hat und auf dem Weg dahin die Emission von Ozon abbauenden Substanzen stark reglementiert. Beim Klimawandel, der erst in jüngerer Zeit wirklich in die öffentliche Diskussion gekommen ist, ist man von entsprechend radikalen Reaktionen noch weit entfernt (siehe den Artikel von Feichter in diesem Band). Dass es solch deutliche Unterschiede in der Effektivität der Reaktion auf diese globalen Problemen gibt, kommt nicht von ungefähr. Entscheidende Unterschiede liegen z. B. darin, dass bei den FCKW eine relativ einfach zu substituierende Industriechemikalie mit einigermaßen überschaubarem Einsatzspektrum und weltweit nur einer Handvoll Herstellern betroffen war. Die Nutzung fossiler Energieträger als Hauptquelle des Klimawandels betrifft hingegen unzählige Akteure und einen der Motoren der ökonomischen Entwicklung schlechthin. Sie muss im Vergleich zu den FCKW auf den ersten Blick als uner-

[1] Ozonabbauende Substanzen (FCKWs) zum Beispiel verweilen bis zu 300 Jahre in der Atmosphäre und verteilen sich dabei weltweit.

setzbar[2] erscheinen. Der letztere Punkt betrifft dabei nicht nur die industrialisierten Länder, sondern besonders hart gerade auch die Entwicklungs- und Schwellenländer. Eine strenge Reglementierung des Ausstoßes von Klimagasen würde ihre Möglichkeiten zum Anschluss an die Industrienationen massiv gefährden.

Mit dem Problem des Klimawandels und auch mit einer neuerlichen Debatte über die langfristige Verfügbarkeit nicht erneuerbarer Ressourcen gelangte damit noch eine weitere Dimension in den Blick, die es so vorher nicht gegeben hatte: die unentwirrbare Verknüpfung von Umweltschäden, ökonomischer Entwicklung und der Frage nach Gerechtigkeit und zwar einer Gerechtigkeit nicht nur innerhalb der heute lebenden, sondern insbesondere auch zwischen den heute lebenden und den zukünftigen Generationen (vgl. den Artikel von Sachs in diesem Band). Eine angemessene Antwort auf diese Problematik steht auch heute noch aus, immerhin hat die Erkenntnis über die Multidimensionalität der Problematik zu einem neuen Lösungsansatz geführt, zum Leitbild einer nachhaltigen Entwicklung.

Die wohl bekannteste Definition für nachhaltige Entwicklung lieferte die von der damaligen norwegischen Ministerpräsidentin Brundtland geleitete UN Kommission zu Umwelt und Entwicklung (Brundtland 1987). Danach bedeutet Nachhaltigkeit, dass man heute seine Lebensbedürfnisse so befriedigen soll, dass damit die Möglichkeiten nachfolgender Generationen zur Befriedigung ihrer Bedürfnisse nicht untergraben werden. Diese Definition ist immer wieder wegen ihrer Vagheit kritisiert worden, z. T. sicher zu Recht. Dennoch bietet sie eine angemessene und konsensfähige Grundlage, um daraus besser operationalisierbare Forderungen an eine nachhaltige Entwicklung abzuleiten, wie dies zum Beispiel durch die Enquête Kommission des deutschen Bundestages geschehen ist (Enquête-Kommission 1994). Um die Idee der nachhaltigen Entwicklung mit Leben zu füllen und verbindlich zu machen, beschlossen auf der UN-Konferenz zu Umwelt und Entwicklung 1992 (dem sogenannten Weltgipfel) in Rio de Janeiro die Delegierten fast aller Nationen neben der Klimarahmenkonvention und der Konvention zum Schutz der biologischen Vielfalt auch einen Aufgabenplan für das 21. Jahrhundert, die sogenannte Agenda 21 (siehe Conference on Environment and Development 1993). Die Umsetzung des damit angestoßenen Prozesses ist noch lange nicht abgeschlossen, was nicht zuletzt bei der Nachfolgekonferenz in Johannesburg in 2002 deutlich wurde.

Man kann unschwer erkennen, wie die Reichweite und Komplexität der Umweltprobleme im Laufe der Zeit zugenommen hat: von räumlich und zeitlich lokal begrenzten und mehr oder minder reversiblen Problemen, die mit vergleichsweise einfachen Maßnahmen (scheinbar) in den Griff zu bekommen waren, bis hin zu schleichend daherkommenden globalen und irreversiblen Problemen, die sich in allen drei Dimensionen der Nachhaltigkeit (Umwelt, Ökonomie, Gesellschaft) gleichzeitig auswirken und für die keine einfachen Lösungen mehr angegeben werden können. Nicht nur gibt es keine einfachen Lösungen und Ansätze für nachhaltige Entwicklung, es gibt auch noch keine integrierten Strategien, um Lösungen zu finden, die alle drei Dimensionen gleichermaßen gerecht werden. Am ehesten noch können Lösungen für die ökologische Dimension der Nachhaltigkeit mit Hilfe von grundlegenden Strategien beschrieben werden: Effizienz (mehr oder gleicher Wohlstand mit weniger Umweltverbrauch), Suffizienz (weniger Umweltverbrauch durch weniger Konsum) und Konsistenz (weniger Umweltschäden durch an die Umwelt angepasste Stoffströme und risikoarme Technologien). Insbesondere der Effizienz-Ansatz wurde dabei bisher von den technologisch ge-

---

[2] Jedenfalls auf kurze Sicht. Die Langfristperspektive muss natürlich mit anderen Energieträgern auskommen, nicht nur wegen den Klimawandels.

prägten Industriegesellschaften favorisiert. Die Steigerung der Ressourceneffizienz führte in Einzelfällen zu durchaus ansehnlichen Erfolgen (wie sie auch in diesem Buch vorgestellt werden). Allzu oft werden aber solche Erfolge, z. B. ein sinkender Benzinverbrauch pro hundert Kilometer bei Autos, durch den sogenannten rebound effect, also durch eine insgesamt erhöhte Anzahl von Autos und deren Fahrleistung, wieder zunichte gemacht. Auch muss auf eine mögliche Verlagerung von Problemen in andere Umweltbereiche oder Nachhaltigkeitsdimensionen geachtet werden.

Ungefähr mit den Anfängen der Diskussion um nachhaltige Entwicklung, begann auch der Ansatz der Industrial Ecology für mehr ökologische Nachhaltigkeit Gestalt anzunehmen. Den Anfang machte ein Aufsatz über Produktionsstrategien, in dem vorgeschlagen wurde, industrielle Systeme nach dem Vorbild von Ökosystemen zu gestalten (Frosch and Gallopoulos 1989). Schon kurze Zeit später fand sich eine kleine Gruppe von vornehmlich amerikanischen Wissenschaftlern zusammen, um die Idee der Industrial Ecology weiter zu präzisieren (Jelinski et al. 1992). Als ein Kernelement der IE, und als das Neue an der IE im Vergleich zu bisherigen Ansätzen, wurden dabei Ökosysteme als Vorbild für Industriesysteme identifiziert. Genauer gesagt, waren es die zyklischen Ökosysteme (als „Typ III" bezeichnet), in denen stoffliche Inputs und Outputs quasi zu vernachlässigen sind, und die lediglich auf Solarenergie als externem Zufluss angewiesen sind (s. Abbildung 1.1).

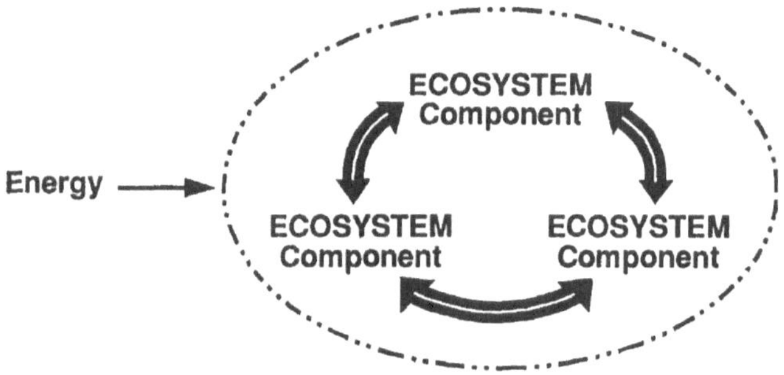

Abbildung 1.1 Zyklischer Materialfluss in Typ III Ökosystemen (Jelinski et al. 1992)

Auf Basis dieser Analogie favorisierte die IE nun industrielle Systeme mit einem stark eingeschränkten Materialzu- und abfluss, die in ihrem Inneren größtenteils zyklisch arbeiten (siehe Abbildung 1.2). Der Theorieentwicklung in der Ökosystemtheorie folgend, wurden Ökosysteme in der IE zunächst hauptsächlich mit Blick auf ihre Stoff- und Energieströme interpretiert. Dies ist insofern nachvollziehbar als Ökosysteme tatsächlich stark durch die Beziehungen entlang der Nahrungskette (bzw. der Nahrungsnetze) strukturiert sind und sich viele Systemeigenschaften durch diese erklären lassen. Entsprechend wählte die IE zunächst einen Forschungszugang, der stark von den Material- und Energieströmen ausging und daraus Gestaltungsoptionen für Industriesysteme ableitete. Ein zweiter Grund für diesen Zugang mag darin gelegen haben, dass die Wissenschaftler, die sich der IE verschrieben haben, größtenteils aus den Ingenieurs- und Naturwissenschaften stammten. Der Fokus auf die Material- und Energieströme brachte konsequenterweise auch einen Fokus auf Effizienz und Konsistenz als Nachhaltigkeitsstrategien mit sich. Dieser spezifische Zugang zu den Untersuchungsobjekten und den strategischen Ansätzen muss jedoch keine Einschränkung der Leistungsfähigkeit des IE Ansatzes darstellen.

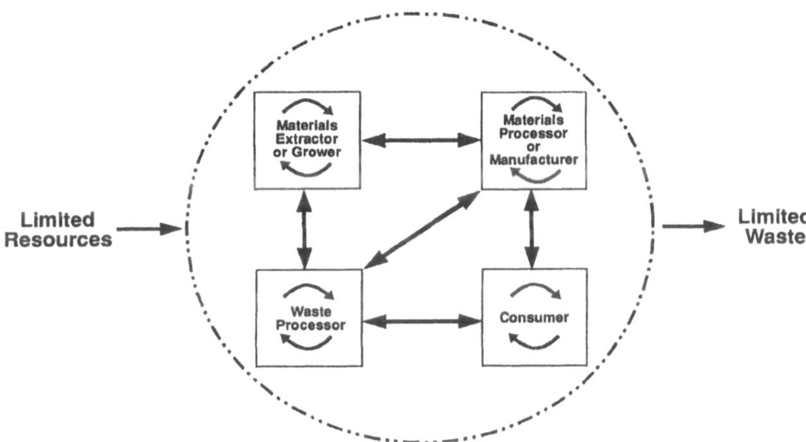

Abbildung 1.2 Modell eines Typ III Industriesystems (Jelinski et al. 1992)

Neben die Betrachtung von Input- und Outputströmen an den Systemgrenzen und von Kreisläufen innerhalb der Systeme traten bald auch Überlegungen zu möglichen Grenzen der Belastung von zunächst ökologischen und später auch industriellen Systemen, Fragen nach deren Tragekapazitäten und Resilienz. Wie oben angeklungen (und wie in den Artikeln von Jischa und Dörner in diesem Buch ausgeführt), gibt es eine Menge inhärenter Schwierigkeiten beim Umgang mit komplexen Systemen (und die Nachhaltigkeitsprobleme gehören fast ausnahmslos zu diesem Typ).

Während die Strategie der „hohen Schornsteine" als Lösungsansatz für Nachhaltigkeitsprobleme sicher zu Recht als extrem unterkomplex angesehen werden muss, gibt es aber auch am anderen Ende der Komplexitätsskala Lösungsansätze, die zur „Überkomplexität" neigen, also zu viele Faktoren gleichzeitig optimieren wollen.. Ansätzen für eine begründete Einschränkung, für eine angemessene Auswahl der zu betrachtenden und zu ‚managenden' Faktoren kommt insofern eine Schlüsselfunktion zu für die Entwicklung sowohl angemessener als auch praktikabler Lösungsstrategien. Ob bzw. inwiefern die bisher in der IE vorherrschende Einschränkung auf Stoff- und Energieströme beim Versuch von Ökosystemen zu lernen eine zu starke, oder eine genau richtige bzw. angemessene Vereinfachung darstellt, muss sich erst noch zeigen. Die in diesem Buch vorgestellten Beispiele machen jedoch Mut. Und es gibt auch theoretisch gute Argumente für die theoretische und praktische Fruchtbarkeit und Wirksamkeit dieses Ansatzes, zumindest mit Blick auf Annäherungen an die ökologische Dimension der nachhaltigen Entwicklung. Die meisten Ökosysteme haben schließlich einen Jahrmillionen langen evolutionären Optimierungsprozess durchlaufen, in dessen Verlauf sich für jeden nutzbaren Abfall einer Organismengruppe entsprechende ‚Verwerter' entwickeln konnten. Die Abfälle der einen wurden damit systematisch zu Rohstoffen einer anderen Organismengruppe. Diese Nutzungsketten (Nahrungsnetze und trophische Stufen) schließen sich in komplexen Kreisläufen und demonstrieren damit, wie sich wertvolle Rohstoffe optimal (d.h. mehrfach) nutzen lassen. Zudem basieren alle Prozesse von Ökosystemen auf den vor Ort vorfindbaren (zugänglichen) sowie auf nachwachsenden Ressourcen (bzw. das Ökosystem produziert viele dieser Ressourcen selbst), weshalb Rohstoffknappheiten (als limitierende Faktoren) vermindert bzw. zum Teil ausgeglichen werden. Bedenkt man dann noch, dass Ökosysteme ‚gelernt' haben, viele Parameter gleichzeitig zu optimieren, so sollten damit immerhin einige Argumente nachzuvollziehen sein für die Berechtigung der These, dass Ökosysteme sich als Vorbilder für industrielle Systeme eignen können.

1.2 Der Beitrag der IE innerhalb der Forschung zur Nachhaltigkeit: Reichweite und Grenzen

Der Beitrag der IE zu einer nachhaltigen Entwicklung liegt gemäß der bisherigen Argumentation vor allem im Bereich der ökologischen Dimension der Nachhaltigkeit, und in diesem Zusammenhang vor allem im Bereich der Effizienz- und Konsistenzstrategien[3] auf systemischer Ebene. Gerade dieser systemische Blick nimmt allerdings die Wechselwirkungen zwischen verschiedenen Systemelementen und Nachhaltigkeitsdimensionen sowie die Folge- und Nebenwirkungen von Nachhaltigkeitsstrategien explizit in den Blick. Mit ihrem systemischen Ansatz profiliert sich die IE in der Forschung zur Nachhaltigkeit und bietet eine neue Perspektive: den Blick in das Innere von Systemen. Bisherige Ansätze zum Umweltschutz konzentrierten sich auf Emissionen und Abfälle auf der einen und auf die Ressourcenverfügbarkeit auf der anderen Seite. Sie konzentrierten sich also auf die Grenzen bzw. die Schnittstellen zwischen Industriegesellschaft und Natur. Die Industriesysteme selbst, insbesondere der Umgang mit Stoffen und Energien in ihnen, blieb weitgehend eine ‚black box'. Mit Hilfe der detaillierten Systemanalyse der IE sollte es nun gelingen, die „black box" Industriesystem durchsichtiger zu machen, und die Stoff- und Energieaustauschprozesse in ihnen besser verstehen und optimieren zu lernen. Denn wenn die Umweltprobleme auch an den Schnittstellen auftauchen, die Lösungen liegen meist im Inneren der Industriesysteme: in ihrem Umgang mit Stoffen und Energien.

Ihrer Stoff- und Energiestrom-Fokussierung gemäß fällt es der IE nicht leicht, geeignete Ansätze zur Bewältigung von ökonomischen oder sozialen Nachhaltigkeitsproblemen gleichermaßen zu erarbeiten[4]. Wie schon angesprochen muss dies kein Nachteil sein, denn derart hoch integrierte Lösungsansätze können leicht in die Komplexitätsfalle geraten, in der dann gar keine angemessene Bewegung mehr als möglich erscheint. Dank ihrer systemischen Herangehensweise ist die IE vom Prinzip her gut gerüstet, um mit den schon allein innerhalb der Umwelt-Dimension reichlich auftretenden Verschränkungen adäquat umgehen zu können. Komplexität gehört ja gerade zu den konstitutiven Merkmalen von Ökosystemen. Allerdings

---

[3] Die Dimension des Konsums und mit ihr die Suffizienzstrategie sind allerdings zugegebenermaßen auch in anderen Forschungsansätzen nur schwach vertreten, was vermutlich seinen Hauptgrund darin hat, dass zumindest letztere dem vorherrschenden wirtschaftswissenschaftlichen Paradigma des ständigen Wachstums zu widersprechen scheint.

[4] Bezüglich ökonomischer Fragestellungen bietet die IE jedoch genügend „Andockstellen" für ihre Schwesterdisziplinen innerhalb der Ökonomischen Wissenschaften: die Ökologische und die Evolutorische Ökonomie (Ecological Economics). Vergleichbares gilt für soziale Fragestellungen und die sozialökologische Forschung.

steckt die IE, was einen adäquaten Umgang mit Komplexität angeht, noch in den Anfängen. Sie kann und sollte gerade diesbezüglich noch viel von der Ökosystemtheorie lernen (siehe Schlusskapitel dieses Buches).

An seine Grenze stößt der IE Ansatz selbstverständlich auch dort, wo ein Lernen von Ökosystemen – also die Übertragung von Gestaltungsprinzipien aus Ökosystemen auf Industriesysteme - entweder nicht möglich oder nicht sinnvoll ist. Die Grenzen solcher Übertragungsmöglichkeiten befinden sich zum einen auf der Seite des Vorbildes, das immer nur begrenzt verstanden werden kann. Sie befindet sich aber auch auf der Seite der Industriesysteme, bei denen nicht von vornherein die Frage immer schon entschieden ist, ob in diesem speziellen Fall eine Orientierung am ökosystemaren Vorbild wirklich angemessen bzw. sinnvoll ist. Und Grenzen des Ansatzes befinden sich schließlich im Prozess der Übertragung und in der Frage der Übertragbarkeit selbst. Letztere zeigen sich oft schon in der Frage nach einer angemessenen Größenordnung (Skala). Der Versuch, großräumige und komplexe Ökosysteme mit vielen Komponenten und verschiedenartigen Formen von Wechselwirkungen als kleinräumige, einfache industrielle Systeme mit wenigen Komponenten und Wechselbeziehungen nachzubilden, kann (muss sogar evtl.) scheitern. Kleinere Industrieparks mit geringer „Diversität" oder gar einzelne Betriebe nach dem Prinzip von zyklischen Ökosystemen aufzubauen mag so gesehen nur bedingt erfolgversprechend sein. Der Gestaltungsansatz muss dann mindestens modifiziert werden, um die Übertragbarkeit begründen zu können und der kleineren Skala gerecht zu werden. Dies könnte zum Beispiel geschehen, indem man die kleinere Einheit in einen größeren Zusammenhang, in ein umfassenderes System eingebettet denkt, für das dann wieder die Übertragbarkeit gegeben sein kann. Umgekehrt können auch zu groß und zu komplex gewählte Systeme die Probleme der Übertragbarkeit und der Gestaltbarkeit verschärfen. Das kann schon damit anfangen, dass Zuordnungen von bestimmten Stoff- und Energieströmen zu den jeweiligen Verursachern bzw. gestaltenden Parametern nicht angemessen zu erfassen sind. So ist z. B. eine Stoff- und Energiebilanz von ganz Europa eventuell weder sinnvoll zu interpretieren noch angemessen in Gestaltungsprinzipien zu übersetzen, weil die regionalen Unterschiede zu groß sind, um sinnvolle Wirkungsbeziehungen auszumachen. Staaten oder Regionen bzw. hinreichend homogen strukturierte Wirtschaftsräume dürften dafür geeigneter sein.

1.3 Der Aufbau dieses Buches

Das Buch ist in vier Abschnitte gegliedert, welche folgende Themen behandeln: natürliche Tragekapazitäten, partielle industrielle Lösungen für Nachhaltigkeitsprobleme, Pfadwechsel in Industrie und Gesellschaft sowie eine Einordnung der Industrial Ecology in den Gesamtrahmen der Nachhaltigkeitsforschung. Grundsätzlich wird dabei das jeweilige Thema innerhalb dieser vier Bereiche von jeweils zwei Seiten beleuchtet, einerseits aus der theoretisch wissenschaftlichen Sicht und andererseits aus der praktischen Sicht der Umsetzung. In der Regel kommen die praktischen Beschreibungen von Ansätzen und Erfahrungen aus der Industrie, während die theoretischen Beschreibungen eher aus dem universitären Umfeld kommen.

Zu Beginn steht ein Abschnitt über Tragekapazitäten und am Schluss einer über Resilienz, da unseres Erachtens diese Konzepte zentral sind für die Debatte über Nachhaltigkeit, und zwar nicht nur in Hinsicht auf Umwelt und Ressourcen. Letztlich kann jedes System nur eine begrenzte Last tragen und eine begrenzte Menge an Ressourcen bereit stellen. Auch kann jedes

System nur mit einer begrenzten Menge an Störungen, Veränderungen der Rahmenbedingungen bzw. Stress umgehen, ohne in dramatische Zustände zu geraten. Diese Grenzen zu erkennen und das Handeln danach auszurichten, bedeutet die Tragekapazitäten und die Resilienz der Systeme ernst zu nehmen[5]. Im aktuellen Nachhaltigkeitsdiskurs steht die Tragekapazität der Atmosphäre und die damit verbundene Stabilität des Weltklimas im Fokus[6]. Wie viel mehr an Klimagasen können die Atmosphäre und die Weltmeere vertragen, und wie viel Klimaänderung können die ökologischen, agrarischen und industriellen Systeme verkraften, ohne in dramatische Zustände zu geraten? Damit hängt auch die Belastung der Meere mit steigenden CO_2 Konzentrationen zusammen, die zu ihrer Versauerung führen[7]. Der CO_2 Problematik ist auch deswegen ein besonderes Augenmerk zu widmen, da sie die vielfältigen Verflechtungen allen drei Dimensionen der Nachhaltigkeit verdeutlicht. Dies macht die Klimaforschung, die Klimafolgenforschung und den darauf aufbauenden Entwurf von Gegenmaßnahmen zu einem Paradebeispiel für die Herausforderungen der Nachhaltigkeitsforschung und der IE.

Der darauf folgende Abschnitt des Buches stellt einige einfache, aber schlagkräftige Lösungsschritte vor, die in begrenzten Bereichen zu einer Verminderung von Nachhaltigkeitsproblemen industrieller Produktions- und Konsumtionsbereiche geführt haben. Trotz der mehrfach erwähnten Verknüpftheit aller drei Nachhaltigkeits-Dimensionen und der damit verbundenen Komplexität sind offenbar nicht immer besonders komplexe und aufwändige Lösungen erforderlich, um in mehreren (oder gleich allen) Dimensionen Verbesserungen herbei zu führen. Die vorgestellten Beispiele beruhen dabei auf verschiedenen Ansätzen innerhalb der drei erwähnten Nachhaltigkeitsstrategien: Steigerung der Ressourceneffizienz[8], Konsistenz bzw. Umstieg auf regenerierbare Ressourcen[9], Ersatz von Gefahrstoffen oder Risikotechnologien [10] und schließlich Suffizienz im Sinne des ‚weniger ist mehr'. Eine verbesserte Kommunikation entlang der Wertschöpfungskette[15] und die Schließung von Stoffflüssen innerhalb von Industrienetzwerken[11] spielen in vielen Beispielen eine wichtige Rolle. Es werden jedoch auch die jeweiligen Grenzen der Beispiele deutlich, die Verallgemeinerungen und Übertragungen auf andere Bereiche erschweren oder verunmöglichen. Letztlich stellen die in diesem Abschnitt beschriebenen Ansätze begrenzte Innovationsprozesse dar, die eben nur bedingt eine ggf. nötige Systeminnovation ersetzen können.

Genau dies wird dann im nächsten Abschnitt thematisiert, der sich auf die für eine nachhaltige Entwicklung in einigen Fällen nötigen weit reichenden Pfadwechsel in Industrie und Gesell-

---

[5] siehe A. von Gleich: „Tragekapazitäten ein grundlegendes Konzept der Nachhaltigkeitsdebatte und der Industrial Ecology" sowie „Ausblick"

[6] siehe G. Feichter: „Die Atmosphäre als Schadstoffsenke - Einfluss auf Stoffkreisläufe und Klima"

[7] siehe H.-O. Pörtner: „Meeresorganismen unter CO2-Stress - Grenzen der Zumutbarkeit?"

[8] siehe G. Klöck und A Noke: „Veredlungsprodukte aus ungenutzten Stoffströmen der Lebensmittelverarbeitung" / E. Brinksmeier, Th. Koch und A. Walter: „Wie viel Schmierstoff ist nötig? – Effizienter Einsatz von Kühlschmierstoffen" / S. Behrendt: „Wie schwer wiegt ein Bit? Ressourceneffizienz in der Informationsgesellschaft" / M. Tobias, R. Höhn, S. Pongratz, P. Karch: „Energie- und Ressourceneffizienz durch Ecodesign und innovative Nutzungskonzepte. Der Beitrag der Informations- und Kommunikationstechnologien"

[9] siehe J. Connemann: „Mit Biodiesel in die Zukunft" und G. Reinhardt: „Kraftstoffe der Zukunft - Wie nachhaltig sind Biokraftstoffe?"

[10] siehe B. Mahro und V. Kasche: „Biomasse als Rohstoff für die Zukunft – Zum Stellenwert der Bio- und Gentechnik im nachhaltigen Wirtschaften"

[11] siehe N. Jacobssen: „Voraussetzungen für eine erfolgreiche industrielle Symbiose: Untersuchung und Neubetrachtung des Falls Kalundborg"

schaft konzentriert[12]. Dabei geht es zum Beispiel um einen breiten und weit reichenden Übergang zu regenerierbaren Ressourcen, wo immer dies möglich ist, sowohl in materieller[13], als auch in energetischer Hinsicht[14]. Mindestens ebenso wichtig ist die Frage nach dem Umgang mit Stoffen in der Technosphäre, die Steuerung[15] und Kreislaufführung von Stoffen bzw. deren Rückgewinnung aus Infrastruktur und Produkten[16]. Strategisch besonders interessant ist die Frage nach den Möglichkeiten und der Reichweite einer Entkopplung von Wohlstandswachstum und Umweltverbrauch[17]. Bei diesen Themen ist eine Konzentration auf nur eine der drei Nachhaltigkeitsdimensionen weder sinnvoll noch möglich, hier sind wir gezwungen mit der grundsätzlich komplexen Natur der Problemlage umzugehen[18]. Spätestens bei solchen Pfadwechseln stellt sich nicht mehr nur die Frage nach dem verfügbaren und nötigen Wissen, sondern ganz massiv auch die Frage nach einem angemessenen Umgang mit einem hohen Ausmaß an Unwissen, Unsicherheit und Komplexität[19].

Der letzte Abschnitt befasst sich dann mit der Stellung und Entwicklung der IE als Forschungsdisziplin[20]. Hier erfolgt eine Reflektion über das Naturverständnis der IE[21]. Zudem wird die Frage diskutiert, was wir eigentlich von der Natur, bzw. den Ökosystemen, lernen können und wollen und was nicht, bzw. welche Rolle Modellierung und adaptives Management dabei spielen[22]. Und schließlich erfolgt hier auch die Wiederaufnahme der nötigen Reflektion auf den Bezug der IE zu den sozialen Themen der Nachhaltigkeitsdebatte, die schon in dieser Einleitung angeschnitten wurden, also auf Umwelt und Entwicklung, auf Gerechtigkeit innerhalb und zwischen den Generationen[23]. Das Buch schließt mit dem Versuch, aus dem Nachzeichnen wesentlicher Stationen bzw. Phasen der Ökosystemtheorie ein Schlaglicht zu werfen auf eine mögliche zukünftige Entwicklung der Industrial Ecology[24]

---

[12] siehe S. Gößling-Reisemann: „Pfadwechsel – schwierig aber notwendig“
[13] siehe H. Fischer: „Pflanzen als Grundlage einer solaren Chemie“
[14] siehe H. Scheer: „Plädoyer für den Systemwechsel - Solare Technologiesprünge statt nuklear-fossiler Umwege“
[15] siehe M. Müller und U. Schneidewind: „Symbole und Substanzen – Chancen und Grenzen der Steuerung von Stoffströmen“ sowie S. Back: „Ökologische Nachhaltigkeit im textilen Massenmarkt“
[16] siehe P. Baccini: „Zukünfte urbanen Lebens mit Altlasten, Bergwerken und Erfindungen“
[17] siehe M. Fischer-Kowalski und H. Weisz: „Das industrielle sozialökologische Regime und globale Transitionen“sowie E. van der Voet, L. van Oers, S. de Bruyn und M. Sevenster: „Wachstum ohne Umweltverbrauch? Entkopplung und Dematerialisierung als Trends“
[18] siehe S. Gößling-Reisemann: „Von der Verschränktheit der Nachhaltigkeits-Dimensionen“
[19] siehe dazu M.F. Jischa: „Management trotz Nichtwissen - Steuerung und Eigendynamik von komplexen Systemen“ und D. Dörner: „Umgang mit Komplexität“
[20] siehe R. Isenmann: „Industrial Ecology auf dem Weg zur Wissenschaft der Nachhaltigkeit?“ und J. Ehrenfeld: “Kann Industrial Ecology die *Wissenschaft der Nachhaltigkeit* werden?“
[21] siehe R. Isenmann: „Lernen vom Vorbild Natur: Naturverständnis in der Industrial Ecology“
[22] siehe M. Ruth: „Ein Pragmatiker auf dem Weg zum Vorausschauenden Management industrieller Systeme“
[23] siehe W. Sachs: „Fair Future. Begrenzte Ressourcen und globale Gerechtigkeit“
[24] siehe A. von Gleich „Ausblick“

1.4 Literatur

Andersen, A. (2006): Metallurgical Plants and Chemicals Industry as Challenges to Environmental Protection in the 19th Century. In: Gleich, A. von; Ayres, R. U.; Gößling-Reisemann, S. (Hg.). *Sustainable Metals Management.* Dordrecht: Springer.

Brundtland, G. H. (1987): *Our common future,* Reprint; Oxford Univ. Press: Oxford

Conference on Environment and Development (1993): *Agenda 21: Programme of action for sustainable development ; Rio declaration on environment and development ; statement of forest principles ; the final text of agreements negotiated by governments at the United Nations Conference on Environment and Development (UNCED), 3-14 June 1992, Rio de Janeiro, Brazil;* UN Department of Public Inf.: New York

Enquête-Kommission "Schutz des Menschen und der Umwelt" des deutschen Bundestages (1994): *Die Industriegesellschaft gestalten: Perspektiven für einen nachhaltigen Umgang mit Stoff- und Materialströmen ; Bericht der Enquête-Kommission "Schutz des Menschen und der Umwelt" - Bewertungskriterien und Perspektiven für umweltverträgliche Stoffkreisläufe in der Industriegesellschaft;* Economica-Verlag, Bonn

Frosch, R. A.; Gallopoulos, N. E. (1989): Strategies for Manufacturing. *Scientific American* , 261 (3), 144–152.

Jackson, T. (1993): *Clean production strategies: Developing preventive environmental management in the industrial economy;* Lewis: Boca Raton

Jelinski, L. W.; Graedel, T. E.; Laudise, R. A.; McCall, D. W.; Patel, C. K. N. (1992): Industrial Ecology: Concepts and Approaches. *Proceedings of the National Academy of Sciences* , 89793–797.

Meadows, Donella H.; Meadows, Dennis L.; Randers, Jørgen; Behrens III., William W. (1972): *The limits to growth: A report for the Club of Rome's project on the predicament of mankind.* SignetY; Universe Books: New York

Wiesner, J. (1990): *Produktionsintegrierter Umweltschutz in der chemischen Industrie;* DECHEMA: Frankfurt am Main

Grundlage der Nachhaltigkeit: Tragekapazitäten von Meer und Atmosphäre

2 Tragekapazitäten

Ein grundlegendes Konzept in der Nachhaltigkeitsdebatte und der Industrial Ecology

Arnim von Gleich

Industrial Ecology ist ein stark naturwissenschaftlich-technisch und managementorientiertes Forschungs- und Entwicklungskonzept. IE verfolgt das langfristige Ziel einer nachhaltigen Einbettung der Technosphäre in die Ökosphäre, der wirtschaftlich-technischen in die natürlichen Systeme. Der Fokus liegt auf Energie- und Stoffströmen. Damit kommen zunächst ein mal ganz traditionell die Schnittstellen zwischen Ökosphäre und Technosphäre als ‚Grenzen des Wachstums' in den Blick, also die Verfügbarkeit von Ressourcen einerseits und die Aufnahmefähigkeit der Natur für Emissionen und Abfälle andererseits. Das Verhältnis zwischen den beiden Sphären stellt sich als Input-Output-Verhältnis dar. Wir entnehmen (empfangen) Ressourcen aus der Natur (Sonnenenergie, Biomasse, mineralische Ressourcen), verarbeiten und verwerten diese mehr oder weniger effizient in der Technosphäre und entlassen sie dann in entwerteter (verbrauchter) Form als Emissionen und Abfälle wieder in die Natur. Zentrale Nachhaltigkeitsprobleme erscheinen so gesehen an den Schnittstellen zwischen Techno- und Ökosphäre, als Grenzen der Verfügbarkeit von Ressourcen und als Grenzen der Aufnahmefähigkeit der Natur für Emissionen und Abfälle. Von diesen Grenzen der Verfügbarkeit von Ressourcen und der Aufnahmefähigkeit für Emissionen handelt der Begriff der Tragekapazitäten.

Auch wenn diese viel diskutierten Probleme an den Schnittstellen zwischen Öko- und Technosphäre wahrnehmbar werden, sollte daraus nicht geschlossen werden, dass unsere naturbezogenen Nachhaltigkeitsprobleme vor allem Ressourcen- und Emissionsprobleme sind. Dies wäre mit Blick auf etwaige Lösungsansätze kurzsichtig. Regelrecht falsch wäre die Annahme, dass diese Nachhaltigkeitsprobleme im Wesentlichen durch Maßnahmen an den Schnittstellen, durch Ressourcen-, Emissions- und Abfallpolitik, zu lösen wären. Die weitreichendsten Lösungsansätze für unsere naturbezogenen Nachhaltigkeitsprobleme liegen zwischen den Schnittstellen, in einem veränderten Umgang mit den Energien und Stoffen innerhalb der Technosphäre. Deshalb konzentriert sich ein breiter Bereich der IE auf den prozess- und produktintegrierten Umweltschutz, auf die Verbesserung der Ressourcenproduktivität (Effizienz), auf den Umstieg auf regenerierbare Stoff- und Energiequellen, die Substitution von Gefahrstoffen und auf risikoarme Technologien. Darauf wurde in der Einleitung schon hingewiesen.

2.1 Grenzen der Belastbarkeit natürlicher Systeme

Doch auch diese Strategien des prozess- und produktintegrierten Umweltschutzes sind mit einem grundlegenden Orientierungsproblem konfrontiert. Was bedeutet es wirklich, wenn wir mehr oder minder zufrieden feststellen können, dass die Ressourceneffizienz dieses oder jenes Prozesses oder Produktes um 10% oder der Anteil an erneuerbaren Energien und Nachwachsenden Rohstoffen auf 20% gesteigert werden konnte? Die Unsicherheit, die Bedeutung dieser Erfolge einzuschätzen, liegt nicht nur an den Zielkonflikten und trade offs, die mit den Effizienz- und Resilienzstrategien verbunden sind. Wir mussten ja lernen, dass der Rebound-Effekt die prozess- und produktbezogenen Einsparungen schnell wieder auffressen kann, dass die verbesserte Ressourceneffizienz manchmal mit höheren Risikopotentialen erkauft wird (Kernenergie, Gentechnik, Synthetische Chemie), und dass die landwirtschaftliche Bereitstellung und Nutzung Nachwachsender Rohstoffe oft mit hohen Umweltbelastungen verbunden ist. Das viel größere Problem liegt in der Formulierung und wissenschaftlichen Begründung (Quantifizierung) von Zielen. Wo wollen und wo müssen wir wirklich hin, um ein Mindestmaß an Nachhaltigkeit im Verhältnis zwischen Techno- und Ökosphäre zu erreichen? Jede Verbesserung ist in erster Näherung erst einmal gut, aber wir wissen leider meist nicht wie gut sie wirklich ist. Wir könnten unsere Fortschritte (oder Rückschritte) viel besser beurteilen, wenn wir in der Lage wären unsere Verbesserungen in Bezug zu setzen zu einem Zielkorridor. Genau an diesem Ziel wird mit dem Konzept der Tragekapazitäten gearbeitet[1].

Die große Vision der Industrial Ecology, die Einbettung der wirtschaftlich-technischen Systeme in die natürlichen, mag utopisch und auch ein wenig ‚größenwahnsinnig' erscheinen. Die Mindestvoraussetzung, die wir auf jeden Fall erreichen müssen, besteht darin, dass die natürlichen Systeme die industriellen Systeme auch in längerfristiger Sicht ‚tragen' können müssen, ohne unter dieser Last zusammen zu brechen. Das geht nur, wenn wir zumindest den Stoffwechsel und Energieaustausch zwischen Öko- und Technosphäre nachhaltig gestalten. Immerhin gibt es erste Ansätze für mehr oder minder quantifizierbare Orientierungen mit Blick auf die Frage, wie viel Ressourcenentnahme und wie viel Emissionen und Abfälle die damit belasteten natürlichen Systeme nachhaltig verkraften können. Vier Beispiele sollen zur Illustrierung des Konzepts der Tragekapazitäten hier herausgegriffen und kurz skizziert werden, die Tragekapazität von Grasland für Vieh, die Verfügbarkeit von Treibstoffen auf der Basis nachwachsender Rohstoffe, die Belastbarkeit von Ökosystemen mit versauernden Substanzen (Saurer Regen) und die Belastbarkeit der Atmosphäre mit Treibhausgasen.

2.2 Großvieheinheiten pro Hektar Grasland

Der Begriff der Tragekapazitäten stammt aus der Ökosystemtheorie. Er wird hier sowohl für die Input-Tragekapazitäten als auch für die Output-Tragekapazitäten verwendet, also sowohl für die Frage, wie viel Ressourcen die natürlichen Systeme nachhaltig bereit stellen können, als auch für die Frage, wie viel Emissionen und Abfälle sie nachhaltig verarbeiten (assimilieren) können. Für die Input-Tragekapazitäten wird oft der Fachbegriff der ‚carrying capacity' verwendet. Von ihm wurde der Begriff der Tragekapazitäten direkt abgeleitet. Wohingegen die Outputtragekapazitäten von Ökosystemen zunächst mit dem Begriff der ‚critical load' verbunden waren (vgl. Brand 2005). Der Begriff der carrying capacity diente in der Ökosystemtheorie zur Beschreibung der Fähigkeit eines Ökosystems bestimmte Populationen zu ‚tragen', also z. B. zur Klärung der Frage, wie viel ‚Grasfresser' eine Prärie oder wie viel

[1] Zu diesem Thema folgen in diesem Buch deshalb auch zwei Texte, die sich zum einen mit Aspekten der Tragekapazitäten der Weltmeere (H. D. Pörtner: Meeresorganismen unter CO_2-Stress – Grenzen der Zumutbarkeit) und der Atmosphäre beschäftigen (J. Feichter: Die Atmosphäre als Schadstoffsenke – Einfluss auf Stoffkreisläufe und Klima).

Raubfische ein See nachhaltig am Leben erhalten kann. Dieses Konzept ist unschwer dort wieder zu erkennen, wo in der Agrarpolitik mit Großvieheinheiten pro Hektar ‚gerechnet' wird. Die Großvieheinheit pro Hektar ist in der Viehhaltung ein wichtiger Indikator für die Nutzungsintensität der zur Verfügung stehenden Flächen eines landwirtschaftlichen Betriebes. Er ist Grundlage vieler Richtlinien in der Agrarpolitik (z. B. der Gülleverordnung). Wobei sich diese Rechnungen in der Agrarpolitik der Europäischen Union allerdings weniger am Input sondern eher am Output, also an der critical load von Exkrementen (eutrophierenden Substanzen) orientieren. Die natürlichen Inputknappheiten wurden und werden in der Agrarindustrie durch Futtermittelimporte relativiert. Denen standen aber, aus nachvollziehbaren Gründen, keine vergleichbaren Möglichkeiten zum Export von Mist und Gülle gegenüber. Damit wurde der Output zum limitierenden Faktor. In der konventionellen Landwirtschaft gilt ein Viehbesatz von 2,0 GVE/ha LF bereits als extensiv oder durchschnittlich. Bei intensiv wirtschaftenden Betrieben (Schweinemast oder Hühnerfarmen) werden auch Werte über 10 GVE/ha erreicht. In der biologisch-dynamischen Landwirtschaft geht man hingegen von einem maximalen Wert von 1 - 1,5 (2,0) GVE/ha aus. Der Natur- und Landschaftsschutz fordert Werte kleiner 0,8 GVE/ha (Redecker et al 2002).

2.3 Treibstoffe aus Nachwachsenden Rohstoffen

Eher an den Input-Tragekapazitäten orientiert sich das zweite Beispiel, das in diesem Band ausführlich thematisiert wird. Wenn wir im motorisierten (Individual)Verkehr auf Treibstoffe aus Nachwachsenden Rohstoffen umsteigen wollen, erhebt sich sofort die Frage, wo wir denn all die Energiepflanzen anbauen können? Wie viel Anbaufläche steht uns für Energiepflanzen nachhaltig zur Verfügung, unter gleichzeitiger Beachtung der Anforderungen einer nachhaltigeren Landwirtschaft, der Ernährungssicherung, des Naturschutzes und eines noch weiter gehenden Bedarfs an Nachwachsenden Rohstoffen (z. B. für Werkstoffe, Hilfsstoffe, Wirkstoffe und Chemiegrundstoffe)? Wir werden auf diese Fragen keine klaren, eindeutigen und ein für alle Mal feststehenden Antworten bekommen. Die landwirtschaftlichen Erträge sind z. B. abhängig von unzähligen Faktoren, von beeinflussbaren wie Anbautechnik und weniger beeinflussbaren wie Standort und Bodenqualität. Die Erträge lassen sich steigern sowohl auf nicht nachhaltige Art und Weise aber auch in einer nachhaltigeren Form (biologische bzw. ökologische Landwirtschaft). Auch wenn also über eine nachhaltige Bioproduktivität von bestimmten Flächen keine pauschalen und ein für alle Mal feststehenden Grenzen formuliert werden können, so können bei sorgfältiger Herangehensweise doch wissenschaftlich begründbare grobe Orientierungen bzw. Zielkorridore formuliert werden.

2.4 Saurer Regen

Dies gilt auch für die beiden folgenden Beispiele, für die Luftreinhalteziele der UN-ECE mit Bezug auf Sauren Regen und Eutrophierung sowie für die Klimaschutzziele der Vereinten Nationen. Die UN-ECE-Luftreinhaltepolitik orientiert sich in Bezug auf versauernde Substanzen, also insbesondere mit Blick auf den ‚Sauren Regen', an der Fähigkeit von Ökosystemen mit dieser spezifischen Belastung (load) fertig zu werden (UN-ECE 1979). Die Fähigkeit zur ‚Verarbeitung' versauernder Substanzen hängt bekanntlich stark von der Pufferkapazität des Untergrunds ab. Kalkuntergrund, Kalkböden und kalkreiches Wasser bieten eine hohe Pufferkapazität gegenüber versauernden Substanzen, wohingegen Systeme auf kristallinem

Untergrund den versauernden Substanzen wenig entgegen zu setzen haben. Dies ist ein Grund dafür, warum der Saure Regen im Schwarzwald und Erzgebirge besonders verheerende Auswirkungen hatte und warum die Ökosysteme auf dem Skandinavischen Schild besonders empfindlich auf die Erhöhung der Schornsteine in den süd-westlich davon gelegenen europäischen Industrieregionen reagierten.

Die Regionen Europas wurden angesichts dieser Schäden mit einem Gitternetz in Quadrate mit der Kantenlänge 50 km eingeteilt, und es konnten dann auf dieser Basis regionalspezifische (eben an den jeweiligen Tragekapazitäten orientierte) Reduktionsziele formuliert werden (vgl. www.emep.int). Die Luftreinhaltepolitik erhielt damit eine wissenschaftlich begründete Zielperspektive für Immissionen und Emissionen versauernder Substanzen[2]. Wobei aber einschränkend nicht verschwiegen werden soll, dass bei dieser Vorgehensweise die ganze Komplexität hoch diverser Ökosysteme auf wenige Differentialgleichungen reduziert werden musste. Die Ergebnisse bilden damit nicht eine klare Linie, sondern eher einen Zielkorridor, der neben den berechneten Zielwerten auch noch um einen aus dem Vorsorgeprinzip begründeten Sicherheitsfaktor vermindert wurde.

2.5 Treibhausgase und Klimawandel

Noch wesentlich komplexer und schwieriger wird die Situation beim letzten Beispiel, dem Treibhauseffekt. Dessen physikalische Wirkungsprinzipien sind lange geklärt. Dass es den Treibhauseffekt als physikalischen Effekt verschiedener Treibhausgase gibt und wie er funktioniert, ist völlig unbestritten. Wesentlich unklarer ist allerdings die Beantwortung der Frage, wie sich eine ebenso unbestrittene Erhöhung der Treibhausgasemissionen durch menschliche (agrarische, industrielle, verkehrsbedingte usw.) Aktivitäten im komplexen globalen Gesamtsystem Klima genau auswirken wird. Vermutlich lässt sich dies ebenso wenig ‚genau' prognostizieren, wie die Reaktion bestimmter Ökosysteme auf die Belastung durch Sauren Regen. Beim Umgang mit dem Treibhauseffekt gibt es aber einen wesentlichen Unterschied. Wenn wir aufgrund von dramatischen Reaktionen in regionalen Ökosystemen, also z. B. angesichts des Waldsterbens, bemerken, dass wir die Tragekapazität dieser Systeme nicht beachtet oder überschätzt haben, können wir immer noch nachsteuern, mit der Hoffnung, dass sich die Systeme wieder regenerieren können. Je größer allerdings die betroffenen Systeme werden (bis hin zur Globalität), und je schleichender und langfristiger die Effekte sind (von Jahrzehnten über Jahrhunderte bis hin zur Irreversibilität), desto weniger bleibt uns die Option des reaktiven Nachsteuerns, desto mehr sind wir auf vorsorgeorientiertes Handeln angewiesen. Wir wissen immer zu wenig über die möglichen Reaktionen von komplexen Systemen und sind deshalb oft auf ein Ausprobieren angewiesen. Die Strategie des Ausprobierens (trial and error) hat aber genau dort ihre Grenzen, wo ein ‚error' nicht mehr angemessen korrigiert werden kann. Dies ist bei den meisten globalen Umweltproblemen der Fall, beim Treibhauseffekt genauso wie bei der stratosphärischen Ozonzerstörung und beim Verlust der biologischen Vielfalt.

Selbst wenn wir also die Wirkungen des anthropogenen Treibhauseffekts noch nicht hundertprozentig ‚beweisen' können, sind wir darauf angewiesen zu Handeln, weil ein korrigierendes Handeln zu spät käme, wenn wir bis zum endgültigen Beweis damit warten würden. Das

---

[2] Der Ansatz umfasst mittlerweile auch eutrophierende Substanzen, bodennahes Ozon, persistant organic pollutants (POPs) und Schwermetalle.

Intergovernmental Panel of Climate Change (IPCC), das die UN in Fragen des Klimarahmenprotokolls berät, ist sich dieser verbleibenden Unsicherheiten durchaus bewusst. Es hat aber, vor dem Hintergrund der verfügbaren Klimamodelle und verschiedener in die Zukunft reichender Klimaszenarien, die möglichen problematischen Auswirkungen eines globalen Temperaturanstiegs simuliert, illustriert und auf diese Weise abzuschätzen versucht (IPCC 2001 und 2007). Die Szenarien decken einen möglichen durchschnittlichen globalen Temperaturanstieg zwischen zwei und sechs Grad Celsius zwischen 1980-1999 und 2090-2099 ab. Das IPCC geht zu Recht davon aus, dass wir den anthropogenen Treibhauseffekt nicht mehr völlig verhindern, sondern allenfalls in seinen Folgen noch mildern können. Bei einer Erhöhung der globalen Durchschnittstemperatur um nicht mehr als zwei Grad Celsius im betrachteten Zeitraum sieht der Wissenschaftliche Beirat der Bundesregierung Globale Umweltveränderungen (WGBU) die Chance, dass die ökologischen, die agrarischen und die industriellen Systeme noch die Möglichkeit haben, sich an diesen Wandel anzupassen, ohne in dramatische unumkehrbare (katastrophale) Entwicklungspfade zu geraten (WGBU 2003).

Der globale ‚Zwei-Grad-Erwärmungskorridor', der ja auch als Klimaschutzziel der Europäischen Union formuliert wurde, kann damit auch im Sinne der Bestimmung einer Tragekapazität der vom Weltklima abhängigen natürlichen und gesellschaftlichen Systeme gedeutet werde. Angesichts der Komplexität des globalen Klimasystems sind solche Aussagen selbstverständlich mit extremer Unsicherheit belastet. Darauf wurde schon mehrfach hingewiesen. Solche Werte enthalten womöglich ebensoviel ‚Setzung' wie abgeleitete ‚Berechnung'. Trotzdem können wir, da wir die prinzipiellen (unmittelbaren) Wirkungsmechanismen der Treibhausgase kennen, auf deren Basis Entwicklungsszenarien entwickeln und auf deren Basis dann wiederum einen derartigen Zielkorridor, eine Art Tragekapazität im Sinne einer ‚critical load' bestimmen bzw. abschätzen.

Für die Erreichung dieses Stabilisierungsziels müssten – unter bestimmten Annahmen hinsichtlich des regional unterschiedlichen Bevölkerungswachstums - die Emissionen von Treibhausgasen (gemessen in CO_2-Äquivalenten) einen globalen Durchschnitt von ca. 3 t CO_2-Äquivalente pro Kopf und Jahr erreichen. Derzeit liegen allein die energiebedingten durchschnittlichen Emissionen in den Industrienationen (sog. Annex-B-Länder) schon durchschnittlich bei 4 t pro Kopf. Die jährlichen Gesamtemissionen an CO_2-Äquivalenten lagen 2004 in den USA bei 24,1 t und in Deutschland bei 12,2 t pro Kopf (vgl. UNFCC-Report 2006). In den Entwicklungs- und Schwellenländern (Nicht-Annex-B-Ländern) lagen die energiebedingten Emissionen an CO_2-Äquivalenten bei 0,5 t pro Kopf (vgl. Onigkeit, Alcamo 2004, S. 38). Ohne Zweifel geben diese Zahlen nur eine grobe Orientierung, zumindest über die Größenordnung unserer Aufgaben. Eine Reduzierung der Treibhausgasemissionen in Deutschland zwischen 1990 und 2004 um 17 % ist ein gutes Ergebnis, nicht zuletzt im Vergleich zu anderen Industrienationen. Das Stabilitätsziel läge für Deutschland aber nach den oben dargestellten Szenarien bei einer Reduktion um ca. 75 %. Und das würde auch nur etwas nützen, wenn alle anderen Länder nach ihren Notwendigkeiten und Möglichkeiten mitzögen.

2.6 Literatur

Brand, F (2005): *Ecological Resilience and its Relevance within a Theory of Sustainable Development*. UFZ-Report 03/2005. UFZ Centre for Environmental Research Leipzig-Halle, Leipzig, Germany (http://www.ufz.de/data/ufz_bericht_03_20053323.pdf)

Intergovernmental Panel on Climate Change (IPCC) (2001): *Third Assessment Report ,Climate Change 2001'* (http://www.ipcc.ch/)

Intergovernmental Panel on Climate Change (IPCC) (2007): *Fourth Assessment Report ,Climate Change 2007'* (http://www.ipcc.ch/)

Onigkeit, J.; Alcamo, J. (2004): *Szenarien für die langfristige Verteilung regionaler Anrechte auf Treibhausgasemissionen und Auswirkungen des Klimawandels*, Wissenschaftliches Zentrum für Umweltsystemforschung, Förderkennzeichen (UFOPLAN) Nr. 299 41 256 (WZ-Bericht Nr. P0301) Universität Kassel Juli 2004

Redecker, B.; Finck, P.; Härdtle, W.; Riecken, U.; Schröder, E. (Hg.) (2004): *Pasture Landscapes and Nature Conservation* (Springer) Heidelberg, Berlin, New York 2002

Secretariat of the UN Framework Convention on Climate Change (UNFCCC) (2006): *GHG Data 2006 – Highlights from Greenhouse Gas (GHG) Emissions Data from 1990-2004 for Annex 1 Parties*

United Nations Economic Commission for Europe (UN-ECE) (1979): *Convention on Long Range Transboundary Air Pollution (LRTAP)*

Wissenschaftlicher Beirat der Bundesregierung Globale Umweltveränderungen (WBGU) (2003): *Welt im Wandel – Energiewende zur Nachhaltigkeit. Zusammenfassung für Entscheidungsträger*, Berlin, (http://www.wbgu.de/wbgu_jg2003_kurz.html)

3 Meeresorganismen unter CO_2-Stress

Grenzen der Zumutbarkeit?

Hans-Otto Pörtner

Der derzeitige Anstieg des CO_2 in der Atmosphäre erfolgt etwa 100-fach schneller als zum Ende der letzten Eiszeiten, als der atmosphärische CO_2–Gehalt um etwa 80 ppm in 6000 Jahren zunahm. Mit ca. 380 ppm ist der derzeitige Wert der höchste der letzten 420 000, womöglich mehreren 10 Millionen Jahre (IPCC 2001). Aufgrund ihres großen Volumens, ihres Anteils von 70% an der Erdoberfläche und ihrer Fähigkeit zur Pufferung des aufgenommenen CO_2 haben die Ozeane in den letzten 200 Jahren etwa die Hälfte aller anthropogenen CO_2-Emissionen, vor allem aus der Verbrennung fossiler Brennstoffe, aufgenommen, insgesamt über 120 Gt C (440 Gt CO_2, Sabine et al., 2004). Das durch menschliche Aktivitäten produzierte CO_2 dringt in die Oberflächenschichten des Ozeans ein und gelangt mit den Meeresströmungen über Zeiträume von mehreren hundert Jahren auch in die tieferen Meeresschichten. Derzeit nehmen die Ozeane pro Jahr etwa 2 von 6 Gt C aus menschlicher Aktivität auf, der biologische Beitrag des Ozeans ist damit ähnlich groß wie der der terrestrischen Biosphäre. Demnach erscheint der Ozean aufgrund seiner hohen Speicherkapazität als geeigneter Ort für die Entsorgung von CO_2. Allerdings nimmt die Fähigkeit des Ozeans zur CO_2-Aufnahme mit steigenden atmosphärischen CO_2-Gehalten aufgrund fallender Pufferfähigkeit ab. Gleichzeitig entfaltet das CO_2 spezifische Wirkungen auf die Biosphäre, die eine Nutzung dieser Speicherkapazität zumindest einschränken. Diese Wirkungen gehen über die potenzielle Veränderung von Stoffflüssen hinaus und betreffen die geographische Verbreitung und das Überleben von Arten und Populationen in ihren angestammten Lebensräumen.

Der aktuelle Trend des in der Atmosphäre ansteigenden, vom Menschen produzierten CO_2 geht außerdem mit regional spezifischen Veränderungen in anderen Klimafaktoren einher, vor allem mit einem Anstieg der Temperatur und ihrer Variabilität (IPCC 2001). Die globale Erwärmung allein zeigt bereits Wirkungen auf die geographische Verbreitung mariner and terrestrischer Tiere mit der Konsequenz, dass einzelne Arten und Ökosysteme lokal ausgelöscht werden (Parmesan and Yohe, 2003; Thomas et al., 2004, Perry et al., 2005, Hoegh-Guldberg, 2005, Pörtner und Knust, 2007). Diese Beobachtungen sind vor dem Hintergrund zu bewerten, dass die großräumige geographische Verbreitung von höheren Organismen entscheidend von der Temperatur geprägt wird. Neben der Temperatur sind weitere Faktoren wie Struktur des Lebensraums, Meeresströmungen, Wassertiefe und Schichtung von Wassermassen, Salzgehalt, Nahrungsangebot und die Konkurrenz um die Nahrung sowie die Lebensweise (ob am Meeresboden oder im freien Wasser) von großer Bedeutung für die Biogeographie und die Funktionsstruktur von Ökosystemen. Es ist zunehmend wahrscheinlich, dass die CO_2-Konzentration im Meerwasser diese Zusammenhänge beeinflusst.

3.1 CO_2 und Temperatur als marine Umweltfaktoren

Pauschal betrachtet leben wechselwarme wasseratmende Tiere der Antarktis oder Hocharktis in einem besonders engen Temperaturbereich (Kalt-Stenothermie), während Tiere in gemäßigten Breiten weitere Temperaturschwankungen tolerieren und dementsprechend eine ausgedehnte geographische Verbreitung aufweisen (Eurythermie). Dieser Schlüsselrolle der Temperatur entsprechend sind Auswirkungen von dekadischen Klimaschwankungen auf marine Gemeinschaften und Populationen seit langem bekannt. Phasen der globalen Erwärmung sind mit einer polwärtigen Verschiebung der Verbreitungsgebiete von Phytoplankton, Makroalgen und Meerestieren verbunden (Walther et al., 2002, Parmesan and Yohe, 2003, Root et al., 2003). Dabei beeinflusst die Erwärmung der Atmosphäre marine Arten und Populationen während aller Lebensphasen direkt oder auch indirekt. Direkte Wirkungen treten z.B. dann auf, wenn Extremtemperaturen die Toleranzgrenzen einer Art überschreiten (Pörtner und Knust, 2007). Indirekte Wirkungen resultieren aus Veränderungen im Artenspektrum der Ökosysteme, z.B. bei Veränderungen der Nahrungskette. Diese Wirkungen können aber ebenfalls aus direkten Wirkungen auf einzelne Arten resultieren. Der heutige Zustand von Ökosystemen ist dabei nur scheinbarer Endpunkt einer erdgeschichtlichen Entwicklung bzw. er stellt ein Fließgleichgewicht dar, das u.a. temperaturabhängig ist. Das generelle Verständnis von Ursache und Wirkung ist wesentliche Voraussetzung für die Bewertung des globalen Klimawandels und auch für die Bewertung der Bedeutung erdgeschichtlicher Klimschwankungen für die Abläufe der Evolution (Pörtner und Knust, 2007).

Im Rahmen der derzeitigen Erwärmungsphase wurden für viele Meeresgebiete und auch für die Deutsche Bucht ein Anstieg der durchschnittlichen Wassertemperatur und eine zunehmende Häufigkeit extremer Klimaereignisse gezeigt. Kalte Winter werden zunehmend seltener. Während der letzten 40 Jahre, vor allem seit Mitte der 1980er Jahre stieg die durchschnittliche Wassertemperatur an der Helgoländer Reede um 1.13°C (Wiltshire und Manly, 2004). Modellrechnungen sagen für die nächsten 90 bis 100 Jahre je nach Gebiet eine weitere Zunahme der Oberflächentemperatur um etwa 1.7 bis 3.8 °C voraus. Diese Erwärmung wird von einem globalen Anstieg des Meeresspiegels um 13-68 cm bis 2050 begleitet sowie von einer zunehmenden Häufigkeit extremer Wetterlagen und Sturmereignisse. In den Polargebieten und vor allem der Arktis erreicht die Erwärmung im Herbst und Winter im globalen Vergleich die größten Ausmaße, einhergehend mit einem Rückgang der Sommer-Eisbedeckung.

Neben der aktuellen Erwärmung und Eutrophierung wirkt auch die anthropogene CO_2-Produktion direkt auf marine Organismen und Ökosysteme. Wenn der atmosphärische CO_2-Partialdruck steigt, nimmt die im Wasser physikalisch gelöste CO_2-Menge dem Gesetz von Henry entsprechend zu und erreicht Konzentrationen, die aufgrund ähnlicher „Löslichkeiten" in Wasser und Luft ähnlich hoch sind. Das gesamte CO_2-Budget des Ozeans besteht zu etwa 1% aus physikalisch gelöstem CO_2 incl. H_2CO_3, sowie zu etwa 91% aus Bikarbonat (HCO_3^-) and zu etwa 8 % aus Karbonat (CO_3^{2-}). Die Zunahme des physikalisch gelösten CO_2 und die dadurch veränderte Physikochemie des Oberflächenwassers sind bereits seit einigen Jahrzehnten nachweisbar (Brewer et al., 1997). Bis zum Jahre 1996 erfolgte in den Oberflächenschichten des Meeres Modellrechnungen zufolge bereits eine Zunahme des Säuregrades (pH-Abnahme) im Wasser um 0.1 pH-Einheiten im Vergleich zu vorindustriellen Zeiten (Haugan and Drange, 1996, Abbildung 3.1), entsprechend einer Zunahme der H^+-Ionenaktivität um 30%.

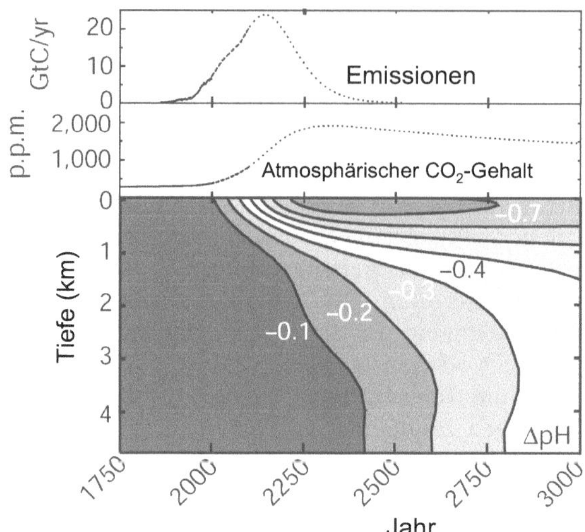

Abbildung 3.1 Mathematische Simulation der pH-Werte des Ozeans in unterschiedlichen Wassertiefen bei steigenden atmosphärischen CO_2–Konzentrationen und zeitabhängiger Aufnahme und Verteilung des CO_2 im Meer (aus Caldeira and Wickett, 2003). Die Summe der Emissionen wurde mit 18.000 Gt CO_2 nach 2000 angenommen. Seit etwa 1800 hat der pH der Ozeanoberfläche ausgehend von einem Durchschnittswert von etwa 8.2 bereits um mehr als 0.1 pH Einheit und die Karbonatkonzentration um etwa 40 µmol/kg abgenommen.

Mittelfristig wird ein Anstieg der atmosphärischen CO_2-Konzentrationen von aktuell 380 ppm (pCO_2 = 380 µatm) auf mehr als 750 ppm im Jahre 2100 (IPCC scenario IS92a) oder sogar über 1500 ppm (pCO_2 = 1 500 µatm) zwischen 2100 and 2200 erwartet. Dies wird zu einer Abnahme der pH-Werte in den oberen Meeresschichten um 0.3 bis 0.5 Einheiten bis 2100, bzw. bei Werten von 1900 ppm um 0.77 pH-Einheiten bis 2300 führen (Caldeira und Wickett, 2003, Abbildung 3.1). Auch wenn die Empfehlungen des IPCC zur Reduktion der CO_2-Emissionen greifen, ist zu erwarten, dass die atmosphärische CO_2-Konzentration nur auf einem erhöhten Niveau stabilisiert wird. Auch bei Stabilisierung um 550 ppm oder höher resultieren signifikante Veränderungen im Meerwasser.

CO_2 bleibt zwar in vielen pelagischen Bereichen des Meeres konstant, doch gibt es marine Lebensräume, in denen CO2-Konzentrationen auch natürlich schwanken können. Dem entsprechend gibt es Lebensformen, die an permanent erhöhte CO_2-Konzentrationen gewöhnt sind (z.B. an Tiefseequellen, wo CO_2 vulkanisch angereichert wird), neben solchen, die nur vorübergehend erhöhte CO_2-Werte erfahren (z.B. in der Gezeitenzone oder in Felstümpeln), bis hin zu solchen, die im freien Wasser bei permanent niedrigen Werten leben und ggf. auf Änderungen sehr empfindlich reagieren.

3.2 Klimabedingte Veränderungen in Ökosystemen

Klimatisch bedingte Veränderungen in marinen Ökosystemen sind durch aktuelle Feldbeobachtungen und Analysen von Zeitreihen bereits relativ gut dokumentiert. Empirische Beobachtungen zeigen Veränderungen von Biomasse, Verschiebungen in der Artenzusammensetzung und –häufigkeit, in der saisonalen Aktivität, in Wachstumsmustern und -perioden sowie in der biogeographischen Verbreitung. Diese Veränderungen werden überwiegend der Temperatur unter Beteiligung anderer physikalischer Faktoren wie z.B. veränderlichen Wasserströmungen zugeschrieben. Ein umfassendes Ursache-Wirkungs-Verständnis fehlt jedoch und erfordert die Integration von Studien auf verschiedenen Ebenen biologischer Organisation, von der molekularen, zellulären und organismischen bis hin zur Ökosystemebene (Pörtner et al., 2006). Diese Arbeiten müssen im Idealfall die klimatisch bedingte Variabilität aller wirksamen Umgebungsparameter berücksichtigen, nicht nur der Temperatur und ihrer Saisonalität oder der CO_2-Konzentration, sondern auch des O_2-Gehaltes, der Hydrographie, Salinität und Schichtung von Wasserkörpern. Solchermaßen integrierte Studien sind bislang nicht verfügbar.

Viele Beobachtungen weisen bereits auf eine Wirkung großräumiger Temperaturänderungen hin. In der Nordsee wandern wärmeliebende Arten ein, während kälteliebende Arten wie der Kabeljau nach Norden ausweichen (Perry et al., 2005). Diese Prozesse sind nicht durch erhöhten Fischereidruck erklärbar, sondern sind signifikant mit der Temperatur korreliert. Insgesamt nimmt seit den 1980er Jahren das Vorkommen von Arten warm-gemäßigter Breiten im englischen Kanal und in der südlichen Nordsee zu, einhergehend mit einer Verschiebung ihrer geographischen Verbreitung um etwa 10° nach Norden. Im Nordwest- und Nordost-Atlantik verwandeln sich gemäßigte Ökosysteme in solche südlicherer Breiten (z.B. Hawkins et al., 2003). Lokal betrachtet kann es dabei zum Aussterben bisher verbreiteter Arten kommen (Pörtner und Knust, 2007). Dabei sind Effekte eher auf veränderliche Temperaturmaxima oder –minima zurückzuführen als auf Änderungen der Jahresdurchschnittstemperaturen. Gerade in polaren Ökosystemen droht jedoch der Verlust von Lebensräumen und Arten, weil diese nicht mehr in kühlere Breiten ausweichen können. Außerdem ist das Ausmaß der Erwärmung in hohen Breiten höher als in gemäßigten Breiten (Root et al., 2003). Gefahr durch die Erwärmung besteht vor allem in der Antarktis, wo die Fauna als sehr empfindlich gegenüber langfristig steigenden Temperaturen gilt.

Zusammenfassend ist die Verteilung von marinen Tieren und Makroalgen stark an die Temperaturgradienten geknüpft. Diese Beobachtungen spiegeln die Tatsache, dass vor allem komplexe Makroorganismen auf ein bestimmtes Fenster ihres Bioklimas spezialisiert sind. Änderungen des Vorkommens wären dann auf der Basis der bevorzugten Temperaturregime vorhersagbar (Pearson und Dawson, 2003). Die prinzipiellen Mechanismen der Temperaturwirkung scheinen bei allen Tieren einheitlich zu sein (Pörtner, 2001). Bei der Aalmutter, *Zoarces viviparus*, aus der Nordsee reduziert sich etwa bei Temperaturen, die im Feld mit einem Rückgang der Biomasse verbunden sind (Pörtner und Knust, 2007), wärmebedingt die Sauerstoffversorgung. Generell wurde bei Wirbellosen und Fischen an den Grenzen der Temperaturfenster eine solche Abnahme in der aeroben Leistungsfähigkeit beobachtet. Diese erscheint als ein wesentlicher Prozess, der die Überlebensrate einschränkt und die beobachtete Abwanderung kälteliebender Arten aus sich erwärmenden Zonen erklärt. Die betreffenden Fenster sind auch bei Organismen desselben Ökosystems artspezifisch unterschiedlich. Der Austausch von Arten in einer Gemeinschaft wäre demnach durch die Veränderung von geographischen Verbreitungsmustern zu erklären, da Arten den von ihnen bevorzugten thermischen Nischen folgen. Indirekte Wirkungen des Klimas, z.B. über die Nahrungskette (Verfügbarkeit von Nahrungsorganismen) wären demnach auf dieselben physiologischen Mechanismen zurückzuführen wie die direkten Wirkungen auf einzelne Arten. Damit sind Fragen der Biogeographie vor allem über die Berücksichtigung des Temperaturfensters der jeweiligen Art zugänglich. Entsprechende Analysen stehen für aquatische Organismen jedoch noch weitgehend aus.

Es gibt bisher keine Beobachtungen im Feld, die spezifische Wirkungen von CO_2 in marinen Ökosystemen belegen. Aussagen zur Wirkung des CO_2 auf marine Organismen stützen sich daher auf experimentelle Untersuchungen im Labor oder seit neuerem in Mesokosmen, d.h. künstlichen Ökosystemen. Sie stützen sich zudem auf Experimente an vulkanischen CO_2-Quellen oder auf einige wenige Beobachtungen nach Ausbringung von CO_2 in die Tiefsee. Wesentlich für ein Ursache-Wirkungs-Verständnis und für eine Bewertung der Rolle von CO_2 sind wie für die Temperatur Kenntnisse zur Physiologie der CO_2-Wirkungen von der molekularen über die zelluläre bis hin zur Ebene des gesamten Organismus (Tabelle 3.1, Abbildung 3.2). Außerdem sind Kenntnisse zur wechselseitigen Beeinflussung von CO_2, Temperatur und anderen Umgebungsparametern erforderlich (Abbildung 3.3).

Bedingungen, unter denen Organismen (hier marine Mikroorganismen, Phytoplankter und wasseratmende Tiere) von erhöhten CO_2–Konzentrationen umgeben sind, werden als Hyperkapnie bezeichnet. CO_2 dringt durch Diffusion in den Organismus ein und verteilt sich in allen Körperkompartimenten. Einige CO_2-Effekte werden über Veränderungen im Säuregrad (pH) des Wassers vermittelt. Die Wirkung erniedrigter pH-Werte (ohne gleichzeitige CO_2-Akkumulation) wurde vor allem bei Süßwasserorganismen und weniger bei marinen Organismen untersucht. Die Fähigkeit von Meeresorganismen, sich auf evolutionären Zeitskalen an steigende CO_2-Konzentrationen anzupassen, ist für alle Organismengruppen unklar. Es kann nur festgehalten werden, dass die Vorläufer heutiger Formen unter höheren CO_2-Werten gelebt haben.

CO_2 wird von photosynthetisch aktiven Organismen, vor allem dem sog. Phytoplankton aufgenommen und in organisches Material verwandelt. Das Phytoplankton ist die Basis für 99 % des organischen Materials, das in die Nahrungsketten der Meere eingeht. Phytoplankton trägt durch Fixierung von jährlich etwa 47 Gt C zu etwas weniger als der Hälfte der Primärproduktion auf der Erde bei, Makroalgen, Seegräser und Korallen produzieren zusätzlich 1 Gt C pro Jahr (Field et al., 1998). Vor allem Mikroorganismen (del Giorgio und Williams, 2005), aber auch Zooplankton und größere Tiere veratmen den organischen Kohlenstoff, der für die höheren trophischen Stufen, Tiere, mehr oder weniger komplexe Nahrungsketten durchläuft. Alle Organismen sind direkt und heterotrophe Organismen wie Tiere zusätzlich indirekt über Veränderungen in der Nahrungskette von einer veränderten Chemie des Ozeans betroffen. Für Phytoplankton ergeben sich indirekte Effekte aus CO_2-bedingten Veränderungen des Fraßdrucks.

Tabelle 3.1 Physiologische und ökologische Prozesse, die von CO_2 und den CO_2-abhängigen Wasserparametern betroffen sind. Die für das Phytoplankton gelisteten Effekte treten nur in den Oberflächenschichten der Meere auf (aus Übersichten von Heisler, Wheatly und Henry, Claiborne et al., Langdon et al., Shirayama, Kurihara et al., Ishimatsu et al., Pörtner et al. Riebesell, Feely et al.). Es ist nicht möglich, universell gültige Schwellen für pH- oder pCO_2-Änderungen zu definieren, deren Überschreitung eine Veränderung des jeweils betroffenen Prozesses auslöst (für Tiere s.a. Abbildung 3.2).

Prozess	**Getestete Organismen**
Kalzifizierung	Korallen*, Kalkbildner in Benthos und Plankton*
Säure-Basen Regulation	Fische, Sipunculiden, Muscheln, Crustaceen
Mortalität	Kammuscheln, Fische, Copepoden, Echinodermen*, Gastropoden*, Sipunculiden
N-Metabolismus	Sipunculiden, Fische, Crustaceen,
Proteinbiosynthese	Sipunculiden
Ionenhomoiostase	Fische
Wachstum	Crustaceen, Kammuscheln, Miesmuscheln, Fische, Echinodermen*, Gastropoden*, Makroalgen, Phytoplankton
Reproduktion	Echinodermen, Fische, Copepoden
Herz-Kreislauf und Ventilation	Fische, Sipunculiden
Photosynthese	Phytoplankton*
Wachstum und Kalzifizierung	
Ökosystemstruktur	
Rückwirkung auf biogeochemische Kreisläufe (Stoichiometrie C:N:P, DOC Exsudation)	

*markiert Organismen und Prozesse, die nachgewiesenermaßen von einer Erhöhung des CO_2-Gehaltes der Atmosphäre auf 550 ppm (etwa B1-Szenario, IPCC) betroffen wären. Für die anderen Organismen liegen bisher keine entsprechenden Untersuchungen vor.

Durch pH-Änderungen vermittelte Effekte beinhalten Veränderungen der Produktivität von Algen und von Mikroorganismen (Archaea, Bakterien, Pilze und Protozoen), veränderte Raten der biologischen Kalzifizierung und Dekalzifizierung, sowie Veränderungen in den Stoffwechselraten von Zooplankton, benthischen Tieren und Fischen. Erniedrigte pH-Werte im Wasser beeinträchtigen als Stressfaktor die Reproduktion von Tieren im Süßwasser und im Meer. pH-Änderungen beeinflussen (1) das Karbonat- System, (2) die Nitrifizierung und die Protonierungs- bzw. Dissoziationsgleichgewichte von Nährstoffen wie Phosphat, Silikat und Ammonium, sowie (3) die Aufnahme essentieller und toxischer Spurenelemente.

Zahlreiche labor- und feldorientierte Studien an Korallen und Algen haben die generelle Empfindlichkeit kalzifizierender Organismen in Oberflächenschichten gegen eine Zunahme der CO_2-Konzentrationen belegt (Gattuso et al., 1999, Riebesell et al., 2000). Bei einer Verdopplung von CO_2 auf 560 ppm im Vergleich zu vorindustriellen Werten (280 ppm) werden Reduktionen von Kalzifizierungsraten um 15-85 % erwartet (Sabine et al., 2004). Negativ betroffen sind auch Kalzifizierungsprozesse bei Foraminiferen, Korallen und schalenbildenden Tieren wie Muscheln und Echinodermen (Shirayama und Thornton, 2005, Hoegh-Guldberg, 2005, Michaelidis et al., 2005, s.u.). Shirayama und Thornton (2005) zeigten, dass eine Zunahme des CO_2-Partialdrucks um 180 ppm auf 560 ppm bereits zu einer signifikanten Abnahme der Wachstums- und Überlebensrate von Echinodermen und Gastropoden des Flachwasserbenthos im Pazifik führt. Die Empfindlichkeit von Kalzifizierern gegenüber Ansäuerung und CO_2 ist artspezifisch unterschiedlich (Raven et al., 2005). Bei Gruppen wie den Echinodermen oder Korallen sind Effekte offensichtlich bereits bei geringer CO_2-Anreicherung nachweisbar. Diese Befunde legen daher nahe, dass solche Effekte möglicherweise bereits mit der bisherigen atmosphärischen CO_2-Akkumulation eingesetzt haben.

Es gibt bisher keine eindeutigen Belege, dass Organismen in der Lage sind, dieser Beeinträchtigung durch Anpassungsprozesse auszuweichen. Die Produktion von $CaCO_3$ durch das Phytoplankton und andere frei schwebende Organismen wie Pteropoden spielt jedoch eine wichtige Rolle für die biologische Pumpe, d.h. den Netto-Export von organischen und anorganischen Kohlenstoff-Verbindungen in die Tiefsee. Die Exportproduktion unterhalb von 1,000 m Tiefe ist mit $CaCO_3$-Flüssen korreliert (Barker et al., 2003). Die $CaCO_3$-Ballastmenge, die die Sedimentation organischen Materials beschleunigt, nimmt unter der Wirkung des CO_2 ab, sichtbar in einer Abnahme des Verhältnisses von anorganischem zu organischem Kohlenstoff, mit negativen Auswirkungen auf die Funktion der biologischen Pumpe. Diese Abnahme des Karbonatflusses reduziert die Kapazität des Ozeans, dem Anstieg des atmosphärischen CO_2 entgegenzuwirken.

Höhere Lebensformen wie Tiere sind direkt und über die Nahrungskette von der CO_2 -Anreicherung betroffen. Wie auf die Temperatur könnten Tiere als Organismen der höchsten Organisationsstufe am empfindlichsten reagieren. Kenntnisse der Wirkmechanismen sind auch hier erforderlich, um die Bedeutung des Umgebungsfaktors CO_2 einschätzen zu können (Abbildung 3.2). Da in der Tiefsee keine photosynthetisierenden Organismen existieren, stehen Wirkungen auf Tiere im Vordergrund, wenn es darum geht, Szenarien der CO_2-Entsorgung in der Tiefsee zu bewerten. Die interne Akkumulation von CO_2 löst die meisten der bei Tieren beobachteten Effekte aus (Abbildung 3.2, Pörtner et al., 2004, 2005). Akute Empfindlichkeiten gegenüber CO_2, wie sie durch Wirkungen auf den Blutgastransport ausgelöst werden (Pörtner et al., 2004), sind wohl nur in Szenarien von Bedeutung, bei denen CO_2 in das Meer eingeleitet wird und örtlich sehr hohe Konzentrationen erreichen kann. Effekte auf langen Zeitskalen (Wochen, Monate, Jahre) sind dagegen für erheblich mehr Tiergruppen und bereits bei CO_2-Konzentrationen zu erwarten, die in absehbarer Zeit bei fortgesetzter anthropogener CO_2-Produktion und Anreicherung im Oberflächenwasser der Meere erreicht werden.

Bei Tieren reagieren nicht nur Kalkbildungsprozesse auf langfristig erhöhte CO_2-Konzentrationen. Etliche andere physiologische Prozesse werden durch hohe CO_2-Werte und niedrige pH-Werte gedrosselt. Generell entstehen neue Säure-Basen Gleichgewichte in den Körperflüssigkeiten, die mit Verschiebungen z.B. des betreffenden pH-Wertes verbunden sind. Dies ist vor allem bei marinen Wirbellosen unter CO_2 zu beobachten. Effekte des CO_2 und betroffene Mechanismen sind in Abbildung 3.2 zusammengestellt (Pörtner et al. 2005). Untersuchungen an Miesmuscheln aus dem Mittelmeer legen nahe, dass die Effekte auf die Kalkbildung und auf die beschriebenen Verschiebungen im Stoffwechsel parallel verlaufen (Michaelidis et al., 2005). Wesentliche Wirkungen sind die Abnahme funktioneller Kapazitäten und Sauerstoff- bzw. Energieumsatzraten. Letztendlich steigt die Mortalität (Kikkawa et al., 2004, Langenbuch und Pörtner, 2004). Auch bei Tiefseeorganismen sind Langzeiteffekte durch Hyperkapnie zu erwarten, mit entsprechenden Auswirkungen auf die geographische Verbreitung von Arten und auf ihre Populationsstrukturen (Caldeira et al., 2006).

Viele dieser Befunde wurden bei CO_2-Konzentrationen erhoben, die weit über den Werten liegen, die 2100 erwartet werden. Dementsprechend sind weitere Untersuchungen erforderlich, um den potenziellen Einfluss künftiger atmosphärischer CO_2-Werte auf die Bestände von

Fischen und auf andere marine Ressourcen zu erforschen. Nach derzeitigem Kenntnisstand kann nicht ausgeschlossen werden, dass diese Bestände aufgrund der generell dämpfenden Wirkung von CO_2 auf physiologische Leistungen abnehmen werden. Über das Ausmaß dieser Abnahme kann jedoch bisher nichts gesagt werden.

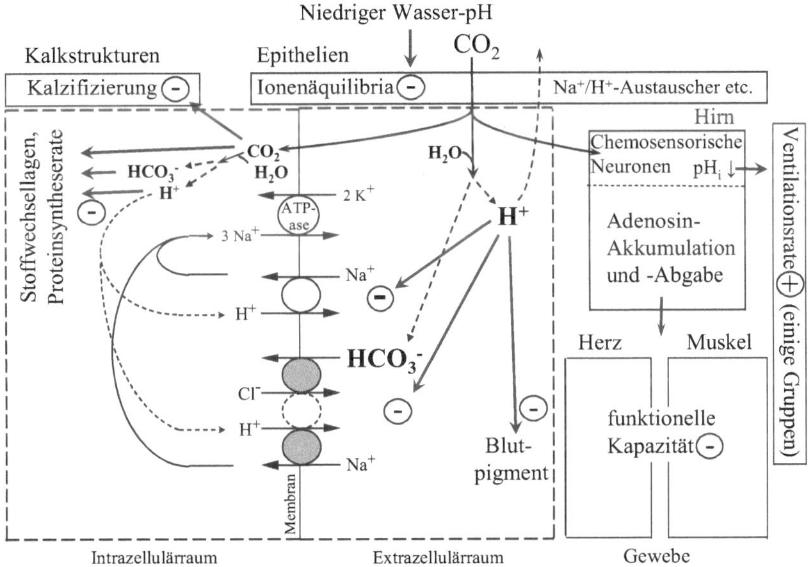

Abbildung 3.2 Schematische Darstellung der physiologischen Funktionen, die in einem generalisierten marinen Wirbellosen oder Fisch von einer Erhöhung des CO_2-Partialdrucks und dadurch veränderlichen CO_2, Protonen- (H^+), Bikarbonat- (HCO_3^-) und Karbonat- (CO_3^{2-}) Konzentrationen betroffen sind. Betroffene zelluläre Prozesses (links) haben funktionelle Konsequenzen in Geweben wie Hirn, Herz, oder Muskel (rechts). Unter CO_2-Stress werden organismische Funktionen wie Wachstum, Verhalten oder Reproduktion unterdrückt (nach Pörtner et al., 2005, - oder + zeigt die Unterdrückung bzw. Anregung der entsprechenden Funktion. Schwarze Pfeile zeigen die diffusiven Bewegungen des CO_2. Punktierte (graue) Pfeile zeigen die effektiven Faktoren CO_2, H^+, oder HCO_3^-. Schattierte Flächen zeigen Prozesse, die für das Wachstum und das Energiebudget relevant sind.)

Als vorläufige Schlussfolgerung ergibt sich, dass viele Organismen zwar eine CO_2-induzierte Ansäuerung auf pH-Werte von 7 bis 6.5 zeitweise tolerieren können, dass aber schon bei einem geringeren Anstieg der CO_2-Konzentrationen über die heutigen Werte hinaus bei einigen Tieren (vor allem Echinodermen, Mollusken) Beeinträchtigungen in der Qualität und Integrität der Beschalung und im Stoffwechselmodus zu erwarten sind. Insgesamt bewirken alle hier beschriebenen Wirkmechanismen eine Reduktion der aeroben Leistungsfähigkeit eines Tieres mit reduzierten Wachstums- und Reproduktionsraten. Zusammen mit einer gegebenenfalls steigenden Mortalität resultieren Langzeiteffekte auf der Populationsebene. Für eine umfassende Bestimmung der Auswirkungen von CO_2 sind jedoch weitere Langzeituntersuchungen bei verschiedenen Tiergruppen erforderlich.

Die hier geschilderten direkten Wirkungen erhöhter CO_2-Konzentrationen werden durch gleichzeitige Temperaturschwankungen und Sauerstoffmangel beeinflusst und ggf. verstärkt (Pörtner et al., 2005). In der Erdgeschichte haben extreme und gleichzeitige Schwankungen dieser Parameter wahrscheinlich Massensterben ausgelöst (Huynh and Poulson, 2005, Pörtner et al., 2005). Derzeit gehen Erwärmung und anthropogene Eutrophierung vor allem in Küstenzonen mit einer Abnahme der Sauerstoffkonzentrationen (Hypoxie) einher; hinzu kommt die Akkumulation von CO_2 in den Oberflächenschichten. Nicht nur Extremtemperaturen, aber auch CO_2 und Hypoxie wirken dämpfend auf die aerobe Leistungsfähigkeit eines Tieres. Hieraus resultiert eine Verengung der Temperaturtoleranzfenster, das heißt eine höhere Empfindlichkeit gegenüber Extremtemperaturen (Pörtner et al., 2005, Abbildung 3.3). Erste experimentelle Untersuchungen bestätigen die Einengung des Temperaturfensters unter CO_2 (Metzger et al., 2007), quantitative Aussagen sind jedoch noch nicht möglich. Für die betroffenen Arten wäre eine Verengung der geographischen Verbreitung im Klimagradienten die Folge.

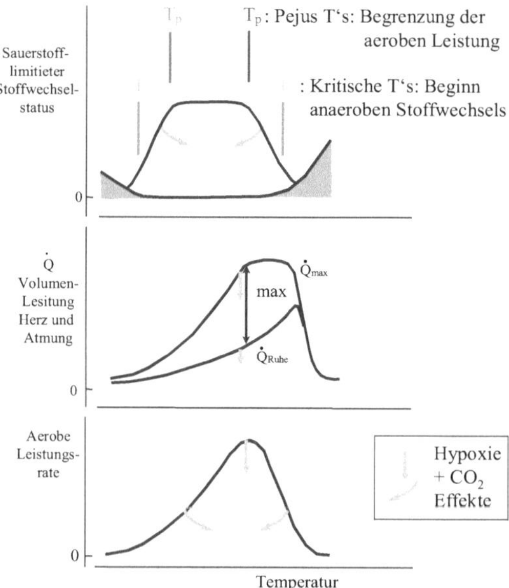

Abbildung 3.3 Effekte von CO2 und Hypoxie auf die Temperaturtoleranz und das aerobe Leistungsvermögen in Fischen und anderen Metazoen (aus Pörtner et al., 2005). Graue Pfeile zeigen, wie das Toleranzfenster (oben) verengt wird. Der Verlust der aeroben Leistungsfähigkeit (Mitte), sichtbar auch an einer Reduktion des maximalen Volumenauswurfs von Herz und Atemapparat, setzt sich bei Erwärmung bzw. Abkühlung unter CO2 oder Hypoxie verstärkt fort und führt dazu, dass der anaerobe Stoffwechsel früher einsetzt. In der Folge spiegelt auch die asymmetrische Leistungskurve des ganzen Tieres (unten) die Verengung des Toleranzfensters.

Besonders akut sind die negativen Wechselwirkungen zwischen Temperatur und CO_2 bei Korallenriffen. Schon bei Stabilisierung des atmosphärischen CO_2-Gehaltes auf 550 ppm droht eine Marginalisierung dieser Lebensräume (Hoegh-Guldberg, 2005). Erhöhte Temperaturen werden für die wiederholten (sieben) Ausbleichungsereignisse seit 1979 (incl. 2006) verantwortlich gemacht. Dabei verlassen die Zooxanthellen ihren Wirt, die Koralle bleicht aus. Für das Jahr 1998 wurde der Verlust an lebenden Korallen auf 20% weltweit geschätzt. Der parallel zur Erwärmung erfolgende CO_2-Anstieg führt zusätzlich zu einer Absenkung des Übersättigungsgrades für Aragonit. Diese Übersättigung ist für die Geschwindigkeit der Kalzifizierung wichtig. Dabei ist die Kalzifizierung nicht nur Grundlage für das Wachstum der Korallenriffe, sie wirkt auch dem Prozess der Erosion entgegen. Durch die CO_2-bedingte Drosselung der Kalzifizierungsrate wird der Rückzug der Korallenriffe in kühlere Meeresgebiete behindert, so dass nach aktuellen Perspektiven erhöhte Temperaturen und CO_2-Gehalte die Verbreitungsgebiete heutiger Korallenriffe drastisch einschränken werden.

3.3 Technische Lösungen: CO_2-Anreicherung im Ozean?

3.3.1 Zielvorgaben

Die vorliegenden Ergebnisse und Perspektiven belegen, dass Veränderungen in der marinen Biosphäre bereits eingesetzt haben und aufgrund des laufenden Wandels unumkehrbar sind. Es ergibt sich eine hohe Dringlichkeit der Reduktion von CO_2-Emissionen, um die weitere Ansäuerung und Erwärmung der Ozeane zu drosseln. Aus den bekannten Szenarien (IPCC) und derzeitigen Kenntnissen resultiert, dass ein Schwellenwert der atmosphärischen CO_2-Konzentration deutlich unterhalb von 550 ppm angestrebt werden sollte. Ein Wert von 550 ppm würde aus dem mildesten (B1-)Szenario der IPCC resultieren, das von einer Freisetzung von etwa 900 Gt C in die Atmosphäre bis 2100 ausgeht. Schon ein Wert von 550 ppm lässt jedoch mit einer weiteren Ansäuerung der Oberflächenschichten um etwa 0.2-0.3 pH-Einheiten bis 2100 (im Vergleich zu 2000) langfristig ungünstige Wirkungen erwarten.

Hinzu kommen die Effekte der weiteren Erwärmung um 1-2° im globalen Durchschnitt (im Vergleich zu 1990), mit regional stärkeren Änderungen in den Polargebieten. Raven et al. (2005) empfehlen ebenfalls, die Menge des bis 2100 in die Atmosphäre freigesetzten Kohlenstoffs auf deutlich unter 900 Gt C zu beschränken, also unterhalb des B1-Szenarios, um fatale Auswirkungen besonders auf den Südozean zu vermeiden. Die Parameter des „milden" B1-Szenarios bieten vor allem deswegen keine Handlungsorientierung, weil sie im Lichte der bisher nicht berücksichtigten Wechselwirkungen des CO_2 mit der Temperatur und mit anderen Faktoren als spekulativ hoch eingestuft werden müssen.

3.3.2 Speicherung in der Tiefsee?

Gleichzeitig wird die Speicherung anthropogenen CO_2's in der Tiefsee diskutiert, um die Akkumulation in der Atmosphäre und dadurch bedingte Klimaänderungen zu vermeiden. Über einen Zeitraum von mehreren hundert Jahren wird das aus der Atmosphäre in die Oberflächenschichten des Ozeans eindringende CO_2 über die großräumigen Meeresströmungen in tiefere Meeresschichten transportiert. Hier setzen Überlegungen an, diesen natürlichen Prozess zu beschleunigen und CO_2 aus Kraftwerken direkt über Pipelines von Land oder vom Schiff aus in die Tiefsee einzubringen. Durch den gezielten CO_2-Eintrag könnte der ansonsten erwartete Anstieg der atmosphärischen CO_2-Konzentration gebremst und das Ziel unterstützt werden, den CO_2-Gehalt der Atmosphäre trotz fortgesetzter Nutzung fossiler Brennstoffe zu stabilisieren. Bei Injektion in etwa 1500 m Tiefe werden sich nach 500 Jahren noch etwa 50%

des CO_2 im Ozean befinden. Bei Injektion in etwa 3000 m Tiefe variieren diese Angaben je nach Ozeanmodell zwischen 50 und 95 %.

Die vor kurzem diskutierte Eisendüngung des Ozeans wird mittlerweile als ineffizientere und umweltschädlichere Methode der CO_2-Entsorgung eingestuft, zumal auch hier eine Freisetzung des CO_2 in der Tiefsee erfolgt und zusätzlich noch der knappe Sauerstoff der Tiefsee verbraucht wird (Cicerone et al., 2004, Pörtner et al., 2005).

In allen Szenarien der direkten CO_2-Injektion wären Mikroorganismen und Tiere dort, wo das CO_2 eingebracht wird, lokal drastisch erhöhten CO_2-Konzentrationen ausgesetzt. Akute CO_2-Effekte sind wahrscheinlich. Die Höhe der lokal erreichten Konzentration hängt von der entwickelten Strategie ab. Flüssiges und gasförmiges CO_2 würde über Pipelines in die Tiefsee eingebracht, die entweder ortsfest angebracht sind oder zum Zwecke einer möglichst großen Verteilung und damit Verdünnung ggf. von einem fahrenden Schiff geschleppt werden können. Unterhalb von 3000 m kann CO_2 oder sein Hydrat in Tiefseetälern in Form von Seen gespeichert werden (z.B. Oshumi, 1995).

Aufgrund konstanter Temperaturen in der Tiefsee sind CO_2-Wirkungen auf die Temperaturtoleranz nicht relevant. *In situ* Untersuchungen zur Empfindlichkeit von Tiefseeorganismen gegenüber erhöhten CO_2-Konzentrationen haben bislang begrenzte Aussagekraft. Dementsprechend wenig kann über potentielle CO_2-bedingte Veränderungen in den Ökosystemen der Tiefsee gesagt werden. Bisher beobachtete Wirkungen bestätigen die generellen Schlussfolgerungen aus den tierphysiologischen und -ökologischen Untersuchungen (s.o.).

3.3.3 Karbonat-Neutralisierung („Kalkung")?

Die technologische Neutralisierung und Bindung von CO_2 durch Karbonate erscheint als eine Möglichkeit, die Dauer der CO_2-Speicherung im Ozean auf mehrere Tausend Jahre zu verlängern (Lackner, 2003). Natürliche Lösungsprozesse von $CaCO_3$ Sedimenten würden dagegen erst auf einer Zeitskala von 6 000 Jahren erfolgen und in dieser Zeit 60-70 % des CO_2 aus fossilen Brennstoffen erfassen (Archer et al., 1998). Voraussetzung für den Erfolg einer Kalkung ist, dass das zugefügte $CaCO_3$ gelöst werden kann. Dieser Prozess wird durch sauren pH, niedrige Konzentrationen von CO_3^{2-} und erhöhte CO_2-Partialdrücke begünstigt ($CaCO_3$ (fest) + CO_2 (Gas) + $H_2O \leftrightarrow Ca^{2+} + 2HCO_3^-$). Die Oberflächenschichten des Ozeans sind jedoch eher mit Karbonaten übersättigt (Feely et al., 2004), wohingegen im tiefen Ozean Bedingungen vorherrschen (niedrigerer pH und niedrigere CO_3^{2-} Konzentration), die eine Lösung von Karbonaten begünstigen.

Für die technologische Kalkung sind Calciumkarbonate in genügender Quantität (5×10^{17} Tonnen) vorhanden (Kheshgi, 1995, Rau und Caldeira, 1999). Nach Kheshgi (1995) würden bei konstantem CO_2-Partialdruck für jedes Mol gelösten $CaCO_3$ 0.8 Mol CO_2 zusätzlich im Seewasser gespeichert. Die Vermeidung vorzeitigen Absinkens aufgrund der geringen Löslichkeit der eingebrachten Calciumkarbonate wäre jedoch mit zusätzlichem technologischem Aufwand verbunden. Rau und Caldeira (1999) schlugen vor, CO_2 bereits an Land aus Abgasen zu extrahieren, die über Gemische aus Kalkmineralien (Kalzit, Aragonit, Dolimit) und Seewasser geleitet werden. Abgase aus Kohlekraftwerken haben einen CO_2 Partialdruck von etwa 0.15 atm, 400-fach höher als die umgebende Luft. Auf diese Weise würde das Seewasser angesäuert und die Lösung der Karbonate erleichtert. Mit dieser Methode wird jedoch nicht das gesamte CO_2 aus den Abgasen entfernt, da CO_2 nur im Überschuss die Karbonate löst. Verfahren zur Anreicherung von CO_2 müssten demnach mit diesem Ansatz verbunden werden. Die konzentrierte Lösung von Ca^{2+} und HCO_3^- in Seewasser kann dann im Ozean verklappt werden. Bei einer Lösung von 1:100 in Seewasser wird ein Anstieg der Kalzit-Sättigung um 10% erwartet, ohne dass gleichzeitig die Ausfällung spontan einsetzt (Caldeira und Rau, 2000). Der Effekt dieser Maßnahmen auf marine Ökosysteme wurde bisher nicht untersucht, erscheint aber geringer als durch die direkte CO_2-Injektion, da die pH-Abnahme erheblich reduziert werden kann und die CO_2-Anreicherung im Wesentlichen in Form von Bikarbonat erfolgt.

Wesentlicher Nachteil dieses technologischen Ansatzes ist, dass bis zu 1.5 Mol Karbonatmineralien für jedes Mol CO_2 zur Verfügung stehen müssen (Caldeira und Rau, 2000). Die benötigte Masse an Karbonaten liegt bei dem 3.5-fachen der schließlich gespeicherten CO_2-Masse. Derzeit werden weltweit 3 Gt $CaCO_3$ jährlich abgebaut (Kheshgi, 1995). Eine Vervielfachung des Bergbaus wäre demnach erforderlich, um den gesamten Bedarf zu decken. Ein solcher Aufwand erscheint logistisch und finanziell eher unrealistisch, auch unter Berücksichtigung der an Land angerichteten Umweltschäden. Es bleibt zu prüfen, ob die Karbonatneutralisierung in einem Portfolio verschiedener Maßnahmen eine Rolle spielen kann.

3.4 Ausblick: Forschungs- und Handlungsbedarf

Es besteht erheblicher Bedarf, die Wirkungen von Temperatur, CO_2 und auch Hypoxie auf marine Ökosysteme und auch die wechselseitige Beeinflussung dieser Wirkungen im Kontext der globalen Erwärmung umfassend aufzuklären. Dies sollte in einem integrativen interdisziplinären Forschungsansatz erfolgen, der die relevanten Ebenen biologischer Organisation von der molekularen bis zur ökosystemaren Ebene umfasst. Von Anfang an sollte eine möglichst realistische Analyse der CO_2-Wirkungen unter Berücksichtigung der Variabilität anderer Umweltparameter angestrebt werden.

Wie schon angedeutet lassen sich keine kritischen Schwellenwerte mehr festlegen, durch deren Nicht-Überschreiten Auswirkungen völlig vermieden werden können. Hier stellt sich die Frage nach den zu schützenden Gütern und den Grenzen tolerierbarer Änderungen. Diese Frage kann nur nach einer entsprechenden ethischen Diskussion beantwortet werden. Regionale und globale Antworten sind denkbar. Regionale Toleranzgrenzen wurden teilweise bereits überschritten, sofern es um das Schicksal einzelner Arten oder auch um einzelne Wirtschaftszweige geht (wie z.B. die Kabeljaufischerei in der Nordsee, verbunden mit dem Anstieg der Durchschnittstemperaturen um etwa 1°C). Bei einer angestrebten Festlegung von Schwellenwerten sollten jedoch aufgrund der Wechselwirkungen zwischen Temperatur, CO_2 und ggf. Hypoxie alle Faktoren zusammen gesehen werden.

Aus heutiger Sicht ist es unwahrscheinlich, dass Meeresorganismen bei zunehmenden atmosphärischen CO_2-Gehalten unter akuter Toxizität leiden werden. Bis 2050 werden voraussichtlich die spezifischen Einflüsse des sich in der Atmosphäre anreichernden CO_2 auf einzelne Arten und ihre Ökosysteme deutlich sichtbar werden. Dabei ist es unwahrscheinlich, dass Nettoprozesse wie die Photosynthese des Phytoplanktons oder das Wachstum von Mikroorganismen stark betroffen sein werden. Dennoch sind CO_2-induzierte, progressiv zunehmende Verschiebungen in ökologischen Gleichgewichten oder in der Artenzusammensetzung von Ökosystemen zu erwarten. In den Ökosystemen wird sich nicht nur im Phytoplankton, sondern auch bei den Tieren das Gleichgewicht zu ungunsten der Kalkbildner verschieben. Jenseits der Kalzifizierung sind über andere Mechanismen Leistungsfähigkeit, Reproduktion und

Wachstum von Organismen betroffen, ggf. auch die Empfindlichkeit gegen Krankheiten (vgl. Harvell et al., 2002). Es ist nach heutigem Wissen vorstellbar, dass die Empfindlichkeit gegen CO_2 durch den gleichzeitigen Erwärmungstrend zunimmt (Pörtner et al., 2004, 2005).

Die verfügbaren Erkenntnisse legen bereits jetzt nahe, das Bemühen um Reduktion der CO_2-Emissionen bis an die Grenzen des politisch, wirtschaftlich, gesellschaftlich und technologisch Machbaren zu steigern. Diese Grenzen sind im Rahmen von nationalen und internationalen Diskussionen festzulegen. Parallel zur Intensivierung der Umweltforschung müssen unverzüglich Maßnahmen zur deutlichen Reduktion der CO_2-Emissionen ergriffen werden, verbunden mit einem Technologiewandel in der Energieproduktion und einer Steigerung der entsprechenden Forschungsaktivitäten. Ein erfolgreicher und rascher Technologiewandel setzt aber hohe wirtschaftliche Dynamik und Kraft voraus, um möglichst rasch Rentabilität zu erreichen. Gezielte Förderung des Technologiewandels muss einsetzen, solange fossile Energieträger noch wirtschaftlich nutzbar und die Auswirkungen auf die Umwelt noch erträglich sind. Um die Verteuerung von Primärenergie sowie ökologische und wirtschaftliche Schäden durch Erwärmung und CO_2-Anreicherung zu begrenzen, sind in einem möglichst kurzen Übergangszeitraum Maßnahmen zur CO_2-Speicherung vorrangig in geologischen Formationen denkbar und empfehlenswert.

3.5 Literatur

Archer D.; H. Kheshgi; E. Maier-Reimer (1998): *Dynamics of fossil fuel neutralization by marine $CaCO_3$*. Global Biogeochemical Cycles 12, 259-276.

Barker S.; J.A. Higgins; H. Elderfield (2003): *The future of the carbon cycle: review, calcification response, ballast and feedback on atmospheric CO_2*. Phil. Trans. R. Soc. Lond. A 361, 1977–1999.

Brewer P.G.; C. Goyet; G. Friederich (1997): *Direct observation of the oceanic CO_2 increase revisited.* Proc. Natl. Acad. Sci. USA 94, 8308–8313.

Caldeira K.; G.H. Rau (2000): *Accelerating carbonate dissolution to sequester carbon dioxide in the ocean: Geochemical implications*. Geophysical Research Letters 27, 225-228.

Caldeira K.; M.E. Wickett, (2003): *Anthropogenic Carbon and Ocean pH*. Nature 425, 365.

Caldeira, K.; M. Akai; P. Brewer; B. Chen; P. Haugan; T. Iwama; P. Johnston; H. Kheshgi; Q. Li; T. Ohsumi; H. Pörtner; C. Sabine;Y. Shirayama; J. Thomson; J. Barry; L. Hansen (2006) *Ocean Storage. In: Carbon Dioxide Capture and Storage. Special report IPCC (Intergovernmental Panel on Climate Change).* Cambridge University Press, Cambridge, pp. 277-317.

Cicerone R.; J. Orr; P. Brewer; P. Haugan; L. Merlivat; T. Ohsumi; S. Pantoja; H.O. Pörtner; M. Hood; E. Urban (2004a): *Meeting Report: The Ocean in a High CO_2 World*, Oceanography Magazine 17, 72-78.

Del Giorgio; P.A. and P.J. Williams LeB (2005): *The global significance of respiration in aquatic ecosystems: from single cells to the biosphere*. In: Respiration in Aquatic Ecosystems (Hrsg: P.A. Del Giorgio & P.J. LeB Williams) Oxford University Press: Oxford.

Feely, R.A.; C.L. Sabine; K. Lee; W. Berelson; J. Kleypas; V.J. Fabry; F.J. Millero (2004): *Impact of Anthropogenic CO_2 on the $CaCO_3$ System in the Oceans*. Science 305, 362-366.

Field C.B.; M.J. Behrenfield; J.T. Randerson; P. Falkowski (1998): *Primary production of the biosphere: integrating terrestrial and oceanic components*. Science 281, 237–240.

Gattuso, J.-P.; D. Allemand; M. Frankignoulle (1999): *Photosynthesis and calcification at cellular, organismal and community levels in coral reefs*: A review on interactions and control by carbonate chemistry, Am. Zool. 39, 160– 183.

Harvell C.D.; C.E. Mitchell,;J.R. Ward; S. Altizer,;A.P. Dobson; R.S. Ostfeld; M.D. Samuel (2002): *Climate warming and disease risks for terrestrial and marine biota*. Science , 296, 2158-2162.

Haugan P.M.; H. Drange (1996): *Effects of CO_2 on the ocean environment*. Energ. Convers. Manage. 37, 1019-1022.

Hawkins S.J.; A.J. Southward; M.J. Genner (2003): *Detection of environmental change in a marine ecosystem: evidence from the western English Channel*. Sci. Tot. Environ. 310, 245–256.

Hoegh-Guldberg O. (2005): *Low coral cover in a high-CO_2 world*. J. Geochem. Res. – Oceans 110, C09S06, doi:10.1029/2004JC002528.

Huynh, T.T.; Poulsen C.J. (2005): *Rising atmospheric CO_2 as a possible trigger for the end-Triassic mass extinction*. Palaeogeography, Palaeoclimatology, Palaeoecology 217, 223– 242

IPCC (2001): *The Third assessment report of the Intergovernmental Panel on Climate Change* (IPCC). Cambridge University Press: Cambridge, UK, and New York, USA.

Kheshgi H.S. (1995): *Sequestering atmospheric carbon dioxide by increasing ocean alkalinity*. Energy-The International Journal 20, 915-922.

Kikkawa T.; A. Ishimatsu; J. Kita (2003): *Acute CO_2 tolerance during the early developmental stages of four marine teleosts*. Env. Toxicol. 18, 375-382.

Lackner K.S.A. (2003): *A guide to CO_2 sequestration*. Science 300, 1677-1678.

Langenbuch, M.; H.O. Pörtner (2004): *High sensitivity to chronically elevated CO_2 in a eurybathic marine sipunculid*. Aquatic Toxicol. 70, 55–61.

Metzger R.; Sartoris F.J.; Langenbuch M.; Pörtner H.O. (2007*): Influence of elevated CO_2 concentrations on thermal tolerance of the edible crab* Cancer pagurus J. therm Biol.32, 144-151

Michaelidis, B.; C. Ouzounis; A. Paleras; HO. Pörtner (2005): *Effects of long-term moderate hypercapnia on acid-base balance and growth rate in marine mussels* (Mytilus galloprovincialis). Mar. Ecol. Progr. Ser. 293, 109-118.

Oshumi T. (1995): *CO_2 storage options in the deep sea*. Mar. Technol. Soc. J. 29, 58-66.

Parmesan C; G. Yohe (2003): *A globally coherent fingerprint of climate change impacts across natural systems*. Nature 421, 37-42.

Pearson R.G.; T.P. Dawson (2003): *Predicting the impacts of climate change on the distribution of species: are bioclimate envelope models useful*? Glob. Ecol. Biogeogr. 12, 361–371.

Perry A.L.; P.J. Low; J.R. Ellis; J.D. Reynolds (2005): *Climate change and distribution shifts in marine fishes*. Science 308, 1902-1905.

Pörtner H.O. (2001*): Climate change and temperature dependent biogeography*. Naturwissenschaften 88, 137-146

Pörtner, H.O.; Knust R. (2007) *Climate change affects marine fishes through the oxygen limitation of thermal tolerance.* Science 315, 95 - 97.

Pörtner H.O.; M. Langenbuch; A. Reipschläger (2004): *Biological impact of elevated ocean CO_2 concentrations.* J. Oceanogr. 60, 705-718.

Pörtner H.O.; M. Langenbuch; B. Michaelidis (2005): *Synergistic effects of temperature extremes, hypoxia and increases in CO_2 on marine animals.* J. Geochem. Res. – Oceans, 110, C09S10, doi:10.1029/ 2004JC002561.

Pörtner H.O.; A.F. Bennett; F. Bozinovic; A. Clarke; M.A. Lardies; M. Lucassen; B. Pelster,; F. Schiemer; J.H. Stillman (2006): *Trade-offs in thermal adaptation.* Physiol. Biochem. Zool. 79, 295-313.

Rau G.H.; K. Caldeira (1999): *Enhanced carbonate dissolution: A means of sequestering waste CO_2 as ocean bicarbonate.* Energy Conversion and Management 40 (17), 1803-1813.

Raven J.; K. Caldeira; H. Elderfield; O.Hoegh-Guldberg; P. Liss; U. Riebesell; J. Shepherd; C. Turley; A. Watson (2005): *Ocean acidification due to increasing atmospheric carbon dioxide.* Policy document 12/05, www.royalsoc.ac.uk, The Royal Society, UK.

Riebesell U.; I. Zondervan; B. Rost; P.D. Tortell,; R.E. Zeebe; F.M. Morel (2000): *Reduced calcification of marine Plankton in response to increased atmospheric CO_2.* Nature 407, 364-367.

Root T.L.; J.T. Price; K.R. Hall; S.H. Schneider; C. Rosenzweig; J.A. Pounds (2003): *Fingerprints of global warming on wild animals and plants.* Nature 421, 57-60.

Sabine C.L.; R.A. Feely; N. Gruber; R.M. Key; K. Lee; J.L. Bullister; R. Wanninkhof; C.S. Wong; D.W.R. Wallace; B. Tilbrook; F.J. Millero; T.H. Peng; A. Kozyr; T. Ono: A.F. Rios (2004). *The oceanic sink for anthropogenic CO_2.* Science 305, 367-371.

Shirayama Y.; H. Thornton (2005): *Effect of increased atmospheric CO_2 on shallow-water marine benthos.* J. Geochem. Res. – Oceans 110, doi:10.1029/ 2004JC002618.

Thomas C.D.; A. Cameron; R.E. Green; M.Bakkenes; L.J. Beaumont; Y.C. Collingham; B.F.N. Erasmus; M. Ferreira de Siqueira; A. Grainger; L. Havannah; L. Hughes; B. Huntley; A.S. van Jaarsveld; G.F. Midgley; L. Miles; M.A. Ortega-Huerta; A. Townsend Peterson; O.L. Phillips; S.E. Williams (2004): *Extinction risk from climate change.* Nature 427, 145-148.

Walther G.R.; E. Post; P. Convey; A. Menzel; C. Parmesan; T.J.C. Beebee; J.M. Fromentin; O. Hoegh-Guldberg; F. Bairlein (2002): *Ecological responses to recent climate change.* Nature 416, 389-395

Wiltshire K.H.; B.F.J. Manly (2004): *The warming trend at Helgoland Roads, North Sea: phytoplankton response.* Helgol. Mar. Res. 58, 269-273

4 Die Atmosphäre als Schadstoffsenke - Einfluss auf Stoffkreisläufe und Klima

Johann Feichter

„Luft“ ist das Medium, in dem der Mensch lebt und das er atmet. Die die Erde umgebende Lufthülle, die Atmosphäre, ist ein Gasgemisch bestehend aus 78% Stickstoff, 21% Sauerstoff, 0.9% Edelgase und 0.1% verschiedener Spurenstoffe. Die Spurenstoffe dienen als Wärme- und Strahlenschutzschicht und haben daher große Bedeutung für den Temperaturhaushalt und für alles Leben auf der Erde. Die Atmosphäre ist aber nur eine Komponente des Erdsystems. Zum System „Erde“ gehören der Erdkörper selbst, die Erdoberfläche – die Pedosphäre, die Atmosphäre, die Hydrosphäre, die Kryosphäre und die Biosphäre. Stoffflüsse zwischen den Komponenten dieses Systems „Erde" bilden meist über lange Zeiträume betrachtet geschlossene Kreisläufe, die sich untereinander beeinflussen und eigene Gesetzmäßigkeiten aufweisen.

4.1 Biogeochemische Kreisläufe und ihre Störung durch den Menschen

Biogeochemische Kreisläufe sind eng mit dem Klimasystem der Erde verbunden. Ein Verständnis dieser Kreisläufe erfordert die Betrachtung sämtlicher Komponenten des Klimasystems. Wir werden im Folgenden aber den Schwerpunkt auf Vorgänge in der Atmosphäre legen. Spurenstoffe werden von zahlreichen natürlichen und anthropogenen Quellen in die Atmosphäre eingebracht, dort transportiert, chemisch und physikalisch umgewandelt und wieder aus der Atmosphäre entfernt.

4.1.1 Quellen atmosphärischer Spurenstoffe

Spurenstoffe werden meist vom Boden aus in die Atmosphäre eingebracht (emittiert) oder in der Atmosphäre erzeugt. Eine natürliche Quelle von Spurenstoffen stellt die terrestrische Vegetation dar, die große Mengen von Terpenen freisetzt, die bei der bodennahen Ozonbildung sowie bei der Bildung organischer Aerosolpartikel eine wichtige Rolle spielen. Zerkleinerte Pflanzenteile, Sporen und Mikrolebewesen wie Bakterien und Viren tragen zur Beladung der Atmosphäre mit Bioaerosolen bei und spielen möglicherweise eine Rolle bei der Bildung von Eiswolken. Als Folge des Abbaus organischer Substanz im Boden oder in Mülldeponien durch Mikrolebewesen gasen erhebliche Mengen von Kohlendioxid (CO_2), Methan (CH_4), Kohlenmonoxid (CO), Stickoxide (NOx) aus. Unter anaeroben Bedingungen werden in Sümpfen und Reisfeldern große Mengen an Methan produziert und in die Atmosphäre entlassen. Termiten und Wiederkäuer sind ebenfalls eine wichtige Quelle von Methan. Einige Spurenstoffe, die durch Gasaustausch aus dem Oberflächenwasser der Ozeane in die Atmosphäre gelangen, werden von der marinen Biosphäre erzeugt. Dazu gehören Dimethylsulfid, Carbonylsulfid (OCS), Lachgas (N_2O), Halogenverbindungen, Ammoniak sowie als Partikel

Seesalz- und Bio-Aerosol. Vulkane und Fumarolen (vulkanische Exhalationen) stoßen große Mengen an Wasserdampf, Kohlendioxid und Schwefeldioxid aus.

Die wichtigsten anthropogenen Quellen von Spurenstoffen stellen Verbrennungsprozesse dar. Bei der Nutzung fossiler Brennstoffe (Kohle, Öl, Erdgas) werden große Mengen Kohlendioxid, Kohlenwasserstoffe, Schwefeldioxid und Rußpartikel freigesetzt. Bei der Verbrennung von Biomasse (Holz, Gras, Ackerabfälle, Dung) zu Koch- und Heizzwecken, zur Umwandlung von Wald in Ackerland oder bei von Blitzen initiierten Wildfeuern entstehen erhebliche Mengen an CO_2, NO_x, Kohlenwasserstoffen und Ruß. Des Weiteren werden eine Reihe von Spurenstoffen von der Industrie und der Landwirtschaft freigesetzt.

Abbildung 4.1 gibt für ausgewählte Spurenstoffe den prozentualen Anteil verschiedener Quellen an der globalen, jährlichen Gesamtemission wieder (Emission = Freisetzung von Gasen und Partikeln in die Atmosphäre). Die Emissionen sind Schätzungen für das Jahr 1995. Die Abbildung zeigt klar, dass die vom Menschen verursachten Emissionen vieler Spurenstoffe die natürlichen Quellstärken weit übertreffen.

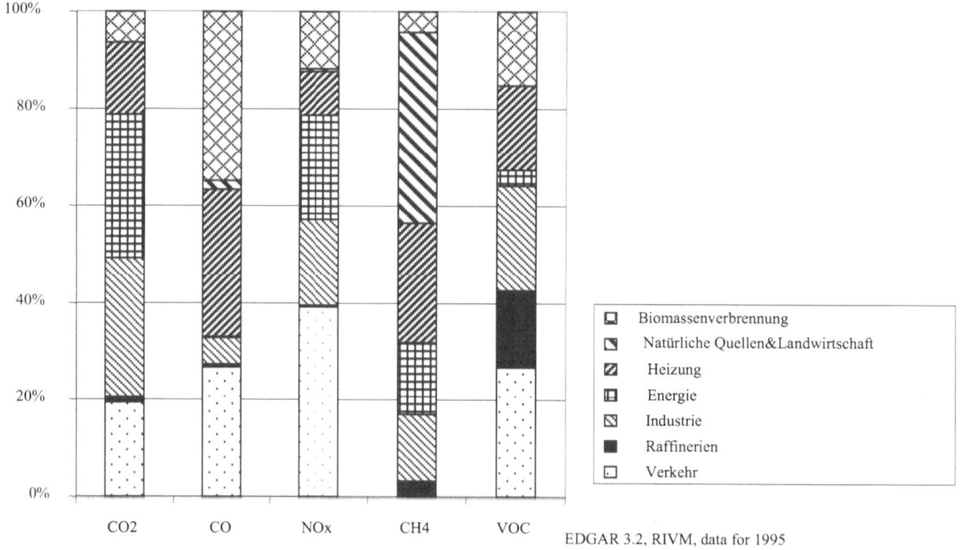

Abbildung 4.1 Beiträge einzelner Emittenten in Prozent der totalen Emissionen für das Jahr 1995 (EDGAR data base 3.2-RIVM).

4.1.2 Zeitliche Trends

Mit der Entwicklung der Hochkulturen, der damit einhergehenden höheren Bevölkerungsdichte sowie der zunehmenden landwirtschaftlichen und städtebaulichen Aktivitäten stieg der Energie- und Ressourcenbedarf. Durch intensivere Nutzung von Brennholz als Energieträger traten in Städten die ersten Umweltprobleme auf. So erließ der römische Senat vor ca. 2000 Jahren bereits ein Gesetz: „ Aerem corrumpere non licet“ (es ist nicht erlaubt, die Luft zu verschmutzen) (Makra und Brimblecomb, 2004). Mit der zunehmenden Urbanisierung und dem Aufkommen von Dampfmaschinen nahm der Energiebedarf im 18. und 19. Jahrhundert erheblich zu. Holz wurde als Energieträger zusehends von Kohle verdrängt. Damit ging eine Zunahme der Schadstoffemissionen einher und die ersten schweren Umweltprobleme führten zu gesetzgeberischen Maßnahmen in England. Mit der Verfügbarkeit eines weiteren hochwertigen Energieträgers (Erdöl) nahm der Energieverbrauch nach dem 2. Weltkrieg nochmals erheblich zu und ist teils durch den exzessiv hohen Pro-Kopf Verbrauch in Europa, Nord-Amerika und Japan, teils durch die rasche Zunahme der Bevölkerung in den ärmeren Ländern noch immer im Ansteigen begriffen. Abbildung 4.2 zeigt die Entwicklung des weltweiten Energieverbrauchs der Jahre 1870 bis 2000 sowie die Nutzung verschiedener Energieträger.

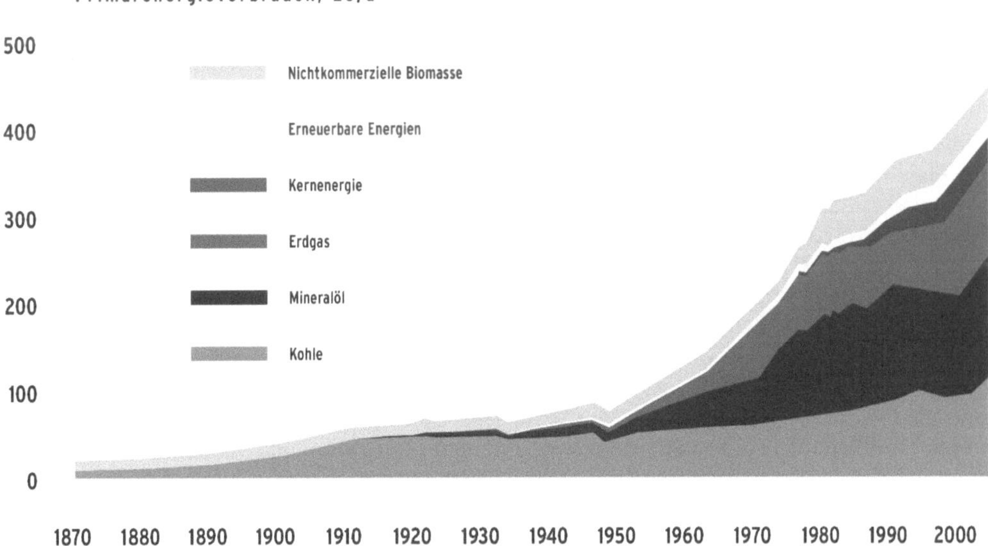

Abbildung 4.2 Weltweiter Energieverbrauch von 1870 bis 2004 in Exa-Joule (BMU 2006). Mit dem steigenden Verbrauch fossiler Energieträger (Kohle, Erdöl, Erdgas) geht ein Anstieg der globalen Kohlendioxidkonzentrationen von 280 ppmv („parts per million" bezogen auf das Volumen) in vorindustrieller Zeit auf 384 ppmv in 2005 einher. Neben Kohlendioxid werden bei der Verbrennung fossiler Energieträger und von Biomasse ein Reihe weiterer Spurenstoffe wie Kohlenmonoxid, Stickoxide, Schwefeldioxid, Rußpartikel und organische Kohlenwasserstoffe freigesetzt, deren atmosphärische Konzentrationen ebenfalls stark zugenommen haben.

Der Gebrauch von Kohle nimmt mit Beginn der Industrialisierung zu und erreicht sein Maximum in den 20-er Jahren des vergangenen Jahrhunderts. Kohle wird als wichtigster Energieträger in den 60-er Jahren von Erdöl abgelöst und Erdöl in nächster Zukunft von Erdgas. Insbesondere in den vergangenen 50 Jahren (1950-2000) hat der Ressourcenverbrauch und damit auch die Belastung natürlicher Kreisläufe in bedenklichem Ausmaß zugenommen; so hat sich die Bevölkerungszahl verdreifacht, die Wirtschaftskraft verzehnfacht, der Energieverbrauch und die Emission von Kohlendioxid verfünffacht.

4.1.3 Transport- und Umwandlungsprozesse

Auf Grund der unterschiedlichen Erwärmung der Erdoberfläche durch die Sonneneinstrahlung und der daraus resultierenden unterschiedlichen Luftdruckverteilung kommt es zu Luftströmungen, die unter der Einwirkung der Erdrotation die atmosphärische Zirkulation bestimmen und Ursache für die Durchmischung der unteren Atmosphärenschichten (Troposphäre = 8 -18 km) sind (Feichter et al., 2002). Diese Transportprozesse vermischen und verdünnen in sie eingebrachte Gase und Partikel effizient und verteilen sie in kurzer Zeit über weite Strecken. Neben der Meteorologie beeinflussen auch die chemischen und physikalischen Eigenschaften der Spurenstoffe Transport und Aufenthaltsdauer in der Atmosphäre. So bestimmt die Löslichkeit in Wasser, wie rasch Gase oder Partikel mit dem Niederschlag aus der Atmosphäre entfernt werden oder Größe und Gewicht eines Partikels, wie rasch es aufgrund der Schwerkraft sedimentiert. Die Löslichkeit von Gasen kann sich durch chemische Umwandlungen ändern. Da Sauerstoff ein starkes Oxidationsmittel ist, wirkt die Atmosphäre oxidierend[1].
Das Oxidationsmittel ist allerdings meist nicht der molekulare Sauerstoff. Reaktionen damit wären viel zu langsam, um von Bedeutung zu sein, sondern Sauerstoffradikale[1] wie z.B. OH, HO_2, NO_3, O_3 etc., wobei das Hydroxyl-Radikal OH bei weitem das Wichtigste ist. Radikale enthalten eine ungerade Zahl an Elektronen und gehen daher sofort Verbindungen ein, um einen stabileren Zustand zu erreichen. Die Oxidationskapazität der Atmosphäre hängt auch von den Konzentrationen der Spezies ab, mit denen die Radikale reagieren. Die Lebensdauer und Konzentration des Hydroxyl-Radikals z.B. wird von den wichtigsten Reaktionspartnern Methan und Kohlenmonoxid kontrolliert. Durch Oxidation nimmt die Polarität zu und damit auch die Wasserlöslichkeit, sodass die oxidierten Spurenstoffe leichter durch Niederschlag aus der Atmosphäre ausgewaschen werden können. Oxidation und nachfolgendes Auswaschen durch Niederschlag verhindern, dass sich Spurenstoffe in der Atmosphäre anreichern. Chemisch stabilere Substanzen wie z.B. die Fluorkohlenwasserstoffe (FCKWs) oder Schwefelhexafluorid (SF_6), beides rein anthropogene Substanzen und sehr effiziente Treibhausgase (Gase die den Treibhauseffekt verstärken), werden erst in großen Höhen, in denen die energiereiche kurzwellige Sonnenstrahlung noch nicht geschwächt ist, photolytisch abgebaut. Deren Lebensdauern betragen daher für einige FCKWS mehr als 100, für SF_6 mehr als 1000 Jahre. Die atmosphärischen Konzentrationen von Spurenstoffen werden also nicht nur von der Quellstärke sondern auch von deren Abbaubarkeit in der Atmosphäre bestimmt. Einige Stoffe werden, nachdem sie durch Trocken- oder Nassdeposition am Boden abgelagert wurden, wieder re-emittiert. Das gilt für einige Stäube aber auch für viele langlebige (sog. persistente) organische Substanzen, die in Abhängigkeit von der Temperatur und den Bedingungen im Boden bzw. im Wasser durch Verdunstung wieder in die Atmosphäre zurückkehren. Bezüglich des Verhaltens dieser Stoffe in der Umwelt spricht man vom „Grashüpfer-Effekt".

Zum Verständnis der Wirkungsweise und der Rolle biogeochemischer Kreisläufe und zur Demonstration anthropogener Störungen wollen wir im weiteren drei Kreisläufe herausgreifen und kurz beschreiben, den Wasserkreislauf, den Schwefelkreislauf und den Kohlenstoffkreislauf.

---

[1] Wenn Atome Elektronen verlieren und positive Ionen bilden, werden sie oxidiert.

[2] Radikale sind molekulare Fragmente, die sehr reaktionsfreudig sind

4.1.4 Wasserkreislauf

Wasser ist die häufigste chemische Komponente in unserer natürlichen Umgebung und es gibt kein Leben ohne Wasser. Die besondere astronomische Lage des Planeten Erde, d.h. der Abstand zur Sonne und die Gravitation der Erde, erlauben die Anwesenheit von Wasser in den drei Phasen Wasserdampf, Flüssigwasser und Eis. Wasser bildet die Ozeane, Seen und Flüsse und ist als Grundwasser in den oberen Schichten der Erdkruste vorhanden. Nur ein kleiner Prozentsatz (~0.04% des gesamten Süßwassers) ist als Wasserdampf und Wolkenwasser in der Atmosphäre. Trotzdem spielt Wasser eine wichtige Rolle im Klimasystem. Wasserdampf ist das wichtigste Treibhausgas und trägt ca. 60% zum natürlichen Treibhauseffekt bei. Ohne den natürlichen Treibhauseffekt betrüge die globale Mitteltemperatur -18° statt +15°. In Form von latenter Wärme transportiert Wasserdampf Energie von der Erdoberfläche in die freie Atmosphäre und setzt diese Energie, wenn Dampf zu Wolkenwasser kondensiert, frei. Ungefähr 60% der Erdoberfläche sind stets von Wolken bedeckt. Wolken reflektieren etwa 15% der einfallenden Sonnenstrahlung zurück in den Weltraum, haben also einen abkühlenden Effekt, absorbieren aber auch thermische Strahlung und wirken damit erwärmend. Der resultierende Effekt von Wolken führt zu Abkühlung. Wasserdampf hat eine atmosphärische Lebensdauer von ca. 11 Tagen und verlässt die Atmosphäre als Niederschlag. Die Verteilung und Menge des Niederschlags bestimmt das Angebot an Trinkwasser und landwirtschaftlichen Erträgen.

Der Mensch greift auf dreierlei Art und Weise in den Wasserkreislauf ein:

1. Erhöhung der Treibhausgaskonzentrationen:

Die durch den Treibhauseffekt induzierte Erwärmung erhöht die Verdunstung und damit den Niederschlag. Da die Atmosphäre bei höheren Temperaturen mehr Wasserdampf aufnehmen kann (→ Clausius-Clapeyron Gesetz) können einzelne Niederschlagsereignisse erheblich mehr Niederschlag bringen. Da Wasserdampf wie ein Treibhausgas wirkt, verstärkt die Zunahme des Wasserdampfgehalts zusätzlich die Erwärmung. Welchen Einfluss eine Klimaerwärmung auf Verteilung und Stärke der Wolkenbedeckung hat, ist unsicher. Prinzipiell gilt, dass niedere Wasserwolken überwiegend Sonnenlicht streuen und damit abkühlend wirken, hohe Eiswolken hingegen für die Sonnenstrahlung fast transparent sind, aber thermische Strahlung absorbieren und daher erwärmend wirken. Ob der Netto-Effekt einer Klimaerwärmung auf die Strahlungsbilanz von Wolken positiv oder negativ ist, wird von verschiedenen Klimamodellen unterschiedlich beantwortet.

2. Luftverschmutzung

Bei der Verbrennung fossiler Energieträger oder Biomasse und bei manchen industriellen Aktivitäten werden kleinste Partikel, so genannte Aerosole, in die Atmosphäre entlassen (Primärpartikel) oder es werden Gase emittiert, die selbst oder deren Produkte aus chemischen Umwandlungen kondensieren und Sekundärpartikel bilden (Feichter, 2001). Wichtige Quellen von Primärpartikeln sind Verbrennungsprozesse, die Ruß und Flugasche freisetzen. Quellen von Gasen, die Sekundärpartikel bilden, sind Stickoxide, Schwefeldioxid und Kohlenwasserstoffverbindungen. Diese Aerosole dienen als Wolkenkondensationskerne oder Eiskerne, an denen Wasserdampf kondensieren bzw. sublimieren kann. Anzahl und chemische Zusammensetzung der Aerosolpartikel beeinflusst daher die optischen und physikalischen Eigenschaften von Wolken. Aus Beobachtungen weiß man, dass Wolken in verschmutzter Luft höhere Wolkentropfenanzahlen aufweisen als in sauberer Luft. Außerdem sind die Wolkentropfenradien kleiner. Kleinere Wolkentröpfchen regnen weniger wahrscheinlich aus und die Wolke lebt länger. All diese Effekte können in verschmutzten Gebieten die Verteilung und Stärke des Niederschlags beeinflussen (Lohmann und Feichter, 2005).

3. Bodennutzungsänderungen

Durch Abholzung und Umwandlung von Wäldern in Weide- oder Ackerland ändern sich die Verdunstungsrate und das Abflussverhalten. Weiterhin greift der Mensch durch die steigende Oberflächenversiegelung und durch die Regulierung von Flüssen nachhaltig in den Oberflächenabfluss ein. Da, wie wir oben gesehen haben, Auswaschen durch Niederschlag die wichtigste Senke für atmosphärische Spurenstoffe ist, beeinflussen anthropogene Änderungen des Wasserkreislaufs auch das Zyklieren der und die Lebensdauer von anderen Spurenstoffen.

4.1.5 Der Schwefelkreislauf

Schwefelverbindungen findet man in der Lithosphäre[2], der Hydrosphäre, der marinen und terrestrischen Biosphäre und der Atmosphäre. Biochemische Aktivitäten sind ein wichtiger Motor des globalen Schwefelkreislaufs. Mit 1.9 Gewichtsprozenten stellt Schwefel das sechsthäufigste Element der Erde dar. In der Erdrinde beträgt sein Anteil 0.05 Gewichtsprozent (Schlesinger 1991). Das häufigste schwefelhaltige Mineral ist Pyrit (FeS). Buntmetalle, wie Kupfer, Zink oder Blei, kommen als metallische Sulfide vor und enthalten große Mengen an Schwefel, die bei der Verhüttung freigesetzt werden. Schwefel kommt in der Natur auch rein vor. Solche gediegenen Vorkommen sind vulkanischen Ursprungs.

Wie in Tabelle 4.1 gezeigt unterscheiden sich die Inventare in den verschiedenen Reservoiren durch viele Größenordnungen. Die typischen Austauschzeiten (definiert als Inventar/Fluss) zwischen den Reservoiren weisen ebenfalls eine große Spannweite auf, sodass nicht von einem biogeochemischen Schwefelkreislauf gesprochen werden kann, sondern von vielen Kreisläufen mit unterschiedlichen Austauschzeiten, die auf komplexe Weise miteinander verbunden sind. Ähnliches gilt für fast alle biogeochemischen Kreisläufe.

Atmosphärische Schwefelspezies haben relative kurze Aufenthaltsdauern. Daher sind die atmosphärischen Reservoirs klein verglichen zu den Flüssen. Die wichtigste Spezies, Schwefeldioxid (SO_2) stammt aus der Oxidation von reduzierten Schwefelverbindungen oder aus Verbrennungsprozessen wie der Verhüttung von Buntmetallen, der Verwendung fossiler Brennstoffe, der Verbrennung von Biomasse und vulkanischer Tätigkeit. Die globale Emission aus anthropogenen Quellen (ohne Biomassenverbrennung) wurde für das Jahr 1990 auf 72 Tg S geschätzt und übertrifft damit bei weitem die Stärke der meisten natürlichen Quellen. Ungefähr 60% dieser Emissionen ist auf Verbrennen von Kohle zurückzuführen, 30% auf die Nutzung von Erdöl und der Rest entsteht bei der Verhüttung von Bunterzen und bei diversen industriellen Aktivitäten ((Cullis and Hirschler 1980)). Kohle kann bis zu 5% Schwefel enthalten, der als Pyrit oder in organischer Form auftritt. Schwefel in Erdöl wird durch den Raffinerieprozess abgereichert, sodass leichtere Sorten weniger Schwefel enthalten. Erdgas enthält, wenn überhaupt, geringe Mengen an Schwefelwasserstoff (H_2S). Biomassenverbrennung trägt mit 2.5 Tg S pro Jahr zum atmosphärischen SO_2 Gehalt bei. Neben spektakulären Vulkanausbrüchen, die große Mengen Schwefels und anderer Substanzen bis in die Stratosphäre schleudern, spielen kontinuierliche vulkanische Emissionen (effusive Eruptionen) ebenfalls eine wichtige Rolle. Vulkanische Eruptionen (effusive und explosive) und Ausgasen aus Fumarolen sind nach der marinen Biosphäre die wichtigste natürliche Quelle für atmosphäri-

[2] Erdkruste und oberste Schicht des Erdmantels; ca. 100 km

schen Schwefel. Reduzierte Schwefelkomponenten oxidieren in der Atmosphäre , oxidierte Spezies werden durch Auswaschen aus der Atmosphäre entfernt. Das Resultat der Reinigung der Atmosphäre von Schwefel- und Stickstoffkomponenten durch Niederschlag ist der so genannte saure Regen. Regenwasser sollte ohne anthropogene Emissionen auf Grund des atmosphärischen Kohlendioxidgehalts und der natürlicherweise in der Luft enthaltenen Spurenstoffe einen Säuregehalt (pH-Wert) von mehr als 5 haben. Tatsächlich misst man pH-Werte des Regenwassers, die im Mittel zwischen 4 und 5 liegen und in belasteten Gebieten auch 3 unterschreiten können.

Tabelle 4.1 Reservoire und Flüsse von Schwefel (Schlesinger, 1991; Feichter et al., 1997, Eg = 10^{18}g, Tg = 10^{12}g).

Reservoir	**Eg S**	**Flüsse**	**Tg S / Jahr**
Sedimentgestein	7 800	Vulkane und Fumarolen → Atm.	8
Basische od. dunkle Minerale	2 300	Terrestrische Biosphäre → Atm.	2.5
Ozeane	1 280	Marine Biosph. → Atm.	18
Atmosphäre	3.6	Verwitterung und Erosion	72
Frischwasser	0.003	Flüsse → Ozeane	213
Eis	0.006	Seesalz → Atm.	144
Terrestrische Biosphäre	0.6	Pyrit in Tiefseesediment	39
Marine Biosphäre	0.024	Deposition aus Atm.→ Boden&Ozean	342
Tote organische Substanz	5.0	Anthrop. Emission in 1990 → Atm.	72

4.1.6 Der Kohlenstoffkreislauf

Kohlendioxid ist nach dem Wasserdampf das wichtigste Treibhausgas. Die atmosphärischen Konzentrationen werden sowohl durch den natürlichen Kohlenstoffkreislauf als auch durch anthropogene Einflüsse kontrolliert. Der weitaus größte Anteil an Kohlenstoff ist in den Sedimenten des Ozeans gespeichert (~80 Mio Gt C). Nach den Sedimenten enthält der Ozean den größten Speicher an Kohlenstoff (~ 40 000 Gt C), 50mal soviel wie die Atmosphäre (entspricht ~380 ppm_V d.h. Millionstel Volumenanteile) und 15mal soviel wie die Biosphäre. Zwischen den einzelnen Reservoirs findet ein Austausch statt, wobei die verschiedenen Reservoire sowohl Senken als auch Quellen sein können. Beim Austausch von Kohlendioxid zwischen Ozean und Atmosphäre spielen der Gasaustausch, die physikalische und die marine biologische Pumpe eine Rolle (siehe dazu den Artikel von Pörtner in diesem Band). Kohlendioxid wird in Abhängigkeit vom Konzentrationsgradienten zwischen Atmosphäre und Oberflächenwasser und der Wassertemperatur vom Ozean aufgenommen oder abgegeben. CO_2 geht im Oberflächenwasser in Lösung und dissoziiert zu Bikarbonat und Karbonat. Der Ozean nimmt netto derzeit aus der Atmosphäre ca. 2 Gt C pro Jahr auf. Kaltes und CO_2-reiches Oberflächenwasser sinkt ab und Tiefenwasser mit niedererem CO_2 Gehalt steigt auf, diesen Vorgang bezeichnen wir als physikalische CO_2-Pumpe (Abwärtstransport: ~33 Gt C/Jahr). Phytoplankton assimiliert (Aufnahme) CO_2 und dient wiederum Zooplankton und anderen Meerestieren als Nahrung. Deren Exkremente (Detritus) sowie abgestorbenes Phytoplankton sinken in den Ozeanen ab und transportieren etwa 11 Gt C pro Jahr in tiefere

Schichten (biologische Pumpe). Weitere Reservoire für Kohlenstoff stellen die Land-Öko-Systeme dar. In Böden sind ca. 1500 Gt C als organische Substanz gespeichert, in lebender Biomasse ca. 500 Gt C (IPCC, 2001). Die wichtigsten Prozesse sind die so genannte Assimilation (Aufnahme) von CO_2 durch Pflanzen in der Photosynthese, und der entgegengesetze Vorgang, also die Rückführung von Kohlenstoffdioxid, die sogenannte Respiration (Veratmung) des von den Pflanzen produzierten Sauerstoffs zu CO_2. Der Mathematiker Jacob Bronowski hat die Idee des Kreislaufs zwischen anorganischem und organischem sehr anschaulich formuliert: „You will die but the carbon will not; its career does not end with you. It will return to the soil, and there a plant may take it up again in time, sending it once more on a cycle of plant and animal life" (http://fr.wikipedia.org/wiki/Jacob_Bronowski).

Die anthropogenen Emissionen aus fossiler Verbrennung betragen 5.3 Gt C pro Jahr, aus Zementproduktion 0.1 Gt C/a und aus Abholzung und Brandrodung 1.7 Gt C/a (gültig für das Jahr 1990, IPCC, 2001). Nach Abzug des in der Atmosphäre verbleibenden CO_2's, bleiben 1.9 Gt C übrig, die als „missing sink" bezeichnet werden und wahrscheinlich aus Unsicherheiten in der Kohlenstoffbilanz in den terrestrischen Öko-Systemen resultieren. Folgende Prozesse könnten die fehlende Senke erklären:

- Düngeeffekt aufgrund der höheren CO_2 Konzentrationen sowie des hohen Stickstoffeintrags aus anthropogenen Emissionen und damit vermehrte CO_2 Aufnahme in Pflanzen,
- Aufforstungsmaßnahmen in den mittleren Breiten der Nordhemisphäre,
- Klimaerwärmung und damit einhergehend höhere Produktivität

Die Atmosphäre, der Ozean und die Land-Öko-Systeme tauschen große Mengen an Kohlenstoff aus. Da biologische Prozesse dabei eine wichtige Rolle spielen, variiert die Bilanz unabhängig von anthropogenem Einfluss von Jahr zu Jahr. So hatten wir im Jahr 1991 nach dem Ausbruch des Pinatubo eine Erniedrigung der bodennahen Temperatur der Nordhemisphäre um etwa ein halbes Grad und damit einhergehend war der Anstieg der atmosphärischen CO_2 Konzentrationen gering, im sehr warmen Jahr 1998 hingegen wurde ein kräftiger Anstieg beobachtet. Interannuale Schwankungen der großräumigen Zirkulation, wie z.B. El Niño-La Niña, beeinflussen Temperatur- und Niederschlagsverteilung und damit die Biosphäre und den Kohlenstoffkreislauf (Watanabe, Uchino, Joo, et al., 2000).

„Cum grano salis" kann man den Austausch von Spurenstoffen zwischen den verschiedenen Sphären als das Hormonsystem des Klimas betrachten. Die Menge an Spurenstoffen, die ausgetauscht werden, ist gering verglichen zu den Reservoirs der meisten Subsysteme. Der Austausch von Spurenstoffen koppelt die verschiedenen Subsysteme und stellt eine Art von Nachrichtensystem dar. Die verschiedenen Spurenstoffkreisläufe sind über chemische, physikalische, biologische und geologische Prozesse auf vielfache Art und Weise miteinander verbunden. Die Atmosphäre ist in Hinsicht auf ihre Rolle im Klimasystem das Medium, in dem Informationen am raschesten über weite Entfernungen ausgetauscht werden können. Emission von Spurenstoffen in die Atmosphäre garantiert also rasche Verbreitung und Eintrag in alle anderen Medien des Klimasystems.

4.2 Auswirkungen von Luftverschmutzung

Wann sprechen wir von Luftverschmutzung bzw. den Eintrag welcher Stoffe betrachten wir als Problem? Als problematisch betrachten wir die Freisetzung von Stoffen, die die menschliche Gesundheit beeinträchtigen, ökotoxisch wirken, das Klimasystem beeinflussen oder die eine sehr hohe Verweildauer aufweisen (persistente Stoffe). Das europäische Schadstoffregister EPER (European Pollutant Emission Register) umfasst Schadstoffe, für die Schwellwerte der Maximalkonzentrationen festgelegt sind[3]. Die meisten Stoffe aus diesem Register werden erst bei Überschreiten einer Mindestkonzentration als schädlich betrachtet. Daneben gibt es toxische oder radioaktive Substanzen, die auch in extrem geringen Konzentrationen schädlich sein können. Häufig werden neben Grenzwerten auch Richtwerte für einzelne Substanzen angegeben, die ein geringeres Maß an Verbindlichkeit besitzen.

4.2.1 Auswirkungen auf die Menschen und die Umwelt

Schadstoffe in der Luft wie CO, SO_2, VOC und NO_x können Entzündungen der Atemwege verursachen, Erkrankungen wie Allergien und Asthma ungünstig beeinflussen und deren Auslösung fördern. Inhalierte Aerosolpartikel (Feinstaub) stellen ein Gesundheitsrisiko dar. Ultrafeine Partikel können in die Blutbahn übertreten. Auch in Leber, Herz und sogar im Gehirn wurden im Tierversuch ultrafeine Partikel gefunden, sie machen allerdings nur einen kleinen Masseanteil der insgesamt inhalierten Partikel aus.

Schwefeldioxid und Stickoxide sind für den „sauren Regen" verantwortlich. Zusammen mit hohen Konzentrationen des Atemgiftes Ozon und Einträgen von Schwermetallen schädigen sie Pflanzen (→ Waldsterben). Trotz reduzierter Schwefeldioxideinträge bewirken die zunehmenden Emissionen von Stickoxiden aus Verkehr und industrieller Landwirtschaft nach wie vor viel zu hohe Säureeinträge. Stickstoff regt einerseits das Wachstum an, andererseits werden aber lebenswichtige Nährelemente aus den Waldböden gelöst. Die Folge sind Ernährungsstörungen und ein Vitalitätsverlust der Waldbäume. Neben der Wirkung von Schadstoffen sind auch Wetter und Klima entscheidende Faktoren. So setzen lang anhaltende Trockenperioden, wie wir sie im Sommer 2003 erlebt haben, den Wald erheblichem Stress aus und können weit schädlichere Folgen haben als luftgetragene Schadstoffe. In stark verschmutzten Gebieten kann auch die Deposition von Partikeln auf Blattflächen oder die Abnahme photosynthetisch aktiver Strahlung zu Ernteeinbußen führen. So berichten Bergin et al. (2001), dass in stark verschmutzten Gebieten in China die Photosynthese um bis zu 35% abgenommen habe.

In Seen führt der Säureeintrag zum Absterben säureempfindlicher Mikroorganismen und in der Folge zu biologischer Verarmung. So war in den skandinavischen Ländern als Folge sauren Niederschlags Fischsterben in den Seen beobachtet worden. Die Anreicherung von Gewässern mit Nährstoffen aufgrund des Eintrags von Nitrat und Phosphat durch Landwirtschaft, Fäkalieneintrag und Waschmittelgebrauch (Eutrophierung) beschleunigt das Wachstum von Pflanzen. Absterben und Zersetzung dieser Pflanzen verbraucht Sauerstoff. Damit verringert sich der Anteil aerober Bakterien (gewinnen aus Sauerstoff Energie), die organische Substanz abbauen, zugunsten von anaeroben Bakterien, die beim Abbau organischer Substanz giftige und übelriechende Produkte wie Schwefelwasserstoff, Ammoniak oder Methan bilden.

---

[3] http://www.daten.eper.de/data/schwellenwerte.pdf

4.2.2 Auswirkungen auf das Klima

Gas- und partikelförmige Beimengungen der Atmosphäre sind für die Absorption und Streuung der Sonnenstrahlung sowie für Absorption und Emission der Wärmestrahlung besonders bedeutend. Dabei handelt es sich nach ihrer Bedeutung gereiht um Wasser in allen drei Aggregatzuständen, Kohlendioxid, Ozon, Distickstoffoxid oder Lachgas, Methan, FCKWs, Schwefelhexafluorid und Aerosolteilchen verschiedener chemischer Zusammensetzung. Anders als die Hauptbestandteile der Luft Stickstoff, Sauerstoff und Argon schwanken sie kurzfristig (Ozon, Aerosole) oder auf längeren Zeitskalen (Dekaden bis Jahrhunderte - Treibhausgase). Die meisten Treibhausgase haben sowohl natürliche als auch anthropogene Quellen: nur FCKWs und Schwefelhexafluorid sind ausschließlich anthropogen. Treibhausgase absorbieren Wärmestrahlung, Ozon und einige Aerosole wie z.B. Ruß auch Sonnenstrahlung, so dass sie bei Konzentrationsänderungen Klimaänderungen stimulieren. Alle genannten Beimengungen nehmen gegenwärtig meist durch anthropogene Aktivitäten zu; nur Ozon nimmt in der Stratosphäre ab. Insgesamt hat sich der Treibhauseffekt der Atmosphäre eindeutig erhöht, zu einem guten Teil auch aufgrund der Tatsache, dass eine wärmere Atmosphäre mehr vom wichtigsten Treibhausgas, nämlich Wasserdampf, aufnehmen kann. Da gleichzeitig die anthropogenen Aerosolteilchen, insbesondere in den ersten drei Jahrzehnten nach dem 2. Weltkrieg regional stark zunahmen und Sonnenstrahlung stärker zurückstreuen sowie auch Wolken modifizieren mit überwiegend abkühlender Wirkung, ist die beobachtete Erwärmung geringer als aufgrund der Treibhausgaskonzentrationen erwartet. Die Erwärmung von ca. 0,7 °C seit 1850 ist daher nicht einfach einer bestimmten Ursache zuzuschreiben sondern das Ergebnis von natürlichen Klimaschwankungen und einer Reihe anthropogener Eingriffe in das System. Abbildung 4.3 zeigt die zeitliche Entwicklung der mittleren globalen, bodennahen Temperaturen von 1860 bis 2000, wie sie vom Klimamodell des MPI Hamburg berechnet wurden. Neben der beobachteten Temperatur (schwarze Kurve) sehen wir eine Simulation, die alle natürlichen und anthropogenen Anregungen enthielt (blaue Kurve) und deren Ergebnisse recht gut mit den Beobachtungen übereinstimmen. Berücksichtigt man nur anthropogene Effekte (grüne Kurve) oder nur Treibhausgase und natürliche Anregungen wie in einer weiteren Simulation, in der aber der abkühlende Effekt von Aerosolen vernachlässigt wird, zeigen sich größere Abweichungen zum beobachteten Temperaturmittel.

Neben den Mittelwerten der Temperatur und des Niederschlags ändern sich auch die Extremwerte. So zeigen Beobachtungsdaten in den mittleren Breiten der Nordhalbkugel der letzten 50 Jahre generell eine Zunahme der Nachttemperaturen und der Dauer von Hitzewellen, eine Abnahme der Frosttage sowie eine Zunahme der nassen Tage bzw. der maximalen 5-Tages-Niederschlagsmengen während eines Jahres. Die Berechnungen der genannten Indikatoren mit Klimamodellen bestätigen diese Veränderungen für das 20. Jahrhundert. In den Klimaprojektionen für das 21. Jahrhundert setzen sich diese Trends fort.

Zu den Eingriffen in den Spurenstoffhaushalt der Atmosphäre kommen noch Änderungen der Bodennutzung, die aufgrund von Wechselwirkungsprozessen zwischen Vegetation, Verdunstung und Strahlung das Klima beeinflussen. So ist zu erwarten, dass die Klimaänderung, die durch den anthropogenen Treibhauseffekt angestoßen wird, durch das Wechselspiel zwischen Vegetation und Klima mit gestaltet wird. Zum Beispiel nehmen manche Pflanzen bei steigendem CO_2-Gehalt der Atmosphäre verstärkt Kohlenstoff auf, wodurch der anthropogene Treibhauseffekt abgeschwächt wird. Allgemein verbessertes Wachstum der Pflanzen kann über die Zunahme der Blattfläche die Transpiration der Pflanzen anfachen.

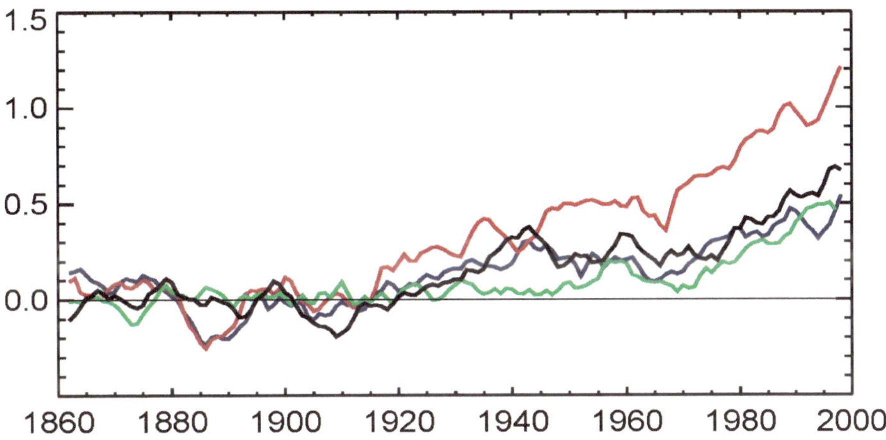

Abbildung 4.3 Globale Mittelwerte der bodennahen Temperaturen: schwarze Kurve: Beobachtungen. Die weiteren Kurven: Ergebnisse aus dem MPI Klimamodell. Blaue Kurve: alle natürlichen (=Änderung der Solarkonstante und starke vulkanische Eruptionen) und anthropogenen Anregungen (=Treibhausgase und Aerosole) Grüne Kurve: nur anthropogene Anregungen. Rote Kurve: nur Treibhausgase und natürliche Anregungen aber kein Aerosoleffekt (pers. Komm. Erich Roeckner, MPI Hamburg)

Dies führt zu einer Abkühlung bzw. vermindert die Erwärmung der bodennahen Luftschicht. Umgekehrt gibt es pflanzenphysiologische Prozesse, die bei einem erhöhten CO_2-Gehalt der Atmosphäre die Transpiration verringern und damit die Erwärmung der bodennahen Luftschicht beschleunigen. Sollten sich die borealen Vegetationszonen in der Zukunft weiter nach Norden verschieben, so kann auch dies über Änderungen im Energiehaushalt schneebedeckter borealer Vegetation die Erwärmung verstärken (Claussen, 1997). Forstwirtschaftliche Maßnahmen sowie ein geändertes Klima können den Abbau von Methan, ein wichtiges Treibhausgas, durch Bodenbakterien und damit die atmosphärischen Methankonzentrationen beeinflussen und etablieren damit einen weiteren Rückkopplungsprozess zwischen Biosphäre und Klima.

Der Kreislauf von Spurenstoffen in der Atmosphäre und damit auch die Konzentration hängt nicht nur von der Quellstärke des jeweiligen Stoffes ab, sondern auch von anderen Spurenstoffkreisläufen. Dazu wird die Schadstoffbelastung auch unabhängig von Änderungen in Quellverteilung und Quellstärke klimainduzierten Änderungen unterliegen (vgl. Brasseur et al. (2005), Stier at al. (2006)). All diese Abschätzungen sind mit Unsicherheiten behaftet, zeigen aber, dass Maßnahmen zu Klima- und Umweltschutz nicht unabhängig voneinander geplant werden sollten.

4.3 Wann ist die Tragekapazität der Atmosphäre überschritten?

Der Mensch nimmt aufgrund der steigenden Bevölkerungszahl und wegen seines hohen Stoffwechsels Einfluss auf alle biogeochemischen Kreisläufe. Einen „natürlichen“ Zustand, sofern man den Menschen nicht als Teil der Natur betrachtet, gibt es schon lange nicht mehr, ihn wieder herzustellen, ist nicht möglich. Die Frage muss also lauten, wie können die Lebensgrundlagen in einer Welt, in der die Bevölkerungszahl in nächster Zukunft noch zunehmen wird, erhalten werden. Welche Belastungen können von den einzelnen Medien verkraftet werden, bevor Änderungen in den Klima- und Umweltbedingungen einem größeren Teil der Bevölkerung die Lebensgrundlage entziehen. Lässt sich eine solche Grenze der Tragekapazität der Atmosphäre definieren und lassen sich darauf basierend Umweltschutzmaßnahmen begründen?

Da wir mit dem Planeten Erde keine Experimente durchführen können oder sollten, wird mittels komplexer numerischer Erdsystemmodelle die Sensitivität des Gesamtsystems gegenüber vom Menschen verursachten Änderungen der chemischen Zusammensetzung der Atmosphäre untersucht. Wir werden im Folgenden einige solche Studien diskutieren und der Frage nachgehen, welche Konsequenzen eine weitere Belastung der Atmosphäre haben könnte.

4.3.1 Selbstreinigungskraft der Atmosphäre

Die meisten Spurenstoffe der Atmosphäre reagieren mit oxidierenden Spezies zu wasserlöslichen Verbindungen und werden durch Deposition am Boden oder durch Niederschlag aus der Atmosphäre entfernt. Die Selbstreinigungskraft der Atmosphäre ist also eng mit der Konzentration solcher oxidierender Spezies, verschiedenen Radikalen, verbunden. Wir bezeichnen diese Fähigkeit zur Selbstreinigung auch als Oxidationskapazität der Atmosphäre. Wie stabil ist die Oxidationskapazität und wieweit nimmt der Mensch darauf Einfluss? Nehmen die Emissionen von Gasen wie Kohlenmonoxid, Methan, Kohlenwasserstoffe etc., die von OH abgebaut werden, zu, nimmt die Konzentration von OH ab, während die Konzentrationen dieser Gase in der Atmosphäre überproportional ansteigen. Andererseits geht mit dem erwarteten Anstieg der Stickoxidemissionen aus Verbrennungsprozessen eine Zunahme an Ozon einher. Der darauf folgende Abbau von Ozon stellt aber eine Quelle für OH dar, ebenso wie die erwartete Zunahme an Wasserdampf. Legt man für Berechnungen das IPCC[4] Szenario mit den stärksten Emissionszunahmen zugrunde, erhöht sich bis zum Jahre 2100 Ozon um 47% während OH um 14% abnimmt (Prinn, 2003). Geringere OH Konzentrationen erhöhen die Lebensdauer von Methan und verstärken zusammen mit der Ozonzunahme den Treibhauseffekt. Eine Zunahme der Emissionen sowie längere atmosphärische Aufenthaltsdauern führen zu erhöhter Umweltbelastung.

4.3.2 Auswirkungen weiterer Schadstoffbelastung auf das Klima

Im Februar 2004 trat innerhalb der EU ein Protokoll in Kraft, das die Mitglieds-Staaten verpflichtet, ihren Ausstoß an Treibhausgasen soweit zu reduzieren, dass die globale Erwärmung zwei Grad Celsius im Vergleich zu vorindustriellen Werten nicht übersteigt. Der Grenzwert basiert auf Aussagen des dritten IPCC Assessment Reports (IPCC, 2001; International Symposium on the Stabilisation of Greenhouse Gases, February 2005), der einige Konsequenzen einer Temperaturzunahme von mehr al 2°C auflistet: Desintegration und bei Erwärmung von mehr als drei Grad komplettes Abschmelzen des grönländischen Eisschildes, was einen Mee-

[4] IPCC = International Panel of Climate Change; gemeinsame Aktivität der World Meteorological Organization (WMO) und des United Nations Environment Programme (UNEP); 1988 etabliert mit dem Ziel Gutachten zum möglichen Einfluss des Menschen auf das Klima zu erstellen.

resspiegelanstieg von ca. 7 m zur Folge hätte; bei Erwärmung deutlich über 2°C Disintegration und teilweises Abschmelzen des westantarktischen Eisschildes (5 m Meeresspiegelanstieg); Wassermangel vornehmlich in den Subtropen; ca. 20% der Fläche aller Ökosysteme unterliegen geografischen Verschiebungen; Zunahme von Krankheiten wie Malaria.

Derzeit steigt der Meeresspiegel durch Abschmelzen der Gebirgsgletscher und zu etwa 50% aufgrund der thermischen Ausdehnung der sich erwärmenden Ozeane (derzeitiger Anstieg ca. 3 mm/Jahr). Neuere Schätzungen gehen von einem Meeresspiegelanstieg von 50 cm bis 2100 aus. Betroffen davon wären tiefliegende Küstengebiete und küstennahe Süßwasserreserven, die durch Intrusion von Salzwasser kontaminiert würden.

Die wohl einschneidensten Konsequenzen für unsere Lebensgrundlagen haben Änderungen der Niederschlagsverteilung insbesondere der Verteilung und Intensität von Extremereignissen. Niederschläge sind die Hauptquelle für unsere Wasserversorgung. Extremereignisse wie lange Phasen der Trockenheit oder Starkniederschläge beeinflussen landwirtschaftliche Erträge und erhöhen die Wahrscheinlichkeit von Naturkatastrophen wie Waldbrände oder Überschwemmungen. Am Max Planck Institut in Hamburg durchgeführte Modellsimulationen lassen in einem wärmeren Klima erhebliche Verschiebungen der Niederschlagsgebiete erwarten (Roeckner et al., 2006). So führt die globale Erwärmung unmittelbar zu höheren Verdunstungsraten und damit auch zu höheren Niederschlägen. Höhere Niederschläge treten vor allem in Äquatornähe sowie in hohen geographischen Breiten auf, geringere Niederschläge vor allem in den Subtropen (Mittelmeergebiet, Südafrika, Australien, subtropische Ozeangebiete) (Abb. 4.4). Das verstärkt die Gegensätze zwischen trockenen Klimazonen (Subtropen) und feuchten Klimazonen (Tropen, hohe Breiten). Die Trockengebiete in niederen Breiten dehnen sich auch räumlich aus. Niederschlagsarmut wird noch mehr als bisher die ärmsten Länder treffen, der Migrationsdruck daher zunehmen. Im Mittelmeergebiet wird eine ausgeprägte Niederschlagsabnahme im Winter simuliert. Im Sommer wandert diese Anomalie nordwärts und betrifft Teile von Süd- und Mitteleuropa. In Mitteleuropa und besonders in Skandinavien nehmen die Niederschlagsmengen hingegen im Winter zu.

Da sich Landflächen stärker erwärmen als die Meeresoberfläche, wird mit einer Intensivierung der Monsunniederschläge gerechnet, da der Temperaturkontrast zwischen Kontinent und Ozeanoberfläche den Monsun antreibt. Die Monsunniederschläge werden aber nicht nur durch die zunehmende Erwärmung beeinflusst, sondern auch durch Verschmutzung mit Aerosolen. Die Aerosolbeladung der Atmosphäre ist über Land am höchsten und reduziert in stark verschmutzten Gebieten die Sonneneinstrahlung am Boden und die Verdunstung, was Auswirkungen auf Einsetzen, Dauer und Intensität des Monsuns haben kann. Meist sind die Auswirkungen regional, es gibt aber auch Hinweise, dass z.B. die hohe Aerosolbelastung über dem indischen Ozean und (aus europäischen Quellen) über dem östlichen Mittelmeer Einfluss auf die Niederschläge am Oberlauf des Nils hat. Änderungen finden sich auch in der Verteilung extremer Ereignisse. So zeigen die Modelle eine Zunahme längerer Trockenperioden über Land im Sommer und auch in Gebieten mit Niederschlagsabnahme eine Zunahme der Intensität von einzelnen Niederschlagsereignissen (siehe Abb. 4.5).

Die Unsicherheiten bei Vorhersagen von Niederschlägen sind relativ groß. Allerdings werden einige vorhergesagte, durch Anstieg der Treibhausgase verursachte Trends, wie z.B. die Zunahme von Niederschlägen in hohen Breiten, die zunehmende Trockenheit in Südwesteuropa und die Zunahme der Intensität einzelner Ereignisse, seit mehreren Jahren beobachtet und stärken damit das Vertrauen in Modellsimulationen.

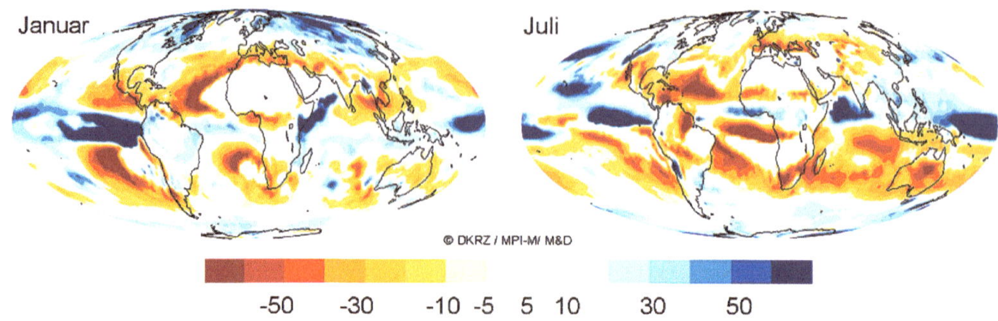

Abbildung 4.4 Berechnete Niederschlagsänderungen im Januar und Juli für das Szenario A1B. Gezeigt sind die relativen Änderungen (%) im Zeitraum 2071-2100 bezogen auf die Mittelwerte der Jahre 1961-1990. (Roeckner et al., 2006)

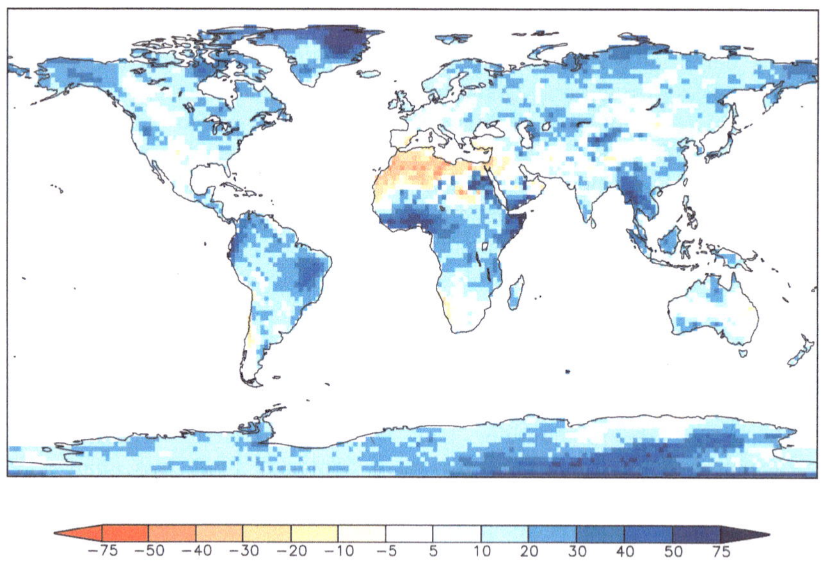

Abbildung 4.5 Prozentuale Änderungen von jährlichen Extremniederschlägen im Szenario A1B. Der jährliche Extremniederschlag ist hier definiert als maximale Niederschlagsmenge in einem 5-Tages-Zeitraum innerhalb eines Jahres. Dargestellt ist die prozentuale Änderung der 30-jährigen Mittelwerte im Zeitraum 2071-2100 bezogen auf die Mittelwerte der Jahre 1961-1990 (Roeckner et al., 2006).

Das Klima ändert sich, teils durch interne Variabilität des Erdsystems, teils aufgrund natürlicher Ursachen. Diese Variabilität des Klimas hat und hatte immer schon erhebliche Auswirkungen auf die Entwicklung der menschlichen Kultur (Lamb, 1989). So führte die um 3500 v. Chr. einsetzende Austrocknung des heute von der Sahara bis Sinkiang reichenden Wüstengürtels zu Zuwanderung in die großen Flusstäler (Nil, Euphrat & Tigris, Indus). Die Zunahme der Bevölkerungsdichte erforderte neue Organisationsformen und war mit verantwortlich für die Ausbildung der frühen Hochkulturen. Europa erlebte eine Blütezeit während des mittelalterlichen Klimaoptimums vom 10. bis 12. Jahrhundert, während die danach einsetzende „Kleine Eiszeit“, die bis ins 19. Jahrhundert fortdauerte, zu Hungersnöten und Bevölkerungsabnahme führte. Ähnlich wird die erwartete Änderung des Klimas im 21. Jahrhundert Verlierer und Gewinner kennen. In zweierlei Hinsicht unterscheidet sich die gegenwärtige Lage aber von der anderer Perioden im Holozän. Die jetzt beobachteten und für die nahe Zukunft projizierten Klimaänderungen gehen sehr rasch vonstatten, sodass der belebten Natur einschließlich des Menschen wenig Zeit zur Adaption bleibt. Zweitens wird Migration und Adaption durch die Tatsache erschwert, dass die Menschheit möglicherweise bis Mitte des 21. Jahrhunderts mehr als neun Milliarden Köpfe zählen wird. Die Frage ist also nicht so sehr, wo sind die Grenzen der Belastbarkeit von Umwelt und Klima, sondern eher, welche Auswirkungen hat eine weitere Belastung der Atmosphäre auf den Menschen in Hinsicht auf Gesundheit und Nahrungsversorgung. Es ist auch keineswegs klar, ob nun die Aufnahmekapazität der Umweltmedien oder nicht vielmehr die Verfügbarkeit von Ressourcen ein bloßes Fortschreiben der gegenwärtigen Wirtschaftsweise limitieren.

4.4 Emissionsreduktion, Anpassung oder Geoengineering?

Mitigation (Emissionsminderung) oder Adaption (Anpassung) sind die bisher diskutierten Optionen, der Klimaerwärmung zu begegnen, sofern nicht überhaupt jeglicher Einfluss des Menschen auf das Klima bezweifelt wird. Seit kurzem sind auch ältere Ideen wieder in der Diskussion, nämlich der unbeabsichtigten Klimaänderung, wie sie als Folge unseres hohen Energieverbrauchs auftritt, mittels gezielter Eingriffe in das Klimasystem zu begegnen (Geoengineering).

Obgleich internationale Verträge wie z. B. das Kyoto-Protokoll, diverse UNEP-Konventionen oder das Montreal-Protokoll zeigen, dass die Einsicht in die Notwendigkeit Mitigationsstrategien zu entwickeln und zu implementieren bei fast allen Entscheidungsträgern vorhanden ist, sind die tatsächlichen Fortschritte auf dem Gebiet der Emissionsminderung, insbesondere von Treibhausgasen, sehr bescheiden. Erhebliche Fortschritte wurden hingegen auf dem Gebiet der Verbesserung der Luftqualität erzielt, zumindest in den wohlhabenderen Ländern, teils durch bessere Prozesstechnik, durch Filterung oder durch Export stark luftverschmutzender Produktion in ärmere Länder. So ist das starke Anwachsen der Emissionen in Süd-Ost-Asien zu einem guten Teil auf die Tatsache zurückzuführen, dass ein nicht unerheblicher Teil der in den reichen Ländern konsumierten Güter dort produziert werden.

Die Basis jeder Studie zu erwarteten Klimaänderungen sind Szenarien zur Entwicklung der vom Menschen freigesetzten Spurenstoffe. Im Rahmen des „IPCC Assessment Reports“ werden verschiedene Szenarien des Bevölkerungswachstums, der wirtschaftlichen und technischen Entwicklung und des zukünftigen Verhaltens mittels sozio-ökonomischer Modelle durchgerechnet (SRES - Special Report on Emissions Scenarios). Die damit verbundenen Unsicherheiten sind sicherlich weit größer als die der Klimamodelle selbst, sodass man diese Szenarien eher als Handlungsoptionen der Politik und nicht als Vorhersage begreifen sollte. Einige Szenarien gehen davon aus, dass das Kyoto Ziel erreicht wird, einige wie z. B. ein Szenario der IIASA (International Institute for Applied Systems Analysis) geht vom derzeit besten Stand der Technik aus, um "maximum technically feasible reduction" Szenarios zu entwickeln.

Das Kyoto-Protokoll, der Emissionshandel und die kurzfristigen Ziele zur Reduktion von Emissionen sind wichtige erste Schritte zur Minderung der Klimaerwärmung. Diese müssen jedoch mit einer langfristigen Klimapolitik Hand in Hand gehen (Hasselmann et al., 2003). Wegen der mehr als hundertjährigen Verweildauer des CO_2 in der Atmosphäre wird der Klimawandel weniger durch die aktuellen als durch die aufsummierten CO_2-Emissionen bestimmt. Wichtig für den Erhalt des Klimas ist eine langfristige Reduktion der Emissionen über einen Zeitraum, der deutlich über den Zeithorizont des Kyoto-Protokolls hinausreicht. Wichtig sind langfristige politische Zielsetzungen, um das Investitionsverhalten der Wirtschaft in Richtung Emissionsreduzierung zu beeinflussen und den Entwicklungsländern die Möglichkeit zu schaffen, einen klimaneutralen Energiepfad einzuschlagen. Es gilt, die Entwicklung, die wir derzeit in Asien beobachten, dass die bevölkerungsstärksten Länder die Wirtschaftsweise der westlichen Welt mit ihrem hohen Energie- und Ressourcenverbrauch nachahmen, abzuwenden. Da der Lebensstil und die Wirtschaftsweise der westlichen Welt in nahezu allen Ländern der Erde als sehr attraktiv angesehen wird, ist ein solches Umlenken auf einen ressourcen- und umweltschonenden Wirtschaftspfad nur dann denkbar, wenn der Westen hier mit gutem Beispiel voran geht.

Da die Emissionsreduktion aufgrund der langen atmosphärischen Verweildauer der Treibhausgase erst langsam wirksam wird und da die Erwärmung in den letzten zwei Dekaden rasch vorangeschritten ist, werden neben Emissionsminderung, um den Folgen der Erwärmung zu begegnen, regional unterschiedliche Anpassungsmaßnahmen notwendig sein. Adaption benötigt belastungsfähige Vorhersagen, wie einzelne Klimaparameter sich in den nächsten Dekaden verändern, und sie wird aufgrund der Vielzahl möglicher Maßnahmen kaum koordinierbar sein. Maßnahmen umfassen Anpassung an sich änderndes Klima in Landwirtschaft, Hochwasserschutz, Wasserversorgung, Transportsysteme, Energieversorgung, Kühlung und Architektur.

Neben Mitigation werden auch Methoden diskutiert, gezielt in das Klimasystem einzugreifen, um die globale Mitteltemperatur zu stabilisieren oder regional ein verbessertes Klima zu schaffen. Solche Maßnahmen umfassen Aufforstung als Schutz gegen Sandstürme wie z. B. in China durchgeführt, oder Aufforstung und geänderte landwirtschaftliche Methoden zur Speicherung von atmosphärischem CO_2 in Vegetation und Böden. Sequestrierung von CO_2 (siehe auch den Artikel von Pörtner in diesem Band), ist die dauerhafte Einlagerung von CO_2 nach Abtrennung im Kraftwerk in verschiedenen geologischen Formationen wie Erdöl- und Erdgaslagerstätten oder in Kohleflözen. Nachteil der Methode ist, dass bei der Abscheidung Energie verbraucht wird, und dass Energieerzeugung in der Nähe von geeigneten Lagerstätten zu erfolgen hätte. Eine andere Methode der Reduzierung atmosphärischen CO_2s ist, die Aufnahme durch die marine Biosphäre, also die biologische Pumpe zu verstärken. Dies könnte durch Düngung mit Eisenoxiden in Gebieten, in denen Eisenmangel herrscht, geschehen (praktisch nur in der Südhemisphäre). Die Auswirkungen einer solchen Düngemaßnahme auf die Biosphäre sind allerdings schwer abzuschätzen.

Einige Methoden suchen sich die Tatsache zunutze zu machen, dass Aerosole abkühlend wirken. Der wesentliche Unterschied ist, dass Treibhausgase die Bilanz der thermischen Strahlung beeinflussen, Aerosole aber die der solaren Strahlung. Man versucht also einen erwärmenden Prozess durch einen anderen physikalischen Prozess, der abkühlend wirkt, zu kompensieren. Erst neulich wurde von P. Crutzen (2006) eine Idee von M. Budyko wieder aufgegriffen, durch Eintrag von Schwefelaerosol in die Stratosphäre - also eine Art künstlicher Vulkanausbruch- die Erderwärmung zu dämpfen. Dieser Eintrag müsste kontinuierlich erfolgen, um die momentane Erwärmung zu kompensieren bzw. gesteigert werden, wenn die Treibhausgaskonzentrationen weiter ansteigen. Welche Einflüsse diese massive Schwefelinjektion auf die Ozonchemie der Stratosphäre und die Eiswolkenbildung der oberen Troposphäre hätte, ist nicht bekannt.

Wie wir gesehen haben, sind die einzelnen Komponenten des Klimasystems auf komplexe, oft nichtlineare Weise miteinander verbunden; Jeder Eingriff in das System führt neben dem beabsichtigten Effekt zu zahlreichen Rückkopplungen. Die Herausforderung an die Geowissenschaften sollte daher weniger in „Geoengineering" bestehen, als herauszufinden wie über geologische Zeiträume optimierte Kreisläufe funktionieren und dieses Wissen nutzbar zu machen, um die Lebensgrundlagen für eine weiter anwachsende Bevölkerung zu sichern, dem Motto von J. Bronowski (1956) folgend "Man masters nature not by force, but by understanding."

4.5 Literatur[5]

Bergin MH; Greenwald R; Xu J, et al. (2001): *Influence of aerosol dry deposition on photosynthetically active radiation available to plants: A case study in the Yangtze delta region of China Geophys*. Res. Lett., 28 (18): 3605-3608

Brasseur, G.P.; M. Schultz; C Granier et al., (2005): *Impact of climate change on the future chemical composition of the global troposphere*, J. Clim., *19,* 3932–3951

Bronowski J., siehe Literaturangaben in http://fr.wikipedia.org/wiki/Jacob_Bronowski

Bundesministerium für Umwelt, Naturschutz und Reaktorsicherheit (BMU) (2006): *Erneuerbare Energien - Innovationen für die Zukunft*, BMU, Berlin

Claussen, M.; Brovkin, V. ; Ganopolski, A.; Kubatzki, C.; Petoukhov, V., 1997: *Zur Rolle der Vegetation im Klimasystem*. Annalen der Meteorologie (NF), 34, 7-8

Crutzen PJ., (2006): *Albedo enhancement by stratospheric sulfur injections: A contribution to resolve a policy dilemma?* Climatic Change, 77 (3-4): 211-219

Feichter J.; M. Schultz; T. Diehl (2002): *Modeling chemical constituents of the atmosphere Computing*,in Science & Engineering 4, 56-63

IPCC Intergovernmental Panel on Climate Change 2001, *The Scientific Basis*, Cambridge University Press, Cambridge, UK

Lamb H.H. (1989): *Klima- und Kulturgeschichte*, Rowohlt TB, Reinbek

Lohmann U.; Feichter J. (2005): *Global indirect aerosol effects*: A Review, Atmospheric Chemistry and Physics, 5 (2005), 715-737 - SRef-ID: 1680-7324/acp/2005-5-715.

Makra L.; Brimblecombe, P. (2004): *Selections from the history of environmental pollution, with special attention to air pollution. Part 1*, Int. J. Environment and Pollution, Vol. 22, No. 6, 641.656.

[5] Allgemeinverständliche Informationen zu Klima- und Umweltfragen finden sich auf dem Hamburger Bildungs-Server HBS (http://www.hamburger-bildungsserver.de/index.phtml?site=themen.klima) und in der ESPERE Klimaenzyklopädie (http://www.atmosphere.mpg.de/enid/661eeede49109c36123023ba289fd3fb,0/Service/DE_4e9.html)

Prinn RG (2003): *The cleansing capacity of the atmosphere.* Annual Rev, Environ. Res., 28: 29-57.

Roeckner, E.; G. P. Brasseur; M. Giorgetta; D. Jacob; J. Jungclaus; C. Reick; J. Sillmann (2006): *Klimaprojektionen für das 21. Jahrhundert*, Max-Planck-Institut für Meteorologie, Hamburg; http://www.mpimet.mpg.de/fileadmin/grafik/presse/Klimaprojektionen2006.pdf.

Stier P.; J. Feichter; E. Roeckner; S. Kloster; M. Esch (2006): *The evolution of the global aerosol system in a transient climate simulation from 1860 to 2100*, Atmos. Chem. Phys., 6, 3059-3076.

Watanabe F ; Uchino O ; Joo Y ; et al. (2000): *Interannual variation of growth rate of atmospheric carbon dioxide concentration observed at the JMA's three monitoring stations: Large increase in concentration of atmospheric carbon dioxide in 1998*, J Meteorol. Soc. Japan, 78 (5): 673-682.

Partielle Lösungen von Nachhaltigkeitsproblemen und Praxisbeispiele der Industrial Ecology

5 Partielle Lösungen für eine nachhaltige Entwicklung industrieller Systeme

Birgitt Lutz-Kunisch

5.1 Das Leitbild „nachhaltige Entwicklung“

„Zum ersten mal in der Geschichte der Menschheit steht uns eine globale Wirtschaft zur Verfügung, in der alles überall jederzeit produziert und verkauft werden kann“ (Thurow 1996), mit der Folge, dass nicht nur das Tempo der technischen Innovation beschleunigt, sondern zum Teil auch ihre Risiken in die Höhe getrieben werden. Gleichzeitig schärfen Diskussionen über den globalen Wandel und seine Folgen in der Gesellschaft die Wahrnehmung der z. T. schleichenden und globalen ökologischen, ökonomischen und sozialen Risiken.

Sieht man sich in den traditionellen Industrienationen die Entwicklungen von Unternehmen an, so ist vermehrt zu beobachten, dass aufgrund der fortschreitenden Globalisierung die bisher akzeptierten Muster der industriellen Produktion immer mehr an Gültigkeit verlieren und von verteilten, virtuellen und agilen Unternehmen abgelöst werden, die auf neuen Prinzipien basieren[1].

Im Kontext der Globalisierung entstehen neue Raum-Zeit Beziehungen, die vor allem durch die neuen Kommunikations- und Informationstechnologien hervorgerufen werden. Sie lassen die Zeiten der Informationsübermittlung, der Kommunikation und damit auch die Entfernungen schrumpfen. Es entwickelt sich eine globale Verdichtung, die das Lokale und das Globale nicht mehr länger voneinander getrennt hält. Lokale Entscheidungen müssen zunehmend die möglichen globalen Implikationen mit berücksichtigen, die z.B. von Tankerunglücken, Reaktorunfällen oder CO_2 Emissionen ausgelöst werden können und die ihre Wirkungen über die nationalen Grenzen hinaus zeigen. „Es kann nicht mehr länger ein fester Weg erwartet werden wie technische Innovationen in Gang gesetzt, erfolgreich organisiert und angemessen ihre Folgen abgeschätzt werden können“(Rammert 2000). Gleichzeitig werden die Auswirkungen von Innovationen, aufgrund der steigenden Vernetztheit der Akteure, der Regionen und der betroffenen Systeme, immer unübersehbarer. Da also deren Wirkungen für den Einzelnen oft nicht direkt erkennbar und kalkulierbar sind, wird allgemein das Gefühl der Unsicherheit befördert.

Vor diesem Hintergrund erscheint den Verantwortlichen in Industrie, Politik, Gesellschaft und Wissenschaft das leitbildhafte Konzept der „Nachhaltigkeit“ als ein geeigneter Lösungsansatz zur Bewältigung dieser Probleme. Auf der "United Nations Conference on Environment and Development“ (UNCED) in Rio 1992 wurde das Leitbild der „Nachhaltigkeit“, von der sog. Brundtland Kommission mit dem Satz beschrieben „...to meet the needs of the present with-

---

1 So wird: die Synchronisierung von einem asynchronem Zeitverständnis ersetzt, das Prinzip der Standardisierung von Produkten von der Individualisierung des Konsums abgelöst, Arbeitsteilung und damit Spezialisierung durch Universalität ersetzt und die zentrale Verfügung über Ressourcen (Rohstoffe, Energien und auch Menschen) als typisches Leitbild industrieller Produktion durch die Forderung nach Verteiltheit substituiert.

out compromising the ability of future generations to meet their own needs“ (Brundtland 1987). In dieser Allgemeinheit forderte diese Definition keinen Widerspruch heraus und „Nachhaltigkeit“ wurde seit diesem Zeitpunkt als Schlüsselbegriff für eine zukunftsfähige Welt populär.

Wegen der definitorischen Offenheit, und um zu einem vorstellbaren bzw. anschaulichen Leitbild von Nachhaltigkeit zu gelangen, hat dieser Begriff in der vergangenen Zeit eine Reihe von konzeptionellen Erweiterungen[2] in Richtung soziale, politische, finanzielle und kulturelle Nachhaltigkeit erfahren, die um die richtige konzeptionelle Orientierung am Nachhaltigkeitsziel konkurrieren. Dem Wunsch, das Leitbild der nachhaltigen Entwicklung zu definieren, entsprach die Enquête-Kommission des Deutschen Bundestages „Schutz des Menschen und der Umwelt“, indem sie 1998 den Nachhaltigkeitsbegriff im Rahmen eines „Drei-Dimensionen-Modells“ für Deutschland konkretisierte, und auf die Notwendigkeit der gleichzeitigen „Respektierung ökonomischer, ökologischer und sozialer Ziele“ (Enquête 1998, S.21) hinwies. Nachhaltigkeit ist damit nicht auf den Umweltgedanken beschränkt, sondern zum Leitbild eines ökonomischen, ökologischen und durch die Globalisierung auch sozialen Diskurses geworden, und geht von einer gleichrangigen Bedeutung aller drei Dimensionen aus.

Inwieweit dieses Leitbild gezielt und operationalisierbar zur Beeinflussung und Gestaltung einer auf Nachhaltigkeit ausgerichteten Gesellschaft beiträgt, lässt sich noch nicht abschätzen, da es keinen Zustand beschreibt, sondern einen Prozess anstößt. Nachhaltigkeit stellt so gesehen ein relatives Maß dar, relativ in Bezug auf den Zustand der überwunden werden soll und relativ auf den Zeitpunkt, zu dem ein gegebener Zustand unter Nachhaltigkeitsgesichtspunkten als veränderungsbedürftig gedeutet wird (Blinde et al. 2003). In diesem Sinne zielen auch die meisten Anstrengungen in Richtung Nachhaltigkeit darauf ab, die Nicht-Nachhaltigkeit eines Zustandes zu verringern, ohne eine konkrete Vorstellung davon zu haben, was die Nachhaltigkeit eines Zustand ausmacht.

Auch die Enquête Kommission betonte den Gestaltungsspielraum, indem sie darauf hinwies, dass „nicht vorgegeben oder definiert werden kann, wie eine nachhaltig zukunftsverträgliche Gesellschaft oder eine nachhaltige Wirtschaft konkret auszusehen hat“ (Enquête 1998, S.21). Nachhaltigkeit ist demnach eher ein Leitbild als ein konkretes Ziel, aber die genaue Wirkungsweise von Leitbildern ist bisher nicht geklärt. Zu den wichtigsten Voraussetzungen für die Wirksamkeit von Leitbildern gehört ihre Bildhaftigkeit, die einen hohen Stellenwert für die Anschaulichkeit und die damit verbundene Komplexitätsreduktion hat. Der Bezug zur Machbarkeit in Abgrenzung z. B. zu ‚unrealistischen’ Utopien oder Visionen ist wichtig. Entsprechend darf der Abstraktionsgrad bei wirksamen Leitbildern nicht zu hoch sein. Ansatzpunkte für eine Konkretisierung und Operationalisierung sollten unmittelbar einleuchten (Steinfeld et al. 2004, S.31). Da das Leitbild der Nachhaltigkeit (nachhaltigen Entwicklung) je nach Standpunkt und Argumentation vielschichtige Interpretationen zulässt, kann es demgemäß als Leitbild zu komplex, zu abstrakt sein und man kann nur in Ansätzen von einer Operationalisierung des Nachhaltigkeitskonzeptes sprechen.

---

[2] Einige Beispiele:“Lokale Agenden“ mit Betonung von partizipativen bottom-up-Ansätzen) das sog. „Drei-Säulenmodel“l (Ökologie, Ökonomie und Soziales) der Enquête-Kommission 1998), das „Umweltraum-Konzept“ von BUND&Misereor 1996 und die Kontroverse zwischen starker Nachhaltigkeit („strong sustainability“) und schwacher Nachhaltigkeit („weak sustainabilitiy“) in der ökologischen Ökonomie.

5.2 Zielkonflikte sind unvermeidbar

Betrachtet man z.B. die von der Brundtland Kommission festgelegten drei Dimensionen Ökonomie, Ökologie und Soziales, so enthalten diese eine Fülle von Aspekten, die zunächst schwer in eine sinnvolle Beziehung gesetzt, nicht gleichzeitig erreicht werden können oder sich zum Teil widersprechen. Als alltäglich erfahrbares Beispiel kann die handwerkliche Reparatur von Geräten als Ressourcen schonende Aktivität bzgl. Material- und Energieeffizienz und Arbeitsplatzerhalt gesehen werden. Diesen Effekt machen die Hersteller der Geräte oft zunichte, indem sie aus ökonomischen Gründen z.B. die Gehäuse so verkapseln, dass eine Reparatur nicht möglich ist, sondern der Kunde zur Inanspruchnahme des firmeneigenen Ersatzteil-Austauschdienstes genötigt wird. Hier kollidieren also die ökonomische Rationalität (auch die des Kunden) mit der ökologischen, ein klassischer Zielkonflikt[3]. Diese Art Zielkonflikte zwischen verschiedenen Aspekten der Nachhaltigkeit (innerhalb und zwischen den drei Dimensionen) sind der Normalfall. Wichtig ist in dem Zusammenhang allerdings die Entwicklung von geeigneten Methoden und Instrumenten, um diese Zielkonflikte offen zu legen und zumindest soweit zu lösen, dass Handlungsfähigkeit mit Blick auf Leitbild und Tragekapazitäten erhalten bleiben.

Der Rio-Prozess hat zwar zur weltweiten Übernahme der so genannten Nachhaltigkeitsregeln (dem Umweltraum angepasstes Bevölkerungswachstum, ausgeglichene Bewirtschaftung regenerativer Ressourcen, unterkritische Emissionslasten, Schonung nicht-erneuerbarer Ressourcen, u. ä.) geführt, aber wir sind immer noch auf der Suche nach denjenigen Transformations-Strategien, mittels derer diese Orientierungen praktisch realisiert werden können (Huber 2000).

Die Enquête Kommission sieht ein Hauptproblem der Operationalisierung von Nachhaltigkeit darin, dass die Wirtschaft aller Industrienationen zentral auf den Einsatz nicht-erneuerbarer Ressourcen ausgerichtet ist, deren Nutzung langfristig gesehen im strengen Sinne nicht nachhaltig sein kann. Unter dem Aspekt der starken Nachhaltigkeit dürfte es keine Form von Substituierbarkeit geben zwischen menschen-gemachtem und natürlichem Kapital. Um nicht jede menschliche Inanspruchnahme von Natur nichtnachhaltig werden zu lassen, bedarf es also eines Maßstabes oder Regeln zur nachhaltigen Nutzung der Natur (Enquête 1998, S.297).

Diese sogenannten Managementregeln beziehen sich nicht nur auf den Verbrauch von knappen und teilweise nicht erneuerbaren natürlichen Ressourcen, sondern auch auf Tragekapazitäten natürlicher Systeme und die Anpassung der Zeitmaße für anthropogene Eingriffe an die Reaktionszeiten der Umweltsysteme. Fünf Regeln wurden von der Enquête-Kommission als Leitlinien einer dauerhaft umweltgerechten Entwicklung formuliert (Enquête 1998, S.299-300). Sie beschreiben in Analogie zu naturwissenschaftlichen Erhaltungssätzen die Grenzen für menschliche Eingriffe in den Naturhaushalt, d. h. in das ökologische Realkapital. Damit werden zugleich ökologische Grenzen des Wirtschaftens aufgezeigt, bei deren Überschreiten auch dieses gefährdet ist.

Da sich Innovationen im Hinblick auf ökologische Zukunftsfähigkeit daran messen lassen müssen, ob sie mehr zur Effizienz, Suffizienz oder Konsistenz beitragen, sollten Anhaltspunkte zur Verfügung stehen, die eine entsprechende Bewertung erlauben. Die auf der strategi-

---

[3] Mehr zu diesen Verschränkungen der Nachhaltigkeitsdimensionen im Artikel von S. Gößling-Reisemann in diesem Buch.

schen Ebene vieldiskutierten Leitorientierungen wie Ressourcen-Effizienz, Suffizienz (Genügsamkeit) und Konsistenz (Einbettung des gesellschaftlichen Stoffwechsels in den natürlichen) sind dafür noch zu abstrakt (Steinfeldt et al. 2004, S.31). Es müssen von daher entsprechend operationalisierbare Bewertungskriterien oder auch Indikatoren zur Verfügung stehen. Allerdings besteht eine Schwierigkeit darin, dass viele Ziele nur qualitativ beschrieben werden können und einen erst zukünftigen Zustand beschreiben, der für entsprechende Bewertungsverfahren nur schwer zugänglich ist. Das gleiche gilt auch für Nachhaltigkeitsindikatoren (siehe Agenda 21 1992), die eine Operationalisierung von Kriterien darstellen und deren Erfüllungsgrad anzeigen sollen. Allerdings sind auch Kriterien keine wertneutralen Instrumente. Es existiert vielfach eine Interessen- und Mittelkonkurrenz, die sich z.B. bei der Strategiewahl zwischen Effizienz und Konsistenz zeigen kann. So formuliert z. B. Huber: „Entweder wir arbeiten Effizienz steigernd an verbleibenden Freiheitsgraden von alten Technologie- und Produktpfaden bei abnehmendem Grenznutzen, oder aber wir arbeiten Konsistenz verändernd an den Freiheitsgraden beim Set-Up von Basisinnovationen" (Huber 2000, S.12). Auch wenn es allgemein gültiger Richtlinien und Maximen bedarf, um im Rahmen von Nachhaltigkeitsstrategien den richtigen Kurs einzuschlagen, darf man nicht außer acht lassen, dass sich ursprüngliche Ziele verändern können und ggf. revidiert werden müssen. Dazu ist die Offenheit des Suchprozesses eine bedeutende Voraussetzung (Enquête 1998, S.31).

Trotz der erheblichen Zielkonflikte und Umsetzungsprobleme wird der Nachhaltigkeitsbegriff als begrifflicher Rahmen gesehen, in dem Probleme formulierbar und greifbar und Lösungen im Dialog und Konsens gesucht werden können. "The concept of sustainable development will have to be perceived more as a platform for debate [...] and its concrete translation into environmental objectives, priorities and options needs to be negotiated by means of discourses in various specific situations. [...] [Sustainability] should evolve from communication processes of consensus-building and decision-making" (Hamacher 2000). Dieses impliziert, dass einmal gesetzte Ziele revidiert werden können, wenn sie sich als Irrtum erweisen.

5.3 Komplexität und partielle Lösungen

Wie ein Beitrag zur leitbildorientierten Gestaltung von Nachhaltigkeit aussehen kann, formuliert v. Gleich, der den Doppelcharakter der Dreidimensionalität von nachhaltiger Entwicklung als Chance und Falle zugleich beschreibt: „Einerseits bietet sich - wie evtl. nie zuvor - die Chance für einen gesellschaftlichen Konsens, für ressortübergreifende Politik und disziplinenübergreifende Wissenschaft. Andererseits steht für uns auch die Komplexitätsfalle weit offen. Wenn wir immer alles zugleich bedenken und erreichen wollen, stehen wir schnell in der Gefahr, gar keine nächsten Schritte mehr zu wagen. Schließlich gab und gibt es auch gute Gründe für eine Konzentration auf bestimmte Aspekte" (von Gleich 2000). Letzteres zielt darauf, die Unübersichtlichkeit großer komplexer Systeme durch Komplexitätsreduktion und partielle Entkopplung zu mindern. Es gilt partiell kleinere Systeme zu schaffen und Grenzen zu ziehen. Dieser Ansatz zur Komplexitätsreduktion ist u. a. aus der Katastrophenforschung entliehen (Perrow 1989).

Ein weiteres Beispiel für Strategien zur Komplexitätsreduktion ist die funktionale Differenzierung moderner Gesellschaften, die eine immer stärkere Arbeitsteilung und Spezialisierung mit sich bringt und es damit ermöglicht, dass gesellschaftliche Teilsysteme, bezogen auf die von ihnen definierte Zielperspektive, effizienter arbeiten können. Dabei vermittelt Komplexitätsreduktion zunächst das Gefühl der Überschaubarkeit, was wiederum Identität und Verantwortung erzeugt. Betrachtet man diesen Prozess aus systemtheoretischer Perspektive, dann werden dadurch einerseits Probleme und Informationen reduziert und können selektiv bearbeitet werden, andererseits kann sich aber aufgrund sich entwickelnder Eigenlogiken der Subsysteme die Verständigung zwischen den Teilsystemen erschweren. Von daher muss sichergestellt werden, dass die partielle Optimierung von Teilbereichen in ein Verfahren integriert wird, das zu einer integrativen Bearbeitung der in einem konkreten Erkenntniszusammenhang identifizierten ökologischen, ökonomischen und sozialen Ziele führt. Es erscheint nämlich wenig sinnvoll, die Erfordernisse eines Teilgebietes zu behandeln und dabei die Interdependenzen mit den anderen Bereichen auszublenden. Schließlich stellen die ökonomische, ökologische und soziale Dimension eines Problems unterschiedliche Blickwinkel dar auf ein und denselben Wirklichkeitsbereich. Entsprechend muss nachhaltige Entwicklung als strategische Herausforderung begriffen werden, die auf einer Dimensionen übergreifenden Problembehandlung basiert und die Wechselwirkungen zwischen den drei Dimensionen und Zielsetzungen beachtet.

Partielle Lösungen und die mit ihnen realisierte Komplexitätsreduktion können aber evtl. auch einen Lösungsansatz darstellen für einen angemessenen Umgang mit unerfüllbaren Wissensanforderungen hinsichtlich der Prognose von erwünschten und unerwünschten Wirkungen von Innovationen. Um die Folgen einer Technologie oder eines Verfahrens, das noch nicht entwickelt oder realisiert wurde, abschätzen zu können, dürfte nach wie vor die aktive Realisierung die erfolgversprechendste Methode sein, um Prognose und „Realentwicklung" zur Deckung zu bringen (Steinfeld et al. 2004, S.32). Das Wissen über Strukturen und Funktionen nachhaltiger industrieller Systeme kann nicht nur über theoretische Konzepte erlangt werden. Mitunter kommt es darauf an, Schritte einfach auszuprobieren. Wobei selbstverständlich darauf geachtet werden muss, dass bei einem solchen Vorgehen nach Versuch und Irrtum, im Falle eines erkannten Irrtums auch noch angemessen nachgesteuert bzw. korrigiert werden kann. Wenn die ‚Schrittweite' von Innovationen in dieser Weise begrenzt wird, können realisierte Projekte als partielle Lösungen und Ideenlieferanten für nachhaltige (technische) Innovationsprozesse fungieren.

Im Verlauf der nun folgenden Texte dieses Buches wird deutlich werden, inwieweit interessen- und institutionenspezifische Handlungsrationalitäten das Verständnis von nachhaltiger Entwicklung prägen. Dabei wird erkennbar, inwiefern sich ein Verständnis von nachhaltiger Entwicklung, in Abhängigkeit von der jeweils beteiligten Akteurskonstellation und den von ihr dominierten Grundkonzeptionen (bzw. Leitprinzipien), vergegenständlicht hat. Allen gemeinsam ist aber – wenn auch in unterschiedlicher Ausprägung – das Anliegen der ökologischen Nachhaltigkeit mit dem Ziel der Ressourcenschonung und dem Stoffstrommanagement als methodischem Ansatz.

Es zeigt sich, dass z. B. Konzepte des Umstiegs auf erneuerbare Ressourcen[4] und biologische Prozesse[5] sowie der Nutzung bisher ungenutzter (Abfall)Stoffströme[6] von den Unternehmen oft in Eigenregie, z. T. auch mit Unterstützung aus der Wissenschaft, mit Erfolg in die Praxis umgesetzt werden. Die Artikel repräsentieren insbesondere partielle Lösungen, die auf eine Verbesserung der Ressourceneffizienz zielen. Wenn es gelingt, mit weniger Ressourcen- und

---

[4] siehe die Artikel von Reinhardt und Helms zu biogenen Kraftstoffen und Connemann zu Biodiesel

[5] siehe den Artikel von Mahro und Kasche zur Rolle von Biomasse und Biotechnologie für eine nachhaltige Entwicklung

[6] siehe den Artikel von Klöck und Noke zur Nutzung von Abfallströmem in der Lebensmittelindustrie

Umweltverbrauch dieselben Produkte oder Dienstleistungen bereit zu stellen, profitieren davon die Wirtschaft und die Umwelt gleichermaßen. Das Ziel einer Umweltentlastung durch Verbesserung der Ressourceneffizienz kann aber auch misslingen. Dies ist genau dann der Fall, wenn die Effizienzgewinne durch absolute Mengensteigerungen aufgefressen oder gar überkompensiert werden. Wenn z. B. die einzelnen Fahrzeuge weniger Energie verbrauchen, aber gleichzeitig mit immer mehr Fahrzeugen immer größere Strecken gefahren werden.

Die Beiträge sind breit gefächert und reichen von quantifizierbaren Konzepten mit Formeln[7] bis hin zu richtungsweisenden Entwürfen nachhaltiger Strukturen von Industriesystemen[8]. Sie basieren sowohl auf fachlicher Spezialisierung als auch auf einer Erweiterung des Wissens und Könnens sowie der Kommunikation entlang der Wertschöpfungskette[9]. Sie zeigen, dass nicht immer gleich komplette und komplexe Entwürfe und Innovationen nötig sind, sondern dass das Ziel einer nachhaltigen Entwicklung auch über partielle Lösungen und schrittweise Verbesserung erfolgreich verfolgt werden kann. Es wird zwar nicht gleich ein „nachhaltiges Industriesystem" entworfen oder realisiert, aber es werden immerhin Teilaspekte umgesetzt, mit denen durchaus ein substantieller Beitrag zur Überwindung gravierender Nachhaltigkeitsdefizite geleistet wird. Selbstverständlich lassen sich dabei spezifische Stärken und Schwächen dieser partiellen Lösungen herausarbeiten. Die Lern-, Such- und Gestaltungsprozesse bleiben in der Regel auf spezifische Fragestellungen oder Problemgebiete eingegrenzt. Hier sind es z. B. die technischen Fragen der Biodieselerzeugung, die ökologischen Auswirkungen von Biokraftstoffen im Vergleich zu fossilen Kraftstoffen, der zukünftige Ausbau der Biomasse-Nutzung, die Gewinnung von Veredlungsprodukten aus ungenutzten Stoffströmen, ein effizienterer Einsatz von Kühlschmierstoffen bis hin zur kaskadischen Stoffnutzung im Verbund mit all den Problemen, mit denen sich strategische Kooperationen und enge stoffliche Vernetzungen konfrontiert sehen.

Und selbstverständlich stoßen partielle Lösungen auch schnell an ihre Grenzen. Die Vorteile der Komplexitätsreduktion, der Selektion und Überschaubarkeit fordern auch ihren Tribut. Die Reduzierung auf bestimmte Problemstellungen und Dimensionen blendet viele Interdependenzen mit anderen Dimensionen aus und behindert evtl. die nötigen dimensionenübergreifenden Lösungsansätze. Z. B. führt der Trend kleiner und leichter werdender Mobiltelefone dazu, dass der Umwelteinfluss des einzelnen Mobiltelefons durch den Verbrauch von weniger Material und Komponenten deutlich sinkt, was man als "tendenzielle Dematerialisierung" bezeichnen könnte[10]. Anderseits führen aber weltweit steigende Produktions- und Absatzzahlen zu einem höheren Ressourceneinsatz. Außerdem veralten die Geräte schnell, so dass ihre Nutzungsdauer sinkt. So wird der Naturverbrauch zwar auf das einzelne Gerät gesehen verlangsamt, aber durch den Mengeneffekt wird der Effizienzgewinn negativ überkompensiert (rebound effect)[11]. Wenn man Prozesse nachhaltiger Wertschöpfung in Kreisläufen größeren Umfangs initiieren möchte, erfordert dies also eine integrierte Berücksichtigung der ökologischen, ökonomischen und sozialen Subsysteme in ihrer wechselseitigen Interdepen-

---

[7] siehe den Artikel von Brinksmeier, Walter und Koch zur Minimalmengenschmierung

[8] siehe den Artikel von Jacobsen zur Industriellen Symbiose

[9] siehe die Artikel von Back, sowie Müller und Schneidewind zum Stoffstrommanagement

[10] siehe den Artikel von Tobias, Höhn, Pongratz und Karch zur Ressourceneffizienz bei IKT Technologien

[11] siehe den Artikel von Behrendt zur Ressourceneffizienz in der Informationsgesellschaft

denz[12]. Bei der Bewertung der entsprechenden Innovationen muss davon ausgegangen werden, dass nicht immer alle Indikatoren in die ‚richtige Richtung' zeigen. Damit erhebt sich im Einzelfall die berechtigte Frage, ob diese oder jene Innovation oder Kette von Innovationen dann zumindest in der Resultante des dreidimensionalen Zielraums der Nachhaltigkeit noch in die richtige Richtung zeigen.

Um das notwendige Problem- und Handlungswissen zu generieren, ist Kommunikation unverzichtbar. Nachhaltigkeit als Querschnittsthema und mehrdimensionales Problem muss in den verschiedenen Teilsystemen kooperativ bearbeitet und intensiv kommuniziert werden. Wie sensibel und komplex dabei die entsprechenden Entscheidungsprozesse sind bzw. werden können, kann man anhand der Umgestaltung der Systeme der Energiegewinnung und -versorgung erfahren. Ein verwirrendes Interessengeflecht, bestehend aus technischen Gegebenheiten, mehr oder weniger mächtigen Unternehmen, Kommunen, Verbrauchern usw., beeinflusst die zukünftige energiepolitische Strategie und damit die Richtung, in welche sich die zukünftige Energiegewinnung und –verteilung und damit Energieeffizienz entwickelt. Ein Mangel an Abstimmung und Kommunikation kann zur Teiloptimierungen führen.

Die Initiierung gesellschaftlicher Lern- und Veränderungsprozesse sowie praktischer Schritte hin zu mehr Nachhaltigkeit schließt notwendigerweise für eine Übergangsphase das Neben- und Ineinander von partiellen und ganzheitlichen Ansätzen ein, um in einer dialogischen Vernetzung für alle drei Nachhaltigkeitsdimensionen und für diverse Einzelaspekte mögliche Lösungen zu finden. In diesem Prozess kann die Partialität der Lösungen als ein Experimentalraum mit eingeschränkter Komplexität begriffen werden, in welchem Erkennen und Handeln in einem wechselseitigen Erfahrungszusammenhang miteinander verbunden sind. Auch wenn also zunächst nur Teilaspekte einer nachhaltigen Entwicklung eingelöst werden, so sollte diese Phase hauptsächlich als Lern- und Aushandlungsprozess begriffen werden, in dem sich möglicherweise nicht nur dieses Teilsystem, sondern auch das gesellschaftliche Bewusstsein für nachhaltige industrielle Systeme wandelt und sich neue industriellen Paradigmen entwickeln können. Solche Lernfelder sind eine notwendige Vorraussetzung für eine nachhaltige Entwicklung, die nicht nur vorgedacht und reguliert, sondern vor allem erfahren und gelebt werden muss.

5.4 Literatur

Blinde, J.; Böge, S.; Burwitz, H.; Lange, H.; Warsewa, G. (2003): *Informieren-Anbieten-Verordnen. Wege zu nachhaltigen Konsummustern zwischen Konflikt und Konsens*. artec paper 104, S. 150. Bremen: artec Forschungszentrum Nachhaltigkeit (Universität Bremen)

Brundtland, Gro H. (1987): *Our common future*, Reprint; Oxford Univ. Press: Oxford

Conference on Environment and Development (1993): *Agenda 21: Programme of action for sustainable development ; Rio declaration on environment and development ; statement of forest principles ; the final text of agreements negotiated by governments at the United Nations Conference on Environment and Development (UNCED)*, 3-14 June 1992, Rio de Janeiro. New York: UN Department of Public Inf.

[12] Die Enquête-Kommission betont ausdrücklich die Notwendigkeit einer gleichberechtigten und gleichwertigen Behandlung der drei Dimensionen.

Deutscher Bundestag (Hg.) Enquête (1998): *Konzept Nachhaltigkeit. Vom Leitbild zur Umsetzung. Abschlußbericht der Enquête-Kommission „Schutz des Menschen und der Umwelt – Ziele und Rahmenbedingungen einer nachhaltig zukunftsverträglichen Entwicklung" des 13. Deutschen Bundestages*, Bonn,

Hamacher, W. (2000): *Sustainable Development as a Guiding Principle.* In: Oepen, M. et al. (Hg.): Communicating the environment. Frankfurt/Main: Peter Lang, S. 23.

Huber, J. (2000): *Industrielle Ökologie. Konsistenz, Effizienz und Suffizienz in zyklusanalytischer Betrachtung.* In: Simonis, U.E. (Hg): *Global Change.* Baden-Baden: Nomos, S.1

Perrow, C. (1989): *Normale Katastrophen, Die unvermeidlichen Risiken der Großtechnik,* Campus, Frankfurt

Rammert, W. (2000): *Wer ist der Motor der technischen Entwicklung heute? Von der innovativen Persönlichkeit zum Innovationsnetzwerk.* http://soz.tu-berlin.de/Crew/rammert/articles/Motor.htm (Letzte Änderung vom 05.08.2000)

Steinfeldt, M.; von Gleich, A.; Petschow, U.; Haum, R.; Chudoba, T.,; Haubold, S. (2004): *Nachhaltigkeitseffekte durch Herstellung und Anwendung nanotechnologischer Produkte,* Schriftenreihe des IÖW 177/04, Berlin, IÖW

Thurow, L. (1996): *The Future of Capitalism: How today's economic forces shape tomorrow's world,* London, S. 115

von Gleich, Arnim (2000): *Anforderungen an Innovationssysteme auf dem Weg zu einer nachhaltigen Stoffwirtschaft. Symposium* "Konzepte zum Beitrag der Chemie zu einer nachhaltig zukunftsverträglichen Entwicklung", 21.-23. 2. 2000, Universität Oldenburg,

6 Mit Biodiesel in die Zukunft

Joosten Connemann

6.1 Einführung

Dieser Beitrag bietet einen Überblick aus erster Hand von einem Akteur der Biodieseltechnologie in Deutschland zu Biodiesel als einem umweltverträglichen Kraftstoff der Zukunft. Materialien auf der Grundlage regenerativer Ressourcen wie z.B. Biokraftstoffe (biofuels), biologisch abbaubare ,Kunst'stoffe (bioplastics), Schmiermittel (biolubricants) und Netzmittel auf biologischer Basis (biosurfactants) sind wichtige Elemente auf dem Weg zur Einpassung der technischen Systeme in die natürlichen und stellen insofern auch einen interessanten Zweig in der Industrial Ecology dar. So war z. B. diesem Thema im Jahr 2003 ein Special Issue des Journal of Industrial Ecology 7(3/4) gewidmet.

Nach einem historischen Rückblick in die Geschichte der Problematik nicht regenerativer Ressourcen und der Kraftstoffknappheit werden die spezifischen Eigenschaften von Biodiesel erläutert. Es werden die Vorteile von Biodiesel im Vergleich zu konventionellen Kraftstoffen analysiert, insbesondere die Umweltwirkungen, sowie die Herstellung und der Einsatz von Biodiesel beschrieben. An die technischen und umweltbezogenen Aspekte schließen sich politische, ökonomische und gesellschaftliche Rahmenüberlegungen an, welche Hindernisse dem Durchbruch von Biodiesel noch im Wege stehen bzw. welche Potenziale bei einer konsequenteren Nutzung insgesamt ausgeschöpft werden könnten. Der Fokus des Beitrags liegt neben dem fachlichen Details vor allem auch in der langjährigen praktischen Erfahrung des Autors auf diesem Gebiet. Er ist einer der Pioniere der Pflanzenöl- und Biodiesel-Technologie in Europa und entwickelte schließlich im Jahr 1990 in der Oelmühle Leer Connemann den besonders effizienten „CD Process System Connemann-ADM" zur Herstellung von Biodiesel aus Rapsöl und anderen biogenen Ölen und Fetten. Zu seinen Pionierleistungen zählt ferner die erste PC-gesteuerte und vollautomatisch arbeitende Umesterungsanlage für Biodiesel in heutiger EN-Qualität mit einer Kapazität von 300 Tonnen pro Jahr. Es folgten Pilotanlagen im Jahr 1993 mit 7.000 Tonnen pro Jahr und 1995 die erste europäische industrielle Produktionsanlage mit 80.000 Biodiesel Tonnen pro Jahr.

6.2 Rückblick: Ressourcenprobleme und Kraftstoffknappheit

Ressourcenprobleme und Vorhersagen einer kommenden Kraftstoffknappheit lassen sich historisch weit zurückverfolgen. Bereits 1798 veröffentlichte der englische Pfarrer Thomas Robert Malthus in seinem „Essay on Population" Bedenken bezüglich der Steigerungsraten von Ressourcenverbrauch und Abfallproblematik im Zuge der künftigen Entwicklung der Gesellschaft. Fast 200 Jahre später hat der „Club of Rome" (Meadows et al. 1972) diese Vorhersagen wieder aufgenommen und mit Computersimulationen unterlegt. Die Erfahrung der Ölkrise im Jahr 1973 hat dann auch eine weltweite Suche nach Alternativtreibstoffen ausgelöst, wie sie schon im Jahre 1900 Rudolf Diesel voraussah, als er auf der Weltausstellung 1900 in Paris seinen berühmten Dieselmotor vorstellte, angetrieben mit Erdnussöl als selbstzündendem Kraftstoff, dass nämlich „Petroleum und diese Kohlenteer-Produkte“ wohl nicht lange zur Verfügung stünden. Bereits in der Mitte des 20. Jahrhunderts gab es zahlreiche Patente zur Herstellung von Methylestern, die sich als Kraftstoffe einsetzen lassen. Methylester wurden als leicht zugängliches Zwischenprodukt in die damals aufstrebende Seifenproduktion eingeführt. Der Autor ist selbst in diese frühe Phase der grünen Chemie hineingeboren worden, denn seit 1750, als die Witwe Pierre Marchés in der Zeitung gesunden Leinsamen anbot, hat sich die Familie Connemann (1950) mit grüner Seife und Glycerin, mit Ölsaaten, Pflanzenölen und Ölkuchen oder Schrot, mit Holz und Papier befasst, alles Naturstoffe, die heute als erneuerbare Ressourcen bezeichnet werden.

6.3 Biodiesel und Steuern

Biodiesel wird von den verschiedensten Seiten und aus den verschiedensten Gründen diskutiert und unterstützt. Biodiesel ist aber nicht vor allem eine Gelegenheiten zur Nutzung von Stilllegungsflächen, zur Erlangung von Subventionen oder eine letzte Hilfe für die Bauern. Biodiesel ist auch kein Teilersatz für schwindende nicht-erneuerbare Ressourcen und auch kein Allheilmittel gegen die CO_2-Problematik (Treibhauseffekt). Biodiesel ist vielmehr zunächst einmal ein hervorragender Dieselkraftstoff. Allerdings hängen die Entwicklung und der breite Einsatz von Biodiesel bislang nahezu vollständig von der Finanz- und Steuerpolitik in Europa ab, und niemand weiß bereits heute konkret, wohin die erforderliche Harmonisierung der Verkehrs-, Fahrzeug- und Kraftstoffsteuern in Zukunft führen mag. Gleichwohl hat die Europäische Kommission seit dem Jahr 2001 konkrete Mengenvorstellungen zum künftigen Einsatz von Biokraftstoffen entwickelt (z.B. soll der Anteil an biogenen Kraftstoffen bis 2010 auf 5,75% anwachsen, Richtlinie 2003/30/EG). Die Besteuerung von Biodiesel könnte die Erfolg versprechende Entwicklung dieses Kraftstoffes zwar für einige Jahre behindern und die Produktion temporär drosseln, trotz der aktuellen Euphoriewelle für Biodiesel. Auch wenn solche Hemmnisse zeitliche Verzögerung mit sich brächten, so könnten sie vermutlich kaum das Thema Biokraftstoffe im Allgemeinen und Biodiesel im Besonderen prinzipiell beenden. Die Vorteile von Biodiesel sind so überzeugend, dass Biodiesel in den nächsten Jahrzehnten eine erhebliche Bedeutung erreichen wird als zukunftsfähiger Kraftstoff: aus Biomasse erzeugt, flüssig und energiereich für den Transport.

Die Ausführungen konzentrieren sich im Folgenden auf Biodiesel, auf die chemischen Grundlagen und den Umesterungsprozess (Freeman 1984), auf seine spezifischen Eigenschaften (Wörgetter und Schrottmaier 1991) und die besondere Eignung für Dieselmotoren (Connemann 1994), seine Energiebilanz (Vellguth 1994) sowie auf steuerrechtliche und ökonomische Rahmenüberlegungen wie z.B. gegenwärtige und geplante Produktionskapazitäten.

6.4 Fossile Ressourcen und Umwelt

Die aus heutiger Sicht geschätzten Vorräte des fossilen flüssigen Energieträgers Erdöl sind weltweit ungleich verteilt (Abbildung 6.1). Diese geographische Verteilung impliziert neben anderen Faktoren politische und strategische Unwägbarkeiten für die Zukunft. Ferner ist Erdöl eine nicht-erneuerbare Ressource. Erdölvorräte sind endlich und damit beschränkt verfügbar. Der ansteigende jährliche Verbrauch verschärft diese Situation (Abbildung 6.2). Der Kohlenstoffgehalt aller fossilen Energieträger entwickelt bei der Verbrennung (Oxidation) etwa die dreifache Menge an CO_2 und trägt damit erheblich zum Treibhauseffekt bei. Darüber hinaus stellt der Schwefelgehalt vielleicht eine noch größere Umweltgefährdung dar. Aus diesen Gründen bleibt auch die Atomenergie in der Diskussion um zukunftsfähige Energien, selbst wenn einige europäische Länder über einen generellen Ausstieg nachdenken.

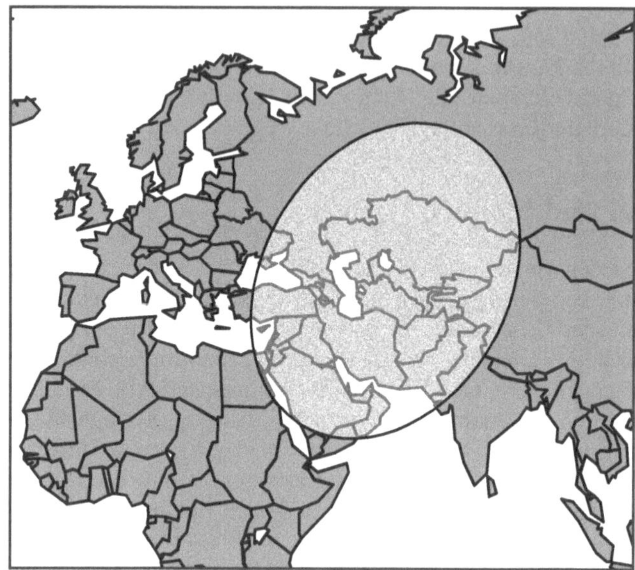

Abbildung 6.1 Geographische Verteilung des Erdöls. Die strategische Ellipse enthält etwa 70% der weltweiten Erdölreserven und 40% der weltweiten Erdgasreserven.

6.4.1 Erneuerbare Rohstoffe

Neben Wind und Wasserkraft wird die Verwendung von Biomasse in Zukunft eine enorme Bedeutung haben (Abbildung 6.2), insbesondere die sogenannten Biokraftstoffe z.B. in Form von Bio-Ethanol, Bio-Methanol und Bio-Diesel. Biokraftstoffe bilden mit der Bindung des CO_2 in der Pflanze und dessen Freisetzung beim Verbrennen einen CO_2-Kreislauf, sind also, abgesehen vom Aufwand an fossilen Energieträgern beim Anbau und der Herstellung landwirtschaftlicher Produktionsmittel, CO_2-neutral. Sie haben zumeist günstigere Emissionswerte, sind biologisch schnell abbaufähig und tragen insofern zur Nachhaltigkeit bei. Biokraftstoffe haben insgesamt ein beträchtlich umweltfreundliches Potenzial. Einer der Erfolg versprechendsten Biokraftstoffe ist Biodiesel. Seine Energiebilanz ist positiv, noch besser als die für Bio-Ethanol aus verschiedenen Rohstoffen.

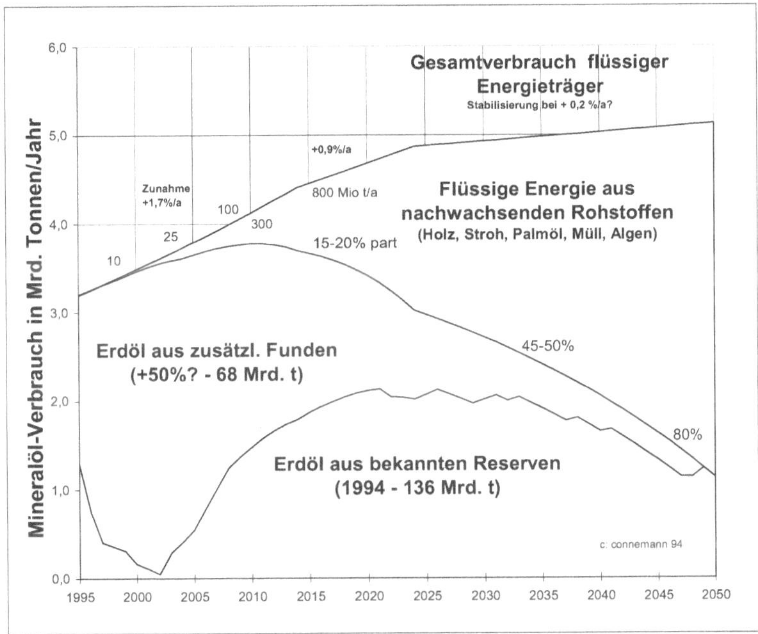

Abbildung 6.2 Gesamtverbrauch flüssiger Energieträger

6.4.2 Chemie der Umesterung

An den Molekülmodellen (Abbildung 6.3) lässt sich das Prinzip und die Wirkung der Umesterungsprozesse veranschaulichen. Durch den unter definierten Bedingungen ablaufenden Austausch des verbindenden Glycerin-Moleküls gegen drei einzelne Methanol-Moleküle wird die Viskosität des flüssigen Esters stark abgesenkt. Zudem zeigen die entstandenen Fettsäure-Methylester eine auffallende Ähnlichkeit mit dem sogenannten Cetan, einem linearen Kohlenwasserstoff-Kettenmolekül mit 16 C-Atomen. Dieses Molekül ist bekannt als Namensgeber der Cetan-Zahl. Sie bildet das Maß der Zündwilligkeit eines Kraftstoffs, wenn er bei der Komprimierung selbst zünden soll. Moleküle von Ölen und Fetten aus Pflanzen oder von Tieren haben im Prinzip stets die gleiche Konfiguration, lediglich über die Kettenlänge ergeben sich kleine Abweichungen oder über die Anzahl der Doppelbindungen, welche dann für unterschiedliche Schmelzpunkte und Oxidationsstabilitäten verantwortlich sind. Die Chemie des Austauschs bei der Umesterung lässt sich in mehreren parallelen Gleichgewichtsreaktionen verbal beschreiben und das sich einstellende Phasengleichgewicht graphisch (Korgitzsch 1993) illustrieren. Mit Hilfe einer Gas-Chromatographie (GC-Analyse) wird die fortschreitende Umesterung sorgfältig kontrolliert (Gombler und Olthoff 1994).

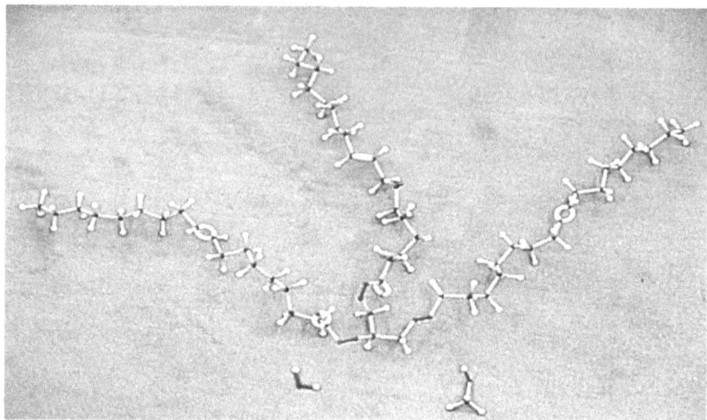

Abbildung 6.3 Molekül-Modell eines typischen Fettes mit den drei Fettsäuren, sowie von Wasser (unten links) und Methanol (unten rechts).

Das Hauptziel der Umesterung besteht darin, eine wesentlich geringere Viskosität zu erreichen, von ca.70 auf 4,5 mm^2/sec bei 40°C. Im Ergebnis erhält man einen Biodieselkraftstoff wie z.B. Rapsölfettsäure-Methylester, der aufgrund einer Cetan-Zahl 58 und weiterer Eigenschaften zweifellos als „Superdiesel" bezeichnet werden kann:

- kein Schwefel und keine Aromaten
- beste Emissionen mit Oxikat
- biologisch abbaubar und nicht giftig
- hoher Sauerstoffgehalt (11 %)
- exorbitante Schmierfähigkeit
- Wintertauglichkeit (CFPP = -22°C)

In europäischen Breiten ist als Rohstoff für diese Ester das Rapsöl besonders geeignet, darüber hinaus auch Sonnenblumenöl und Soja-Öl. Insbesondere können Mischungen solcher Öle mit anderen Stoffen wie Palmöl, Talg und Schmalz diskutiert werden. Sogar bestimmte Algen-Öle scheinen ein aussichtsreiches Potenzial zur Gewinnung von Biodiesel zu bieten.

6.4.3 Umesterung biogener Öle und Fette mit dem CD-Verfahren System Connemann-ADM

Seit mehr als 50 Jahren gibt es in der Patentliteratur zahlreiche Vorschläge zur Umesterung biogener Öle und Fette. Diese Patente zielten allerdings nicht auf die Kraftstoffgewinnung ab. Abgestimmt auf die Kraftstoffgewinnung wurde deshalb in Leer das sogenannte CD-Verfahren entwickelt. Das Ziel bestand darin, auf eine leistungsfähige, energie- und kostensparende Weise einen bestmöglichen Dieselkraftstoff zu erzeugen. Die Verfahrensbezeichnung „CD" entstammt der „continuous deglycerolization". Bei der innovativen Verfahrensweise wurden erprobte Maschinen und Apparate aus der chemischen Technik sowie eine vollkontinuierliche Prozessführung eingesetzt. Neu war vor allem die rationelle Kombination der Apparate. Der Kern des Patents beim CD-Verfahren System Connemann-ADM bezieht sich auf folgende Kernmerkmale[1] (Abbildung 6.4):

- Herbeiführung der Reaktion und Trennung der entstehenden Phasen zugleich und kontinuierlich
- Eingriff in die Reinigungs-Stufen im Gegenstrom mit einem wässrigen Extraktionsmedium in den an sich wasserfrei zu führenden Umesterungsprozess
- Zusätzliche Extraktion des freigesetzten Glycerins zwischen den zwei oder höchstens drei Reaktions-Stufen

Mit dieser geschützten Prozessführung lässt sich vor allem eine bessere Umesterung erreichen und ein fast beliebig niedriger Restgehalt an gebundenem Glycerin realisieren. Im Ergebnis ergibt sich ein fast nicht mehr nachweisbarer Gehalt an freiem Glycerin. Eine niedrige Säurezahl wird ebenso erreicht wie eine gute Oxidationsstabilität für weit größere Quantitäten und in kürzeren Zeiten mit niedrigem Energieeinsatz mit erstaunlicher Qualitätskonstanz. Dauerlauftests im Studiencenter der Porsche AG in Weissach/Stuttgart mit zwei RME-Qualitäten mit 0,12% und 0,36% gebundenem Restglycerin führten zum heutigen Weltstandard von max. 0,25% Gesamtglycerin.

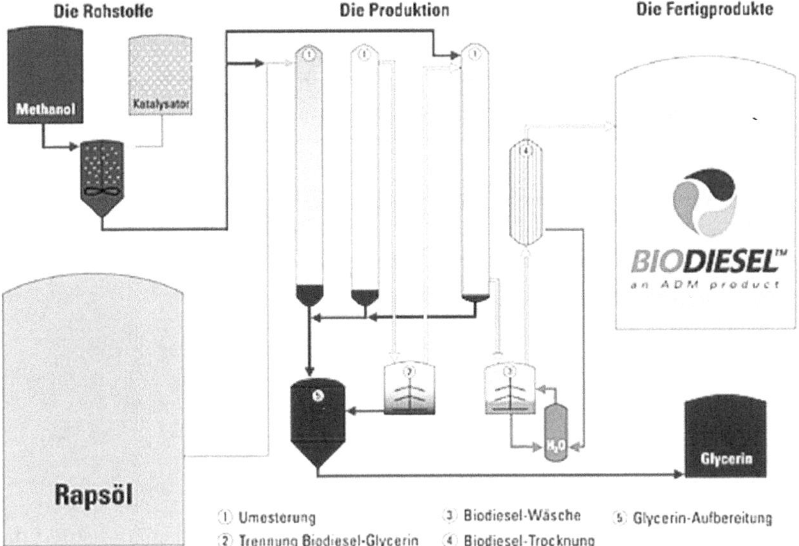

Abbildung 6.4 CD-Verfahren

[1] Das Hauptpatent wurde mit Priorität vom 26.3.1992 erteilt, nämlich DE 42 09 779, US Patent 5,354,878 und Europäisches Patent EP 0 562 504. Eine wesentliche Erweiterung wurde am 20.09.2002 angemeldet. Diese wurde am 01.04.04 in Europa und am 22.10.2005 unter US 2005/0204612 A1 in den USA ausgelegt. CD-Verfahren und CD-Anlagen werden von mehreren Lizenznehmern angeboten, darunter z.B. Westfalia Separator Food Tec GmbH (GEA), Ferrostaal AG (MAN) und Cimbria-Sket GmbH.

6.5 Biodieselkapazitäten in Europa und weltweit

Die Entwicklung der Biodieselkapazitäten steigt kontinuierlich: Von 1990 mit unter 1.000 Tonnen über 1995 mit etwa 1 Mio. Tonnen und 2002 mit 2 Mio. Tonnen bis 2005 mit 4 Mio. Tonnen und 2006 mit 12,5 Mio. Tonnen ist für Ende 2007 mit etwa 25 Mio. Tonnen an weltweiter Produktionskapazität zu rechnen. Davon entfällt etwa ein Drittel auf den CD Process als technologische Basis.

Dieser rasche und steile Anstieg wurde vor allem in Deutschland mit B100 als reiner Biodiesel vorbereitet (Abbildung 6.5). Die guten Eigenschaften und die umfangreichen Felderfahrungen haben diese Entwicklung begünstigt. Die Preisentwicklung der Rohstoffe markiert am 24.08.2000 den Beginn des „Zeitalters der Erneuerbaren" . An diesem Datum wurde das fossile Rohöl erstmals höher notiert als die biogenen Rohstoffe.

Die CO_2-Entwicklung der verschiedenen Energieträger (Abbildung 6.6) und deren Nutzung im Verbrennungsmotor bzw. in der Brennstoffzelle belegen die positiven Eigenschaften von Biodiesel im Vergleich zu anderen Kraftstoffen.

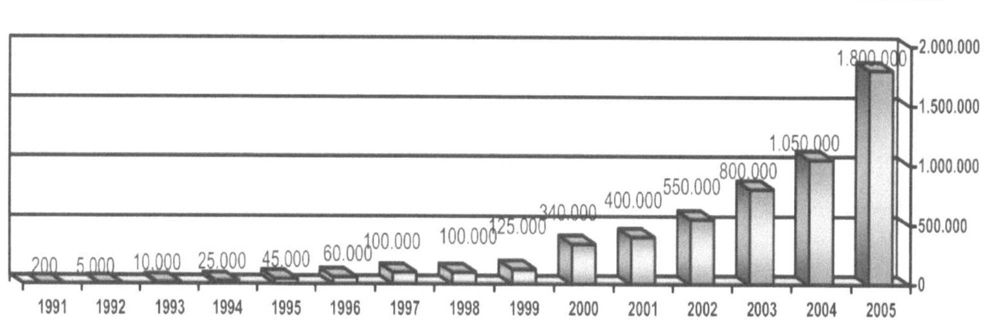

Abbildung 6.5 Biodiesel-Absatz in Deutschland 1991-2005

Eine bemerkenswerte Rolle für die Situation von Biodiesel in Deutschland spielt die Empfehlung der Europäischen Kommission, gefolgt vom Bundestagsbeschluss „Steuerfrei bis Ende 2008". Kurz darauf folgte ein plötzlicher Widerruf und es wurde eine sofortige Besteuerung angekündigt, obwohl eine IFO-Studie vorlag, die nachweist, dass die Mehreinnahmen durch Lohn- und Mehrwertsteuer, Gewinnsteuern und vermiedene Arbeitslosenunterstützung die Steuermindereinnahmen an Mineralölsteuer deutlich überstiegen.

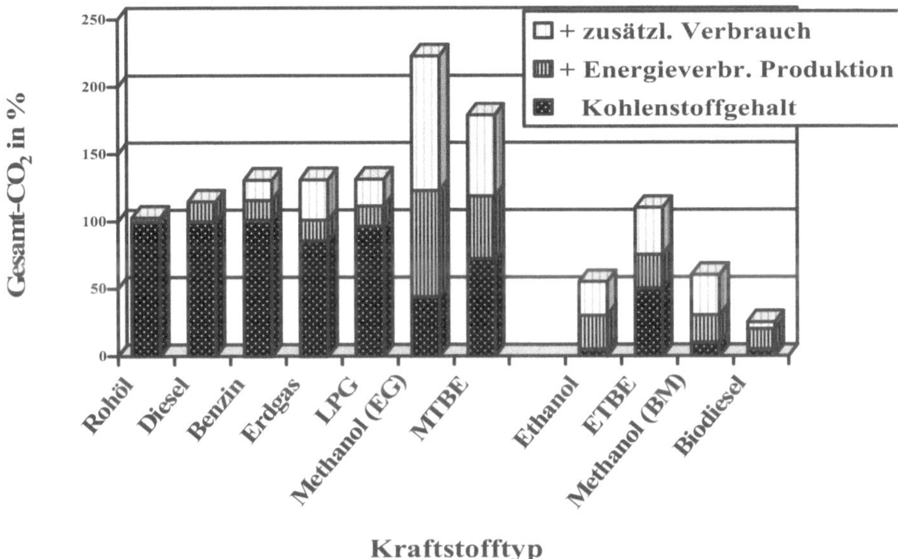

Abbildung 6.6 Globale CO_2-Entwicklung verschiedener Kraftstoffe

6.5.1 Kuppelprodukt Glycerin

Schon 1995 hat der Autor auf der „1st World Conference Glycerol" in Paris auf das Kuppelprodukt Glycerin bei der Herstellung von Biodiesel hingewiesen. Nach seinem Szenario könnte es in fünf bis zehn Jahren zu einem gewissen Gleichgewicht kommen zwischen den bislang bekannten und geplanten Biodiesel-Kapazitäten einerseits und dem sich mit einer Wachstumsrate von 2,5% entwickelnden Weltmarkts für Glycerin andererseits, ungeachtet der kurzen Störungen in den Jahren 1996 und 1997. Bei einer deutlich werdenden Ölverknappung und steigenden Ölpreisen würden große Mengen an Glycerin für andere und neue Verwendungen freigesetzt, auf die man sich rechtzeitig vorbereiten müsse.

Glycerin lässt sich für viele Zwecke einsetzen und das Glycerin als Nebenprodukt der Biodieselherstellung kann das synthetische Glycerin ablösen. Neuerdings läuft die Synthese in umgekehrter Richtung ab: aus natürlichem Glycerin werden ehemals fossil-basierte Chemikalien wie Epichlorhydrin oder Propylenoxid hergestellt.

6.5.2 Weltweites Potenzial für Biodiesel

Trotz der ungewissen Zukunft für Biodiesel aus politischer Perspektive ist der Ausblick auf die weitere Entwicklung angesichts heutiger Ölpreise außerordentlich positiv. Das weltweite Potenzial scheint enorm zu sein. So wird z.B. in brasilianischen Veröffentlichungen zuweilen auf 100 Mio. Hektar frei verfügbare (Savanne-)Flächen hingewiesen, in Indien spricht man angesichts der nicht essbaren Jatropha- und Pongamia-Samen von einer potenziellen Nutzung ähnlicher Flächengrößen von sogenanntem „degraded land".

6.6 Biodiesel und Umwelt

Vor dem Hintergrund der geschilderten Eigenschaften von Biodiesel ist es kaum zu verstehen, dass über Biodiesel oft sehr kontrovers diskutiert wird:

- Einige Experten sprechen kritisch von landwirtschaftlichen Monokulturen, der Gefahr hoher N_2O-Emissionen beim Anbau, über Aldehyde, NO_x und „Pommes frites Geruch" im Abgas sowie über Subventionen
- Andere Experten versichern, mit „guter landwirtschaftlicher Praxis" gäbe es keine Probleme mit Nitraten, überhaupt keine mit N_2O, weil gerade Raps ein Tiefwurzler und damit ein sehr rationeller Stickstoffverwerter sei

Die Aldehyd-Emissionen von Dieselmotoren liegen ohnehin weit unter denen von Benzinmotoren und werden zudem fast völlig von Katalysatoren beseitigt, und schließlich können sogar die NO_x-Emissionen deutlich gemindert werden, wenn man nur den Einspritzzeitpunkt um 2-3 Grad verzögert, insbesondere wenn heute mit höheren Vordrucken in „common rail"-Einspritzsystemen gearbeitet wird. Experten in der Biodiesel-Diskussion bestätigen, dass die Energiebilanz sehr positiv ist. Niemand bestreitet, dass Partikel (-50%), PAH, HC und CO (-70 bis zu -90% mit Oxikats) auftreten und Geruch auftritt.

Einige postulieren sogar, Biodiesel sei „Champagner für den Motor" in puncto Sauberkeit und hinsichtlich der ausgezeichneten Schmierfähigkeit, die zu einem deutlich geringeren Verschleiß führt (-50%). Sie erwähnen den hohen Sauerstoffgehalt (Anti-Smog-Effekt) und führen die gute Cetan-Zahl für weichen Motorlauf ins Feld. Mit den seit Mitte 2006 verfügbaren selbstregenerierenden Oxikat-Partikelfilter-Systemen ist es zudem möglich, die „Euro-4-Norm" zu erfüllen, ja sogar die „EURO IV" zu erreichen. Damit käme ein Biodiesel-Auto in die Nähe eines „no emissions"-Fahrzeugs.

6.7 Qualität und Normen

Grundlage für die zuvor ausgeführten Überlegungen ist eine Biodiesel-Qualität, die mindestens den Anforderungen der DIN EN 14214 entspricht. Die Normen anderer Länder sind vielfach weniger streng, beginnen sich aber anzugleichen. Eine zentrale Qualitätsanforderung besteht darin, dass die esterspezifischen Eigenschaften eingehalten werden, also vor allem:

- niedrige Glyceringehalte
- niedrige Säurezahl bei hoher Oxidationsstabilität
- ausreichende Kältebeständigkeit
- gute Filtrierbarkeit

6.8 Biodiesel zur Rekultivierung am Beispiel Indien

Neben den Vorzügen bei der Herstellung und Nutzung von Biodiesel eröffnet die breite Nutzung dieses Kraftstoffs auch wesentliche Impulse für agrarische und gesellschaftliche Reformen. Dies sei im Beispiel der Rekultivierung in Indien illustriert: Im August 2004 verkündete der indische Staatspräsident im Fernsehen, dass man in 10 bis 15 Jahren mit der Jatropha curcas und der Ponamia pinnata ein umfassend angelegtes Beschäftigungsprogramm verwirklichen werde. Die Eigenschaften der Nussöle, die sich aus diesem Pflanzen gewinnen lassen, eignen sich gut für die Biokraftstoffherstellung. Zwar ist mit hinreichenden Erträgen erst nach rund 3-5 Jahren zu rechnen. Gleichwohl zeigen Erfolg versprechende Pilotversuche kleiner Plantagen in Guarat und Orissa, Indien, aber auch in Madagaskar und Ägypten, dass diese Pflanzen selbst auf überaus kargen Böden gedeihen.

Vermutlich werden sich Probleme einstellen, einen geregelten Ertrag zu sichern. Tests mit der umfassenden Sammlung von Samen aus aller Welt, die an der Universität Hohenheim zusammengetragen wurden, weisen bislang auf eine solche geringe Ertragsstabilität hin. Hier könnte man mit Methoden der Gewebekultur und Züchtung sowie der Gen-Modifikation noch weiter kommen, ähnlich, wie sie auf Palm-Plantagen schon länger geläufig sind. Rund um Luxor in Ägypten ist z.B. ein mit städtischem Abwasser geringfügig bewässerter Jatrophawald entstanden. Dieses Beispiel macht Mut und versetzt in Staunen, welche neuen Chancen für viele Länder dieser Welt offenstehen.

6.9 Literatur

Connemann, J. (1994): *Biodiesel in Europa 1994*. Fat Sci. Technol. 96, 536.

Connemann, W. (1950): *200 Jahre Firmengeschichte*, Leer: Rautenberg.

Freeman, B. et al. (1984): *Variables Affecting the Yields of Fatty Esters from Transesterified Vegetable Oils*, J.Am.Oil Chem. Soc. 61, 1638.

Gombler, W.; Olthoff, K. (1994): *Analytik von Biodiesel*. Abschlußbericht Proj. F.A.-Nr. 1991.051. Emden: Fachhochschule Ostfriesland.

Korgitzsch, F.-M. (1993): *Untersuchungen von Phasengleichgewichten als Grundlage für die Veredlung von pflanzlichen und tierischen Fetten und Ölen*. Diss. TU Berlin. Aachen: Shaker.

Journal of Industrial Ecology (2003): *Special Issue on „Industrial Ecology of Biobased Products"*. 7(3/4).

Meadows, D.H. et al. (1972): *The Limits to Growth*. New York: Universe Books.

Vellguth, G. (1994): *Energetische Nutzung von Rapsöl und Rapsölmethylester. Dokumentation Nachwachsende Rohstoffe (1991)*, 'Biofuels', European Commission, DG XII, Eur.15647 EN.

Wörgetter, M.; Schrottmaier, J. (1991): *Pilotprojekt Biodiesel. Forschungsbericht der Bundesanstalt für Landtechnik* (Heft 25 und 26). Wieselburg.

7 Kraftstoffe der Zukunft

Wie nachhaltig sind Biokraftstoffe?

Guido A. Reinhardt, Hinrich Helms

7.1 Einführung

Nachwachsende Rohstoffe erfahren im Bereich der „Industrial Ecology“ zunehmende Aufmerksamkeit. Dazu gehören auch Biokraftstoffe, die allgemein als besonders nachhaltig gelten, sind sie doch – zumindest auf den ersten Blick – CO_2-neutral, bioabbaubar und sparen fossile Rohstoffe ein. Daher hat die Bedeutung der Biokraftstoffe in den letzten Jahren kontinuierlich zugenommen und findet sich mittlerweile in nationalen und internationalen Rahmensetzungen bzw. Zielvorgaben wieder, so beispielsweise in der „EU-Richtlinie zur Förderung der Verwendung von Biokraftstoffen oder anderen erneuerbaren Kraftstoffen im Verkehrssektor“. Hiernach soll der Marktanteil von Biokraftstoffen in allen Mitgliedsländern der EU im Jahr 2005 auf 2% und bis Ende 2010 auf 5,75% ansteigen (Europäische Kommission (2003).

Bei einer umfassenden Beurteilung der Nachhaltigkeit von Biokraftstoffen sind verschiedene Aspekte von Bedeutung. Zwei wichtige und hier dargestellte Aspekte sind die

- ökologische Bewertung (Kapitel 7.2) und die
- Konkurrenzen und Alternativen (Kapitel 7.3).

So mag in Teilbereichen eine Charakterisierung von Biokraftstoffen als ökologisch vorteilhaft durchaus zutreffen, wie z. B. bei der direkten Verbrennung, wo exakt nur die Menge CO_2 freigesetzt wird, die zuvor beim Anbau der Energie liefernden Pflanzen der Atmosphäre entzogen wurde. Für eine umfassende und detaillierte Analyse sind jedoch umfassendere Betrachtungen notwendig. Es werden hier verschiedene vergleichende Ökobilanzen zu diesem Thema dargestellt. Der Vergleich findet dabei auf zwei Ebenen statt:

- Vergleich der Biokraftstoffe mit fossilen Kraftstoffen (Abschnitt 7.2.2),
- Vergleich der Biokraftstoffe untereinander (Abschnitt 7.2.3).

Der zweite Hauptaspekt betrifft die Verfügbarkeit von Biokraftstoffen. Ob bzw. insbesondere wie das EU Ziel für 2010 erreicht werden kann, ist derzeit noch offen. Neben technischen, infrastrukturellen und ökonomischen Fragen, die insbesondere im Zusammenhang mit innovativen Biokraftstoffen noch geklärt werden müssen, stehen hier zwei Fragestellungen im Vordergrund der Diskussion:

- Wie viel Fläche steht für den Anbau von Biomasse überhaupt zur Verfügung?
- Wie soll zukünftig die verfügbare Biomasse genutzt werden?

Diese Fragen der Flächenkonkurrenz und der Nutzungskonkurrenz werden dargestellt und abschließend mit weiteren Alternativen, CO_2 einzusparen, diskutiert (Abschnitt 7.3). Eine Zusammenführung aller Aspekte erfolgt dann im letzten Abschnitt.

7.2 Ökobilanzen zu Biokraftstoffen

Bereits zu Beginn der Neunziger Jahre erschienen erste Ökobilanzen, die sich sowohl mit dem Vergleich von fossilen Energieträgern mit Bioenergieträgern als auch mit dem Vergleich der Biokraftstoffe untereinander auseinandergesetzt haben. Seitdem ist die Anzahl der untersuchten Bioenergieträger und der berücksichtigten Parameter kontinuierlich angestiegen und auch die Untersuchungsmethodik wurde verbessert. Hier soll daher ein Überblick über Ökobilanzen von Biokraftstoffen gegeben werden. Dieser Überblick basiert auf der Zusammenführung verschiedener Studien über die Produktion und die Verwendung von Biokraftstoffen in unterschiedlichen Fahrzeugkonzepten (u. a. Quirin et al. (2004)).

7.2.1 Allgemeines Vorgehen bei Ökobilanzen

Die ökologischen Vor- oder Nachteile von Biokraftstoffen können nicht auf Anhieb aufgelistet und bewertet werden, sondern müssen sehr sorgfältig und unter Einbeziehung des gesamten Systems und nicht nur bestimmter Ausschnitte ermittelt werden.

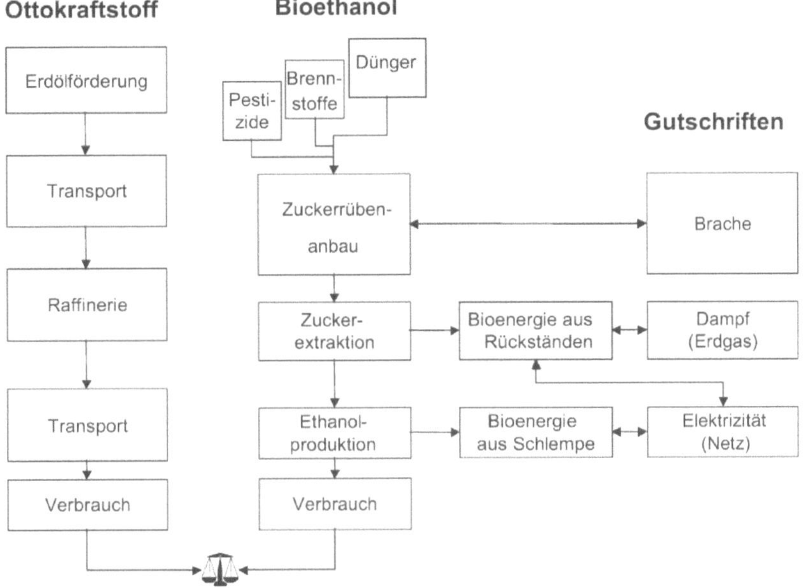

Abbildung 7.1 Schematisches Beispiel eines Lebenswegvergleichs von "Bioethanol aus Zuckerrüben mit Ottokraftstoff"

Dies kann mit so genannten Ökobilanzen, bei denen - zumindest vom theoretischen Ansatz her - die gesamte Bandbreite der Umweltverträglichkeit betrachtet wird, sachgerecht durchgeführt werden.

Wie bei Ökobilanzen allgemein üblich, wurden die betrachteten Biokraftstoffe und die jeweiligen fossilen Kraftstoffpendants über ihre gesamten Lebenswege hinweg bilanziert. Abb. 7.1 zeigt hierfür beispielhaft schematisch den Lebenswegvergleich zwischen Ottokraftstoff und Bioethanol. Grundsätzlich wurden auch alle Zusatzstoffe und Nebenprodukte berücksichtigt. Letztere wurden den Kraftstoffen in der Bilanz als Gutschriften über so genannte Äquivalenzprozessbilanzierungen angerechnet. Darüber hinaus wurden auch landwirtschaftliche Referenzsysteme miteinbezogen. Alle Details der Festlegungen, Systemgrenzen, Vorgehensweise etc. finden sich für die genannten Biokraftstoffe in Borken, Patyk und Reinhardt (1999), IFEU (2000), Kaltschmitt und Reinhardt (1997) sowie Patyk und Höpfner (1999).

7.2.2 Biokraftstoffe im Vergleich zu fossilen Kraftstoffen

Die ökologischen Auswirkungen von Biokraftstoffen im Vergleich mit fossilen Kraftstoffen werden hier anhand von Ökobilanzen kurz dargestellt. Einige der in den letzten 10 Jahren entstandenen Ökobilanzen, in denen Biokraftstoffe mit fossilen Kraftstoffen verglichen wurden, werden dabei zusammengefasst. Dabei wird besonderer Wert darauf gelegt, dass die

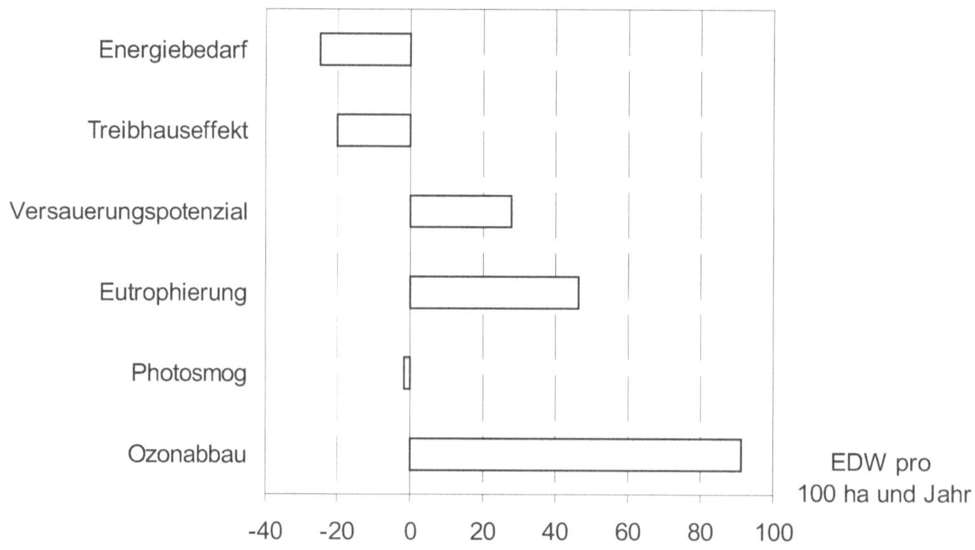

Abbildung 7.2 Ökologische Vor- und Nachteile von RME verglichen mit fossilem Dieselkraftstoff. **Lesebeispiel**: Die Nutzung von 100 ha landwirtschaftlicher Nutzfläche zur Produktion von RME spart im Vergleich mit der Nutzung von fossilem Dieselkraftstoff die durchschnittlichen jährlichen Treibhausgasemissionen von ca. 20 Bundesbürgern (EDW = Einwohnerdurchschnittswerte) ein. (Quelle: IFEU (2006))

erhaltenen Ergebnisse miteinander vergleichbar sind, d. h., dass die zugrunde gelegten Annahmen wie Bezugsjahr und Systemgrenzen zueinander passen.

Abbildung 7.2 zeigt die quantitativen Ergebnisse für den Vergleich „Biodiesel aus Raps (RME) versus Dieselkraftstoff" für einige wichtige Umweltwirkungen. Hier zeigt sich, dass Biodiesel bezüglich der Parameter "Energiebedarf" und "Treibhauseffekt" deutliche Vorteile aufweist, wogegen fossiler Dieselkraftstoff bei den anderen Parametern häufig Vorteile verzeichnet. Analog verhält es sich mit den meisten anderen Biokraftstoffen.

Eine wissenschaftlich objektive Entscheidung für oder gegen Biokraftstoffe kann daher nicht getroffen werden. Eine Gesamteinschätzung muss letztendlich auf ein subjektives Wertesystem zurückgreifen. Eine Einordnung von Biokraftstoffen als ökologisch vorteilhaft ist also dann gerechtfertigt, wenn der Schonung fossiler Ressourcen und der Verminderung des Treibhauseffektes die höchsten Prioritäten eingeräumt werden.

7.2.3 Biokraftstoffe im Vergleich untereinander

Wie in Abschnitt 7.2.2 gezeigt wurde, können mit der Nutzung von Biokraftstoffen fossile Rohstoffe eingespart und Treibhausgasemissionen verringert werden. An diese allgemeine Feststellung schließt sich jedoch die Frage an, welcher Biokraftstoff sich in Bezug auf die Umwelt am vorteilhaftesten auswirkt.

In Deutschland, wie auch in Europa, stellt die Verfügbarkeit der landwirtschaftlichen Nutzfläche den am stärksten limitierenden Faktor für die Produktion von Biokraftstoffen dar. Aus diesem Grund sind alle Ergebnisse bezüglich der Biokraftstoffe aus Anbaubiomasse verglichen mit denen der fossilen Kraftstoffe flächenbezogen (je Hektar) angegeben (Abbildung 7.3).

Hauptergebnis ist, dass die Energie- und Treibhausgasbilanz fast aller Biokraftstoffe Vorteile gegenüber fossilen Kraftstoffen aufweist. Insgesamt zeigt sich jedoch eine sehr hohe Variabilität der Ergebnisse. Diese ist insbesondere auf unterschiedliche Flächenerträge, aber auch auf die Gutschriften der bei einigen Biokraftstoffen erhaltenen Nebenprodukte, sowie – bei der Ölpalme – unterschiedliche Umwidmungen von Flächen zurückzuführen. Aus den Ergebnissen der Abbildung 7.3. lässt sich eine Reihe an Vergleichen ablesen, so z.B.:

- ETBE aus Zuckerrüben zeigt die größten Vorteile unter den Biokraftstoffen.
- Die Ergebnisse von Bioethanol hängen stark von der Ausgangsbasis ab und können sowohl besser als auch schlechter sein als für Biodiesel und Pflanzenöl.
- Bei gleichen Systemgrenzen, z.B. für Raps, schneidet Biodiesel besser ab als Pflanzenöl.
- BTL haben größere Vorteile als die meisten konventionellen Biokraftstoffe, mit Ausnahme von Bioethanol aus Zuckerrohr und Zuckerrüben und ETBE aus Zuckerrüben.
- Biodiesel aus Palmöl zeigt eine sehr große Bandbreite bei den Ergebnissen, die sogar Nachteile gegenüber fossilen Kraftstoffen aufweisen können. Dies ist der Fall wenn bestimmte Plantagen (z.B. Kautschuk) für die Nutzung als Palmölplantage umgewidmet werden.

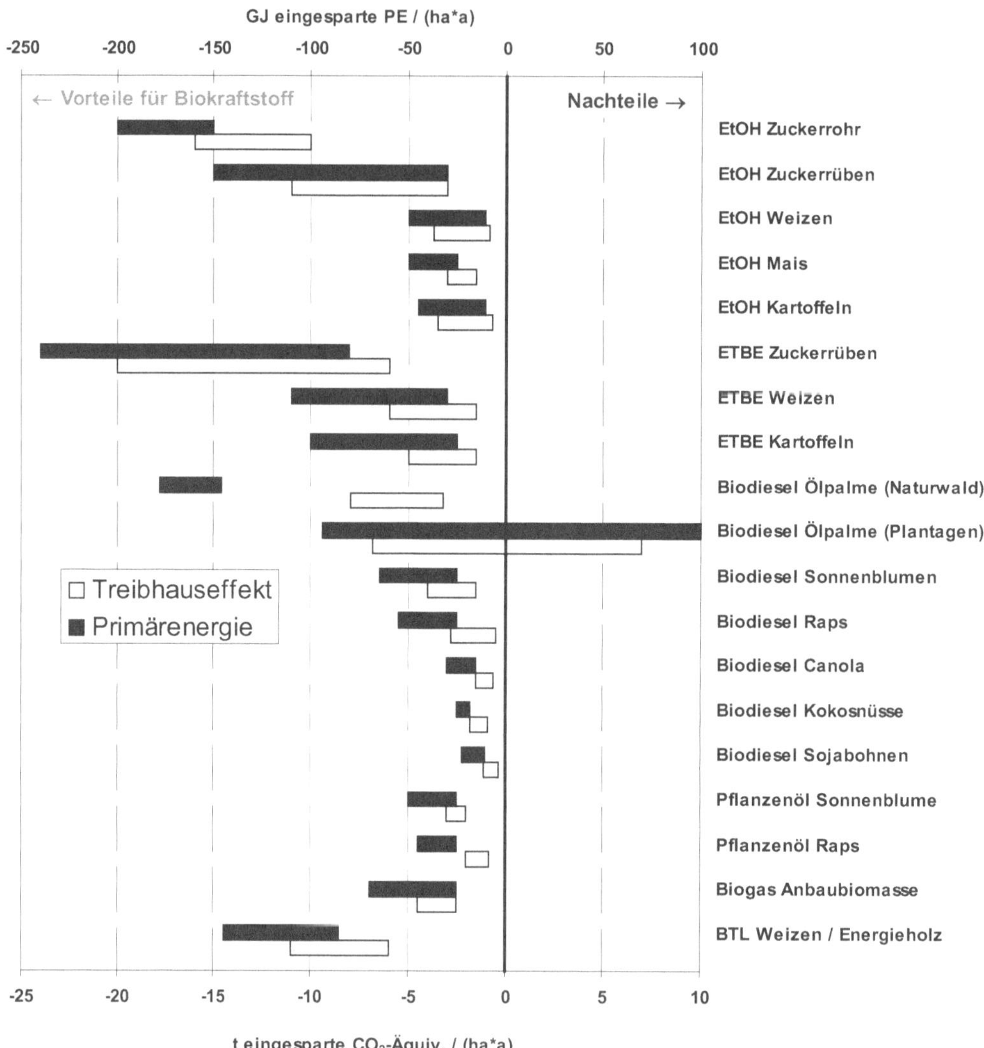

Abbildung 7.3 Ökologische Vor- und Nachteile diverser Biokraftstoffe aus Anbaubiomasse verglichen mit den entsprechenden fossilen Kraftstoffen für die Parameter Ressourcenbedarf erschöpflicher Energieträger (GJ Primärenergie/ha) und Treibhauseffekt (t CO_2-Äquivalente/ha). Die Breite der Balken gibt die Variationsbreite der Ergebnisse wieder. Negative Werte bedeuten Vorteile für die Biokraftstoffe. EtOH = Bioethanol; ETBE = Ethyltertiärbutylether; BTL = Biomass-to-liquids. (Quelle: IFEU (2006))

Durch weitere Verbesserungen in der landwirtschaftlichen Praxis (z.B. Steigerung der Ernteerträge) können die Vorteile der Biokraftstoffe gegenüber fossilen Kraftstoffen in Zukunft wahrscheinlich noch ausgebaut werden. Die Vorteile für einige Biokraftstoffe können jedoch nicht in allen geographischen Regionen erzielt werden. So ist z.B. der Anbau von Zuckerrohr auf tropisches Klima beschränkt, während Zuckerrüben nur auf besonders fruchtbaren Böden im gemäßigten Klima wachsen.

7.3 Konkurrenzen und Alternativen

Wie vorne angeführt, werden im Folgenden drei weitere, wesentliche Aspekte zur Bewertung der Nachhaltigkeit von Biokraftstoffen diskutiert: die Flächen- und Nutzungskonkurrenzen sowie die CO_2-Vermeidungskosten.

7.3.1 Flächenkonkurrenzen

Die Möglichkeit, konventionelle Kraftstoffe zukünftig durch Biokraftstoffe zu ersetzen, wird insbesondere durch die vorhandenen Biomassepotenziale beschränkt, aus denen die Biokraftstoffe gewonnen werden können. Bis 2010 kommen dafür nahezu ausschließlich Biokraftstoffe aus Anbaubiomasse infrage. Wenn diese Biokraftstoffe signifikante Anteile am Kraftstoffmarkt erreichen sollen, werden allerdings beträchtliche Mengen an Flächen benötigt. Dem steht gegenüber, dass die Realisierung anderer Nachhaltigkeitsziele ebenfalls Flächen benötigt, wie etwa für eine verstärkte Ausweitung des Ökolandbaus im Rahmen einer Agrarwende oder für diverse Naturschutzbelange wie einem überregionalen Biotopverbund. Zur Verdeutlichung werden folgende Nachhaltigkeitsziele berücksichtigt (siehe Reinhardt, Gärtner und Pehnt (2005) für eine detaillierte Beschreibung):

- Ökolandbau
- Flächenversiegelung
- Biotopverbund
- Kompensationsflächen
- Boden- und Gewässerschutz
- EU Ziele zu Biokraftstoffen.

Der Flächenbedarf für die aufgeführten Nachhaltigkeitsziele beträgt bei vollständiger Umsetzung bis 2010 etwas über 4,5 Mio. Hektar (Abb. 7.4). Ob diese 4,5 Mio. Hektar zur Verfügung stehen werden, kann nicht vorhergesagt werden, denn dies hängt insbesondere von der Entwicklung der zukünftigen Landwirtschaft ab.

Wird als weiteres Nachhaltigkeitsziel definiert, dass wir in Deutschland 100 % unserer Nahrungs- und Futtermittel selbst produzieren (= 100 % Selbstversorgungsgrad), dann bleiben in 2010 nur knapp 2,5 Mio. ha an Fläche für alle anderen Flächenansprüche übrig. Erst bei einem Selbstversorgungsrad von etwa 80 % steht so viel Fläche zur Verfügung, dass alle aufgeführten Nachhaltigkeitsziele bis 2010 umgesetzt werden könnten.

Damit wird deutlich, dass Fläche in Deutschland mittlerweile ein äußerst knappes Gut darstellt und die diversen Nachhaltigkeitsziele um die verbleibenden Flächen zum Teil massiv konkurrieren.

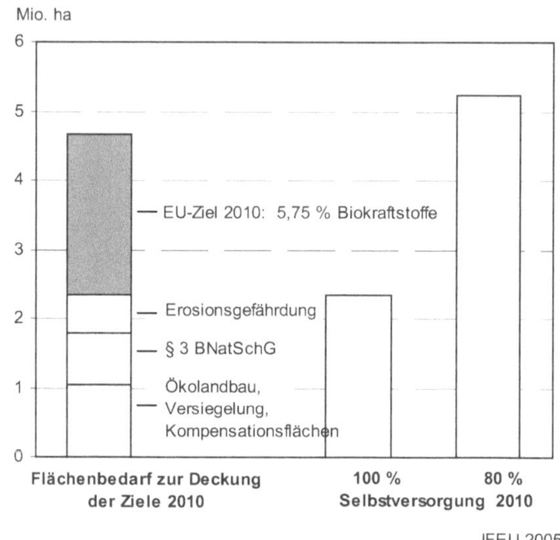

Abbildung 7.4 Flächenbedarf in Deutschland bei vollständiger Umsetzung der verschiedenen Nachhaltigkeitsziele bis 2010 und zur Verfügung stehende Flächen bei einem angestrebten Selbstversorgungsgrad von 80% bzw. 100%. (Quelle: Reinhardt, Gärtner und Pehnt (2005))

7.3.2 Nutzungskonkurrenzen

Neben der grundsätzlichen Limitierung der Biomasseproduktion durch die verfügbare Fläche stellt sich auch noch die Frage nach der Verwendung der verfügbaren Biomasse. Wird Biomasse aus organischen Reststoffen oder über Anbaubiomasse bereitgestellt, so kann sie unterschiedlich energetisch genutzt werden: zur Strom- und/oder Wärmeproduktion oder im Transportsektor. Außerdem kann die Biomasse auch stofflich genutzt werden, z. B. in der chemischen, pharmazeutischen oder Bauindustrie. In welchen Bereichen die Biomassen genutzt werden, hängt u. a. von den ökonomischen Rahmenbedingungen ab. So wird derzeit in Deutschland die stationäre Nutzung von Biomassen insbesondere durch das EEG und die mobile Nutzung bisher durch eine Mineralölsteuerbefreiung für Biokraftstoffe massiv gefördert. Zukünftig wird bei einer verstärkten Nachfrage nach Bioenergie die Nutzungskonkurrenz eine immer stärkere Rolle spielen.

Zur Veranschaulichung sollen dabei folgende Extrembetrachtungen dienen (s. Tab. 7.1): Angenommen, eine Biomassebereitstellung wird allen anderen aufgeführten Nachhaltigkeitszielen nachrangig gestellt, so könnten in 2010 praktisch keine Biokraftstoffe aus einheimischer Biomasse produziert werden („Minimum"). Zielten alle Anstrengungen hingegen auf eine maximale Biomassebereitstellung hin und die Umsetzung aller anderer erwähnten Nachhaltigkeitsziele würde bis auf die 100%ige Selbstversorgung sofort komplett gestoppt, so könnten in 2010 maximal 10 % des hiesigen Kraftstoffbedarfs gedeckt werden.

Tabelle 7.1 Biomassepotenziale für die Extrembetrachtungen „Maximum = Vorrang Biomasse“ und „Minimum = Vorrang andere Nachhaltigkeitsziele“ in PJ / a (Quelle: Reinhardt, Gärtner u. Pehnt (2005) u. eigene Berechnungen)

	2010		2020	
	Maximum	Minimum	Maximum	Minimum
Anbaubiomasse	218	0	352	93
Reststoffe	34*	24*	370	276
Biogas	155*	145*	152	145
Summe bei vollständiger Nutzung als Biokraftstoff	218	0	875	514
Anteil am prognostizierten Gesamt-Kraftstoffverbrauch**	10%	0%	43%	26%

* bis 2010 im Kraftstoffsektor nicht vollständig einsetzbar

** prognostizierter Verbrauch: 2010: 2.150 PJ, 2020: 2.010 PJ

Unter der Maßgabe, dass neben Biokraftstoffen auch noch Grüner Strom und Wärme sowie stofflich genutzte nachwachsende Rohstoffe gesellschaftlich gewünscht sind, wird eine ausgeprägte Nutzungskonkurrenz um die Biomasse deutlich, die auch für die Folgejahre anhält.

7.3.3 CO_2-Vermeidungskosten

Die Kosteneffizienz ist bei der Entscheidung über geeignete Maßnahmen von besonderer politischer und gesellschaftlicher Bedeutung. Neben den Flächen- und Nutzungskonkurrenzen, sollten daher auch die CO_2-Vermeidungskosten zur Bewertung der Nachhaltigkeit berücksichtigt werden. Durch die derzeitige Steuerbefreiung von Biokraftstoffen, liegen die gesellschaftlichen Kosten für die Einsparung von einer Tonne CO_2 bei Biokraftstoffen deutlich höher als bei vielen anderen Maßnahmen wie z.B. der Nutzung von Pelletheizungen oder neuen Kühlgeräten (siehe Tabelle 7.2.). Allerdings führt die Förderung der Photovoltaik derzeit ebenfalls zu sehr hohen CO_2-Vermeidungskosten, die noch über den Kosten für Biokraftstoffe liegen. Es sollte auch beachtet werden, dass die Förderung derartiger Maßnahmen oft als Anschubfinanzierung für neue Technologien dient und damit, neben der Reduktion von Treibhausgasemissionen, auch andere politische Ziele wie z.B. Wissenschafts- und Innovationsförderung verfolgt.

Tabelle 7.2 CO_2-Vermeidungskosten in €/ t eingespartes CO_2 (Quelle: IFEU (2006))

Maßnahmenbereich	Kosten (Fördereffizienz) in €/ t eingespartes CO_2
Fahrweise	6 €/ t
Pelletheizungen	8 €/ t
Passivhäuser	12 €/ t
Fahrzeuge	38 €/ t
Kühlgeräte	100 €/ t
Biokraftstoffe	200 €/ t
Photovoltaik	500-1000 €/ t

7.4 Zusammenführung

Bei den hier betrachteten Biokraftstoffen treten in allen Fällen sowohl Umweltvor- als auch Umweltnachteile gegenüber fossilen Kraftstoffen auf, die unterschiedlich (und zumeist subjektiv) bewertet werden können. Daher ist eine wissenschaftlich objektive Entscheidung für oder gegen den einen oder anderen Biokraftstoff oder fossilen Kraftstoff nicht möglich. Aus diesem Grund muss die Gesamteinschätzung letztendlich auf ein subjektives Wertesystem zurückgreifen. Sollte beispielsweise in einer abschließenden Einschätzung der Schonung fossiler Ressourcen und der Verminderung des Treibhauseffektes die höchsten Prioritäten eingeräumt werden, ist die Einschätzung der Biokraftstoffe als besonders umweltfreundlich gerechtfertigt.

Auch im Vergleich der Biokraftstoffe untereinander ergeben sich sowohl ökologische Vorteile wie auch Nachteile, wobei sich hier auch einige eindeutige Ergebnisse finden. Ethanolproduktionsprozesse z.B., die eine optimale Energieausnutzung erreichen und auch erheblich reduzierte Treibhausgasemissionen aufweisen, tendieren dazu, in allen anderen Kategorien schlechter abzuschneiden. Dies gilt auch für das jeweils entsprechende ETBE. Eine Entscheidung für oder gegen den einen oder anderen Kraftstoff ist auf objektiver Basis in den meisten Fällen jedoch nicht möglich.

In welchem Ausmaß zukünftig Biokraftstoffe in Deutschland mit einheimischer Biomasse produziert werden können, hängt von der Ausgestaltung einer Reihe von Nachhaltigkeitszielen ab. Darüber hinaus hängt es insbesondere von der Entwicklung der Landwirtschaft ab – also z. B. von den Flächenerträgen, dem Selbstversorgungsgrad in Deutschland oder dem Verhältnis zwischen Grün- und Ackerland –, ob die derzeit diskutierten bzw. beschlossenen Nachhaltigkeitsziele erreicht werden können oder ob die bereits vorhandenen Zielkonflikte zunehmen. Sowohl bei den Flächen- als auch den Nutzungskonkurrenzen wird gesellschaftlich über die jeweiligen Nutzungen z. B. über Prioritätensetzung der Nachhaltigkeitsziele oder über Teilzielfestschreibung samt deren Zeitpläne und Finanzierungen entschieden werden müssen. Hierbei werden auch die jeweiligen spezifischen CO_2-Vermeidungskosten zu berücksichtigen sein.

7.5 Literatur

Borken, J.; Patyk, A.; Reinhardt G. A. (1999): *Basisdaten für ökologische Bilanzierungen: Einsatz von Nutzfahrzeugen für Transporte, Landwirtschaft und Bergbau.* Braunschweig/ Wiesbaden: Vieweg Verlag.

Europäische Kommission (2003): *Richtlinie 2003/30/EG des Europäischen Parlaments und des Rates vom 8. Mai 2003 zur Förderung der Verwendung von Biokraftstoffen oder anderen erneuerbaren Kraftstoffen im Verkehrssektor.* Amtsblatt L-123/42 vom 17. Mai 2003.

IFEU (2006): *Eigene Abschätzungen und Berechnungen.* Heidelberg.

IFEU (Hrsg.) (2000): *Bioenergy for Europe: which ones fit best? A comparative analysis for the community.* Endbericht. IFEU (Projektleitung) mit BLT (A), CLM (NL), CRES (GR), CTI (I), FAT/FAL (CH), INRA (F), TUD (DK), mit Förderung der Europäischen Kommission. DG XII; 09/1998 – 08/2000.

Kaltschmitt, M.; Reinhardt, G. A. (Hrsg.) (1997): *Nachwachsende Energieträger: Grundlagen, Verfahren, ökologische Bilanzierung.* Braunschweig/Wiesbaden: Vieweg Verlag.

Patyk, A.; Höpfner, U. (1999). *Ökologischer Vergleich von Kraftfahrzeugen mit verschiedenen Antriebsenergien unter besonderer Berücksichtigung der Brennstoffzelle.* Studie im Auftrag des Büros für Technikfolgenabschätzung beim Deutschen Bundestag. Heidelberg: IFEU.

Quirin M. et al. (2004): *CO_2-neutrale Wege zukünftiger Mobilität durch Biokraftstoffe: Eine Bestandsaufnahme.* Im Auftrag der Forschungsvereinigung Verbrennungskraftmaschinen (FVV), der Union zur Förderung der Öl- und Proteinpflanzen (UFOP), der Forschungsvereinigung Automobiltechnik (FAT). Frankfurt/Main [u.a.].

Reinhardt, G. A.; Gärtner, S. O.; Pehnt, M. (2005): *Flächen- und Nutzungskonkurrenzen in der Biomassenutzung. Energiewirtschaftliche Tagesfragen,* 55, 410-415.

8 Veredlungsprodukte aus ungenutzten Stoffströmen der Lebensmittelverarbeitung

Gerd Klöck, Anja Noke

Die industrielle Ökologie propagiert den Wechsel von linearen industriellen Prozessen, in denen aus Rohstoffen letztendlich Abfälle werden, hin zur Schließung von Kreisläufen, bei denen Reststoffe wieder als Rohstoffe für neue Prozesse genutzt werden. Dieses Prinzip findet in zunehmendem Masse auch auf dem Sektor der Lebensmittelindustrie Anwendung.

Die modernen Industriegesellschaften waren in den vergangenen Jahrzehnten äußerst erfolgreich in dem Bemühen, für alle Einwohner eine mehr als ausreichende Versorgung mit hochwertigen und dabei preiswerten Lebensmitteln sicherzustellen. So wurden beispielsweise im Jahr 1999 in Deutschland rund 124 Millionen Tonnen Lebensmittel im Wert von 93 Milliarden Euro produziert, d.h. 1550 kg pro Kopf und Jahr (Europroms 2005). Nicht ein Mangel an Lebensmitteln, so wie in den vielen Jahrhunderten zuvor, sondern im Gegenteil ein Überangebot stellen heute sowohl die Verbraucher als auch die Industrie vor neue Herausforderungen.

Für die Lebensmittelindustrie bedeutet dies vor allem, sich wirtschaftlich auch bei gesättigten Märkten und bei mittelfristig sinkenden Bevölkerungszahlen behaupten zu müssen. Wie in allen Branchen stehen hierbei ständige Kostenoptimierung und Innovationsbereitschaft im Mittelpunkt.

Dies hat in den letzten Jahren zu einem Umdenkprozess in der Lebensmitteindustrie geführt. So waren in den Anfangszeiten der industriellen Überflussproduktion nur die „Filetstücke" der Rohstoffe von Interesse. Reststoffe der Lebensmittelverarbeitung wurden als Abfall angesehen, den es billig zu entsorgen galt. Heute setzt sich dagegen immer mehr die Einsicht durch, dass die eingesetzten Rohstoffe viel zu wertvoll sind, um sie nur teilweise zu nutzen.

Viele so genannte Abfälle entstehen in der Lebensmittelverarbeitung nicht zwangsläufig, sondern sind oft Folge „unintelligenter" Verarbeitungsprozesse. So wurde noch zu Zeiten unserer Mütter und Großmütter beispielsweise ein Fisch im Haushalt vollständig verwertet, man genoss die Filets, aber auch aus Kopf, Karkasse und Gräten wurde Suppe zubereitet, und schließlich kochte man aus den Häuten nach Bedarf Fischleim. Eine solche ganzheitliche Verarbeitungsstrategie wird heute zunehmend wieder auch in der Industrie eingesetzt. Dies bietet den Unternehmen zahlreiche neue Optionen um Kosten zu senken und gleichzeitig, wie wir weiter unten sehen werden, innovative Produkte zu generieren.

8.1 Das Potential brachliegender Ressourcen: Ungenutzte Stoffströme in der Lebensmittelverarbeitung

Die industrielle Lebensmittelverarbeitung nutzt in der Regel nur einen Teil der eingesetzten Rohstoffe: so erreicht Fisch den Verbraucher meist nur in Form von Filets, bei der Herstellung von Fruchtsäften oder Pflanzenölen wird das Fruchtfleisch und die Schale der Früchte abgetrennt. Diese so genannten Reststoffe sind vor der Verarbeitung Teile der Lebensmittel, die wir gerne und mit Genuss als Früchte, Oliven etc. verzehren. Erst unter dem Gesichtspunkt der Herstellung und des Vertriebs von Saft oder Öl werden sie störende „Abfälle".

Bezogen auf die eingesetzten Rohstoffe können erhebliche Mengen ungenutzter Reststoffe anfallen, so werden bei der Herstellung von Fischkonserven nur 35-70 % der Rohware genutzt, bei der Herstellung von Frucht- oder Gemüsesäften 50-70%, und bei der Gewinnung von Kartoffelstärke gar nur 20% (Awarenet).

Tabelle 8.1 Mengenmäßiger Anteil von ungenutzten Reststoffen in Bezug auf die eingesetzte Rohware bei ausgewählten industriell hergestellten Lebensmitteln (Europroms, 2005)

Produkt	Reststoffe (%)
Fischkonserven	*30-65*
Fischfilets	*50-75*
Rotwein	*20-30*
Frucht- und Gemüsesäfte	*20-30*
Pflanzenöl	*40-70*
Zucker (Zuckerrübe)	*86*
Kartoffelstärke	*80*

Diese doch sehr erheblichen Mengen ungenutzter Rohware bieten grundsätzlich das Potential für vielfältige neue Produkte. Die entscheidende Voraussetzung für eine weitergehende Verwendung liegt darin, die ungenutzten Anteile des Rohstoffs als potentielle Produkte und nicht als Abfall zu betrachten: Lebensmittelrohstoffe werden bei der industriellen Verarbeitung oft erst dann zu Abfall, wenn grundsätzlich wertvolle Rohwaren wie Fisch, Obst etc. entsprechend behandelt werden, beispielsweise durch unhygienische Weiterverarbeitung von Fischresten oder Verderb von Pressrückständen durch „unsachgemäße" Lagerung.

Selbstverständliche Voraussetzung für die Nutzung von Reststoffen ist es, dass ein ökonomisch tragfähiges Produkt entwickelt werden kann. Einen nennenswerten Markt für unbehandelte Fischreste oder Pressrückstände als solche gibt es nicht.

In den folgenden Abschnitten wollen wir an Beispielen aufzeigen, wie solche Verwertungsstrategien in der Praxis aussehen können.

8.2 Direkte Nutzung von Reststoffen am Beispiel der Fischverarbeitung

Fisch ist ein geschätztes und wertvolles Lebensmittel, so sehr geschätzt, dass angesichts der drohenden irreversiblen Überfischung der Bestände von der Fisch verarbeitenden Industrie eine drastische Verknappung der Rohware befürchtet und aufwendige Maßnahmen zum Ressourcenschutz eingeleitet wurden (Marine Stewardship Council).

Fisch ist insbesondere als Quelle für die so genannten Omega-Fettsäuren bedeutsam. Diese langkettigen, mehrfach ungesättigten Fettsäuren sind essentieller Bestandteil einer gesunden

Ernährung bei Menschen, wie auch bei vielen Nutztieren. Mensch und Tier können weder Omega-3- noch Omega-6-Fettsäuren bilden und müssen sie daher mit der Nahrung aufnehmen. Auch Fische sind nicht Produzenten dieser Verbindungen, aber reichern diese Fettsäuren aus dem verzehrten Plankton an.

Fisch wird in den Industrieländern heute überwiegend zu Filets verarbeitet. Beim Verarbeitungsprozess werden zunächst Köpfe, Flossen und Eingeweide entfernt. Diese machen gewichtsmäßig rund 25% der Rohware aus. Anschließend werden die Filets gelöst, übrig bleiben die Karkassen (Fleischreste und Gräten) mit ca. 30% der Ausgangsmasse sowie die Fischhäute (4-5%) (Hall, G.M. 1997). Diese Reststoffe werden weitestgehend zu Fischmehl verarbeitet, welches als Futterbestandteil in der Aquakultur Verwendung findet.

Tabelle 8.2 Weitergehende Nutzung von Reststoffen der Fischverarbeitung: Auswahl einiger kommerzieller Produkte (Awarenet, 2005)

Ausgangsmaterial	Kommerzielle Produkte	Marktpreise (Euro pro Kg)
Fischreste (allgemein)	*Fischmehl*	*0.5-1.3*
	Fischprotein	*1*
	Glycerin, Seife	*0.6*
	Fischleim	*0.5*
	Fischöl-roh	*0.2-0.67*
	Fischöl- aufgereinigt, > 30% Omega-Fettsäuren	*25*
Karkassen, Fleisch	*Surimi*	*10*
Häute, Gräten	*Kollagen*	*18*
	Gelatine	*9*
	Chondroitin, Mukopolysaccharid extrahiert aus Gräten, Wirkstoff bei der Arthrosetherapie	*50 - 100*

Der Verarbeitungsprozess von Frischfisch zu Filets bot frühzeitig ideale Voraussetzungen für eine weitergehende Nutzung der wertvollen Rohware. Insbesondere der wachsende Markt für Omega-Fettsäuren und Gelatine (die nicht von Schweinen oder Rindern stammt), machten eine Etablierung neuer Verfahren rentabel. Voraussetzung hierfür war eine spezielle innovative Prozesstechnik z.B. für die Gewinnung von Fischölen mit besonders hohen Gehalten an Omega-Fettsäuren, die gleichzeitig vom Verbraucher geschmacklich akzeptiert werden und nicht den früher typischen „Tran"-Geschmack aufweisen. Mindestens gleich bedeutsam für das Gelingen entsprechender Projekte war die Etablierung einer besonderen Logistik bei der Sammlung, Lagerung und Verarbeitung selbst: die Reststoffe müssen stets genauso sorgfältig behandelt werden wie das „eigentliche" Produkt, nur so erhält man hygienisch einwandfreie neue „Nebenprodukte" die einen hohen Marktwert erzielen können (siehe Tabelle 8.2).

Als wesentliche Erfolgsfaktoren in der Fischverarbeitung sind zu nennen, dass die leicht zu verarbeitenden Reststoffe (Fleischreste) frühzeitig von schwieriger zu nutzenden (Eingeweide) separiert werden, sowie die Kühlung und hygienische Weiterverarbeitung der Reststoffe mit bereits bestehenden Anlagen und Logistik möglich ist. Schließlich können die meisten neuen Produkte in Absatzmärkten platziert werden, welche der Branche der Fischverarbeitung bereits vertraut sind.

Diese Ausgangssituation ermöglichte in der Vergangenheit eine Reihe von Produktentwicklungen, die zwischenzeitlich bereits gut vom Markt angenommen wurden (siehe Tabelle 8.2).

Die Schließung von Stoffkreisläufen ist in der Fisch verarbeitenden Industrie gut etabliert. Die Wertschöpfung ist am größten im Bereich der Gewinnung von hochreinen Präparaten für die Nahrungsergänzung oder medizinische Anwendung z.B. von Kollagen oder Chondroitin.

8.3 Aufarbeitung und Extraktion von Reststoffen am Beispiel der Tomatenschalen

Nicht immer lassen sich mögliche neue Produkte aus ungenutzten Reststoffen so offensichtlich und einfach gewinnen wie hochwertige Fischöle, Kollagen oder Gelatine. Meist sind die aus dem Verarbeitungsprozess anfallenden Reststoffe sehr komplex zusammengesetzt, wie z.B. Pressrückstände aus der Saftverarbeitung. Zudem fallen diese Reststoffe nicht das ganze Jahr über kontinuierlich an, und verderben dann ggf. auch sehr schnell. So werden Tomaten nur während weniger Wochen im Jahr geerntet und dann sofort industriell verarbeitet. Nur in diesem Zeitraum sind auch die entsprechenden Reststoffe frisch verfügbar.

Jährlich werden in Europa rund 8,5 Mio. Tonnen Tomaten angebaut, von denen rund 7 Mio. Tonnen zu Konserven, Ketchup, Tomatensauce etc. weiterverarbeitet werden. Bei dieser Verarbeitung können bis zu 40% des frischen Rohmaterials (Kerne und Schalen, ca. 30% TS) nicht genutzt werden (Maehr, 2005).

Diese im Prinzip hochwertigen Reststoffe aus der Tomatenindustrie könnten als Rohstoff für die Gewinnung vermarktungsfähiger Produkte aufgewertet werden. Neben Farbstoffen, Wachsen und anderen „traditionellen Produkten" sind in der Tomate Enzyme von kommerziellem Interesse, die Applikationspotential in der Lebensmittelverarbeitung haben (s.u.).

Die typische rote Farbe der Tomate wird durch das Carotinoid Lycopin verursacht. Lycopin ist ein begehrter Lebensmittelfarbstoff und zudem ein hochwirksames Antioxidanz. Ein erster entscheidender Schritt zur Gewinnung von Lycopin und anderen wertvollen Inhaltstoffen war zunächst die Entwicklung eines Produkt schonenden Verfahrens zur Trocknung der Tomatentrester. Zur Isolation der lipophilen Inhaltsstoffe durften aus lebensmittelrechtlichen Gründen keine organischen Lösungsmittel verwendet werden. Daher werden heute Verfahren auf der Basis von überkritischen CO_2 eingesetzt. Das Resultat sind intensiv gefärbte Isolate von Ölen und Wachsen aus der Tomatenschale, die in dieser Form bereits vermarktungsfähige Produkte darstellen (Maehr, 2005). Diese Öle und Wachse weisen eine höhere Stabilität gegenüber Oxidationsprozessen auf und haben z.T. eine bessere antioxidative Aktivität als mikrobiell oder chemisch synthetisierte Konkurrenzprodukte. Ein Preisvorteil resultiert aus der Verwertung von nahezu kostenfreien Reststoffen als Ausgangsstoff des Verfahrens. Zudem sind die gewonnenen Produkte natürliche Farbstoffextrakte, die sich auch in Bioqualität herstellen lassen. Damit ist eine Kommerzialisierung im höherpreisigen Marktsegment der Bioprodukte möglich.

Die Kerne der Tomate enthalten 15-25 % Lipide, bestehend zu ca. 80% aus ungesättigten Fettsäuren, und davon wiederum 53% mehrfach ungesättigte Omega-Fettsäuren (Maehr, 2005). Die Tomatenkerne lassen sich mechanisch leicht aus den Pressrückständen isolieren und eignen sich dann unmittelbar für die Verwendung in entsprechenden Ölmühlen.

Die Tomate enthält eine Reihe von Enzymen, die für die Lebensmittelverarbeitung von Interesse sind, so die Pektinesterase. Dieses Enzym katalysiert die Demethylierung von Pektin, dem "Kitt" pflanzlicher Gewebe. Pektine erhalten durch die Einwirkung des Enzyms dabei mehr freie Carboxylgruppen, welche wiederum mit Kalzium stabile Gelstrukturen ausbilden können. In der Folge werden Gewebe, in denen Pektinesterase aktiv ist, fester und härter. Dies ist z.B. in der Frucht- und Gemüseverarbeitung von großem Interesse, da viele Verarbeitungsverfahren zu einem unerwünschten „Aufweichen" der Gewebestrukturen führen. Weitere interessante Enzyme der Tomate sind z.B. die Polygalacturonase, welche den Abbau des Pektins katalysiert, sowie Enzyme aus dem Lipidstoffwechsel (Aromabildung). Entsprechende Tomatenenzyme wurden von der niederländischen Firma CatchMabs im Labor- und Pilotmaßstab aus den Verarbeitungsrückständen zu rund 98% rein isoliert (Maehr, 2005).

Der Rückstand nach Extraktion der Enzyme und nach Extraktion der lipophilen Substanzen besteht im Wesentlichen aus pflanzlicher Faser (Zellulose, Zellwandmaterial etc.) und kann daher zu einem Ballaststoff-Präparat verarbeitet werden.

Die Reststoffe der Tomatenverarbeitung bergen ein bislang noch weitgehend ungenutztes Potential für eine Wert schöpfende Verarbeitung.

8.4 Antioxidantien aus Reststoffen der Wein- und Olivenverarbeitung

Bei der Produktion von Pflanzenölen wie Olivenöl, Raps- oder Sonnenblumenöl entstehen große Mengen von Beiprodukten (Tabelle 8.1), wobei die Pressrückstände auch Trester genannt, 40 – 70% des eingesetzten Rohstoffes ausmachen.

Der Trester aus der Olivenölgewinnung enthält antioxidative Substanzen mit potentiell hohem gesundheitlichem Nutzen wie Oleuropein, Hydroxytyrosol und Flavonoide. Diese Antioxidantien schützen Zellen und Gewebe vor Schädigungen durch aggressive freie Radikale. Nach der Abpressung des Olivenöls verbleiben ca. 98% der Antioxidantien im Trester und dem abgepressten Fruchtwasser, wohingegen nur 1-2 % im Olivenöl zu finden sind (Visoli, F. 1999).

Oleuropein ist in den Blättern und Früchten des Olivenbaums enthalten und ist verantwortlich für den bitteren Geschmack von kaltgepresstem nicht raffiniertem Olivenöl und nichtfermentierten Oliven. Es kann aus dem Trester und dem Presswasser mit geeigneten Extraktionsverfahren isoliert, fraktioniert und aufgereinigt werden.

Hydroxytyrosol ist das Produkt der hydrolytischen Spaltung von Oleuropein und gehört zu den wirksamsten natürlichen Antioxidantien.

Oleuropein und Hydroxytyrosol sind daher von wachsendem wirtschaftlichem Interesse im Bereich der Nutraceuticals und Nahrungsergänzungsmittel. Marktpreise für Oleuropeinextrakte und Hydroxytyrosolpräparate liegen derzeit bei ca. 25 € pro Gramm.

Auf dem Markt befindliche Oleuropein und dessen Abkömmlinge enthaltende Produkte werden jedoch hauptsächlich aus Olivenblättern oder grünem Tee gewonnen. Die Verwertung von Beiprodukten der Olivenölgewinnung stellt eine interessante Alternative dar, da die Reststoffe bereits in industriellen Verarbeitungsanlagen vorliegen und somit kostengünstiger, Produkt schonender und unter kontrollierten Bedingungen gewonnen und verarbeitet werden können. Eine weitere interessante Ressource für natürliche Antioxidantien stellen die Reststoffe der Weinherstellung dar. Hierbei fallen ca. 20 – 30 % der eingesetzten Trauben als Abfallstoffe in Form von Kernen, Schalen und Stielen an. Allein die Europäische Weinindustrie generiert jährlich ca. vier Millionen Tonnen dieser festen Reststoffe. Die aktuellen Strategien der Verwertung und Entsorgung sind die Destillation zur Gewinnung von Ethanol und Weinsäure mit anschließender Verbrennung der Destillationsrückstände bzw. das Ausbringen in den Weinbergen. Letzteres ist jedoch nur in Deutschland und Österreich und einigen weiteren EU-Ländern erlaubt, in denen die Destillation nicht gesetzlich vorgeschrieben ist.

Die Weintrester bergen ebenfalls ein großes Potential zur Gewinnung wertvoller bioaktiver Stoffe, vor allem Polyphenole, u.a. Anthocyane (Pigmente des Weins) und weitere antioxidative Stoffe wie Flavonoide. Resveratrol ist z.B. ein Polyphenol des Weins mit hoher antioxidativer Aktivität. Resveratrol ist ein pflanzlicher Abwehrstoff (Phytoalexin), der die Traube vor Pilzbefall und UV-Strahlung schützt. Umfangreiche Studien ergaben in den letzten Jahren deutliche Hinweise auf eine Schutzwirkung vor Arteriosklerose und koronaren Herzerkrankung durch moderaten Rotweingenuss, Resveratrol soll hier kausal wesentlich beteiligt sein.

Die Gewinnung der Antioxidantien und Pigmente sollte direkt nach dem Abpressen der Traubentrester erfolgen, um den oxidativen Abbau der wertvollen Inhaltstoffe zu vermeiden. Als Extraktionsverfahren eignet sich die Lösungsmittelextraktion.

Marktpreise für Polyphenol-Präparate aus Traubenschalen und Traubenkernen haben Marktpreise von ca. 0,5 bis 5€/g und werden vor allem als Nahrungsergänzungsmittel und Nutraceuticals eingesetzt. Die roten Traubenfarbstoffe mit einem hohen Anteil an Anthocyanen finden als natürliche Lebensmittelfarbstoffe Verwendung und werden auf Grund ihrer positiven ernährungsphysiologischen Eigenschaften auch im Bereich der Nahrungsergänzung eingesetzt. Auch in der kosmetischen Industrie werden seit kurzem Polyphenole zum Schutz vor freien Radikalen, zur Förderung der Durchblutung und als UV Schutz eingesetzt.

Verfahren zur nahezu vollständigen Verwertung von Öl- und Weintrestern sind in Europa weitestgehend etabliert. Der Großteil der Reststoffe wird thermisch verwertet und die gewonnene Energie kann für Trocknungs- und Trennverfahren bei der Gewinnung von Beiprodukten aus den Reststoffen, wie z.B. Tartrat aus Weintrester, verwendet werden. Die Gewinnung von hoch konzentrierten Antioxidantienpräparaten stellt eine weitere Wertschöpfung dar.

8.5 Biokonversion von Reststoffen mit Hilfe von Mikroorganismen: Glycerin aus der Fettverarbeitung

Bei der Herstellung pflanzlicher Öle entstehen pro Tonne Produkt bis zu 25m^3 Prozessabwässer und, je nach Ausgangsmaterial, bis zu 700 kg feste Reststoffe. Glycerin entsteht als Nebenprodukt der oleochemischen Industrie bei der Verseifung, Spaltung oder Veresterung von pflanzlichen und tierischen Ölen und Fetten. Jährlich fallen in Deutschland u.a. als Nebenprodukt der Biodieselerzeugung ca. 700.000 t Rohglycerin und Glycerinwässer verschiedener Qualitäten an.

Die Reststoffe und Beiprodukte, hauptsächlich Trester, überlagertes Pflanzenöl aber auch Rückstände aus Raffination und Klärung, sind sehr heterogen zusammengesetzt und enthalten große Anteile an Proteinen, Kohlenhydraten und Lipiden. Die mengenmäßig größeren Anteile, z.B. Trester, werden daher in der Regel getrocknet und als Viehfutter eingesetzt. Daneben gibt es aber auch Abfälle, die sich für diese Verwertung direkt nicht eignen, z.B. Filterrückstände, überlagertes Öl und so genannter „Trüb". Diese Reststoffe enthalten im Wesentlichen nur noch wenige Komponenten (Fett, Protein) und eignen sich daher im Prinzip gut für die Biokonversion. Entsprechende Verfahren sind aber noch nicht bekannt.

Glycerin ist ein weiterer für die Biokonversion gut geeigneter Rohstoff aus der Fettverarbeitung. Derzeit gibt es drei Hauptwege der Nutzung von Glycerinwässern und Rohglycerin:

- die Aufreinigung zu Pharmaglycerin
- die Vergärung in Biogasanlagen mit anschließender Verwertung des Biogases im Blockheizkraftwerk
- die fermentative Produktion von 1,3-Propandiol

Die Weltmarktpreise für Pharmaglycerin sind ständigen Schwankungen unterworfen und aufgrund des ständig wachsenden Überangebotes tendenziell sinkend. Zudem ist die Aufreinigung ein sehr aufwändiger und kostspieliger Prozess. Für die beiden letztgenannten Prozesse ist die resultierende Wertschöpfung gering und daher sind vor allem innovative kleine und mittlere Unternehmen an neuen Verwertungsmöglichkeiten von Glycerin interessiert

Glycerin kann als Kohlenstoff- und Energiequelle von einigen Mikroorganismen wie z.B. Hefen und Mikroalgen verwertet werden. Diese Organismen können in biotechnologischen Produktionsverfahren neue wertvolle Produkte generieren. Mikroalgen eignen sich aufgrund ihrer biochemischen Flexibilität hervorragend für derartige Biokonversions-Prozesse. So verfügen Algen über komplexe Stoffwechselleistungen, z.B., einen Halogen-Stoffwechsel, ein funktionsfähiges P450-Enzymsystem und einen komplexen Lipid- und Kohlenhydratstoffwechsel. Bestimmte Algenarten verfügen über das biochemische Potenzial, Glycerin und andere organische Verbindungen als Kohlenstoffquelle für ihr Wachstum nutzen zu können und dabei unter bestimmten Bedingungen bis zu 40% der neu gebildeten Zellmasse in Lipiden zu akkumulieren. Daher könnten diese Mikroorganismen als natürliche Quelle für eine breite Palette nützlicher Produkte erschlossen werden. Darüber hinaus könnte die Verwendung Lipid und Protein reicher Mikroorganismen zur Herstellung von Nahrungs- und Futtermitteln untersucht werden.

Das Potential von Bakterien und Hefen zur heterotrophen Substratverwertung ist lange bekannt, während Algen hier technisch noch weitgehend ungenutzt sind, obgleich viele Arten beispielsweise Glycerin nutzen und dabei weitgehend ohne Licht wachsen können. Unsere Arbeitsgruppe am Institut für Umwelt- und Biotechnik der Hochschule Bremen arbeitet derzeit gemeinsam mit Partnern u.a. aus der Fett verarbeitenden Industrie an einem Verfahren zur Biokonversion von Glycerin und anderen Reststoffen auf der Basis von bestimmten Mikroalgen. Dabei steht die Gewinnung von Algenbiomasse mit einem hohen Gehalt an hoch ungesättigten Fettsäuren im Mittelpunkt der Forschungsarbeit.

Industrielle Anwendungen der Biokonversion von Reststoffen beschränken sich derzeit vor allem auf die Vergärung von festen und flüssigen Abfällen aus der Landwirtschaft und der Lebensmittelverarbeitung. Die gewonnenen Produkte Biogas und Ethanol haben einen relativ geringen Marktwert. Die Verwertung von Glycerin durch Mikroalgen stellt eine neue Alternative der Wertschöpfung dar, die sich jedoch noch im Entwicklungsstadium befindet.

8.6 Abschließende Bemerkungen

Die oben skizzierten Fallbeispiele für eine „intelligente", weil weitgehende Nutzung der Rohwaren im Lebensmittelverarbeitung stehen repräsentativ für einen Trend, der mittlerweile weite Bereiche der Branche erfasst hat, wie z.B. die Zahl der jüngst von der Europäischen Union in diesem Sektor unterstützten industriellen Entwicklungsvorhaben bezeugt. Die Cordis-Datenbank der EU verzeichnet 2006 mehr als 200 entsprechende Vorhaben: (http://cordis.europa.eu/search/index.cfm?dbname=proj). Die treibende Kräfte für diese Entwicklung sind vielschichtig, je nach Produkt unterschiedlich gelagert und reichen von der Sorge um knapper werdende Ressourcen in der Fischverarbeitung, über gesetzliche Vorgaben der Abfallentsorgung bis hin zum Innovations- und schließlich dem Kostendruck.

Das grundsätzliche Interesse der Industrie trifft auf ein wohl vorbereitetes wissenschaftliches Umfeld: in den letzten Jahren wurden für eine Vielzahl von Verarbeitungsprozessen mögliche Wege der intelligenten Reststoffverwertung aufgezeigt. Für eine ausgezeichnete Übersicht über den aktuellen Stand der Forschung kann an dieser Stelle auf die Arbeiten von Kunz und Mitarbeitern verwiesen werden (Laufenberg, G. 2003).

Letztlich sind es aber in der Regel nicht mangelndes Interesse der Wirtschaft oder ungenügende wissenschaftliche Vorarbeit, welche die Einführung neuer Strategien in die Lebensmittelproduktion behindern. Die wesentlichen Hürden, die in jedem Einzelfall zu überwinden sind, selbst wenn sich aus wissenschaftlicher Sicht höchst attraktive Nutzungsstrategien anbieten, seien im folgenden kurz skizziert:

- Oft sind attraktive neue Prozesse zwar im Labor erprobt, ein *proof of principle* für die Praxistauglichkeit im harten industriellen Einsatz steht aber in der Regel aus.
- Um ungenutzte Reststoffe in bestehenden Produktionsverfahren nutzbar zu machen, wird es in der Regel notwendig, den Prozess selbst anzupassen, und nicht nur für den Abfall eine Lösung zu finden. Hinzu kommen die oft erheblichen Investitionen in Kühlung, hygienische Lagerung und Logistik etc, die nur für das neue Produkt aus dem ehemaligen Abfall erforderlich werden. Unter diesen Umständen sind die Verantwortlichen in den Unternehmen nur selten spontan bereit, den neuen Weg einzuschlagen.
- Oft entsprechen die neuen Produkte nicht dem Kerngeschäft der Unternehmen. Ein Hersteller von Tomatenkonserven verkauft passierte Tomaten, aber keine Farbstoffe. Die entsprechenden Märkte und Absatzwege sind dem Unternehmen nicht bekannt, man hat dort noch keine vertrauenswerten Partner für FuE, Marketing und Distribution.

Um die Zahl der Praxisbeispiele für eine intelligentere Nutzung aller Rohstoffe in den Unternehmen weiter zu erhöhen, bedarf es somit weiterer interessanter Produktentwicklungen, aber zugleich auch logistischer und beraterischer Unterstützung für die Unternehmen, die sich trotz der Risiken auf diesen Weg begeben wollen.

8.7 Literatur

Hall, G.M. (1997). *Fish Processing Technology*. AP Black. London

(Awarenet: http://www.ewindows.eu.org/Industry/material_waste/awarenet/URL1038994493 [04.01.2007])

Marine Stewardship Council, http://www.msc.org/

Mähr, C., Mlodzianowski, W., Sijmons, PD, und Klöck, G. (2005), Biotechnologische Innovationen für traditionelle Industriebereiche, Bioforum 10, 65-6

Visoli, F., Romani, A., Mulinacci, N., Zarini, S., Conte, D., Vincieri, F., und Galli, C. (1999). *Antioxidant and other biological activities of olive mill waste waters*, J. Agric. Food Chem, 47, 3397-3401

Laufenberg, G. Kunz, M. und Nystroem, M. (2003) Transformation of vegetable waste into value added products. Bioresource Technology 87, 167–198

9 Biomasse als Rohstoff der Zukunft

Zum Stellenwert der Bio- und Gentechnik im nachhaltigen Wirtschaften

Bernd Mahro, Volker Kasche

9.1 Problembeschreibung

Eines der wichtigsten Anliegen der Wissenschaftsdisziplin „Industrial Ecology“ ist es, industrielle Systeme als Teil der sie umgebenden Biosphäre zu betrachten und nach Wegen zu suchen, industrielle Systeme besser in die Funktionsweise des übergeordneten Natursystems einzubeziehen. Ein solches Wirtschaften nach dem Vorbild der Natur muss vom Ansatz her kreislauforientiert und ressourceneffizient sein. Will man bei der Herstellung von Chemikalien, Pharmazeutika oder auch organisch-basierten Polymeren diesem Ziel näher kommen, liegt es nahe zu untersuchen, ob und welche Möglichkeiten biologische Systeme selbst bieten, um in der geforderten Weise nachhaltig zu wirtschaften (Aufgabe der Biotechnik). Die Nutzung von Zellen oder Enzymen im Rahmen technischer Verfahren und Produktionsprozesse (Biotechnik) hat dabei im Hinblick auf Umweltentlastung und Umweltschutz schon eine lange Tradition. So basiert beispielsweise heute die Reinigung kommunaler Abwässer nahezu vollständig auf biologischen Prozessen und ist damit der Prozess mit den größten Umsatzvolumina aller biotechnischen Verfahren (in Deutschland Umsatzvolumen von 11 500 Mill. m^3/Jahr). Die Biotechnik bietet aber auch in anderen Prozessindustrien wie z.B. der Chemieindustrie oder der Zellstoff- und Papierindustrie gute Möglichkeiten zur Entwicklung nachhaltigerer Produktionsverfahren, z.B. durch

- Umweltfreundlichere Prozessbedingungen wegen eingesetzter Mikroorganismen oder Enzyme (physiologisch verträgliche Temperaturen und Drücke, Wasser als Lösemittel…)
- die Nutzung erneuerbarer Rohstoffe (statt fossiler Ressourcen)
- mehr Klimaschutz auf Grund einer CO_2-mindernden Rohstoffnutzung
- eine bessere Rückführbarkeit biologisch hergestellter Produkte in natürliche Stoffkreisläufe

Doch trotz des erkennbaren Nachhaltigkeitspotenzials der Biotechnik werden deren Möglichkeiten derzeit in der Chemie- und anderen Prozessindustrien noch wenig genutzt. So betrug beispielsweise der Einsatz nachwachsender Rohstoffe bei der Herstellung chemischer Produkte im Jahr 2001 lediglich 8% des gesamten Rohstoffverbrauchs der chemischen Industrie (ca. 20 Mio to von 245 Mio to gesamt; Globalzahlen 2001 nach Busch und Thoen, 2004). Auch die mit Biotechnik erwirtschafteten Umsatzanteile zeigen im Vergleich zu den mit klassisch chemisch-physikalischen Verfahren erarbeiteten Produktwerten, dass der Biotechnik - vielleicht abgesehen von der Lebensmittel- und Pharmaindustrie - derzeit noch keine große volkswirtschaftliche Bedeutung zukommt (Abbildung 9.1).

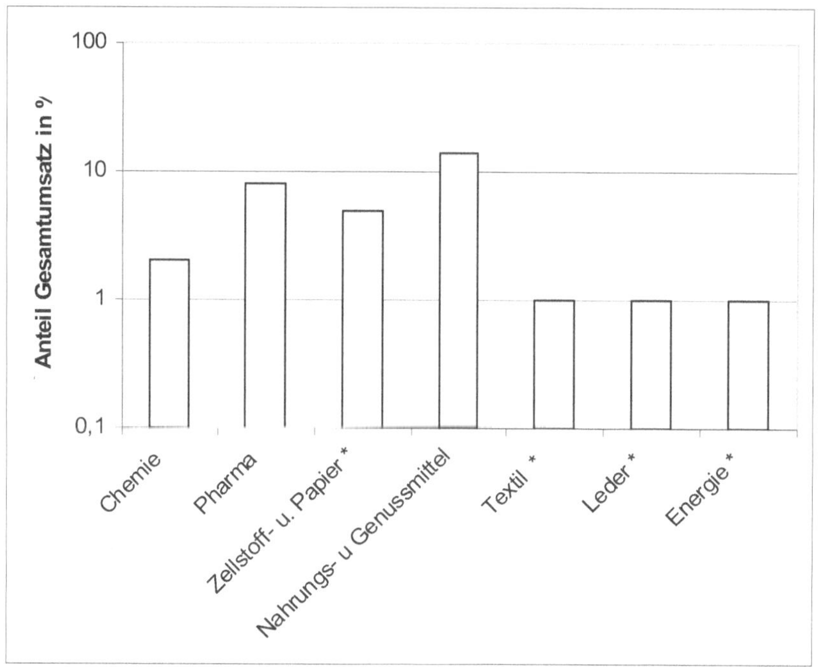

Abbildung 9.1 Anteil der weltweit auf Grund biotechnischer Verfahren erwirtschafteten Umsatzwerte in % vom Gesamtumsatz der jeweiligen Prozessindustrien (*Zahlen nach OECD (1998), sonst eigene Berechnungen verschiedener Umsatzdaten)

Um zu erkennen, unter welchen Bedingungen es in Zukunft besser gelingen kann, umwelt- oder ressourcenbelastende Prozesse oder Produkte biotechnisch zu substituieren, soll im nächsten Abschnitt deshalb zunächst anhand einiger Beispiele aufgezeigt werden, wodurch eine stärkere Ausweitung des Biotechnik-Anteils insbesondere in der Chemieindustrie und bei der Herstellung naturnaher Textil-, Kunst- oder Werkstoffe beeinflusst wird und welche Ansätze zur Optimierung es dabei gibt. Eine Möglichkeit, die Reichweite partieller Substitutionen noch zu vergrößern, könnte sich bei einem kompletten Technologiewechsel hin zu einer „biobased economy" ergeben. Deren Kernstück, die Bioraffinerie, soll in Abschnitt 3 kurz dargestellt werden. Dabei soll auch diskutiert werden, ob und wie eine „biobased economy" den Vorschuss-Lorbeeren mit Blick auf das Nachhaltigkeitsziel auch tatsächlich gerecht werden kann. Dabei kommt insbesondere der Betrachtung der Rohstoffbilanz zwischen Biomassenutzung einerseits und dem jährlichen Nachwuchs nutzbarer Biomasse (Nettoprimärproduktion) andererseits im Hinblick auf die Bewertung der Tragekapazität der Biosphäre eine besondere Bedeutung zu.

9.2 Beispiele zur Lösung

Das Nachhaltigkeits-Potenzial der Biotechnik kann am stärksten dort zum Tragen kommen, wo es gelingt, traditionell umweltbelastende Verfahren zu substituieren. Tabelle 9.1 zeigt eine Reihe von Beispielen, wo derartige Substitutionen in den vergangenen Jahren erfolgt sind und für die zum Teil auch positive Ökobilanzbewertungen vorgenommen wurden (Hoppenheidt et al., 2004; Renner und Klöpffer, 2005).

Tabelle 9.1 Beispiele für Ersatz umweltbelastender Verfahren durch biotechnische Prozessschritte

Einsatzgebiet	**Prozessschritt**	**Umwelteffekt**
Zellstoffherstellung	Biopulping mit Enzymen, Pilzen	Weniger Energie
Zellstoffherstellung	Biobleaching mit Enzymen, Pilzen	Weniger chlororganische Abfälle
Textilindustrie	Enzymatische Peroxidentfernung	Weniger Energie, Wasser
Textilindustrie	Enzymatische Jeansbleiche	Weniger Energie, CO_2, Gewässerbelastung,
Waschmittelindustrie	Enzymatischer Fett-, Zucker- und Proteinabbau	Weniger Energie, Abwasserbelastung
Lederindustrie	Enzymatische Ledergerbung	Weniger Abwasserbelastung (Sulfide, CSB)
Pharmaindustrie (Antibiotika)	Enzymatische Herstellung von 6-Aminopenicillansäure	Weniger Chlor-Abfall, weniger Energie
Stärkeindustrie	Enzymatischer Stärkeaufschluss	Weniger Energie, Säuren
Kunststoffherstellung	Enzymatische Herstellung von Acrylamid	Weniger Energie
Pestizidherstellung	Enzymatische Herstellung racemisch reiner Produkte	Rohstoffeinsparung, mehr Produktsicherheit
Analytik (medizinisch, chemisch)	Enzymatischer Analytnachweis	Vermeidung schwer rezyklierbarer Abfallstoffe

Beim Ersatz umweltbelastender Verfahren spielen - wie aus Tabelle 9.2 zu ersehen ist - insbesondere enzymtechnische Prozess-Substitutionen eine besondere Rolle (s. auch Kasche, 1997). Dies liegt zum einen daran, dass enzymatische Reaktionen im Vergleich zu vielen chemischen Katalysatoren substrat- und reaktionsspezifischer sind und sich so weniger unerwünschte Nebenprodukte bilden. Zum zweiten haben enzymtechnische Maßnahmen im Vergleich zum Ersatz ganzer Synthese- oder Prozessketten den Vorteil, dass sie sich auf Grund ihrer „Ein-Schritt-Substitution" leichter in bestehende Verfahren integrieren lassen und so auch eher in die Tat umgesetzt werden.

Im Hinblick auf Umweltentlastung ist insbesondere die holzverarbeitende Papier- und Zellstoffproduktion auf Grund der bei klassischen Verfahren auftretenden großen Abwasserfrachten (hoher chemischer Sauerstoffbedarf (CSB), Chlororganika) ein aussichtsreiches Einsatzfeld für die Biotechnik. Doch obwohl der Einsatz holzzersetzender Pilze und der Einsatz Lignin- oder Xylan-abbauender Enzyme große Möglichkeiten zur Verbesserung des Holzaufschlusses (Biopulping) oder der Zellstoff-Bleiche (Biobleaching) bieten, sind biotechnische Verfahren in der Zellstoffindustrie derzeit (noch) nicht Stand der Technik, da die notwendigen Umweltentlastungseffekte mit Hilfe chemischer und ingenieurtechnischer Prozessmodifikationen schneller erreicht werden konnten.

Erfolgreicher war die Biotechnik bei der Weiterentwicklung moderner Vollwaschmittel. Diese sind in den letzten Jahrzehnten zunehmend durch den Zusatz von Enzymen verbessert worden, sodass bei gleicher Waschleistung nicht nur die Schaumberge von den Flüssen verschwanden, sondern auch der Rohstoff- und Energieeinsatz deutlich reduziert werden konnte. So konnte durch Einsatz von Enzymen beispielsweise der für eine 5kg-Wäsche notwendige Energieeinsatz durch die Absenkung der Waschtemperatur von 90°C auf 60°C von 1,8 kWh auf 1,0 kWh, bei einer weiteren Absenkung der Temperatur auf 40° sogar auf 0,4 kWh abgesenkt werden. Die beim Waschen erzielbaren positiven Umwelteffekte werden -wie in einer Ökobilanzstudie gezeigt werden konnte - auch durch die Ökokosten der Herstellung der notwendigen Enzyme nicht wieder zunichte gemacht (Hoppenheidt et al., 2004).

Am Beispiel der Herstellung von Acrylamid, einem Grundstoff zur Herstellung synthetischer Polymere, wird aber auch deutlich, dass die Substitution eines chemischen durch ein enzymatisches Verfahren nicht immer aus Gründen der Umweltentlastung erfolgt. Acrylamid zählt mit Tonnagen von über 400 000 to Jahresproduktion zu den Commodity-Chemicals und wurde klassisch aus Acrylnitril über ein Kupfer-katalysiertes chemisches Verfahren hergestellt. Mit dem chemischen Verfahren konnten jedoch bei Einsatz relativ hoher Temperaturen nur relativ schlechte Konversionsraten erzielt werden. In Folge der Entdeckung, dass die Acrylamidherstellung aus Acrylnitril mit Hilfe eines Enzyms, der Nitrilhydratase, effizienter und bei niedrigeren Temperaturen durchzuführen war, konnte das chemische Verfahren bei Mitsubishi Rayon schrittweise durch ein biotechnisches Verfahren abgelöst werden. Im ersten Schritt führte diese Verfahrenssubstitution aber nicht automatisch auch zu einer besseren Ökoeffizienz. Ökologisch vorteilhaft wurde das enzymtechnische Verfahren erst, nachdem die für die Herstellung des Enzyms eingesetzten Mikroorganismen genetisch weiter optimiert worden waren und man so für die gleiche Menge an Produkt insgesamt weniger Wasserdampf und Elektrizität einsetzen konnte (OECD 2001) .

Mehr Ökoeffizienz ist somit oft auch schon zu erreichen, indem man den enzymproduzierenden Stamm (z.B. durch genetische Verbesserung) zu einer höheren Produktion des jeweils gewünschten Enzyms bringt (oder umgekehrt: bei gleicher Enzymproduktmenge weniger Ressourcenaufwand betreibt). Da sich die in gentechnisch modifizierten Stämmen hergestellten Enzyme in ihren Umwelteigenschaften kaum von den Enzymen der Wildtyp-Stämme unterscheiden, ist ein sich allein aus der Art der Herstellung der Enzyme ergebendes Umweltrisiko bei deren Einsatz nicht erkennbar. Dies gilt selbst im Falle einer unbeabsichtigten Freisetzung solcher Fermenterbakterien, da die bei industriellen Produktionsstämmen vorgenommenen genetischen Veränderungen in der Regel deren „Umwelteignung" stark herabsetzen.

Doch trotz der erkennbaren Vorteile einer enzymtechnischen Herstellung von Acrylamid ist deren Umweltentlastungspotenzial begrenzt, da die biotechnische Produktion nicht zum Ersatz der großen Mengen mineralölbasierter und schwer abbaubarer Kunststoffprodukte beiträgt. Biologisch abbaubare Biokunststoffen können aus natürlichen pflanzlichen Polymeren (Bsp. Stärke-Polymere, Cellulosen,..) oder durch Fermentation gewonnen werden. In Tabelle 9.2 sind einige solcher biologisch abbaubarer Kunststoffe aufgeführt. Sie werden heute unter Handelsnamen wie Nature Works, Biopol oder Ecoflex erfolgreich zur Herstellung von Essgeschirr, Textilien, Verpackungsmaterial, Folien oder Schäumen eingesetzt.

Tabelle 9.2 Übersicht über einige biologisch abbaubare Bioplast-Polymere (zusammengestellt nach Angaben der „Biodegradable Plastics Society" (2006)

Polymer	**Handelsname**	**Anbieter**
Biopolymere		
Poly 3-hydroxybutyrat	Biopol Biogreen	Metabolix Mitsubishi Gas Chemicals
Synthetische Polymere		
Milchsäure-Polymer /Polylactic Acid	NatureWorks	Cargill Dow
Polybutylensuccinat	Bionolle	Showa Highpolymer
Polybutylenadipat/-teraphthalat	Ecoflex	BASF Japan
Polybutylensuccinat/-teraphthalat	Biomax	Dupont
Polytetramethylenadipat/-teraphthalat	Eastar Bio	Chemitech (Novamont)
Polyvinyl-Alkohol	Dolon VA	Aicello Chemical
Poly-ε-caprolactonbutyrensuccinat	CelGreen CBS	Daicel Chemical Industry
Modifikation natürlicher Polymere		
Celluloseacetat	CelGreen PCA	Daicel Chemical Industry
Chitosan/Cellulose/Stärke	Dolon CC	Aicello Chemical
Stärke-Fettsäureester	Cornpole CP	Japan CornStarch

Weitere Möglichkeiten petrochemische Produktlinien funktionsanalog zu ersetzen, bietet darüber hinaus die Extraktion und nachfolgende Modifikation spezifischer Inhaltsstoffe aus Industriepflanzen (sogenannten „nachwachsenden pflanzlichen Rohstoffen" ; s. auch den Beitrag von Fischer in diesem Buch). Tabelle 9.3 gibt einen Überblick über die wichtigsten Industrie-Pflanzen und ihre Produkte.

Die in Deutschland heute am meisten genutzte Rohstoff-Pflanze ist der Raps. Raps wird primär als Grundstoff zur Biodiesel-Herstellung (s. auch Reinhardt und Connemann in diesem Buch), daneben aber auch zur Gewinnung von Ölen und Fetten genutzt. Von großer Bedeutung sind weiterhin auch Faser-Pflanzen wie Hanf oder Lein, aus denen besser rezyklierbare Bauteile zur Innenverkleidung (Hausbau, Automobilbau) gewonnen werden können. Um die Effizienz und Qualität der pflanzlichen Rohstofferzeugung zu verbessern, wird auch bei Industriepflanzen versucht, deren Leistung durch gentechnische Verfahren zu optimieren (Tabelle 9.4).

Tabelle 9.3 Übersicht über industriell nutzbare Produkte aus Pflanzen

Produktlinie	Wichtige Nutzpflanzen	Inhaltsstoff
Zellulose und Naturfasern	Holzpflanzen, Lein, Hanf, Baumwolle, Brennessel, Sisal	Zellulose, Lignin
Öle, Fette	Raps, Sonnenblume, Sojabohne, Lein, Rizinus, ...	Triacylglyceride, Mono- und Diacylglyceride, Fettsäuren
Stärke und Zuckermoleküle	Mais, Weizen, Maniok, Kartoffel, Erbse, Zichorie,	Amylose, Amylopektin, Polyfructane
Zucker	Zuckerrohr, Zuckerrüben, Zuckerhirse, Wurzelzichorie	Glucose, Fructose, Sucrose, Inulin
Harze, Wachse	Zypresse, Kiefer, Palmenarten, Euphorbia, Jojoba	Harzöle, Mono- bzw. Wachsester; Latex
Gummi, Kautschuk	Acacia sp., Tamarinde, Hevea brasiliensis (Parakautschukbaum)	Rinden- oder Samengummi, Kautschukmilch (Latex)
Farbstoffe	Färberwaid, Krapp (Rubia), Färberwau (Reseda), Safran, Walnussbaum...	z.B. Indigo, Alizarin, Luteolin, Crocetin, Naphthochinone...

Da die im Freiland ausgesetzten gentechnisch veränderten Pflanzen ggf. in sehr viel stärkerem Maße auch umgebende Ökosysteme beeinflussen können, ist deren Nutzung kritischer zu betrachten als die Nutzung gentechnisch veränderter Mikroorganismen im geschlossenen Fermenter. Dies gilt insbesondere, wenn Raps oder andere spezialisierte Industriepflanzen zusätzlich mit Pestizid-Resistenzgenen ausgestattet werden, um so wirksamer gegen andere Wildpflanzen in der Umgebung vorgehen zu können. Die „Züchtung" resistenter Beikräuter durch unkontrollierte Auskreuzung solcher Resistenzgene, die Bodenauslaugung durch Monokultur und die Einschränkung ökologischer Vielfalt sind Probleme, wie sie auch aus der klassischen Landwirtschaft schon lange bekannt sind und begründen so Zweifel am Nachhaltigkeitswert dieser Technologie. In erster Näherung erscheint es deshalb derzeit risikoärmer (nachhaltiger), wenn neue, funktionsanaloge Produkte wie z.B. Biokunststoffe primär aus fermentativ erzeugten Bio-Monomeren neu synthetisiert (polymerisiert) werden. Da biotechnische Prozesse meist auf der fermentativen Konversion von Reststoffen aus anderen Biomasse-Aufbereitungen basieren (Melasse aus der Zuckerrüben-Extraktion; Molke aus der Milchherstellung...), ergibt sich hierbei neben der Schonung fossiler Ressourcen und Minimierung der CO_2-Emission auch noch ein zusätzlicher Umweltentlastungseffekt (Reststoffverwertung, s. auch Klöck in diesem Buch).

Es wäre allerdings eine Illusion zu glauben, dass biotechnische Verfahren primär auf Grund ihres Umweltentlastungseffekts den Vorzug vor chemischen Verfahren erhielten. Die wichtigsten Gründe für die Etablierung eines biotechnischen (statt eines chemischen) Verfahrens sind nach wie vor die Tatsache, dass der Stoff nur biotechnisch hergestellt werden kann (Alleinstellungsmerkmal biotechnischer Verfahren) und/oder dass das biotechnische Verfahren kostengünstiger ist. Gute Beispiele für diese Art der biotechnischen Substitution sind die Herstellung

Tabelle 9.4 Beispiele gentechnisch optimierter Rohstoffpflanzen (nach Minol und Sinemus, 2004)

Pflanze	Beschreibung	Verwendung
Amylopektin-Kartoffel	mehr als 90% Amylopektin, geringer Amylosegehalt	Textil-, Papier- und Bauwirtschaft als Bindemittel und Kleister
Amylose-Kartoffel	hoher Amylosegehalt	Folienproduktion
Fructan-Kartoffel	lineare hochmolekulare Polyfructane	Additiv in der Papier- und Kunststoffproduktion
Hochlaurin-Raps	40% Laurinsäureanteil im Öl der Samen	Detergenzien
Erucasäure-Raps	Erucasäureanteil über 66% im Öl	Kunststoff- und Fotoindustrie
PHB-Raps (Biokunststoff)	Polyhydroxybuttersäure-Produktion in Rapssamen	kompostierbares „Biokunststoff"
Zellulose-Bäume	Bäume mit reduziertem Ligningehalt	Papierherstellung
Spinnenprotein-Tabak	Produktion von Eiweißen des Spinnfadens	Textil-, Flugzeugindustrie, Medizin

der Aminosäure Lysin oder des Vitamins B2. Das biotechnische Verfahren zur Herstellung von Lysin, einer essentiellen Aminosäure, die hauptsächlich als Nahrungsmittel- oder Futtermittelzusatzstoff (u.a. diätetische Lebensmittel, medizinische Infusionslösung) in Gebrauch ist, wurde erst dann eingeführt, als dieses so kostengünstig geworden war, dass man damit Geld sparen konnte. Auch im Fall von Vitamin B2 (Riboflavin) konnte dessen Herstellung bei der BASF mit einem optimierten biotechnischen Verfahren wesentlich effizienter und kostengünstiger erreicht werden als in dem klassisch-chemischen Mehrstufen-Verfahren. Dabei gelang durch Einführung des biotechnischen Verfahren nicht nur eine Kostenreduktion um 43% gegenüber dem chemischen Verfahren, sondern gleichzeitig erreichte man auch eine Senkung der CO_2-Emissionen um 30% (Saling, 2005)

Da sich die bisherigen Prozesssubstitutionen sehr stark auf den Bereich der Feinchemikalien beschränken, bleibt jedoch die Frage, ob man auch auf dem Gebiet der Herstellung von Massenchemikalien (Bulk Chemicals) zu einer stärkeren Substitution durch Biotechnik kommen kann. Vergleicht man die Produktionsvolumina etablierter chemischer Produkte mit den Produktionsvolumina der wichtigsten biotechnischen Produkte (Tabelle 9.5) sieht man, dass eigentlich nur Bioethanol mit seinen 26 Mio to Welt-Jahresproduktion als ein echtes „Bulk-Chemical" angesehen werden kann. Allerdings dient Bioethanol heute primär als Biokraftstoff, weniger als Chemierohstoff.

Tabelle 9.5 Weltproduktion wichtiger organischer Produkte der Chemie- und Biotechnik-Industrie

Chemische Produkte	**Prod-Menge/ Jahr in Mio to**[1]	**Biotechnische Produkte**	**Welt Prod-Menge/ Jahr in Mio to**[2]
Ethylen	96,0	Bio-Ethanol	26
Propylen	52,5	L-Glutamat (MSG)	1
Benzol	31,6	Zitronensäure/Citrat	1
Styrol	21,6	L-Lysin	0,35
Methanol	28,4	Milchsäure/Lactat	0,250
Harnstoff	56,7	Vitamin C	0,080
Chemiefasern	33,7	Gluconsäure	0.050
Kunststoffe	193,0	Antibiotika	0,030
Farben und Lacke	24,3	Xanthan	0,020
Synthesekautschuk	11,7	L-Hydroxyphenylalanin	0,010

[1] Chemie-Zahlen für 2002 nach VCI (2004) Chemiewirtschaft in Zahlen; Ausnahme: Harnstoff: Wert für 2004 nach Int. Fert. Assoc. (IFA)
[2] Biotech-Zahlen nach BACAS-Report 2004

Unter den Top 50 der US-Chemieproduktion befindet sich bisher kein Stoff, der aus nachwachsenden Ressourcen hergestellt wird (Klass 1998), obwohl die Herstellung einiger dieser Stoffe theoretisch auch biotechnisch möglich wäre. Es gibt allerdings eine Reihe von Schubladen-Patenten zur biotechnischen Herstellung von Bulk-Chemicals, die aber aus Kostengründen bisher nicht realisiert werden. Mit Hilfe systembiologischer „Omic-Technologien" (= Techniken, mit denen jeweils die Gesamtheit des Genoms (Genomics), des Proteinmusters (Proteomics) oder des Stoffwechselnetzwerks (Metabolomics) analysiert wird), einer verbesserten Laborautomation (Hochdurchsatzverfahren) und Datenverarbeitung (Bioinformatik) könnte sich dies aber bald ändern. Mikrobielle Prozesse können heute dank der genannten methodischen Verbesserungen deutlich schneller analysiert und in Folge auch gezielter optimiert werden (Deckwer et al., 2006). So konnte beispielsweise die Herstellung der Aminosäure Cystein mit Hilfe eines rekombinanten E.coli-Stamms und bei kombinierter Anwendung verschiedener Omic-Techniken so effizient gemacht werden konnte, dass das biotechnische Verfahren heute (im Vergleich zu chemischen oder extraktiven Verfahren) marktführend ist.

9.3 Reichweiten und Potenziale der Lösungen

Die vorangehenden Ausführungen haben gezeigt, dass eine bessere Kosteneffizienz die wichtigste Voraussetzung dafür ist, dass biotechnische Verfahren als Ersatz oder als Ergänzung chemischer Verfahren in Betracht kommen. Möglichkeiten zur Steigerung der Kosteneffizienz ergeben sich dabei auf allen Ebenen eines biotechnischen Produktionsprozesses (Tabelle 9.6)

Tabelle 9.6 Besondere Herausforderungen und zu lösende Probleme bei der Einführung biotechnischer Verfahren

Strategische Aspekte	
Kürzere „Time to Market"-Phase	Schnelleres Re-Investment alter Anlagen
Rohstoffe	
Ausreichende Mengen, Zusammensetzung	Preisgünstige Logistik, stabile Lagerung
Prozess	
Bessere Biokatalysatoren (z.B. bessere Selektivität, Geschwindigkeit)	Höhere Prozessstabilität (z.B. bei Hitze, extremem pH..)
Große Reaktionsvolumina mit viel Wasser	Geringerer Energiebedarf, z.B. beim Rühren
Vereinfachungen bei steriler Prozessführung	Entwicklung kontinuierlicher Verfahren
effizientere und einfachere Produktreinigung	Höhere Produktkonzentration
Nachsorge	
Minimierung von Reinigungsoperationen	Rezyklierung von Biomasse-Reststoffen
Kosten, Wirtschaftlichkeit	
Bessere Raum-Zeit-Ausbeuten	Niedrige Biomasse-Rohstoffkosten

Der Einsatz neuer Techniken kann so zukünftig auch helfen, die lange Zeit, die biotechnische Entwicklungen bisher oft bis zur Marktreife brauchten („Time to Market"), deutlich zu verkürzen. Die meisten Technologieentwicklungsanalysen gehen heute davon aus, dass sich der Umsatz der industrielle Biotechnik (neuerdings in Abgrenzung zur roten medizinischen und grünen Pflanzenbiotechnik oft auch „Weiße Biotechnik" genannt; Flaschel und Sell, 2005) schon im Jahr 2010 verzehnfachen wird und dann bereits 60% der Feinchemikalien und 15% der Basischemikalien biotechnisch hergestellt werden. (Festel et al., 2004).

Die weitere Entwicklung biotechnischer Verfahren wird in Zukunft entscheidend auch davon abhängen wie sich der Rohölpreis entwickeln wird. Der derzeitig sehr hohe Rohölpreis von über 60 $/Barrel begünstigt zwar die Bio-Substitution, doch wird auch dies nicht zur kurzfristigen Ablösung bestehender Produktionsverfahren führen. Die besten Chancen für biotechnische Substitutionen bestehen - Kosteneffizienz vorausgesetzt - immer dann, wenn neue Produkte mit neuen Eigenschaften gesucht oder wenn neue Produktionsanlagen eröffnet werden.

Über die bisher beschriebenen, eher punktuellen, Substitutionen hinaus, soll abschließend noch ein Technologie-Ansatz vorgestellt werden, der die Reichweite einer nachhaltigen Bioproduktion deutlich ausweiten würde und der heute unter dem Schlagwort der Bioraffinerie propagiert wird (Kamm und Kamm, 2004, Kamm et al., 2006). Im Ansatz ähnelt die Bioraffinerie dem klassischen Konzept der chemischen Raffinerie, da sie ebenfalls - wie die Ölraffinerie beim Mineralöl - darauf abzielt, den eingehenden Rohstoff (hier Biomasse) vollständig zu fraktionieren und alle Produktfraktionen energetisch oder stofflich zu nutzen. Derzeit werden drei Typen von Bioraffinerien diskutiert (Tabelle 9.7):

Tabelle 9.7 Charakteristika verschiedener Bioraffinerie-Typen (Klassifikation modifiziert nach Kamm)

Typen von Bioraffinerien	Charakteristika, dominante Biomasse-Komponenten	Beispiele Rohstoffpflanzen
Lignocellulose-Bioraffinerie	naturtrockene Biomasse Hauptkomponenten Cellulose, Lignin, Polyosen…	Gräser, Holz, Stroh/Spreu, Forst- und Papier-Abfälle
Getreide-Bioraffinerie	Ganzpflanzenverwertung von Korn und Stroh mit Hauptkomponenten Stärke, Cellulose, Polyosen Trocken- und Nassverfahren	Weizen, Mais
Grüne Bioraffinerie	Naturfeuchte Biomasse Hauptkomponenten Proteine, wasserlösliche Kohlenhydrate, Cellulose, Polyosen	Gras, Luzerne, Klee..

Das Bioraffinerie-Konzept unterscheidet sich in wesentlichen Punkten von dem bisherigen Konzept der Nutzung Nachwachsender Rohstoffe aus Industriepflanzen (s. Pkt. 2). So stützen sich Bioraffinerien nicht primär auf einzelne Pflanzenteile oder Inhaltsstoffe aus „Spezialpflanzen", sondern nutzen allen Formen und Komponenten der regional anfallenden Biomasse (= Ganzpflanzen-Nutzung). Da von der Pflanze nicht nur deren angereicherte Komponenten genutzt werden, müssen für alle Biomasse-Komponenten auch eigene Konversions- und Produktlinien entwickelt werden. Das Konzept einer ganzheitlichen Biomasse Nutzung und der integrierten Produktion verschiedener Stoffklassen erfordert Systeminnovationen, die über die bisherigen, eher singulären Substitutionsmethoden weit hinaus gehen. So werden sich Biomasse-basierte Synthesestrategien beispielsweise wesentlich von Synthesestrategien der petrochemischen Raffinerie unterscheiden (Abbildung 9.2), da hier stärker oxygenierte (Sauerstoff angereicherte) Zwischenprodukte anfallen. Welche Bio-Bausteine (Grundstoffe) sich dabei am besten als Ausgangsstoff für nachfolgende Synthesestrategien eignen, hängt auch davon ab, ob von solchen neuen Grundbausteinen wieder die alten Produkte (= gestrichelter Pfeil in Abbildung 9.2) oder neue, funktionsanaloge (nachhaltigere) Produkte hergestellt werden sollen.

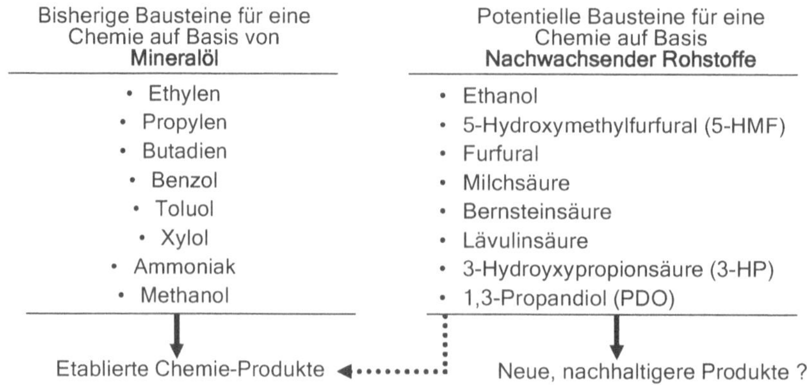

Abbildung 9.2 Vergleich der bei der Entwicklung von Syntheseprozessen auf Basis von Biomasse oder Mineralöl nutzbaren (Zwischen-)-Produkte; gestrichelt: Prozesssubstitution zu „alten" Produkten

Die integrierte Produktion von Grundstoffen und Energieträgern in Bioraffinerien ist derzeit zwar noch Zukunftsvision (Kamm et al. 2006; Ragauskas et al. 2006), an deren Realisierung wird aber insbesondere in den USA durch eine Reihe von politisch flankierten Forschungsprogrammen (z.B. über die US Departments of Energy (DOE) und Agriculture (USDA)) bereits intensiv gearbeitet. Die EU-Kommission hat hier bisher noch keine konkreten Maßnahmepakete vorgelegt. Soll die Option Bioraffinerie und Biomasse-Nutzung in Zukunft ausgebaut werden, muss aber auch der Einfluss der erhöhten Entnahme von Biomasse aus natürlichen Stoffkreisläufen auf die Tragekapazität des Ökosystems beachtet und in interdisziplinären Forschungsprogrammen frühzeitig auch auf Ökosystemebene genauer untersucht werden. "Grundsätzlich gibt die Tragekapazität der natürlichen Umwelt die Grenze vor, die eine dauerhaft-umweltgerechte Entwicklung der Zivilisation nicht überschreiten darf" (Umweltgutachten 1994). Vor diesem Hintergrund ist beispielsweise der in der Biotechnik-Literatur häufig zitierte Wert der globalen pflanzlichen Nettoprimärproduktion (NPP) von 170 Mrd. to/Jahr (Busch et al. 2006) kein guter Indikator eventuell verfügbarer Biomassemengen, da NPP-Biomasse-Zuwächse in stabilen (im Gleichgewicht befindlichen) Ökosystemen auch wieder rezykliert werden (z.B. durch Tierfraß, Humifizierung). Wirklich nutzbar sind eigentlich nur NPP-Erträge aus ökologisch instabilen, künstlichen land- oder forstwirtschaftlichen Kulturflächen und deren NPP-Wert (9,1 Mrd. to NPP/a) liegt weit unter dem Globalwert von 170 Mrd. to/a (s. Tabelle 9.8).

Tabelle 9.8 Abschätzung der nachwachsenden und genutzten Mengen an pflanzlicher Biomasse (global) im Vergleich zur aktuellen Nutzung fossiler Ressourcen (global)

Ressourcen, Nutzung	in Mio to /a	Anmerkungen
Nettoprimärproduktion (NPP) Biomasse global (=Kontinente und Meer)	172 000	Angaben in TS
Nettoprimärproduktion (NPP) nur terrestrisch	110 000	aus Bick,1993
Nettoprimärproduktion (NPP) nur Kulturland	9 100	
Traditionell genutzte Biomasse insgesamt davon	6 800	
Brennholz (ca. 25% der Biomasse-Nutzung)	1 700	Eig. Auswertung
Nutzholz, Papier- und Fasergewinnung (ca. 25% der Biomasse-Nutzung)	1 700	versch. Quellen
Nahrung und Futtermittel (ca. 50% der Biomasse-Nutzung)	3 400	
Nutzung als NaWaRo-Chemie-Rohstoff	20	Nach VCI, 2001
Aktuelle Nutzung fossiler Ressourcen	7300	Gerechnet als
davon: Mineralöl	3250	Öläquivalent
Kohle (Steinkohle + Braunkohle)	2250	aus Eggersdorfer
Erdgas	1800	und Laupichler, 1994
Nutzung der fossilen Ressourcen als		
Chemierohstoff (5%)	245	Nach VCI, 2001
Energie- und Transportzwecke (95%)	>7000	eig. Schätzwert

Aus den in Tabelle 9.8 aufgeführten Zahlen wird auch deutlich, dass die komplette Umstellung von Öl auf Biomasse als (Chemie-)-Rohstoff im Hinblick auf die Biomasseentnahme weniger kritisch wären als eine vollständige Substitution fossiler Ressourcen für Energie- und Transportzwecke. Unter der Annahme, dass die bisherigen Nutzungsmuster (5% des Mineralöls für Veredelung, 95% für Energie- und Treibstoffzwecke) gleich blieben, müssten zusätzlich zu den bisher bereits traditionell genutzten 6800 Mio to Biomasse noch weitere 7000 Mio. to öläquivalenter Biomasse-Ressourcen erzeugt werden. Die weitgehende Abholzung Mitteleuropas im 18. Jahrhundert zum Zwecke der Brenn- und Bauholzgewinnung oder die aktuell (aus ähnlichen Motiven) betriebene Abholzung des tropischen Regenwaldes zeigen, dass nicht-nachhaltige Biomasse-Nutzung lokal und global zu gravierenden Folgeproblemen führen kann. Auch der gut gemeinte Übergang zur intensiveren Biomasse-Nutzung muss deshalb - flankiert durch entsprechende Forschungs- und Ausbildungsprogramme in Schulen und Hochschulen - nachhaltig gestaltet werden. Denn letztlich sollten wir nicht vergessen, dass Biomasse auch in Zukunft von immer mehr Menschen vor allem als unverzichtbare Nahrungsquelle gebraucht wird.

9.4 Literatur

BACAS Belgian Academy Council of Applied Science (2004), *Industrial Biotechnology and Sustainable Chemistry.* Aus: http://wbt.dechema.de/img/wbt_/Literatur/BACAS-Studie.pdf

Bick, H. (1993) *Grundzüge der Ökologie.* Gustav Fischer-Verlag, Stuttgart ...

Biodegradable *Plastics Society* (2006) in: http://www.bpsweb.net

Busch, R.; Thoen, J. (2004) *Industrial Chemicals from Biomass- Die Bedeutung von Biomasse für die stoffwandelnde und chemische Industrie.* Vortrag auf „Biorefinica 2004", 27./28. Oktober 2004, Osnabrück

Busch, R.;Hirth, T.; Liese, A.; Nordhoff, S.; Puls, J.; Pulz, O.; Sell, D.; Syldatk, C.; Ulber, R. (2006*) Nutzung nachwachsender Rohstoffe in der industriellen Stoffproduktion.* Chemie-Ingenieur-Technik 78(3), 219-228

Deckwer, W.D.; Jahn, D.; Zeng, A.P.; Hempel, D.C. (2006) *Systembiotechnologische Ansätze zur Prozessentwicklung.* Chemie-Ingenieur-Technik 78(3), 193-208

Eggersdorfer, M.; Laupichler, L. (1994) *Nachwachsende Rohstoffe - Perspektiven für die Chemie.* Nachr. Chem.Tech.Lab. 42 (10), 996-1002 ...

Festel, G.; Knöll, J.; Götz, H.; Zinke, H. (2004) *Der Einfluss der Biotechnologie auf Produktionsverfahren in der chemischen Industrie.* . Chemie-Ingenieur-Technik 76(3), 307-312

Flaschel, E.; Sell, D. (2005) *Charme und Chancen der Weißen Biotechnologie.* Chemie-Ingenieur-Technik 77(9), 1298-1312

Hoppenheidt, K.; Mücke, W.; Peche, R.; Tronecker, D.; Roth, U.; Würdinger, E.; Hottenroth, S.; Rommel, W. (2004) *Entlastungseffekte für die Umwelt durch Substitution konventioneller chemisch-technischer Prozesse und Produkte durch biotechnische Verfahren.* UBA-Texte 07/05; Umweltbundesamt, Berlin

Kamm, B; Kamm, M. (2004) *Principles of biorefineries.* Appl Microbiol Biotechnol 64: 137–145

Kamm, B.; Gruber, P.R.; Kamm, M., (Hrsg.) (2006*): Biorefineries - industrial processes and products.* Vol. 1&2, Wiley-VCH, Weinheim, Deutschland

Kasche, V. (1997) *Enzyme als Biokatalysatoren.* In: von Gleich, A.; Leinkauf, S.; Zundel, S. (Hrsg.): Surfen auf der Modernisierungswelle. Ziele, Blockaden und Bedingungen ökologischer Innovation. Metropolis-Verlag, Marburg, Deutschland.

Klass, D.L. (1998) *Biomass for renewable energy, fuels and chemicals.* Academic Press, San Diego, USA

Minol, K; Sinemus, K. (2005) *Rohstoffe aus Designerpflanzen.* Mensch+Umwelt Spezial 17. Ausgabe 2004/2005, S.39-44

OECD (1998) *Biotechnology for Clean Industrial Products and Processes: Towards Industrial Sustainability*, OECD Publications, Paris, Frankreich

OECD (2001) *The Application of Biotechnology to Industrial Sustainability.* OECD Publications, Paris, Frankreich

Ragauskas, A.J. et al. (2006) *The path forward for biofuels and biomaterials.* Science 311: 484-489

Renner, I.; Klöpffer, W. (2005) *Untersuchung der Anpassung von Ökobilanzen an spezifische Erfordernisse biotechnischer Prozesse und Produkte*, UBA-Texte 02/05, Umweltbundesamt, Berlin

Saling, P. (2005) Vortrag *auf Tagung „Renewable resources and biorefineries*, Universität Ghent, Belgien 19.-21.9.2005, in: http://www.rrbconference.ugent.be/presentations/(5.1.2007)

Umweltgutachten (1994) *Für eine dauerhaft umweltgerechte Entwicklung.* Bundestags-Drucksache 12/6995

VCI Verband der chemischen Industrie (2001), zitiert in Busch und Thoen, 2004

VCI Verband der chemischen Industrie (2004*) Chemiewirtschaft in Zahlen.* Eigendruck, Frankfurt

10 Wie viel Schmierstoff ist nötig? – Effizienter Einsatz von Kühlschmierstoffen

Ekkard Brinksmeier, Thomas Koch, André Walter

10.1 Einleitung

Kühlschmierstoffe sind eine wesentliche Eingangsgröße für den Zerspan- und Umformprozess. Neben dem Werkstoff, dem Werkzeug, den Schnittdaten und den Eigenschaften der Werkzeugmaschine haben Kühlschmierstoffe einen erheblichen Einfluss auf das Arbeitsergebnis. Nur eine optimale Abstimmung der Eigenschaften des Kühlschmierstoffs mit den anderen Prozesseingangsgrößen gewährleistet stabile und reproduzierbare Zerspanprozesse. Auch wenn es heute neue Ansätze gibt, um die Einsatzmengen von Kühlschmierstoffen zu reduzieren, sind nach Bundesamt für Wirtschaft (2007) die Verbrauchsmengen in Deutschland in den letzten 10 Jahren nahezu konstant geblieben. Die Minimalmengenschmierung und die Trockenbearbeitung stellen zwar interessante Alternativen zum konventionellen Einsatz von Kühlschmierstoffen dar, aber eine erfolgreiche und vollständige Substitution der Aufgaben und Funktionen von Kühlschmierstoffen (Kühlen, Schmieren, Transportieren, Reinigen, Konservieren usw.) konnte bisher nur in Einzelfällen erreicht werden.

Die Untersuchungen der letzten Jahre haben deutlich aufgezeigt, dass bereits durch den optimierten Einsatz von Kühlschmierstoffen erhebliche Einsparungspotenziale freigesetzt werden können. Walter und Brinksmeier (2002) geben an, dass der Anwender für einen leistungsgerechten Einsatz von Kühlschmierstoffen gesetzliche, gesundheitliche, technische, umwelttechnische, wirtschaftliche und organisatorische Aspekte berücksichtigen muss.

10.2 Gesetzliche Aspekte des Kühlschmierstoff-Einsatzes

Den Einsatz von Kühlschmierstoffen betrifft eine Vielzahl von Gesetzen und Regelwerken. In diesem Zusammenhang ist eine enge Zusammenarbeit von Herstellern und Anwendern erforderlich, um sicherzustellen, dass die sich ständig ändernde und teilweise unübersichtliche Gesetzeslage eingehalten wird.

Für den Anwender ist insbesondere die Frage zu klären, inwieweit das Produkt gesetzlich verbotene Stoffe enthält. Des Weiteren gibt es teilweise Anwendungsbeschränkungen für bestimmte Anlagen und Personenkreise. Grundsätzlich gilt das Substitutionsgebot, welches besagt, dass gleichwertige Stoffe mit geringerem Gefährdungspotenzial eingesetzt werden sollen. In Abbildung 10.1 wird eine Übersicht über ausgewählte Gesetze und Regelwerke für den Kühlschmierstoff-Einsatz gegeben.

Chemikaliengesetz	Verordnungen und Vorschriften der Länder über das Lagern, Abfüllen und Umschlagen (LAU Anlagen) sowie Herstellen, Behandeln, Verwenden (HBV Anlagen), VAwS
Gefahrstoffverordnung	Technische Regeln für Gefahrstoffe (TRGS 220, 402, 420, 440, 531, 540, 552, 611, 900/901, 907)
EU Biozid-Verordnung	Verwaltungsvorschrift wassergefährdende Stoffe VwVwS
BG-Richtlinie BGR 143	Altölverordnung
BiostoffVO	Wasserhaushaltsgesetz

Abbildung 10.1 Gesetzliche Aspekte beim Einsatz von Kühlschmierstoffen

10.3 Gesundheitliche Aspekte

Kühlschmierstoffe weisen grundsätzlich ein Gefährdungspotenzial für den mit diesen Medien in Kontakt kommenden Arbeitnehmer auf. Es gibt zahlreiche Gesetze und Regelwerke, die auf den Arbeitsschutz abzielen. Neben deren Umsetzung im Betrieb ist besonders die Einhaltung der persönlichen Pflege- und Schutzmaßnahmen von großer Bedeutung für den Gesundheitsschutz. Trotz des Fortschritts in der chemischen Zusammensetzung durch die Vermeidung hautschädigende Substanzen im Herstellungsprozess einzusetzen, verfügen sie über ein Potenzial Hauterkrankungen auszulösen. Die Metall-BG beziffert den Anteil der durch Kühlschmierstoffe verursachten Hauterkrankungen in ihrem Zuständigkeitsbereich mit ca. 35 %. Betrachtet man alle durch Kühlschmierstoffe ausgelösten Erkrankungen, liegt der Anteil der Hauterkrankungen bei ca. 80 %. Dies erscheint nahezu folgerichtig, da der Werker mit den Händen und Unterarmen den häufigsten Kontakt mit diesem Produktionsmittel hat. Die Zahlen verdeutlichen aber auch, dass die persönliche Hygiene und das Anlegen der Schutzausrüstung sowie das Einhalten der Vorschriften zum sicheren Umgang mit diesen Substanzen in der betrieblichen Praxis weiteres Optimierungspotenzial beinhaltet. Aber auch bei einer Substitution von Kühlschmierstoffen in der spanenden Fertigung müssen weiterhin Vorkehrungen zum Hautschutz getroffen werden, da auch die Metalle Hautkrankheiten auslösen können.

10.4 Technische Aspekte

Kühlschmierstoffe können zu einer erheblichen Leistungssteigerung im Zerspanprozess führen. Dazu ist es notwendig, dass alle Randbedingungen für dessen Einsatz optimal aufeinander abgestimmt werden (Abbildung 10.2).

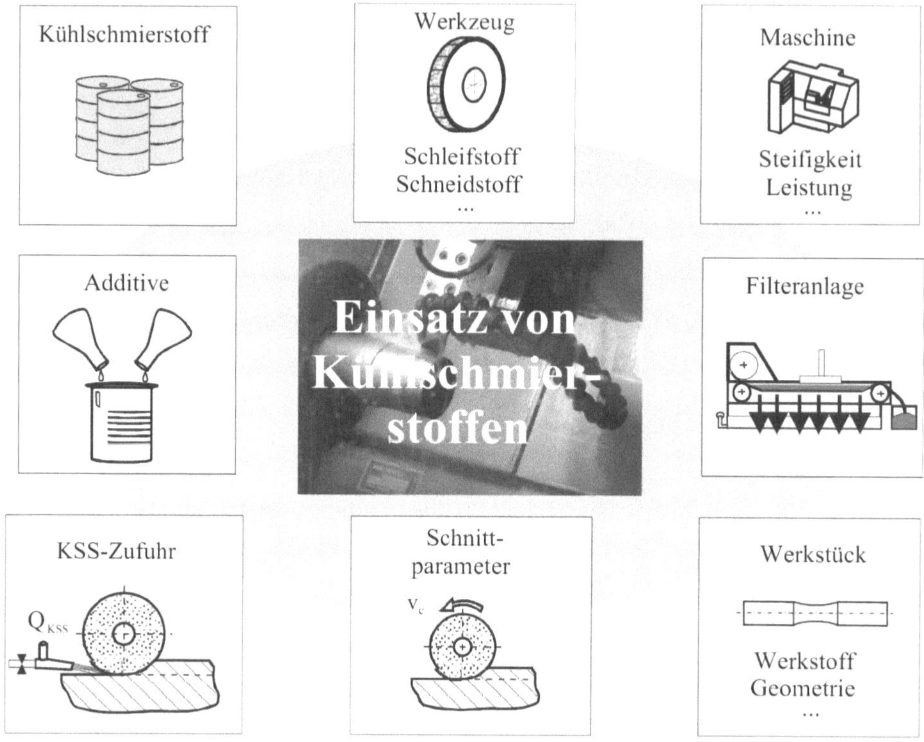

Abbildung 10.2: Randbedingungen für den Kühlschmierstoff-Einsatz

Der gezielte Einsatz von Additiven in Kühlschmierstoffen kann zu einer wesentlich höheren Prozesssicherheit beitragen. In Abbildung 10.3 sind die Verläufe der Verschleißmarkenbreite für die Drehbearbeitung von 17CrNiMo6 mit einer Standardemulsion und mit einer speziell additivierten Emulsion dargestellt. Deutlich wird, dass durch den Einsatz des Additivs ein wesentlich längerer Schnittweg realisiert werden kann. Ohne Einsatz des Additivs kam es zu einer erheblichen Aufbauschneidenbildung an der Werkzeugschneide. Der stark adhäsive Kontakt zwischen Werkzeug und Werkstoff konnte durch die Standardemulsion nicht verhindert werden. In Folge dessen kam kein stabiler Zerspanprozess zustande. Diese Ergebnisse werden auch durch die Beobachtung des Zustandes der Werkzeugschneide über dem Schnittweg gestützt (Abbildung 10.4).

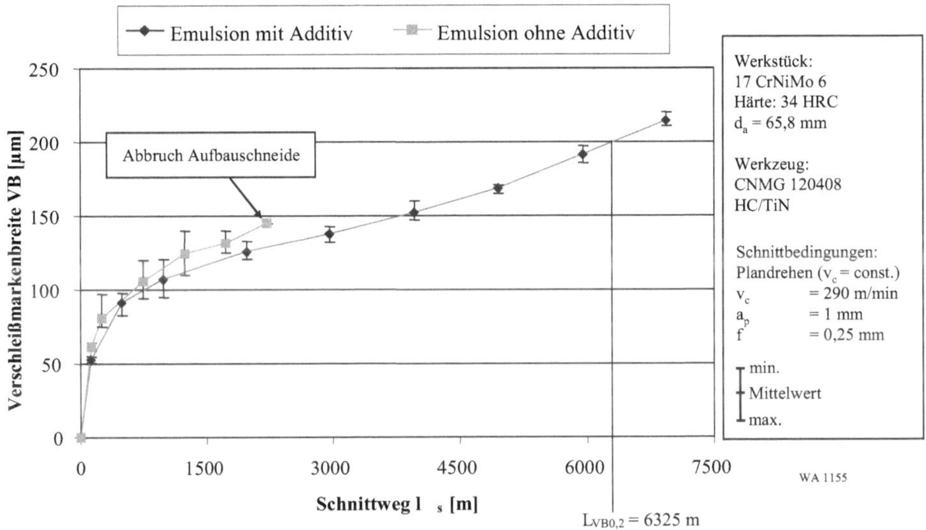

Abbildung 10.3: Verschleiß bei unterschiedlichen Kühlschmierstoffbedingungen

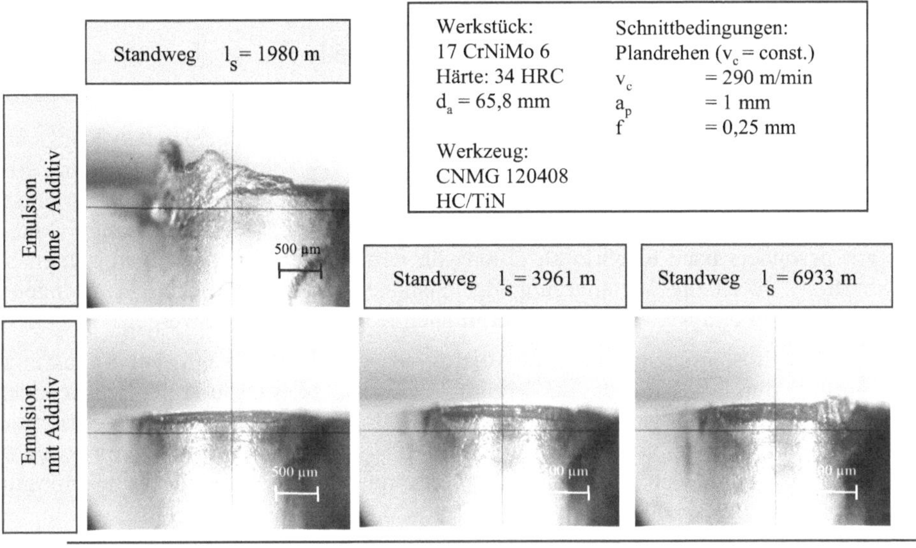

Abbildung 10.4: Vermeidung von Aufbauschneiden durch eine effektive Additivierung

Grundsätzlich kann festgehalten werden, dass Kühlschmierstoffe einen erheblichen Einfluss auf die Spanbildung im Zerspanprozess haben. Durch ihren Einsatz werden hohe Oberflächenqualitäten und lange Werkzeugstandzeiten realisiert. Die Art der Kühlschmierung hat einen Einfluss auf die Ausbildung der Scherebenen und die Kontaktzone. Tendenziell wird die Kontaktfläche zwischen Werkzeug und Span mit geringerer Schmierung in der Kontaktzone größer. Das führt zu einer höheren Belastung des Werkzeuges. Walter (2002) zeigt durch eine chemische Oberflächenanalyse an der Spanwurzel, dass es in der Kontaktzone zur Ausbildung von Sorptions- und Reaktionsschichten kommen kann. Der Einsatz eines Schwefeladditivs führte in seinen Untersuchungen zur Bildung einer schwefelhaltigen Reaktionsschicht auf der Spanunterseite. Es konnte gezeigt werden, dass unter den beschriebenen Versuchsbedingungen das Schwefeladditiv mit der bei der Zerspanung neu entstandenen Metalloberfläche eine chemische Reaktion eingeht. Die in der Randschicht entstandenen Metallsulfide führen aufgrund ihren Schmiereigenschaften zu einer Verminderung der Reibung, einer verbesserter Oberflächenqualität und einem geringeren Werkzeugverschleiß. Dieser Wirkungsmechanismus der Kühlschmierstoff-Additive macht deutlich, dass sie, bei einer optimalen Abstimmung der tribochemischen Vorgänge, positiv für den Zerspanprozess genutzt werden können.

10.5 Umwelttechnische Aspekte

Aus umwelttechnischen Aspekten sollte der Verbrauch von Kühlschmierstoffen grundsätzlich reduziert werden. Hierzu bieten sich verschiedene Ansätze an:

- Reduzierung der Ausschleppung,
- Verlängerung der Kühlschmierstoff-Standzeiten und
- Einsatz neuer Technologien.

Eine Reduzierung der Ausschleppung kann durch die Wahl eines geeigneten Kühlschmierstoffproduktes, durch das Abtropfen und Abschleudern des Kühlschmierstoffs vom Bauteil und durch eine Behandlung der Späne erzielt werden. Eine effektive Überwachung und Pflege des Kühlschmierstoffs ist erforderlich, wenn man dessen Standzeit verlängern möchte. Dieses gilt besonders nach Koch et al. (2004) für den Einsatz von wassergemischten Kühl schmierstoffen. Durch die Verlängerung der Standzeiten können erhebliche Mengen von Kühlschmierstoffen und Ressourcen und somit auch Kosten eingespart werden.

Ein erhebliches Einsparungspotenzial an Ressourcen und Kosten kann, bei Anpassung der Prozessführung, durch den Einsatz der Minimalmengenschmierung und der Trockenbearbeitung erzielt werden. Dabei ist zu beachten, dass die Funktionen Spülen und Transportieren, Konservieren und Reinigen von Kühlschmierstoffen zu substituieren sind. Der praxisgerechte Einsatz entsprechender Technologien ist bis heute nur unter besonderen Randbedingungen zufrieden stellend umgesetzt.

Bei der Minimalmengenschmierung und der Trockenbearbeitung sind nach Walter (2001) in der Regel Anpassungen der Werkzeuge und Prozesse notwendig. Der Verzug der Bauteile ist zu beachten und eine entsprechende Qualitätsüberwachung ist zu betreiben. Der Auswahl des Schmiermediums für die Minimalmengenschmierung kommt eine hohe Bedeutung zu und muss bei einer Umstellung der Prozessführung mit beachtet werden. Vergleichende Untersuchungen von Koch et al. (2007) zeigten, dass die chemische Struktur des Schmiermediums sich direkt auf die Qualität der erzielten Bohrungen auswirken kann. Als Musterprozess wurde in Anlehnung an Prozesse der Luftfahrtindustrie, das Bohren ins Volle in einen Aluminium CFK-Schichtverbund durchgeführt. Als Schmierstoffe wurden zwei Triglyceride und ein Fettsäureester der Trockenbearbeitung gegenübergestellt. Der Einsatz des Fettsäureesters führte in den Untersuchungen zu einer Abnahme der Vorschubkräfte und den geringsten Abweichungen in den Bohrungsdurchmessern.

Eine weitere Möglichkeit einer Ressourcen schonenden Bearbeitung stellt der Einsatz von so genannten Multifunktionsölen dar. Nach Müller (2002) sowie Müller und Joksch (2003) zielt die Verwendung dieses Systems auf eine bessere Verträglichkeit der eingesetzten Kühlschmierstoffe und Öle, die z.T. durch Leckagen in Hydrauliksystemen u.ä. in das KSS-System eindringen können. Basis der Multifunktionsöle sind nichtwassermischbare Kühlschmierstoffe, die sowohl als Hydrauliköl als auch unter Zugabe eines Additivs als Konzentrat für wassergemischte Kühlschmierstoffe eingesetzt werden können. Dadurch wird nach Schulz (2002) vermieden, dass es durch den Eintrag von Hydraulikflüssigkeit oder nichtwassermischbarem Kühlschmierstoff in das Bad des wassergemischten Kühlschmierstoffs zu Standzeitreduzierungen kommt. Weiterhin besteht die Möglichkeit, die Bauteilreinigung unter Einsatz der Emulsion durchzuführen und so Reiniger einzusparen. Durch den Einsatz von Multifunktionsölen können somit die Verbrauchsmengen an Hilfsstoffen reduziert werden. Zu beachten ist laut VDI-Richtlinie 3035 (1997) aber, dass der Maschinenpark für eine solche Technologie geeignet sein muss. Bei zu großen Mengen an Leckölen kommt es zu einer Art „Produktion von Emulsion“, die durch andere Maschinen aufgefangen werden muss.

10.6 Wirtschaftliche Aspekte

Voraussetzung für den kostengünstigen Einsatz von Kühlschmierstoffen ist die Auswahl eines angepassten Kühlschmierstoff-Produktes. Werden hier Fehler gemacht, so kommt es später im Prozess zu erheblichen Störungen und Standzeitreduzierungen. Diese verursachen hohe Verbrauchskosten und Kosten für die Nacharbeit.

Wie bereits o. a., führt die Verlängerung von Standzeiten durch eine effektive Pflege und Überwachung des Kühlschmierstoffbades zu einer Reduzierung der Verbrauchskosten. Dabei kann auch eine Anpassung des Serviceumfangs mit dem Lieferanten hilfreich sein. Es ist für den Anwender z. B. möglich, die Pflege des Kühlschmierstoffs von einem Service-Unternehmen durchführen zu lassen.

Auch über die Reduzierung der Anzahl der Produkte und Lieferanten muss zwecks Kostenreduzierung durch größere Einkaufsmengen nachgedacht werden. Grundsätzlich sollte man beim Vergleich von Produkten die Preise pro Liter fertigen Kühlschmierstoffs ermitteln. Nur so können die real entstandenen Kosten und Verbräuche durch den Verbrauch von Stelladditiven berücksichtigt werden.

Vergleicht man die Wirtschaftlichkeit einer Prozessführung, welche von überflutender Schmierung auf Minimalmengenschmierung oder Trockenbearbeitung umgestellt wurde, so sind im Vorfeld einige Faktoren und Technologien sehr genau auszutarieren, da diese sich sonst als Kostentreiber herausstellen können. Besonderes Augenmerk sollte auf

die Werkzeugkosten,

- die Verbrauchsmenge Kühlschmierstoff bei der Minimalmengenschmierung,

- eine Prozessanpassung,
- den erhöhten Verbrauch an Druckluft für die Minimalmengenschmierung,
- konstruktive Änderung zum Spänetransport,
- angepasste Messtechnik und
- Schulungsaufwand des Personals

gelegt werden. Die genannten Punkte sind notwendigerweise vor einer Änderung der Kühlschmierstoff-Technologie zu berücksichtigen, andernfalls können sich die avisierten Kosten und Einsparungseffekte umkehren. Speziell der zweite der genannten Punkt stellt einen möglichen Kostentreiber dar. Abbildung 10.5 gibt eine Überschlagsrechnung wieder, die belegt, dass der Einsatz von Minimalmengenschmierung nicht zwingend mit einer Verminderung der Verbrauchsmengen einhergeht. Der Grund hierfür liegt in der Tatsache begründet, dass die MMS eine Verlustschmierung ist und somit keine Kreislaufführung oder eine Wiederverwendung bzw. Recycling des Schmiermediums ermöglicht. Dies ist besonders vor dem Hintergrund einer ressourcenschonenden Umstellung bestehender Fertigungslinien oder -prozesse zu beachten. Nichtsdestotrotz sollte die MMS bei der Neueinrichtung einer Fertigung oder einer Prozessführung mit ins Kalkül gezogen werden, sofern sie ökologische, technische und wirtschaftliche Vorteile bietet.

Fall 1: MMS

MMS-Anlage: 30 ml/h, 2 Düsen, 10 h/d

MMS-KSS: 5,50 €/l

MMS-Verbrauch: 600 ml/d * 250 d/a = 150 l/a

MMS-Kosten: **825,-- €/a**

Fall 2: Kühlschmierstoffemulsion

KSS-Anlage: 300 l, 25 % Ausschleppung,
4 Monate Standzeit, 5 % Konzentration

KSS: 3,50 €/l

KSS-Verbrauch: 3 * 300 l *1,25 = 1125 l
bei 5 % entspricht das 56,25 l Konzentrat

KSS-Kosten: 196,88 € + Entsorgung von 1125 l (250,-- €/t) = **478,13 €**

Abbildung 10.5: Überschlagsrechnung Kostenkalkulation für Schmiermedien, Vergleich MMS vs. Überflutung

10.7 Organisatorische Aspekte

Die Einhaltung der o. a. Aspekte kann nur bei entsprechender Organisation des Kühlschmierstoff-Einsatzes erfolgen. Dabei ist es ratsam, alle vom Einsatz betroffenen Personen und auch die Lieferanten in die Planung einzubeziehen. Es sollte ein System für Freigabe- und Auswahlkriterien von Kühlschmierstoffen erarbeitet werden. Weiterhin müssen alle Kühlschmierstoff bezogenen Daten im Betrieb erfasst werden. Damit geht der Aufbau eines Systems zur Kostenerfassung einher. Die Überwachung und Pflege von Kühlschmierstoffen muss organisiert und eindeutig geregelt werden. Die Verantwortlichkeiten im Betrieb, aber auch im Verhältnis mit dem Lieferanten müssen transparent sein. Hier spielt auch die Abstimmung innerhalb der Fertigungskette eine erhebliche Rolle. Diese muss die Wartung des Kühlschmierstoffs zulassen.

10.8 Zusammenfassung und Ausblick

Kühlschmierstoffe sind in der industriellen Fertigung auch heute noch ein wichtiges Produktionsmittel, wenn ihre Verwendung zeitgemäß gestaltet und betrieben wird. Ein umweltverträglicher und kostengünstiger Einsatz von Kühlschmierstoffen ist durch eine Abstimmung der gesamten Prozesskette realisierbar (Abbildung 10.6). Alternative Technologien, wie z.B. die Multifunktionsöle, die Minimalmengenschmierung und die Trockenbearbeitung sollten bei der Optimierung der Fertigung mitberücksichtigt werden.

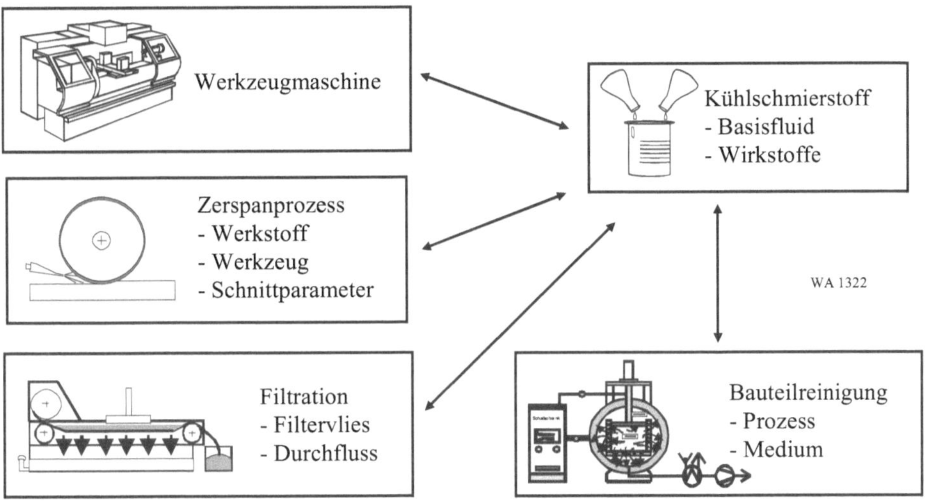

Abbildung 10.6: Abstimmung des Fertigungsprozesses

10.9 Literatur

BGR: 143 (2006): *Tätigkeiten mit Kühlschmierstoffen.* Hauptverband der Berufsgenossenschaften 2006.

Bundesamt für Wirtschaft: *Mineralölwirtschaftsdaten* (2007). 09.01.2007: http://www.bafa.de/1/de/service/statistiken/mineraloel_rohoel.php

Koch, Th.; de Paula Dias, A. M.; Rabenstein, A.; Walter, A. (2004): *Mikrobiologie der Kühlschmierstoffe - Einflüsse auf Standzeit und Ergebnisse.* Proc. 14th International Colloquium Tribology-Lubricants, Materials, and Lubrication Engineering, Technische Akademie Esslingen. 2004.

Koch, Th.; Kube, D.; Walter, A.; Brinksmeier, E. (2007): *Einfluss verschiedener Schmiermedien beim Bohren von CFK-Aluminium-Schichtverbunden mit Minimalmengenschmierung, Härterei-Technische Mitteilungen* (in Vorbereitung).

Müller, J. (2002): *Kühlschmierstoffe – Gesetze, Verordnungen und Regelwerke zum Arbeitsschutz.* Mineralölrundschau Zeitschrift für die Mineralölwirtschaft, Heft 11 und 12, November und Dezember 2002.

Müller, J.; Joksch, St. (2003): *Multifunktionsöle für die Metallbearbeitung auf Basis nachwachsender Rohstoffe. 8. Symposium „Nachwachsender Rohstoffe für die Chemie".* Tübingen: Eberhard-Karls-Universität, 26. und 27. 03.2003.

Schulz, J. (2002): *Multifunktionsprodukte - eine never ending story. Proceedings Tribologie Fachtagung* 2002 „Reibung, Schmierung und Verschleiß", Gesellschaft für Tribologie. 23.-25.09.2002, Göttingen. Verlag Gesellschaft für Tribologie: Moers, 2002.

VDI-Richtlinie 3035 (1997): *Anforderungen an Werkzeugmaschinen, Fertigungsanlagen und peripheren Einrichtungen beim Einsatz von Kühlschmierstoffen* (1997).

Walter, A. (2001): *Potenzial von Kühlschmierstoffen gezielt nutzen. Trocken oder nass - wohin geht die Metallbearbeitung?* VDI-Berichte 1635. VDI-Verlag, Düsseldorf, 2001, S. 33-47.

Walter, A. und Brinksmeier, E. (2002): Leistungsbeurteilung von Kühlschmierstoffen und Additiven in der Zerspanung. Härterei-Technische Mitteilungen 57 (2002) 1, S. 57-66.

Walter, A. (2002): *Tribophysikalische und tribochemische Vorgänge in der Kontaktzone bei der Zerspanung.* Dr.-Ing. Diss. Universität Bremen. Aachen: Shaker Verlag, 2002.

11 Energie- und Ressourceneffizienz durch Ecodesign und innovative Nutzungskonzepte

Der Beitrag der Informations- und Kommunikationstechnologien

Mario Tobias, Reinhard Höhn, Siegfried Pongratz, Philipp Karch

11.1 Einführung

Bei Google bringt der Begriff „Ecodesign" allein auf deutschsprachigen Websites aktuell etwa 65.000 Einträge, der Begriff „umweltgerechte Produktgestaltung" kommt immerhin auf 20.000 Einträge. Einer der ersten Links für Ecodesign führt auf das Lexikon der www.umweltdatenbank.de. Nach der in der Umweltdatenbank gegebenen Definition liegt eco-design „der Ansatz zugrunde, bei der Entwicklung, der Produktion, dem Vertrieb, der Verwendung und schließlich der Entsorgung eines Produktes stets die zu erwartenden Auswirkungen auf die Umwelt mit ins Kalkül zu ziehen und deutlich zu verringern, um zu einem optimierten, ganzheitlichen Nutzungskonzept zu gelangen. Dabei inkludiert der Produktbegriff sowohl Hardware, Software, Dienstleistungen als auch jegliche Art eines zur Bedürfnisbefriedigung dienenden Gutes." Betrachtet werden in diesem Zusammenhang der Übergang vom Nachsorge- zum Vorsorgeprinzip, eine ökologische und funktionale Verlängerung der Nutzungsdauer sowie eine Optimierung der Produktnutzung statt der Produkterzeugung.

Ecodesign wird daher stets auch als ein wesentlicher Aspekt beschrieben, wenn es um die Erreichung von Zielen einer nachhaltigen Entwicklung geht. Betrachtet man das in Abb. 11.1 dargestellte „Dreieck zum nachhaltigen Wirtschaften" mit Fokus auf die Seite, die sich zwischen den ökologischen und den ökonomischen Ecken aufspannt, so stellt man fest, dass die Mehrzahl der hier verwendeten Begriffe sich an die oben genannte Bedeutung des Umweltdesigns anlehnt – Ressourceneinsparung, Energieeffizienz und Recycling-Freundlichkeit, um nur einige zu nennen.

In der Praxis stellen sich allerdings zwei Kernfragen, die wissenschaftlich oder politisch nicht zu beantworten sind. Zum einen die Frage, was Ecodesign konkret bedeutet, wenn es um Produkte des täglichen Lebens geht? Zum anderen, wie Kunden bewegt werden können, diese Umweltfreundlichkeit anzuwenden – gleichermaßen zum Nutzen der Umwelt, wie auch zu ihrem persönlichen Nutzen? Auf beide Fragen können Produkte und Services der Informations- und Kommunikationstechnik (ITK) mittlerweile gute Antworten geben. Im Folgenden soll daher an vier Beispielen erläutert werden, wie ITK im privaten wie professionellen Bereich durch Ecodesign zur nachhaltigen Entwicklung beitragen kann. Die Beispiele sollen somit zum einen in der ITK-Industrie selbst zu einer Nachhaltigkeitsorientierung beitragen. Zum anderen stellen sie den Beitrag von ITK-Produkten und -Anwendungen dar, um bei Anwendern positive Wirkungen zu entfalten.

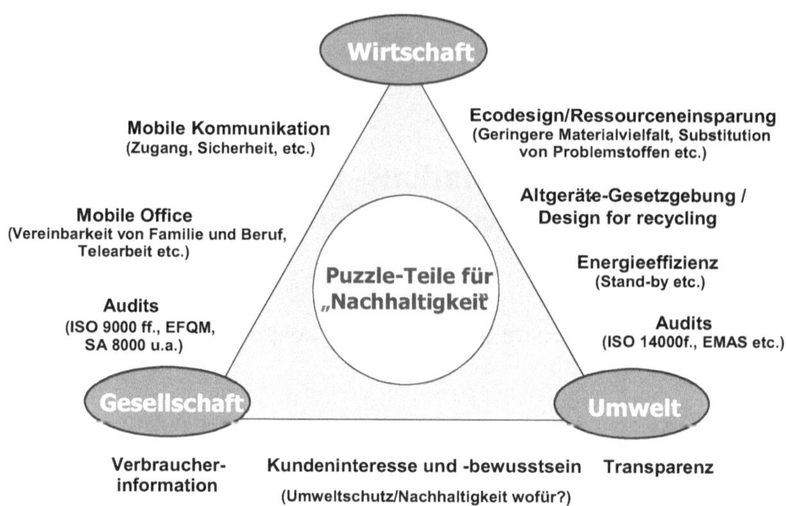

Abbildung 11.1 Bausteine nachhaltigen Wirtschaftens

Das erste Beispiel bezieht sich auf die Dematerialisierung von Mobiltelefonen – ein Paradebeispiel für Ecodesign in Bezug auf Ressourceneinsparung und Energieeffizienz, das direkt auch den Anwendern zu Gute kommt. Im zweiten Beispiel soll das so genannte „Design for Recycling" erläutert werden, dass im Zuge der Altgeräte-Gesetzgebung dem jeweiligen Unternehmen einen Vorteil bei seinen Entsorgungsaufwendungen verspricht, das zuvor in die Umweltfreundlichkeit seiner Produkte investiert hat. Im dritten Fall wird am Beispiel des „Green Procurement" von ITK-Geräten dargestellt, welche Potenziale im Bereich der Öffentlichen Beschaffung liegen. Schließlich wird am Beispiel von mobilen und flexiblen Arbeitens aufgezeigt, wie ITK-Technologien und Prozessinnovationen dazu beitragen können, umweltfreundliche Produkte gewinnbringend für alle drei Säulen der Nachhaltigkeit anzuwenden – ökologisch, ökonomisch und sozial.

11.2 Ecodesign und Dematerialisierung von Mobiltelefonen

Binnen weniger Jahre hat Mobiles Telefonieren einen dauerhaften gesellschaftlichen Einfluss erlangt. Die Anzahl an Mobiltelefonen steigt kontinuierlich und wird in den nächsten Jahren weltweit die Grenze von 3,5 Milliarden Stück überschreiten. Insgesamt wurden allein im Jahr 2006 weltweit mehr als 900 Mio. neue Mobiltelefone verkauft. Der Mobilfunkmarkt ist damit einer der am schnellsten wachsenden Märkte der Informations- und Kommunikationstechnik (vgl. u. a. EITO 2005). In einigen Ländern gibt es heute schon mehr Mobiltelefone als Festnetzanschlüsse. Der Treiber für dieses weltweite Wachstum sind insbesondere die neuen Märkte in Brasilien, Russland, Indien und allen voran China.

Mobiltelefone haben sich in den vergangenen Jahren von speziell auf Geschäftsleute zugeschnittenen Produkten zu modernen Accessoires für den privaten Alltag entwickelt. Während der letzten Jahre führten technologische Innovationen zu immer kleineren und leichteren Geräten, welche eine deutlich verlängerte Standby- und Gesprächszeit besitzen und verschiedenste Funktionen erfüllen. Die Ressourceneffizienz der Hardware hinsichtlich Material- und Energieverbrauch konnte im gleichen Zeitraum um den Faktor 10 erhöht werden.

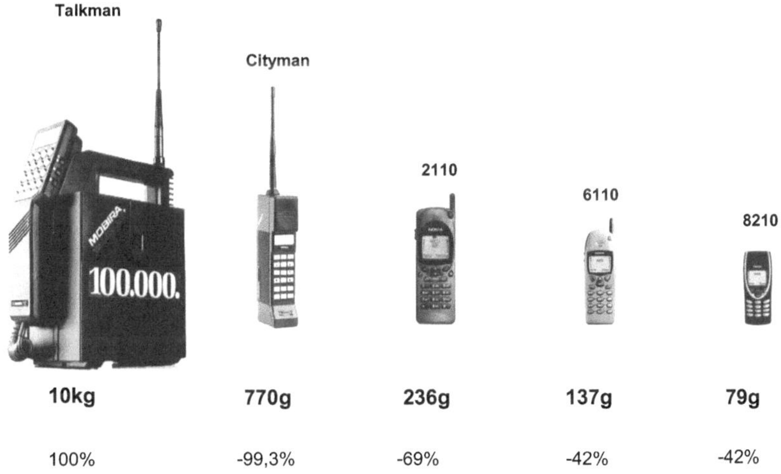

Abbildung 11.2 Reduzierung des Gewichts und der Größe von Mobiltelefonen über die letzten Jahre (EU IPP-Report 2005)

Seit Mobiltelefone auf den Markt kamen, sind sie deutlich kleiner und leichter geworden (vgl. Abb. 11.2). Dieser Trend hat dazu geführt, dass der Umwelteinfluss eines einzelnen Mobiltelefons durch den Verbrauch von weniger Material und Komponenten deutlich gesunken ist. Es darf an dieser Stelle indes nicht verschwiegen werden, dass so genannte „Rebound-Effekte" dazu führen, dass die relativen Ressourceneinsparungen pro Gerät, durch die weltweiten Produktions- und Absatzzahlen absolut gesehen zu einem höheren Ressourceneinsatz führen können. Aufgehoben werden können diese negativen ökologischen Trends erst dadurch, dass gleichzeitig die verschiedensten Funktionen, wie Kamera, MP3-Player, Organizer etc. in das Mobiltelefon integriert werden und so eine Vielzahl an Einzelgeräten künftig durch wenige kombinierte Produkte ersetzt werden könnten (Stichwort Konvergenz). Dieser Trend wird sich in Zukunft weiter fortsetzen und eine „nahezu unbegrenzte Mobilität" erlauben. Mobile Kommunikation und darüber hinaus die gesamte ITK-Technologie können in diesem Sinne zu deutlich „dematerialisierenden" Technologien werden.

Die „Evolution" des Mobiltelefons hat gleichzeitig dazu geführt, dass, bezogen auf den gleichen Energieverbrauch, längere Nutzungszeiten ermöglicht wurden. Die Energieeffizienz eines Mobiltelefons ist – sei es durch den Einsatz optimierter elektrischer und elektronischer Komponenten bei gleichzeitiger Reduzierung der Betriebsspannung, sei es durch eine verbesserte Software und nicht zuletzt durch innovative Batterien deutlich gesteigert worden (vgl. Abb. 11.3). Insbesondere der Energieverbrauch des Ladegeräts, und vor allem der Standby-

Energieverbrauch, ist in den letzten Jahren deutlich gesenkt worden. Analog wurde für Basisstationen durch technologische Neuerungen der Energieverbrauch deutlich reduziert.

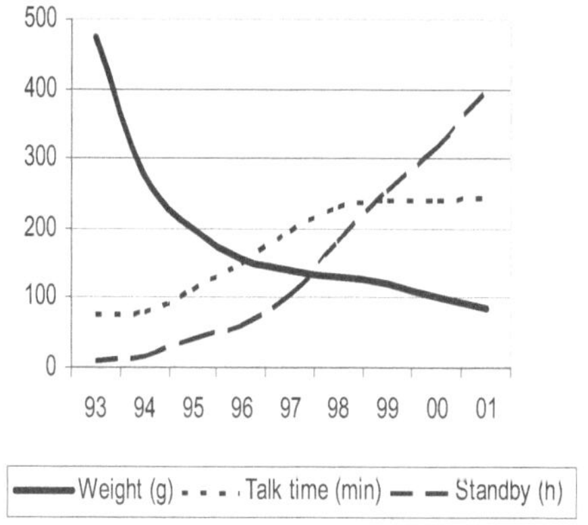

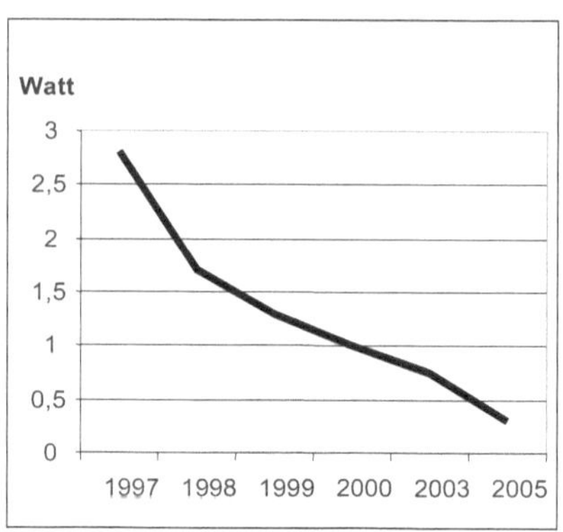

Changes in weight, talk and standby times by mass (Source Nokia)

Standby Energy Use of Chargers (Source Motorola)

Abbildung 11.3 Reduzierung der Leistungsaufnahme bei gleichzeitiger Zunahme der verfügbaren Sprechzeit (talk time) von Mobiltelefonen (EU IPP-Report 2005 bzw. Motorola)

Ein anderes Thema ist die Frage nach dem Umgang mit ausgedienten Geräten. Diese überschreiten bereits heute bei weitem die jährliche Millionschwelle – allerdings finden sich nur die wenigsten Geräte im Rücklauf für ein fachgerechtes Recycling. In der Praxis zeigt sich vielmehr, dass nur die wenigsten Käufer eines Neugerätes gleichzeitig ihr Altgeräte zurückgeben möchten, so dass die meisten Geräte nach wie vor in Haushalten gesammelt oder als Spielzeug genutzt werden. So bieten zwar alle großen Netzbetreiber in Deutschland mittlerweile eine kostenfreie Rückgabe von Handys an. Auch kann mit Spenden an Umweltverbände und soziale Einrichtungen geworben werden, da die Altgeräte in der Regel einem Refurbishing (Wiederaufarbeitung und Weitervermarktung außerhalb der EU) zugeführt werden. Die Rücklaufquoten sind jedoch nur bescheiden. Auch hier liegt der Schlüssel zur Lösung bei den Kunden, die ihr vergleichsweise hohes Umweltbewusstsein in Deutschland (vgl. Eurobarometer 2005) auch in die Tat umsetzen müssen, indem sie Altgeräte einer umweltfreundlichen Verwertung zuführen. Die Bedeutung, die dem Ecodesign in diesem Falle – nämlich am Ende des Lebenszyklus zukommt – soll im folgenden Abschnitt aufgegriffen werden.

11.3 Design for Recycling – Am Anfang bereits ans Ende denken

Auch wenn wesentliche Aspekte eines umweltfreundlichen Gerätedesigns auf die Nutzungsphase abzielen, die im Life-Cycle eines Gerätes den weitaus größten Anteil einnimmt, so kommt der Frage des Recyclings von Altgeräten aktuell eine besondere Bedeutung zu. So hat die Europäische Union im Februar 2003 nach mehrjährigen Diskussionen die Richtlinie über Elektro- und Elektronik-Altgeräte, die so genannte WEEE (Waste Electrical and Electronic Equipment) erlassen. Diese wie auch ihre Umsetzung in nationales Recht – in Deutschland das „Gesetz über das Inverkehrbringen, die Rücknahme und die umweltverträgliche Entsorgung von Elektro- und Elektronikgeräten (Elektro- und Elektronikgerätegesetz – ElektroG)" – geben verschiedene Vorgaben für die Behandlung und das Monitoring ausgedienter Geräte u. a. der Informations- und Kommunikationstechnik. Die Verantwortung für bestimmte Stufen des Produkt-Lebenszyklusses wird auf die Hersteller übertragen, wobei insbesondere der Beginn des Lebenszyklusses wie auch der Endpunkt betrachtet und geregelt werden. Wie Abbildung 11.4 zeigt, nimmt die Nutzungsphase eines Produktes zwischen „Lebens-Start" und „Lebens-Ende" einen großen Zeitraum ein. In dieser Lebensphase eines Produktes hat das individuelle Nutzerverhalten großen Einfluss auf die Ökobilanz der Produkte.

Das in Artikel 174 des Vertrags zur Gründung der Europäischen Gemeinschaft (EU Amtsblatt C325/33 24.12.2002) festgeschriebene Verursacherprinzip beruht auf der Überlegung, diejenigen, welche die Möglichkeit haben, die Situation zu verbessern, auch in die Verantwortung für den Schutz und Erhalt der Umwelt zu nehmen. Als wesentliche Grundlage wurde dabei die Aussage herangezogen, dass nur die Hersteller während Forschung, Entwicklung und Herstellung eines Produkts auf dessen Spezifikationen einwirken können. Sie wählen Werk- und Inhaltsstoffe aus und entwickeln Verfahren und Produktionsprozesse. Nur die Hersteller können damit den Grundstein für den Betrieb der Geräte durch die Kunden sowie – entsprechend dem Konzept einer umfassenden „Producer Responsibility" – das abschließende Recycling am Ende des Lebenszyklus legen. Demnach können nach Überzeugung der Kommission nur die Hersteller „ein Konzept für die Konstruktion und die Herstellung ihrer Produkte entwickeln, das eine möglichst lange Lebensdauer und im Falle der Verschrottung die beste Methode der Verwertung oder Beseitigung gewährleistet" (Kommission der Europäischen Gemeinschaften 2000).

Kurz gesagt, die Hersteller sind für ein geeignetes „Design for Recycling" verantwortlich. Dabei schließt sich der Kreislauf im Sinne der politischen Intention dadurch, dass bereits bei der Konstruktion der Produkte den Aspekten einer – Jahre später liegenden – umweltverträglichen Entsorgung Rechnung zu tragen ist. Dieses Ziel soll durch wirtschaftliche Anreize unterstützt werden, so dass „die finanzielle Verantwortung der Wirtschaftsbeteiligten ... es ferner den privaten Haushalten ermöglichen [sollte], ihre Geräte kostenlos zurückzugeben" (vgl. Kommission der Europäischen Gemeinschaften 2000). Diese Absichtserklärung soll im Zusammenspiel mit der so genannten „Individuellen Herstellerverantwortung" („individual producer responsibility" IPR) den Anreiz für eine umweltfreundliche Gestaltung der Geräte geben. Dieser Argumentation folgend sollte derjenige, der bei Entwicklung und Produktion in Recyclingfreundlichkeit seiner Geräte investiert, später den wirtschaftlichen Nutzen daraus ziehen können, dass diese Produkte leichter und damit günstiger zu verwerten sind. Im Gegensatz dazu würde ein Hersteller, der kaum DfR-Anstrengungen unternimmt, höhere Kosten bei einer späteren Entsorgung seiner Geräte zu erwarten haben.

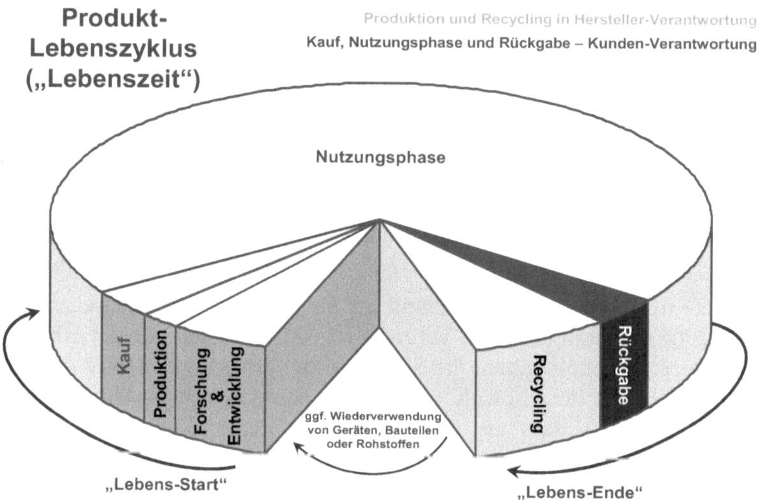

Abbildung 11.4 Schematische Darstellung der Verantwortlichkeit für umweltfreundliches Design bzw. umweltfreundliche Nutzung von ITK-Produkten (die Länge der Produkt-Lebensphasen ist nicht maßstabsgerecht)

Trotz aller – insbesondere logistischen – Schwierigkeiten, als Unternehmen in der Praxis die „eigenen Produkte" anstelle eines „Altgeräte-Mixes" von öffentlichen Sammelstellen zurückzubekommen, ist dieser Ansatz vor allem bei hochpreisigen, komplexen Geräten bestechend. So werden beispielsweise Kopier- und Multifunktionsgeräte höherer Leistungsklassen vornehmlich über Leasingverträge abgesetzt, also nur an die Nutzer vermietet. Dieses bedeutet, dass ein Hersteller nach der Nutzungszeit eines Gerätes beim Kunden exakt sein eigenes Produkt wieder zurücknimmt und somit das Konzept der „individuellen Herstellerverantwortung" zum Tragen kommen kann. Vorteile aus erhöhter Recyclingfähigkeit und der Möglichkeit zur Wiederverwendung von Bauteilen wirken hier kostensenkend und zeitsparend. Hinzu kommt die Möglichkeit zur Rücknahme großer Stückzahlen gleichartiger Produkte aus dem Verkauf an professionelle Kunden. Detaillierte Ausführungen zum Stoffstrommanagement finden sich u. a. bei Spengler & Herrmann (2004), weiterführende Aussagen zur Systemarchitektur des ElektroG und zur Stiftung „Elektro-Altgeräte Register" (EAR) finden sich bei Bullinger et al. (2005) und Tobias & Lückefett (2005).

11.4 Nachhaltigkeit in der ITK-Wirtschaft – am Beispiel mobilen Arbeitens bei IBM

Die Diskussion um sparsamen Verbrauch der natürlichen Ressourcen hat seit langem weltweit zu Anstrengungen zum Schutz der Umwelt geführt und in vielen Firmen konkrete Umweltschutzprogramme etabliert. Umweltgerechtes Design ist keine neue Vokabel für die ITK-Industrie und so genannte „best practices" wurden und werden weltweit diskutiert und umgesetzt (vgl. Höhn & Brinkley 2003). Ersetzt man zum Beispiel stationäre Arbeitsplatzcomputer (Deskside oder Desktop PC) durch mobile Geräte, reduziert man allein durch den Ersatz von

PC/CRT-Monitor durch ein Notebook den Energieverbrauch von ca. 200 Watt auf ca. 25 Watt, also eine Effizienzsteigerung um den Faktor 8. Andere Beispiele zeigen, dass auch die innovative Anwendung der ITK-Technologie weitere Reduzierungen des Ressourcenverbrauchs ermöglicht und Beiträge zur Zukunftsfähigkeit von Unternehmen und Gesellschaft leisten kann (vgl. auch Höhn et al. 2006).

Wenn wir uns die heutige Arbeitswelt innerhalb der ITK-Industrie ansehen, so ist sie bestimmt von einem globalen Markt, dessen Geschäfte 24 Stunden am Tag abgewickelt werden, weil sie sich in allen Zeitzonen der Welt abspielen. Darüber hinaus ist es eine Notwendigkeit, um in einem sehr schnell wechselnden Markt mit immer neuen Anforderungen und Randbedingungen konkurrenzfähig (zukunftsfähig) zu bleiben, dass Unternehmen sich diesen veränderten Bedingungen schnell und immer wieder neu anpassen. Wechselnde Verantwortlichkeiten, wechselnde Teams und Kundenorte sind nahezu tägliches Geschäft. Dementsprechend müssen auch die Arbeitsumgebung und die Arbeitsplatzgestaltung einen hohen Flexibilitätsgrad aufweisen. Grundlegende Voraussetzung für die Flexibilität von Arbeitsumgebung und Arbeitsplatzgestaltung ist eine flexible, schnell anpassbare IT-Infrastruktur. Diese ist nur durch die heute verfügbare ITK- Technologie kosteneffizient zu realisieren. Das folgende Beispiel soll aufzeigen, dass die Flexibilisierung einhergehen kann mit erhöhter Ressourceneffizienz und damit weiteren Beiträgen zur Zukunftsfähigkeit eines Unternehmens.

Hauptbestandteile unserer heutigen Arbeitswelt sind Notebook-Computer und Telefon, beides verbunden mit einem weltweiten Netzwerk ähnlicher Geräte. Die Kombination mit Wireless LAN oder GPRS und Mobiltelefon ermöglicht es den Mitarbeiterinnen und Mitarbeitern eines Unternehmens nicht nur am vorgesehenen Arbeitplatz zu arbeiten, sondern wechselnden Anforderungen leicht Rechnung zu tragen. Im Prinzip wird jeder Ort der Welt zum Arbeitsplatz und mobiles Arbeiten wird zum Standard. Dieser Standard hat neben der erhöhten Flexibilität im Einsatz der Mitarbeiter nicht nur Auswirkungen auf die Effizienz der Mitarbeiter, sondern kann einen weiteren Beitrag zur weiteren Ressourceneffizienz des ganzen Unternehmens und zum Schutz der Umwelt leisten. Untersucht man in Firmen die Nutzung eines normalen, traditionellen Büroarbeitsplatzes für Vertriebs- und Servicemitarbeiter, wird man sehr schnell feststellen, dass diese Arbeitsplätze häufig leer stehen, da die Mitarbeiter bei Kunden sind. Diesem Rechnung tragend haben bereits heute viele Firmen für Vertriebsmitarbeiter auf permanente Arbeitsplätze verzichtet. Typischerweise werden bestimmte Bürobereiche in einem Unternehmen für Vertriebsmitarbeiter reserviert, die in diesen Bereichen Arbeitsplätze vorfinden, die nur bei Bedarf benutzt werden. Das Verhältnis von Schreibtisch zu Mitarbeiter kann durchaus im Bereich von 1:8 oder 1:10 liegen.

Es ist aber auch denkbar, das gleiche Prinzip auf andere Unternehmensbereiche anzuwenden. Analysiert man Abteilungen, die normalerweise mit fest zugeordneten Arbeitsplätzen operieren, wie Finanz, Personal, Liegenschaften oder IT-Infrastruktur, so wird man ebenfalls feststellen, dass zu jeder Zeit ein gewisser Prozentsatz der Schreibtische leer steht. Urlaub, Krankheit, Schulung, ganztägige Meetings etc. führen dazu, dass die vorgehaltene Infrastruktur zu einem gewissen Prozentsatz ungenutzt ist. Mit einer Flexibilisierung der Arbeitsplätze und der Aufgabe personalisierter Schreibtische, können diese ungenutzten Ressourcen eingespart, bzw. anderweitig für das Unternehmen nutzbar gemacht werden. Die Einführung des „Desk-sharing“ auch für Infrastrukturabteilungen erlaubt eine Reduzierung der vorgehaltenen Arbeitsplätze um mindestens 10-20 %, mit der einhergehenden Einsparung von Kosten im Liegenschaftsbereich.

Kombiniert man dieses Prinzip mit einem veränderten Personalmanagement, in dem die Mitarbeiter nicht mehr nach Arbeitszeit (traditionelles Stempelkartenszenario) gemessen werden, sondern über Zielsetzung und Zielerfüllung geführt und ihnen mehr Eigenständigkeit bis hin zur Souveränität über Arbeitszeit und -ort zugestanden wird, sind weit größere Effizienzsteigerungen erzielbar. Ein konkretes Beispiel soll die dabei erzielbare Steigerung der Ressourceneffizienz greifbar machen. 1999 hat die IBM Deutschland begonnen das so genannte „shared desk" Konzept auf die Hauptverwaltung der IBM Deutschland in Stuttgart anzuwenden, mit dem Ergebnis, dass heute von ca. 3500 Mitarbeitern nur noch ca. 200 einen festen, direkt zugeordneten Arbeitsplatz haben. Der Rest bucht sich einen Platz im Büro, arbeitet zu Hause oder von unterwegs. Die Bürofläche pro Mitarbeiter konnte IBM dadurch rein rechnerisch knapp halbieren (vgl. Rupf & Kelter 2003). Das spart nicht nur Geld, sondern schont auch die Umwelt.

Die Stuttgarter Hauptverwaltung beispielsweise, mit den früheren Außenstellen in Böblingen, reduzierte den Verbrauch von Strom um 7,5 Prozent, von Heizenergie um 20 Prozent. Nach der erfolgreichen Durchführung des Projektes in Stuttgart, wurden die sieben großen Standorte der IBM in Deutschland, Österreich und der Schweiz ebenfalls auf dieses Bürokonzept umgestellt. Dabei wurden gleichzeitig die existierenden Gebäude umgebaut oder neue, effizientere Gebäude bezogen. Durch die verbesserte Ausnutzung der Gebäude, konnten in diesen Städten kleiner Gebäude aufgegeben werden. Die erzielbare Einsparung pro Standort hängt von den lokalen Gegebenheiten, wie zum Beispiel Art und Effizienz der Gebäude, sowie Tätigkeit der Mitarbeiter ab. Aufgrund dieser Maßnahmen reduzierte sich der mittlere Energieverbrauch pro Mitarbeiter und Jahr in diesen sieben Standorten von 7300 kWh auf 3550 kWh. Dabei wurde der Energieverbrauch bei der Arbeit von zu Hause nicht berücksichtigt, allerdings ergab eine Abschätzung, dass aufgrund der Vermeidung von Fahrten zwischen Büro und Arbeitsstelle insgesamt Energie und CO_2-Emission eingespart wurde.

Damit verringerte die IBM in diesen drei Ländern den Energieverbrauch pro Jahr um ca. 30.000 MWh, senkte den jährlichen CO2 Ausstoß um mehr als 10.000 t und leistete einen erheblichen Beitrag zum Klimaschutzziel der IBM. Dieses Klimaschutzziel wurde 1997 in einem weltweit gültigem Abkommen mit dem WWF dergestalt konkretisiert, dass die IBM sich verpflichtet hat, von 1998 bis 2004 die CO_2-Emissionen an ihren Standorten durch realisierte Energiesparprojekte um 4% jeweils bezogen auf das Vorjahr zu senken. Abbildung 11.5 zeigt, wie sich die CO_2-Emissionen der IBM vor und nach der Veröffentlichung des Projektes entwickelt haben.

Interessant ist das mobile Arbeiten aber nicht nur für Manager. Auch junge Eltern finden schneller zurück in den Job, wenn sie schrittweise von zu Hause aus einsteigen können. Das Konzept des mobilen Arbeitens erlaubt es, die unterschiedlichen Forderungen der Arbeitswelt und des privaten Lebens leichter zu vereinbaren und vereinigt so ökonomische, soziale und ökologische Anforderungen in einem Konzept. Damit derart flexible Arbeitskonzepte funktionieren, braucht es Vertrauen zwischen Management und Mitarbeitern, denn eine Anwesenheits- oder Arbeitszeitkontrolle ist nicht mehr möglich. IBM hat solche Kontrollen und die Kernarbeitszeit schon 1999 aufgehoben. Jeder Mitarbeiter entscheidet selbst, wann und wo er arbeitet und wie er Anforderungen der Arbeitswelt und private Bedürfnisse in ein ausgewogenes Verhältnis bringt. (work-life-balance). Anonyme Meinungsumfragen in der Mitarbeiterschaft konnten nachweisen, dass die Arbeitszufriedenheit in der neuen Arbeitsumgebung nach Einführung des Konzeptes zunahm. (vgl. Fichter 2006)

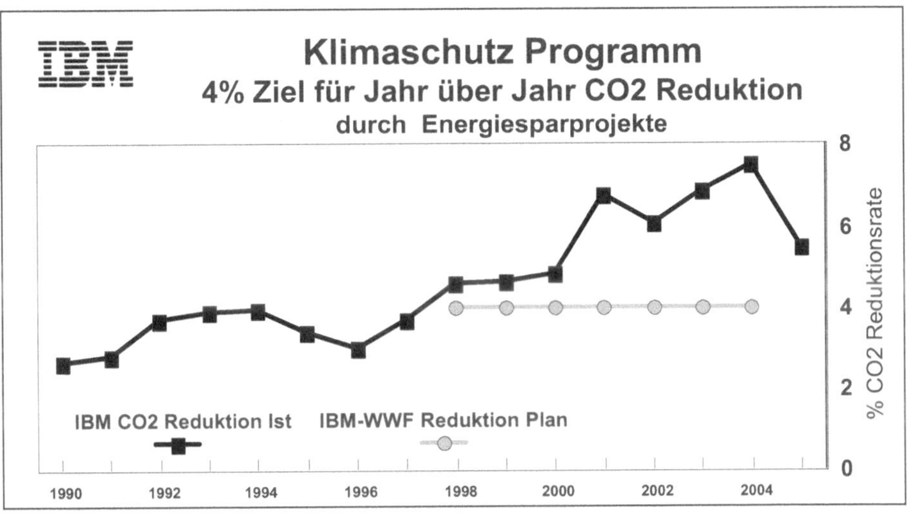

Abbildung 11.5 Darstellung der CO_2-Reduktiondraten durch IBM-Energiesparprojekte

11.5 Zusammenfassung

An Hand der vorgestellten Beispiele ist klar geworden: Kostendruck und Konkurrenzsituation einerseits sowie Innovation und Kooperation andererseits müssen sich keineswegs im Wege stehen. Die Nachhaltigkeitsdiskussion übt einen gewissen Druck auf Unternehmen aus, sich dem Thema "Nachhaltigkeit“ zu nähern. Das umweltfreundliche Design von Geräten und Lösungen spielt dabei eine Schlüsselrolle, um Strukturen und Verhaltenweisen, aber auch Produkte und Angebote den sich ständig ändernden Gegebenheiten so anzupassen, dass ein Unternehmen auch im künftigen Wettbewerb Bestand haben wird. Allerdings können Unternehmen diese Veränderung nicht alleine vornehmen. Vielmehr umfasst Nachhaltigkeit alle Phasen eines Produktzyklusses (Design, Herstellung Nutzung und Entsorgung), so dass nicht nur die Hersteller, sondern auch Anwender, Politik und Gesellschaft ihren Beitrag zu leisten haben. Ein Dialog um Chancen und Risiken ist notwendig, um Fehlentwicklungen zu vermeiden und die Bedürfnisse aller zu berücksichtigen.

Einen solchen Dialog hat Bundesumweltminister Sigmar Gabriel mit seinem Plädoyer für eine ökologische Industriepolitik angestoßen. Ziel des sogenannten „New Deals“ ist es, Technologiesprünge in industriellen Kernbereichen zu ermöglichen, um strategische Zukunftsindustrien zu stärken. Zu den technologiebasierten Leitmärkten von morgen zählen die Bereiche Energie, nachhaltige Mobilität, Effizienz und Lifescience. Das Gelingen der ökologischen Industriepolitik wird maßgeblich davon abhängen, ob ein intelligenter ökologisch-industrieller Regulierungsrahmen geschaffen wird.

Verbesserte Rahmenbedingungen sind eine entscheidende Voraussetzung für die Erfolgsaussichten von Ecodesign-Neuentwicklungen. Diese Potenziale werden sich allerdings nur dann entfalten können, wenn sie entlang der Wertschöpfungskette kommuniziert, angewandt und ausgebaut werden. Da dieses nur durch eine innovative Kommunikationskultur und -technik geschehen kann, kommt auf die ITK-Unternehmen nicht nur eine hohe Verantwortung für die eigenen Produkte und Prozesse, zu, sondern zugleich eine wesentliche Rolle als „Enabler" für andere Partner der Supply-Chain und Wertschöpfungskette vom Hersteller der ersten Rohfabrikate bis zum Endkunden. Die Beispiele zeigen, dass sich die Wirtschaft durch die Debatte um umweltfreundliches Design als Baustein einer nachhaltigen Entwicklung keineswegs bedroht fühlt, sondern diese Herausforderungen vielmehr aufgreift, um die gesellschaftliche Zukunftsfähigkeit aktiv mit zu gestalten.

11.6 Literatur

Bullinger, M.; Karenfort, J.; Lückefett, H.-J.; Schmalz, R.; Tobias, M. (2005): *Das neue Elektrogesetz.* Sonderausgabe der Verbände ZVEI und BITKOM, Nomos Verlag Baden-Baden, 144 S.

EITO (European Information Technology Observatory) 2005, http://www.eito.com

Special Environment Eurobarometer (2005): *Attitudes of Europeans towards the Environment.* http://europa.eu.int/comm/environment/barometer

Europäische Kommission (2000): *Begründung zum Kommissions-Vorschlag der Richtlinie über die Verwertung von elektrischen und elektronischen Altgeräten.*

Europäische Kommission & Nokia (2005): *Integrated Product Policy Pilot Project – Stage I – Life Cycle Environmental Issues of Mobile Phones. Final report,* http://www.eu.int/comm/environment/ipp/pdf/nokia_mobile_05_04.pdf

Fichter (2006): *Das „e-place"-Konzept der IBM Deutschland,* Fallstudie im Rahmen des nova-net Arbeitsmoduls „Nachhaltigkeit von Innovationsprozessen in der Internetökonomie"

Höhn, R.; Brinkley, A. (2003): *IBM's Environmental Management of Products Aspects.* In: Kuehr, R. & E. Williams (Hrsg.): Computers and the Environment – Understanding and Managing their Impacts. Dordrecht: Kluwer. 87-98

Höhn, R.; Pongratz, S.; M. Tobias (2006): *Innovative Informations- und Kommunikationstechnik ermöglicht Sustainability – eine unternehmenspraktische Perspektive.* In Pfriem et al. (Hrsg.): Innovationen für nachhaltige Entwicklung; Deutscher Universitätsverlag, 79-96

Rupf, M.;. Kelter, J. (2003): *"E-Place" in der Hauptverwaltung der IBM Deutschland – Die erfolgreiche Einführung eines neuen Bürokonzeptes.* in: *Good Practice,* Stuttgart

Spengler, T.; C. Herrmann (Hrsg.) (2004): *Stoffstrombasiertes Supply Chain Management in der Elektro(nik)industrie zur Schließung von Materialkreisläufen.* Fortschritt-Berichte VDI (169) VDI-Verlag Düsseldorf

Tobias, M.; Lückefett, H.-J. (2005): *Das Elektrogesetz – Herstellerverantwortung, Altgerätemanagement und Verpflichtete.* Zeitschrift für Umweltrecht, 5, 231-239

12 Wie schwer wiegt ein Bit?

Ressourceneffizienz in der Informationsgesellschaft

Siegfried Behrendt

Der rasante Bedeutungszuwachs von Information und Kommunikation in allen Bereichen von Wirtschaft und Gesellschaft ist unübersehbar und wird unter dem Begriff „Informationsgesellschaft" zusammengefasst. Die zugrunde liegenden Informations- und Kommunikationstechniken (IKT) mit ihren vielfältigen Anwendungen stellen eine Schlüsseltechnologie dar, die nicht nur über ein hohes ökonomisches Potenzial verfügt, sondern auch im Hinblick auf eine nachhaltige Wirtschaftsweise von größter Bedeutung ist. Die Relevanz der IKT für das Konzept der Industriellen Ökologie zeigt sich sowohl an dem Ausmaß der Stoff- und Energieströme, die mit der IKT verbunden sind, als auch an der zunehmenden Bedeutung für die Erschließung von Umweltentlastungspotenzialen durch den Einsatz von Informationstechnologien und Telekommunikation. IKT ist ein wichtiges Handlungsfeld für umwelt- und industriepolitische Ansätze nicht nur zur Ressourceneffizienz, sondern auch zur Erschließung von grünen Leitmärkten. Der Einsatz von Informations- und Kommunikationstechniken macht Prozesse und Produkte effizienter, wodurch der Rohstoff- und Energieverbrauch gesenkt wird. Die konsequente Nutzung ihr innewohnender Potenziale verspricht, zur Entkopplung des Wirtschaftswachstums von Ressourcenverbrauch und Umweltbelastungen beitragen zu können. Allerdings rufen Informationstechnologien und Telekommunikation wegen ihrer hohen Innovationsdynamik, ihres Beitrags zur Produktivitätssteigerung, ihrer kurzen Produktlebensdauer und dem damit verbundenen schnellen Wandel der Nutzungsgewohnheiten neue ökologische Probleme hervor. Die sich abzeichnenden Wirkungen der Informations- und Kommunikationstechniken auf Energie- und Stoffströme ergeben daher ein vielfältiges Bild positiver, negativer und neutraler Umwelteffekte[1]. Hier setzt der vorliegende Beitrag an. Er zeigt auf, wie die Informationsgesellschaft sich stofflich und energetisch entwickelt und wo zentrale Handlungsfelder („hot spots") und Steuerungsmöglichkeiten mit Blick auf eine „Industrielle Ökologie" liegen.

12.1 Stoffrelevanz der Endgeräte und Netzinfrastruktur

Die stoffliche Relevanz der Informations- und Kommunikationstechniken ist vielschichtig. Über den gesamten Lebensweg von IKT, von der Rohstoffgewinnung über die Verarbeitung, Endproduktfertigung, Transport, Nutzung bis zur Entsorgung werden Ressourcen benötigt und entstehen Emissionen. So werden für die Herstellung eines 32-MB-Speicherchips ca. 1,6 Kilogramm Erdöl, 72 Gramm Chemikalien und 2,7 Kubikmeter Wasser benötigt. Zudem ist ein Energieaufwand von 41 Megajoule pro Chip erforderlich (Hilty et al. 2003). Allein im

[1] Einen Überblick geben insbesondere: Behrendt et.al. 1998, 2005; Schneidewind et al. 2000; Angrick 2003

Kupfer-Fernkabelnetz ist eine Menge von 300.000 t Kupfer enthalten. Dies entspricht einem „ökologischen Rucksack“ von 150 Mio. t. Einige der in IKT-Geräten eingesetzten Stoffe haben ein hohes toxikologisches Potenzial, darunter halogenierte Flammhemmer, Cadmium, Quecksilber und Blei. Besonders stoffstromrelevant sind seltene Metalle wie Silber, Gold, Platin, Indium oder Tantal, die in IKT-Geräten vorkommen. Gerade die Förderung seltener Metalle verursacht am Ort des Rohstoffabbaus erhebliche Umweltbelastungen. Immerhin 19% der Platingruppenmetalle gehen in die Produktion von elektronischen Komponenten (BMU 2006). Indium wird beispielsweise in der Flachbildschirmproduktion und zur Herstellung von Mobiltelefonen eingesetzt. Für einen Ersatz fehlt es bisher an effizienten Alternativen. Recycling von Indium ist grundsätzlich technisch möglich, wird bislang jedoch kaum praktiziert. Gerade der hohe Verteilungsgrad der Stoffe über die Produkte stellt ein großes Hemmnis dar. Die in Verkehr gebrachten Produkte, die Indium enthalten, werden auf rund eine Milliarde pro Jahr geschätzt.

Eine andere Stoffstromproblematik resultiert aus der hohen Innovationsdynamik der Informations- und Kommunikationstechnik. Aufgrund der kurzen Innovationszyklen ist die durchschnittliche Produktnutzungsdauer niedrig und geht tendenziell eher weiter zurück. So sank die durchschnittliche Nutzungsdauer von Telefonen von ursprünglich 12 Jahren auf 8 Jahre unmittelbar nach der Liberalisierung des Telekommunikationsmarktes Anfang der 90er Jahre und liegt heute bei ein bis zwei Jahren. Die relative Kurzlebigkeit von IKT führt bisher mit zunehmenden Marktwachstum zu ansteigenden Abfallmengen zwischen 5 und 10% jährlich. Dem versuchen neuere rechtliche Regelungen wie die europäischen Richtlinien WEEE (Direktive 2002/96/EC[2]) und ROHS (Direktive 2002/95/EC[3]) bzw. auf deutscher Seite das Gesetz über das Inverkehrbringen, die Rücknahme und die umweltverträgliche Entsorgung von Elektro- und Elektronikgeräten (Elektro- und Elektronikgerätegesetz (ElektroG) vom 16.3.2005) entgegenzuwirken. Sie liefern wichtige Impulse für das Recycling der ausgedienten Elektronikgeräte.

12.1.1 Dissipation - stetiger Verlust von Wertstoffen - eine abfallpolitische Herausforderung

In Zukunft ist mit einer weiteren Durchdringung, Miniaturisierung und Vernetzung der IKT-Komponenten zu rechnen. Dieser Trend, der als Pervasive Computing, Ambient Intelligence oder Ubiquitous Computing bezeichnet wird, zielt darauf umgebungssensitive und vernetzte Mikrosysteme in Einrichtungsgegenstände, Haushaltsgeräte, Verpackungen und Kleidung einzubetten. Durch die Integration von IKT-Komponenten in Alltagsdinge ist deshalb mit einem zunehmenden Eintrag von mikroelektronischen Wegwerfprodukten einschließlich Batterien in andere Abfallströme (Verpackungen, Textilien) zu rechnen. Die "nach Gebrauch wertlosen Chipkarten in Form von Telefonkarten oder die als Ersatz für Strichcode-Etiketten dienenden und vor der Masseneinführung stehenden Etiketten sind erste Hinweise auf die in großer Zahl zu erwartenden Wegwerfcomputer" (Mattern 2002). Bei zunehmender Einbettung der Informationstechnik in Alltagsgegenstände wie Möbel oder Haushaltsgeräte könnte die beschriebene Innovationsdynamik dazu beitragen, dass diese einen vorzeitigen Wertverlust erleiden, wenn die IKT-Komponenten nicht austauschbar sind bzw. sich der Austausch nicht lohnt. Bisher elektronikfreie Abfallströme erhalten den Charakter von IKT-Abfallströmen

---

[2] http://eur-lex.europa.eu/LexUriServ/LexUriServ.do?uri=CELEX:32002L0096:EN:HTML

[3] http://eur-lex.europa.eu/LexUriServ/LexUriServ.do?uri=CELEX:32002L0095:EN:HTML

(Hilty 2003). Das Ausmaß dieses Effektes auf die Nutzungsdauer lässt sich aus heutiger Sicht schwer quantifizieren. Der vorzeitige Wertverlust wird aber durch mehrere Faktoren begünstigt, nämlich wenn "die relative Leistungsfähigkeit des eingebetteten Chips nicht mehr dem allgemeinen Stand der Technik entspricht oder wenn neue Protokolle und Datenformate sich durchsetzen, so dass der „intelligente Gegenstand“ in Netzwerken zu einem Fremdkörper wird" (Erdmann und Köhler 2004) oder Modetrends zum Veralten "smarter" Alltagsgegenstände führen. Sollten diese Faktoren zum Tragen kommen, was zu vermuten ist, ist tendenziell ein Anstieg des Ressourcenverbrauchs und der Abfallmenge zu erwarten.

12.2 Entwicklung des Stromverbrauchs: „Always on – Anywhere & Anytime“

Neben diesen stofflichen Aspekten ist der IKT-bedingte Stromverbrauch von zunehmender Problematik. Der auf IKT entfallende Strombedarf lag im Jahr 2001 bei rund 38 TWh. Dies entspricht einem Anteil von rund 8% am gesamten Stromverbrauch der Endenergiesektoren in Deutschland. Allein den Stromverbrauch des Internets beziffern aktuelle Schätzungen inzwischen auf zwei Prozent in Deutschland. Das Technikleitbild „Always on – Anywhere & Anytime“ lässt angesichts des wachsenden Bestands „smarter“ Geräte und Produkte und der Ausweitung hybrider Netzstrukturen (UMTS, W-LAN, Bluetooth usw.) einen steigenden Stromverbrauch in allen Betriebszuständen erwarten. Bis 2010 wird mit einem Anstieg des Strombedarfs um 45% auf 55,4 TWh gerechnet. Dies entspricht einem durchschnittlichen Wachstum von 4,3% pro Jahr. Betrachtet man die Entwicklungen im Einzelnen, so wird der größte Anstieg bei der Vernetzungsinfrastruktur erwartet, während die klassischen IKT-Geräte wie Computer, Monitor oder Drucker weit aus weniger zum Stromanstieg beitragen. So steigt der Strombedarf für IKT-Geräte im Haushalt um 30% an, bei den Bürogeräten geht er sogar leicht zurück. Bei der Haushaltsinfrastruktur hingegen wird mit einem Anstieg bis 2010 um 90%, bei der Büro-Netzinfrastruktur um über 50% und bei der Infrastruktur der Telekommunikationsunternehmen um über 150% gerechnet, was vor allem auf die Einrichtung von UMTS-Mobilfunknetzen beruht, die im Vergleich zu herkömmlichen GSM-Netzen wesentlich mehr Strom benötigen (vgl. Abb. 12.1). Ein wesentlicher Faktor für den Stromverbrauch ist der Nutzungsmodus. Entscheidend ist, ob die Informations- und Kommunikationsgeräte ständig „online“ sind oder ob sie nur unter bestimmten Nutzungsanforderungen zeitlich begrenzt aktiv werden. Während bei mobilen Komponenten ein Anreiz zu höchster Energieeffizienz gegeben ist und sich möglicherweise auch alternative Versorgungskonzepte etablieren werden, besteht bei der stationären Infrastruktur und vernetzen Haushaltgeräten das Risiko, dass sich ineffiziente Konzepte der Energienutzung weiterhin ausbreiten (Hilty et al. 2003). Ein weiterer Energieverbrauchsposten ist der indirekt auftretende Energiebedarf für die Klimatisierung von Servern und Routern. Durch den zu erwartenden Anstieg der Server-Anzahl und deren Leistungsfähigkeit wird der für die Klimatisierung notwendige Energiebedarf zunehmen. Schätzungen gehen von 20 bis 50% des Energiebedarfs für Server aus, der zusätzlich zur Klimatisierung aufgebracht werden muss (CEPE 2003).

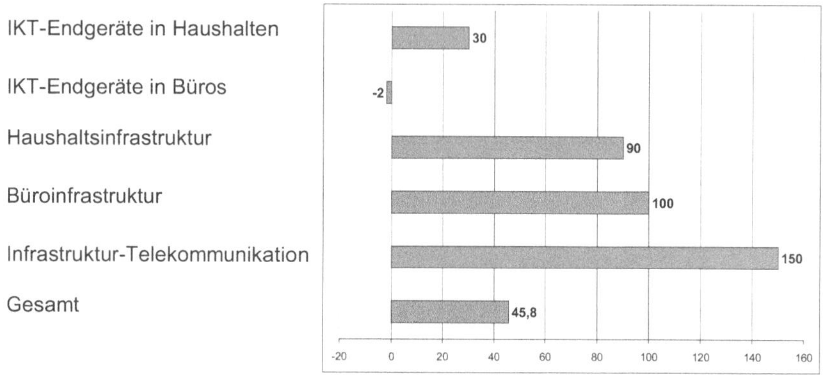

IKT-Endgeräte in Haushalten 30
IKT-Endgeräte in Büros -2
Haushaltsinfrastruktur 90
Büroinfrastruktur 100
Infrastruktur-Telekommunikation 150
Gesamt 45,8

-20 0 20 40 60 80 100 120 140 160

Abbildung 12.1 Änderung des Stromverbrauchs der Informations- und Kommunikationstechnik in Deutschland von 2001 bis 2010 (Angaben in Prozent), Quelle: CEPE 2003

Als besondere Problematik sind die Leerlaufverluste der Geräte und Netz-Infrastrukturen zu bewerten, da beachtliche Energiemengen vergeudet werden. Sie werden für das Jahr 2001 auf rund 14,6 TWh beziffert (CEPE 2003). Bis 2010 wird mit einem Anstieg des Stromverbrauchs durch Leerlaufverluste um 8% gerechnet, wozu insbesondere der wachsende Bestand smarter Geräte und Produkte, die "Always-on" sind, beitragen wird.

Insgesamt laufen diese Entwicklungsdynamiken beim Stromverbrauch der IKT-Endgeräte und Netzinfrastrukturen der Ressourceneinsparung und dem Klimaschutz entgegen. Hier besteht erheblicher Handlungsbedarf, die vorhandenen Einsparpotenziale auf Geräte- und Netzinfrastrukturebene zu erschließen.

12.3 Was können IKT zur Ressourceneffizienz beitragen?

Neben den Stoff- und Energieströmen, die direkt mit den Endgeräten und Netzinfrastrukturen verbunden sind, sind die Anwendungen der Informations- und Kommunikationstechniken von erheblicher Relevanz. Vielfach wird die Umweltbilanz der IKT weitaus stärker von indirekten Effekten, die durch ihre Nutzung entstehen, geprägt. Hierbei können sowohl umweltbelastende, als auch entlastende Auswirkungen auftreten, da ihr Einsatz ambivalent wirkt. So lassen sich Produkte wie Musikstücke, Briefe und Zeitungen vollständig digitalisieren und über das Internet transportieren. Dies kann Ressourcen einsparen. Werden digitale Zeitungen, die aus dem Netz heruntergeladen werden, ausgedruckt, wird der Entlastungseffekt geschmälert; unter Umständen ist gar mit einer höheren Umweltbelastung zu rechnen (Reichart/Hischier 2001). Die Nutzung elektronischer Einkaufsmöglichkeiten am heimischen PC kann Einkaufsfahrten vermeiden, aber ebenso die Umweltbelastung steigern. Problematisch beim Electronic Commerce mit physischen Gütern ist vor allem die steigende Nachfrage nach Expressgut und die Zunahme der Luftfracht. Ein Problem stellen auch die nicht unbeträchtlichen Retourensendungen dar. Die Nutzung von Telekommunikation und Internet als Alternative zum Verkehr wird unter dem Stichwort „Virtuelle Mobilität" diskutiert. Die größten verkehrsentlastenden Potenziale bestehen im Bereich des Geschäftsverkehrs bei Telearbeit und mobilen Arbeiten. In anderen Anwendungsfeldern, wie Videokonferenzen, Online-Angebote im Tourismus, Tele-Shopping oder Telebanking sind Verkehrsentlastungspotenziale bisher eher gering. Mit verkehrsinduzierenden Effekten ist bei Chats und interaktiv vernetzten Spielwelten, sogenannten Multi User Dungeons zu rechnen. Unbekannt sind die Auswirkungen von Call-Center-Lösungen, Fernwartung, E-Learning und E-Teaching. Insgesamt mehren sich die Hinweise, dass die Substitution physischer Güter und Transporte generell nur geringe Umweltentlastungspotenziale bietet (Zoche et al. 2002). Elektronische Medien sind häufig kein Ersatz für physische Güter und Transporte, sondern eine Ergänzung, was den Umweltverbrauch tendenziell erhöht.

Größere Ressourceneffizienzpotenziale als bei der elektronischen Substitution liegen vor allem in den Bereichen „Energiemanagement", „Verkehrslenkung" und „Supply Chain Management". Auch die Produktnutzung kann durch Informationstechnologien und Telekommunikation nachhaltig unterstützt werden, etwa durch die Unterstützung von Gebrauchtmärkten.

12.3.1 Intelligentes Energiemanagement und virtuelle Kraftwerke

Hohe Umweltentlastungspotentiale sind durch ein telematisch gestütztes Energiemanagement möglich. Durch effizientere Gebäude- und Haustechniken, Fernwartung sowie neuartige Prozesssteuerungen können sowohl im Industrie- und Bürobereich als auch im Bereich der Haushalte erhebliche Einsparpotentiale erschlossen werden. Kombinierte Temperatur- und CO_2-Emissionsanzeigen in öffentlichen Gebäuden, Zeitsteuerung von Heizungen und weitere sogenannte „weiche Maßnahmen" bergen ein hohes Umweltentlastungspotenzial. Rund 5-7 % des zukünftigen Heizenergieverbrauchs können allein durch diese Maßnahmen bis 2020 eingespart werden, wodurch ein wichtiger Beitrag zum Klimaschutz geleistet werden kann (IPTS 2005). Neben Großkraftwerken existiert mittlerweile eine Vielzahl kleinerer dezentraler Anlagen zur Stromerzeugung (z.B. Mikro-Blockheizkraftwerke, Brennstoffzellen, Photovoltaik- und Windkraftanlagen). Durch die Vernetzung dieser dezentralen Anlagen im Rahmen sich selbst organisierender Energiemärkte können virtuelle Kraftwerke, d.h. die Zusammenschaltung kleiner, dezentraler Anlagen realisiert werden. Ein Markt für den von Privathaushalten produzierten umweltfreundlichen Strom entwickelt sich in ersten europäischen Ländern gegenwärtig.

12.3.2 Effizientere Verkehrssysteme

Im Verkehrsbereich werden Informations- und Kommunikationstechniken insbesondere dazu eingesetzt, um Informationen über das Verkehrsangebot zu verbreiten, Verkehr zu lenken und den "Modal Split" zwischen den Verkehrsträgern zu beeinflussen. In Deutschland sind die Verkehrswege kaum mehr vermehrbar, vielmehr sind die entscheidenden Faktoren in der Infrastrukturversorgung nicht mehr durch physische Verkehrswege, sondern durch die telematische Infrastruktur gesetzt. Längst wird die Infrastruktur der Verkehrswege durch eine sich stetig erweiternde Infrastruktur der Verkehrstelematik ergänzt. Durch Zielführungssysteme, Warenbündelungsverfahren und Intermodalität (z.B. in Güterverkehrszentren) können Leer- und Suchfahrten vermindert werden. Tourenoptimierungprogramme helfen die Fahrzeugkilometerleistung bei der Güterdistribution zu reduzieren. Mobile Kommunikation und Datenaustausch zwischen Dispatcher und Fahrer bzw. Fahrzeug oder Ladung, ermöglichen zeitnahe Information über die aktuelle Verkehrssituation sowie Routenänderungen. Sensoren ermöglichen laufende Überwachung des Frachtzustands bei verderblichen Gütern (Temperatur, Luftfeuchte, Erschütterungen etc). Der Vorteil dieser neuen Technologien entsteht durch die Kombination der einzelnen Komponenten zu einem Gesamtsystem, welches durchaus auf bereits existierenden IKT-Lösungen aufsetzen kann. Logistiksysteme können auf betrieblicher Ebene den Verkehrsbedarf erheblich verringern. Die Technologien wirken jedoch von sich aus ambivalent. Daher hängt es entscheidend von der Ausgestaltung der Rahmenbedingungen ab, ob eine Reduktion erfolgt oder aber zusätzlicher Verkehr induziert wird.

12.3.3 Ressourcenproduktivität in der Supply Chain

Supply Chain Management kann die Einsparung von Materialien und Energie unterstützen und damit zur Erhöhung der Ressourcenproduktivität beitragen. Im Bereich von Beschaffung, Produktion und Vertrieb kann die automatische Identifikation in Kombination mit Sensorik und Integration der Daten in betriebliche Informationssysteme die Geschäftsprozesse optimieren. Die Anwendungen reichen von der Verfolgung von Produkten in Echtzeit über das Monitoring von Produkten und Produktionsmitteln mittels Sensoren, um ihren Zustand (z.B. Temperatur, Abnutzung) zu überwachen, bis hin zur Echtzeit-Inventur zur Vermeidung von Diebstahl. Smart Label basierte Lösungen bieten grundsätzlich die Möglichkeit, sämtliche Produktlebensphasen von Design bis zur Entsorgung des Produktes zu erfassen. Kurz- und mittelfristig erscheint in den unterschiedlichen relevanten Bereichen eine signifikante Erhöhung der Ressourcenproduktivität möglich, so z.B. eine Verringerung des Materialverbrauchs pro produzierter und verkaufter Endproduktmenge von bis zu fünf Prozent durch entsprechend verringerte Lagerverschrottungen. Folgt man optimistischen Abschätzungen, könnten je nach Branche langfristig auch höhere Potenziale zu erschließen sein. Während sich im B2B-Bereich[4] die Kosten in verschiedenen Bereichen senken lassen (Logistik, Service, Wartung, Reparatur, Garantieforderungen, Weiterverwendung und Entsorgung von Produkten), sind im B2C-Bereich die Anwendungspotenziale weitaus spekulativer. Neben aussichtsreichen Anwendungen (z.B. präventive Fernwartung, Überwachung der Lebensmittelkette) lassen andere Anwendungen in Konsumgüterbereichen nur schwer einen Zusatznutzen (z.B. intelligenter Kühlschrank) für den Verbraucher erkennen.

12.3.4 Unterstützung nachhaltiger Produktnutzung

Ein weiterer bedeutsamer Strategieansatz liegt in innovativen Dienstleistungsmodellen zur Unterstützung nachhaltiger Produktnutzungssysteme. Das Spektrum reicht von produktbegleitenden Informationssystemen, internetbasierter Fernablese, -wartung und -reparatur bis hin zu pay-per-use-Konzepten, die durch Smart Labels erst praktikabel werden. Große Umweltentlastungspotenziale sind bei internetgestützten Gebrauchtmärkten zu vermuten. Dieses Potenzial beruht im Wesentlichen auf der Chance, durch die Vermarktung gebrauchter Güter die Lebens- und Nutzungsphase von Produkten zu verlängern und so zusätzliche Umweltbelastungen durch Neuanschaffungen zu vermeiden. Das Internet vereinfacht die Suche, Anbahnung und Abwicklung des Gebrauchtwarenhandels, senkt damit die Transaktionskosten und schafft hier einen "Quantensprung" im Gebrauchtwarenhandel. Allerdings stellt sich auch in diesem Zusammenhang die Frage, in welchem Maße und in welcher Form sich das Freizeit-, Verkehrs- und Konsumverhalten einzelner Kundengruppen durch die Möglichkeit des Online-Handels verändert hat und noch verändern wird. Konkrete Daten über die Umwelteffekte elektronischer Gebrauchtmärkte sind bis dato kaum vorhanden. Erste empirische Hinweise (aus der Untersuchung von E-Commerce mit Büchern) deuten darauf hin, dass der Verpa-

---

[4] B2B: Business-to-Business, B2C: Business-to-Consumer

ckungsaufwand neben dem Transport der Gebrauchtware den größten Anteil am Gesamtenergieaufwand ausmachen kann (Henseling/Fichter 2004).

Die beschriebenen Anwendungsbilder illustrieren die Vielfalt und Potenziale zur Erhöhung der Ressourceneffizienz. Chancen und Risiken liegen oft dicht nebeneinander, ohne eine Nettobilanz schon angeben zu können. Ob die jeweiligen Applikationen tatsächlich zu Umweltentlastungen führen, hängt häufig stark von den Anwendungsformen und Rahmenbedingungen ab.

12.4 Langfristige Folgen und Reboundeffekte

Neben den direkten und indirekten Folgen treten vermittelte Rückkopplungswirkungen auf, die nicht von einer Anwendung, sondern in einem soziökonomischen System auf Makroebene bestimmt werden. Der Strukturwandel in den Industriegesellschaften vom Produktions- zum Dienstleistungssektor und die Verlagerung ökonomischer Wertschöpfung in die Informations- und Wissensproduktion wird wesentlich von Informationstechnologien und Telekommunikation getragen. Selbst die kulturellen Sphären, Konsummuster und Lebensstile (Computer- und Handyspiele, Teleshopping. mobiles Arbeiten, Chats, virtuelle Communities) werden zunehmend von Informationstechnologien und Telekommunikation geprägt. Die damit verbundenen ökologischen Effekte werden kontrovers diskutiert. Einerseits wird die These vertreten, dass durch den Beitrag der IKT zur Tertiarisierung der Wirtschaftsstrukturen auch eine Dematerialisierung von Stoffströmen unterstützt wird. Tatsächlich gibt es starke Anzeichen für eine Ausweitung der wissensintensiven Industrien und Dienstleistungen. Allerdings darf nicht außer acht gelassen werden, dass der Dienstleistungssektor in physische Infrastrukturen eingebettet ist und ökologisch nicht ohne Folgen bleibt. Der zentrale Faktor ist daher, „ob die ökologische Entkopplung stark genug ist, um nicht nur eine Verringerung der relativen, sondern auch der absoluten Ressourcenverbräuche und Emissionen herbei führen zu können" (Hertin/Berkout 2003). Auch wenn sich die Entwicklungsdynamiken auf Makroebene noch nicht sicher einschätzen lassen, steht doch fest, dass die hohen Erwartungen an eine Dematerialisierung der Volkswirtschaften durch IKT sich bislang nicht erfüllt haben. Das Ausbleiben des papierlosen Büros, Verkehrswachstum trotz Telekommunikation oder der Anstieg der Hardwaremassenströme trotz Leistungssteigerung und Miniaturisierung der IKT-Hardware sind Belege für Reboundeffekte. Darunter versteht man die (Über-) Kompensation von erwarteten Umweltentlastungseffekten neuer Techniken durch Marktwachstum, wie dies in der nachstehenden Abbildung 12.2 zur Entwicklung des Gewichts von Mobiltelefonen illustriert wird. Die Erschließung neuer Anwendungs- und Absatzmöglichkeiten trägt ebenfalls zu Kompensation von Effizienzgewinnen bei. Häufig führen Effizienzsteigerungen auch zu höheren Leistungsanforderungen, „so dass sich nicht der Ressourcen-Input pro Gerät reduziert, sondern der Leistungs-Output erhöht" (Hilty et al. 2003).

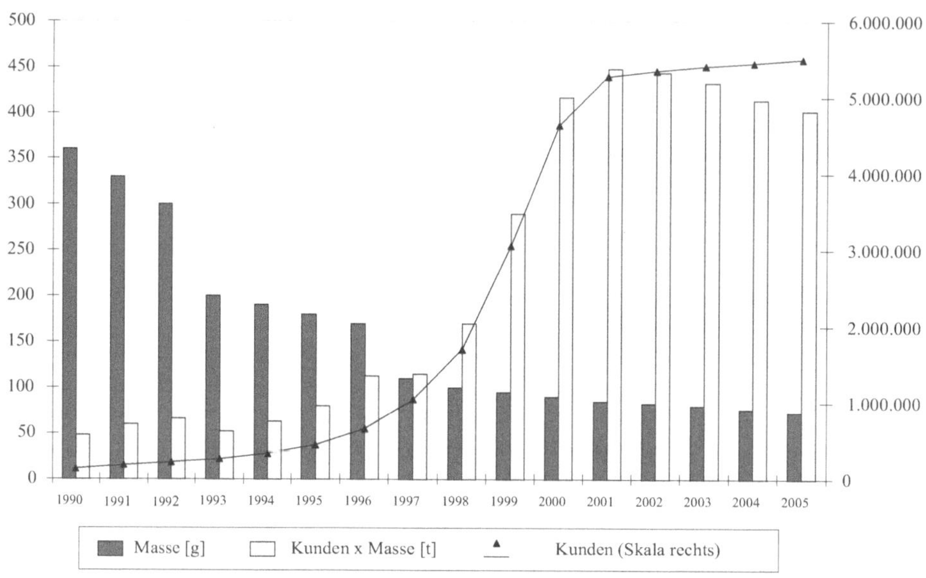

Abbildung 12.2: Entwicklung der Stoffströme für Mobiltelefone in der Schweiz (1990 – 2005). Quelle: CEPE 2003

Von einer „gewichtslosen" Ökonomie gemäß der Formel "Kilobyte statt Kilogramm" sind die Industriegesellschaften noch weit entfernt. Neue Produkte und Dienstleistungen schaffen zusätzliche Konsumbedürfnisse. Das Schwungrad zunehmender Produktion und Konsumtion bleibt nicht nur unangetastet, vielmehr ist zu vermuten, dass es durch Telekommunikation und Informationstechnologien noch beschleunigt wird. Die Fortschritte der Mikroelektronik führen zu permanenten Leistungszuwächsen und gleichzeitigem Preisverfall von PC und Telekommunikationsgeräten. Anspruchsvolle Medientechnik wird dadurch auch für den Privathaushalt immer erschwinglicher. Die Miniaturisierung und Verbilligung der informations- und kommunikationstechnischen Produkte führt dazu, dass Mikroprozessoren zunehmend unsichtbar in andere Produkte integriert werden. Auch einfache Haushaltgegenstände werden so „smart".

Angesichts der weiteren Digitalisierung und Durchdringung des Alltags mit IKT besteht trotz steigender Effizienz bei den IKT-Geräten und -Anwendungen deshalb kein Automatismus, dass sich dieser Effekt auf die Makroebene durchschlägt. Die fortschreitende Miniaturisierung wird mit hoher Wahrscheinlichkeit durch die größere Anzahl und kürzere Nutzungsdauer der mikroelektronischen Komponenten mengenmäßig kompensiert oder überkompensiert werden. Der Energiebedarf wird in Folge von Marktwachstum und steigender Vernetzung zunehmen. Es verwundert daher nicht, dass erste Modelle und Computersimulationen, die alle drei Arten von Umwelteffekten, nämlich direkte, indirekte und systemische Effekte berücksichtigt haben, zu dem Ergebnis kommen, dass sich Informationstechnologien und Telekommunikation auf die Stoff- und Energieströme (z.B. Abfallmenge, Energieverbrauch, Transportvolumen und Treibhausgasemissionen) langfristig (bis 2020 in der EU) nur wenig auswirken werden (IPTS 2005). Dies ist das Resultat von positiven und negativen Effekten einzelner Anwendungen, die sich gegenseitig ausgleichen. Auf der anderen Seite zeigen die ersten Modellberechnungen aber auch, dass erhebliche Umweltentlastungspotentiale durch IKT bestehen, sofern Anreize zu ihrer Erschließung gegeben werden.

12.5 Fazit

Die Ressourceneffizienz kann durch Informations- und Kommunikationstechnik wesentlich unterstützt werden. Allerdings hat sich das Ressourceneffizienzpotenzial von IKT-Anwendungen bisher kaum verwirklicht. Rebound-Effekte machen deutlich, dass ökologische Effizienzgewinne häufig kompensiert werden. Die Herausforderungen liegen in der Entwicklung von energieeffizienten IKT-Endgeräten und Netzinfrastrukturen (Mobilfunk, Internet) und der Verbreitung solcher Innovationen. Aus kreislaufwirtschaftlicher Sicht muss die Aufmerksamkeit auf Einträge von mikroelektronischen Komponenten in andere Abfallströme gerichtet werden. Bei seltenen Metallen nimmt die Umweltrelevanz der Stoffströme zu, gleichzeitig zeichnen sich Engpässe bei Verwendung von Funktionsmaterialien (wie beispielsweise Indium) in verschiedenen Technologiefeldern ab. Neben den Fortschritten bei der Verbesserung der Ökobilanz der Hardware und von Netzinfrastrukturen kommt es mehr noch darauf an, die Ressourceneffizienzpotenziale auf der Anwendungsebene von Informationstechnologien und Telekommunikation zu erschließen. Die Chance, daraus Wettbewerbsvorteile zu erzielen, wird erst ansatzweise in Unternehmen der IKT erkannt und hat bisher kaum das Innovationsmanagement erreicht. Gerade hier liegt aber ein wichtiger Schlüssel für eine nachhaltige Informationsgesellschaft. Die Politik steht dabei vor der Aufgabe neben anreizsetzenden Rahmenbedingungen zum Ökodesign[5] vor allem eine „Ökologische Industriepolitik“ voranzutreiben, die auf die Erschließung grüner Zukunftsmärkte abzielt. Den Ansatz hierfür liefert der „New Deal“ von Wirtschaft, Umwelt, und Beschäftigung (BMU 2006).

12.6 Literatur

Angrick, M. (Hrsg.) (2003): *Auf dem Weg zur nachhaltigen Informationsgesellschaft*. Marburg: Metropolis Verlag

Behrendt, S.; Pfitzner, R.; Kreibich, R.; Hornschild, K. (1998): *Innovationen zur Nachhaltigkeit - Ökologische Aspekte der Informations- und Kommunikationstechniken.* Heidelberg: Springer

Behrendt, S.; Erdmann, L. (2004): The Precautionary Principle in the Information Society - The Impacts of Pervasive Computing on Health and Human Environment. Conference Proceedings. *Electronics Goes Green 2004+,* Berlin 2004

Behrendt, S.; Henseling, C.; Fichter, K.; Bierter, W. (2005): *Chancenpotenziale für nachhaltige Produktnutzungssysteme im E-Business.* IZT WerkstattBericht Nr. 71, Berlin

[5] Wichtige Ansätze sind beispielsweise die EU-Richtlinie 2005/32/EG Energy using Products oder das japanische Top-Runner-Modell zur Förderung der Energieeffizienz von Produkten

BMU (Bundesministerium für Umwelt, Naturschutz und Reaktorsicherheit) (2006): *Ökologische Industriepolitik, Memorandum für einen „new deal" von Wirtschaft, Umwelt und Beschäftigung.* Berlin: BMU

CEPE (Centre for Energy Policy and Economics, Swiss Federal Institutes of Technology) (2003): *Der Einfluss moderner Gerätegenerationen der Informations- und Kommunikationstechnik auf den Energieverbrauch in Deutschland bis zum Jahr 2010.* Karlsruhe/Zürich: Fraunhofer-Institut für Systemtechnik und Innovationsforschung (ISI)

Erdmann, L.;Köhler, A. (2004): *Expected Environmental Impacts of Pervasive Computing*, Human and Ecological Risk Assessment, 10 (5), 831-852

Geibler, J. v.; Kuhndt, M.; Türk, V. (2005): *Virtual networking without a backpack? : Resource consumption of information technologies.* In: Hilty, L. M. (Hrsg.): Information systems for sustainable development. - Hershey, Pa. : Idea Group, 109-126.

Henseling, C., Fichter, K. (2004): *Online-Marktplätze für Gebrauchtgüter.* IZT Arbeitsbericht Nr. 8, Berlin: IZT

Henseling, C.; Fichter, K. (2005): *Produktinformationen für Verbraucher im Internet.* IZT Arbeitsbericht Nr. 16, Berlin: IZT

Hertin, J.; Berkout, F. (2003): *Informationstechnologien und Umweltschutz: Chancen und Risiken*, in: Angrick, M. (Hrsg.): Informationsgesellschaft. Marburg: Metropolis, 55- 71

Hilty, L.; Behrendt, S.; Erdmann, L. et al. (2003): *Das Vorsorgeprinzip in der Informationsgesellschaft. Auswirkungen des Pervasive Computing auf Gesundheit und Umwelt.* Studie im Auftrag des Schweizerischen Zentrums für Technologiefolgenabschätzung (TA-SWISS). Bern, verfügbar unter: http://www.ta-swiss.ch/

IPTS (Institute for Prospective Technological Studies) (2005): *The future impact of ICT on environmental sustainability*, Sevilla: IPTS

Mattern, F. (2002): *Vom Handy zum allgegenwärtigen Computer - Ubiquitous Computing: Szenarien einer informatisierten Welt.* Analysen der Friedrich-Ebert-Stiftung zur Informationsgesellschaft. Bonn: Friedrich-Ebert-Stiftung

Reichart, I.; Hischier R. (2001): *Vergleich der Umweltbelastungen bei Benutzung elektronischer und gedruckter Medien.* St. Gallen: EMPA

Schneidewind, U.; Truscheit, A.; Steingräber, G. (2000): *Nachhaltige Informationsgesellschaft - Analyse und Gestaltungsempfehlungen aus Management und institutioneller Sicht.* Marburg: Metropolis Verlag

Zoche, P.; Kimpeler, S.; Joepgen, M. (Hrsg.) (2002): *Virtuelle Mobilität: Ein Phänomen mit physischen Konsequenzen? Zur Wirkung der Nutzung von Chat, Online-Banking und Online-Reiseangeboten auf das physische Mobilitätsverhalten.* Berlin: Springer

13 Voraussetzungen für eine erfolgreiche industrielle Symbiose

Untersuchung und Neubetrachtung des Falls Kalundborg

Noel Brings Jacobsen

13.1 Einführung

Der Abbau von Rohstoffen geht unvermindert weiter –für künftige Generationen erschöpfen sich die zur Verfügung stehenden natürlichen Ressourcen, und auf der anderen Seite haben wir mit wachsenden Abfallbergen zu kämpfen. Der lineare Stoff- und Energiestrom stellt als Antrieb der Wirtschaft nach wie vor das von der Brundtland-Kommission in den späten achtziger Jahren entworfene Konzept der Nachhaltigkeit in Frage. Die Kommission betonte den zeitlichen Aspekt ökonomisch und ökologisch nachhaltiger Gesellschaften und hob die Bedeutung gemeinsamen Handelns hervor: beispielsweise durch Recycling und Energierückgewinnung, um dem zunehmenden Ressourcenraubbau vorzubeugen. Die Entkopplung bzw. Entflechtung von „Umweltsündern“ und „Wirtschaftsförderern“ ist im gegenwärtigen Zeitalter der Globalisierung und Internationalisierung jedoch ein höchst komplexes, anspruchsvolles Unterfangen. Mehr denn je bedarf es konkreter Rezepte und Tools, um die Vision nachhaltiger Gesellschaften zu realisieren.

Einer der Hauptschlüssel zur Erreichung dieses Zieles liegt bei der Industrie und der Organisation industrieller Prozesse. Die Industrie und industrielle Prozesse agieren als *Umwandler* natürlicher Ressourcen in Produkte und Dienstleistungen. Von der Entstehung bis zur Entsorgung beeinflusst die Industrie die Umweltbelastung eines Produkts und seiner Nutzung. In den vergangenen Jahren sind in die Umweltdebatte verschiedene Ansätze zum Thema industrielle Nachhaltigkeit eingeflossen. Einer dieser Ansätze ist das im Aufbau begriffene interdisziplinäre Fachgebiet „Industrial Ecology“, das sich Erkenntnisse aus den Technikwissenschaften wie auch aus den Sozialwissenschaften und Ansätze wie „saubere“ Produktion und vorbeugender Umweltschutz zunutze macht. Ziel ist, das Thema industrielle Nachhaltigkeit von einem interdisziplinären und systemischen Standpunkt aus zu behandeln. Die systemische Integration der Stoffströme, wie sie in natürlichen Ökosystemen zu finden ist, dient der Industrial Ecology als Vorbild und fördert eine Systembetrachtung, welche auf den gesamten Stoffkreislauf – von den primären Rohstoffen bis zur Entsorgung – abzielt (siehe Ehrenfeld in diesem Band).

In diesem Artikel untersuchen wir einen der Eckpfeiler der industriellen Ökologie: das Konzept der industriellen Symbiose (Industrial Symbiosis – IS). Dabei geht es darum, in industriellen Verdichtungsgebieten Abfallstoffe bzw. Nebenprodukte aus industriellen Prozessen für andere industrielle Prozesse als Einsatzstoffe zu nutzen. Der IS-Ansatz wird definiert als firmenübergreifende Perspektive, die “engages traditionally separate industries in a collective approach to competitive advantage involving physical exchanges of materials, energy, water

21and/or by-products. The keys to industrial symbiosis are collaboration and the synergistic possibilities offered by geographic proximity" [„traditionell getrennt wirtschaftende Industrien in dem gemeinsamen Bemühen vereint, durch den Austausch von Stoffen, Energie, Wasser und/oder Nebenprodukten einen Wettbewerbsvorteil zu erzielen. Die Schlüssel zu Industrial Symbiosis sind Kooperation und die synergistischen Möglichkeiten aufgrund der geografischen Nähe"] (Chertow 2004: 2). Der IS-Ansatz zielt darauf ab, die Umweltbelastung durch ein firmenübergreifendes Abfallkreislaufsystem und eine Energiekaskadierung zu mindern; durch die Berücksichtigung unternehmensübergreifender Aspekte und der räumlichen Einbettung der Industrieproduktion nimmt er einen weißen Fleck auf der Landkarte des Umweltmanagements in den Blick. Eine erste Reflektion über die definitorische Erklärung von Industrial Symbiosis macht folgendes deutlich: Will man IS realisieren, muss sowohl die Möglichkeit des technischen Austauschs von Produktionsergebnissen und Einsatzstoffen als auch ein sehr kooperatives Verhältnis zwischen verschiedenen Firmen gegeben sein. Den Abfallstoff eines Unternehmens in einen Einsatzstoff für ein anderes Unternehmen zu verwandeln, ist keinesfalls ein einfaches Unterfangen. Die Fachliteratur zum Thema Industrial Ecology zitiert jedoch mehrere Beispiele für eine erfolgreiche Realisierung des IS-Ansatzes. Ein häufig zitiertes Beispiel ist in diesem Zusammenhang der im dänischen Kalundborg realisierte IS-Komplex (Shrivastava 1995; Ehrenfeld und Gertler 1997; Brings Jacobsen 2006). Dort sind mehrere Industrien am selben Standort in einem Netz firmenübergreifenden (Abfall) Stoffaustauschs und über eine kaskadierende Energienutzung miteinander verbunden, die sowohl dem Umweltschutz förderlich als auch für die beteiligten Firmen wirtschaftlich rentabel sind. Dieses System des Stoff- und Energieaustauschs hat sich über einen Zeitraum von nunmehr über dreißig Jahren mehr oder weniger autonom entwickelt. Das Beispiel Kalundborg markiert eine interessante Anwendung der Vision der Industrial Ecology im Allgemeinen und des IS-Ansatzes im Besonderen. Kalundborg ist ein lebendiges Beispiel dafür, wie sich ein lokales industrielles System auf der Basis von Abfall- bzw. Nebenproduktverwertung und Energiekaskadierung schrittweise zu einer Art industriellen Ökosystems entwickeln kann und steht somit beispielhaft für eine der zentralen Thesen der Industrial Ecology (Graedel und Allenby 1995).

Trotz der erfolgreichen Einführung der Industrial Symbiosis im Falle von Kalundborg lässt sich bezweifeln, ob IS für Industrien, welche ihre Produktion nachhaltiger gestalten wollen, generell ein gangbarer Weg ist. Die entsprechende Fachliteratur zitiert mehrere Beispiele für die gelungene Anwendung von IS, enthält aber auch eine Vielzahl von Beispielen gescheiterter Projekte. In den nachfolgenden Kapiteln analysieren und verfolgen wir einige der mit der Anwendung von IS verbundenen wesentlichen Fragen. Wir beginnen mit der Skizzierung der Entwicklung und einiger wesentlicher Merkmale des IS-Komplexes Kalundborg. Daran anschließend analysieren wir zwei Mikrofälle im Rahmen der IS-Umsetzung – einen gelungenen und einen gescheiterten – und befassen uns somit näher mit den Voraussetzungen für die IS-Realisierung. Wir stellen anschließend die Potenziale des Kalundborg-Modells in einen Kontext, indem wir auf andere empirische Studien und Empfehlungen für die erfolgreiche Anwendung von IS zurückgreifen. Abschließend machen wir einen Vorschlag zur Neubetrachtung des Beispiels Kalundborg mit Blick auf die Weiterentwicklung der Industrial Symbiosis.

13.2 Der IS-Komplex Kalundborg

Der IS-Komplex im dänischen Kalundborg wurde in der Fachliteratur zum Thema Industrial Ecology schon häufig als hervorragendes Beispiel für verbesserte industrielle Nachhaltigkeit zitiert, die durch firmenübergreifende Vernetzung und gemeinsames unternehmerisches Umweltmanagement entsteht (Ehrenfeld und Gertler 1997; Brings Jacobsen 2006). Dieser Fall wurde als dynamisches, anpassungsfähiges System dargestellt, das Umweltbelange und Wirtschaftsleistung „unter einen Hut bringt", und diente der Weiterentwicklung und Erforschung des IS-Konzeptes an verschiedenen Industriestandorten mit verschiedenen Umgebungsbedingungen in den USA, Asien und der EU mehrfach als wichtigstes Modell (Desrochers 2002).

Kalundborg ist eine Kleinstadt rund 100 Kilometer westlich von Kopenhagen. Die Region ist gekennzeichnet durch kleine und mittlere Industriebetriebe und einen Industriebezirk, in dem mehrere größere Prozessindustrien angesiedelt sind. In einem Zeitraum von über dreißig Jahren hat sich in diesem Industriegebiet eine große Zahl von IS-Schnittstellen entwickelt, welche auf die Optimierung der Abfall-, Wasser- und Energieströme ausgerichtet sind. Die beteiligten Industriebetriebe sind im Wesentlichen folgende: ein Kraftwerk (Asnaes), eine Raffinerie (Statoil), ein Gipskartonplattenhersteller (Gyproc) und ein Pharma- und Biotechnologiewerk (Novo Group). Neben diesen Industrien sind etliche weitere Betriebe an IS-Schnittstellen beteiligt, da sich die Definition, welche Art Synergien dem IS-Komplex zuzurechnen seien, im Verlauf der Jahre leicht verändert hat. Wie in Abbildung 13.1 dargestellt, umfasst der IS-Komplex in Kalundborg, wie von den beteiligten Unternehmen definiert, eine große Zahl von Business-to-Business-IS-Schnittstellen und einen äußeren Rand von Abfallströmen, der primär mit der regionalen Abfallverwertungsgesellschaft (Noveren) in Verbindung steht.

Ein kurzer Rückblick auf die Geschichte des Komplexes Kalundborg macht deutlich, dass er sich ziemlich „organisch" entwickelt bzw. selbst organisiert hat, wie von Chertow (2006) ausgeführt. Der IS-Komplex besteht im Wesentlichen aus einer Reihe bilateraler IS-Schnittstellen, welche ohne übergeordneten Masterplan sämtlich zwischen unabhängigen Unternehmen individuell ausgehandelt werden. Bereits 1972 begann die Verflechtung zwischen der Raffinerie und dem Gipskartonplattenhersteller: Überschüssiges Fackelgas aus der Raffinerie wurde im Gyproc-Werk als Brennstoff für die Öfen zur Trocknung der Gipskartonplatten genutzt. 1982 begann das Kraftwerk, sowohl das Pharmawerk als auch die Raffinerie mit Überschussdampf zu beliefern – im Rahmen eines Prozesses, durch den das Kraftwerk zu einer Kraft-Wärme-Kopplungsanlage umgerüstet wurde. 1992 wurde eine weitere Kooperation zwischen dem Kraftwerk und der Raffinerie initiiert, als die beiden Unternehmen mit dem Austausch behandelten Abwassers begannen, um bei der Frischwasserversorgung zu sparen. Seit 1999 wird Schlamm aus der öffentlichen Abwasserbehandlungsanlage bei der biologischen Bodensanierung im Soilrem-Werk eingesetzt, und eine neue Wasser-IS-Schnittstelle zwischen dem Kraftwerk und der Raffinerie ist in Planung. Alle diese unterschiedlichen IS-Schnittstellen entstanden in einer Art Reaktion auf ökonomische, umwelt- und sozial orientierte Faktoren, und die einzelnen bilateralen Schnittstellen entwickelten sich schrittweise zu einem System bzw. IS-Komplex, wie in Abb. 13.1 dargestellt.

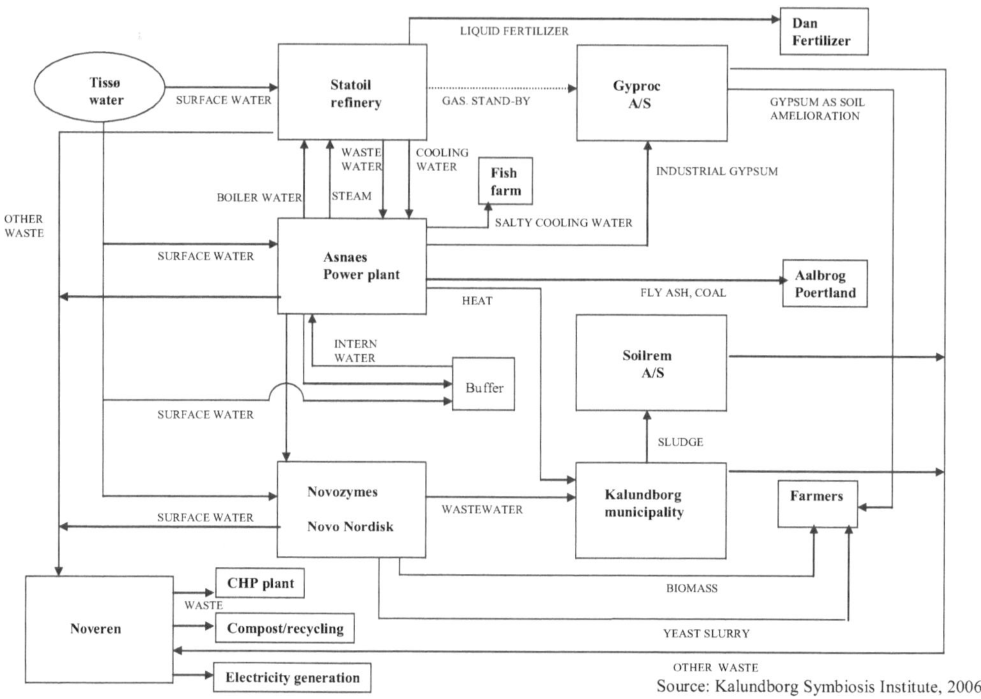

Abbildung 13.1 Der IS-Komplex Kalundborg (CHP: Kraft-Wärme-Kopplungsanlage, fly ash: Flugasche, gypsum: Gips, , liquid fertilizer: Flüssigdünger, municipality: Gemeinde, soil amelioration: Bodenverbesserer, yeast slurry: Hefe Schlämme)

13.3 Zwei Mikrofälle zur Veranschaulichung des Entwicklungsprozesses von Kalundborg

In der Entwicklung von Kalundborg waren sowohl Erfolge als auch Misserfolge zu verzeichnen. Dies macht deutlich, dass die Realisierung von Industrial Symbiosis nicht immer reibungslos verläuft. Im Schnitt kommt auf jede erfolgreiche Transaktion im IS-Komplex Kalundborg eine potenzielle Transaktion, die bis zu einem gewissen Grad getestet wurde, aber nie den Weg vom Entwurf in die Praxis fand. Aus Erfolgen und Misserfolgen lassen sich viele Erkenntnisse gewinnen, wenn man sich darum bemüht, die für IS-Schnittstellen bestimmenden Faktoren zu definieren und zu diskutieren. Eine genauere Prüfung der Entwicklung des IS-Komplexes Kalundborg fördert zwei Fälle zu Tage, welche die besonderen Schwierigkeiten der Realisierung von Industrial Symbiosis veranschaulichen.

13.3.1 Fall Eins: Die gelungene Einführung einer IS-Schnittstelle für Kühlwasser

Wie aus Abbildung 13.1 ersichtlich, wird das Kühlwasser aus der Raffinerie nicht in das Abwassersystem eingeleitet, sondern zum Kraftwerk gefördert und dort als Kesselwasser eingesetzt. Diese IS-Schnittstelle lässt sich anhand mehrerer Fakten erklären. Die Raffinerie nutzt Oberflächenwasser vom nahe gelegenen Tissø-See zur Kühlung. Während des gesamten Kühlprozesses in der Raffinerie wird das Oberflächenwasser durchgängig separat von ölverschmutzten Wasserströmen geführt. Vor der Kooperation mit dem Kraftwerk wurde das Kühlwasser jedoch mit den übrigen Abwasserströmen der Raffinerie vermischt, und zwar direkt vor der Abwasserbehandlung und abschließenden Einleitung, so dass ein unverschmutzter Wasserstrom (Kühlwasser) mit verschmutzten Wasserströmen vermischt wurde. Durch die Vermeidung dieser Vermischung unterschiedlicher Wasserqualitäten blieb nun das Kühlwasser während des gesamten Prozessflusses als Hochqualitätswasser erhalten. Durch einen leichten Temperaturanstieg war das Kühlwasser für die interne Nutzung in der Raffinerie jedoch nicht mehr nutzbar. Das nahe gelegene Kraftwerk konnte sich die Temperaturerhöhung aber durchaus zunutze machen. Gleichzeitig konnte dank der Kühlwasserzufuhr die Zufuhr von Oberflächenwasser zum Kraftwerk reduziert werden. Mit der Umleitung des Kühlwassers von der Raffinerie zum Kraftwerk ergaben sich zwei simple Vorteile:

- Die Raffinerie konnte die Abwassereinleitung reduzieren.
- Das Kraftwerk konnte – im gleichen Umfang – die Zufuhr von Oberflächenwasser für die Dampferzeugung reduzieren.

Zu Beginn dieser Vernetzung betrugen die verfügbaren Kühlwassermengen rund 60 m^3/h bzw. etwa 500.000 m^3 pro Jahr. Diese Durchschnittsmengen galten als operativ machbar, und die Wasserströme blieben über das Jahr ziemlich konstant. Im Sommer erreichten sie Spitzen von rund 65 m^3/h. Gleichzeitig hatten beide Unternehmen weiter eine kostengünstige Reservelösung zur Verfügung. Die Einleitung in den Vorfluter war nach wie vor eine Option für die Raffinerie, und das Kraftwerk hatte auch weiterhin die Möglichkeit, die Wasserzufuhr vom Tissø-See zu erhöhen. Der Erfolg lässt sich folglich u.a. zurückführen auf i) ihre technische Einfachheit (einfache Umleitung, ermöglicht durch die geografische Nähe), ii) ihre betriebliche Unkompliziertheit (z.B. stabile Mengen, die Implementierung des Projekts erforderten keine Anlagenstillstand, die vorhandene Infrastruktur konnte genutzt werden) und iii) einen geringen Investitionsaufwand. Außerdem demonstriert dieser Fall, dass die Kühlwasserschnittstelle eine symmetrische ökonomische Motivation (gleiche Vorteile für beide beteiligte Unternehmen) und ein geringes Risikoprofil aufweist (z.B. geringes Risiko unbeabsichtigter Ölverschmutzung des Kühlwassers oder erhöhter Erosion des überleitenden Rohrleitungssystems aufgrund der Wassertemperaturerhöhung). Insgesamt also ein sehr günstiger Kontext für das Engagement beider Unternehmen in einem symbiotischen Verwertungssystem.

13.3.2 Fall Zwei: Das Scheitern eines gemeinsamen Druckluftsystems

Die meisten Firmen im Industriebezirk Kalundborg benötigen beträchtliche Mengen an Druckluft. Deshalb ergriffen sechs der größten Unternehmen die Initiative, um ein gemeinsames Druckluftsystem einzurichten. Diese Synergie wurde jedoch nie realisiert — aus Gründen, welche die Bedingungen für eine erfolgreiche Realisierung von Industrial Symbiosis beleuchten. Ursprünglich war das Ziel, überschüssige Kompressorkapazitäten über die Firmengrenzen hinweg zu vermeiden und somit die Energienutzung innerhalb des Firmennetzwerks zu optimieren. Eine Reihe unterschiedlicher Voraussetzungen und Argumente sprach für eine solche Netzwerklösung:

- Durch ein gemeinsames System könnten die Firmen Druckluft in weniger, aber größeren Anlagen mit optimiertem Durchsatz erzeugen und somit den Energieverbrauch im gesamten System verringern.
- In einem System mit weniger Anlagen würden die Wartungs-, Reparatur- und Überwachungskosten sinken.
- In einem gemeinsamen Netz wäre es leichter, die Druckluftqualität aufrechtzuerhalten.
- Die Versorgungssicherheit in einem gemeinsamen System wäre im Vergleich zu konventionellen Einzelsystemen weitaus höher.
- Innerhalb eines angemessenen Zeithorizonts hätten sich die Investitionen in die Kompressoren amortisiert.

Eine Machbarkeitsstudie zeigte, dass die Gesamtkosten voraussichtlich um etwa 9 DKK/1000 Nm^3 sinken würden und sich folglich für jedes der beteiligten Unternehmen nur eine geringe Ersparnis ergeben würde. Die Investitionssumme für ein Leitungsnetz wurde auf rund 11 Mio. DKK[1] geschätzt. Mit zunehmendem Fortschritt der Machbarkeitsphase wurde deutlich, dass sich die Gesamtzahl der Kompressoren erheblich reduzieren ließe. Gleichzeitig stellte sich aber heraus, dass die optimale Organisationsstruktur für solch ein Netz eine Aktiengesellschaft wäre, an der jedes der an dem Projekt beteiligten Unternehmen Aktien entsprechend seinem durchschnittlichen Druckluftverbrauch halten müsste. Alternative organisatorische Szenarien beinhalteten die Zentralisierung der gesamten Kompressorleistung innerhalb eines Betriebes oder das komplette Outsourcing der gesamten Kompressorleistung an einen unabhängigen Zulieferer. Es wurde ebenfalls klar, dass es möglich sein würde, diverse firmenspezifische technische Probleme, wie Qualität und schwankender Bedarf, vernünftig zu lösen.

Das gemeinsame Druckluftsystem ging in der zuvor beschriebenen Form jedoch nie in Betrieb. Im Vergleich zu der Kühlwasserlösung waren bei dem Druckluftprojekt einige schwierige Hürden zu überwinden. Erstens waren an dem Druckluftprojekt sechs verschiedene Unternehmen beteiligt, folglich waren sechs unterschiedliche Produktionsprozesse aufeinander abzustimmen. Der erforderliche hohe Abstimmungsaufwand übertraf die für das erwartete Ergebnis eingeplante Zeit und Ressourcen. Außerdem war die wirtschaftliche Motivation der potenziellen Partner nicht symmetrisch: Aufgrund sechs unterschiedlicher, zeitlich nicht aufeinander abgestimmter Investitionszyklen waren einige Partner folglich nur durch sehr langfristige wirtschaftliche Vorteile zu motivieren, während für andere Partner eher kurzfristige Amortisationsmöglichkeiten wesentlich waren. Gleichzeitig standen die Reservelösungen im Rahmen der Organisationsstruktur nicht länger zur Verfügung; daher wurde die Abhängigkeit der Firmen untereinander — trotz des gewählten organisatorischen Rahmens — ein Schlüsselthema. Am Ende hatten mehrere der beteiligten Unternehmen mit fundamentalen internen Veränderungen und Turbulenzen zu kämpfen. Das Kraftwerk musste sich zunehmend den mit dem Liberalisierungsprozess des dänischen Elektrizitätsmarkts verbundenen Herausforderungen stellen, und der Gipskartonplattenhersteller (siehe Abb. 13.1) stand kurz vor der Fusion mit einem britischen Großunternehmen. Die unternehmensinternen Agendas waren als solche

[1] Die Zahlen und Berechnungen sind der ursprünglichen Projektbeschreibung des Druckluftprojekts entnommen und sind deshalb als vorläufige Anhaltswerte zu betrachten. Bei Projektbeginn lag der Wechselkurs zwischen US$ und DKK etwa bei 1:5,8.

nicht sehr ergiebig für potenzielle firmenübergreifende Vereinbarungen über Fragen geringerer strategischer Bedeutung, wie die Optimierung von Energieströmen. Nach rund vier Jahren wurde das Projekt eines gemeinsamen Druckluftsystems ad acta gelegt.

13.4 Die für die Einführung von IS-Schnittstellen bestimmenden Faktoren

Wie die beiden Fälle – positiv und negativ – gezeigt haben, hat sich der IS-Komplex Kalundborg in einem Prozess herausgebildet, in dessen Verlauf eine Reihe symbiotischer Schnittstellen entstanden, welche sich jeweils in Verbindung mit konkreten Problemlösungsprozessen in spezifischen Kontexten ergaben. Schritt für Schritt gab jede erfolgreiche Anwendung (oder Sackgasse) Anlass zur Erforschung weiterer Kooperationsmöglichkeiten, die zu einer noch stärkeren Interaktion und Verflechtung der örtlichen Unternehmen führte. Gleichermaßen wurde der gesamte Prozess der Systembildung durch die zielgerichtete Suche nach IS-Lösungen vorangetrieben. Im Zuge dieser Weiterentwicklung des Systems kam ein Großteil der IS-Schnittstellen durch wechselseitige Interaktion zustande, und zwar sowohl in technischer Hinsicht als auch in Bezug auf Mechanismen sozialer Prägung. Durch den Einbau einer Entschwefelungsanlage im Kraftwerk fiel beispielsweise Industriegips zum Verkauf an den ebenfalls dort ansässigen Gipskartonplattenhersteller an. Gleichzeitig erhöhte sich der Wasserbedarf, wodurch eine Reihe symbiotischer Schnittstellen für die Wasserrückführung und die gemeinsame Nutzung von Betriebsmitteln zwischen dem Kraftwerk, der Raffinerie und dem Pharmawerk entstand. Diese Art technischer Verflechtung zwischen verschiedenen IS-Schnittstellen ist in einer Vielzahl weiterer Fälle festzustellen und weist auch darauf hin, dass der IS-Ansatz im Laufe der Zeit integraler Bestandteil von Problemlösungsprozessen in den verschiedenen Unternehmen geworden ist. Auf diese Weise institutionalisierte sich die Grundidee der Industrial Symbiosis allmählich als Praxis bei den beteiligten Unternehmen und entwickelte sich mehr oder weniger zu einem Handlungsleitfaden oder „Way of Thinking“ zum Thema Ressourcenoptimierung in dem lokalen Firmenkollektiv (Brings Jacobsen 2005). Diese Art Institutionalisierungsprozess kann man aus historischer Sicht für den Selbstorganisationsprozess des IS-Komplexes Kalundborg als Schlüsselkomponente betrachten.

In dieser Verbindung aus der sich entwickelnden Dynamik des technischen/sozialen Systems und individuellen Problemlösungsprozessen werden auch eine Reihe von Vorbedingungen für eine erfolgreiche Umsetzung von IS sichtbar. Einige dieser Voraussetzungen, wie in den beiden beschriebenen Fällen veranschaulicht, lassen sich wie folgt zusammenfassen:

- klar definierte technische Input-Output-Entsprechung zwischen verschiedenen Prozessen
- klare wirtschaftliche Durchführbarkeit (optimal: symmetrisch zwischen beteiligten Firmen)
- geringer oder nur mittlerer Investitionsbedarf
- Erwartung langfristiger Umweltvorteile
- betriebliche Stabilität (stabile und größere Mengen Abfall oder Überschussenergie)
- organisatorische Stabilität.

Darüber hinaus zeigte sich, dass eine potenzielle IS-Lösung häufig eine klare technische „Patentlösung“ für ein größeres internes Problem darstellte und eine Situation voraussetzte, die einen von den übrigen betrieblichen Abläufen eher unabhängigen Ablauf der IS-Transaktion ermöglichte. Im Falle des Kühlwassers waren diese Voraussetzungen gegeben, im Falle der Druckluft waren sie sehr viel weniger klar umrissen. Gemeinsam haben die beiden Fälle jedoch folgendes: Beide waren im Wesentlichen vorbereitet von mehreren Unternehmen, die einander als Teil einer gemeinsamen Lösung für individuell wahrgenommene Probleme betrachteten. Der vorerwähnte „Way of Thinking”, Industrial Symbiosis als gangbare Strategie der Ressourcenoptimierung zu betrachten, bahnte folglich zunächst einmal den Weg zur Erforschung der Kooperationspotenziale. Dies deutet darauf hin, dass IS-Lösungen eine bestimmte Sensibilität bzw. ein Engagement für die Idee der Industrial Symbiosis voraussetzen und demzufolge eine „soziale Dimension“ besitzen, die sich u.a. auf folgende Punkte bezieht:

- Sensibilität für Kooperationsmöglichkeiten über Unternehmensgrenzen hinweg
- Offenheit, Engagement und Vertrauen über Unternehmensgrenzen hinweg
- wechselseitige Kenntnis (häufig stillschweigendes Wissen) der Produktionsprozesse und Organisationsstrukturen über Unternehmensgrenzen hinweg und zwar weit über simple Zahlen und Fakten hinaus.

Die Geschichte von Kalundborg lässt darauf schließen, dass solche technischen und sozialen Voraussetzungen während der Prozesse der IS-Realisierung häufig eng miteinander verwoben waren. Dabei hat es den Anschein, dass insbesondere IS-Schnittstellen, mit denen größere Unbestimmtheiten oder höhere Risiken verbunden waren, ein besonders starkes Engagement und vertrauensvolle Beziehungen zwischen den beteiligten Unternehmen in Kombination mit günstigen technischen Möglichkeiten erforderten (Brings Jacobsen 2005).

13.5 Anwendung des Modells Kalundborg in anderen Kontexten: gewonnene Einsichten und Empfehlungen

Wie vorstehend erwähnt, diente der IS-Komplex Kalundborg zahlreichen weiteren IS-Initiativen in den vergangenen zehn Jahren als eine Art Modell und gab Anlass zu einer großen Zahl von Fallstudien. Diese Fallstudien haben das Wissen über die gelungene Realisierung von Industrial Symbiosis gewaltig erweitert, und Schritt für Schritt wurden Strategien und Richtlinienempfehlungen für eine erfolgreiche IS-Umsetzung entwickelt (eine umfassende Übersicht findet sich in Chertow 2006). Berücksichtigt man die gewonnenen Erkenntnisse und Empfehlungen, wird deutlicher, was wir aus dem Entstehungsprozess des IS-Komplexes Kalundborg für die Anwendung von Industrial Symbiosis in einem breiteren Kontext lernen können. Wir betrachten daher im Folgenden einige weitere Fälle, Erkenntnisse und damit verbundene Empfehlungen mit Blick auf eine Neubetrachtung der Kalundborger Erfahrungen in der weiteren Debatte über IS als Methode zur Verbesserung der industriellen Nachhaltigkeit.

13.6 Wissens-Erweiterung für die erfolgreiche IS-Umsetzung: aus anderen Fallstudien lernen

Betrachtet man die für die Realisierung von IS notwendigen, im Rahmen anderer Fallstudien identifizierten Voraussetzungen, scheint es mindestens vier herausragende zentrale Tendenzen zu geben, welche über die Machbarkeit des IS-Konzeptes in anderen Situationen Auskunft geben können.

Erstens: Die für die Einführung von IS notwendigen Voraussetzungen haben sich in einer Vielzahl geografisch weit auseinander liegender Industriegebiete als sehr ähnlich erwiesen. Fallstudien aus Australien (McNeill et. al., 2005) führen als Gründe für gescheiterte IS-Schnittstellen das Fehlen der richtigen wirtschaftlichen, technischen oder sozialen Voraussetzungen an; dasselbe gilt für in den USA bzw. in der EU durchgeführte Studien (Pellenbarg 2002). Trotz unterschiedlicher Umgebungsbedingungen hat sich das Vorhandensein relativ weniger Vorbedingungen derselben Art für eine Vielzahl unterschiedlicher Industrien und Standorte als zentral erwiesen. Diese Tendenz deutet darauf hin, dass IS-Lösungen in einem unternehmensübergreifenden Bereich funktionieren, in dem relativ gleichartige Prinzipien oder Vorbedingungen die Kooperation ermöglichen (oder auch nicht) — zumindest in den frühen Entwicklungsstadien von IS-Komplexen.

Zweitens: Die in frühen Studien identifizierten und diskutierten Voraussetzungen für den Erfolg von IS-Schnittstellen (siehe z.B. Lowe und Evans 1995) sind im Wesentlichen häufig identisch mit den in späteren Studien identifizierten (siehe z.B. McNeill 2005). Die dabei hervorgehobene Bedeutung der unterschiedlichen Voraussetzungen hat sich jedoch anscheinend geändert. Bei früheren Studien lag der Schwerpunkt eher auf den techno-ökonomischen Voraussetzungen, jüngere Studien hingegen heben immer stärker die Bedeutung der Voraussetzungen sozialer Prägung, wie Fragen der Netzwerkidentität, das Firmenengagement oder das Vertrauensverhältnis der Firmen untereinander hervor (Boons und Berends 2001).

Drittens: Die Voraussetzungen, die für den Prozess der Realisierung geplanter IS-Komplexe als wichtig identifiziert wurden (d.h., top-down geplante oder konstruierte Systeme von IS-Schnittstellen), sind in vielerlei Hinsicht denjenigen ziemlich ähnlich, die sich für selbst organisierte IS-Komplexe als zentral erwiesen haben (d.h., eher bottom-up firmen- bzw. marktgesteuerte IS-Komplexe). Bei den Voraussetzungen geht es in beiden Fällen um zentrale techno-ökonomische oder sozial orientierte Mechanismen. Es gibt aber wohl einen wesentlichen Unterschied zwischen geplanten und eher selbst organisierten Systemen: Vorbedingungen sozialer Natur lassen sich bei letzteren wohl leichter mobilisieren. Zumindest dieser – ziemlich offensichtliche – Punkt scheint sich zu bestätigen, wenn man Kalundborg mit einigen der IS-/Ökoindustriepark-Initiativen in den USA vergleicht.

Viertens: Betrachtet man die vorstehenden Punkte zusammen genommen, ergibt sich, dass einige der wichtigsten Voraussetzungen für eine erfolgreiche Realisierung von Industrial Symbiosis wohl in den Nahtstellen zwischen den Mechanismen technischer und sozialer Natur liegen. Die Bedeutung dieser Nahtstelle zwischen technischen und sozialen Gegebenheiten wurde von mehreren Studien und Autoren nach und nach anerkannt (Hoffmann 2003), was ja auch in Bezug auf Kalundborg (Kapitel 13.4) betont wurde. Voraussetzung für die Umsetzung von IS ist, dass passende technische Input-Output-Kooperationsmöglichkeiten *in Kombination* mit „geistesverwandten" Unternehmen gegeben sein müssen, die bereit sind, miteinander zu kooperieren. Folglich kann mangelndes Vertrauen der Firmen untereinander oder fehlendes Engagement einen Hemmschuh darstellen, wenn die technische und ökonomische Machbarkeit einer potenziellen IS-Schnittstelle gegeben ist. Andererseits kann ein Vertrauensverhältnis der Firmen untereinander und entsprechendes Engagement die Unternehmen zu einer Kooperation in Form von symbiotischen Schnittstellen ermutigen, auch wenn hinsichtlich der zu erwartenden technischen und wirtschaftlichen Ergebnisse große Unsicherheit besteht (Brings Jacobsen 2005). Die zentrale Bedeutung der Tatsache, dass diese technischen und sozialen Vorbedingungen gemeinsam vorliegen müssen, wird in der Fachliteratur zunehmend anerkannt (Mirata 2005).

Fasst man die gewonnenen Erkenntnisse zusammen, gewinnt man den Eindruck, dass die Voraussetzungen für die erfolgreiche Realisierung von IS in Kalundborg nicht unwiederholbar und ausschließlich standortbezogen sind. Es ist jedoch anzunehmen, dass das Vorhandensein bestimmter sozialer Faktoren sich auf die Aktivitäten und den Erfolg der Industrial Symbiosis im Falle Kalundborg positiv auswirkte.

13.7 Empfehlungen zur Realisierung von IS — mit und ohne Berücksichtigung der Erfahrungen von Kalundborg

Im Zuge der Erforschung und Erkundung der für die erfolgreiche Realisierung von IS in anderen Umgebungen als Kalundborg notwendigen Voraussetzungen wurden umfassende Strategien oder Richtlinienempfehlungen abgegeben bzw. vorgeschlagen. Diese weichen einerseits von den Erfahrungen aus Kalundborg ab, berücksichtigen sie andererseits aber auch und skizzieren einige vielversprechende Optionen für die weitere Umsetzung des IS-Ansatzes.

Basierend auf dem „Kalundborg-Modell“ standen der Industriebezirk oder das Industriegebiet von Beginn an im Mittelpunkt des IS-Ansatzes. Das geografische Zielgebiet wurde in dem Bemühen um eine breitere Basis zur Bildung realisierbarer symbiotischer Stoffverwertungsnetze jedoch nach und nach erweitert. Deshalb wurde empfohlen, das geografische Panorama für passende Stoffströme zwischen unterschiedlichen Unternehmen (Sterr und Ott 2004) zu verbreitern. Diese Empfehlung impliziert folglich eine Art *räumliche Lösung* für das Problem der Identifizierung einer gangbaren technischen Input-Output-Beziehung zwischen „Abfallerzeuger“ und „Abfallverwerter“. Parallel dazu hat sich im Laufe der Jahre auch das Spektrum möglicher IS-Schnittstellen vergrößert. Der Schwerpunkt der potenziellen firmenübergreifenden Zusammenarbeit richtete sich zu Beginn fast ausschließlich auf Stoff- und Energieströme, wie im Falle Kalundborg (Abb. 13.1). Andernorts wurde das Spektrum der potenziellen Zusammenarbeit jedoch beispielsweise um gemeinsame Anlagennutzung oder Transportmanagement zwischen am selben Standort ansässigen Unternehmen erweitert. Mehrere Studien haben gezeigt, dass solche Vereinbarungen den fruchtbaren Boden für weitere Kooperationen bereiten, welche über einen bloßen Stoffaustausch hinausgehen (Mirata 2005). Es wurde daher empfohlen, die Reichweite von Industrial Symbiosis zu vergrößern, um andere firmenübergreifende Regelungen dieser Art zu treffen. Diese Empfehlung impliziert eine Art *definitorische Lösung* für das Problem der Identifikation und Mobilisierung fruchtbarer Bereiche der firmenübergreifenden Zusammenarbeit im Hinblick auf eine bessere Ressourcennutzung.

Bei den vorgeschlagenen Empfehlungen für eine erfolgreiche Realisierung von IS wurden die in Kalundborg gemachten Erfahrungen jedoch direkt berücksichtigt. Allmählich hat man erkannt, dass das Gelingen des Kalundborg-Modells im Wesentlichen auf Voraussetzungen sozialer Natur beruht, wie grundsätzliche Kooperationsbereitschaft und eine „kurze mentale

Distanz“ zwischen Entscheidungsträgern und Firmen. Dieser Erkenntnis entsprechend lautete die Empfehlung mehrerer Autoren, dass man bei dem Bemühen um die Einrichtung von IS-Schnittstellen mit der Herstellung menschlicher Kontakte anstatt mit der Verknüpfung unterschiedlicher Produktionsprozesse oder Technologien beginnen müsse (Cohen-Rosenthal 2000; Wolf et al, 2005a). Industrial Symbiosis verlangt „social engineering“ gleichermaßen wie „technical engineering“. Die Notwendigkeit einer Koordinierungsstelle für die Herstellung von Verbindungen bzw. sozialen Bindungen zwischen Menschen und Firmen ist inzwischen zentraler Bestandteil mehrerer Empfehlungen (Mirata 2005). Diese Art von Empfehlung impliziert eine Art *sozialer Lösung* für das Problem, firmenübergreifende Informationsflüsse und Stoffströme zu ermöglichen. Dementsprechend erkannte man ebenfalls, dass der fruchtbarste Boden für die Schaffung von IS-Schnittstellen dort gegeben ist, wo Unternehmen in der einen oder anderen Weise bereits miteinander interagieren. Das Wissen um einige bereits bestehende IS-Schnittstellen in Kalundborg kurbelte einen weitaus umfassenderen Entwicklungsprozess an. Derartiges Wissen hat sich in anderen Fällen als gleichermaßen bedeutsam erwiesen und IS-Komplexe in geografischen Gebieten gefördert, in denen bereits symbiotische Partnerschaften existierten. Der Aufbau von IS-Komplexen aus dem Nichts heraus hat sich als weniger fruchtbare Strategie erwiesen. Hinsichtlich der Frage, welche Arten von Industriestandorten sich für den Aufbau von IS am besten eignen, hat sich der Ansatz also leicht verändert.

13.8 Diskussion und Neubetrachtung des Falles Kalundborg – IS in einem breiteren Kontext

Bei gemeinsamer Betrachtung der Erfahrungen aus Kalundborg und der Erkenntnisse aus anderen Fallstudien wird deutlich, dass die Umsetzung von Industrial Symbiosis sich häufig als sehr kompliziert erweist und nicht immer eine günstige Ausgangssituation gegeben ist. Die Voraussetzungen für die erfolgreiche Realisierung von IS sind vielschichtig, häufig kontextabhängig und sehr oft abhängig von einer Reihe von Faktoren, die unabhängig voneinander funktionieren. In diesem Lichte und im Kontext der in Kapitel 13.4 und 13.5 vorgestellten unterschiedlichen Erfahrungen und Empfehlungen erscheint es sinnvoll, diesen Artikel mit Überlegungen zum Beispiel Kalundborg in Bezug auf die Weiterentwicklung und Anwendung von IS in größerem Maßstab abzuschließen.

Ohne die Entdeckung der Situation in Kalundborg wäre es trotz der Tatsache, dass industrielles Recycling von Nebenprodukten sehr verbreitet ist (Desrochers 2002) vermutlich nie zu der internationalen Verbreitung von IS-Initiativen und Öko-Industrieparkprojekten gekommen (Sterr und Ott 2004). Mehr als ein Jahrzehnt lang diente Kalundborg als Modell und einer Vielzahl von IS-Initiativen in anderen kontextuellen Umfeldern als Anregung (Ehrenfeld und Chertow 2002). Betrachtet man jedoch die Art und Weise, in der Kalundborg als eine Art Vorbild diente, fällt auf, dass dieser „ungeplante“ IS-Komplex am häufigsten für die Planung sehr rudimentärer oder in einem frühen Stadium befindlicher IS-Komplexe Modell stand (siehe z.B. Forsythe 2003). Kalundborg diente somit bei der Definition des Horizonts und der Planungsgestaltung noch ganz am Anfang befindlicher IS-Initiativen als „Navigationspunkt“. Man kann jedoch in Frage stellen, ob es angemessen ist, die Erfahrungen aus Kalundborg auf diese Weise zu nutzen. Zumindest kann man hierzu zwei zentrale miteinander in Beziehung stehende Argumente anführen.

Einerseits ist es fraglich, ob ein „spontan entstandener, selbst organisierter" bzw. „ungeplanter" IS-Komplex wie Kalundborg, „geplanteren" oder „öffentlich geförderten IS-Initiativen" überhaupt als Vorbild dienen kann. Die Mehrzahl der IS-Initiativen in der EU, in Asien und den USA wurde mit öffentlichen Mitteln finanziert, von der Öffentlichen Hand geplant und öffentlich gefördert – ganz im Gegensatz zu Kalundborg. Der Versucheiner Planung von IS-Systemen nach dem Vorbild ungeplanter Systeme kann eine Art Kategorienverwechslung zur Folge haben, verbunden mit der Vermischung und dem Vergleich nicht vergleichbarer Bedingungen und Situationen. Man kann argumentieren, die Brauchbarkeit von Kalundborg als Modell für die Planung rudimentärer IS-Systeme sei möglicherweise beschränkt (Desrochers 2002). Dieser Punkt steht zudem in Wechselwirkung mit der empirischen Tatsache, dass viele der geplanten IS-Initiativen nie wirklich gestartet sind (siehe z.B. Gibbs et al. 2005). Auch dies kann die Schlussfolgerung zulassen, dass man aus Fällen wie Kalundborg in Bezug auf die gezielte Planung von IS-Komplexen nur sehr wenig lernen kann. Man kann eher argumentieren, dass „die Planungsfälle" wechselseitig voneinander profitieren könnten. Diese Art der Diskussion über die Brauchbarkeit des Falles Kalundborg für Planungsprozesse neuer IS-Komplexe ist sicher sinnvoll. Anstatt die Relevanz von Beispielen wie Kalundborg total zu ignorieren, ist es sinnvoller, die Bedeutung eines solchen „selbst organisierten" Falles für den Planungsprozess von IS-Komplexen neu zu interpretieren.

Andererseits ist es möglich, dass die vorgenannte Nutzung von Kalundborg als „Navigationspunkt" bei der Definition des Horizonts und bei der Planungsgestaltung rudimentärer IS-Systeme noch nicht das gesamte Lernpotenzial dieses Falles gehoben hat. Das „Modell" Kalundborg und der Verlauf seiner Entwicklung kann – korrekterweise – für die Planung rudimentärer IS-Systeme nur beschränkt von besonderer Bedeutung sein, beispielsweise aufgrund kontextueller Unterschiede und der Diskrepanz zwischen geplantem und ungeplantem System. Dennoch: Planung und Förderung neuer IS-Systeme erfolgen in der Mehrzahl der Fälle im Hinblick darauf, dass diese sich im Verlauf der Zeit verstärkt selbst organisieren und autonom weiterentwickeln (Mirata 2005). In der besten aller möglichen Welten ist die Planung rudimentärer IS-Systeme darauf ausgelegt, selbst organisierte anpassungsfähige Systeme der Ressourcenoptimierung zu entwickeln, wodurch sie dem IS-Komplex Kalundborg zu einem bestimmten Zeitpunkt viel ähnlicher werden. In dieser Hinsicht gewinnen die besonderen Herausforderungen, denen reife und verstärkt selbst organisierte IS-Komplexe gegenüber stehen, größere Bedeutung für den Planungsprozess noch unentwickelter IS-Komplexe. Ein Beispiel: Wie kann die Planung eines rudimentären IS-Systems mit der Tatsache umgehen, dass selbst organisierte, reifere IS-Systeme immer heiklere Schnittstellen verlangen? Die unkomplizierten Schnittstellen („die niedrig hängenden Früchte") gingen ja schon im Zuge der Fortentwicklung des Systems in Betrieb. Der Fokus auf Kalundborg war nie auf Herausforderungen dieser Art, sondern eher auf das etablierte Modell und den historischen Prozess gerichtet, der zu diesem Modell geführt hat. Das Umlenken der Aufmerksamkeit von solchen retrospektiven zu vorausschauenden, zukunftsgerichteten Interpretationen des Beispiels Kalundborg könnte den Planungsprozess rudimentärer IS-Systeme um wertvolle Erkenntnisse bereichern. In gleicher Weise werden die Herausforderungen, mit denen die Entwicklung des reifen IS-Systems in Kalundborg konfrontiert ist, im Lichte der in Kapitel 13.5 ausgeführten Empfehlungen interessant in Bezug auf die Tatsache, dass IS-Komplexe sich am besten auf der Basis bereits bestehender firmenübergreifender Schnittstellenbeziehungen und nicht aus dem Nichts heraus entwickeln. Dadurch werden Erfahrungen mit der Umsetzung von Industrial Symbiosis in Kontexten früherer Erfahrungen wieder hoch relevant. Dies spricht dafür, Kalundborg neu zu sehen – als einen Fall, der zur Entwicklung reiferer IS-Systeme sicherlich nutzbringende – und für die Anwendung von IS andernorts und über eine längere zeitliche Perspektive sehr wertvolle – Beiträge leisten kann.

13.9 Schlussfolgerung und weitere Forschung

Der Industriebezirk bzw. die Industrieregion ist in Bezug auf Abfall- und Energieströme ein suboptimales System, wie die Debatte über IS gezeigt hat. IS könnte als solche ein sehr gangbarer Weg zur Verbesserung der industriellen Nachhaltigkeit sein, allerdings auch ein Weg mit einer Vielzahl von Herausforderungen, wie in den vorstehenden Kapiteln ausgeführt. In diesem Kontext bietet das Beispiel Kalundborg verschiedene mögliche Anregungen und fordert weitere Forschung auf einer Reihe von Feldern. Eines dieser Felder bezieht sich auf die mit der Erweiterung reifer IS-Komplexe verbundenen Herausforderungen, wie vorstehend ausgeführt. Ein weiteres Forschungsthema betrifft die Frage, wie IS-Komplexe über eine bloße Kostenreduktionsstrategie hinaus in einen Bereich hineinwachsen können, der enger mit den Kerngeschäftsaktivitäten verbunden ist und in dem folglich Marktkräfte und Wettbewerbsfähigkeit der beteiligten Unternehmen der Weiterentwicklung der IS-Komplexe stärkere Impulse verleihen können.

13.10 Literatur

Boons, F.; Berends, M. (2001): '*Stretching the boundary: the possibilities of flexibility as an organizational capability in industrial ecology*', Business strategy and the environment, Vol. 10, No 2. pp. 115-124.

Brings Jacobsen, N (2005): *'Social dynamics and industrial symbiosis in the making'* Proceedings of the 11th Annual International Sustainable Development Research Conference, Helsinki, Finland, June 6-8, 2005

Brings Jacobsen, N. (2006): *'Industrial Symbiosis in Kalundborg, Denmark: a quantitative assessment of economic and environmental Aspects'*, Journal of Industrial Ecology, Vol. 10, No. 1-2.

Chertow, M. (2004): *'Industrial Symbiosis'*, in: C.J Cleveland (Hg.) Encyclopedia of Energy, Elsevier.

Chertow, M. (2006): *'Uncovering Industrial Symbiosis'*, Journal of Industrial Ecology, forthcoming.

Cohen-Rosenthal, E. (2000): '*A walk on the human side of Industrial Ecology*', American Behavorial Scientist, Vol. 44, No. 2, pp. 245-264.

Desrochers, P. (2002): *'Industrial ecology and the rediscovery of inter-firm recycling linkages: historical evidence and policy implications'*, Industrial and Corporate Change, Vol.11, No.5, pp.1031-1057.

Ehrenfeld, J.; Gertler, N. (1997): *'Industrial Ecology in Practice: The Evolution of Interdependence at Kalundborg'*, Journal of Industrial Ecology, Vol. 1, No. 1, pp. 67-79.

Ehrenfeld, J.; Chertow, M. (2002): *Industrial Symbiosis: The legacy of Kalundborg.* In Ayres, R.U.; Ayres L.W. (Hrsg.), A Handbook of Industrial Ecology, Massachusetts: Edward Elgar.

Forsythe, R. (2003): *"The Red Hills Industrial EcoPlex: a case study"* in Cohen-Rosenthal (Hrsg.) Eco-industrial Strategies. Greenleaf Publishing, UK.

Gibbs, D.; Deutz, P.; Procter, A. (2005): *"Industrial Ecology and Eco-industrial Development: A new Paradigm for Local and Regional Development?"* Regional Studies 39(2): 171-183

Graedel, T.; Allenby, B. (1995): *Industrial Ecology.* Prentice Hall, Englewood Cliffs, NJ.

Hoffmann, A. (2003): *'Linking Social System Analysis to the Industrial Ecology Framework. Organization and Environment.* Vol. 16, No. 1. pp. 66-86.

Lowe, E.A.; Evans, K.E. (1995): *Industrial ecology and industrial ecosystems*, Journal of Cleaner Production, 3 (1-2), 47-53

McNeill, J; Glebcross-Grant, R.; Heulen, A. (2005): *'Integrated biosystems for resource conservation in rural industries: an Australian experience'*, Ethics in Science and Environmental Politics, October: 23-31.

Mirata, M. (2005): *'Industrial Symbiosis – A tool for more sustainable regions?'*, Doctoral Dissertation, October 2005, IIIEE, Lund University.

Pellenbarg, P. (2002): *'Sustainable Business Sites in the Netherlands: A Survey of Policies and Experiences',* Journal of Environmental Planning and Management, Vol. 45, No. 1, pp. 59-84.

Shrivastava, P. (1995): *'The Role of Corporations in achieving Ecological Sustainability'*, Academy of Management Review, Vol. 20, No. 4, pp. 936-961.

Sterr, T.; Ott, T. (2004): *'The industrial region as a promising unit for eco-industrial development – reflections, practical experience and establishment of innovative instruments to support industrial ecology'*, Journal of Cleaner Production, Vol. 12, No. 8-10, pp. 947-965.

Wolf, A., Eklund, M.; Söderström, M. (2005a*): 'Towards cooperation in industrial symbiosis: considering the importance of the human dimension'*, Progress in Industrial Ecology, Vol.2, No. 2, pp.185-199.

Pfadwechsel verstehen, verantworten, managen und der Umgang mit Komplexität

14 Pfadwechsel – schwierig aber notwendig

Stefan Gößling-Reisemann

Pfadwechsel sind die fundamentalen Änderungen des Entwicklungsweges eines Systems und von daher notgedrungen mit grundlegenden Umwälzungen verbunden. Im Zusammenhang mit den Fragen der Nachhaltigkeit werden Pfadwechsel insbesondere mit dem Umstieg auf regenerative Stoff- und Energiequellen und der Neugestaltung des gesellschaftlichen Stoffwechsels diskutiert. Ein Pfadwechsel scheint in diesen Bereichen unumgänglich, wenn die Entwicklungsfähigkeit der menschlichen Gesellschaft in der Zukunft gewährleistet bleiben soll. Der derzeitige Entwicklungspfad, basierend auf fossilen Energiequellen, nicht-regenerativen Ressourcen und ständigem Wachstum verpflichtet, lässt sich auf Dauer nicht aufrecht erhalten und schon gar nicht global verallgemeinern. Ein Übergang zu einer anderen Wirtschaftsweise geschieht allerdings nicht von selbst, er muss eingeleitet werden und ist an bestimmte Voraussetzungen gebunden. Ein solcher Übergang hat typischerweise mit einigen Schwierigkeiten zu kämpfen, die zusammenfassend als Systemträgheit bezeichnet werden können. Bezüglich dieser Systemträgheiten gibt es aber durchaus Phasenunterschiede, d.h. das System ist Veränderungen gegenüber unterschiedlich empfänglich, je nach dem in welcher Entwicklungsphase es sich gerade befindet. Ein genauerer Blick auf diese Trägheiten ermöglicht deshalb die Entwicklung strategischer Ansätze, wie und wann man diese am besten überwinden kann.

14.1 Pfadabhängigkeiten

Um die Schwierigkeiten zu verstehen, die sich aus einem Pfadwechsel in Wirtschaft, Technologie oder Gesellschaft ergeben, muss man zunächst betrachten, wie es zu Pfadabhängigkeiten kommt. Man kann sich diesem Thema systemtheoretisch nähern, indem man Pfadabhängigkeiten als selbstverstärkende Rückkopplungsschleifen versteht, die eine einmal gewählte Entwicklungsrichtung „zementieren". Die davon betroffenen Systeme können dabei vielfältig sein: Netzwerke, Institutionen, soziale Systeme, Industriezweige, Technologien etc. Die selbstverstärkende Wirkung einer Pfadabhängigkeit führt dann dazu, dass Entwicklungen, die vom Pfad abweichen, weniger begünstigt werden, als solche, die zum Pfad hinführen, bzw. auf ihm verlaufen. Ein historisches Beispiel ist die Durchsetzung des QWERTY Tastaturlayouts bei Schreibmaschinen gegenüber konkurrierenden Systemen (David 1985). Nachdem dieses Layout erst einmal einen geringen Vorteil in der Verbreitung hatte, schwang es sich über Selbstverstärkungen ganz von allein zum Quasi-Standard auf: Schreibstuben und Sekretariate kauften verständlicherweise diejenigen Schreibmaschinen, mit denen die meisten Maschinenschreiberinnen vertraut waren, während die Maschinenschreiberinnen sich auf diejenigen Schreibmaschinen spezialisierten, welche bei den meisten Arbeitgebern zu finden waren. Ein selbstverstärkender Zirkel entstand. Ein durchaus häufiges Merkmal von Pfadabhängigkeiten ist dabei, dass sich nicht immer die besten Lösungen durchsetzen, sondern die betroffenen Systeme sich in technologischer oder ökonomischer Hinsicht in einem suboptimalen Bereich befinden können (das QWERTY System ist ergonomisch ineffizient), aber aus eigenen Kräften nicht daraus befreien können. Der Zugang zur optimalen Variante ist aufgrund der ausschließenden Wirkung der Selbstverstärkung in zunehmendem Maße gesperrt. Mithin werden bei Pfadabhängigkeiten Alternativen nicht ausgeschlossen, sie sterben lediglich aus bzw. haben mit einer permanenten Schwächung zu kämpfen. Größeneffekte (economies of scale) spielen dabei eine wichtige Rolle. Stehen einem System zu einem Zeitpunkt noch mehrere, annähernd gleichwertige Pfade zur Entwicklung offen, so ist es oft eine Frage von kleinsten Unterschieden, die einen Pfad gegenüber dem anderen bevorzugen. Diese Vorteile entwickeln sich dann unter Umständen (je nach System) exponentiell weiter und können so die benachteiligten Pfade binnen Kürze „austrocknen" lassen. Dieses Verhalten ist von dynamischen Systemen bekannt, welche in „Attraktoren" hineinlaufen können, die einen (quasi)-stabilen Zustand beschreiben. Welcher Attraktor das System am meisten anzieht, ist dabei unter Umständen von winzigen Unterschieden in den Startbedingungen abhängig (dazu mehr in den Artikeln von Jischa und Dörner). Bleibt dem System letztlich nur noch ein Pfad zur Entwicklung übrig, sind also alle alternativen Pfade unumkehrbar ausgetrocknet, so spricht man vom „lock-in" (Einrasten), des Systems. Ein solches System lässt sich notgedrungen nur mit radikalen Schnitten verändern, da von alleine keine Verzweigungsmöglichkeiten mehr auftauchen. Die Innovationsfähigkeit eines solchen Systems ist also stark eingeschränkt, und eine Veränderung (z.B. durch äußeren Druck in Form von Knappheiten, Reglementierungen, Nachfrage etc.) wird eher diskontinuierlich stattfinden müssen, mit entsprechenden Konsequenzen für die Stabilität des Systems.

Welche Mechanismen führen nun zu Pfadabhängigkeiten? Man kann zunächst einmal unterscheiden zwischen Mitläufereffekten (band waggon effect) und Netzwerkeffekten. Beim Mitläufereffekt entscheiden sich einige Systemelemente (z.B. Produzenten, Kunden, Händler, Dienstleister, Institutionen) dazu, einem Vorbild innerhalb des Systems zu folgen. Natürlich muss dieses Vorbild über entsprechende Zugkraft verfügen, um diesen Effekt hervorzurufen, d.h. der Anreiz zum Mitlaufen muss entsprechend hoch sein. Bei Unternehmen mit einer nur kleinen eigenen Entwicklungsabteilung z.B. könnte die Erwartung auf die Marktführerschaft einer bestimmten Technologie zum Einschwenken auf diesen Pfad führen. Eine misslungene Marketingkampagne in einer solchen Phase kann dann schon das Aus für eine konkurrierende Technologie bedeuten, da die Wahrscheinlichkeit für ein Einschwenken auf eine Technologie mit der Anzahl der bereits eingeschwenkten Unternehmen steigt (selbstverstärkender Effekt). Ab einer kritischen Anzahl von Mitläufern werden andere Technologien dann exponentiell zunehmend verdrängt. Beispielhaft in diesem Zusammenhang ist der Siegeszug des VHS Videoformates gegenüber dem Betamax System in den 1980er Jahren.

Netzwerkeffekte, auf der anderen Seite, ergeben sich als Resultat der gegenseitigen Anziehung gleichartiger Netzwerkteilnehmer (beispielsweise Nutzer-Nutzer oder Dienstleister-Dienstleister). Diese Netzwerkteilnehmer entwickeln sich dann, der jeweiligen Logik des Netzwerks entsprechend, auf einem gemeinsamen Pfad. In der Regel spielen hier Austauschmöglichkeiten und Kompatibilität eine große Rolle. Ein Beispiel dafür ist die Entwicklung einer gemeinsamen Spurbreite für Eisenbahnen in weiten Teilen Europas, um Anschlussfähigkeit an das Schienennetz zu gewährleisten (Puffert 2001). In diesem Zusammenhang ist auch das Verteilungsnetz für elektrischen Strom zu nennen, welches auf standardisierten Wechselspannungen beruht. Einige alternative Stromerzeugungsverfahren wie z.B. Brennstoffzellen haben dadurch einen Nachteil, dass sie auf zusätzliche Wechselrichter angewiesen sind, wenn sie kompatibel zu den meisten elektrischen Verbrauchern sein sollen bzw. ihr Strom in das allgemeine Netz eingespeist werden soll.

Als weitere Elemente bei der Entstehung von Pfadabhängigkeiten, neben Mitläufer- und Netzwerkeffekten, kommen Standards, Normen, Gewohnheiten und Konventionen ins Spiel. Ein bekanntes Beispiel für eine Gewohnheit, welche die Pfadabhängigkeit von konventioneller Heizungstechnik in Wohn- und Bürohäusern festigt, ist das Bedürfnis vieler Menschen, zum Lüften die Fenster zu öffnen. Dies erschwert, eventuell sogar bis zur Behinderung, den Einzug der Passivhaus-Technologie im Wohnungsbau (denn diese erfordert eine technisch erzwungene Be- und Entlüftung). Mangelnde Verbreitung dieser Technologie führt wiederum zu einem mangelnden Bekanntwerden mit ihren Vorzügen, was zu einer Verfestigung der traditionellen Heizungstechnik führt.

Wir sehen an den obigen Beispielen, dass es durchaus gute oder zumindest nachvollziehbare Gründe dafür gibt, dass Systeme in Pfadabhängigkeiten geraten. Schwierig wird es erst, wenn sich diese Pfadabhängigkeiten als Innovationshemmnis erweisen. Zum Glück sind Pfadabhängigkeiten jedoch ein dynamisches Phänomen, d.h. die Stabilität einer einmal eingenommenen Trajektorie ist abhängig vom augenblicklichen Zustand des Systems. Dies lässt sich ausnutzen, um eine Systemveränderung mit möglichst geringem Aufwand herbeizuführen, indem man die Veränderung dann initiiert, wenn sich gerade „eine günstige Gelegenheit" (window of opportunity) ergibt. Dies ist zum Beispiel dann der Fall, wenn sich auf dem eingeschlagenen Pfad Anomalien und Schwierigkeiten häufen. Aus der Innovationsforschung ist bekannt, dass es Phasen gibt, in denen eine Anpassung von Technologien (inkrementelle Innovationen) besonders häufig und fruchtbar ist: direkt nach der Einführung (Erst-Anpassung) und wenn sich Schwierigkeiten häufen, bzw. Unzufriedenheiten eine bestimmte Schwelle überschreiten (Tyre and Orlikowski 1994).

14.2 Schwierigkeiten bei Pfadwechsel

Welche Effekte machen einen Pfadwechsel bei bestehender Pfadabhängigkeit schwierig? Zunächst einmal sind dies die in der Regel hohen Transaktionskosten und die Befürchtungen von „versenkten Investitionen" (sunk costs). Bei bestehenden Pfadabhängigkeiten sind die Strukturen des Systems nämlich in der Regel hoch spezialisiert und angepasst, so dass eine Anpassung an veränderte Verhältnisse (Technologien, Prozesse und Verfahren) großen Aufwand bedeutet. Umgekehrt sind Pfadwechsel bei Systemen mit weniger stark spezialisierten und angepassten Strukturen weniger aufwändig zu realisieren. Ein weiterer Punkt, der Pfadwechsel erschwert, ist die Irreversibilität dieses Vorgangs und die damit verbundenen Ängste bei den Betroffenen. Selbst wenn man alle Bedingungen des Ausgangszustandes wieder herstellen würde, wäre die Rückkehr des Systems auf den alten Pfad höchst ungewiss. Legt man z.B. einen ganzen Technologiepfad in einem Land lahm, z.B. durch Kürzung von Subventionen, so reicht es nicht, diese Subventionen später wieder einzuführen, um den Technologiezweig wieder zu beleben. Das verschwundene Know-how und die zusammengebrochenen Strukturen müssten erst mühsam wieder aufgebaut werden. Am ehesten ist diese Eigenschaft von Pfadwechseln als eine Art Hysterese[1] zu beschreiben. Irreversibilität und Hysterese sind typische Kennzeichen von nichtlinearen Systemen. Nimmt man noch die hochgradige Verknüpftheit und die große Anzahl an Systemelementen hinzu, die bei gesellschaftlichen oder

[1] Mit Hysterese bezeichnet man den Effekt des Andauerns einer Wirkung, nachdem die Ursache bereits abgeklungen ist. Sie tritt in der Physik z.B. bei Magnetisierung auf, und in den Wirtschaftswissenschaften ist das Phänomen der Hysterese auf dem Arbeitsmarkt bekannt.

industriellen Systemen häufig sind, so kann man ganz allgemein (wenn auch vereinfachend) sagen, dass die Schwierigkeiten einen Pfadwechsel zu initiieren mit der Komplexität des Systems zunehmen.

Dennoch finden Pfadwechsel ständig statt, und zwar vornehmlich dann, wenn neue Technologien, Verfahren oder Prozesse erscheinen, und eine genügend große Attraktivität entwickeln (z.B. wegen der oben erwähnten Häufung von Anomalien und Schwierigkeiten mit den alten Technologien). Doch ist dies lediglich eine notwendige Bedingung, keine hinreichende, wie aus den oben erwähnten Schwierigkeiten eines Pfadwechsel klar werden sollte. Solange nämlich die Attraktivität des neuen Pfads unterhalb der Schwelle der Transaktionskosten und der Angst vor Irreversibilität bleibt, wird es nicht zu einem Pfadwechsel kommen.

14.3 Gestaltungsmöglichkeiten von Pfadwechseln

Aus den Ursachen für Pfadabhängigkeiten und den Effekten, die einen Pfadwechsel schwierig machen, ergeben sich einige naheliegende Strategien für die Gestaltung eines Pfadwechsels. Zunächst liegt es auf der Hand, die selbstverstärkenden Schleifen des alten Pfads zu schwächen bzw. die des neuen zu stärken. Denkt man an den Mitläufereffekt, so könnte man die Idee verfolgen, starke „Zugpferde“ für den alternativen Pfad zu gewinnen, in der Hoffnung auf die baldige Überschreitung der kritischen Masse. Die Motivation für diese Zugpferde kann dabei zum einen die Technologieführerschaft sein. Zum andern kann auch die gesellschaftliche Legitimation zu einem Pfadwechsel motivieren, wenn entsprechende gesellschaftliche Ziele davon betroffen sind (z.B. Nachhaltigkeitsziele, ethische Produktion, Arbeitsschutz). Insbesondere Unternehmen mit einem hohen Markenwert und mit einer hohen Anfälligkeit für Skandalisierung sind so zu gewinnen. Werden nun einige mächtige Akteure oder kritische Elemente innerhalb einer Produktionskette (Systemführer) auf diese Art für einen alternativen Pfad gewonnen, so kann dies aufgrund der selbstverstärkenden Effekte für einen systemweiten Pfadwechsel ausreichen.

Andersherum kann man versuchen, den Mitläufereffekt des alten Pfads zu schwächen, etwa durch Steuern, Strafzölle, Abgaben etc. Voraussetzung dafür ist allerdings die prinzipielle Möglichkeit der Einflussnahme. Dafür kommen in der Regel nur staatliche Institutionen oder etwas indirekter NGOs (inkl. Verbände) in Betracht, die in der Lage sind, gesellschaftliche Rahmenbedingungen zu verändern. Weniger mächtigen Akteure bleibt die Option, die Attraktivität eines alternativen Pfads zu verstärken, um so den Mitläufereffekt für sich auszunutzen. Dies kann z.B. durch die Bildung von Netzwerken geschehen, die dann eine eigene Dynamik entfalten können und über mehr Attraktivität verfügen als einzelne Mitglieder. Die Aufgabe solcher Netzwerke besteht dabei zu einem nicht unerheblichen Teil im Optimieren des Informationsflusses, den gesteigerten Lerneffekten und anderen Netzwerk-Externalitäten wie z.B. positive Selbstverstärkungsmechanismen, die auf der Netzwerkstruktur beruhen (Recke, Latacz-Lohmann und Wolff 2002).

14.4 Notwendigkeit eines Pfadwechsels für die Nachhaltigkeit

Pfadabhängigkeiten spielen beim Umstieg auf eine nachhaltige Wirtschaftsweise eine bedeutende Rolle. Die bekannten Nachhaltigkeitsstrategien Effizienz, Suffizienz und Konsistenz erfordern allesamt erhebliche Innovationsanstrengungen und sind damit fast automatisch mit unterschiedlichen Pfadabhängigkeiten konfrontiert, welche zunächst einmal die traditionelle Wirtschaftsweise festigen. Auf einer noch ganz allgemeinen Ebene ist eine der großen Herausforderungen der Nachhaltigkeit durch den Begriff der Entkopplung (von Wohlstandswachstum und Material- und Energieverbrauch) beschrieben, wie er von Fischer-Kowalski/Weisz und van der Voet et al in diesem Band diskutiert wird. Dahinter steht der Übergang von einer durch Material- und Energiedurchfluss angetriebenen Wirtschaft, hin zu einer, die sich durch Kreislaufführung und „entmaterialisierte" Produkte auszeichnet. Es gibt bisher lediglich Indizien dafür, dass dies überhaupt möglich ist. Wenn dieses Ziel aber erreicht werden soll, so nur über eine ausgeklügelte und effiziente Steuerung von Stoffströmen, die auf der Ebene der Wertschöpfungsketten implementiert werden muss. Bezogen auf einzelne Wertschöpfungsketten stellt sich dabei heraus, dass es nicht den eigentlichen Stoffstrommanager gibt, dass aber der jeweilige Systemführer einer Wertschöpfungskette eine stark koordinierende Position einnehmen kann, um erfolgreich Stoffe zu managen (siehe den Artikel von Back in diesem Band). Eine systematische Analyse der Vorgänge bei der Stoffstromsteuerung zeigt, dass die verschiedenen tradierten Symbolsysteme der Kettenakteure eine gewichtige Rolle bei der Umsetzung von Nachhaltigkeitsprinzipien spielen (siehe den Artikel von Müller und Schneidewind in diesem Band). Neben den stofflich-technischen Pfadwechsel tritt also gleichgewichtig ein Pfadwechsel im Verständnis und im Umgang mit Symbolen, der zum Erfolg nötig ist. Dies knüpft unmittelbar an den Artikel von Jacobsen im vorigen Buchabschnitt an.

Ein Sektor der ohne Zweifel stark von Pfadabhängigkeiten geprägt ist und gleichzeitig große Relevanz für eine nachhaltige Wirtschaftweise besitzt, ist der Energiesektor. Das Beispiel der Wechselspannung für das Stromnetz ist dabei nur eine Erscheinung am Rande. Bereits die vorherrschende Form der Energiewandlung, basierend auf fossilen Quellen, stellt eine enorme Pfadabhängigkeit des Wirtschaftssystems dar. Die Energieversorgung ist auf zentralistische Infrastruktur ausgelegt: Elektrizität wird in zentralen Kraftwerken erzeugt, Gas wird über Pipelinenetze befördert, Kraftstoffe werden in zentralen Raffinerien erzeugt usw. Wenn die Vorteile der regenerativen Energiequellen zum Zuge kommen sollen, müssen sie sich gegen diese eingefahrenen Strukturen durchsetzen können (siehe dazu den Artikel von Scheer in diesem Band). Regenerative Energien werden in der Regel dezentral umgewandelt und sind von großer Heterogenität der Energiequellen gekennzeichnet. Dies ist zwar genaugenommen ein Vorteil, da so eine größere Ausfallsicherheit hergestellt wird (multiple Quellen) und gleichzeitig die Reichweite eines Ausfalls beschränkt wird (dezentrale Versorgung). Dennoch ergibt sich aus diesem Umstand derzeit ein Nachteil für regenerative Energiequellen, da das Energieversorgungsnetz (noch) nicht mit der Verteilung von dezentral erzeugtem und unperiodisch schwankendem Strom umgehen kann. Ein frühes Umsteuern bei der Energieversorgung ist angeraten und in diesem Zusammenhang sind die Bemühungen um eine Förderung der regenerativen Energien durch Einspeisegesetz und Solarförderprogramm zu sehen: sie erhöhen die Geschwindigkeit mit der sich ein neuer Energieversorgungspfad herausbilden kann. Angesichts der zunehmenden Geschwindigkeit des Klimawandels sind diese Bemühungen aber noch um einiges zu verstärken, wenn sie erfolgreich sein sollen. Soll das EU Ziel von 20% weniger CO_2 Emissionen bis 2020 erreicht werden, so muss in allen Sektoren (elektrische Energie, Kraftstoffe, Heizen) ein Pfadwechsel stattfinden[2].

---

[2] Neue Technologien, wie z.B. die Ganzpflanzenverwertung zur Gewinnung von Diesel-Ersatz, spielen dabei möglicherweise eine wichtige Rolle, da sie sich einfach in das bestehende Produktions- und Dist-

Eine andere Pfadabhängigkeit hängt mit der oben genannten zusammen: die Abhängigkeit der chemischen Industrie von fossilen Grundstoffen. Durch die Energiewirtschaft quasi subventioniert, sind mineralölbasierte Chemikalien von einem ehemaligen Abfallprodukt (Teerchemie) zu einem fast „nicht mehr wegzudenkenden" Teil der chemischen Industrie geworden. Fischer nimmt sich dieser Thematik in seinem Artikel in diesem Band genauer an, und zeigt, dass ein Umstieg auf nachwachsende Rohstoffe, auch für die chemische Industrie, ein gangbarer, ja sogar unausweichlicher Weg ist.

Ein Pfadwechsel in den beiden oben genannten Bereichen ist zwar schon wegen der Neige gehenden fossilen Quellen vorhersehbar. Nur ist ein Ausruhen auf dieser Tatsache nicht angebracht, da neben der Ressourcenfrage auch die Emissionsfrage mitbedacht werden muss, also in erster Linie der Klimawandel. Auf das Auslaufen der alten Technologie zu warten ist keine Lösung, da dies schlichtweg zu lange dauern würde, der Klimawandel aber bereits in vollem Gange ist. Dieses Argument trifft auch auf andere Ressourcen zu, wie z.B. die energetisch sehr aufwändig zu gewinnenden Metalle, bei denen der Umstieg auf eine effektive Kreislaufführung und gegebenenfalls eine Substitution durch regenerative Werkstoffe einen relevanten Beitrag zum Klimaschutz bedeuten würde. Bei den Metallen kommen aber noch andere Aspekte hinzu, die einen Pfadwechsel im Umgang mit ihnen dringlich machen (vergleiche auch von Gleich 2006). Da sind zunächst die teilweise beträchtlichen Emissionen und Umweltschäden während der Gewinnung und Weiterverarbeitung der Erze zu Werkstoffen. Diese treten hauptsächlich in den Erzförderländern auf, weniger in den Ländern mit dem höchsten Verbrauch an Metallen. Verknüpft damit ist der immer geringer werdende Metallgehalt der Erze, der für die Zukunft eher noch größere Umweltbelastungen durch den Abbau vermuten lässt. Weitere Aspekte sind die ungleich verteilten Lagerstätten und die ungleich verteilten Produktionsmittel, insbesondere die nötigen Technologien und das nötige Kapital. Ein durch den Gedanken der Nachhaltigkeit motivierter Pfadwechsel könnte nun also so vonstatten gehen, dass man (in den entwickelten Ländern) nicht mehr vornehmlich Metalle aus den Erzförderländern bezieht, sondern stattdessen die in den Infrastrukturen und Produkten „gespeicherten" Metallvorräte wieder in den Kreislauf zurückführt. Dass das nicht unrealistisch ist, zeigen (Wittmer 2006) und der Beitrag von Baccini in diesem Band. Flankiert werden müsste diese Maßnahme durch ein optimiertes Recycling von kurzlebigen Produkten und die systematische Vermeidung von dissipativen Verlusten. Mit diesen Maßnahmen berührt man, quasi als Nebenwirkung, die ökonomische Entwicklungsfähigkeit der Erzförderländer, spätestens dann, wenn dieser Pfadwechsel in den Schwellenländern umsetzbar wird (d.h. nachdem ihre jeweiligen Metalllager entsprechend angewachsen sind). Nach einer erfolgreichen Umsetzung sind die entwickelten Länder auch gleichzeitig diejenigen mit den größten Metallressourcen (teilweise sind sie es jetzt schon), was einigen bisherigen Hauptlieferländern für Erze ihre wirtschaftliche Grundlage nehmen wird. Ein Pfadwechsel bei der Nutzung von Metallen ist also einerseits angeraten, und seine Umsetzung wird sich andererseits mit diesen Nebenwirkungen auseinander zu setzen haben.

Damit sind wir auch wieder bei den Schwierigkeiten von Pfadwechseln allgemein angekommen. Wie oben erwähnt, sind diese umso ausgeprägter, je komplexer das betroffene System ist. Der Umgang mit Komplexität ist daher ein integraler Bestandteil von Pfadwechseln. Ne-

---

ributionsnetz für Kraftstoffe integrieren lassen. Um auch die Vorteile von lokaler Erzeugung und Verbrauch zum Tragen kommen zu lassen, können diese mit Ölsaaten (Umwandlung zu Biodiesel) kombiniert werden. So kann ein Pfadwechsel schrittweise herbeigeführt werden.

ben dem allgemeinen Wissen über komplexe Systeme und ihre Steuerbarkeit (siehe Jischas Artikel in diesem Band), ist dabei die Psychologie von Entscheidungssituationen von immenser Bedeutung (siehe Dörners Artikel).

14.5 Die Rolle von Leitbildern

Wir haben bisher über die Initiierung von Pfadwechseln gesprochen und dabei völlig außer Acht gelassen, dass neben der Initiierung die Richtung des neuen Pfads von mindestens ebenso großer Bedeutung ist. Implizit war natürlich die Richtung bei den obigen Beispielen und Diskussionen vorgegeben, nämlich „hin zu mehr Nachhaltigkeit". Nur ist „Nachhaltigkeit" ein viel zu abstraktes Ziel, um wirklich als Richtungsangabe zu taugen. Im eigentlichen Sinne ist Nachhaltigkeit eine Art „Meta-Leitbild", also eine abstrakte Beschreibung, aus der wiederum konkrete Leitbilder abgeleitet werden können. Einige davon sind bereits angeklungen: regenerative Ressourcenbasis, Kreislaufwirtschaft, Gerechtigkeit. Andere können ohne Mühe hinzugefügt werden: naturnahe Stoffe, langlebige Güter, Freiheit etc. Zusammengenommen ergeben sie eine Wolke von Begriffen, welche die Richtung für nachhaltige Entwicklung angeben (oder zumindest eine Abgrenzung zu dem was nicht nachhaltig ist, also eine Art Leitplanke). Die Kraft solcher Leitbilder ist für Pfadwechsel nicht zu unterschätzen, denn einerseits geben sie eine Richtung für einen wünschenswerten Wechsel vor, andererseits sind sie in hohem Maße identitätsstiftend und komplexitätsreduzierend (siehe von Gleich und Ahrens 2003). Damit können Leitbilder beim Pfadwechsel zur Überwindung der oben beschriebenen Hindernissen beitragen:

- sie ermöglichen eine Identifikation mit einem positiv besetzten Ziel und erhöhen die Attraktivität des alternativen Pfads, insbesondere wenn das Leitbild der gesellschaftlichen Legitimation dienen kann;
- sie werfen ein neues Licht auf den herkömmlichen Pfad, welcher dadurch unter Umständen an Attraktivität verliert oder gar diskreditiert werden kann;
- sie bieten einen Kristallisationskeim für Netzwerke von Akteuren, die den alternativen Pfad fördern wollen, was wiederum einen selbstverstärkenden Effekt hat;
- sie vermitteln einfache aber konkrete und wünschenswerte Ziele und verringern damit die Angst vor der Irreversibilität des Wechsels
- sie verringern die wahrgenommene Komplexität des Vorgangs und verringern damit die wahrgenommenen Transaktionskosten (im Sinne der psychologischen Trägheit).

Leitbilder sind also nützlich und können den Pfadwechsel beschleunigen. Sie bergen aber auch Gefahren, wie jedes Mittel der Komplexitätsreduktion. Dazu gehört zum einen die Gefahr der Ausblendung von anderen Alternativen, weil sie (scheinbar) nicht zu dem gewählten Leitbild passen (ein Fall von selektiver Wahrnehmung, siehe dazu auch Dörners Artikel in diesem Band). Sie können damit zu einer Art Doktrin werden und eine rationale Entscheidungsfindung verhindern. Zum anderen können Leitbilder die Komplexität auch zu weit reduzieren. Alternativen, die zu einem bestimmten Leitbild passen, können z.B. unerwünschte Nebenwirkungen haben, die durch das Leitbild gar nicht erfasst werden und somit unerkannt bleiben (ein anders gelagerter Fall von selektiver Wahrnehmung).

Trotz aller konzeptionellen Stärke ist der Einsatz von Leitbildern also nicht ohne Fallstricke und muss von einer kritischen Evaluation begleitet werden.

14.6 Literatur

David, P. A. (1985). *Clio and the economics of QWERTY*. The American Economic Review, 75(2), 332–337.

Gleich, A. von.; Ahrens, A. (2003*). Von der Kreislaufwirtschaft zur Nachhaltigen Chemie –* Leitbilder in der Chemikalienentwicklung und Stoffpolitik. http://www.tecdesign.uni-bremen.de/subchem/pdf/Leitbild_Bericht_final_0803.pdf. Bremen.

Gleich, A. von. (2006). *Outlines of a Sustainable Metals Industry*. In A. von Gleich, R. U. Ayres und S. Gößling-Reisemann (Hrsg.): Sustainable Metals Management. Securing our Future - Steps towards a Closed Loop Economy. Dordrecht: Springer.

Puffert, D. J. (2001). *Path Dependence in Spatial Networks: The Standardization of Railway Track Gauge*. http://www.vwl.uni-muenchen.de/ls_komlos/spatial1.pdf. München.

Recke, R., Latacz-Lohmann, U.; Wolff, H. (2002). *Pfadabhängigkeit und Umstellung auf ökologischen Landbau - eine empirische Studie*. In M. Brockmeier, F. Isermeyer und S. v Cramon Taubadel (Hrsg.), Schriften der Gesellschaft für Wirtschafts- und Sozialwissenschaften des Landbaues e.V: Nr. 37. Liberalisierung des Weltagrarhandels – Strategien und Konsequenzen (pp. 503–508). Münster-Hiltrup: Gesellschaft für Wirtschafts- und Sozialwissenschaften des Landbaues e.V.

Tyre, Marcie J.; Orlikowski, Wanda J. (1994): *Windows of Opportunity Temporal Patterns of Technological Adaptation in Organizations*. Organization Science , 5 (1), 98–118.

Wittmer, D. (2006). *Kupfer im regionalen Ressourcenhaushalt: ein methodischer Beitrag zur Exploration urbaner Lagerstätten*. Zürich: vdf, Hochsch.-Verl. an der ETH.

15 Ökologische Nachhaltigkeit im textilen Massenmarkt

Simone Back

15.1 Einleitung

„Stoffstrommanager müssen … eine rein technisch-analytische Perspektive verlassen, um in der skizzierten Komplexität handlungsfähig zu bleiben." Diese Aussage von Müller und Schneidewind im folgenden Buchbeitrag stellt auch die zentrale Erkenntnis des EcoMTex-Projekts dar, in dem der Otto Konzern in den Jahren 2000 bis 2002 an der ökologischen Optimierung seiner Baumwolltextilienkollektion arbeitete. Dieser Beitrag beschreibt, wie einschneidend sich durch ökologische Optimierungen Produktionssysteme ändern, bis hin zur Infragestellung vertrauter Handelstraditionen. Er schließt mit einer einerseits ernüchternden und andererseits ermutigenden Perspektive.

15.2 Die Ausgangslage

15.2.1 Der Markt für ökologisch optimierte Textilien

Bei Verbraucherinnen und Verbrauchern steht Baumwolle für „Natur pur", für hautfreundliche Trageeigenschaften und umweltfreundliche Produktion. In der Praxis wird die samtig weiche Faser diesem Image nur teilweise gerecht. Die Produktion von Baumwollkleidung weist erhebliche ökologisch-toxikologisch negative Effekte auf. Ökobilanzen haben zwei Stufen der so genannten „textilen Kette" als besonders kritisch identifiziert: den Baumwollanbau selbst und die Veredelung, also das Färben und Präparieren des Stoffes, damit dieser verschiedene gewünschte Eigenschaften aufweist (vgl. Enquête Kommission des Deutschen Bundestag „Schutz des Menschen und der Umwelt" 1994). Lösungsansätze für diese Schwachstellen wurden Anfang der 90er Jahre entwickelt (vgl. Abbildung 15.1).

Im konventionellen Textilhandel spielen ökologische Qualitäten nach wie vor eine nur untergeordnete Rolle. Üblich sind in Deutschland toxikologische Grenzwerte für das Endprodukt, um Gesundheitsrisiken für die Kunden auszuschließen. Anspruchsvollere ökologische Konzepte namhafter Unternehmen wie Esprit, Steilmann und auch Otto scheiterten Mitte der 90er Jahre nach nur wenigen Jahren. Die Ursachen waren sowohl in den erheblichen Mehrkosten der Ware von bis zu 50% als auch im geringen Kundeninteresse im Massenmarktgeschäft zu suchen. Zu den wichtigsten Kaufkriterien gehören nach wie vor Passform, Verarbeitung, Preis und ein angenehmes Hautgefühl (vgl. Spiegel 2001). Im Unterschied zu den Nischenanbietern, deren Kunden ökologisch sensibilisiert sind, deren Markt jedoch auch seit Jahren stagniert, wirken ökologische Argumente bei den klassischen Kunden des Massenmarktes eher kontraproduktiv. In den Köpfen der Verbraucherinnen leben die Eigenschaften der ersten Naturtextilien aus den 80er und 90er Jahren weiter. „Öko" wird gleichgesetzt mit blasser und schlabberiger Kleidung für Grün-Wähler: „Wer so was trägt, der geht auch demonstrieren" (vgl. Otto 2000). Hinzu kommt, dass sich ökologische Rohware wie Bio-Baumwolle beim

Konsumenten weder im Tragegefühl noch in der toxischen Wirkung positiv bemerkbar macht. Zahlreiche Wasch- und Reinigungsvorgänge während der Weiterverarbeitung senken die Schadstoffbelastung konventioneller Ware nämlich deutlich. Aus unmittelbarer Kundensicht gibt es daher, im Unterschied zu Bio-Lebensmitteln, keinen direkten Nutzen beim Kauf von Bio-Baumwoll-Textilien. Der Nutzen entsteht ausschließlich in den Produktionsländern.

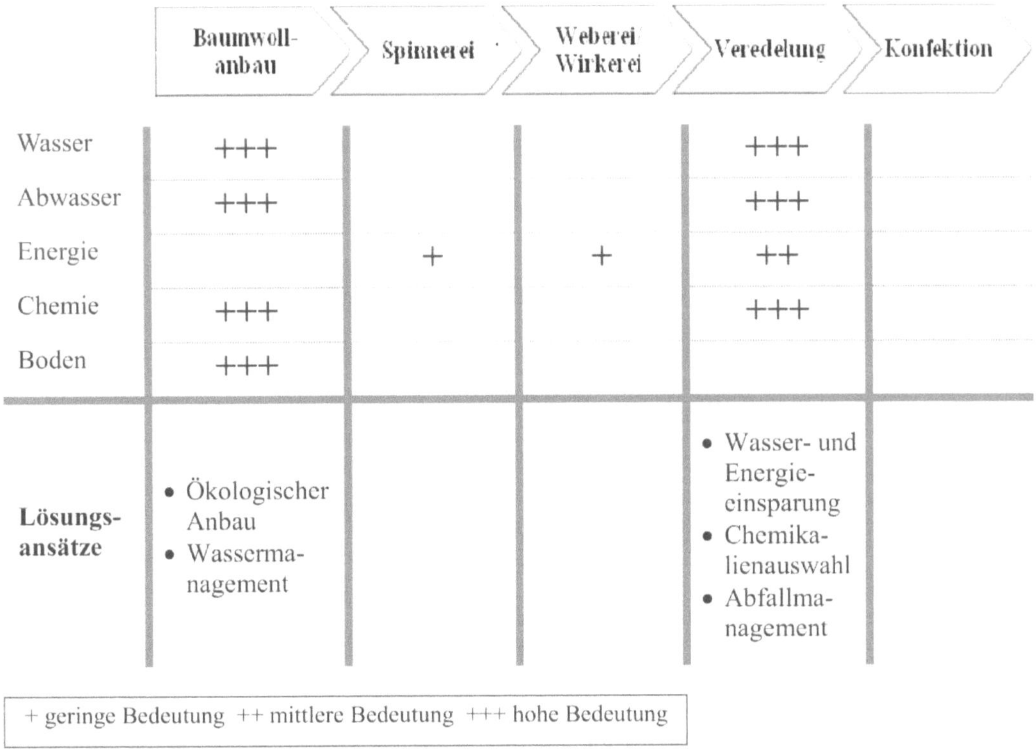

	Baumwoll-anbau	Spinnerei	Weberei Wirkerei	Veredelung	Konfektion
Wasser	+++			+++	
Abwasser	+++			+++	
Energie		+	+	++	
Chemie	+++			+++	
Boden	+++				
Lösungs-ansätze	• Ökologischer Anbau • Wassermanagement			• Wasser- und Energieeinsparung • Chemikalienauswahl • Abfallmanagement	

\+ geringe Bedeutung ++ mittlere Bedeutung +++ hohe Bedeutung

Abbildung 15.1 Ökologische Brennpunkte in der Produktion von Baumwolltextilien (Quelle: eigene, in Anlehnung an Hummel 1996)

Wie holt man ökologische Baumwoll-Textilien aus ihrem Mauerblümchen-Dasein heraus in das Rampenlicht der Massennachfrage? Dieser Herausforderung stellte sich das Versandhandelshaus Otto im Rahmen eines dreijährigen Forschungs- und Entwicklungsvorhabens, das vom Bundesministerium für Bildung und Forschung gefördert wurde. Für drei Fragestellungen wollte das Unternehmen dabei Lösungsansätze entwickeln: Ökologisch optimierte Herstellungsketten aufbauen, dabei Kostensteigerungen vermeiden und schließlich ein für Kunden attraktives Sortiment und eine stimmige Vermarktungsstrategie entwickeln. Dieser Beitrag beleuchtet vor allem den Aspekt des Stoffstrommanagements.

Um den Absatz der Produkte aufgrund der Vorurteile gegenüber ökologischer Kleidung nicht unnötig zu erschweren, entschied sich Otto gegen eine klassische „Öko-Marke" und den Versuch, die Kunden ökologisch zu „erziehen". Stattdessen werden modische Artikel des Sortiments nach den vorgegebenen ökologischen Kriterien produziert und unter dem Label „Purewear“ als besonders hautsympathisch vermarktet. Ziel ist es, über die Jahre das Müsliimage bei den Kunden Schritt für Schritt zu entkräften. Diese Vorgehensweise haben Fischer und Pant (2003) bereits ausführlich beschrieben.

Exkurs: Umweltengagement bei Otto

Die Otto GmbH & Co KG, eines der großen Versandhandelsunternehmen Deutschlands, gehört zur weltweit agierenden Otto Gruppe. Bereits seit Beginn der 90er Jahre engagiert sich das Unternehmen für nachhaltige, ökologisch und sozial verantwortungsvolle Geschäftsprozesse und Produkte, die selbstverständlich weiterhin ökonomisch erfolgreich sein müssen.

Im Textilsortiment konzentrierte sich Otto zunächst auf die breite Umsetzung des Standards „Hautfreundlich, weil schadstoffgeprüft“, der weitgehend dem „Öko-Tex Standard 100“ entspricht und die Vermeidung von Schadstoffen im Endprodukt zum Ziel hat. Ab Mitte der 90er Jahre bot Otto eine umweltverträglich produzierte Naturfaser-Kollektion unter dem Namen „Future Collection“ an, später kamen Artikel aus Bio-Baumwolle[1] hinzu. Dieses Engagement führte aufgrund der sehr geringen Kundenresonanz nicht zu dem gewünschten Ergebnis. Daraufhin beschloss Otto einen Relaunch dieses Programms.

15.2.2 „Black Box“ Textilindustrie

Otto gehört zu den klassischen Handelsunternehmen, die über keine eigenen Produktionsstätten verfügen. Charakteristisch für die Textilindustrie sind weltweite Verflechtungen, mittelständische Strukturen und die starke Arbeitsteilung entlang des Produktionswegs. Nicht selten wächst die Baumwolle für ein T-Shirt in Afrika, wird in Indien gesponnen und gefärbt, bis der Stoff in Bangladesh gestrickt, zugeschnitten und vernäht wird. Gewöhnlich arbeitet Otto ausschließlich mit dem Ende der Kette, mit Konfektionären oder Zwischenhändlern zusammen. Der Rest der Produktion verschwindet in einer „Black Box“, einer Art eigenem Mikrokosmos. Transparenz und Kommunikation entlang der Herstellungskette sind eher unüblich, Individualität und Intransparenz hingegen die Regel. Zu den typischen „Symbolen“ des wirtschaftlichen Handelns in dieser Branche gehören daher unter anderem die folgenden Paradigmen:

- Eine hohe Flexibilität in der Lieferantenauswahl hat beispielsweise eine höhere Priorität als längerfristige vertragliche Verbindlichkeiten – dies ist einerseits dem schnellen modischen Wandel geschuldet, der Jahr für Jahr wechselnde Stoffqualitäten und Optiken verlangt, andererseits Folge des hohen Preisdrucks, der Einkäufer in die jeweils weltweit billigsten Produktionsregionen lockt.
- Black Box: Die Weitergabe von Informationen entlang der textilen Kette ist sehr gering. Der Produzent am Anfang der Kette erfährt im Allgemeinen nicht, für welches Endprodukt seine Ware gedacht ist. Enorme Distanzen und Sprachbarrieren erschweren die Kommunikation.

[1] Als Bio-Baumwolle wird Baumwolle bezeichnet, die nach den Richtlinien für Bio-Lebensmittel angebaut und zertifiziert wird (IFOAM-Standard und EU-Öko-Verordnung EWG Nr. 2092/91 in der fortgeschriebenen Fassung November 1997).

- Systemgrenze Unternehmen: Unternehmen betrachten gewöhnlich nur die Prozesse innerhalb ihres Fabrikgeländes und optimieren diese unter ihren jeweiligen Gesichtspunkten. Kosten, die dadurch auf der nächsten Stufe entstehen, werden nicht berücksichtigt. So kann ein preiswertes Schlichtemittel beim Weben Maschinenstillstände verhindern, muss jedoch von der nachfolgenden Färberei mit erheblichen Kosten wieder ausgewaschen werden. Die Unkenntnis, welches Schlichtemittel verwendet wurde, erhöht dabei Kosten und Aufwand.

Die Vorteile dieser gewachsenen Strukturen liegen auf der Hand: Sie ermöglichen Flexibilität in Bezug auf Produktionsparameter, Qualität und Kosten und sie ermöglichen Flexibilität zwischen den Akteuren der Stoffstromkette. Aber auch die Nachteile sind erheblich: Eine Produkt- oder Prozessoptimierung über die eigenen Unternehmensgrenzen hinaus ist auf diese Weise nicht möglich.

15.3 Herausforderung Stoffstrommanagement

Beim Steuern ökologischer Stoffströme ruht die Aufmerksamkeit in vielen Fällen auf den Produktionsstufen, die aus *ökologischer* Sicht besonders betroffen sind. Im vorliegenden Beispiel sind dies die Baumwoll-Bauern und die Färbereien. EcoMTex hat gezeigt, dass diese Sichtweise in fataler Weise einen wesentlichen organisatorischen Aspekt ausblendet: Tatsächlich löst ein ökologisches Stoffstrommanagement auf allen Stufen erhebliche organisatorische Veränderungen aus, und diese sind teilweise mit erheblichen Kosten verbunden. Als Otto Ende der 90er Jahre einige seiner Lieferanten bat, Biobaumwolle und ökologisch optimierte Färbesysteme einzusetzen, kam es zu erheblichen Schwierigkeiten. Die Lieferanten sahen sich in der Organisation überfordert: Woher Biobaumwolle nehmen? Wie sollte die Bevorratung mit Rohware oder Zwischenprodukten bei den stark schwankenden und nicht vorhersehbaren Nachfragevolumina aussehen? Wer stellt die Qualität sicher? Welche Farbstoffe erfüllten die Anforderungen? Die Lieferanten übertrugen das unternehmerische Risiko und die Recherchekosten auf den Kunden Otto, die Preise explodierten. Otto entschied sich daher, die beteiligten Lieferanten aktiv beim Aufbau eines ökologischen Stoffstroms zu unterstützen.

15.3.1 Lösungsansatz Stoffstrombündelung

Eine Analyse im Rahmen des EcoMTex-Projekts ergab: Ein Großteil der Mehrkosten der Öko-Textilien beruht nicht auf ökologischen Aspekten, sondern auf ungünstigen Strukturen entlang der Prozesskette sowie an der Order von Kleinmengen, die zu erheblichen Rüst-, Transport- und Lagerkosten führen. Um diesen unerwünschten Effekt zu vermeiden, ergab sich für Otto die Option, ein eigenes Stoffstrommanagement aufzubauen und Schnittstellen entlang der gesamten Kette mitzugestalten.

- Auswahl strategischer Partner: Otto kaufte die Rohware bei zertifizierten Bio-Baumwoll-Lieferanten direkt nach der Ernte ein und erreichte damit einen erheblichen Mengenrabatt. Eine einzige Spinnerei wurde ausgewählt, über die zukünftig das gesamte Bio-Garngeschäft für Otto-Artikel abgewickelt werden sollte. Ausgehend von Otto-internen Nachfrageschätzungen wurden die Garnbedarfe frühzeitig für alle Artikel kalkuliert und an die Spinnerei weitergegeben. Kleine und große Orders addierten sich zu attraktiveren Aufträgen als zuvor.

- Bündelung von Aufträgen bei wenigen Lieferanten: Die Lieferantenvielfalt und damit der Kommunikations- und Koordinationsaufwand wurden gering gehalten, um Kosten zu sparen.
- Begrenzung der Materialien: Es wurden wenige Grundmaterialien ausgewählt, die die Vielfalt der Vorprodukte einschränken.
- Auswahl von so genannten „Mengendrehern“: Es wurden Artikelgruppen mit hoher Nachfrage und damit hohen Stückzahlen ausgewählt, um in der Produktionskette große Volumina zu gewährleisten.
- Optimierung der Färberei: Im Bereich der Veredelung entwickelte Otto ein Konzept, mit dem die beteiligten Unternehmen gleichzeitig einen hohen ökologischen Standard realisieren und im Vergleich zu ihren bisherigen Prozessen Wasser, Energie, Zeit und damit Kosten sparen konnten.
- Jahresplanungen: Regelmäßige Gespräche sollten die Kommunikation zwischen den Partnern verbessern und Lösungen für Schwachstellen ermöglichen.

Über Nacht übernahm Otto damit eine Zwitterrolle: Der Auftraggeber, das Handelsunternehmen Otto, nahm gleichzeitig Einfluss auf alle Hersteller entlang der Kette, gab Vorlieferanten (Spinnerei) und Verfahren (Färberei) vor und erhielt damit Einblick in die Herstellung wie nie zuvor. Damit kam ein vielschichtiger Prozess in Gang, der alle Gesetzmäßigkeiten des klassischen Textilhandels in Frage stellte, wie Tabelle 15.1 zeigt.

Tabelle 15.1 Paradigmenwandel im Rahmen einer ökologischen Prozessoptimierung

	Übliche Verhaltensgesetze in der textilen Kette	Anforderung in ökologischen Wertschöpfungsketten
Lieferantenbeziehung	**Flexibilität**	**Dauerhafte Zusammenarbeit**
Kettenstruktur	**Black Box**	**Transparenz und Koordination**
Systemgrenze	**Unternehmen**	**Gesamte Kette**
Machtgefüge	**Dominanzprinzip**	**Kooperationsprinzip**

Insbesondere der Wandel von einer machtbetonten zu einer eher partnerschaftlich-kooperativen Zusammenarbeit stellte für alle Beteiligten eine enorme Herausforderung dar. So fiel es sowohl Otto als auch den beteiligten Lieferanten schwer, über Schwierigkeiten im Produktionsprozess offen zu sprechen, da diese bisher dem Kunden gegenüber möglichst verschwiegen wurden. Auch das eher erzwungene Zusammenfügen von Unternehmen zu einer Prozess-Kette, ausgewählt nach technischen Aspekten, führte zu Konflikten. Die mit Biobaumwollgarnen erfahrene Spinnerei arbeitete gewöhnlich vor allem mit internationalen Kunden zusammen, der Stricker jedoch überwiegend mit einer lokalen Spinnerei. Die „Chemie“ stimmte nicht, was bei Problemen zu einem gegenseitigen Zuweisen von Verantwortlichkeiten führte. Schließlich musste auch die Frage, wer bei Qualitätsmängeln verantwortlich sei, völlig neu geklärt werden: Trug Otto die Verantwortung, wenn die Färberei beim Einsatz des neuen Färbeverfahrens Fehler machte? Trug Otto die Verantwortung, wenn die Bio-Baumwollgarne Fremdfasern aufwiesen – schließlich hatte das Handelsunternehmen die Spinnerei ausgewählt und vorgegeben?

15.3.2 Anforderungen an das Design von Stoffstromketten

Rückblickend lässt sich feststellen, dass die ökologischen Herausforderungen im Rahmen des Projektes phasenweise weitgehend an Bedeutung verloren. Lösungskonzepte hierfür waren frühzeitig entwickelt und erfolgreich getestet worden.

Die Koordination der Prozesskette erforderte hingegen alle Aufmerksamkeit. Mit der Zeit zeigten sich die Schattenseiten der Rolle des Stoffstrommanagers. Die beteiligten Unternehmen verließen sich zunehmend auf die Organisation der Warenbeschaffung durch Otto, ohne selbst vorausschauend mitzuplanen. Eine Art ungewolltes Verantwortungs-Patriarchat entstand, das von den Unternehmen zwar einerseits gewünscht wurde, um die eigenen Risiken zu minimieren, andererseits dem eigenen Selbstverständnis widersprach. Es kam zu Konflikten über die Verantwortung für Qualität und Lieferzeiten. Dies hing auch – wenngleich nicht nur – mit den bisherigen Mustern der Zusammenarbeit zusammen, bei denen Otto als Kunde Vorgaben machte und die Umsetzung komplett dem Unternehmen überließ. In gleicher Weise wurden alle Aktivitäten im Stoffstrommanagement eher als Vorgaben oder Vorleistungen interpretiert, nicht als unterstützende Aktivität innerhalb eines auf Kooperation angelegten Prozesses. Kooperative, strategisch orientierte Gespräche aller Prozessbeteiligten stellten sich dauerhaft als schwierig heraus, insbesondere durch die Zwitterrolle von Otto sowohl als Supply Chain Manager als auch als Kunde. Zu groß war die Befürchtung, internes Know-how zu offenbaren oder interne Schwachstellen zu thematisieren und sich damit als Lieferant in Frage zu stellen.

So waren es insbesondere wirtschaftskulturelle Aspekte, die das Projekt beherrschten: Wie arbeiten Lieferanten und Kunden gewöhnlich zusammen – und wie würden sie im Idealfall im Rahmen eines Supply Chain Managements zusammenarbeiten? Und wie weit liegen diese beiden Formen der Wirtschaftskultur auseinander?

Die wertvollen Erfahrungen, die Otto im Rahmen des EcoMTex-Programms gemacht hat, wurden bei den Folgeaktivitäten des Unternehmens berücksichtigt. Beispielsweise ist es ratsam, bei ähnlich radikalen Änderungen der Lieferantenbeziehungen, wie es ein Supply Chain Management im Vergleich zur herkömmlichen Warenbeschaffung darstellt, sehr viel Zeit und Engagement in die Auswahl der Partner entlang der Kette zu investieren – und zwar nicht nur hinsichtlich der technologischen Kompetenz. Gerade die unternehmerische Aufgeschlossenheit gegenüber neuen Formen der wirtschaftlichen Zusammenarbeit stellt eine zentrale Stellschraube für den Projekterfolg dar. Diese Conditio sine qua non gilt für alle, vom Bauern bis hin zum Händler. Oft erscheint es sinnvoll, für ein solches Projekt ganz neue Partner zu suchen und zusammenzustellen, damit die Paradigmen der bisherigen Zusammenarbeit nicht bereits allzu tief verwurzelt sind.

Was den Supply Chain Manager betrifft, so lohnt auch hier eine sorgfältige Auswahl. Diese Rolle sollte eine Organisation ausfüllen, deren fachliche Kompetenz und Erfahrung im Metier unbestritten ist. Darüber hinaus muss sie über hohe soziale und integrative Kompetenz verfügen, um aus einer Gruppe von Individualisten ein Team zu formen. Die Otto-Erfahrung zeigt, dass das Handelsunternehmen als gleichzeitiger Auftraggeber nicht als hinreichend neutral wahrgenommen wird – es vermutlich auch nicht ist – und daher keine Idealbesetzung für den Supply Chain Manager darstellt. Geeigneter wäre ein gänzlich neutraler, nur koordinierender Partner oder eine Organisation, die an einer der kritischen organisatorischen Schlüsselpositionen agiert. Im Falle der textilen Kette wäre das beispielsweise die Spinnerei, die sowohl die

Rohware aus zuverlässigen Quellen bezieht, als auch die Garnqualitäten für verschiedene Strickereien und Webereien bereitstellt.

Schließlich gehört zu den Erfolgskriterien des Supply Chain Management eine längerfristige attraktive Perspektive für alle Beteiligten, als Gegenleistung für die Bereitschaft, neue Wege zu gehen und als Anreiz, Zeit und Intelligenz in den regelmäßigen Austausch mit allen Partnern und in die Suche nach Optimierungspotenzialen zu investieren.

Otto hat aus den gemachten Erfahrungen ähnliche Konsequenzen gezogen und sich Schritt für Schritt aus seiner Rolle als Prozesskoordinator zurückgezogen. Die gesamte Prozesskette wurde relauncht und Verantwortlichkeiten an die zuständigen Stellen redelegiert. Otto plante mit der Spinnerei das Jahresvolumen und die erforderlichen Garnqualitäten. Die Spinnerei beschaffte die Rohware zu dem für sie geeigneten Zeitpunkt in den erforderlichen Qualitäten und brachte damit wieder ihre Kernkompetenzen in den Prozess ein. Mit allen Partnern wurden Vorausplanungen getroffen, die eigentliche Garnorder lag jedoch wieder in den Händen der Lieferanten des Otto Konzerns. Beibehalten wurde der deutlich intensivere Informationsaustausch von Seiten des Handelsunternehmens mit allen Stufen der Prozesskette, um Planungsvorgänge zu erleichtern, sowie die intensive Unterstützung der Partner bei allen Fragen rund um ökologische Produktionsverfahren, beispielsweise in der Färberei oder Weberei. Trotz intensivster Bemühungen sind die Volumina, die Otto über diese Prozesskette abwickelt, auch heute für einige Unternehmen in der Kette noch zu gering, um finanziell attraktiv zu sein. So laufen z.B. in einer Spinnerei Maschinen im Idealfall rund ums Jahr für eine Qualität. Otto-Aufträge umfassten 2-3 Wochen, verbunden mit vorgelagerten Reinigungsprozessen, separater Lagerung, etc. Alleine die Dokumentation der Warenströme, die für ökologische Rohware erforderlich ist, erfordert erhebliche Zusatzarbeit. Der Aufwand ist immer noch deutlich höher als bei konventioneller Ware – bei immer noch nicht spürbarem Nutzen für den Endkunden.

15.4 Resümee

Aus den Erfahrungen, die das Projekt EcoMTex ermöglicht hat, lassen sich für die Industrial Ecology wertvolle Rückschlüsse ziehen:

Soziokulturelle und wirtschaftliche Parameter müssen beim Steuern von Stoffströmen genau analysiert und berücksichtigt werden. Dazu gehören Kommunikationsstrukturen, Machtverhältnisse, ungeschriebene Gesetze der Zusammenarbeit, aber auch Antworten auf die Frage, unter welchen Bedingungen *alle* Beteiligten einen für sie spürbaren Nutzen aus dem Mehraufwand generieren. Da höhere Preise in vielen Fällen von den Kunden nicht akzeptiert werden, lohnt es sich, den gesamten Prozess genauestens auf organisatorische Kostenfallen zu durchleuchten und für diese intelligente Lösungen zu entwickeln. Diese Lösungen erfordern oft radikales Umdenken. Sie umzusetzen ist aus Otto-Erfahrung vielfach die deutlich größere Herausforderung als das ökologische Redesign eines Herstellungs-Prozesses.

Ein radikaler Gedanke drängt sich daher in besonderer Weise auf: Je größer der Aufwand ist, den die Umsetzung von Prinzipien der Industrial Ecology innerhalb der Kette erfordert, desto größer muss der Nutzen sein, damit das Vorgehen wirtschaftlich bleibt. Der Nutzen könnte in einem echten Kundenvorteil liegen, der die Nachfrage steigen lässt. Der Nutzen könnte im verarbeiteten Volumen liegen, das Prozessumstellungen auch wirtschaftlich sinnvoll macht. Vor allem aber sollte der Nutzen ökologisch messbar sein und dem erforderlichen Mehraufwand entsprechen. Gerade in Fällen, in denen Kundeninteresse und Kundennutzen deutlich hinter dem ökologischen Nutzen zurückliegen, sollte intensiv darüber nachgedacht werden, ob es aus ökologischer Sicht nicht wirkungsvollere Strategien gäbe, als den Aufbau isolierter Prozessketten, die aufgrund ihrer Komplexität immer ein Nischendasein fristen werden. Im Falle des Baumwollanbaus wäre beispielsweise eine Branchenvereinbarung, 2-3% Bio-Baumwolle in jeden Spinnvorgang zu integrieren, ein aus ökologischer Sicht deutlich wirkungsvollerer Ansatz. Die Nachfrage nach Bio-Baumwolle würde innerhalb kürzester Zeit um ein Hundertfaches steigen und ökologisch echte Wirkung zeigen. Der Effekt auf die Weiterverarbeitung bliebe jedoch gering: Aufwändige Dokumentations- und Lagersysteme für die Bioware entfielen, ebenso Probleme in der Zusammenstellung richtiger Spinnqualitäten, frühzeitige Warenbevorratungen – lauter ineffiziente und ökologisch nicht nützliche Nebeneffekte. Zahlreiche Anforderungen, die derzeit einen Stoffstrommanager erfordern, würden einfach entfallen, insbesondere der damit verbundene Mehraufwand und die erheblichen Mehrkosten, die bei einem solchen Mischungsverhältnis gegen Null liefen.

Solch eine Vereinbarung wäre also ökologisch deutlich wirkungsvoller, bei gleichem Kundennutzen und geringeren Organisationskosten.

So sinnvoll sie für Pioniere und Nischenanbieter sein mögen: Für den Massenmarkt scheinen 100%-Lösungen nicht immer die geeignetste Strategie, um ökologischen Nutzen zu stiften. Die ökologisch nachhaltigste und aus Sicht des Marktes attraktivste Gesamtstrategie zu finden, dies ist die echte Herausforderung in der Industrial Ecology.

15.5 Literatur

Back, S. (2003): *Was Unternehmer von Fußballspielern lernen können oder: Stoffstrommanagement in der Praxis.* In Schneidewind, U.; Goldbach, M.; Fischer, D.; Seuring, S. (Hrsg.): Symbole und Substanzen. Perspektiven eines interpretativen Stoffstrom-Managements. Metropolis Verlag Marburg.

Enquête Kommission des Deutschen Bundestags „Schutz des Menschen und der Umwelt“ (Hrsg.) (1994): *Die Industriegesellschaft gestalten. Perspektiven für einen nachhaltigen Umgang mit Stoff- und Materialströmen. Bericht der Enquête Kommission.* Economia Verlag, Bonn.

Fischer D., Pant R. (2003): *Mit der Mode gehen, um der Mode zu entgehen. Ein neues Marketingkonzept für ökologisch optimierte Bekleidung.* In Schneidewind, U.; Goldbach, M.; Fischer, D.; Seuring, S. (Hrsg.): Symbole und Substanzen. Perspektiven eines interpretativen Stoffstrom-Managements. Metropolis Verlag Marburg.

Hummel, J. (1996): *Die Produktlinie als Wertschöpfungskette.* In: Bayerisches Landesamt für Umweltschutz (Hrsg.): Die Stoffe, aus denen unsere Kleider sind. Umweltorientierte Unternehmenspolitik in der textilen Kette. München.

Otto (2000): *Qualitativ-psychologische Studie zur Gestaltung und Ausweitung des ökologisch orientierten Angebots von Otto und zur Akzeptanz des ökologisch orientierten Angebots im Otto-Hauptkatalog.* Interne Kundenbefragung. Hamburg.

Spiegel (2001): *Outfit 5.* Studie des Spiegel, Hamburg.

16 Symbole und Substanzen – Chancen und Grenzen der Steuerung von Stoffströmen

Martin Müller, Uwe Schneidewind

16.1 Einleitung

Wer steuert die mannigfaltigen Stoffströme in Wertschöpfungsketten? Sind es analytisch durchoptimierte Managementprozesse, die maschinenartig Herr der Rohstoffe, Veredlungsmittel und Recyclingflüsse sind? Die Aussage des vorliegenden Beitrages ist eindeutig: Nein, auf diese Weise alleine lässt sich der Strom der Stoffe nicht erklären. Sie werden vielmehr zusätzlich durch sublime, lang tradierte und häufig gar nicht bewusst wirkende Symbolsysteme (mit-)gesteuert: Die symbolische Software lenkt die substanzielle Hardware. Dies ist für die Gestaltung von kreislauforientierten Systemen, wie sie die Industrial Ecology anstrebt, eine wichtige Erkenntnis, um Maßnahmen im Hinblick auf die sozio-ökonomische Wirkung solcher Systeme genauer beurteilen zu können.

Der vorliegende Beitrag zeichnet die bisherige Entwicklung der Stoffstrommanagement-Debatte nach und identifiziert die symbolische Erweiterung als konsequente Fortentwicklung. Er macht deutlich, was Symbolsysteme sind, wie sie wirken und welche Konsequenzen für ein interpretatives Stoffstrommanagement sich daraus ergeben. Dabei werden Symbolsysteme als Schemata oder Muster verstanden, mit deren Hilfe die Akteure die Realität wahrnehmen und strukturieren und insbesondere Komplexität reduzieren, um handlungsfähig zu bleiben. In diesem Zusammenhang kann an die Literatur zum Management komplexer Systeme angeknüpft werden (siehe auch die Artikel von Jischa, Dörner und Ruth in diesem Buch).

16.2 Perspektiven und Problemlagen bei der Steuerung von Stoffströmen

16.2.1 Material- und Informationsfluss-Schule

Wenn Unternehmen heute über die ökologische Optimierung von Produkten entlang ihres gesamten Lebensweges (d.h. von der Rohstoffproduktion bis zur Entsorgung) nachdenken, so folgen sie dabei oft einem naturwissenschaftlichen und technischen Pfad: ökologisch bedenkliche Umwelteinwirkungen werden in Stoffstromanalysen und Ökobilanzen erfasst; es werden Umwelt- und Handlungsziele definiert, Maßnahmen zur Reduktion der Umweltbelastung bestimmt, in vielen Fällen Umweltmanagementsysteme etabliert, die die Umsetzung der Maßnahmen und eine kontinuierliche Steigerung der Umweltleistung sicherstellen sollen. Grundlage ist ein Verständnis des Stoffstrommanagements als Planungs- und Steuerungsinstrument von Material- und Energieflüssen in Produktions- und Kreislaufwirtschaftssystemen. Dabei wird methodisch zumeist auf techno-ökonomische Planungskonzepte, mathematische Modellierung, Verfahren des Operations Research und der Endscheidungstheorie zurückgegriffen (vgl. beispielhaft , Souren 2002, Spengler 1998). Gerade bei konkreten produktionsorientierten Belastungen konnten mit diesem naturwissenschaftlich-technisch getriebenen

Ansatz vielfach erstaunliche Erfolge erzielt werden. Das gerade skizzierte Vorgehen scheint sich hervorragend in bestehende Managementstrukturen innerhalb von Unternehmen einzufügen, oft gehen die ökologischen Belastungsreduzierungen sogar mit Kosteneinsparungen einher und dies erleichtert die Durchsetzung zusätzlich. Die zahlreichen Ansätze in diesem Kontext sollen hier nicht einzeln referiert werden. Vielmehr sollen die Konzepte zusammenfassend als Material- und Informationsfluss-Schule charakterisiert werden (vgl. Seuring und Müller 2007).

Der alleinige Start vom ökologischen Problem und daraus abgeleiteten Verbesserungszielen scheitert aber häufig dort, wo es gilt, Produkte über eine ganze Wertschöpfungskette (d.h. Unternehmen mehrerer Produktionsstufen – z.B. vom Baumwollanbau über die Spinnerei, die Gewebeherstellung, die Textilveredlung, die Kleidungskonfektion, den Vertrieb über den Handel) zu optimieren. Hier bestehen Verbesserungsmöglichkeiten häufig nur, wenn alle Partner eng zusammenarbeiten und gemeinsame Veränderungen anstoßen. Doch die (ökonomischen) Anreize dies zu tun, sind für die Partner in der Kette häufig unterschiedlich hoch. Oft bestimmen andere Themen die Abstimmung zwischen den Partnern, insbesondere wenn die ökologische Qualität eines Produktes für den Kunden nur von untergeordneter Bedeutung für seine Kaufentscheidung ist.

16.2.2 Strategie- und Kooperations-Schule

Diese Erfahrungen im Rahmen ökologischer Optimierung haben zu einem Perspektivenwechsel geführt und die Handelnden (die Akteure) der produktbezogenen ökologischen Optimierung stärker in den Blickpunkt gerückt. Denn nur wenn Anreize, Motivationen und Bedingungen bestehen, unter denen Unternehmen in der Wertschöpfungskette ökologisch sinnvoll erkannte Verbesserungen auch umsetzen, führt ein naturwissenschaftlich und technisch identifiziertes Verbesserungspotenzial auch wirklich zu Umweltentlastungen.

In diesem Zusammenhang sind Ansätze der „integrierten Produktpolitik" entstanden. „Unter dem Management von Stoffströmen der beteiligten Akteure wird das zielorientierte, verantwortliche, ganzheitliche und effiziente Beeinflussen von Stoffsystemen verstanden, wobei die Zielvorgaben aus dem ökonomischen und ökologischen Bereich kommen, unter Berücksichtigung von sozialen Aspekten. Die Ziele werden auf betrieblicher Ebene, in der Kette der an einem Stoffstrom beteiligten Akteure oder auf der staatlichen Ebene entwickelt." (Enquête-Kommission 1994, S. 549f). Stoffstrommanagement in diesem Sinne rückt die Akteure in den Mittelpunkt. Aus der reinen Ökologie und Stoffperspektive wird eine Akteursperspektive, die insbesondere die (ökonomischen) Handlungsanreize und Motivationen der Akteure zu verstehen sucht. Im Mittelpunkt steht die akteursorientierte markt- und strategieorientierte Gestaltung von Stoffströmen. Es wurde vermehrt auf Ansätze des Marketings, des Strategischen Managements, der Organisationstheorie, aber auch des Kostenmanagements zurückgegriffen (vgl. beispielhaft Goldbach 2002, Kirchgeorg 1999, Schneidewind 1998, Hummel 1997). Methodisch kommen hier auch häufig Umfragen und Fallstudien zum Einsatz. Die zahlreichen Ansätze in diesem Kontext sollen hier nicht einzeln referiert werden. Diese Konzepte sollen zusammenfassend als Strategie- und Kooperations-Schule charakterisiert werden (vgl. Seuring und Müller 2007).

Es stellt sich in diesem Kontext schnell die Frage, wer überhaupt die bestimmenden „Stoffstrommanager" sind? Wer bestimmt faktisch die ökologische Optimierung von Produkten und Stoffströmen (Unternehmen, die Konsumenten, der Staat)? Gibt es ihn überhaupt, den Stoffstrommanager oder ist er nur eine Fiktion? Findet die Stoffstromgestaltung vielmehr durch eine enge Verflechtung von Handlungen statt, die von einzelnen Akteuren gar nicht willentlich beeinflusst werden können?

16.2.3 Erfordernis für ein erweitertes Verständnis: Interpretatives Stoffstrommanagement

Die dem Stoffstrommanagement zugrunde liegende Akteursperspektive, ökologische und ökonomische Informationen aufzunehmen, sich Ziele zu setzen und diese dann in geeignete Maßnahmen umzusetzen, erscheint als unzureichend. Die Akteure werden häufig als reine Informationsverarbeitungs- und -optimierungsmaschinen angesehen. Zielkonformes Verhalten wird durch Steuerungsmechanismen, wie insbesondere staatliche oder auch betriebliche Kontrollen, Anreize und Sanktionen, sichergestellt.

Es bleiben viele Fragen unbeantwortet: Warum werden ökologische Optimierungen in Wertschöpfungsketten auch häufig dann nicht durchgeführt, wenn sie mit Kosteneinsparungen einhergehen? Warum kaufen umweltbewusste Konsumenten keine Ökoprodukte? Warum gibt es kaum modische, funktionale Ökoprodukte? Was verhindert die Durchsetzung ökonomisch und ökologisch vorteilhafter Innovationen in Wertschöpfungsketten? Wie wirken Branchenmentalitäten in Vorliefermärkten auf Wertschöpfungsketten zurück? Diese Fragen zu beantworten hatte sich das Forschungsprojekt (EcoMTex) zum Ziel gesetzt, welches an der Universität Oldenburg durchgeführt wurde. Dieses Projekt (siehe dazu unten ausführlich) zeigte, dass die eigentliche Herausforderung eines Stoffstrommanagements häufig auf einer nur schwer zu fassenden symbolischen Ebene liegt. Auch im Projekt ging es darum, das Handeln von Akteuren (den Faserproduzenten, den Textilherstellern, dem Handel, den Kunden) entlang der gesamten Wertschöpfungskette zu verändern. Dieses Handeln war jedoch häufig nicht durch „objektive" naturwissenschaftlich-technische bzw. ökologische Daten oder durch Kosten- und Marktdaten bestimmt, sondern durch z.T. subjektiv oder durch Organisationsroutinen geprägten Bilder dieser Bereiche. Diese Symbolsysteme galt es zu verstehen, um Stoffströme zu gestalten. Sie sind nicht objektiv, sie lassen sich nicht instrumentell abbilden, sie müssen durch die Akteure in der Branche interpretiert werden, um daraus Handlungen abzuleiten. Es sind

- die Vorstellungen von Kunden davon, was „modisch", „hochwertig" oder „innovativ" ist,
- die Vorstellungen von Designern, wie man am besten zu erfolgreichen Kollektionen kommt,
- die Vorstellungen von Einkäufern, welche Freiheitsgrade (z. B. Zahl der Lieferanten) in der Beschaffung benötigt werden, um gute Produkte anzubieten,
- die Vorstellungen in Unternehmen, wie Kosten geeignet auf Produkte geschlüsselt werden sollten, um den langfristigen Erfolg des Unternehmens sicherzustellen,
- die Vorstellungen von Chemikern und Toxikologen, wie ökologische Risiken einzustufen und zu klassifizieren sind,
- die Vorstellungen von Baumwollbauern, unter welchen Bedingungen die Umstellung auf eine „ökologische Produktion" lohnt.

16.3 Lösungsansätze: Grundlagen eines interpretativen Stoffstrommanagements

Dabei setzt eine solche interpretative Managementperspektive nicht bei „Null“ an. Die Bedeutung von Symbolsystemen für das Management von Unternehmen (vgl. z. B. Lester u.a. 1998, Osterloh 1993) und Wertschöpfungsketten (z. B. Ortmann 1995) sind in der modernen Managementforschung durchaus bekannt, wenn auch bisher erst in Ansätzen entwickelt. Hier setzt der vorliegende Beitrag an und will Bausteine für eine „Theorie eines interpretativen Stoffstrommanagements“ schaffen. Die Textilbranche bietet sich dafür als ideales Anwendungsfeld an, da durch die spezielle Bedeutung von Mode, die stoffliche Komplexität der Produkte und die globalen Wertschöpfungsketten ein besonders weiter Raum für Interpretationen auf unterschiedlichen Ebenen geschaffen wird.

Symbolsysteme sind Schemata oder Muster, mit deren Hilfe die Akteure die Realität wahrnehmen und strukturieren und insbesondere Komplexität reduzieren, um handlungsfähig zu bleiben. Sie werden im Folgenden auch als Wahrnehmungsmuster bezeichnet. In Anlehnung an Giddens (1997) können diese Symbole oder Wahrnehmungsmuster in interpretative Schemata und Normen unterteilt werden. Interpretative Schemata beziehen sich auf die Bedeutungsebene (Signifikationsebene). Im Rahmen von Signifikation weisen die Akteure ihren Handlungen einen Sinn zu. Normen zielen auf Legitimation ab, das heißt sie entscheiden darüber, ob eine Handlung als gut oder schlecht einzustufen ist.

Wertschöpfungsketten unterliegen einem komplexen Gefüge an Einflüssen. Diese reichen von Kundenbedürfnissen, unterschiedlichen technischen und ökonomischen Optionen bis hin zu einer großen Zahl möglicher Wertschöpfungspartner, die wieder über eine große Bandbreite an Handlungsoptionen verfügen. Das Stoffstrommanagement – verstanden als ökologisch stoffliche Optimierung in solchen Wertschöpfungsketten – findet mithin in einer äußerst dynamischen und unsicheren Umwelt statt. Konfrontiert mit einer solchen radikalen Unsicherheit, haben (Stoffstrom-)Manager große Probleme genau zu definieren, welche Ziele sie erreichen wollen und wie sie diese am besten erreichen können. Sie sind häufig außerstande, das zu lösende Problem exakt zu bestimmen, geschweige denn eine klare Lösung dafür zu definieren. Dies ist die radikale Perspektive, die Lester, Piore und Malek (1998) einnehmen, wenn sie in ihrem Ansatz eines interpretativen Managements die Möglichkeit verneinen, mit analytischen Ansätzen in solchen unsicheren Umgebungen erfolgreiches Management umzusetzen. Stoffstrommanager müssen demnach eine rein technisch-analytische Perspektive um eine weitere, die symbolische Perspektive ergänzen, um in der skizzierten Komplexität handlungsfähig zu bleiben.

Symbol-Systeme, verstanden als Werte- und Wahrnehmungs-Schemata, die helfen, die Handlungen zwischen Individuen und Organisationen zu koordinieren, erfüllen nun eine wichtige Funktion für das Management in solchen komplexen und unsicheren Umgebungen. Sie ermöglichen den Akteuren, Komplexität zu reduzieren, u. a. dadurch, dass sie Stabilität und Sicherheit in die Abstimmung zwischen Akteuren bringen. Dies kann z.B. durch etablierte Mechanismen zur Identifikation von Modetrends sowie Regeln zur Umsetzung in neue Produkte passieren oder durch definierte Qualitätsstandards, feste Regeln für die Produkt- und Prozessentwicklung, ebenso durch klar definierte Kostenrechnungssysteme, die die Entscheidungsfindung in Wertschöpfungsketten unterstützen.

Symbolsysteme entstehen durch gemeinsam gemachte Erfahrungen und Sozialisation in Organisationen und anderen Sozialsystemen. Der Rückgriff auf Symbole ermöglicht häufig die Verarbeitung komplexer Zusammenhänge durch Rückgriff auf wenige Informationen oder Artefakte. Gerade in massenmedial vermittelter Kommunikation (z.B. in Werbebotschaften, Fernsehnachrichten) spielen Symbole eine zentrale Rolle. Doch erfolgt dies nach gleichen Mechanismen auch innerhalb von Organisationen, wie insbesondere die Unternehmenskulturdebatte zeigt (vgl. Schein 1999). Der hier propagierte interpretative bzw. symbolische Zugang zu (Stoffstrom-)Management-Phänomenen hat mithin zahlreiche Bezugspunkte in der Werbe-/ Medienforschung, Organisationsforschung oder Kognitionspsychologie (Gibson 1986).

Symbolsysteme bilden sich häufig über einen sehr langen Zeitraum in Organisationen heraus. Sie hängen selbst wieder von Symbol-Systemen auf einer übergeordneten Ebene ab und werden auf diese Weise stabilisiert. Ein in einem Unternehmen etabliertes Kostenrechnungssystem ist dafür ein schönes Beispiel. Es wird in der Regel von allgemein in der Branche üblichen Kostenrechnungs-Regeln beeinflusst. Diese Industriestandards bilden sich häufig über Industrietraditionen, einen engen Wissenschaftsaustausch (z.B. durch die regelmäßige Einstellung von Absolventen aus Wirtschaftshochschulen) oder die üblichen Business-Software-Systeme (wie z.B. SAP R/3) ab. So ist z.B. die weite Verbreitung von Prozesskostenansätzen in bestimmten Branchen durch ein enges Netzwerk an Pionierunternehmen, wissenschaftlicher Forschung und ein Beraternetzwerk als Übersetzer zwischen Wissenschaft und Praxis zu erklären.

Ein effektives Stoffstrommanagement muss in der Lage sein, die dargestellten Symbolsysteme zu interpretieren, um Wertschöpfungsprozesse in einer umweltverträglichen Weise zu gestalten. Die verschiedenen Wahrnehmungs- und Interpretationsmuster müssen untereinander abgeglichen werden, um eine Antwort auf die im ersten Teil gestellten Fragen zu finden.

Vor diesem Hintergrund definieren wir interpretatives bzw. symbolisches Stoffstrommanagement wie folgt: Unter interpretativem Management von Stoffströmen der beteiligten Akteure wird das gestaltungsorientierte Beeinflussen von Symbolsystemen zur Steuerung von Stoffströmen verstanden, wobei ökonomische, ökologische und soziale Aspekte berücksichtigt werden. Die Einflussnahme auf Symbolsysteme geschieht dabei auf betrieblicher Ebene, in der Kette der an einem Stoffstrom beteiligten Akteure sowie auf marktlicher, staatlicher und gesellschaftlicher Ebene.

16.4 Zur Wirkung von Symbolen – drei Beispiele zu Öko-Textilien

Das Ziel des Forschungsprojektes EcoMTex (Ecological Mass Textiles) lag darin, Strategien und Instrumente zu entwickeln, um ökologische Bekleidungstextilien im Massenmarkt durchzusetzen. Das von 1999 bis 2002 vom BMBF geförderte Projekt wurde zusammen mit der Otto GmbH & Co. KG und der Steilmann GmbH & Co. KG durchgeführt (Goldbach 2002). Dabei erwies es sich als vorteilhaft, dass die gesamte Kette für ökologisch hergestellte Textilien quasi neu gestaltet werden musste. Daher konnten in diesem Fall mehr als die in der Literatur anzutreffenden dyadischen Strukturen analysiert werden. Was sich als Vorteil herausstellte, weil alle Bereiche des Stoffstrommanagements beobachtet werden konnten. Im Folgenden soll der Fokus weder auf den Material- und Informationsströmen noch auf der Akteursebene, sondern auf der interpretativen Ebene liegen. Dabei spielte die Einbeziehung aller Akteure in einen breiten Diskurs bei den folgenden drei Beispielen eine herausragende Rolle. Diese ist erforderlich, da sich unterschiedliche Kommunikationsebenen wechselseitig beeinflussen und unter Umständen für einen Bedeutungswandel im Sinne von veränderten Zuschreibungen nutzbar gemacht werden können.

16.4.1 Mode

Der Markt der Textilindustrie ist stark von Moden und Trends gekennzeichnet. „Mode“ kann als das dominanteste Symbolsystem der Textilbranche aufgefasst werden. Neben den generellen, schnell wechselnden Modetrends existieren am Markt sowie in der Gesellschaft ganz bestimmte Wahrnehmungsmuster von „ökologischer Bekleidung“, die überraschenderweise seit weit über 15 Jahren sehr konstant geblieben sind. Im EcoMTex-Projekt wurde, auf Basis interner Kundenstudien der Projektpartner Otto und Steilmann, festgestellt, dass selbst umweltbewusste Kunden nicht unbedingt Ökoprodukte kaufen. Dieses wird im wesentlichen mit mangelnden modischen und funktionellen Produkteigenschaften begründet. Ökoprodukte werden bei vielen Kunden als kratzig, labberig, blassfarbig und langweilig angesehen. Das Bild von Wollsocken und Strickpulli als Bild der „Öko-Fuzzis“ und „Müsli-Fresser“ lebt weiter (vgl. Fischer 2002).

Darüber hinaus wird damit eine bestimmte politische Einstellung verbunden: „Wer so was anzieht, geht auch demonstrieren“. Darüber hinaus werden auch umweltbewusste Kunden nicht unbedingt von einem moralisierenden Öko-Marketing angesprochen, welches zumindest bei den traditionellen Ökoanbietern noch weit verbreitet ist. Mode soll Spaß machen und zum Erlebnis werden (vgl. Fischer 2002).

Ökologisch optimierte Produkte müssen allerdings nicht in diesem Sinne „öko“ aussehen, um ökologisch zu sein, sondern können hochmodisch und technisch innovativ sein. Im EcoMTex-Projekt wurde solche zugleich hochmodische als auch funktionale und ökologisch-optimierte Kleidung entworfen bzw. entwickelt. Vermeintlich stünde damit einer Ökologisierung der Textilbranche nichts mehr im Wege. Ein entscheidendes Hemmnis sind aber die bestehenden Wahrnehmungsmuster von Öko-Textilien – wie sich im EcoMTex-Projekt zeigte. Der Vorschlag, ein bauchfreies Top in grellen Farben in Ökoqualität herzustellen, löste sowohl bei den Kunden als auch in den Marketingabteilungen Verwirrung oder Ablehnung aus: „Das ist doch dann nicht mehr „öko“ oder „Und das soll „öko“ sein?“ Dieses Problem gleicht einem symbolischen Teufelskreis. Einerseits wirkt das bestehende Öko-Look-Image so abschreckend auf viele Kunden, dass sie sich bewusst davon abgrenzen wollen, andererseits sind die damit verbundenen gesellschaftlichen Wahrnehmungsmuster jedoch so festgefahren, dass sich neue modisch-funktionale Ökoprodukte kaum am Markt durchzusetzen vermögen, weil sie nicht „öko“ genug sind (vgl. Fischer 2002).

Von diesem Teufelskreis sind insbesondere die „klassischen“ Anbieter ökologischer Kleidung betroffen. Sie aktivieren in der Regel durch den Unternehmensauftritt selbst die oben angesprochenen ökologischen Wahrnehmungsmuster und damit verbundenen Doppelbindungen, denen nicht zu entkommen ist (vgl. Fischer 2002).

Ein Weg, der im EcoMTex-Projekt gegangen wurde, ist der komplette Ausbruch aus diesen Wahrnehmungszirkeln. Er steht faktisch nur Unternehmen offen, die nicht schon per se als Gesamtunternehmen als ökologischer Nischenanbieter wahrgenommen werden. Für erstere ist es möglich, zugleich modische als auch ökologisch optimierte Kleidung in Märkten einzuführen und bei der Kommunikationspolitik für diese Kleidung peinlich darauf zu achten, ebenfalls keine klassischen ökologischen Denkschemata auszulösen. Im Falle der im EcoMTex-Projekt beteiligten Unternehmen (Otto und Steilmann) geschah dies durch eine Kommunikation, die auf „Lifestyle" und „Innovation" setzte und die ökologisch optimierte Produkte nicht mehr einzeln auswies, sondern vollkommen in das Gesamtsortiment der Unternehmen integrierte. Dieses Beispiel zeigt sehr schön die Interaktion unterschiedlicher Symbolwelten und deren Verknüpfung. Der Bezug auf andere Symbolsysteme (Lifestyle) ermöglicht hier eine Neuinterpretation und damit unter Umständen eine Beeinflussung der Stoffstromebene.

16.4.2 Kostenrechnungssysteme

Anders als im öffentlichen Umgang häufig suggeriert, sind „Kosten" kein objektiv zu ermittelndes Datum. Als bewerteter Güterverzehr unterliegt die Berechnung von Kosten vielmehr umfassenden Bewertungs- und Zurechnungsspielräumen. Die Nutzung dieser Interpretationsspielräume hängt von den mit den Kosteninformationen beabsichtigten Zwecken ab (z.B. Target Costing oder Total Cost of Ownership). Und innerhalb von Unternehmen und Wertschöpfungsketten treffen Akteure aufeinander (die Shareholder, das Management, Leiter einzelner Abteilungen, Kunden und Lieferanten), die sehr unterschiedliche Zwecke verfolgen und daher häufig aktiv darauf einzuwirken suchen, wie das Symbolsystem „Kostenrechnung" genau auszugestalten ist. Mythen, wie diejenigen, dass Kosten objektiv, exakt und im wesentlichen produktionsbestimmt seien, entlarven sich sehr schnell vor einer solchen Perspektive.

Auch für die Ökologisierung von Stoffströmen spielt die Ausgestaltung des Symbolsystems Kostenrechnung eine zentrale Rolle. Im EcoMTex-Projekt zeigte sich die restringierende Wirkung der in der Textilbranche weit verankerten pauschalen Zuschlagskalkulation als ein großes Hindernis für die Durchsetzung ökologischer Innovationen. Wenn sich die Kosten für den Bearbeitungsschritt einer nachgelagerten Wertschöpfungsstufe (z.B. das Spinnen von Baumwolle) durch einen prozentualen Aufschlag auf den Einkaufspreis des Vorproduktes (hier z.B. der Roh-Baumwolle) berechnen, dann multipliziert sich ein anfänglich nur geringfügig höherer Rohstoffpreis (z.B. für kontrolliert-biologisch angebaute statt konventionelle Baumwolle) über die verschiedenen Wertschöpfungsstufen zu einem gewaltigen Differenzbetrag beim Endprodukt. Aus 50 Cent Mehrpreis für die Baumwolle am Anfang können dann schnell 20 Euro beim fertigen Sweatshirt werden, obwohl außer der teureren Baumwolle auf die weiteren Verarbeitungsschritte kein erheblicher Mehraufwand angefallen ist (vgl. hierzu Goldbach 2001).

Die Veränderung des Symbolsystems (z.B. Einsatz einer Prozesskostenrechnung statt einer solchen auf die Einkaufspreise ausgerichteten Zuschlagsrechnung) eröffnet dann ganz andere Möglichkeiten zum Vertrieb ökologisch optimierter Textilien im Markt. Ökologische Massenmarktprodukte und damit auch in relevanten Mengen ökologisch beeinflusste Stoffströme werden auch hier erst durch Einflussnahme auf Symbolsysteme möglich.

16.4.3 Bewertungssysteme

Zentrale Symbolsysteme in der Schnittstelle zwischen Unternehmen, der Wertschöpfungskette sowie Politik und Gesellschaft sind ökologische Bewertungssysteme. Solche Bewertungs- und Klassifizierungsraster sind nicht naturwissenschaftlich determiniert, auch wenn sie sich stark auf naturwissenschaftliche Erkenntnisse stützen. Sie sind vielmehr das Ergebnis von Interpretations- und Aushandlungsprozessen zwischen einer großen Zahl an Akteuren. Der

Bewertungsdiskurs bedient sich dabei unterschiedlichster Argumentationssymbole aus anderen Bereichen (Politik, Wissenschaft, Ökonomie), um erfolgreich zu sein.

Ein eindrucksvolles Beispiel aus der Textilbranche sind so genannte Klassifikationsschemata für Textilhilfsmittel (ähnliche Schemata existieren aber auch für Stoffe in anderen Bereichen). Mit einem solchen Schema wird eine große Zahl eingesetzter chemischer Produkte (in der Textilveredlung sind dies viele Tausend unterschiedlicher Produkte, die in der Branche zur Anwendung kommen) in eine überschaubare Zahl von Gefährdungsklassen eingeteilt: Produkte der Klasse I gelten demnach z.B. als ökologisch völlig unbedenklich, solche der Klasse II als im Hinblick auf den einzelnen Fall zu prüfen, solche der Klasse III als ökologisch sehr bedenklich.

Das Klassifikationsschema reduziert die Komplexität für den Produktanwender erheblich. Textilveredler sind oft kleine oder mittelständische Unternehmen, die überhaupt nicht über die notwendigen Ressourcen verfügen, um alle von ihnen eingesetzten Produkte differenziert bewerten zu können. Anhand des Klassifikationsschemas können sie auf einfache Weise den Einsatz der von ihnen verwendeten Textilhilfsmittel steuern. So könnte z.B. ein ökologisch besonders sensibles Unternehmen entscheiden, nur noch Produkte der Klasse I einzusetzen oder ein Unternehmen, das ökologische Risiken vermeiden will, sich entscheiden, auf Produkte der Klasse III in Zukunft vollkommen zu verzichten. Die Klassifikationsschemata sind mithin ein Symbolsystem, das erhebliche Auswirkungen darauf hat, wie die Stoffströme in diesem Bereich ökologisiert werden.

Welches konkrete Textilhilfsmittel nun in welcher Klasse landet, entscheidet sich an den zahlreichen Stellschrauben eines solchen Klassifikationsmodells: Das Modell muss festlegen, welche ökologisch relevanten Kriterien überhaupt erfasst werden (z.B. Toxizität, biologische Abbaubarkeit, Zugehörigkeit zu bestimmten Schadstoffgruppen) und wie für jedes der berücksichtigten Kriterien die Grenzwerte festgelegt werden, z.B. ab welcher Abbaurate nach OECD kann keine Einstufung mehr in Klasse I erfolgen. Keine dieser Stellschrauben ist quasi objektiv gesetzt. Sie ergibt sich bei Verhandlungsprozessen zwischen Akteuren oder baut selber wieder auf darunter gelagerten Symbolsystemen auf (z.B. der Frage, welche Testmethoden zur Messung biologischer Abbaubarkeit sich über Jahrzehnte in der wissenschaftlichen Community etabliert haben).

So liegen in der politischen Diskussion und in Wertschöpfungsketten zahlreiche ökologische Bewertungs- und Klassifizierungsschemata zur Beurteilung der ökologischen Wirkungen von verschiedenen (Vor-)Produkten wie Textilhilfsmitteln vor. In der Textilindustrie hat u.a. der Branchenverband der Textilhilfsmittelhersteller (TEGEWA) ein solches Schema vorgelegt, das nach intensiven Diskussionen mit politischen Akteuren (z.B. Umweltministerium, Umweltbundesamt) leicht modifiziert zur Grundlage einer freiwilligen Branchenselbstverpflichtung und damit faktisch zu einem Leitschema für die deutsche Textilveredlungsbranche wurde.

Interpretatives Stoffstrommanagement bedeutet in diesem Fall die Einflussnahme auf solche Symbolsysteme. Diese können jedoch nicht im „freien Raum" beliebig verändert werden. In der Regel ist die Weiterentwicklung pfadabhängig und knüpft an bisherige Symbolsysteme an. Im EcoMTex-Projekt wurde dem Rechnung getragen, indem das Projekt in enger Abstimmung mit den Branchenakteuren das TEGEWA-Klassifikationsschema auf weitere Produktgruppen (Textilfarbstoffe) angewendet hat. Ein solcher Aushandlungsprozess bezieht sich wieder auf unterschiedlichste Kommunikationsebenen. Er ist nur erfolgreich, wenn an politische und naturwissenschaftliche Argumentationsmuster angeknüpft wird und sich diese Ebenen im Diskurs kompatibel zeigen bzw. neue Bedeutungsmuster entstehen können.

16.5 Schlussbetrachtung

Das Aufgabengebiet des Stoffstrommanagers umfasst neben der möglichst detaillierten Abbildung von physischen Stoffströmen in der Tradition von Ökobilanzen und Lebenszyklus-/Produktlinienanalysen und der Akteursanalyse auch das Management von Symbolen. Der Stoffstrommanager ist somit sowohl Substanz- als auch Symbolmanager. Als Symbolmanager fungiert er quasi als Übersetzer zwischen verschiedenen Symbolsystemen, interpretativen Schemata, Wahrnehmungsmustern und Metaphern.

Im Rahmen dieser Übersetzerrolle muss er zwischen den Symbolsystemen der verschiedenen Akteure innerhalb von Unternehmen, unternehmensübergreifend, innerhalb von Wertschöpfungsketten sowie zwischen Unternehmen und Politik bzw. Gesellschaft vermitteln. Er fungiert als „boundary spanner" zwischen den Systemen.

Hierfür müssen interpretative Stoffstrommanager mit den Strukturen der jeweiligen Systeme vertraut sein und deren Sprache sprechen. Daher reicht ein einfacher Symbolwechsel für eine nachhaltigere Gestaltung von Stoffströmen allein nicht aus, er wird ergänzt durch die Kommunikation mit und Bezug auf andere Symbolsysteme. Der Naturwissenschaftler und Techniker, welcher sich in biologischen und chemischen Ursache-Wirkungsbeziehungen bis ins Detail auskennt, muss zusätzlich zum „Interpret" und „Kommunikator" werden, der idealerweise mehrere Symbolsprachen spricht und zwischen diesen vermittelt. Die einzelnen Systeme beziehen sich aufeinander und können sich wechselseitig beeinflussen. Anstatt fokussierter Spezialisten sind zunehmend Generalisten gefragt, die sich in unterschiedliche Symbolsysteme eindenken können und die anstatt hochspezialisierter Türme, verbindende Brücken zu bauen vermögen. In Tabelle 16.1 sind alle drei erforderlichen Perspektiven zum Management von Stoffströmen überblicksartig aufgeführt.

Sowohl die praktische Umsetzung als auch die Forschung zum interpretativen Stoffstrommanagement stehen erst am Anfang. Dahinter verbirgt sich ein Management und Forschungsprogramm, das in den kommenden Jahren vor folgenden Herausforderungen steht:

- theoretisch noch besser zu verstehen, wie die Steuerung über Symbolsysteme funktioniert,
- in vielen konkreten empirischen Beispielen die Wirkmechanismen symbolischer Steuerung zu untersuchen,
- verbesserte Handlungsempfehlungen für interpretative Stoffstrommanager abzuleiten.

Hierzu sollten weitere empirische Forschungen zu existierenden Symbolsystemen in Stoffströmen (Organisations-/Kettenkultur: Basisannahmen, Werte) vorgenommen werden. Weiterhin wären Forschungen zu Best Practice Fällen einer erfolgreichen Veränderung von Symbolsystemen hilfreich. Ein solches Forschungsprogramm im Kontext einer Industrial Ecology kann helfen komplexe Zusammenhänge und Wechselwirkungen zwischen den Industriesystemen (verstanden als sozio-ökonomische Systeme) und dem Ökosystem zu verstehen und Chancen für eine nachhaltige Nutzung von Ressourcen und Energie aufzeigen.

Tabelle 16.1 Die drei Perspektiven des Stoffstrommanagements

	Leitdisziplin	Wichtigste Ziele der Perspektive	Wichtigste Analyseinstrumente
Stoffperspektive	Naturwissen-schaften	Verständnis der wichtigsten ökologischen Effekte von Stoffströmen, Aufdeckung technischer Gestaltungsperspektiven	Ökobilanzierung, Stoffflussanalysen
⇩			
Ökonomische Akteurs-perspektive	Wirtschafts-wissenschaften	Verständnis der ökonomischen Logik der Akteure, Verständnis von Anreizen für ökologische Veränderungen	Analyse der Öko-Effizienz, Ökonomische Handlungsanreize
⇩			
Symbolische/ kulturalistische Perspektive	Sozial-/Kultur-wissenschaften	Verständnis der sozialen und kulturellen Dynamik innerhalb und außerhalb von Wertschöpfungsketten	Hermeneutik, Untersuchung von Organisationskulturen

16.6 Literatur

Enquête Kommission „Schutz des Menschen und der Umwelt des Deutschen Bundestages" (Hg.) (1994): *Die Industriegesellschaft gestalten – Perspektiven für einen nachhaltigen Umgang mit Stoff- und Materialströmen*. Economica, Bonn.

Fischer, D. (2002): *Das Wollsocken-Image überwinden – Kleidung als Kommunikationsmedium und das Marketing von Öko-Textilien*. *GAIA*, 11 Nr. 2, S. 123-128.

Gibson, J.J. (1986): *The ecological approach to visual perception*. Lawrence Erlbaum Associates, London.

Giddens, A. (1997): *The Constitution of Society – Outline of the Theory of Structuration*, first published 1984, Polity Press, Cambridge.

Goldbach, M. (2001): *Managing the Costs of Greening: A Supply Chain Perspective*. Conference Proceedings Business Strategy and the Environment Conference, September 10th/11th 2001, Leeds/ England, S. 109-118.

Goldbach, M. (2002): *Coordination in Green Value Networks – The Example of Eco-Textile Networks*. Conference Proceeding of the Business Strategy and the Environment Conference 2002, Manchester, S. 103-112.

Hummel, J. (1997): *Strategisches Öko-Controlling*. Gabler Verlag, Wiesbaden.

Kirchgeorg M. (1999): *Marktstrategisches Kreislaufmanagement: Ziele, Strategien und Strukturkonzepte*. Gabler Verlag, Wiesbaden.

Lester, R. K.; Priore, M. J.; Malek, K. M. (1998): *Was Manager von Designern lernen können*. Harvard Business Manager, 20. Jg., 5,98, S. 26-35. Original in: Lester, R. K.; Priore, M.

J.; Malek, K. M. (1998): *Interpretive Management: What General Managers Can Learn from Design*. Harvard Business Review, März-April 1998, S. 87-96.

Ortmann, G. (1995): *Formen der Produktion*. Westdeutscher Verlag, Opladen.

Osterloh, M.: (1993): *Interpretative Organisations- und Mitbestimmungsforschung: eine methodologische Standortbestimmung*. Schäffer-Poeschel-Verlag. Stuttgart.

Schein, E. (1999): *Corporate Culture*. Wiley, New York.

Schneidewind U. (1998): *Die Unternehmung als strukturpolitischer Akteur: kooperatives Schnittmengenmanagement im ökologischen Kontext*. Metropolis, Marburg.

Seuring, S.; Müller, M. (2007): *Integrated chain management in Germany – identifying schools of thought based on a literature review*, in: Journal of Cleaner Production, Jg. 15, S. 699-710.

Souren R. (2002): *Konsumgüterverpackungen in der Kreislaufwirtschaft: Stoffströme - Transaktionsprozesse – Transaktionsbeziehungen*. Gabler Verlag Wiesbaden.

Spengler T. (1998): *Industrielles Stoffstrommanagement – Betriebswirtschaftliche Planung und Steuerung von Stoff- und Energieströmen in Produktionsunternehmen*. Schmidt Verlag, Berlin.

17 Das industrielle sozialökologische Regime und globale Transitionen

Marina Fischer-Kowalski, Helga Weisz

Die industrielle Ökologie hat sich bisher vorwiegend als Wissenschaftsfeld verstanden, das sich der Analyse der industriellen Produktionsweise widmet, mit dem Ziele diese in Richtung ökologischer Verträglichkeit zu verändern. Unser Beitrag geht von der Überlegung aus, dass sich die industrielle Ökologie ihrem Gegenstand etwas grundsätzlicher nähern müsste, wenn sie im weiten Feld der *sustainability science* eine Rolle spielen will. Wir schlagen vor, den bisherigen Analyserahmen um Fragen nach den Bedingungen der Möglichkeiten industrieller Produktion zu erweitern, und das heißt, sich mit dem gesellschaftlichen Metabolismus der Industriegesellschaft auseinanderzusetzen.

Dies erfordert zweierlei: Zum einen ein Verständnis nicht nur industrieller, sondern auch gesellschaftlicher Systeme, und zwar in einer an die Sozialwissenschaften anschlussfähigen Weise. Zum anderen eine präzise Vorstellung davon, was den Metabolismus der Industriegesellschaft auszeichnet, und was ihn vom Metabolismus anderer, nicht industrieller Gesellschaftstypen unterscheidet. Damit, so denken wir, können die Möglichkeiten, aber auch die bio-physischen Limitierungen einer Umgestaltung der industriellen Produktions- und Konsumweise zu einem nachhaltigen gesellschaftlichen Metabolismus besser erkannt werden. Dies zu demonstrieren ist das Ziel des folgenden Beitrags.

17.1 Die (menschliche) Gesellschaft und ihre Beziehung zu natürlichen Systemen

Wie können wir eine *menschliche Gesellschaft* definieren? Über diesen Begriff besteht weder innerhalb der sozialwissenschaftlichen Disziplinen noch bei den Disziplinen untereinander Konsens. Für unsere anschließenden theoretischen Ausführungen müssen wir die menschliche Gesellschaft (nachstehend der Kürze halber als „Gesellschaft" bezeichnet) mit ihrer natürlichen Umwelt, oder, ganz direkt ausgedrückt, mit der Natur in Beziehung setzen. Und wir werden auch die Gesellschaften miteinander in Beziehung setzen müssen. Tauschbeziehungen mit anderen Gesellschaften können funktionale Substitute für physische Interaktionen, z. B. Rohstoffentnahmen, Abfälle oder Emissionen, mit der natürlichen Umwelt der eigenen Gesellschaft sein. Tauschbeziehungen haben jedoch Auswirkungen auf die Umwelt der jeweils anderen Gesellschaft. Folglich müssen wir in der Lage sein, die gesellschaftsübergreifenden Wirkungsketten zu beschreiben. Darüber hinaus möchten wir diesen Begriff auf menschliche Gemeinschaften aus allen historischen Bezügen und weltweit anwenden können.

In der Soziologie findet man den Begriff „Gesellschaft" häufig bezogen auf eine soziale Einheit, bestehend aus einer Bevölkerung, die auf einem bestimmten Territorium lebt, durch eine gemeinsame Kultur integriert ist[1], sowie durch politische Gemeinsamkeiten, wie gemeinsame Verfahren der Entscheidungsfindung, Methoden zur Durchsetzung von Entscheidungen, gemeinsame wechselseitige Verantwortlichkeiten, wie z.B. Mitwirkungspflichten, und für den Notfall eine gewisse Fürsorgegarantie (siehe zum Beispiel Giddens 1989). Während in der Soziologie die Idee eines gemeinsamen Regierungssystems (wie im modernen Nationalstaat) für den Begriff der Gesellschaft besondere Bedeutung hat, unterstreicht die kulturelle Anthropologie stärker den funktionalen Aspekt der wechselseitigen Abhängigkeit und Reproduktion.[2]

Für die Zwecke einer sozial-metabolischen Analyse von Gesellschaft ergibt diese Definition durchaus Sinn. Gesellschaft als soziale Einheit mit der Funktion der Reproduktion einer menschlichen Population innerhalb eines Territoriums zu begreifen, die sich dabei von einer bestimmten Kultur leiten lässt, scheint hinreichend abstrakt, um auf unterschiedliche historische Umstände anwendbar zu sein. Darüber hinaus ist es wichtig zu erkennen, dass Gesellschaft – nach dieser Definition – auf eine bisher noch nicht eindeutig spezifizierte Weise symbolische Elemente, wie Kommunikation und deren Gestaltung, die eigenen Bedeutungsregeln unterliegen und nur aufgrund ihrer Sinnhaftigkeit („Kultur") wirken, *und* physischen Elemente, die den Regeln der Physik und Biologie unterliegen, verbindet. Es ist allerdings ebenso wichtig zu erkennen, dass eine nähere Bestimmung dessen, was unter symbolischen Elementen oder Kultur gemeint ist, von dieser Definition noch nicht geleistet wird.

Wenn wir in der gegenwärtigen Soziologie die elaborierteste Theorie eines sozialen Systems suchen, das die Eigengesetzlichkeit des Sozialen in den Mittelpunkt stellt, so finden wir sie in der systemtheoretischen Gesellschaftstheorie des deutschen Soziologen Luhmann. Sein Begriff der Gesellschaft ist frei von jeglichen materiellen, physischen Bestandteilen. Gesellschaft ist nach Luhmann das Sozialsystem, welches alle Kommunikationen in sich einschließt (Luhmann 1984 und 1997). Menschen als physische Personen gehören zur Umwelt der Gesellschaft, wie alle übrigen materiellen Komponenten, wie Habitat/Territorium, physische Infrastruktur oder Artefakte.

Diese systemtheoretisch informierte Bestimmung von Gesellschaft erlaubte es Luhmann, eine bis dahin unerreichte Kohärenz und Tiefenschärfe in der Beschreibung moderner Gesellschaften zu erreichen. Der Preis dafür ist jedoch eine beträchtliche Verkomplizierung der Beschreibung der physischen Austauschbeziehungen zwischen Gesellschaften und ihrer materiellen Umwelt. Denn ein rein symbolisches System kann nicht direkt auf biophysische Objekte wirken. Für Gesellschaft im Luhmannschen Sinn bedarf es eines außerhalb des Kommunikationssystems befindlichen Agenten, um Kommunikation biophysisch wirksam werden zu lassen. Es ist nahe liegend, dass dieser Agent der Mensch sein kann und sein muss - als hybrides Wesen, das in beiden Welten zuhause ist, der mit Symbolik vertraut und folglich ein Kommunikator, aber auch eine körperliche Kreatur mit der Fähigkeit zu physischem Handeln ist.

---

[1] wie z. B. eine gemeinsame Sprache, ein Gesetzgebungssystem, eine Währung und ein gewisses Minimum an gemeinsamen Alltagskonventionen und -gepflogenheiten.

[2] Wie in der Lehrbuchdefinition von Harris, nach der die Gesellschaft eine „organisierte Gruppe von Menschen [ist], welche in demselben Habitat leben und für ihr Überleben und Wohlergehen voneinander abhängig sind". „Jede Gesellschaft hat eine Gesamtkultur", so Harris weiter, die jedoch nicht gleich sein muss für alle Mitglieder der Gesellschaft (Harris 1987, p. 10).

Gibt es eine Möglichkeit, das Analysepotential der Theorie sozialer Systeme mit einer Bestimmung von Gesellschaft, die auch biophysische Element enthält, zu verbinden? Wir denken, ja. Dafür scheint es zweckmäßig, zwischen „Gesellschaft“ und „Kultur“ zu unterscheiden und beide Begriffe zu verwenden. Übernimmt man das Kommunikationssystem von Luhmann für die Kultur[3] und gestattet man der Gesellschaft, einige materielle Züge beizubehalten, so scheint dies die für eine sozial-metabolische Analyse am besten geeignete Lösung: Sie ermöglicht uns, Gesellschaft als ein Hybrid zu betrachten, das den Bereichen der Kultur, Sinnhaftigkeit und Kommunikation, und der materiellen Welt angehört.[4] Die Gesellschaft umfasst nach unserem Verständnis sowohl ein kulturelles System als System rekurrierender selbstreferentieller Kommunikation, als auch materielle Komponenten: eine bestimmte menschliche Population, und – dies ist die Kernaussage unseres Verständnisses der Wechselbeziehung zwischen Gesellschaft und Natur – eine physische Infrastruktur (Gebäude, Maschinen, in Gebrauch befindliche Artefakte und Nutztiere), welche man in ihrer Gesamtheit als „biophysische Strukturen der Gesellschaft“ definieren kann (Weisz et al. 2001, S. 121, Fischer-Kowalski and Weisz 1999). Über diese biophysischen Strukturen der Gesellschaft interagiert die Kultur mit der Natur: Beide können einander nur mittelbar und stets nur nach ihren eigenen Regeln beeinflussen. Begreift man sie auf diese Weise, sind Gesellschaften nicht „Systeme“ im engen Sinne der Systemtheorie, sondern stellen eher eine „strukturelle Kopplung“ eines kulturalen Systems mit materiellen Elementen dar (Weisz 2002).

Abschließend können wir sagen: Wir begreifen Gesellschaft als strukturelle Kopplung zwischen einem kulturellen System und materiellen Elementen, darunter als funktionaler Fokus die menschliche Population. Gesellschaft wird gleichzeitig von zwei Programmen, zwei Arten von Software gesteuert: einer kulturellen Software (welche die Sinnhaftigkeit bestimmt und die Absichten formt) und einer natürlichen Software, welche die materielle Effektivität bestimmt. Dies hat die Gesellschaft mit allen anderen *sozialen* Einheiten gemein.

Die Gesellschaft in ihrer Gesamtheit darf man folglich nicht als Teilsystem eines Ökosystems betrachten, wie es in der naturwissenschaftlich-basierten Nachhaltigkeitsforschung (Berkes and Folke 1998) häufig konzeptualisiert wird. Andererseits unterschätzen wir nicht die Relevanz biophysischer Aspekte oder konzeptualisieren Sozialsysteme bar jedweder materiellen, biophysischen Bestandteile, wie es häufiger in den Geisteswissenschaften, der Soziologie und in den Wirtschaftswissenschaften geschieht.

Wie Abb. 17.1. zeigt, erlaubt dieser Begriff von Gesellschaft die Benennung eines epistemologischen Rahmens für die Interaktion sozialer und natürlicher Systeme. Er umfasst einen „natürlichen“ oder „biophysischen“, durch Naturgesetze bestimmten Kausalitätsbereich sowie einen „kulturellen“ oder „symbolischen“ Kausalitätsbereich, welcher durch symbolische Kommunikation reproduziert wird.

---

[3] Die Terminologie nähert sich Rolf Peter Sieferles Auffassung von Kultur ((Sieferle, 1997a)), entfernt sich hingegen von den Traditionen der kulturellen Anthropologie und den meisten soziologischen Autoren.

[4] Der Begriff „hybrid“ als wissenschaftlicher Begriff stammt aus der Biologie, wo er sich auf die „Nachkommen einer Kreuzung zwischen zwei unterschiedlichen Stämmen, Sorten, Rassen oder Arten" bezieht (Walker (Hg.), 1989). In der Soziologie wird er in ganz ähnlicher Weise wie von uns, vor allem von Bruno Latour (1998) gebraucht.

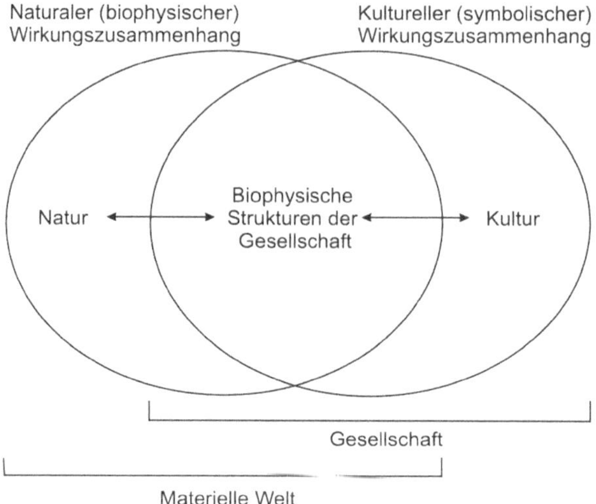

Abbildung 17.1. Sozialökologische Systeme als Überlappung eines natürlichen und eines kulturellen Kausalitätsbereichs

Diese beiden Bereiche überlappen sich und bilden die hier so genannten „biophysischen Strukturen der Gesellschaft".[5] Nach diesem Konzept kann der Interaktionsprozess zwischen Natur und Kultur nur über diese gesellschaftlichen biophysischen Strukturen erfolgen.

17.2 Sozialökologische Regime, historische Entwicklung und Übergänge

Ein sozialökologischer Übergang ist nach unserem Verständnis ein Übergang von einem sozialökologischen Regime zu einem anderen. Wie definieren wir aber ein sozialökologisches Regime? Ein sozialökologisches Regime ist ein bestimmtes grundlegendes Muster der Interaktion zwischen (menschlicher) Gesellschaft und natürlichen Systemen. (Fischer-Kowalski and Haberl 2007).

Betrachten wir die Gesellschaft als Hybrid, welches ein autopoietisches kulturelles System und materielle Elemente umfasst, an die es strukturell gekoppelt ist, dann müssten gerade die

[5] Dieses Konzept ähnelt dem von Schellnhuber vorgeschlagenen Konzept, das Erdsystem als aus zwei Hauptkomponenten, N und H, bestehend, zu definieren, wobei davon ausgegangen wird, dass N (das natürliche System) Komponenten wie die Atmosphäre, die Biosphäre, die Kryosphäre usw. umfasst, und H (von Schellnhuber als „der Humanfaktor" bezeichnet) aus der so genannten „physischen Teilkomponente" oder „Anthroposphäre" besteht (Wortlaut Schellnhuber (1999), u. einer „metaphysischen" Teilkomponente, welche mit dem Begriff „Kultur", wie in Abb. 15.1 dieses Artikels verwendet, annähernd vergleichbar ist. Schellnhubers Konzept mangelt es jedoch am Verständnis der menschlichen Gesellschaft – sowohl in ihren physischen als auch in ihren „metaphysischen" oder kulturellen Aspekten – als komplexes autopoietisches System.

Interaktionen zwischen der Gesellschaft und ihrer materiellen Umwelt entscheidende Bedeutung für die Entwicklung der Gesellschaft selbst haben. Dies ist in der Tat die Kernhypothese von Maurice Godelier, dessen Werk unser Verständnis der Zusammenhänge zwischen Gesellschaft, Natur und Geschichte beeinflusst hat. Godelier formuliert sein Kernhypothese in der Einführung zu *The Mental and the Material* folgendermaßen: „*Der Mensch hat eine Geschichte, da er die Natur verändert.* Und diese Fähigkeit gehört zur Natur des Menschen. Der Gedanke ist, dass von allen Kräften, die den Menschen bewegen und ihn neue Gesellschaftsformen erfinden lassen, die bedeutendste Kraft seine Fähigkeit ist, sein Verhältnis zur Natur zu verändern, indem er die *Natur selbst* verändert" (Godelier 1986, p.1).

Betrachten wir nun die Gesellschaft als bevölkerungsreproduzierend, stellen wir fest, dass dies durch die Interaktion mit natürlichen Systemen geschieht, durch die Lenkung von Energie- und Stoffströmen aus ihrer und in ihre Umwelt, durch besondere Technologien und durch die Transformation natürlicher Systeme mittels Arbeitskraft und Technologie auf ganz spezifische Weisen, um sie für die Zwecke der Gesellschaft geeigneter zu machen. Dies wiederum löst beabsichtigte und unbeabsichtigte Veränderungen in der natürlichen Umwelt aus, auf welche die Gesellschaften reagieren. Wir betrachten dies als co-evolutionären Prozess: Die Gesellschaften werden mit Teilen ihrer Umwelt strukturell gekoppelt; dies führt zu einem Prozess, bei dem Gesellschaft und Umwelt ihre künftigen Entwicklungsoptionen wechselseitig beschränken.[6] Der co-evolutionäre Prozess wird dann durch die spezifische Austauschbeziehung mit der Umwelt aufrechterhalten, durch die besondere Weise, in der eine Gesellschaft mit bestimmten natürlichen Systemen interagiert. In diesem co-evolutionären Prozess können wir idealtypische „Zustände" identifizieren, d.h., Muster der Interaktionen zwischen Gesellschaft und Natur, welche über längere Zeit mehr oder weniger stabil bleiben („sozialökologische Regime"), sich untereinander aber grundlegend unterscheiden.

Ganz allgemein gehalten, entsprechen sozialökologische Regime in der Universalgeschichte dem, was viele Autoren unter Verwendung unterschiedlicher Begriffe als menschliche Subsistenzweisen (Boyden 1992, Diamond 1997, Gellner 1988, Sieferle 1997b) bezeichnet haben. Die Übergänge zwischen diesen „modes of subsistence" sind so fundamental, dass man sie häufig als „Revolutionen" bezeichnete, als neolithische Revolution (der Übergang von der Gesellschaft der Jäger und Sammler zur agrarischen Gesellschaft) und als industrielle Revolution (der Übergang von der Agrar- zur Industriegesellschaft). Diese Übergänge oder Regimewechsel provozieren eine Reihe von Fragen: Warum blieben bestimmte sozialökologische Regime nicht auf Dauer bestehen, oder, anders gesagt, warum waren sie nicht nachhaltig? Warum vollzog sich beispielsweise ein Übergang von der Subsistenzweise der Jäger und Sammler zur agrarischen Gesellschaft? Und warum setzte nach rund 10.000 Jahren agrarischer Gesellschaft ein von uns als industrielle Revolution bezeichneter Übergang ein, der zu einer neuen „mode of subsistence" führte, die noch immer so dynamisch ist, dass wir es schwierig finden, sie überhaupt als sozioökologisches Regime mit einer gewissen dynamischen Stabilität zu betrachten? Und wie steht ein künftig mögliches, „nachhaltiges" sozioökologisches Regime, welches wir vielleicht anstreben, in Beziehung zu all dem? Dies sind in der Tat weitreichende Fragen, und obwohl wir nicht anstreben, sie in diesem Beitrag zu beantworten, glauben wir doch, dass sie den für die richtige Einordnung des Übergangs zur Nachhaltigkeit notwendigen Hintergrund liefern können.

---

[6] Siehe Goudsbloms „principle of paired increases in control and dependency" (Goudsblom et al. 1996, S.25).

Schauen wir zurück in die Geschichte, können wir auch die Nachhaltigkeit alternativer sozialökologischer Regime diskutieren. Eine der interessantesten Diskussionen dieser Frage liefert Sieferle (2003). Nach Sieferle bestreiten Jäger und Sammler ihren Lebensunterhalt durch passive Nutzung der Sonnenenergie; das heißt, ihr sozioökonomischer Energiestoffwechsel ist abhängig von der vorhandenen Intensität der Sonneneinstrahlung und deren Transformation in pflanzliche Biomasse; sie greifen nicht willentlich in diesen Transformationsprozess ein.[7] Folglich müssen Jäger und Sammler mehr oder weniger von der Ressourcendichte leben, die sie vorfinden, und können daher weder nennenswerten Besitz anhäufen noch ihre Umwelt massiv verschmutzen. Die einzige Gefährdung der Nachhaltigkeit, die von ihnen ausgeht, ist die Übernutzung wesentlicher Ressourcen. So gibt es beispielsweise Anzeichen dafür, dass Jäger und Sammler, obwohl sie wahrscheinlich weniger als 0,01 % der Netto-Primärproduktion (NPP) ihres Habitats konsumierten (Boyden 1992), zum Aussterben eines bedeutenden Teils der Megafauna des Pleistozäns (d.h. Tiere mit einer Körpermasse von über 10 kg, die sich für die Jagd am besten eigneten und daher einen Großteil ihrer Ressourcenbasis bildeten) beitrugen. Die Frage ist stark umstritten (Alroy 2001, Grayson et al. 2001), doch wichtig für die Klärung der Nachhaltigkeit des sozialökologischen Regimes der Jäger und Sammler. Nichtsdestoweniger hatte dieses sozialökologische Regime mehrere hunderttausend Jahre und somit weitaus länger Bestand als das heute vorherrschende industrielle Muster, zumindest, so lange letzteres sich weiter auf die Nutzung fossiler Brennstoffe und den Einsatz endlicher mineralischer Ressourcen in großem Maßstab stützt.

Kennzeichnend für agrarische Gesellschaften, um der Argumentation von Sieferle zu folgen, ist ein Energieregime der „aktiven Nutzung der Sonnenenergie". Ihre Solarenergienutzung ist insoweit aktiv, als sie mit Biotechnologien und mechanischen Vorrichtungen in den Transformationsprozess der einstrahlenden Sonnenenergie eingreifen. Die biotechnologische Transformation terrestrischer Ökosysteme ist von größter Bedeutung: Agrargesellschaften roden Wälder, schaffen Agro-Ökosysteme, züchten und kultivieren neue Sorten und Rassen und trachten danach, Arten, die nicht nutzbar sind, auszulöschen. Ihre Kernstrategie ist die Monopolisierung der Fläche (und der entsprechenden Sonneneinstrahlung) für Organismen mit hohem Nutzen für den Menschen. Darüber hinaus transformieren sie durch mechanische Vorrichtungen und Geräte (wie das Segelboot oder die Wassermühle) die in Wind oder fließendes Wasser umgewandelte Sonnenenergie in eine Form von Bewegungsenergie, die von Menschen genutzt werden kann.

Agrargesellschaften haben wohl stets um die empfindliche Balance zwischen Bevölkerungswachstum, Agrartechnik, die zur Produktivität der Agro-Ökosysteme notwendige Arbeitskraft und Aufrechterhaltung der Bodenfruchtbarkeit kämpfen müssen – und waren dabei unterschiedlich erfolgreich (Netting 1981 und 1993, Vasey 1992). Agrarische Zivilisationen waren immer gefährdet, am häufigsten durch eine Kombination technischer und politischer Abhängigkeiten und infolge der Variabilität natürlicher Systeme. So führten beispielsweise die Bewässerungstechniken im antiken Mesopotamien allmählich zu einer Degradation der Böden und zwangen die Bauern zunächst, den Weizenanbau zugunsten der salztoleranten Gerste und später den Pflanzenanbau vollständig aufzugeben, und im Mittelalter verloren Bauern in den Niederlanden den Kampf gegen die Sanddünen. Dennoch hatte das agrarische sozialökologi-

---

[7] Sie unterscheiden sich von allen anderen Säugetieren jedoch bereits durch die Nutzung des Feuers. Sozial-metabolisch bedeutet das Verbrennen von Holz, dass neben ökosystemaren Energieflüssen auch energetische Stock gesellschaftlich nutzbar gemacht werden (Goudsblom, 1992).

sche Regime in vielen Teilen der Welt mehrere tausend Jahre Bestand und besteht auch heute noch fort.

Das gegenwärtig vorherrschende industrielle sozialökologische Regime besteht erst seit dreihundert Jahren und beruht auf der Nutzung fossiler Brennstoffe. Seine Nachhaltigkeit scheint nicht nur durch die Endlichkeit seiner Energieressourcenbasis, sondern auch durch die Transformationsprozesse beschränkt zu sein, die es weltweit in verschiedenen lebenserhaltenden natürlichen Systemen auslöst. Heutzutage liefert die Forschung des globalen Wandels hinreichend Belege dafür, dass durch Menschen ausgelöste wesentliche Veränderungen auf jeder räumlichen Skala – von der lokalen bis zur globalen Ebene – anzutreffen sind und das System Erde in zunehmendem Tempo verändern (Schellnhuber 1999, Turner et al. 1990). Konsequenterweise muss sich das sozialökologische Regime in dem Maße verändern, wie es seine natürliche Basis erodiert. In dieser Situation kann Nachhaltigkeit beinhalten, diesen Übergang innerhalb eines Korridors einer akzeptablen Lebensqualität für gegenwärtige und künftige Menschengenerationen zu steuern. Das nachstehend beschriebene MEFA-Konzept (MEFA: *material and energy flow accounting*), auf das durchgängig in diesem Beitrag Bezug genommen wird, ist unser Hauptwerkzeug für die Analyse und das Verständnis der Stoffwechselbeziehungen zwischen menschlichen Gesellschaften und ihrer natürlichen Umwelt, der Rückkopplungen, welche sowohl die sozialen als auch die natürlichen Systeme transformieren, und der biophysischen Beschränkungen der beteiligten Systeme.

17.3 Das MEFA-Konzept zur Beschreibung der Interaktionen zwischen Gesellschaft und Natur

Aktuelle Ansätze zur Analyse der biophysischen Aspekte des Erdsystems (beispielsweise Schellnhuber 1999, Schellnhuber und Wenzel 1998) lassen sich auf die Arbeit von Ökologen zurückführen (z.B. Lotka 1925, Lindemann 1942, Odum 1969), die Ökosysteme mit Hilfe so genannter Compartment-Modelle konzeptualisierten. Bei diesen Modellen werden Ökosysteme durch die Definition von Compartments analysiert; das heißt, Black Boxes, welche definierte Inputs in Outputs transformieren, wobei sie internen Mechanismen folgen und von ihrer eigenen Struktur sowie vom Zustand aller übrigen Compartments des Systems abhängig sind. Die Ökosystemforschung ging hierbei so vor, dass sie die physischen Bestände innerhalb der Compartments und die Ströme zwischen ihnen sowie die Mechanismen analysierte, die diese Ströme steuern.[8]

Die Untersuchung der mit sozioökonomischen Aktivitäten verbundenen Stoff- und Energieströme auf ähnliche Weise als „Stoffwechsel" lässt sich mindestens so weit zurück verfolgen wie diese ökologische Forschungsstrategie (Übersichten siehe Fischer-Kowalski, 1998, Martinez-Alier, 1987). Im aktuellen Kontext ist der Ansatz des gesellschaftlichen Stoffwechsels attraktiv, da er es ermöglicht, die biophysischen Strukturen von Gesellschaften in einer Weise zu definieren, die mit den üblicherweise in der Systemökologie verwendeten Compartment-Modellen kompatibel ist (Haberl 2001). Das heißt, der Stoffwechselansatz ermöglicht es,

---

[8] Die aktuelle Forschung zum Thema globaler Kohlenstoffkreislauf – einem wichtigen Aspekt der Erdsystemanalyse – verfährt nach wie vor auf dieselbe Weise (z.B. Houghton and Skole, 1990, Houghton, 1995).

biophysische Aspekte einer Gesellschaft so zu analysieren, als handele es sich um ein Ökosystem-Compartment, wobei man die materiellen Bestände wie auch die Ströme zwischen den biophysischen Strukturen der Gesellschaft und dem Rest der natürlichen Welt betrachtet. Im Großen und Ganzen lassen sich dieselben Konzepte und Methoden auf soziale und natürliche Systeme anwenden.

Tabelle 17.1 Biophysische Dimensionen sozialer Systeme

Bestandsgrößen	**Flussgrößen**
• Menschliche Population	• Biologische Reproduktion • Migration • Lebenszeit-Arbeitszeit
• Andere biophysische Bestände (Infrastruktur, langlebige Konsumgüter, Nutztiere)	• Energie Input / Output • Material Input / Output
• Territorium	• Menschliche Aneignung von Nettoprimärproduktion • Wassernutzung

Die in Tab. 17.1 genannten Bestände und Ströme liefern eine biophysische Beschreibung einer Gesellschaft analog zu einem Ökosystem, und die Wechselbeziehungen zwischen Beständen und Strömen werden – innerhalb eines bestimmten Bereichs – von natürlichen Prozessen bestimmt. Eine Beschreibung dieser Parameter ist bei der Analyse der Wechselbeziehungen und wechselseitigen Abhängigkeiten zwischen Gesellschaften und ihrer natürlichen (und sozialen) Umwelt von Nutzen.

Als Instrument der sozialwissenschaftlichen Analyse ist dies unüblich, aber, wie gesagt, nicht neu. In der Anthropologie beispielsweise gibt es eine lange Tradition der Analyse der Beziehung zwischen einfachen Gesellschaften und ihrer natürlichen Umwelt durch die Verfolgung von Energieströmen (beispielsweise Rappaport 1971). Was die komplexen modernen Gesellschaften angeht, so lässt sich dieser Ansatz bis zu den frühen 1970er Jahren zurückverfolgen (Ayres and Kneese 1969, Boulding 1973). Er wäre jedoch bei weitem nicht so attraktiv, wenn er lediglich eine biophysische Beschreibung lieferte. Was er darüber hinaus leistet, ist die Herstellung einer Beziehung zu dem mächtigsten kulturellen System der modernen Gesellschaft: der Wirtschaft.[9] Insbesondere strebt MEFA die Analyse biophysischer Aspekte der

[9] Es mag unüblich erscheinen, die Wirtschaft als „kulturelles System“ zu bezeichnen. Um diese Definition zu rechtfertigen, argumentieren wir wie folgt: Unser Ausgangspunkt ist die Unterscheidung zwischen einem „natürlichen“ und einem „kulturellen“ Kausalitätsbereich (Siehe Abb. 17.2). Folgen wir Luhmanns Darlegung der Teilsysteme der Gesellschaft, handelt die Wirtschaft mit dem Medium Geld, einem symbolischen Instrument, das Wert repräsentiert. Während Vertreter der klassischen „politischen Ökonomie“ (Smith, Ricardo, Marx) ihre Theorien noch auf „hybride“ Weise formulierten, indem sie sich gleichermaßen auf physische und monetäre Einheiten bezogen, befreite sich die Wirtschaftswissenschaft des 20. Jahrhunderts zunehmend von einer physischen Referenz. Dieser Wechsel hat sich nicht nur auf der Ebene des wissenschaftlichen Diskurses, sondern auch auf der Ebene der entsprechenden „Realität“ vollzogen, wo finanzielle Phänomene zunehmend von jedwedem physischen Prozess abgekoppelt sind.

Gesellschaft in einer Weise an, die mit dem gebräuchlichsten und stärksten Tool für die gesellschaftliche Selbstbeobachtung, der volkswirtschaftlichen Gesamtrechnung, kompatibel ist.

Durch diese „zweifache Kompatibilität" begründet dieser Ansatz eine Verbindung zwischen den sozioökonomischen Variablen einerseits und den biophysischen Mustern und Prozessen andererseits. Zugegebenermaßen ist das MEFA-Konzept ein noch unfertiger Ansatz. Er zielt sehr wohl darauf ab, eine vollständige systematische Rechnung sämtlicher unter Tab. 17.1 dargestellter Variablen (und der implizierten Prozesse) und ihre theoretische Integration zu liefern. Bisher existiert ein sozialmetabolisches Modell zur Beschreibung von Material- und Energieströmen (siehe Abb. 17.2).

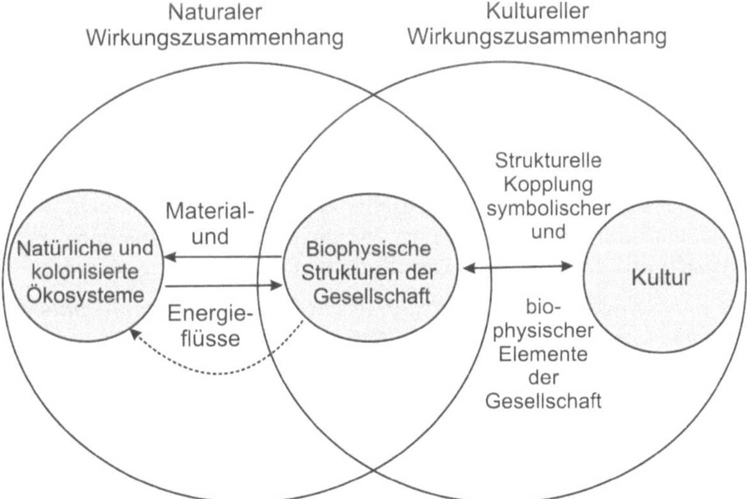

Abbildung 17.2 Biophysische Strukturen der Gesellschaft betrachtet als Ökosystem Kompartment und gleichzeitig als strukturell an eine symbolische Kultur gekoppelt.

Ein weiteres in Abb. 17.2 impliziertes Beziehungsgeflecht besteht in Territoriums- und Landnutzung als eine der größten sozioökonomischen Umweltbelastungen und treibenden Kräfte des globalen Wandels (Meyer and Turner 1994, Vitousek 1992). Wir haben dieses Beziehungsgeflecht unter der Überschrift „Kolonisierung terrestrischer Ökosysteme" (Fischer-Kowalski and Haberl 1998, Haberl et al. 2001, Krausmann et al. 2003) theoretisch dargestellt.

Während sich der sozioökonomische Metabolismus auf den Energie- und Stoffaustausch zwischen sozialen und natürlichen Systemen bezieht, bezieht sich Kolonisierung auf die vorsätzlichen Eingriffe der Gesellschaft in natürliche Systeme, um deren Zustand so zu gestalten und aufrechtzuerhalten, dass er für die Gesellschaft nützlicher ist (Fischer-Kowalski and Weisz 1999). Folglich bezieht sich Kolonisierung in erster Linie auf die menschliche Arbeitskraft und auf die Informationen, Technologien und Fertigkeiten, welche die Arbeit effektiv machen. Im Rahmen des MEFA-Ansatzes wurde dieses theoretische Konzept bei der Beschreibung der Landnutzung praktisch umgesetzt. Sozioökonomische Landnutzung kann man mit Veränderungen der Ökosystemmuster und –prozesse in Beziehung setzen. Die Auswirkung der Landnutzung lässt sich messen, indem man diejenigen Ökosystemmuster und –

prozesse, welche ohne menschliches Eingreifen zu erwarten wären, mit denjenigen vergleicht, die beim Vorhandensein von Eingriffen festzustellen sind. Ein Beispiel für diesen Ansatz ist die Berechnung der globalen gesellschaftlichen Aneignung von Nettoprimärproduktion („human appropriation of net primary production" – HANPP) (Vitousek et al. 1986, Haberl et al. 2007).

Einige andere Teile des MEFA-Konzepts, sind noch sehr unscharf. Einer dieser noch unentwickelten Bereiche bezieht sich auf die Bevölkerung, ihre Reproduktion und Zeitnutzung. Ein weiterer befasst sich mit Wasserverfügbarkeit und Wassernutzung. MEFA liefert durchaus einen konsistenten begrifflichen Rahmen für die Behandlung dieser Fragen und ihre Inbeziehungsetzung zu den übrigen Prozessen, aber von der Bereitstellung eines umfassenden, analytischen und empirischen Forschungskomplexes sind wir noch ein gutes Stück entfernt.

17.4 Vier Schlüsselfragen – und ein Blick in die Zukunft

Wir wollen nun abschließend, am Beispiel von vier Schlüsselfragen, zeigen, wie ein oben skizziertes breiteres Verständnis von industrieller Ökologie es erlaubt, neue Fragen zu stellen und neue Einsichten in die Bedingungen der Möglichkeit einer Transition zu einem nachhaltigen Stoffwechselprofil gegenwärtiger Gesellschaften zu gewinnen.

Frage 1: Gibt es so etwas wie ein charakteristisches Stoffwechselprofil industrieller Gesellschaften, das sich von dem agrarischer Gesellschaften unterscheidet?

Die einfachste Antwort ist: Ja, es gibt ein charakteristisches Profil und das agrarische Profil unterscheidet sich, bezogen auf Energie- und Stoffeintrag pro Kopf, qualitativ und quantitativ deutlich von einem industriellen Profil. Eine etwas spitzfindigere Antwort lautet, dass diese Frage nicht ganz richtig gestellt ist. Ihre Formulierung suggeriert, dass agrarische Systeme in einem statischen Zustand existieren. Unsere Forschungen – sowohl Zeitreihenanalyse als auch entsprechende Interpretation von Querschnittsdaten – ergaben jedoch Entwicklungstrajektorien agrarischer Systeme. Im Gegensatz zu der weit verbreiteten Annahme, aber in großer Übereinstimmung mit einigen theoretisch fundierteren Publikationen (wie die Ausführungen von Esther Boserup), stellten wir fest, dass das agrarische sozialökologische Regime ziemlich dynamisch ist.

Einer der für diese Dynamik verantwortlichen Hauptfaktoren ist wohl das Bevölkerungswachstum, das Innovationen bei den in der Landwirtschaft eingesetzten Produktionspraktiken und –technologien vorantreibt. Diese Produktionsinnovationen führen zu einer Erhöhung der Flächenproduktivität, häufig auf Kosten der Arbeitsproduktivität (Boserup 1965, Netting 1993, Sieferle et al. 2006a). Institutionelle Veränderungen (wie Landreformen, durch die größere Güter entstehen, die sich rationeller bewirtschaften lassen) können zu einem Rückgang überschüssiger Arbeitskräfte in der Landwirtschaft führen (und den Druck auf die verbleibenden Arbeitskräfte erhöhen) und es ermöglichen, dass ein größerer Überschuss an Arbeitskräften und landwirtschaftlichen Produkten in nicht landwirtschaftliche Aktivitäten investiert wird. Dies setzt das Vorhandensein einer Transportinfrastruktur (Häfen, Straßen) voraus, die es ermöglicht, Massengüter preisgünstig über längere Distanzen zu transportieren, sowie das Vorhandensein von Märkten und, zumindest auf lange Sicht, die Verfügbarkeit von

Massenarbeitsplätzen außerhalb des landwirtschaftlichen Bereichs.[10] Während wir die Auffassung vertreten können, dass dieser Punkt in der Entwicklung agrarischer Systeme vielfach und vielerorts erreicht worden ist, war es nur in dem besonderen Falle Englands gegeben, dass eine neue Energiequelle nicht nur problemlos bereitstand[11], sondern auch eine Chance darstellte, die man mangels Alternativen nicht außer acht lassen konnte.[12]

Frage 2: Was geschieht, wenn dieses sozialökologische Regime sich zu verändern beginnt? Wie verändern sich dadurch die betroffenen sozialen und natürlichen Systeme?

Die Feststellungen aus mehreren Fallstudien (Fischer-Kowalski und Haberl 2007) lassen darauf schließen, dass Regimewechsel sich nach einem bestimmten gemeinsamen formalen Muster vollziehen. Die methodologische Aufgabe bei der Analyse von Regimewechseln bzw. Übergängen ist es dann, dieses Muster zu identifizieren und die relevanten Parameter zu benennen und zu quantifizieren. Formal lässt sich das Muster eines Übergangs wie folgt beschreiben (vgl. Martens und Rotmans 2002):

Ein Übergang beginnt mit einer Art „steady state", einer Art dynamischen Gleichgewichts oder (relativen) Balance. Dieses dynamische Gleichgewicht lässt sich durch Prozesse charakterisieren, bei denen Elemente, die eine systemimmanente Dynamik aufweisen oder durch positive Rückkopplungsschleifen miteinander verbunden sind, durch negative Rückkopplungen kompensiert werden, die Veränderungen über einen bestimmten Punkt hinaus verhindern. Da alle historischen Situationen überdeterminiert sind, besteht die Kunst der Formulierung des Begriffsmodells darin, nur wenige Kernelemente und Prozesse auszuwählen, die „dafür zuständig sind", das System im Gleichgewicht zu bringen.

Zu einem bestimmten Zeitpunkt entfallen eine oder mehrere dem „steady state" immanente negative Rückkopplungen, und dadurch wird ein Übergangsprozess in Gang gesetzt; das heißt, ein plötzliches Wachstum oder Rückgang einer oder mehrerer kritischer Variablen über den Bereich hinaus, auf den sie zuvor beschränkt waren. Dies kennzeichnet die „Startphase" eines Übergangs. In der „Beschleunigungsphase" eines Übergangs ist ein dynamisches System nicht nur durch den Wegfall einer oder mehrerer negativer Rückkopplungsschleifen, die den Wandel blockieren, charakterisiert, sondern scheint von einer Art „Wachstumsmotor" angetrieben zu werden; das heißt, ein geschlossener Kreislauf untereinander verbundener positiver Rückkopplungen, welche das System in bisher nicht bekannte Zustände treiben. Diese Phase wird eventuell nicht nur von einem solchen dynamischen Prozess, sondern von einer Folge oder einer Verknüpfung mehrerer solcher Prozesse aufrechterhalten, die einander auslösen oder verstärken, aber dennoch klar voneinander zu unterscheiden sind.[13] Schließlich kommt ein Übergang nicht nur durch die Ermüdung des Wachstumsmotors zum Stillstand,

---

[10] Dies war womöglich eine der großen Herausforderungen des Römischen Reiches: Sofern die überschüssige Bevölkerung nicht in der Armee aufgefangen und (zumindest teilweise) auf Kosten besiegter Feinde ernährt werden konnte, war mit einer Bedrohung der politischen Stabilität durch die erwerbslose Plebs zu rechnen.

[11] Sieferle 2001, Diamond 2005, Pomeranz 2000.

[12] Damals gab es in der Umgebung von Bevölkerungszentren fast keine Wälder mehr, deshalb musste man Kohle verwenden – gleich, ob sie unangenehme Gerüche verbreitete oder nicht (Sieferle 2001).

[13] Diese Vorstellung kommt natürlich der Theorie der „Kondratieff-Zyklen" (Wallerstein, 2000) in der technologischen Entwicklung sehr nahe. Nach unserer Auffassung ist hingegen ein breiteres Variablenspektrum in die Dynamik jeder Phase einbezogen.

sondern auch durch die Bildung eines oder mehrerer neuer negativer Rückkopplungsprozesse, die ihn in einem neuen Gleichgewichtszustand halten.

Die Analyse von Übergängen bedeutet, diese positiven und negativen Rückkopplungsschleifen zu identifizieren und zu beschreiben und zu verstehen, wie einer oder mehrere Wachstumsmotoren funktionieren. Die Anwendung dieser Methodik bei der Analyse von Übergängen geht weit über die Identifizierung von Trends bei einigen wenigen Variablen und die Charakterisierung ihrer statistischen Eigenschaften hinaus. Der endgültige Test, ob die Schlüsseleigenschaften und ihre Verknüpfungen identifiziert wurden, wäre natürlich die Bildung eines formalen Modells, das in der Lage wäre diese für historische Fälle zu reproduzieren. Von so einem Modell sind wir noch weit entfernt, aber wir sehen in dem Bemühen, ein solches zu entwickeln, eine lohnende Forschungsfrage für die industrielle Ökologie.

Frage 3: Wie hängt der Übergang vom agrarischen zum industriellen Regime vom Weltkontext ab?

Der historische Vergleich der Fälle England, der Pionier der industriellen Transformation, und Österreich, ein europäischer Nachzügler (Sieferle et al. 2006a) lehrt uns, dass Nachzügler den Übergang von der Agrar- zur Industriegesellschaft in viel kürzerer Zeit und mit weniger sozialen Härten und Umweltbelastungen vollziehen und einen vergleichbaren wirtschaftlichen Wohlstand erreichen können als das Pionierland Großbritannien. Doch gilt dies gleichermaßen für die aktuellen Entwicklungsländer? Ein offensichtlicher Unterschied liegt darin, dass sie ihre industrielle Transformation weniger auf die Ausbeutung eines landwirtschaftlichen Binnenüberschusses[14], sondern auf einen internationalen Finanzmarkt stützen.

Produktionsstrukturen und Produkte, nicht nur in Form von Investitionen, sondern auch in Form von Rohstoffen, sind derzeit weitaus abhängiger von einem Weltmarkt, den die reichen industriellen Kernländer dominieren. Bei den von uns analysierten Ländern stießen wir auf zwei ganz unterschiedliche Muster. Eine Ländergruppe stützt sich auf den Abbau natürlicher Ressourcen und wird zu so genannten „extractive economies“ (Bunker 1984). Dieses Muster scheint in Ländern vorzuherrschen, die aufgrund einer relativ kurzen Geschichte agrarischer Besiedlung nur eine geringe Bevölkerungsdichte aufweisen, aber gut ausgestattet sind mit natürlichen Ressourcen, wie Bodenschätze oder produktives Land. Eine zweite Ländergruppe - mit hoher Bevölkerungsdichte - entwickelt ein anderes Muster, das auf ihrer Fähigkeit beruht, billige angelernte Arbeitskräfte oder Facharbeiter zu stellen: den so genannten „global sweatshop“ [globaler Ausbeuterbetrieb] (Schor 2005). In beiden Fällen ist die Produktion exportorientiert und die Produkte werden andernorts konsumiert, während die sozialen und Umweltkosten der Produktion, sowie der Abbau der Ressourcen von dem jeweiligen Land zu tragen sind.

Es gibt ein weiteres kontextuelles Merkmal, das in der Vergangenheit relevant war und künftig womöglich noch an Bedeutung gewinnt: die Verfügbarkeit von Energie und weiteren mineralischen Ressourcen zu einem relativen günstigen Preis. Es wurde nachgewiesen, dass Perioden schnellen Wachstums der industriellen Kernländer meist auch Perioden sinkender (relativ) Energiepreise waren (Fouquet and Pearson 1998; Pfister 2003). Darüber hinaus wurde in zahlreichen Publikationen nachgewiesen, welche Bedeutung in der Geschichte des eu-

[14] Wie es sowohl bei dem Vereinigten Königreich als auch bei Österreich und vermutlich auch bei viel späteren Fällen, wie Japan im letzten Quartal des 19. Jahrhunderts und der Sowjet-Union nach dem Ersten Weltkrieg, der Fall war.

ropäischen Kolonialismus die Gewinnung und Sicherung problemlosen und preiswerten Zugangs zu Rohstoffen und anderen biophysischen Ressourcen spielte (Bunker 1996;Bunker and Ciccantell 2003) – insbesondere denjenigen Rohstoffen, die für den Übergang zur Industriegesellschaft benötigt wurden. Solch ein Weltkontext und derartige Strategien stehen den heutigen Entwicklungsländern nicht mehr zur Verfügung. Ihre Übergangsphase koinzidiert mit derzeit - und höchstwahrscheinlich auch künftig - steigenden Energiepreisen. Ihr Übergang findet in einer Periode statt, in der die Knappheit zumindest einiger Rohstoffe bereits zu spüren ist, unter anderem auch durch steigende Weltmarktpreise bei einigen Schlüsselrohstoffen des industriellen Metabolismus, wie Kupfer oder Erdöl.

Frage 4: Wie funktioniert das Wechselspiel zwischen unterschiedlichen Ebenen der funktionalen Integration sowie zwischen räumlichen Skalen? Welche Rolle spielen Skaleninteraktionen bei sozialökologischen Regimewechseln?

Fallstudien legen den Schluss nahe, dass mit dem Übergang von der Agrar- zur Industriegesellschaft grundlegende Veränderungen in den Beziehungen zwischen Land und Stadt und folglich auch in den Interaktionen zwischen räumlichen Skalen verbunden sind (siehe Sieferle et al. 2006, Fischer-Kowalski und Haberl 2007). Beim agrarischen Regime ist der Transport großer Materialmengen äußerst kostspielig, infolgedessen sind die meisten Material- und Energieströme auf die lokale Ebene beschränkt. Der Transport größerer Materialmengen über größere Distanzen kann nur auf Wasserwegen erfolgen: auf Flüssen, Seen oder dem Meer. Lokale sozialökologische Systeme sind deshalb weitgehend in sich abgeschlossen und autark. Sie nehmen, wenn überhaupt, nur geringe Stoff- und Energieeinträge aus anderen Standorten auf und können nur einen kleinen Überschuss produzieren, der für die Versorgung größerer Ansiedlungen oder Städte mit einem nennenswerten Anteil nicht landwirtschaftlicher Bevölkerung eingesetzt werden kann.

Dies hat bedeutsame Konsequenzen für die sozialen und ökologischen Muster. Mit Bezug auf die sozioökonomischen Strukturen sind damit vor allen Dingen starke Einschränkungen hinsichtlich der Arbeitsteilung verbunden. Rund 80 - 90 % der Bevölkerung müssen in Land- und Forstwirtschaft beschäftigt sein, um einen Überschuss zu erwirtschaften, der die verbleibenden 10 - 20 % nicht landwirtschaftliche Bevölkerung mit Nahrungs- und Futtermitteln und weiteren Rohstoffen (wie z.B. Brennholz, Bauholz, Rohstoffe für Textilien usw.) versorgt. Dies beschränkt das Wachstum sämtlicher nicht landwirtschaftlicher Sektoren, wie Bergbau, Fertigung und Dienstleistungen. Diese Einschränkung begrenzt auch die Größe der Städte im Verhältnis zum agrarischen „Hinterland", das für die Versorgung der Stadt mit ausreichend Ressourcen notwendig ist (Sieferle et al. 2006a, Fischer-Kowalski et al. 2004). Für rurale Systeme impliziert dies, dass es an jedem Standort eine Mischung aus Ackerflächen, Weideland und Wäldern geben muss, da jede dieser drei grundlegenden Landnutzungen für die Versorgung mit bestimmten essenziellen und weitgehend nicht substituierbaren Ressourcen benötigt wird: Nahrungsmittel für Menschen von den Ackerflächen, Viehfutter von den Weideflächen und Wäldern sowie Holz aus den Wäldern. Das bedeutete, dass die kulturellen Landschaften agrarischer Gesellschaften vielfältig und fein strukturiert (Sieferle 1995) und durch weitgehend geschlossene lokale Stoffkreisläufe gekennzeichnet waren (Krausmann et al. 2003) – es bedeutete allerdings auch, dass viel Land für Zwecke verwendet wurde, für die es ökologisch und wirtschaftlich gesehen nicht perfekt geeignet war.

Bereits zu Beginn des Übergangs zum industriellen Regime wurden diese engen Grenzen für den Massentransport gesprengt, zunächst durch Kanäle und Eisenbahnsysteme und später durch mit fossilen Brennstoffen betriebene Wasser- und automobile Bodentransporttechnologien (Grübler 1998). Sie bewirkten zusammen mit der reichlich verfügbaren Energie und der spektakulären Steigerung der Effizienz der landwirtschaftlichen Arbeit eine Aufhebung dieser Beschränkungen und resultierten in einer vollständigen räumlichen Neuordnung der sozial-ökologischen Systeme. Derzeit wachsen die Transportmengen innerhalb der Nationalstaaten wie auch die Handelsvolumina (rein physisch gesehen) zwischen den Nationen rasant. In der industriellen Welt lebt der Großteil der Bevölkerung heutzutage in städtischen Ballungsgebieten; der Anteil der landwirtschaftlichen Bevölkerung hingegen ist auf historische Tiefstände von unter 5 % der Gesamtbevölkerung gesunken, was wiederum eine drastische Verstärkung der Spezialisierung und Arbeitsteilung ermöglicht. Der Urbanisierung sind im wesentlichen keine Grenzen mehr gesetzt, und die Beförderung von Ressourcen, Waren, Menschen und Informationen wird in großem Maßstab organisiert. Die Kosten für den Transport von Gütern, Menschen und Informationen sinken, und die Transportgeschwindigkeit steigt – dadurch verändern sich die räumlichen Strukturen der gesellschaftlichen Organisation in raschem Tempo, und es kommen Massentransporte von Stoffen (einschließlich Kohlenstoff und Pflanzennährstoffe, wie Stickstoff, Phosphor, Kalium und so weiter) und Organismen zustande.

Folglich ist die Globalisierung nicht nur ein sozioökonomisches, sondern auch ein biophysisches Phänomen. Eine Analyse jeglicher Lokalität, jeglicher Region der Welt, aber auch jedes Produktionssystems, muss diese grundlegende materielle „Offenheit" jedes sozialökologischen Systems berücksichtigen. Funktional gesehen wird jede Lokalität und jeder Prozess durch seine bzw. ihre Rolle in einem zunehmend integrierten globalen Netzwerk wechselseitiger Abhängigkeiten mitbestimmt. Dies ist nicht vollkommen neu – doch nie zuvor in der Geschichte hatte dieses globale Netzwerk so durchdringende Wirkung wie heute.

17.5 Ein Blick in die Zukunft

Wie werden Transitionen zwischen sozial-ökologischen Regimes in Zukunft aussehen? Auf welche möglichen Szenarien lässt die von uns vorgestellte sozial-metabolische Perspektive auf Gesellschaften schließen? Können wir darauf Einschätzungen der Plausibilität künftiger Entwicklungspfade stützen, die sich von dem, was bereits bekannt ist, unterscheiden? Nach unserer Auffassung ist das der Fall, und wir werden dies kurz skizzieren. Unsere empirischen Analysen legen insbesondere einige fundamentale Unterscheidungen hinsichtlich der Transitionsdynamik nahe, die eine Klassifizierung von Weltregionen in drei große Kategorien ergeben: erstens der industrielle Kern, zweitens die Entwicklungsländer mit geringer Bevölkerungsdichte und drittens die Entwicklungsländer mit hoher Bevölkerungsdichte.

Die erste Kategorie, der industrielle Kern, umfasst diejenigen Länder, die den Übergang zum industriellen Regime bereits vollzogen haben oder sich zumindest in seinen letzten Stadien befinden. Innerhalb dieser Gruppe unterscheiden wir zwischen den Ländern der „Alten Welt" und der „Neuen Welt", wobei letztere in der Regel eine weitaus geringere Bevölkerungsdichte und einen viel höheren Pro-Kopf Verbrauch natürlicher Ressourcen haben (Tabelle 17.2). Gleich, welche Unterschiede die in diesen beiden Untergruppen versammelten Länder kennzeichnen: Sie haben sämtlich einen hohen Energie- und Materialverbrauch, und zwar sowohl unmittelbar als auch – verstärkt – mittelbar, ein hohes Pro-Kopf-Einkommen und hohe technische Effizienz in vielen wichtigen Produktionsprozessen. Eine dritte Untergruppe des industriellen Kerns bilden die Länder der ehemaligen Sowjetunion, die ebenfalls einen hohen Material- und Energieverbrauch haben. Ihre Bevölkerungsdichte ist gering. Sie unterscheiden sich von den ersten beiden Untergruppen hinsichtlich des Pro-Kopf-Einkommens und der

Effizienz, die beide viel niedriger liegen als in den anderen industriellen Kernländern. Die industriellen Kernländer vereinen derzeit rund 23 % der Weltbevölkerung auf sich (Tabelle 17.2); dieser Wert wird nach Bevölkerungsprognosen der Vereinten Nationen bis zum Jahr 2050 auf 16 % sinken.

Tabelle 17.2.: Metabolische Profile verschiedener Weltregionen unterschieden nach Entwicklungsstand und Bevölkerungsdichte* (Daten für das Jahr 2000).

	Anteil an der globalen Bevölkerung (%)	Anteil an der globalen Landfläche (%)	Bevölkerungsdichte (Kopf/km²)	Nationaleinkommen (BIP/Kopf) (US$/Kopf)**	Elektrizitätsnutzung (GJ/Kopf)	Energieverbrauch (DEC/Kopf) (GJ/Kopf)	Energiedichte (DEC/Fläche) (GJ/ha)	Materialverbrauch (DMC/Kopf) (t/Kopf)	Materialdichte (DMC/Fläche) (t/ha)
Industrieller Kern (Alte Welt)	13	5	123	18048	22	193	238	14	17
Industrieller Kern (neue Welt)	6	21	12	27404	52	443	54	30	4
Industrieller Kern (Frühere USSR)	5	17	13	1740	16	176	23	14	2
Entwicklungsländer mit geringer Bev.dichte (neue Welt)	6	14	19	2831	7	130	25	13	2
Entwicklungsländer mit geringer Bev.dichte (Afrika/Asien)	9	24	17	1384	4	76	13	6	1
Entwicklungsländer mit hoher bev. Dichte	62	20	140	810	3	49	69	6	8
World	100	100	45	4665	9	102	46	9	4

*Geringe Bevölkerungsdichte: Länder mit einer Bevölkerungsdichte <=50cap/km², hohe Bevölkerungsdichte: Länder mit einer Bevölkerungsdichte > 50cap/km²; **BIP in konst. 1990 US$. Quelle: eig. Berechn. bas.auf FAO 2005 (Bevölkerung); UN Statistics Devision 2004 (Nationaleinkommen); IEA 2004 u. UN 2004 (Elektrizitätsnutzung); zusammengestellt in Social Ecology Database (www.iff.ac.at/socec).

Die zweite Kategorie bilden die Entwicklungsländer mit geringer Bevölkerungsdichte, die sich bevölkerungsmäßig nahezu gleichmäßig auf Neue-Welt-Länder und afrikanische Länder verteilen. Sie befinden sich in einem frühen Stadium des Übergangs in das industrielle Regime. Zumindest die Neue-Welt-Länder in dieser Kategorie weisen bereits einen vergleichsweise hohen Energie- und Stoffnutzungslevel auf, obwohl ihr Pro-Kopf-Einkommen noch weitaus niedriger liegt als das des industriellen Kerns. Sie leisten ihren weiteren Vormarsch im Übergang zur Industriegesellschaft im Wesentlichen durch die Ausweitung der Nutzung natürlicher, und zwar sowohl biogener als auch mineralischer, Ressourcen. Auf diese Länder entfallen derzeit 15 % der Weltbevölkerung; bis 2050 ist mit einem beträchtlichen Anstieg ihres Anteils (auf 20 %) zu rechnen.

Die dritte Kategorie bilden die Entwicklungsländer mit hoher Bevölkerungsdichte, von denen die meisten asiatische Länder der „Alten Welt" sind (85 % der Bevölkerung in dieser Kategorie). Sie befinden sich häufig in einem noch früheren Stadium des Übergangs, haben noch einen großen landwirtschaftlichen Sektor, ein niedriges Niveau der Pro-Kopf-Energie- und Materialnutzung, geringes Einkommen und einen großen, häufig sehr qualifizierten Arbeitkräftepool, auf den sich ihr Fortschritt auf dem Weg zur industriellen Transition stützt. Auf diese Länder entfallen bereits jetzt 60 % der Weltbevölkerung, mit einem weiteren Anstieg ihres Anteils in der Zukunft ist zu rechnen.

Welches wäre die ausschlaggebende Variable, diejenige Variable, die den Verlauf der Regimewechsel dieser Länder am stärksten beeinflusst? Für historische agrarische Regimes war dies die Größe des Landes mal dessen Produktivität– ein gewichtetes Flächenmaß.

Unter den gegenwärtigen Bedingungen im Übergang zum industriellen Regime meinen wir, dass der (relative) Preis der Energie eine entscheidende Rolle spielen wird. Wir werden diesen als Schlüsselvariable benutzen, um qualitativ zwischen Hochenergiepreis- und Niedrigenergiepreis-Szenarios unterscheiden, ohne dabei eine explizit quantitative Trennlinie zu ziehen.

Wir möchten uns nun in ein Gedankenexperiment über das Schicksal unserer drei Länderkategorien unter diesen unterschiedlichen Annahmen begeben. Für das Niedrigenergiepreis-Szenario würden wir im industriellen Kern eine Zeitlang die Fortsetzung der aktuellen Trends erwarten. Der industrielle Kern könnte seinen Energie- und Materialverbrauch auf hohem Niveau stabilisieren und würde sich weiterhin eines bescheidenen Wirtschaftswachstums erfreuen. Damit würde der industrielle Kern weiterhin für einen Großteil des globalen industriellen Metabolismus verantwortlich sein, und damit für dessen Klima- und Umweltfolgen, wie Biodiversitätsverlust.

In den Entwicklungsländern mit geringer Bevölkerungsdichte würden wir eine explosive Steigerung des Ressourcenabbaus und der Ressourcennutzung und insbesondere einen drastischen Anstieg des Energieverbrauchs erwarten. Diese Länder würden weiter den schnell wachsenden Rohstoffbedarf der Welt decken und könnten in gewissem Umfang von dieser Trajektorie wirtschaftlich profitieren. In den Entwicklungsländern mit hoher Bevölkerungsdichte würde sich das rasche, arbeitskraftintensive Wirtschaftswachstum fortsetzen, in dessen Folge sie unter drastisch zunehmender Umweltverschmutzung leiden werden. Diese Länder sind, wie wir bereits gesehen haben, durch eine geringe Energie- und Materialintensität auf einer Pro-Kopf-Basis gekennzeichnet, aber ihre Energie- und Materialintensität pro Flächeneinheit ist aufgrund ihrer hohen Bevölkerungsdichte bereits heute sehr hoch (Tabelle 17.2). Weitere Steigerungen der Pro-Kopf-Raten der Ressourcennutzung, gekoppelt mit fortgesetztem Bevölkerungswachstum, werden zwangsläufig zu wachsender lokaler und regionaler Umweltverschmutzung führen. In Ermangelung durchgreifender Umweltschutzmaßnahmen könnten diese Probleme sogar katastrophale Ausmaße annehmen. Global ist davon auszugehen, dass dieses Szenario zu einer raschen Erschöpfung der Ressourcen, einem rapiden globalen Umweltwandel und insbesondere zu einem schnellen Klimawandel führen wird.

Im Falle des Hochenergiepreis-Szenarios würden wir davon ausgehen, dass der industrielle Kern durch die Nutzung von Effizienz-, Einsparungs- und Externalisierungspotenzialen seinen Energie- und Materialverbrauch reduzieren und möglicherweise mit zu schwachem Wirtschaftswachstum zu kämpfen haben wird. Die Entwicklungsländer mit geringer Bevölkerungsdichte wären wahrscheinlich am besten dran, denn sie könnten ihre großen produktiven Landflächen zur Produktion von Biomasse zur Energieerzeugung für ihren eigenen Verbrauch und vermutlich auch für den Export in andere Regionen nutzen. Diese Länder würden den Abbau ihrer mineralischen Ressourcen – wenn auch womöglich in geringerem Tempo – fortsetzen, während sie ihre eigenen industriellen Kapazitäten aufbauen. Die Entwicklungsländer mit hoher Bevölkerungsdichte jedoch (darunter insbesondere China und Indien), auf die mehr als die Hälfte der Weltbevölkerung entfällt, könnten in diesem Szenario wirklich ernsthafte Probleme bekommen. Die Knappheit erschwinglicher Energie und mineralischer Ressourcen könnte ihr Wirtschaftswachstum hemmen und schwere politische Kämpfe um Ressourcen und soziale Verteilungskämpfe auslösen. Diese Konflikte könnten sich zu globalen militärischen Bedrohungen ausweiten. Dieses zweite Szenario könnte sich, auch wenn es hinsichtlich der Umweltbelastungen weniger düstere Aussichten bietet, in Bezug auf politische Stabilität und soziale Gleichheit als katastrophal erweisen.

Gibt es Alternativen zu Scylla und Charybdis? Ein guter Mittelweg lässt sich nicht ausmachen: Legt man Energiepreise mittlerer Höhe zugrunde, verbinden sich eher die Risiken beider Alternativen zu einer bitteren Mischung. Es mag wohl sein, dass IT-Technologien einen geringeren Energiebedarf haben als konventionelle industrielle Technologien, doch sie sind von teilweise sehr seltenen Mineralen abhängig. Außerdem werden IT-Technologien zusätzlich – und nicht als Alternative – zu ressourcen-intensiven Sektoren wie Wohnung, Transport und Lebensmittelversorgung implementiert. Sie können die Fortsetzung weniger ressourcen-intensiven Wachstums („relative Entkopplung") in denjenigen Industrieländern ermöglichen, die bereits die ressourcen-intensiven Versorgungssysteme für diese Bedarfskategorien aufgebaut haben, doch sie bieten Ländern, welche sich in einem Frühstadium der Industrialisierung befinden, keinen alternativen Entwicklungspfad. Während steigende Ölpreise alternativen Energiequellen den Weg bereiten, „sitzt" der industrielle Kern auf einer fragwürdigen Infrastruktur für Transport, Energie- und Wasserversorgung, welche Jahr für Jahr große Energie- und Materialmengen verschlingt und nur in kleinen Schritten verändert werden kann. Wir sind der Auffassung, dass ein Weg zu verstärkt nachhaltigen Lösungen nur mit einer Vision und entschiedenem politischem Handeln gefunden werden kann, welche zumindest folgende Punkte beinhalten:

- Eine erneuerte globale Verpflichtung zur Klimapolitik, die zu einer Stabilisierung und nachfolgenden Reduktion der Verbrennung fossiler Energieträger führt, bevor diese durch Ressourcenknappheit erzwungen wird. Dies erfordert die Implementierung eines neuartigen industriellen Energiesystems, basierend auf neuen, effizienten Technologien, die in Abhängigkeit von den jeweiligen Besonderheiten in Bezug auf Bevölkerungsdichte, Klima usw. in den verschiedenen Weltregionen ganz unterschiedlich aussehen können. Hier können sowohl Energieeinsparung als auch erneuerbare Energien, wie Solarwärme und -strom, geothermische und Windenergie, Wasserkraft und die Kaskadennutzung von Biomasse, eine Rolle spielen, obwohl keine dieser Technologien allein die Patentlösung darstellen wird.
- Ein Lernprozess im industriellen Kern, der auf die Akzeptanz der Selbstbeschränkung bei der Ressourcennutzung sowie darauf abzielt, Verteilungsprobleme anders als durch schnelles Wirtschaftswachstum zu lösen. Dies könnte gar nicht so unattraktiv sein. Man könnte sogar argumentieren, dass mehr Verfügungsfreiheit über die eigene Zeit und verstärktes Eingebettetsein in ein Netz sinnvoller sozialer Beziehungen eine höhere Lebensqualität darstellen als der wachsende Konsum materieller Güter.
- Ein konzertiertes Bemühen um die Erfindung, Planung, Entwicklung und Erprobung neuartiger Infrastruktursysteme, die dem Rest der Welt nicht zwangsläufig eine Struk-

tur aufzwingen, welche Jahr für Jahr große Energie- und Stoffströme verschlingt. Der dringendste Bedarf für ein solches Vorhaben besteht mit Sicherheit in den Entwicklungsländern mit hoher Bevölkerungsdichte.

- Eine globale Verantwortung für die letzten Flächen unberührter Wildnis und Maßnahmen zum Schutz vor ihrer endgültigen Zerstörung. Darüber hinaus sind Maßnahmen notwendig, um die Biodiversität auch in vom Menschen dominierten Gebieten aufrechtzuerhalten und zu pflegen, so dass das Welterbe der biologischen Evolution auch künftigen Generationen erhalten bleibt.

Diese Anforderungen an die begrenzte Fähigkeit der Weltgesellschaft, ihre Zukunft gezielt zu gestalten, mögen zu anspruchsvoll oder gar illusionär sein. Dennoch beinhalten sie die Quintessenz dessen, was mit nachhaltiger Entwicklung gemeint ist, nämlich die Umgestaltung des industriellen Metabolismus und die Gestaltung der sozial-metabolischen Transitionen, die gegenwärtig im globalen Süden stattfinden, zu einem auch auf Dauer aufrecht erhaltbaren neuen sozial-metabolischen Regime.

Die industrielle Ökologie könnte gerade dies als eine ihrer zentralen Herausforderungen ansehen. Sie könnte damit gut an ihren traditionellen Fokus, der im wesentlichen technisch verstandenen Umgestaltung der industriellen Produktionsweise, anschließen. Entscheidend ist dabei, dass die sozial-ökologischen Bedingungen, unter denen eine industrielle Produktions- und Konsumweise überhaupt möglich ist, beachtet werden müssen, um dieser Herausforderung einer globalen sozial-metabolischen Transition zu begegnen ist. So bleibt das Spektrum möglicher Zukünfte für die Menschheit weiterhin weit gesteckt, aber eben nicht beliebig weit.

17.6 Literatur

Alroy, J. (2001): *A Multispecies Overkill Simulation of the End-Pleistocene Megafaunal Mass* Extinction. *Science*, 292, 1893-1896.

Ayres, R..U.; Kneese, A.V. (1969): Production*, Consumption and Externalities*. American Economic Review, 59, 282-297.

Berkes, F.; Folke, C. (1998): *Linking social and ecological systems for resilience and sustainability.* In: Berkes, F.; Folke, C. (Hrsg.), Linking Social and Ecological Systems. Management Practices and Social Mechanisms for Building Resilience. Cambridge, Cambridge University Press, 1-26.

Boserup, E. (1965): *The conditions of agricultural growth. The economics of agrarian change under population pressure*, Chicago, Aldine/Earthscan.

Boulding, K.E. (1973): The Economics of the Coming Spaceship Earth, in H.E. Daly (Hrsg.), *Towards a Steady State Economy.* San Francisco, CA, Freeman, 3-14.

Boyden, S.V. (1992): Biohistory: *The Interplay Between Human Society and the Biosphere - Past and Present, Paris*, Casterton Hall, Park Ridge, New Jersey, UNESCO and Parthenon Publishing Group.

Bunker, S.G. (1984): *Modes of Extraction, Unequal Exchange, and the Progressive Underdevelopment of an Extreme Periphery*: The Brazilian Amazon, 1600-1980. American Journal of Sociology, 89, 1017-1064.

Bunker, S.G. (1996): *Raw Material and the Global Economy: Oversights and Distortions in Industrial Ecology*. Society and Natural Resources,. 9, 419-429.

Bunker, S.G.; Ciccantell, P.S. (2003): *Creating Hegemony via Raw Material Access. Strategies in Holland and Japan.* Review. A Journal of the Fernand Braudel Center for the Study of Economic, Historical Systems, and Civilizations, 26, 339-380.

Diamond, J.M. (1997): *Guns, Germs, and Steel*: The Fates of Human Societies, New York, London, W.W. Norton & Company.

Fischer-Kowalski, M. (1998): *Society's Metabolism. The Intellectual History of Material Flow Analysis,* Part I: 1860-1970. *Journal of Industrial Ecology,* 2, 61-78.

Fischer-Kowalski, M.; Haberl, H. (1998): *Sustainable Development: Socio-Economic Metabolism and Colonization of Nature.* International Social Science Journal, 158, 573-587.

Fischer-Kowalski, M.; Haberl, H (2007): *Socioecological transitions and global change: Trajectories of Social Metabolism and Land Use*, Cheltenham, UK, Edward Elgar.

Fischer-Kowalski, M.; Krausmann, F.; Smetschka, B. (2004): *Modelling scenarios of transport across history from a socio-metabolic perspective.* Review. Fernand Braudel Center, 27, 307-342.

Fischer-Kowalski, M.; Weisz, H. (1999), *Society as Hybrid Between Material and Symbolic Realms. Toward a Theoretical Framework of Society-Nature Interaction.* Advances in Human Ecology, 8, 215-251.

Fouquet, R.; Pearson, P.J.G. (1998): *A Thousand Years of Energy Use in the United Kingdom:* The Energy Journal, 19, 1-41.

Gellner, E. (1988): *Plough, Sword and Book*, London, Collins Harvill.

Giddens, A. (1989): *Sociology*, Cambridge, Polity Press.

Godelier, M. (1986): *The Mental and the Material: Thought Economy and Society*, London, Blackwell Verso.

Goudsblom, J. (1992): *Fire and Civilization*, London, Penguin Books, p. 247.

Goudsblom, J.; Jones, E.; Mennell, S. (1996): *The Course of Human History. Economic Growth, Social Process, and Civilization.* London, M.E. Sharpe.

Grayson, D.K.; Alroy, J.;;Slaughter, R., Skulan, J. (2001): *Did Human Hunting Cause Mass Extinction?* Science, 294, 1459-1462.

Grübler, A. (1998): *Technology and Global Change*, Cambridge, Cambridge University Press.

Haberl, H. (2001): *The Energetic Metabolism of Societies, Part I: Accounting Concepts.* Journal of Industrial Ecology, 5, 11-33.

Haberl, H.; Erb, K-H.; Krausmann, F.; Loibl, W.; Schulz, N.B.; Weisz, H. (2001): *Changes in Ecosystem Processes Induced by Land Use: Human Appropriation of Net Primary Production and Its Influence on Standing Crop in Austria.* Global Biogeochemical Cycles, 15, 929-942.

Harris, M. (1987): *Cultural Anthropology*, New York, Harper & Collins.

Houghton, R.A. (1995): *Land-use change and the carbon cycle.* Global Change Biology, 1, 275-287.

Houghton, R.A.; Skole, D.L. (1990): *Carbon,* in: B.L.I. Turner et al. (Hrsg.): The Earth as Transformed by Human Action, Global and Regional Changes in the Biosphere over the Past 300 Years. Cambridge, Cambridge University Press, 393-408.

Krausmann, F.; Haberl, H.; Schulz, N.B.; Erb, K-H.; Darge, E.,;Gaube, V. (2003): *Land-use change and socio-economic metabolism in Austria. Part I: driving forces of land-use change: 1950-1995.* Land Use Policy, 20, 1-20.

Latour, B (1998): *Wir sind nie modern gewesen. Versuch einer symmetrischen Anthropologie.* Frankfurt a.M., Fischer Taschenbuch Verlag.

Lindemann, R.L. (1942): *The Trophic-Dynamic Aspect of Ecology.* Ecology, 23, 399-418.

Lotka, A.J. (1925): *Elements of Physical Biology*, Baltimore, Williams & Wilkins Company.

Luhmann, N. (1984): *Soziale Systeme. Grundriss einer allgemeinen Theorie*, Frankfurt a.M., Suhrkamp.

Luhmann, N. (1997): *Die Gesellschaft der Gesellschaft*, Frankfurt a.M., Suhrkamp.

Martens, P.; Rotmans, J. (2002): *Transitions in a globalizing world.* Lisse (Niederlande), Swets & Zeitlinger.

Martinez-Alier, J. (1987): *Ecological Economics. Energy, Environment and Society*, Oxford, Blackwell.

Meyer, W.B.; Turner, B.L.I. (1994): *Changes in Land Use and Land Cover, A Global Perspective*, Cambridge, Cambridge University Press.

Netting, R.M. (1981): *Balancing on an Alp. Ecological change and continuity in a Swiss mountain community*, London, Cambridge University Press.

Netting, R.M. (1993): *Smallholders, Householders. Farm Families and the Ecology of Intensive, Sustainable Agriculture*, Stanford, Stanford University Press.

Odum, E.P. (1969): *The strategy of ecosystem development. An understanding of ecological succession provides a basis for resolving man's conflict with nature.* Science, 164, 262-270.

Pfister, C (2003): *Energiepreis und Umweltbelastung. Zum Stand der Diskussion über das "1950er Syndrom"*, in W Siemann (Hrsg.): Umweltgeschichte Themen und Perspektiven. München, C.H. Beck, 61-86.

Pomeranz, K. (2000): The Great Divergence: China, Europe, and the Making of the Modern World Economy, Princeton, Princeton University Press, p. 382.

Rappaport, R.A. (1971): *The Flow of Energy in an Agricultural Society.* Scientific American, 224, 117-132.

Schellnhuber, H.J. (1999), *'Earth system' analysis and the second Copernican revolution. Nature,* 402 (Suppl.), C19-C23.

Schellnhuber, H.J.; Wenzel, V. (1998): *Earth System Analysis. Integrating Science for Sustainability.* Heidelberg, Springer.

Schor, J.B. (2005): *Prices and quantities: Unsustainable consumption and the global economy.* Ecological Economics, 55, 309-320.

Sieferle, R.P. (1995): *Naturlandschaft, Kulturlandschaft, Industrielandschaft.* COMPARATIV, p. 40-65.

Sieferle, R.P. (1997a): *Kulturelle Evolution des Gesellschaft-Natur-Verhältnisses*, in M Fischer-Kowalski et al. (Hrsg.): Gesellschaftlicher Stoffwechsel und Kolonisierung von Natur. Ein Versuch in Sozialer Ökologie. Amsterdam, Gordon & Breach Fakultas, 37-53.

Sieferle, R.P. (1997b), *Rückblick auf die Natur: Eine Geschichte des Menschen und seiner Umwelt*. München, Luchterhand.

Sieferle, R.P. (2003): *Sustainability in a World History Perspective*, in: B Benzing (Hrsg.): Exploitation and Overexploitation in Societies Past and Present. IUAES-Intercongress 2001 Goettingen: Münster, LIT Publishing House, 123-142.

Sieferle, R.P.; Krausmann, F.; Schandl, H.; Winiwarter, V. (2006a): *Das Ende der Fläche. Zum Sozialen Metabolismus der Industrialisierung* (im Erscheinen). Wien, Böhlau.

Turner, B.L.I.; Clark, W.C.; Kates, R.W.; Richards, J.F.; Mathews, J.T.; Meyer, W.B. (1990): *The Earth as Transformed by Human Action*. Cambridge, Cambridge University Press.

Vasey, D.E. (1992): *An Ecological History of Agriculture, 10 000 B.C.- A.D 10 000,* Ames, Iowa State University Press.

Vitousek, P.M. (1992): *Global Environmental Change: An Introduction*. Annual Review of Ecology and Systematics, 23, 1-14.

Vitousek, P.M.; Ehrlich, P.R.; Ehrlich, A.H.; Matson, P.A. (1986): *Human Appropriation of the Products of Photosynthesis*. BioScience, 36, 363-373.

Walker, P.M.B. (Hg.) (1989): *Chambers Biology Dictionary,* Cambridge, Chambers.

Wallerstein, I. (2000): *Globalisation or the Age of Transition. A Long-Term View of the Trajectory of the World System*. International Sociology, 15, 249-265.

Weisz, Helga (2002): *Gesellschaft-Natur Koevolution: Bedingungen der Möglichkeit nachhaltiger Entwicklung*, Dissertation, Humboldt Universität, Berlin.

Weisz, H.; Fischer-Kowalski, M.; Grünbühel, C.M.; Haberl, H.; Krausmann, F.; Winiwarter, V. (2001): *Global Environmental Change and Historical Transitions. Innovation* - The European Journal of Social Sciences, 14, 117-142.

White, L.A. (1943): *Energy and the Evolution of Culture*. American Anthropologist, 45,. 335-356.

18 Wachstum ohne Umweltverbrauch? Entkopplung und Dematerialisierung als Trends

Ester van der Voet, Lauran van Oers, Sander de Bruyn, Maartje Sevenster

In den 1960er Jahren erlebte die Welt eine lange, nachhaltige Periode des Wirtschaftswachstums, die vielen Ländern Wohlstand und Reichtum brachte. Bereits Mitte/Ende der 1960er Jahre kam jedoch bei Boulding (1966) und Mishan (1967) die Frage auf, ob aufgrund der wachsenden Umweltbelastungen kontinuierliches Einkommenswachstum möglich bzw. wünschenswert ist. Man war der Auffassung, Wirtschaftswachstum sei unvermeidbar mit Umweltbelastungen verbunden, die auf lange Sicht den menschlichen Wohlstand mindern würden.

Ehrlich und Holdren (1971) formulierten die so genannte IPAT-Gleichung:

$I = P*A*T$

Darin bedeutet: I - Umweltbelastung, P - Bevölkerung (pro Kopf), A – Wohlstand pro Person ($/cap) und T - Technologiefaktor (Belastung/$).

So lange das BIP (sowohl durch das Bevölkerungswachstum als auch durch das Einkommenswachstum beeinflusst) schneller wächst als der Technologiefaktor ausgleichen kann, werden die Umweltbelastungen weiter zunehmen. In den 1960er und 1970er Jahren herrschte verbreitet die Auffassung, dass das Wachstum der technologischen Entwicklung mit dem Wachstum der Einkommen nicht würde Schritt halten können – woraus sich etliche Weltuntergangsprognosen ergaben (vgl. Meadows et al. (1972)).

Anfang der 1990er Jahre wurde die lineare Gleichung von Ehrlich und Holdren erstmals durch empirische Forschung in Frage gestellt. Der empirische Beweis für eine inverse U-förmige Beziehung zwischen bestimmten Schadstoffarten und dem Einkommen wurde zunächst von Grossman und Krueger (1991), später auch von anderen Wissenschaftlern erbracht. Panayotou (1993) bezeichnete die inverse U-Beziehung als Umwelt-Kuznets-Kurve (*environmental Kuznets curve* - EKC), analog zu der kelchförmigen Beziehung, die nach Simon Kuznets zwischen Einkommensungleichheit und Prokopfeinkommen besteht. Dahinter steht folgende Vorstellung: Mit steigender wirtschaftlicher Entwicklung wird die automatische Kopplung zwischen Wirtschaftswachstum und Umweltbelastungen gekappt. Die Erklärung dafür könnte sein, dass reichere Gesellschaften zunehmend Wert auf die Qualität ihrer Umwelt legen und daher beginnen, in eine saubere Umwelt zu investieren. Ab einem bestimmten Punkt, dem so genannten Wendepunkt, werden die Umweltbelastungen bei fortgesetztem Wirtschaftswachstum tatsächlich geringer: Der Prozess der *Entkopplung* hat begonnen.

Die EKC entspricht der Beobachtung, dass sich Luft- und Wasserqualität in den meisten entwickelten Volkswirtschaften in den vergangenen 20 Jahren verbessert haben. Sie kann jedoch kein Modell für Umweltbelastungen bereitstellen. Erstens besteht sie einige übliche statistische Tests nicht und ist daher statistisch nicht robust (De Bruyn, 2000). Zweitens wurde die EKC lediglich für einige wenige Umweltbelastungen nachgewiesen, die überwiegend mit örtlich begrenzten Gesundheitsproblemen verbunden sind (Stern *et al.*, 1996). Es gibt keine Garantie dafür, dass die Umweltbelastungen insgesamt sinken werden.

Gleich, ob die EKC auf genereller Ebene nachgewiesen werden kann oder nicht, hat sie vielerorts die Umweltpolitik inspiriert. Die Vorstellung, dass die Wirtschaft wachsen kann und dabei gleichzeitig etwas für die Umwelt getan wird, ist äußerst attraktiv und außerdem die einzige Option für eine nicht disruptive Politik. In etlichen Ländern wurden Entkopplungsziele formuliert, einige sogar gefolgt von Zielvorgaben. (Umweltbundesamt, 1997; Hüttler et al., 1997; IVA, 1998). Dies hat die Debatte über allgemeine Umweltindikatoren wieder angeheizt. Einer der Ansätze, der sich durchgesetzt hat, ist die Untersuchung der Stoff- und Energieströme in der Wirtschaft im Anschluss an die erste Arbeit von Kneese et al. (1969). Durch das Prinzip der Massenbilanz wissen wir, dass jeder Stoffeintrag früher oder später einen Stoffaustrag nach sich zieht - als Emission oder Abfall. Um eine weiter wachsende Wirtschaft und gleichzeitig eine Reduktion ihrer „Rückstände" zu realisieren, sind Änderungen an der Ökonomie der Stoff- und Energieströme und –vorräte notwendig, und es müssen Wege gefunden werden, um die Wohlfahrtsproduktion (*welfare output*) unserer physischen Existenzgrundlage zu erhöhen. Dies markiert in gewisser Weise die Geburtsstunde der Industrial Ecology als Forschungsfeld: diese physische Ökonomie oder Technosphäre als Untersuchungsgegenstand, als Schnittstelle zwischen der Wertewirtschaft und der Umwelt, und gleichzeitig als eigenes komplexes System, in dieser Hinsicht vergleichbar mit der Biosphäre.

Hier stellt sich nun eine wichtige Frage für die Umweltpolitik: Können wir die Technosphäre an die Stelle der Umwelt setzen und unsere generellen Zielsetzungen und konkreten Zielvorgaben auf die Technosphäre anstatt auf die Umwelt abstimmen? Oder anders gesagt: Wäre die Dematerialisierung der physischen Wirtschaft eine geeignete Strategie, um eine Entkopplung zwischen Wirtschaftswachstum und Umweltbelastungen zu erreichen?

Im nächsten Abschnitt werden wir eine kurze Einführung in das Material Flow Accounting (MFA) und seine wichtigsten statistikbezogenen Anwendungen geben. Der Begriff der Dematerialisierung wird vorgestellt und der Entkopplung gegenübergestellt. Anschließend gehen wir auf die Debatte über aggregierte Umweltindikatoren ein. Einige dieser Indikatoren werden wir uns näher ansehen und auf unterschiedliche Weise vergleichen. Abschließend präsentieren wir einige Schlussfolgerungen zu der eingangs genannten wesentlichen Fragestellung dieses Artikels.

18.1 MFA und abgeleitete Indikatoren: Die Beschreibung der Technosphäre

Eines der am weitesten entwickelten Gebiete innerhalb der Industrial Ecology ist das Studium des gesellschaftlichen Stoffwechsels bzw. der Gesamtmenge der Stoffe, die von Volkswirtschaften mobilisiert werden. Dieses Gebiet ist unter dem Begriff Material Flow Accounting (Materialfluss-Gesamtrechnung) bekannt und wird im Artikel von Fischer-Kowalski und Weisz in diesem Buches beschrieben[1]. Der Erstellung dieser Rechnung liegt die Idee zugrun-

[1] In der Tat ist das Gebiet der MFA weitaus umfassender und verfügt über weitere Ausgangspunkte. Konkrete Umweltprobleme in Zusammenhang mit Schwermetallen beispielsweise haben die Untersuchung der Wege dieser Metalle durch die Gesellschaft ausgelöst, um den Ursprung der Umweltverschmutzung festzustellen und die Wirksamkeit politischer Maßnahmen zu bewerten. Die Entwicklung statischer und dynamischer Modelle war immer Teil dieses Zweiges der MFA.

de, dem monetären System der volkswirtschaftlichen Gesamtrechnung ein physisches Pendant gegenüberzustellen. Auf dieses Weise können die Regierungen die physische wie auch die monetäre Entwicklung ihrer Volkswirtschaft verfolgen und auf Wunsch auch für die physische Wirtschaft Zielsetzungen und Zielvorgaben entwickeln. Diese Ausgangsbasis ergab eine automatische Verbindung zur Statistik und führte außerdem zu einer von Eurostat (EC und Eurostat, 2001) herausgegebenen standardisierten Methodik. Ziel dabei ist es, eine Übersicht über die Gesamtmenge der Stoffe zu schaffen, die in eine Volkswirtschaft ein- und ausfließen, um sich so im Zeitverlauf ein Bild des physischen Wachstums- oder Schrumpfungsprozesses einer Gesellschaft zu verschaffen. Durch die Einführung von Zeitreihen wurden einige generelle Muster deutlich, z.B., dass die Menge der tatsächlich verwendeten Stoffe sich in den reicheren Ländern Westeuropas zu stabilisieren scheint. Für diese Messungen wurden einige „schlagkräftige" Indikatoren entwickelt. Die bekanntesten sind der DMI (Direct Material Inflow – direkter Materialeinsatz) und der DMC (Domestic Material Consumption – inländischer Materialverbrauch). Indikatoren, welche auch „verborgene Ströme", bezogen auf übermäßige Erosion oder Bergbau, umfassen, werden bisher statistisch nicht unterstützt.

Diese Indikatoren sind Anzeiger der materiellen Basis einer Gesellschaft. Sie sind darüber hinaus, jedoch nur annähernd, als Indikatoren für den Umweltdruck zu betrachten (Bringezu et al., 2003). Dies ist ein wichtiger Schritt in zweifacher Hinsicht: (1) die Vorstellung, dass Umweltbelastungen aus Aktivitäten in der Technosphäre und nur indirekt aus der Wertewirtschaft resultieren, und (2) man geht jetzt davon aus, dass die lineare Beziehung der IPAT-Gleichung zwischen dem Wachstum der Technosphäre und den Umweltbelastungen besteht, statt zwischen Wirtschaftswachstum und Umweltbelastungen. Von diesem Standpunkt aus ist Entkopplung gleichzusetzen mit Dematerialisierung: So lange wir die Stoffströme bei gleichzeitiger Aufrechterhaltung des Wirtschaftswachstums reduzieren können, verringern wir auch automatisch auch die Umweltbelastung.

Einer der immer wieder vorgebrachten Haupteinwände gegen die Verwendung von DMC and DMI als Indikatoren für Umweltdruck ist die Tatsache, dass unterschiedliche Ressourcen, Stoffe und Produkte aller Art auf einer Pro-kg-Basis aufaddiert werden (Pearce, 2001). Tatsächlich jedoch verursachen die verschiedenen Stoffe Umweltschäden in ganz unterschiedlichen Größenordnungen. Aus dieser Sicht ist es nicht damit getan, 1 kg Sand zu 1 kg Kadmium zu addieren und stillschweigend anzunehmen, ihre Umweltbelastung sei identisch. Die Verfechter der stofffluss-basierten Indikatoren halten dagegen, der Abbau einer Ressource, ihre Verarbeitung in industriellen Prozessen und ihre Nutzung in der Gesellschaft sei immer mit Umweltbelastungen verbunden. Als eine erste Annäherung wäre der Indikator daher sinnvoll. Diese Debatte ist bisher nicht abgeschlossen und wird in wissenschaftlichen und in politiknahen Kreisen, wie EEA, OECD und Eurostat geführt, wobei ihr Inhalt stark zu wünschen übrig lässt.

Nachfolgend untersuchen wir die Beziehung zwischen Stoffeinsatz und Umweltdruck anhand des Vergleichs von drei aggregierten Umweltindikatoren ausgehend von unterschiedlichen Ausgangspunkten im Detail. Wir wollen damit die Frage beantworten, ob Entkopplung generell und auf nationaler Ebene der Dematerialisierung gleichzusetzen ist. Bei einem positiven Ergebnis bleiben uns eine Menge Probleme erspart.

18.2 Aggregierte Umweltindikatoren

Soll Entkopplung ein politisches Ziel sein, müssen wir in der Lage sein, sie zu messen, um den Fortschritt zu bewerten. Deshalb brauchen wir aggregierte Indikatoren der Makroebene sowohl für die Wirtschaft als auch für die Umwelt. Als wirtschaftlicher Indikator wird in der Regel das BIP oder BIP/cap benutzt. Das BIP als Indikator für ökonomischen Wohlstand hat zwar bestimmte Schwachstellen, wird aber generell akzeptiert[2]. Die Frage nach dem aggregierten Umweltindikator hingegen erhitzt die Gemüter. Mehrere Indikatoren wurden vorgeschlagen, keiner wird generell akzeptiert. Die Probleme mit aggregierten Indikatoren sind immer dieselben: Unterschiedliche Posten werden zu einem Maß aufaddiert, und diese Addition ist entweder irrelevant oder aber mit politischen oder Werte-Wahlmöglichkeiten überfrachtet, oder wissenschaftlich fragwürdig, oder eine Kombination aus all diesen Punkten. Die Akzeptanz ist daher immer ein Problem, und die politische Realität in Kombination mit der konkreten Form des Indikators bestimmt, wer eine gegenteilige Meinung mit welchen Argumenten vertritt. Diese etwas zynische, aber wahre Aussage lässt sich durch ein bestimmtes Maß an Analyse ergänzen. In diesem Kapitel untersuchen wir mehrere unterschiedliche aggregierte Indikatoren und bewerten ihre Besonderheiten. Systemgrenzen, Vollständigkeit, Art der Aggregation und Relevanz dienen hierfür u.a. als Beurteilungskriterien. Wir werden uns mit folgenden Indikatoren befassen:

- Indikator DMC bzw. Domestic Material Consumption (inländischer Materialverbrauch), ein Aggregat sämtlicher Ressourcen, Stoffe und Produkte, die in die Nutzungsphase einer Volkswirtschaft einfließen.
- Indikator EF bzw. Ecological Footprint (ökologischer Fußabdruck), basierend auf der realen und virtuellen Landnutzung einer Volkswirtschaft.
- Indikator EMC bzw. Environmentally weighted Material Consumption (umweltgewichteter Materialverbrauch), ein LCA-basiertes Aggregat der Umweltbelastungspotenziale des Materialverbrauchs.

Es gibt noch weitere Indikatoren, diese drei stellen jedoch einen zweckmäßigen Querschnitt der unterschiedlichen Arten aggregierter Indikatoren dar, welche sich in der Art ihrer Ableitung unterscheiden.

18.2.1 Inländischer Materialverbrauch (Domestic Material Consumption - DMC)

Wie an anderer Stelle in diesem Buch ausgeführt, ist der DMC ein Indikator für die Gesamtmenge der Materialien in kg/Jahr, welche in einer Volkswirtschaft verwendet werden (Moll et al., 2003). Er errechnet sich wie folgt:

$$\textit{Gesamtimporte} + \textit{Gesamtentnahmen} - \textit{Gesamtexporte}.$$

---

[2] Die Basis des BIP sind alle Markttransaktionen in einer Volkswirtschaft. Nicht-Markttransaktionen (Haushaltsarbeit, Freizeitaktivitäten oder Abschreibung von Investitionsgütern, um nur einige zu nennen) fließen nicht in das BIP ein, spielen aber natürlich für den wirtschaftlichen Wohlstand eine Rolle. Trotzdem wird das BIP als Indikator für wirtschaftlichen Wohlstand generell akzeptiert. Dies legt folgenden Schluss nahe: Ist ein bestimmter Indikator lange genug „präsent“, tritt eine gewisse Gewöhnung ein, wodurch er trotz offensichtlicher Nachteile akzeptabel wird.

Die Im- und Exporte werden der Handelsstatistik entnommen. Für die Entnahmen greift man auf die nationale Statistik zuzüglich weiterer Daten zurück, falls erstere sich als unzureichend erweist. Ressourcen, Materialien und unfertige Erzeugnisse / Fertigerzeugnisse sind sämtlich eingeschlossen und auf einer Pro-kg-Basis aufaddiert. Eine grobe Aufgliederung in aggregierte Materialkategorien (Biomasse, Sand + Kies, Minerale und fossile Brennstoffe) ist möglich. Die Gesamtmenge der im Lande verbleibenden Materialien, der inländische Materialverbrauch (DMC) , verwandelt sich entweder in Abfall oder Emissionen oder wird auf Lager gelegt, um sich zu einem späteren Zeitpunkt in Abfall, Emission oder sekundäre Ressource zu verwandeln. Dieser Gedankengang steht hinter der mit diesem Indikator verbundenen Aussagekraft in Sachen Umweltdruck. Für viele Länder der Welt sind die Aktivitäten für die Erstellung von MFA-Gesamtrechnungen und die Berechnung von DMC- and weiteren aggregierten Indikatoren auch dank des Einflusses von Eurostat und der OECD bereits angelaufen. Das heißt: Diese Indikatoren stehen zahlreichen Ländern der Welt zur Verfügung.

18.2.2 Ökologischer Fußabdruck (Ecological Footprint – EF)

Der ökologische Fußabdruck nach Wackernagel und Rees (1996) ist ein aggregierter Indikator für Umweltdruck. In einem LCA-artigen Ansatz, der den Lebenszyklus eines Produktes von der Herstellung über den Gebrauch bis zur Entsorgung/Endlagerung berücksichtigt, werden Verbrauchsketten der Lebensmittelenergie etc. der Länder spezifiziert und ebenfalls auf Jahresbasis in Landnutzung (Hektar) übersetzt. Dies kann entweder reale Landnutzung sein – bezogen auf Landwirtschaft oder Infrastruktur – oder aber virtuelle Landnutzung, bezogen auf Schadstoffe. Im letzteren Falle werden Emissionen in Hektar umgerechnet, indem man eine bestimmte Fläche Landes annimmt, die zur Immobilisierung oder Verdünnung der Emissionen benötigt wird. Reale und virtuelle Landnutzung werden zu einer Zahl addiert, die man dann der geografischen Größe eines Landes gegenüberstellt. Auf diese Weise wird die Umweltlast sichtbar, welche andere Länder zu Gunsten des Konsums innerhalb des spezifizierten Landes tragen müssen. Im Gegensatz zum DMC, der ein vollkommen relativer Indikator ist, hat der EF eine absolute Bezugsgröße: die tatsächlich auf der Erde verfügbare Landfläche.

18.2.3 Umweltgewichteter Materialverbrauch (Environmentally weighted Material Consumption – EMC)

Der EMC (van der Voet et al., 2005; van der Voet et al., 2004) ist aus der Idee entstanden, dass es möglich sein müsste, unterschiedliche Materialarten oder Ressourcen mit einer Umweltgewichtung zu versehen, um für eine Umwelt- oder Ressourcenpolitik Prioritäten setzen zu können. Die generelle Gleichung auf maximal aggregierter Ebene lässt sich beschreiben als

$$Indicator = \sum_k \sum_i M_i * W_{i,k}$$

Darin bedeuten: M_i - der Verbrauch jedes Materials i in kg/Jahr und W_k die Umweltbelastung k bezogen auf ein Kilogramm jedes Materials i. Der Indikator wird auf diese Weise in Belastungseinheiten pro Jahr ausgedrückt. Durch diese Gewichtung bekommen die stärker umweltverschmutzenden Stoffe in der Darstellung relativ mehr Gewicht. Dieser Indikator erfordert Daten über den Verbrauch je Material, nicht auf aggregierter Ebene. Verbrauch in diesem Fall ist der (sichtbare) Verbrauch (*apparent consumption*), berechnet pro Stoff als

$$Import_i + Produktion_i - Export_i$$

Die Berechnung unterscheidet sich von der des DMC (Produktion statt Entnahme, disaggregiert statt aggregiert). Die Umweltgewichtungen erhält man mit Hilfe der LCA-Daten und der LCA-Wirkungsabschätzung (LCA *impact assessment* – LCIA). Für 1 kg jedes Materials wird der gesamte Lebenszyklus von der Herstellung über den Gebrauch bis zur Entsorgung (*cradle-to-grave chain*) spezifiziert und das Gesamtausmaß der Umwelteinflüsse berechnet. Diese werden über die LCIA in eine begrenzte Zahl von Wirkungskategorien umgerechnet. Auf diese Weise entsteht ein Bild davon, was 1 kg eines Materials zur Umweltbelastung, untergliedert in 10 – 12 Wirkungskategorien, beisteuert. Indem wir diesen Beitrag mit der verbrauchten Materialmenge in kg/Jahr multiplizieren, erhalten wir die Umweltbelastungen des Verbrauchs dieses Materials. Um ein abschließendes Gesamtbild zu bekommen, kann man die durch die Materialien verursachte Umweltbelastung je nach ihrem relativen Beitrag zu den Wirkungskategorien summieren und auf einer 10 – 12 Punkte-Skala einordnen. Als letzter Schritt zur Erreichung eines Maßes für die Umweltbelastung ist eine Gewichtung zwischen den unterschiedlichen Wirkungskategorien erforderlich. Es gibt unterschiedliche Optionen für diesen Gewichtungsschritt – sie werden an anderer Stelle in diesem Artikel diskutiert.

18.2.4 Bewertung der drei Indikatoren

Alle drei Indikatoren werden als ein Maß für den gesamten Umweltdruck der jeweils untersuchen Länder dargestellt. In dieser Funktion haben sie alle bestimmte Stärken und Schwächen. Tabelle 18.1 zeigt eine Übersicht. Die unten aufgeführten Stärken und Schwächen haben bei Einsatz der Indikatoren in der Umweltpolitik bestimmte Implikationen. Darauf wird an anderer Stelle näher eingegangen.

Tabelle 18.1 Vergleich von DMC, EF und EMC

	DMC	EF	EMC
Vorteile	• statistikbasiert • in vielen Ländern verfügbar • Addition auf Gewichtsbasis, unproblematisch	• setzt viel Vorstellungskraft voraus • Land ist eine Schlüsselressource • in vielen Ländern verfügbar • Auswirkungen im Ausland werden berücksichtigt	• Umweltfaktoren tragen zur Relevanz bei • transparente Zusammenstellung aus Teilen (Stoffe und Wirkungskategorien), die auch separat verwendet werden können • Auswirkungen im Ausland werden berücksichtigt • Vollständigkeit der Belastungen entsprechend dem aktuellen Wissensstand • Gewichtung ermöglicht Priorisierung der Belastungen
Nachteile	• Blackbox-Wirtschaft ohne jeden Anhaltspunkt für Möglichkeiten der Veränderung • Disaggregation nicht möglich; unzureichend als Datenbank für weitere Detailbearbeitung • Auswirkungen im Ausland werden nicht berücksichtigt • Gewichtung implizit (auf Pro-kg-Basis); Aussagekraft der Kilogrammwerte für Umweltbelange fraglich	• Virtuelle Landnutzung ist anfechtbar und macht den Vergleich mit der Landfläche der Erde unmöglich • Nachteil für dicht besiedelte Länder weist in falsche Richtung[3] • Verborgenes Gewichtungsverfahren	• Datenanforderungen umfassend • LCA-Datenbank statisch und nicht standortspezifisch[4] • Vollständigkeit in Materialflüssen schwierig zu erreichen • Explizites Gewichtungsverfahren scheinbar schwierig zu akzeptieren oder zu vereinbaren
Gesamtbewertung	• Unproblematischer Indikator der Technosphäre mit möglicherweise begrenzter Relevanz als Umweltindikator	• Attraktiver Umweltindikator mit Schwachstellen in Bezug auf Vollständigkeit, Interpretation und Transparenz	• Vielversprechender flexibler Umweltindikator mit Verbesserungsbedarf in Bezug auf Vollständigkeit und Aktualisierungsmöglichkeiten

18.3 Korrelationen

Ein für die Debatte über die Verwendung dieser aggregierten Indikatoren relevanter Punkt ist die Frage, ob die Ergebnisse in der Praxis stark differieren. „Differieren" kann hier Unterschiedliches bedeuten. Es kann zum Beispiel sein, dass die Indikatoren ein unterschiedliches Bild der mit den Volkswirtschaften verbundenen Umweltbelastungen geben. Ein Land kann im Vergleich zu anderen Ländern bei einem Indikator eine hohe Punktzahl und bei einem

[3] In ihrem Buch weisen Wackernagel und Rees auf einen Effizienzvorteil für dicht besiedelte Gebiete hin. Dies spiegelt sich im EF jedoch nicht wider. Außerdem schneiden dicht besiedelte Länder im Vergleich zu dünn besiedelten Ländern schlechter ab. Letztere bleiben auch mit einem hohen EF pro Kopf innerhalb ihres „Territoriums".

[4] Dies könnte auch für den EF gelten (unklar).

anderen eine niedrige Punktzahl erreichen. Es kann sein, dass die Indikatoren ein unterschiedliches Bild der Entwicklungen im Zeitverlauf vermitteln. So kann beispielsweise ein Indikator einen rückläufigen Trend anzeigen, während der andere stabil bleibt. Es kann auch sein, dass die Indikatoren bestimmten Stoffen bzw. Stoffgruppen unterschiedliches Gewicht beimessen. In diesem Abschnitt werden wir auf einige dieser Fragen eingehen. Sollten diese drei Indikatoren, die jeweils von einer anderen Ausgangsbasis ausgehen, tatsächlich bei all diesen Aspekten in die gleiche Richtung weisen, dann ist jeder mit jedem austauschbar. Andernfalls stellt sich die Frage, welcher Indikator der zweckdienlichste ist, oder wie und ob sie einander ergänzen können. Dies kann auch von der an den Indikator gerichteten Fragestellung abhängen bzw. davon, wie die von ihm zu beschreibende Entkopplung genau beschaffen ist.

Eine erste Anstrengung, die zur Erforschung dieser Zusammenhänge unternommen wurde, ist der Vergleich der drei Indikatoren für 28 europäische Länder (die EU-25 sowie die drei EU-Beitrittsländer im Jahr 2006).

Diese Darstellung ermöglicht einen Ländervergleich hinsichtlich der drei Indikatoren. Ein Blick auf die Daten lässt folgendes erkennen:

- Die osteuropäischen Länder weisen bei allen drei Indikatoren generell geringere Werte auf als die westeuropäischen Länder; Ausnahmen sind Estland sowie – in geringerem Umfang – die Tschechische Republik und Slowenien.
- In den meisten Fällen ist ein relativ hoher EF/cap-Wert mit einem relativ hohen DMC/cap- und EMC/cap-Wert gekoppelt.
- Es gibt einige deutliche Ausnahmen von dieser Regel, wobei einer der drei Indikatoren die beiden anderen weit überragt oder einer beträchtlich unter den anderen liegt.

Eindeutige Ausnahmen sind:

- Finnland und Estland mit einem sehr hohen DMC/cap, der nicht mit einem hohen EF/cap oder EMC/cap gekoppelt ist.
- Irland, wo sowohl der DMC/cap als auch der EMC/cap hoch liegen, der EF/cap aber einen niedrigen Wert aufweist.
- Die Niederlande, wo der EMC/cap hoch ist, DMC/cap und EF/cap jedoch nicht.
- Schweden, wo EF/cap und DMC/cap hohe Werte aufweisen, der EMC/cap jedoch nicht.

Vergleicht man das etwa 10 Jahre alte Schema (Abbildung 18.2) mit Abbildung. 18.1, gewinnt man einige Erkenntnisse über die Entwicklung dieser drei Indikatoren im Zeitverlauf. Wie folgt einige Beobachtungen:

- Während dieses Zeitraums gingen die drei Indikatoren sowohl relativ als auch absolut gesehen für eine Reihe osteuropäischer Länder zurück. Dies ist vermutlich auf die wirtschaftlichen Folgen der politischen Wende von 1989 zurückzuführen. Der Rückgang ist am ausgeprägtesten für EF und kaum sichtbar bei DMC.
- Gleichzeitig stiegen die drei Indikatoren ebenfalls relativ und absolut gesehen für die südeuropäischen Länder, die der EU erst später beigetreten sind: Griechenland, Spanien und Portugal. Ihr EU-Beitritt markierte ein Durchstarten des Wirtschaftswachstums, das zu steigendem Materialverbrauch und größeren Umweltbelastungen führte.

- Es sind jedoch auch gegenteilige Trends zu beobachten. Für die Niederlande beispielsweise ging der EF/cap nach oben, der DMC/cap blieb stabil und der EMC/cap ging nach unten. Im Falle Estlands gingen DMC/cap und EMC/cap zurück, während bei EF/cap ein Anstieg zu verzeichnen war.
- Generell waren die wenigsten Änderungen bei DMC/cap zu verzeichnen.

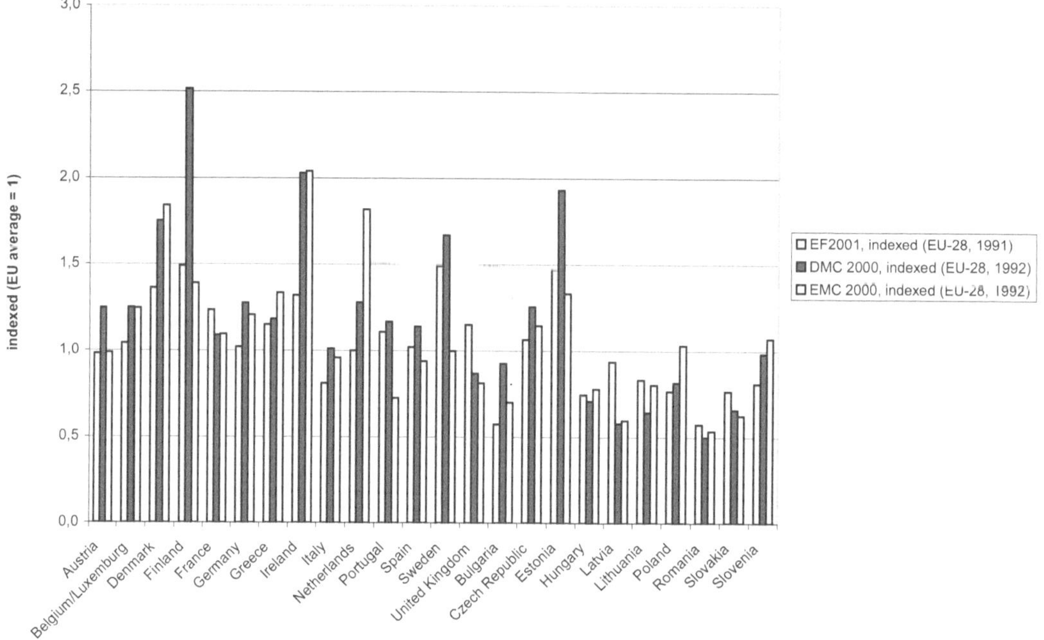

Abbildung 18.1 DMC, EMC und EF pro Kopf für 2000/2001 in den EU und Beitrittsländern

Das generelle Bild, das sich aus diesen Beobachtungen ergibt, ist folgendes: Im Großen und Ganzen sind die Indikatoren miteinander vergleichbar, d.h. Länder mit einem hohen EF haben auch einen hohen DMC und EMC, und die Auf- und Abwärtstrends sind für die drei Indikatoren ebenfalls vergleichbar. Es gibt jedoch so viele Ausnahmen zu dieser Regel, dass sich ein näherer Blick empfiehlt. Für EMC und DMC, wo unsere Datenbanken umfassender sind, haben wir eine statistische Analyse durchgeführt, um Korrelationen herzustellen. Eine solche Analyse erstellten wir auch getrennt für die einzelnen Stoffe. Es ist nicht möglich, den DMC auf die Ebene der Einzelmaterialien aufzuschlüsseln, wir korrelierten jedoch den Verbrauch dieser Materialien in kg/Jahr mit ihren Umweltbelastungen, wie durch das EMC-Verfahren berechnet. Die Ergebnisse für die Korrelation auf der Ebene der einzelnen Materialien waren verhältnismäßig unproblematisch.

Zwischen dem Verbrauch eines Materials und seiner Umweltwirkung lässt sich keinerlei Korrelation feststellen. Der r^2 –Wert entspricht 0,003, was extrem niedrig ist. Auf der Ebene der Einzelmaterialien besitzt das Gewicht in kg daher keine gute Aussagekraft für Umweltwirkungen. Auf Länderebene sieht es anders aus.

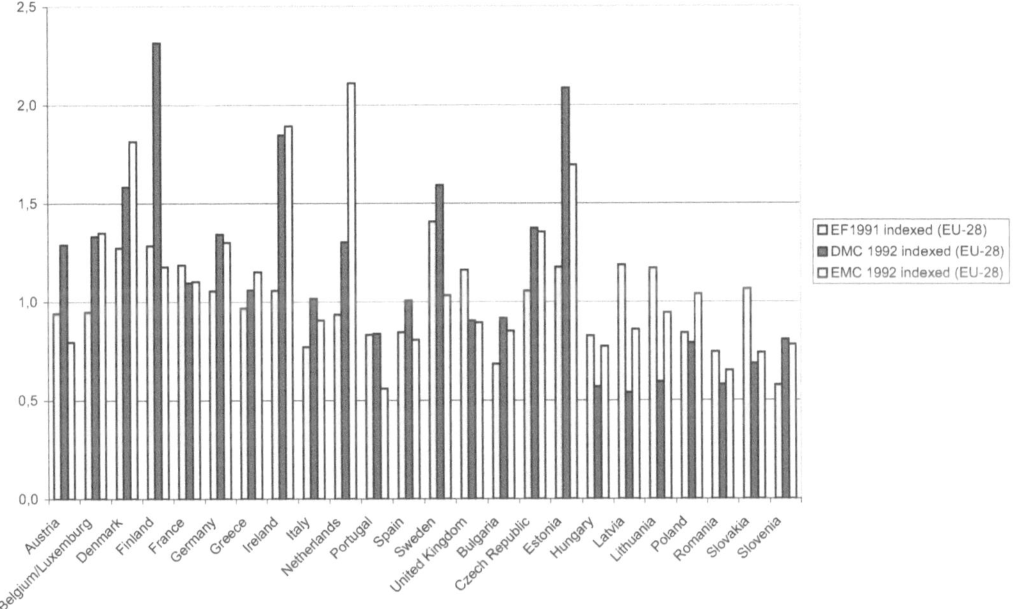

Abbildung 18.2 EMC, DMC und EF pro Kopf für 1991/1992 in den EU und Beitrittsländern

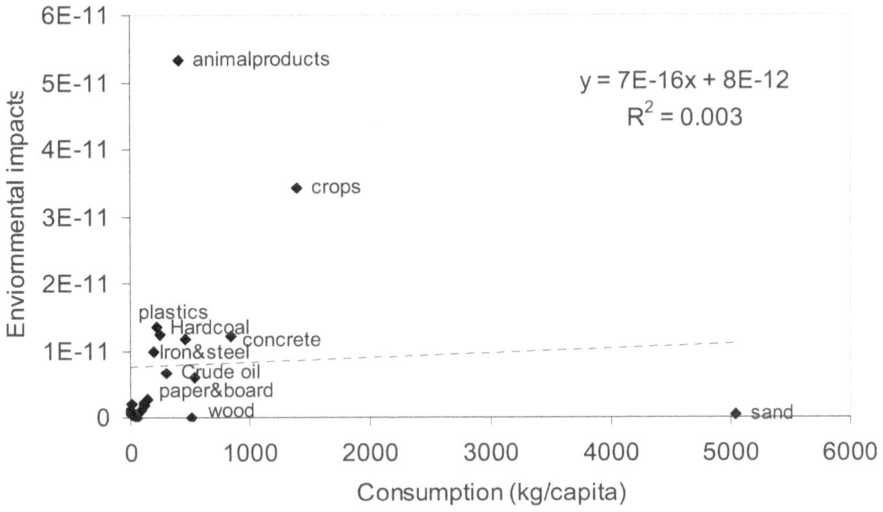

Abbildung 18.3 Korrelation zwischen Verbrauch und Umweltbelastung der Materialien für 28 europäische Länder

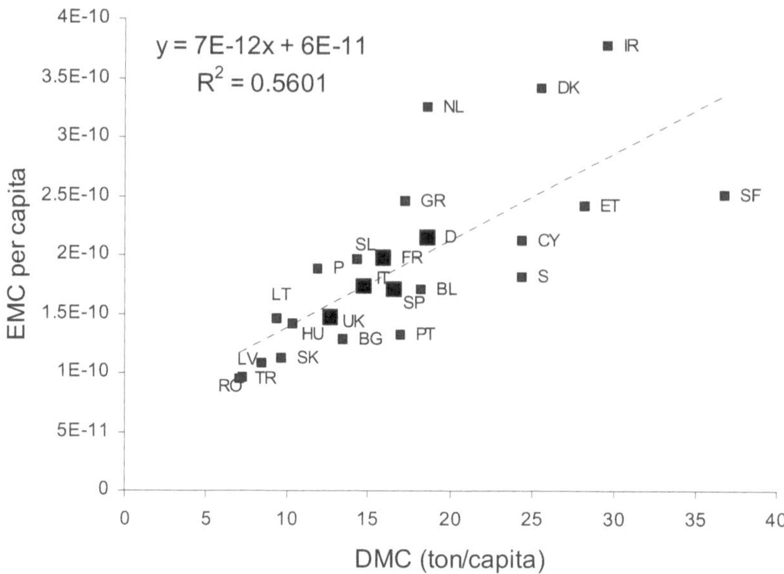

Abbildung 18.4 Korrelation zwischen EMC/cap und DMC/cap für 28 europäische Länder

Die Korrelation zwischen dem DMC eines Landes und seinem EMC ist einleuchtend (r^2 von 0,56), allerdings nicht sehr ausgeprägt. Wie passt dieses Ergebnis zu der Beobachtung, dass zwischen kg-Wert und Umweltwirkungen keine Korrelation besteht? Es bedeutet, dass das Gesamtpaket der in einem Land eingesetzten Stoffe zumindest innerhalb Europas für die Gesamtheit der durch den Konsum eines Landes verursachten Umweltbelastungen tatsächlich bezeichnend ist. Die Stoffprofile der EU-Länder sind offenbar so weit vergleichbar, dass auch die damit verbundenen Umweltbelastungen bis zu einem gewissen Grad vergleichbar werden. In jedem Land werden fossile Brennstoffe in mehr oder weniger derselben Weise genutzt. In jedem Land werden Baustoffe verwendet. Jedes Land erzeugt Agrarprodukte. Anders gesagt, die Wirtschaftsstruktur in den einzelnen europäischen Ländern ähnelt sich. Dies wird untermauert durch die Beobachtung, dass die Werte für große Länder der linearen Näherung näher liegen als die Werte der kleineren Länder. Die Ausnahmeländer in Abbildung 18.1 und 18.2 haben alle besondere Merkmale, die ihre abweichende Wertung verursachen. Irland, Dänemark und die Niederlande sind Länder mit einem sehr hohen EMC im Vergleich zum DMC. Dies ist womöglich darauf zurückzuführen, dass die Landwirtschaft – als Erzeuger von Produkten, die mit einer sehr großen Umweltbelastung verbunden sind – ein großer und/oder intensiver Sektor in diesen Ländern ist. In Finnland liegt der DMC sehr hoch – ohne zu einem hohen EMC zu führen. Dies ist höchstwahrscheinlich auf die bedeutende Holzindustrie zurückzuführen, die keine Schadstoffe abgibt, aber Stoffströme in großem Umfang verursacht. Bei näherer Betrachtung lässt sich vermutlich jede Abweichung vom Durchschnitt durch eine ähnliche Besonderheit im Stoffstromprofil erklären.

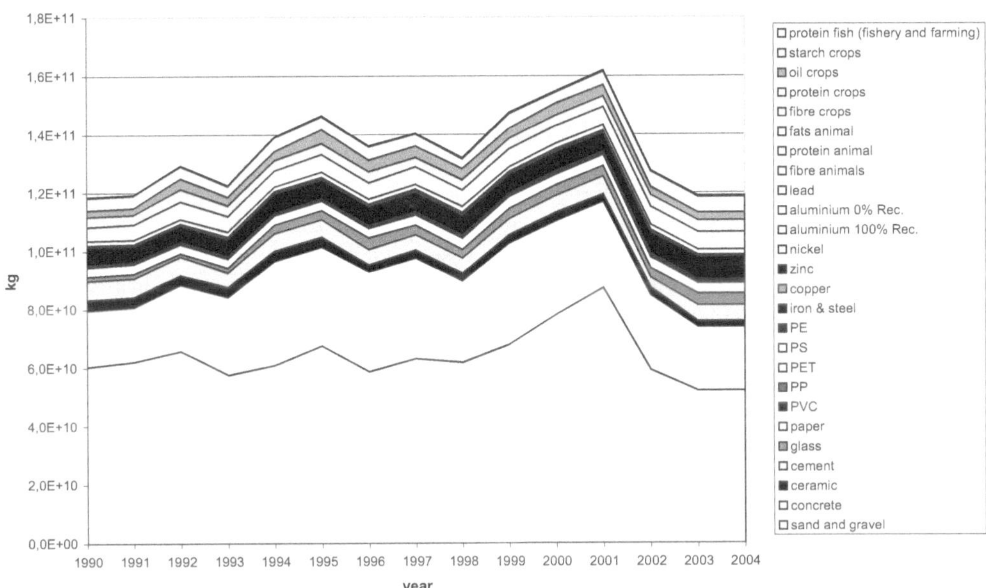

Abbildung 18.5 Verbrauch von 26 Hauptmaterialien in den Niederlanden 1990 – 2004

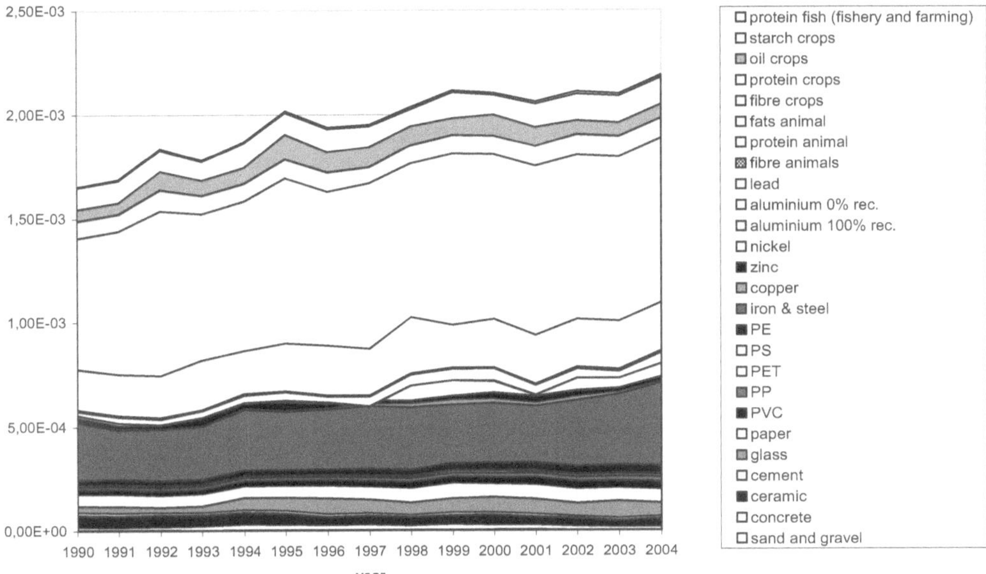

Abbildung 18.6 EMC der Niederlande für 26 Hauptmaterialien 1990 – 2004

Dies gilt alles bis zu einem bestimmten Zeitpunkt. Betrachten wir die Entwicklung im Zeitverlauf in einem spezifischen Land (die Niederlande), wie in Abbildung 18.5 und 18.6 dargestellt, erkennen wir einen abrupten Rückgang des Verbrauchs einer Reihe wichtiger Stoffe, während gleichzeitig der mit diesen Materialien verbundene Umweltdruck steigt. Diese Rückläufigkeit bezieht sich im Wesentlichen auf einen Rückgang der Aktivitäten des Bausektors.

18.4 Einsatz in der Politikberatung

Was bedeutet das für den Einsatz dieser Indikatoren zur Unterstützung der Umweltpolitik? Sind sie zur Überwachung des Fortschritts auf dem Weg zur Entkopplung geeignet? Lassen sie sich zur Festlegung von Prioritäten nutzen? Lassen sich mit ihrer Hilfe mögliche sinnvolle Maßnahmen im Bereich Ressourcennutzung herausdestillieren? Aus den obigen Ergebnissen lassen sich einige Anhaltspunkte ableiten:

Alle drei Indikatoren kann man prinzipiell zur Überwachung der Entkopplung auf nationaler Ebene nutzen. Alle drei weisen mehr oder weniger in dieselbe Richtung. DMC und EMC korrelieren auf nationaler Ebene. Um zwischen den drei Indikatoren eine Wahl zu treffen, muss man Vor- und Nachteile gegeneinander abwägen. Der Einschluss relevanter Umweltinformationen wie bei dem Indikator EMC kann dazu führen, dass die Gewichtung zwischen den unterschiedlichen Wirkungskategorien unvermeidbar wird. Diese Gewichtung ist nach wie vor ein strittiger Punkt. Nach Ansicht der Wissenschaftler sollte sie wertbasiert sein und folglich eine politische Aktivität darstellen; die Politiker hingegen fühlen sich aufgrund ihres mangelnden Wissens unsicher und suchen die Antworten bei der Wissenschaft. Dieses Dilemma ist schwer zu lösen. Die Tatsache, dass DMC und EF ebenfalls - wenn auch nur konkludent - Gewicht haben, wird womöglich nicht wahrgenommen; auf diese Weise lassen sich Akzeptanzprobleme für diese beiden Indikatoren eventuell vermeiden, wenn auch nicht lösen. Ein weiteres Problem ist die Vollständigkeit. DMC hat den Anspruch, komplett zu sein und sämtliche Kilogramm zu erfassen. Sowohl EF als auch EMC streben Vollständigkeit an, haben aber Probleme damit. Ihr Datenbedarf ist umfassender, und aufgrund fehlender Daten werden derzeit nicht alle Stoffe oder Ressourcen erfasst.

Problematisch ist bei DMC und - in geringerem Ausmaß - EF die Verwendung zur Prioritätensetzung. Prioritätensetzung bedeutet, dass man eine Ressource oder einen Stoff mit einem anderen vergleichen muss. Aus den obigen Ergebnissen ergibt sich eindeutig, dass dies für DMC problematisch ist, da das Gewicht auf der Ebene der Einzelstoffe offenbar ein schlechter Indikator für den Umweltdruck ist. Das Problem des EF ist insbesondere seine Nichttransparenz: Sie verschleiert, wie die Hektarflächen den konkreten Stoffen zuzuordnen sind. Der EMC hat in diesem Bereich weniger Probleme, da er sich aus einzelnen Materialien und Wirkungskategorien zusammensetzt.

Das bedeutet, dass sowohl DMC als auch EF größere Probleme aufweisen, wenn es darum geht, sie als Handlungsbasis zu nutzen. Eine Dematerialisierungspolitik kann mit Hilfe des DMC eine Politik werden, die eine Verringerung der größten Stoffströme anstrebt: Sand und Kies. Mit der Reduzierung des Verbrauchs von Sand und Kies ist keine besondere Verbesserung der Umweltqualität verbunden, sie kann sogar umweltschädlich sein, würde man diese Materialien durch leichtere, aber umweltschädlichere Materialien ersetzen. Auch eine Politik, deren Ziel es ist, die Landnutzung zu reduzieren, könnte zunächst unerwartete Nebeneffekte haben. Der EMC bietet hier die besten Möglichkeiten, obwohl er auch nicht ganz problemlos ist. Probleme können sich in Zusammenhang mit der Wahl der Gewichtungsfaktoren, der im EMC nicht erfassten Stoffe oder der unterrepräsentierten Wirkungskategorien ergeben. Keinen der Indikatoren kann man daher direkt als Handlungsbasis verwenden.

Hier schließt sich die Frage an, was geschieht, wenn einer dieser drei Indikatoren gewählt wird, um die Entkopplung eines Landes zu messen. Auch wenn er nur nachträglich als Auswertung von Ereignissen präsentiert wird, wird er selbst von der Politik angepeilt werden. Selbst wenn keine konkrete Entkopplungsvorgabe festgelegt wird, geht man generell von der Idee aus, dass Entkopplung irgendwie stattfinden und sich dies im Indikator zeigen sollte. Anstatt nur objektiv die Ergebnisse bestimmter Entwicklungen oder umwelt- oder ressourcenorientierter Politiken zu messen, kann ein solcher Indikator einen Steuerungseffekt haben. Verwendet man DMC als Gesamtindikator für den Umweltdruck, werden alle Politikmaßnahmen, die auf kleinskalige, aber umweltschädliche Ressourcen abzielen, in dem Indikator nicht sichtbar sein und daher nicht als Erfolg gezählt. Das Risiko besteht dann darin, dass die Politik sich auf diejenigen Stoffe konzentriert, die eine unmittelbare Wirkung auf die Entwicklung des Indikators zeitigen – im Falle des DMC wäre der beste Kandidat Baustoffe. Für EF und EMC gelten vergleichbare, dennoch unterschiedliche Risiken: EF wird seinen Fokus wahrscheinlich auf Biomasse und fossile Brennstoffe legen, die eine große reale bzw. virtuelle Landnutzung verursachen, und Stoffe ignorieren, die man besonders mit Umweltverschmutzung verbindet. Der EMC wird nicht erfasste Stoffe ignorieren.

Das wichtigste Ergebnis dieser Übung ist wohl folgendes: Jeder Indikator, der als aggregierter Indikator für Umweltdruck oder –belastungen präsentiert wird, wird in Bezug auf Aspekte wie z.B. Relevanz, Komplexität, Transparenz oder Vollständigkeit seine Probleme haben. Diese Probleme können die Ursache für die mangelnde Akzeptanz sein. Mangelnde Akzeptanz kann aber auch andere Gründe haben, beispielsweise die Angst vor dem Steuerungspotenzial solcher Indikatoren, oder die Angst bestimmter Industriezweige, zu Sündenböcken abgestempelt zu werden. Die Notwendigkeit der Gewichtung nicht vergleichbarer Belastungen wird häufig als Grund für die Nichtakzeptanz eines Indikators angeführt. Dies ist aber wohl ein Trugschluss: Jeder aggregierte Indikator muss seiner Definition nach davon Gebrauch machen, bei einigen geschieht dies allerdings im Verborgenen, bei anderen ist es sichtbar. Soll jedoch Entkopplung auf nationaler Ebene gemessen werden, lässt sich die Verwendung aggregierter Indikatoren kaum vermeiden. Die einzige Lösung dafür scheint folgende: nicht einen spezifischen Indikator als den einzig wahren auszusondern, sondern unterschiedliche Indikatoren nebeneinander zu benutzen, stets mit dem Ziel, denjenigen Indikator einzusetzen, der im Vordergrund steht.

18.5 Diskussion und Schlussfolgerungen

Kommen wir zurück zu unserer Hauptfrage bezüglich der Austauschbarkeit von Dematerialisierung und Entkopplung, ist die Antwort wohl negativ. Der Stoffeinsatz scheint auf aggregierter Ebene bis zu einem gewissen Maß mit den Umweltbelastungen auf aggregierter Ebene zu korrelieren. Zwischen den einzelnen Ländern sind jedoch starke Schwankungen zu verzeichnen, die sich nur durch Unterschiede im Stoffeinsatz erklären lassen. Da auf disaggregierter Ebene keinerlei Korrelation zwischen dem im Einsatz befindlichen Stoffvolumen und den durch das betreffende Material verursachten Umweltbelastungen besteht, muss die Schlussfolgerung lauten, dass wir den Umweltdruck nicht einfach durch eine generelle Dematerialisierungspolitik verringern können. Sand und Kies verursachen die größten Stoffströme einer Gesellschaft, beeinträchtigen die Umwelt aber kaum. Eine Dematerialisierungspolitik könnte als Sand-und-Kies-Politik enden und sich schlimmstenfalls als kontraproduktiv erweisen. Aus Umweltsicht wäre es sinnvoller, die schädlichsten Stoffe zu identifizieren und sie zum Gegenstand einer Umweltpolitik zu machen. Dies würde tatsächlich zu Entkopplung und nicht nur zu Dematerialisierung führen. Es würde bedeuten, dass politische Maßnahmen auf die Technosphäre abzielen, dennoch würden die politischen Ziele umweltbezogen formuliert.

Diese mehr oder weniger an praktischer Politik orientierten Schlussfolgerungen lassen sich auch auf eine allgemeinere Ebene heben. Einerseits betont die Tatsache, dass man Umweltindikatoren innerhalb der Technosphäre statt umweltbezogen definiert, die Bedeutung der Technosphäre als Schnittstelle zwischen Wirtschaft und Umwelt, eine relativ neue und sehr wichtige Erkenntnis. Andererseits wird man damit wohl nicht der Komplexität der Technosphäre gerecht. Ebenso wie die Beziehung zwischen Wirtschaft und Umwelt sich als nicht einfach und schon gar nicht linear erwiesen hat, kann man in Bezug auf die Beziehung zwischen Technosphäre und Umwelt argumentieren. Aus dieser Sicht wäre es eine sehr gute Idee, mit der Verwendung von Indikatoren einen Anfang zu machen, indem man die Nutzung der unterschiedlichen Ressourcen oder Stoffe in Gewicht oder Volumen mit einer Umweltdimension belegt. Der EMC ist ein Beispiel für solch einen Versuch.

Davon könnte zum einen die Umweltpolitik in unterschiedlichen Bereichen profitieren, und zum anderen könnten sich daraus neue Richtlinien für die Datensammlung ergeben. Einerseits werden Daten über die mit den einzelnen Stoffen verbundenen Umweltbelastungen gebraucht. LCA-Daten könnten als Ausgangsbasis dienen, doch benötigt wird noch mehr: standortspezifische Prozessdaten und periodische Aktualisierungen von Technologiespezifikationen. Andererseits muss die Datenbank der Technosphäre vergrößert und weiterentwickelt werden. Die MFA-Gesamtrechnung, die Eurostat nun für alle Länder vorgeschlagen hat, könnte durch Angaben zu den Strömen und Vorräten innerhalb der Technosphäre erweitert werden. Lenkt man den Blick über die Technosphärengrenzen hinaus, könnte sich die MFA zu einer weitaus relevanteren und kompletteren Datenbank entwickeln und als Ausgangsbasis für Studien aller Art sowie für Politiken dienen, welche sich auf die Ressourcennutzung unserer Wirtschaft beziehen. Die Möglichkeiten der Nutzung der MFA-Daten sowohl im Forschungs- als auch im politischen Kontext ließen sich deutlich steigern – durch die Aufschlüsselung des Gesamtbildes in Bilanzen für die diversen Ressourcen, durch die Verfolgung des Weges der Ressourcen durch die Technosphäre, durch die Berücksichtigung des Einflusses des Einsatzes von Recycling- und Sekundärmaterialien, durch die Erkennung der Materialsubstitution und durch die Herstellung der Verbindung zu dynamischen Ressourcen- und Stoffmodellen. Wir fordern die MFA-Community dazu auf, sich diesen Entwicklungen aufgeschlossen zu zeigen. Wir sollten die Blackbox der Technosphäre öffnen und eine Beziehung zwischen Technosphäre und Umweltbelastungen herstellen!

18.6 Literatur

Kneese, A.V., R.U. Ayres and Ralph C. d'Arge (1969). Economics and the environment: a materials balance approach. Johns Hopkins Press, Resources for the Future

Boulding, K.E. (1966): The economics of the coming spaceship earth. In: Jarret, H. (Hrsg.): *Environmental Quality in a Growing Economy*. Johns Hopkins University Press, Baltimore, 3 - 14.

Bringezu, S., Schütz H., Moll, S. (2003): Rationale for and Interpretation of Economy-wide Material Flow Analysis and Derived Indicators . *Journal of Industrial Ecology 7 (2)*, 43-64.

De Bruyn, S.M. (2000): *Economic Growth and the environment: an empirical analysis*. Kluwer Academic publishers; Dordrecht.

Ehrlich, P.R.; Holdren, J.P. (1971): *Impact of Population Growth*. Science *171*, 1212-1217.

European Commission and Eurostat (2001): *Economy-wide material flow accounts and derived Indicators , a methodological guide*. Official Publication of the European Communities, Luxembourg.

Grossman, G.M.; Krueger, A.B. (1991): *Environmental impacts of a North American Free Trade Agreement*. NBER working paper 3914, National Bureau of Economic Research (NBER), Cambridge.

Hüttler, W.,;H. Payer; H. Schandl (1997). *National Material Flow Analysis for Austria 1992. Society's Metabolism and Sustainable Development*. Schriftenreihe Soziale Ökologie. Institut für interdisziplinäre Forschung und Fortbildung der Universitäten Innsbruck, Klagenfurt und Wien.

IVA (1998): *Möjligheter och hinder på väg mot Faktor 10 i Sverige* (Opportunities and threats on the road to a Factor 10 in Sweden). Arbetsdokument 1998:15. Royal Swedish Academy of Engineering Sciences, Stockholm, Sweden.

Mishan, E.J. (1967): *The costs of economic growth*. Staples Press, London.

Meadows, D.H.; Meadows, D.L.; Randers, J.; Behrens, W. (1972). *The Limits to Growth: a report for the Club of Rome's project on the predicament of mankind*. Earth Island, London.

Moll, S.; Bringezu, S.; Schütz, H. (2003): *Resource Use in European Countries - An estimate of materials and waste streams in the Community, including imports and exports using the instrument of material flow analysis (Zero Study)*. Copenhagen, European Topic Centre on Waste and Material Flows (http://waste.eionet.eu.int/mf/3)

Pearce, D. (2001): *Measuring Resource Productivity*, a background paper for the Department of Trade and Industry & Green Alliance conference, London, 14 February 2001

Panayotou, T. (1993): *Empirical Tests and Policy Analysis of Environmental Degradation at Different Stages of Economic Development*. World Employment Research Programme, Working Paper, International Labour Office, Geneva.

Stern, D.I.; Common, M.S.; Barbier, E.B. (1996): *Economic Growth and Environmental Degradation: A Critique of the Environmental Kuznets Curve*. World Development, *24*, 1151-1160.

Umweltbundesamt (1997): *Sustainable Germany - towards an environmentally sound development*.

Van der Voet, E.; van Oers, L.; Nikolic, I. (2004): *Dematerialization, not just a matter of weight*. Journal of Industrial Ecology 8(4): 121-137.

Van der Voet, E.; van Oers, L.; Moll, S.; Schütz, H.; Bringezu, S.; de Bruyn, S.; Sevenster, M.; Warringa, G. (2005): *Policy review on decoupling: development of indicators to assess decoupling of economic development and environmental pressure in the EU-25 and AC-3 countries*. CML report 166. Leiden, The Netherlands: Institute of Environmental Sciences (CML), Leiden University.

Wackernagel, M.; W. Rees (1996). *Our Ecological Footprint*. The New Catalyst Bioregional Series no. 9, New Society Publishers.

19 Zukünfte urbanen Lebens mit Altlasten, Bergwerken und Erfindungen

Peter Baccini

19.1 Das urbane Leben in der kulturellen Evolution

Die Zeit der ersten Stadtkulturen in den großen Flusstälern des Orients fällt, archäologisch betrachtet, zusammen mit der Erfindung und der Anwendung neuer Techniken wie Getreidebau, Töpferscheibe, Segelboot, Kupferverarbeitung (Metallurgie), astronomische Kalender (Zeitmessung) und Schrift. Urbanes Leben erfand auch neue Institutionen für das menschliche Zusammenleben in Siedlungen hoher Populationsdichten. Die frühgeschichtliche Stadt begann als Sammlung von Arbeitskräften unter fester, einheitlicher und selbstbewusster Führung und war in erster Linie ein Instrument, mit dem man Menschen reglementieren, die Natur überwältigen und das Gemeinwesen zum Dienst für die Götter anhalten konnte (Mumford 1963).

Mit der urbanen Lebensform erschuf sich der Homo sapiens ein Biotop, die Anthroposphäre, in welchem er sich zu seinem eigenen Vorteil schneller entwickeln und ausbreiten konnte. Wer in diesem Biotop in der Lage ist, mit unterschiedlichen Fertigkeiten und Mitteln (technisch-ökonomisch, friedlich oder kriegerisch) jährliche Ressourcenüberschüsse zu produzieren, anzulegen und zu verteilen, ist Gebieter über Leben und Tod. Wer in diesem urbanen Projekt laufend weitere Ressourcenquellen zu erschließen und deren Nutzung zu kontrollieren vermag, wird sich global durchsetzen können.

Im 20. Jahrhundert zeigten die wirtschaftlich starken Regionen eine beschleunigte Dynamik der Ausbreitung des urbanen Lebens, die zu neuen Siedlungsmustern führte. Diese Muster lassen zwar die früheren Phasen der urbanen Entwicklung, vor allem in europäischen Städten, wie in einem Palimpsest noch erkennen, zeigen jedoch neue morphologische, physiologische und institutionelle Qualitäten. Diese neuen urbanen Systeme sind jedoch, mit Blick auf die heute abschätzbaren globalen Umweltbedingungen, nicht nachhaltig angelegt (Baccini und Imboden 2001).

Im Kontext der Forschungstätigkeiten im Bereich der noch jungen „Industrial Ecology" muss hervorgehoben werden, dass die Auseinandersetzung mit urbanen Systemen bis heute eher am Rande angesiedelt ist. Die große Mehrzahl der Forschenden untersucht mit ingenieurwissenschaftlichen Ansätzen technisch-ökonomische Subsysteme mit der Absicht, durch gesteigerte Ressourceneffizienz in Prozessen und Gütern dem Ziel der Nachhaltigkeit näher zu kommen. Der hier vorgestellte Beitrag geht von der gestützten Hypothese aus (Imboden und Baccini 1996), dass die Summe erhöhter Öko-Effizienzen allein nicht ausreicht, das gesteckte Ziel zu erreichen. Das Gelingen einer nachhaltigen Entwicklung entscheidet sich an der Gestaltung des Urbanen.

Nachfolgend sollen folgende 3 Fragen beantwortet werden:

- Welches sind die physiologischen Charakteristika der im 20. Jahrhundert aufgebauten urbanen Systeme und welche ihrer Probleme sind in erster Priorität anzugehen? (Kapitel 2)
- Welche Strategien im Ressourcenhaushalt erscheinen geeignet, um im Verlaufe des 21. Jahrhunderts diese urbanen Systeme nachhaltig zu gestalten? (Kapitel 3)
- Gibt es erste Projekte, welche die Tauglichkeit von Strategien im Ressourcenmanagement urbaner Systeme illustrieren? (Kapitel 4)

19.2 Die Wesenszüge urbaner Systeme

19.2.1 Die Bildung der Netzstadt

Im 20. Jahrhundert wurde in entwickelten Regionen deutlich, was in Ansätzen im 17./18. Jahrhundert gedacht, im 19.Jahrhundert schrittweise aufgebaut und innerhalb drei Menschengenerationen breite Anwendung fand. Die neue Transporttechnik für Personen, Güter und Informationen über Schiene, Strasse, Luft und Kabel ermöglicht eine stark beschleunigte Ausbreitung des urbanen Lebens. In der westlichen Welt ist das Erbe des 20. Jahrhunderts eine urbane Kulturlandschaft, deren „Kernstädte“ wie vor zweihundert Jahren nur rund 20% der Gesamtbevölkerung bewohnen. Inzwischen ist jedoch die agrarisch tätige Landbevölkerung auf einige Prozent der Gesamtpopulation geschrumpft. In drei bis vier Generationen hat sich die „Landbevölkerung“ in eine urbane Bevölkerung transformiert, nicht in der Fortsetzung der europäischen Stadt des 19. Jahrhunderts, sondern in ein vielfältiges Muster von Knoten und deren Verbindungen, in eine „Netzstadt“ (Baccini und Oswald 1998, Oswald und Baccini 2003). Sie bezeichnet den neuen morphologischen und physiologischen Charakter von Urbanität. Es ist ein dichtes Netz von Orten hoher Dichten und Verbindungen für Personen, Gütern und Informationen entstanden, das sich über Zehntausende von km^2 erstreckt, mit mittleren Dichten von mehreren Hundert Einwohnern pro km^2. In dieser Netzstadt gelangen alle Bewohner innerhalb weniger als einer Reisestunde zu sämtlichen urbanen Angeboten.

Die einstigen Kernstädte, auch zentrale Orte genannt, haben ihre politische und ökonomische Vormachtstellung verloren. Als sogenannte A-Städte (NFP 1989) verlieren sie die Schönen und die Reichen, die neuen Familien mit Kindern und gewinnen die Armen, Alten, Auszubildenden, Ausländer und Asylanten. Sie haben zwar immer noch attraktive Nischen für neue Unternehmungen und viele Arbeitsplätze im Dienstleistungsbereich anzubieten. Sie kämpfen jedoch mit ihrem wohlhabenden „Hinterland“ um Lastenausgleich. Die Entwicklung von Netzstädten geht einher mit einer Veränderung der Lebensstile. Urbanes Leben ist nicht mehr durch „städtisches Bauwerk“ definiert, sondern durch die Verfügbarkeit „urbaner Angebote“. Heutiges urbanes Leben in wirtschaftlich stark entwickelten Ländern ist somit ortlos (Siebel 2003). Die Unterscheidung zwischen Stadt und Land ist obsolet geworden. Diese Entwicklung wurde mit einer physischen Infrastruktur möglich, die fast allen Einwohnern, ungeachtet des konkreten Wohn- und Arbeitsortes, eine mehr oder weniger gleiche Grundversorgung rund um die Uhr offeriert, mit Wasser, Energieträgern, Nahrungs- und Verkehrsmitteln und diversen Dienstleistungen. Alle Menschen in neuen urbanen Systemen sind also vollständig abhängig von einer großangelegten urbanen Infrastruktur mit Ressourcenquellen aus dem regionalen, kontinentalen und globalen Hinterland, im Unterschied zu den industriellen Siedlungen des jungen 19. Jahrhunderts und den früheren agrarischen Kulturen, in welchen sich rund 80% der Menschen rural und dezentral vor Ort ihre Grundversorgung sichert.

Entwicklungsregionen in Asien, Südamerika und Afrika zeigen in ihrer Urbanisierung einerseits noch das Muster der deutlichen Trennung von Stadt und Land, wie es entwickelte Länder bis Ende des 19. Jahrhundert gekannt haben, bezüglich Lebensstandard und Lebensstil. Andererseits konzentriert sich ihr Wachstum (Bevölkerung und Territorien) auf die großen Städte. Urbanisierungsfragen werden deshalb in Entwicklungsländern meist auf die so genannten Megacities gerichtet, wo die sozialen Konflikte und die wirtschaftlichen Probleme besonders brisant sind.

19.2.2 Der globale und regionale Rahmen aus physiologischer Sicht

Es kann aus naturwissenschaftlich-ökologischer Sicht postuliert werden, dass die urbanen Systeme der entwickelten Regionen keinen nachhaltigen Ressourcenhaushalt betreiben (Tabelle 19.1).

Entgegen der gängigen Meinung ist die Landnutzung für Siedlungsflächen, im Sinne von Flächenanspruch pro Kopf, nicht das Hauptproblem. Auch die Holznutzung heutiger urbaner Systeme entspricht dem Nachwachsen von Neuholz (Müller 1998), weil die meisten entwickelten Länder, spätestens zu Beginn des 20. Jahrhunderts, ihre Waldbestände per Gesetz konstant hielten. Das Erdölbeispiel zeigt dagegen, dass eine Globalisierung der entwickelten urbanen Systeme bezüglich aktueller Energienutzung nicht möglich ist, auch wenn vielleicht die Lager noch größer wären als heute angenommen. Das Lager wäre innerhalb weniger Jahrzehnte erschöpft. Das Kupferbeispiel illustriert folgenden Sachverhalt: Das heute bekannte Kupfererzreservoir in der Erdkruste pro Kopf für 8 Milliarden Menschen entspricht etwa jenem Zwischenlager, welches entwickelte urbane Systeme inzwischen in ihren Bauwerken aufgebaut haben (Zeltner et al. 1999). Diese vier Beispiele unterstützen die Hypothese, dass sich die Anthroposphäre in einem Übergangszustand befindet, der etwa Ende des 18. Jahrhunderts begann und etwa 300 Jahre oder etwa 10 Menschengenerationen dauert bis zum Ende des 21. Jahrhunderts. Es ist ein Übergang von einem solaren System, dem agrarischen, zu einem neuen, dem urbanen. Dieses müsste allerdings seinen Ressourcenverbrauch pro Kopf, bezogen auf den aktuellen Konsum in den entwickelten Ländern, um etwa den Faktor 3 bis 5 verringern[1], vor allem was die Energie betrifft.

Diese grobe Vorgabe reicht allerdings nicht aus, um auf regionaler Skala genügend differenziert die Ausgangslage des Ressourcenhaushalts zu beschreiben und maßgeschneiderte Maßnahmen für den Übergangsprozess zu entwerfen.

---

[1] Die Vorgabe von Reduktionsfaktoren geht auf die 1990er Jahre zurück. Einer der bekanntesten Publizisten mit dieser normativen Vorgabe ist E.v. Weizsäcker (z.B. in Erdpolitik). Am häufigsten wird diese Vorgabe für den Energieverbrauch gemacht. Am Beispiel der Schweiz gibt es Ansätze zur 2000 Watt-Gesellschaft, d.h. 2000 Watt pro Einwohner als mittlerer Leistungsbedarf . Dabei müsste die Schweiz von heute 6000 Watt/Einw. eine Reduktion um einen Faktor 3 erreichen. Wählt man die USA mit dem gleichen Ziel, dann wäre es ein Faktor 5.

Tabelle 19.1 Ausgewählte Globale Ressourcen und ihre Nutzung durch neue urbane Systeme (Baccini 2003, Global 2000, Buitenkamp 1993, Zeltner 1999)

	(1) Globale Ressourcen für 8 Milliarden Menschen	(2) Lagerbestand in neuen urbanen Systemen	(3) Konsum in neuen urbanen Systemen
	ha/Kopf	ha/Kopf	ha/Kopf & Jahr
Landnutzung			
Landwirtschaft	0.5		
Forstwirtschaft	0.3		
Siedlungen		0.03	0.0001
	m^3/Kopf	m^3/Kopf	m^3/Kopf & Jahr
Holz	50	10	0.4
Erdöl	GJ/Kopf	GJ/Kopf	GJ/Kopf & Jahr
	800	40	100
Kupfer	kg/Kopf	kg/Kopf	kg/ Kopf & Jahr
	300	300	10

Spalte 1: Eine Auswahl geschätzter globaler Ressourcen (Landnutzung; Holz, Erdöl, Kupfer) pro Kopf für eine Population von 8 Milliarden Menschen. Diese Population ist eine konservative Schätzung für die Mitte des 21. Jahrhunderts. In Spalte 2 werden die korrespondieren Lager pro Kopf in neuen urbanen Systemen und in Spalte 3 der Konsum (Verschieben eines Stoffes aus der Bio- /Geosphäre in die Anthroposphäre) dieser Lager pro Kopf und Jahr quantifiziert. Es handelt sich um Größenordnungen.

Am Beispiel der Aktivität ERNÄHREN (der Begriff „Aktivität" nach Baccini und Brunner 1991) sollen zwei unterschiedliche Ausgangslagen illustriert werden (Tabelle 19.2). Der totale Energiebedarf (Primärenergie) eines urbanen Systems (in gemäßigtem Klima) ist rund zehnmal höher als der einer nach heutigem globalem Standard sehr armen Subsistenzwirtschaft (in subtropischem Klima). Diese hat, aufgrund ihrer fehlenden ökonomischen Mittel, einen Energie-Selbstversorgungsgrad (Biomasse aus der Region) von rund 80%. Dieser wiederum ist nur 10% im hauptsächlich auf fossilen Energieträgern basierenden urbanen System (Bsp. Schweiz). Die Subsistenzwirtschaft wendet rund 90% ihres Energiebedarfs für das ERNÄHREN auf (17 GJ/Kopf&Jahr). Die urbanen Systeme haben diesen Anteil auf 20% reduziert, d.h. ihr Energieaufwand für das ERNÄHREN (30 GJ/Kopf&Jahr) wurde nicht einmal verdoppelt. Andere Aktivitäten sind für den stark gestiegenen Energiebedarf verantwortlich. In Subsistenzwirtschaften ist der regionale Selbstversorgungsgrad per Definition über 90%, im Vergleich zu jenem eines urbanen Systems mit rund 60%. Dieses ist aus ökonomischen Gründen in der Lage, den fehlenden Anteil auf dem Weltmarkt zu kaufen. Gewichtig sind die Unterschiede in den Anteilen der Haushaltsausgaben für das ERNÄHREN. Der Haushalt einer nicaraguanischen Familie setzt dafür mehr als 80% seines Einkommens ein. In urbanen Systemen der entwickelten Welt sinkt dieser Anteil auf rund 10%.

In den vergangenen rund 200 Jahren zeigt die Erfahrung in allen entwickelten Ländern, dass steigender Wohlstand einher geht mit einer Reduktion des Bevölkerungswachstums. Hingegen nimmt das Güterwachstum pro Kopf zu (Baccini 2003).

Tabelle 19.2 Vergleich zweier Ökonomien: Die Subsistenzwirtschaft einer Agrarregion in Nicaragua (nach Pfister und Baccini 2005) und die global verknüpfte Marktwirtschaft eines entwickelten Landes am Bsp. der Schweiz (nach Faist et al. 2000)

	Subsistenzwirtschaft in einer Agrarregion (*solar*)	Globalisierte Marktwirtschaft in einem urbanen System (*fossil*)
Energiebedarf total in GJ/Kopf&Jahr	19	180
Selbstversorgungsgrad Energie (in %)	80	10
Energiekonsum für das ERNÄHREN in GJ/Kopf&Jahr	17	30
Selbstversorgungsgrad ERNÄHREN (in %)	> 90	60
Aufwand für das ERNÄHREN in % der gesamten Haushaltsausgaben	> 80	10

Es handelt sich um rund zwei Menschengenerationen zeitverschobene logistische Wachstumskurven (Abbildung 19.1). Auf der Zeitskala ist erkennbar, dass der Materiallageraufbau zu Beginn des 21. Jahrhunderts in entwickelten Ländern noch kein Fliessgleichgewicht erreicht hat. Man kann am Beispiel dieser Darstellung postulieren, dass Entwicklungsländer sich erst in jener „physiologischen Phase[2]" befinden, die heute entwickelte Länder vor rund 50 bis 100 Jahren durchlaufen haben. Aufgrund der in Tabelle 19.1 vorgestellten Ressourcenabschätzungen ist das heutige Ressourcenhaushaltsmuster der urbanen Systeme nicht globalisierbar.

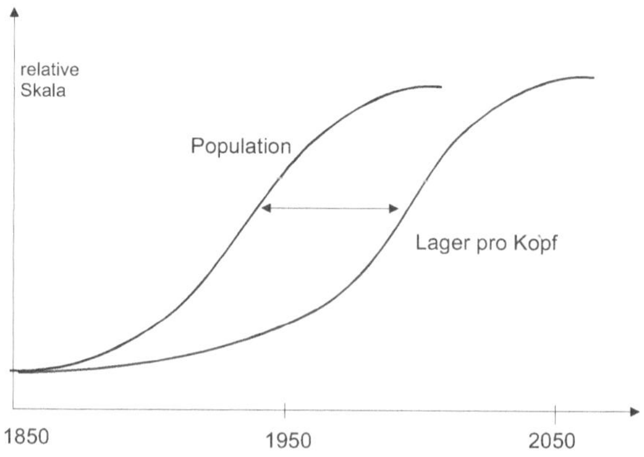

Abbildung 19.1 Zeitverschobene logistische Wachstumskurven der Bevölkerung und des Güterlagers pro Kopf in urbanen Systemen

2 „Physiologisch" wird in Stoffhaushaltsbeschreibungen als terminus technicus verwendet (Baccini und Bader 1996) um die Gesamtheit der Stoffwechselprozesse eines Systems (Materie und Energie) anzusprechen.

Die Materialflüsse für das „Bauwerk" der urbanen Systeme lassen sich mit dem Instrument der Stoffflussanalyse quantifizieren. Das dafür ausgewählte Stoffhaushaltsystem ist in Abbildung 19.2 dargestellt (Baccini 2006a). Der Begriff Bauwerk steht hier für die Summe aller Hochbauten („Gebäude") und aller Verbindungsbauten für die Versorgung und Entsorgung im Tiefbau („Infrastruktur").

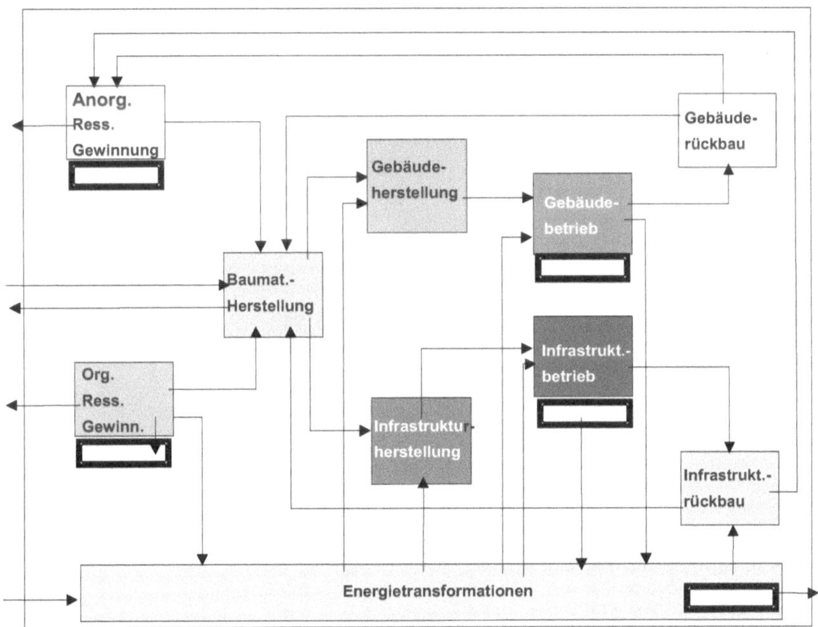

Abbildung 19.2 Systemwahl mit der Stoffflußanalyse-Methode nach Baccini und Bader (1996) für den Güter- und Stoffhaushalt eines regionalen Bauwerkes im urbanen System. Erläuterung der Symbole in der schematischen Beschreibung von Stoffhaushaltsystemen: Die rechteckigen Felder sind Prozesse. Das darunter fettumrahmte Rechteck steht für das in diesem Prozess vorhandene Lager. Die Pfeile stehen für Güter- resp. für Stoffflüsse. Der gestrichelte Rahmen des Ganzen steht für die gewählte Systemgrenze

Es gibt zwei Materiallager als Quellen innerhalb des Systems, nämlich den Prozess „Anorganischer Ressourcen" (z.B. Kieslager) und den Prozess „Organischer Ressourcen" (z.B. Holz in Wäldern). Das System hat zwei große Senken, nämlich im „Gebäudebetrieb" und in der „Infrastruktur". In der Wachstumsphase fließen die meisten festen Güter aus den natürlichen Ressourcen (Primärressourcen) systemintern und – extern in den Aufbau des Bauwerks. In Abbildung 19.3 ist eine stark vereinfachte Quantifizierung dargestellt, um die Größenordnungen von Flüssen und Lager deutlich zu machen. Im Prozess „Produktion und Konsum" sind die in Abbildung 19.2 aufgeführten mittleren 5 Prozesse zusammengefasst und im Prozess

„Entsorgung" die äußeren vier, wobei hier die Quellenlager[3] auch wieder als Senken (Deponien) für die zu entsorgenden Materialien dienen. Die grobe Bilanz für die Wachstumsphase der urbanen Systeme (Ende des 20. Jahrhunderts) zeigt einen Gesamtinput von 6-8 Tonnen pro Kopf und Jahr in Produktion und Konsum (ohne Wasser, dazu siehe Abbildung 19.7), der rund sechsmal höher ist als der Output von rund 1 Tonne pro Kopf und Jahr (Baccini 2003). Der Beitrag von Sekundärressourcen aus der Entsorgung am Gesamtinput (rund eine halbe Tonne pro Kopf und Jahr) ist rund zehnmal kleiner. Das Bauwerk mit einem Lagerbestand von rund 300 Tonnen pro Kopf wächst also pro Jahr um etwa 1-2 %, zu 90% mit Hilfe von Primärressourcen.

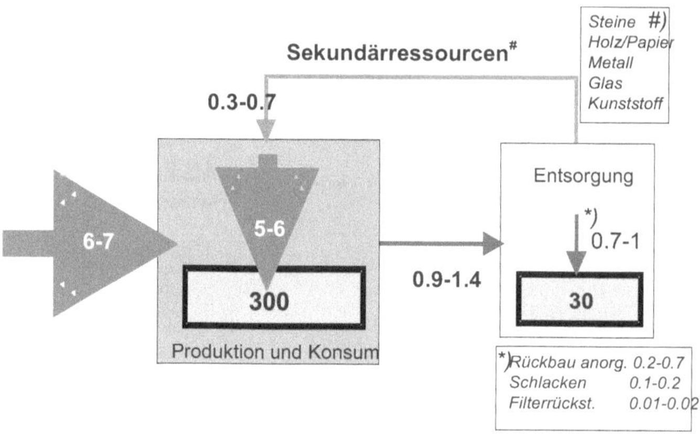

Abbildung 19.3 Güterflüsse in urbanen Systemen, in der Phase des Wachstums. Flüsse in Tonnen pro Kopf und Jahr, Lager in Tonnen pro Kopf

Wie bereits am Beispiel von Kupfer in Tabelle 19.1 angedeutet, werden beim Aufbau der Anthroposphäre relativ bedeutende Materialanteile aus der Erdkruste ins Bauwerk verschoben. Mit Blick auf eine langfristig orientierte Ressourcenbewirtschaftung ist für jedes Material zu klären, welche qualitative und quantitative Bedeutung diese Verschiebung hat. Zur Illustration werden am Beispiel des urbanen Systems Schweiz die Kies- und Holzhaushalte, am Beispiel der USA der Kupferhaushalt vorgestellt.

Kiese und Sande werden in etwa gleichen Mengen (einige Tonnen pro Kopf und Jahr) für den Bau von Gebäuden und Infrastruktur (vor allem im Ausbau der Verkehrsnetze mit Straßen und Schienen) eingesetzt, gespeist zu über 90% aus systeminternen Kieslagern aus dem Quartär (Abbildung 19.4). Dessen heute verfügbares Lager umfasst noch rund 200 Tonnen pro Kopf. Die Nachführung durch Erosion in die größeren Flussdeltas beträgt rund 30 kg pro Kopf und Jahr, also rund hundertmal weniger als die Nutzungsrate von jährlich einigen Tonnen pro Kopf. In der ungebrochenen Fortsetzung dieser Nutzung wäre dieses Lager also noch vor Mitte des 21. Jahrhunderts abgebaut bzw. ins Bauwerk Schweiz als Beton und als Schüttungen ins Verkehrsnetz verschoben.

[3] In Stoffhaushaltsystemen bezeichnet man Lager dann als Quelle, wenn sie primär Güter/Stoffe an andere Prozesse liefern. Senken hingegen sind Lager, die aufgrund der Zufuhr von anderen Prozessen wachsen.

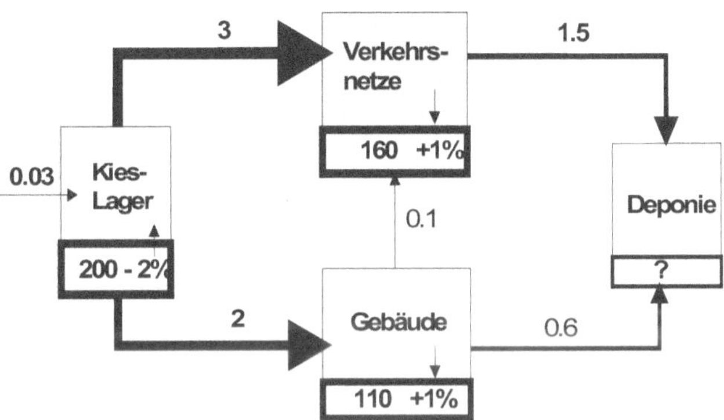

Abbildung 19.4 Der Kieshaushalt des urbanen Systems Schweiz in den 1990er-Jahren (nach Baccini und Bader 1996. Flüsse in Tonnen pro Kopf und Jahr, Lager in Tonnen pro Kopf)

Der Holzhaushalt (Müller 1998) in einer urbanen Region des Schweizer Mittellandes (Abbildung 19.5) zeigt den Erhalt des systemeigenen Lagers Wald (geschaffen durch die forstgesetzlichen Maßnahmen zu Beginn des 20. Jh.). Aus ökonomischen Gründen (zu tiefe Marktpreise) wächst dieses Lager (mit 14 Tonnen pro Kopf) zur Zeit um 10 kg/Kopf und Jahr. Die Nettoimporte (60 kg/Kopf und Jahr) sind signifikant. Das Holzlager in den langlebigen Gütern (Konstruktionsholz und Inneneinrichtungen) erreicht mit 5 Tonnen pro Kopf die gleiche Größenordnung wie das Lager im Wald und zeigt ein jährliches Wachstum von 1%. Demgegenüber ist das Lager in den kurzlebigen Gütern (hauptsächlich Papier) sehr klein. Hingegen ist der Recyclinganteil mit rund 50% für die holzbürtigen Fasern am Papier-Gesamtbedarf beachtlich im Vergleich zu den langlebigen Gütern, deren Verwertung praktisch vollständig thermisch erfolgt. Das ganze Holzhaushaltsystem ist in seiner Kohlenstoff-Bilanz praktisch ausgeglichen, da der Input durch die Photosynthese des Waldes im Output der Verbrennungsprozesse kompensiert wird.

Der Kupferhaushalt der USA (Zeltner et al. 1999) ist vor allem deshalb instruktiv, weil sich Kupferimport und – export etwa die Waage halten. In landeigenen Kupfererzlagern („Bergbau“) von 270 kg/Kopf (Ende des 20.Jh.) werden etwa 9 kg pro Kopf und Jahr ausgebeutet. Für den inländischen Gesamtbedarf werden noch rund 2 kg pro Kopf aus dem Recycling beigesteuert. Der größere Fluss (8 Einheiten) gelangt in die „Immobilien“ (Gebäude und Infrastruktur, siehe auch Abbildung 19.2), wo bereits ein Lager besteht, das dem noch vorhandenen Erzlager gleichkommt (siehe auch Tabelle 19.1) und ein jährliches Wachstum von 1-2% zeigt. Im Prozess „Mobilien“ (Automobile, Elektrogeräte) ist das Lager rund zehnmal geringer (nur 18 Einheiten). Wegen der kürzeren Lebensdauer ist der Outputfluss aus den Mobilien etwa gleich groß wie jener aus den Immobilien (einige kg pro Kopf und Jahr). Hervorzuheben ist insbesondere der Befund, dass das inzwischen aufgebaute Kupferlager in Deponien bereits in der gleichen Größenordnung liegt wir jenes in den Erzlagerstätten und den Immobilien.

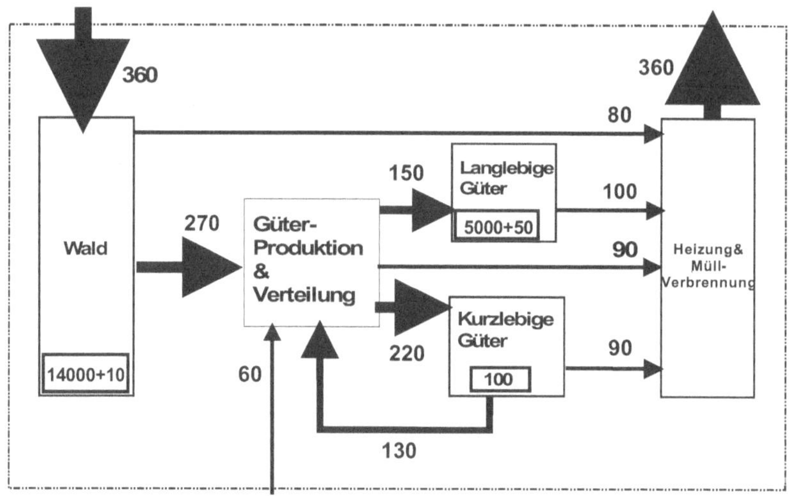

Abbildung 19.5 Der Holzhaushalt des urbanen Systems Schweiz in den 1990er Jahren (nach Müller 1999. Flüsse in kg Trockensubstanz pro Kopf und Jahr, Lager in kg Trockensubstanz pro Kopf. Der Input in die, bzw. Output aus der Atmosphäre ist das Gut CO2)

Allerdings ist dort die Kupferkonzentration nur noch einige hundert ppm groß. Die für Kupfer geringe Reyclingquote von rund 40% aus dem Prozess „Entsorgung" ist ökonomisch bzw. ordnungspolitisch bedingt. Auf der Basis dieses Gesamtbildes kann postuliert werden, dass mit Fortsetzung dieses Kupferhaushaltes diese Erzlager noch in der ersten Hälfte des 21. Jahrhunderts abgebaut würden. Der größere Teil des Kupfers wäre jedoch in den Immobilien gelagert.

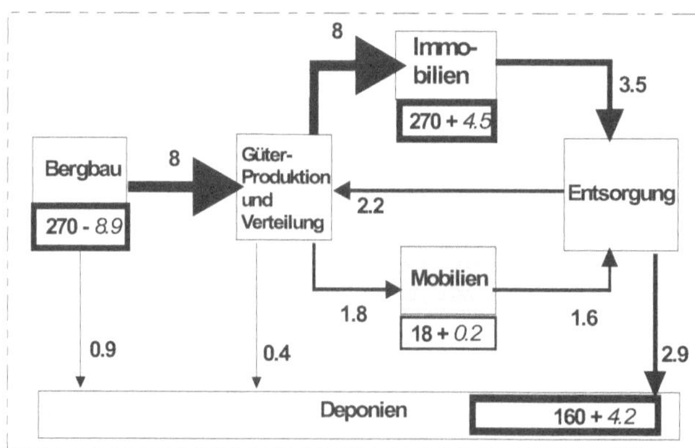

Abbildung 19.6 Der Kupferhaushalt der USA in den 1990er Jahren (nach Zeltner et al. 1996). Flüsse in kg/Kopf und Jahr, Lager in kg pro Kopf. Das wichtigste anthropogene Zwischenlager ist in den Immobilien. Das Gesamtlager im Bauwerk und in anderen Gütern ist zur Zeit etwa gleich groß wie das landeigene Kupfererzlager

19.2.3 Physiologische Stärken und Schwächen urbaner Systeme

In Anlehnung an Tabelle 19.2, in welcher zwei wirtschaftlich unterschiedliche Regionen mit ihren Ressourcenaufwendungen für die Aktivität ERNÄHREN verglichen werden, wird das urbane System mit all seinen vier Hauptaktivitäten in Abbildung 19.7 charakterisiert (nach Baccini und Bader 1996).

Den größten Materialfluss löst die Aktivität REINIGEN aus mit rund 100 Tonnen pro Kopf und Jahr, hauptsächlich durch die Technik der praktisch flächendeckend eingebauten Schwemmkanalisation. Der dafür notwendige Energieaufwand von rund 0,1 kW pro Kopf liegt bei rund 2% des Gesamtbedarfs. Den größten Energieanteil, nämlich 5 kW pro Kopf (rund 80%), benötigen die Aktivitäten WOHNEN&ARBEITEN und TRANSPORTIEREN&KOMMUNIZIEREN zu etwa gleichen Anteilen. Diese Aktivitäten zeigen auch die größten Materiallager (einige hundert Tonnen pro Kopf). Wie bereits in Tabelle 19.2 angesprochen, benötigt die Aktivität ERNÄHREN etwa 20% Energieanteil.

Das System ist energetisch zu über 80% vom globalen Hinterland abhängig, aus dem es fossile Energieträger bezieht. Die urbane Entwicklung manifestiert sich also physiologisch dadurch, dass sie:

- ihre pro Kopf Lager im Bauwerk vergrößert, d.h. Materialien aus der Lithosphäre in die Anthroposphäre verschiebt
- den gesteigerten Energiebedarf vor allem in den Aktivitäten WOHNEN&ARBEITEN und TRANSPORTIEREN&KOMMUNIZIEREN einsetzt
- ihren Energiebedarf großmehrheitlich mit nicht erneuerbaren Energieträgern abdeckt

Aus physiologischer Sicht besteht die Stärke des Systems darin, dass es sich neue Materiallager aufbaut. Sein Bauwerk entwickelt sich für kommende Generationen potenziell zum Bergwerk. Seine Schwäche ist der Energiehaushalt, der nicht nachhaltig angelegt ist (siehe auch Tabelle 19.1). Mit anderen Worten: Wenn der Energiehaushalt nicht innerhalb von zwei Menschengenerationen angepasst wird, dann wird das Bauwerk für kommende Generationen aus technischen und ökonomischen Gründen zur Altlast .

Die urbanen Systeme haben auch Erfahrungen mit unterschiedlichen Ressourcenhaushaltskonzepten gesammelt. Dazu wird eine Typologie in Abbildung 19.8 vorgestellt. Die Beispiele dafür sind Kies/Sand (Abbildung 19.4), Holz (Abbildung 19.5) und Eisen (Baccini 2006b)

Das Beispiel Kies/Sand zeigt die Verschiebung eines Baumaterials aus systeminternen geogenen Lagern in das Bauwerk, in welchem es in der Wachstumsphase (siehe Abbildung 19.1) praktisch vollständig zwischengelagert wird. Mit Kenntnis der Lagergrößen und Annahmen zu künftigen Wachstumsraten des Bauwerkes ist es also möglich, den Zeitpunkt des vollständigen Abbaus der geogenen Lager abzuschätzen. Am Beispiel der Schweiz würde in einem Szenario „business as usual“ dieses Lager, wie oben zu Abbildung 19.4 bereits quantitativ erläutert, noch vor Mitte des 21. Jahrhundert abgebaut sein. Basierend auf technischen, energetischen und ökonomischen Argumenten gibt es einerseits taugliche Ersatzmaterialien im Bereich der Steine und Erden (Redle und Baccini 1998). Andererseits wird das Bauwerk nach der Wachstumsphase (siehe Kapitel 3) zu einem bedeutenden Baumateriallieferanten.

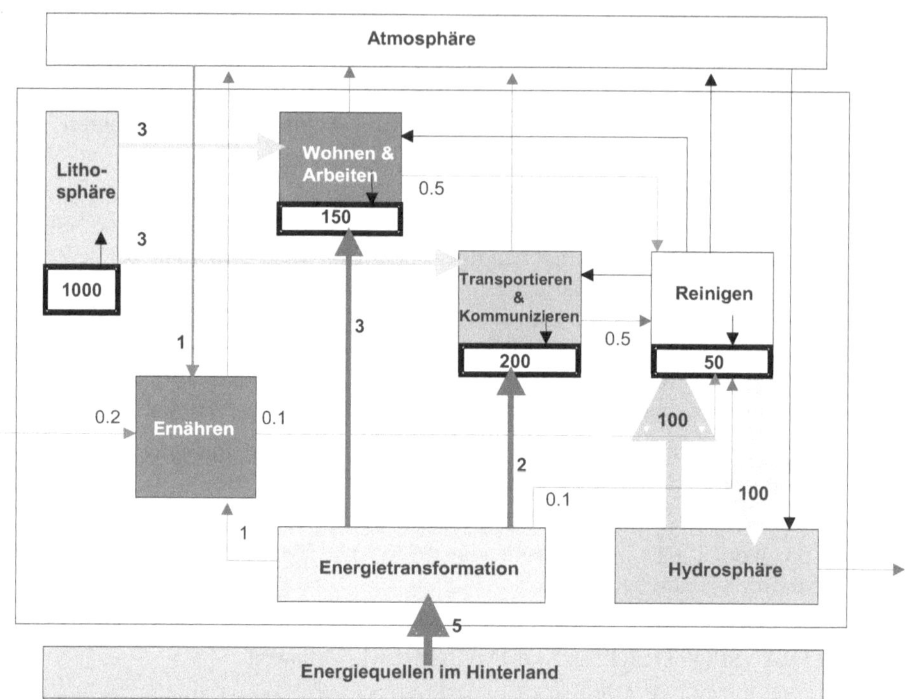

Abbildung 19.7 Schema des Stoffwechsels des urbanen Systems Schweiz am Ende des 20. Jh. (nach Baccini und Bader 1996) in stark vereinfachter Darstellung. Nicht alle eingezeichneten Flüsse sind quantifiziert. Die quantitativen Angaben repräsentieren die Größenordnungen. Die Energieflüsse sind in Kilowatt pro Kopf (aus dem Prozess „Energietransformation*), die Materieflüsse in Tonnen pro Kopf und Jahr, die Materielager in Tonnen pro Kopf (eingetragen in den dick umrandeten Rechtecken am unteren Rand der Prozesse). Der Pfeil von außen in den Prozess ERNÄHREN stellt den Import von Nahrungsmitteln, Dünger und anderen Agrarhilfsgüter dar, die relativ zur endogenen Produktion (in der Schweiz) gewichtig sind. Im Gegensatz dazu ist der exogene Anteil anderer Primärgüter (Wasser, Kies, Sand, Tone) zur Zeit sehr gering.

Das Beispiel Holz illustriert einen Ressourcenhaushalt, in welchem das systemeigene Lager nachhaltig genutzt werden soll. Die anthropogenen Waldökosysteme bleiben physiologisch betrachtet im stationären Zustand. Eventueller Zusatzbedarf wird aus dem globalen Hinterland durch Importe abgedeckt. Dieser Fluss müsste allerdings so dimensioniert sein, dass er die globalen Waldlager nicht vermindert. Weil Holz, im Gegensatz zu Kies/Sand, auch zu gewichtigen Anteilen in kurzlebige Güter (Papier/Karton; Brennholz) fließt, wächst sein Lager im Bauwerk nicht dermaßen stark an (Abbildung 19.5). Das Potenzial für ein künftig stärkeres Recycling von Holz aus dem Bauwerk ist also tiefer als bei Kies/Sand anzusetzen. Ein Vergleich der Größenordnungen der Kies/Sand- und Holzlager zeigt zudem (einige hundert Tonnen zu einigen Tonnen), dass mit diesen Rahmenbedingungen Holz aus rein quantitativen Gründen die Steine und Erden im Bauwerk nie ersetzen könnte.

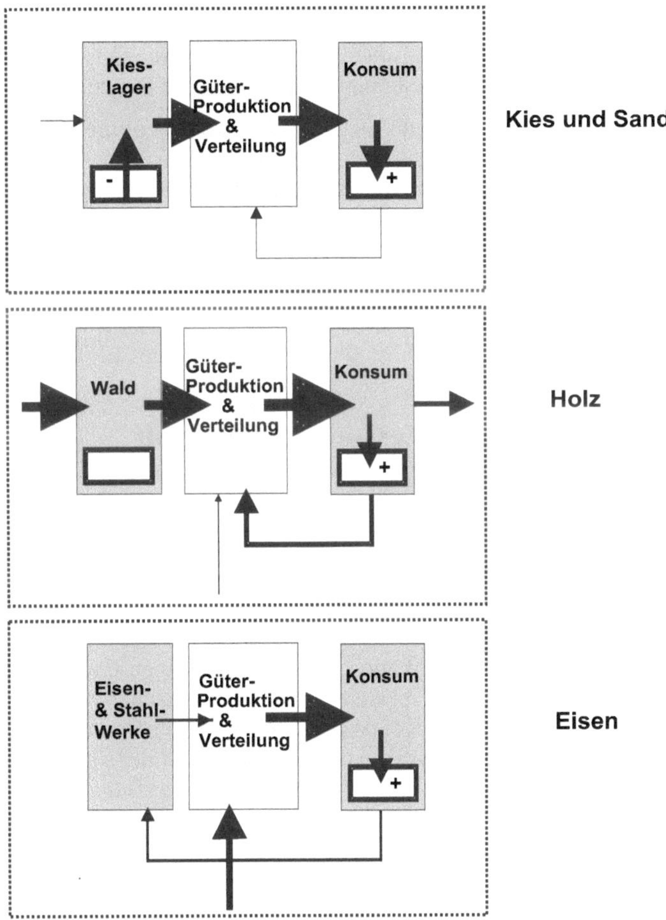

Abbildung 19.8 Typologie des Ressourcenhaushalts in urbanen Systemen, illustriert mit den Baumaterialien Kies und Sand, Holz, Eisen

Im Falle von Eisen wird ein urbanes System vorgestellt, welches weder über eigene Eisenerzlagerstätten noch über eigene Hochofenprozesse verfügt (siehe auch Abbildung 19.11). Das Eisen gelangt in Halbzeug und in Fertigprodukten (z.B. Fahrzeuge) ins System und wird dort nach dem Konsum als Schrott in systemeigenen Schmelzöfen („Eisen- und Stahlwerke") wieder zu Halbzeug (Stahl, Gusseisen etc.) transformiert. Das System wird also in seiner Wachstumsphase kontinuierlich eisenreicher und kann bei abnehmendem Wachstum und geringer zunehmendem Eisenbedarf diesen immer stärker aus seinem eigenem Bauwerk alimentieren (in einer Nettobetrachtung, unter Berücksichtigung der Importe und Exporte eisenhaltiger Güter). Die Typologie soll folgendes Fazit unterstützen:

- Für die Entwicklung von Ressourcenhaushaltsstrategien in urbanen Systemen benötigt man differenzierte physiologische Kenntnisse über die Qualitäten und Quantitäten der Lager und Flüsse, sowohl systemintern wie auch die Bezüge zu den Hinterländern
- Die anthropogenen Bauwerke und Ökosysteme haben, kulturell und geogen bedingt, ihre eigenen Entwicklungsgeschichten. Die physiologischen Ausgangslagen für den Entwurf von Zukünften urbaner Systeme müssen deshalb differenziert nach Materialgruppen und Systemeigenschaften erfasst werden
- Optimierungsstrategien für einzelne Materialien (wie Steine, Metalle), Güter (z.B. Fahrzeuge, Gebäude) und technische Prozesse (z.B. Nahrungsmittelherstellung und -verteilung), ohne Bezüge zur physiologischen Charakteristik der dynamischen urbanen Systeme und deren Hinterländer, fehlt ein wesentliches Element

19.3 Strategien im urbanen Ressourcenhaushalt

19.3.1 „Management by Separation“

In der Phase der starken Wachstumsprozesse, also in der zweiten Hälfte des 20. Jahrhunderts, haben wohlhabende Länder des Westens ihre urbanen Entwicklungsstrategien, welche für die Bauwerksentwicklung relevant sind, in separaten Segmenten gestaltet. Diese Segmente heißen: Wirtschaftspolitik, Verkehrspolitik, Energiepolitik, Raumordnungspolitik, Umweltpolitik. Die gewählte Reihenfolge entspricht auch etwa der bisherigen und noch aktuellen Rangordnung. Wer wachsen will, soll der Expansion dienen (Wirtschaft, Verkehr, Energie) und muss die negativen Auswirkungen mit Korrekturgesetzen (Raumplanung und Umweltschutz) dämpfen. Was rückblickend deutlich wird, ist die mangelnde oder sogar fehlende Verknüpfung dieser Politiken. Dieses Vorgehen brachte beachtliche Teilerfolge dort, wo die Segmentsinteressen national und regional gleichgerichtet waren.

Ein gutes Beispiel ist der Wasserhaushalt in einem Land wie der Schweiz (Baccini 2006c). Es ist ein gelungener Umgang mit einer komplexen Problemstellung. Es war die synergistische Kombination von vier Aktionsfeldern, die regional zum Erfolg führte:

- breiter gesellschaftlicher Konsens im Umweltqualitätsziel, also saubere Gewässer
- privatwirtschaftliche Interessen, d.h. Baubranche, Maschinentechnik und Chemie konnten dabei gewinnen
- Schaffung politisch intelligenter Regelungen für die Finanzierung
- ein taugliches Gesetz mit Verordnungen, welche die Verwaltung mit Hilfe weniger Grenzwerte und mit vertretbarem Aufwand durchsetzen konnte

Der Energiehaushalt illustriert das Scheitern des „Management by Separation“. Trotz Teilerfolgen in der Reduktion der atmosphärischen Belastungen und der Steigerung der Energieeffizienzen in der Gebäude- und Fahrzeugtechnik gilt folgende Zwischenbilanz: Das Gesamtmuster des Energiekonsums bleibt unverändert, nämlich erstens eine Steigerung des Verbrauchs von Energie oder dessen Stabilisierung auf sehr hohem Niveau, und zweitens ein starkes Schwergewicht auf der Nutzung fossiler Energieträger.

19.3.2 Der Umbau urbaner Systeme

In einem Transformationsszenarium, in welchem sich eine mit Bauwerken reiche Gesellschaft vom starken physischen Wachstum in einen Umbauprozess überführt, der Wertzuwachs nicht primär in Immobilienwachstum materialisiert, ist ein anderer Ansatz notwendig, vor allem dann, wenn in einer Jahrhundertperspektive die heute verwendeten Primärressourcen nicht mehr verfügbar sein werden. Der Leitbegriff einer nachhaltigen Entwicklung hat sich seit der Konferenz von Rio 1992 durch die inflationäre Anwendung derart abgeschwächt, dass er bezüglich der Umweltdimension nur noch als Synonym von integralem Umweltschutz wahrgenommen wird. Dies wirkt sich auch in der Bauwerksgestaltung aus. Man spricht und schreibt von nachhaltigen Gebäuden oder sogar von Bauteilen, losgelöst von ihrer Verknüpfung im urbanen Großsystem in Raum und Zeit. Einzelne Güter können nicht nachhaltig sein. Diese Leitvorstellung kann nur tauglich sein für Groß-Systeme, im Kontext eines globalen Hinterlandes. Die Reduktion der Nachhaltigkeit auf einzelne Systemelemente führt leider zu falschen Gewichten in der Analyse von Ressourcengrenzen und falschen Prioritäten in einer regionalen Ressourcenpolitik. Jüngere Untersuchungen zeigen diese Problematik auf und sollen nachfolgend mit Beispielen aus Vorgängerarbeiten zur einer neuen Studie (Lichtensteiger 2006) kommentiert werden.

In der Arbeit von Redle (1999), der am Beispiel eines urbanen Systems im Schweizer Mittelland die Bauwerksgröße (in Masseneinheiten von Baumaterialien) und dessen Energiebedarf als Funktion der Zeit quantifizierte, wird folgender Sachverhalt deutlich: In einem Umbauprozess nach dem Prinzip der nachhaltigen Entwicklung hat in der größeren Systembetrachtung die Energie erste Priorität. Eine Priorisierung des Kieshaushalts hätte zur Folge, dass sich wesentlich geringere Energieeinsparungen erzielen ließen. Mit einem Energieaufwand, der weit unter dem Einsparungspotenzial liegt, ließen sich Ersatzmaterialien für Kies bereitstellen (Aufarbeitung von Bruchsteinen). Das Beispiel zeigt, dass es bei der nachhaltigen Entwicklung nicht vertretbar ist, eine einzelne Ressource isoliert zu betrachten.

In der Untersuchung von Real (1998) wird deutlich, dass zur Versorgung mit einem energietechnologischen Mix erneuerbarer Energieträger ein über zwei Generationen (60 Jahre) angesetzter Umbauprozess des Bauwerkes ökonomisch und ökologisch wesentlich besser ist als ein Umbau in nur dreißig Jahren. Es ist also eine falsche Politik, auf die ökonomischen Signale der Ressourcenverknappung zu warten, um den Umbauprozess einzuleiten (siehe auch Imboden und Baccini 1996).

Trends in der Materialwahl, seien sie bedingt durch technische, ästhetische, baubiologische und ökologische Argumente, verleiten teilweise zu nicht haltbaren Extrapolationen. Holz erlebt zurzeit wieder eine Renaissance als Baumaterial und wird deshalb gleich als das künftige Baumaterial gepriesen - nicht zuletzt aus ökologischer Sicht. Müller et. al 2002 zeigen am Beispiel eines langfristigen regionalen Holzhaushaltes (1900 bis 2100), dass heutige und auch künftige urbane Systeme nur sehr begrenzt, d.h. im Umfang von Materialanteilen unter 10% am gesamten Bauwerk, mit Holz umgebaut werden können, sofern man Holz regional und global nachhaltig bewirtschaften will. Mit anderen Worten: Mineralische Baumaterialien bleiben auch für dieses Jahrhundert die quantitativ gewichtigsten. In der Schweiz sind das in erster Linie noch Kiese und Sande, später dann Bruchsteine und Recyclingmaterialien.

Hug (2002) zeigt die Bedeutung differenzierter Betrachtung regionaler Ressourcenpotenziale. Nimmt man zum Ziel, im Verlaufe von zwei Generationen energetisch den Status einer „2000-Watt-Gesellschaft“ zu erreichen, dann werden Gebirgsregionen aufgrund ihrer topografischen und klimatischen Voraussetzungen zu wichtigen Lieferanten erneuerbarer Energie, und zwar im gesamten Energiehaushalt und nicht nur im Bereich der elektrischen Energie.

Für Metalle wie Kupfer konnte Wittmer (2006) zeigen, dass eine Methodenkombination (geowissenschaftliche Exploration, Stoffflussanalyse, dynamische Modellierung) eingesetzt werden muss, um die Lagerbestände bezüglich ihrer Funktionen und stofflichen Eigenschaften in urbanen Systemen genügend differenziert für künftige Nutzungen orten zu können.

Das Bauwerk urbaner Systeme wird sich nach der Wachstumsphase (Abbildung 19.1) einem physiologischen Fliessgleichgewicht nähern (Abbildung 19.9). In diesem Zustand wird das „Urban Mining" eine gewichtige Branche im Ressourcenhaushalt. Aus heutiger Sicht wird es möglich, den Primärressourcenfluss gegenüber der Wachstumsphase (Abbildung 19.3) um rund einen Faktor 10 zu verkleinern. Die Sekundärressourcen werden die Hauptlieferanten für die permanente Veränderung des Bauwerkes.

Im Netzstadtprojekt werden für „urbane Systeme" die Territorienbewirtschaftung und die physische Ressourcenbewirtschaftung verknüpft (Oswald und Baccini 2003). Dadurch werden dem Umbauprozess zu Systemqualitäten im Sinne der nachhaltigen Entwicklung neue Freiheitsgrade verschafft. Der Umbau der urbanen Systeme stimuliert die Erfindungen neuer Institutionen und Techniken.

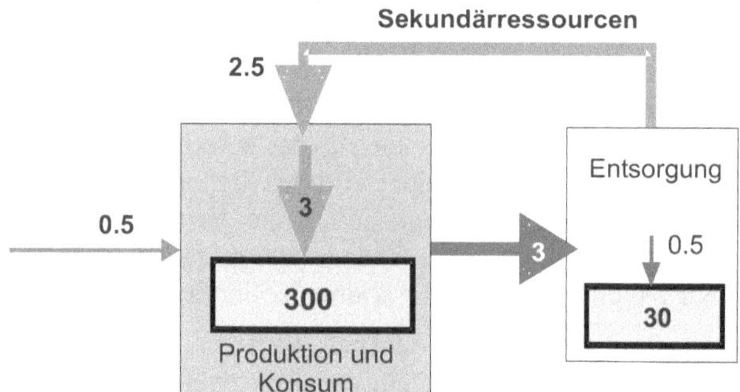

Abbildung 19.9 Güterflüsse in urbanen Systemen, in der Phase des „Steady State". Flüsse in Tonnen pro Kopf und Jahr, Lager in Tonnen pro Kopf

19.4 Beispiele erfolgreicher Umsetzungen

Drei Beispiele sollen illustrieren, wie der Ansatz „Umbau urbaner Systeme" sich physiologisch derart manifestiert, dass man von Pilotprojekten einer nachhaltigen Entwicklung sprechen kann.

Das erste Beispiel, Eisen (Abbildung 19.10 und Abbildung 19.8) steht für ein Ressourcenbewirtschaftungskonzept, das sich in seinen Anfängen (im 19.Jh.) nach rein ökonomischen Kriterien und nach den regionalen Umweltbedingungen entwickelte. Mit dem Eisenbahnbau und später mit der Einführung des Spannbetons stieg die Nachfrage nach Eisen bzw. Stahl sehr rasch. Im eisenerzarmen Land Schweiz wählte man bald die Sekundärressource Eisenschrott und die mit elektrischer Energie betriebenen Schmelzöfen. Die elektrische Energie wurde, mangels fossiler Energieträger, aus Wasserkraft gewonnen. Noch im 21. Jahrhundert ist dieser Weg wirtschaftlich erfolgreich und erfüllt nun auch die Nachhaltigkeitskriterien.

Allerdings war eine Zentralisierung von früher einem halben Dutzend Werke auf nunmehr zwei Werke (in einem Wirtschaftsraum von 7 Millionen Menschen mit offenen Märkten) unumgänglich.

Das zweite Beispiel betrifft das Entsorgungskonzept für urbane Systeme (Baccini 2004). Im Jahre 1986 wurden in der Schweiz im Rahmen eines Leitbildes zur Abfallwirtschaft u.a. folgende zwei Grundsätze verabschiedet, die in Form von konkreten Verordnungen umgesetzt wurden. Nach zwanzig Jahren wurde diese Umsetzung in einer Zwischenbilanz als erfolgreiches Projekt taxiert (BAfU 2006).

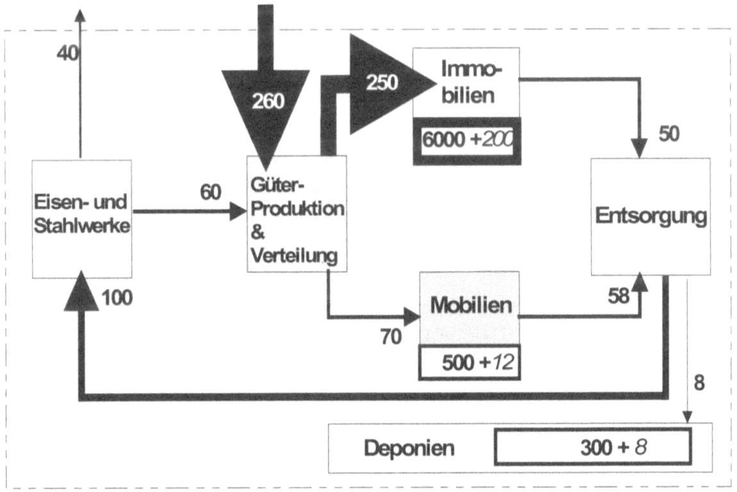

Abbildung 19.10 Eisenhaushalt in urbanen Systemen am Beispiel der Schweiz (Ende 20. Jahrhundert). Flüsse in kg/Kopf und Jahr, Lager in kg pro Kopf

a) Entsorgungssysteme produzieren aus Abfällen nur zwei Arten von Stoffklassen, nämlich wiederverwertbare Stoffe und endlagerfähige Reststoffe.

Endlagerfähig ist ein Reststoff dann, wenn er in einer geeigneten Hülle (nach geochemischen und geophysikalischen Kriterien ausgewählt) langfristig (über hunderte von Jahren) nur jene Stoffe an Luft, Wasser und Boden abgibt, welche diese in ihren chemischen und physikalischen Eigenschaften nicht signifikant verändern. Siedlungsabfalldeponien sind demnach keine Endlager, sondern Reaktordeponien, welche als Behandlungsverfahren über Jahrzehnte bis Jahrhunderte vom Menschen geführt werden müssen. Organische Stoffe gehören nicht in ein Endlager, weil sie früher oder später von Mikroorganismen als Energie- oder Nährstoffquelle benutzt werden. Die dabei entstehenden Metaboliten (im Deponiegas oder im Sickerwasser) sind potenzielle Schadstoffe für die benachbarten Kompartimente. Biogene Abfälle sollten demnach in möglichst reiner Form wiederverwertet werden (z.B. als bodenverbessernder Kompost). Xenobiotische organische Stoffe hingegen sollen, falls nicht wiederverwertbar, durch geeignete Verfahren vollständig mineralisiert werden.

b) Abfallbehandlungsverfahren sind so zu konzipieren, dass aus den zu deponierenden festen Rückständen erdkrustenähnliche, d.h. bodenähnliche, gesteinsähnliche oder erzähnliche Stoffe entstehen.

Es ist ein langfristig orientiertes Ziel für die Ressourcenbewirtschaftung. Es sollen nicht nur unmittelbar wiederverwertbare Stoffe aus Abfällen gewonnen werden. Auch die abzulagernden festen Reststoffe sollen qualitativ so beschaffen sein, dass künftige Generationen sie eventuell als neue Ressourcen nutzen könnten. Diese Zielsetzung hat zur Konsequenz, dass keine Gemische von Stoffen mit stark unterschiedlichen Eigenschaften deponiert werden (in der Fachliteratur als „co-disposals" bezeichnet), so z.B. MVA-Schlacken mit MVA-Filterstäuben oder Betonabbruch mit Backsteinen. Notwendig werden somit Monodeponien oder „monofills" , d.h. Deponien mit nur einer chemisch möglichst gut definierten Gütersorte. Monodeponien, welche noch keine Endlagerqualität besitzen, d.h. als Reaktordeponien geführt werden müssen, sind zudem einfacher zu kontrollieren, und es besteht größere Aussicht, in kürzerer Frist (einige Jahrzehnte) zu einer Endlagerqualität zu gelangen.

Die Deponiequalität war das schwächste Glied in einem nachhaltig auszurichtenden Stoffhaushalt. Das Endlagerkonzept behob diese Schwäche und ermöglichte schließlich eine relativ schnelle Anpassung der Entsorgungsanlagen (hauptsächlich Müllverbrennungsanlagen) für eine sehr geringe Umweltbelastung. Gemischte Abfälle, so wie sie sind, zu entsorgen wird teuer. Damit war der Weg auch frei für eine wettbewerbsfähige Wiederverwertung. Der Abbruch von Bauwerken muss schrittweise dem Rückbau weichen, eine neue Baubranche, welche das Gebiet des „Urban Mining" schrittweise erkundet, unterstützt durch die öffentliche Hand, die für ihre Bauten auch Sekundärressourceneinsatz vorschreibt. Neue Unternehmungen mit neuen Techniken, also Erfindungen, basieren auf einem Konzept, das auf den Umbau des ganzen urbanen Systems ausgerichtet ist.

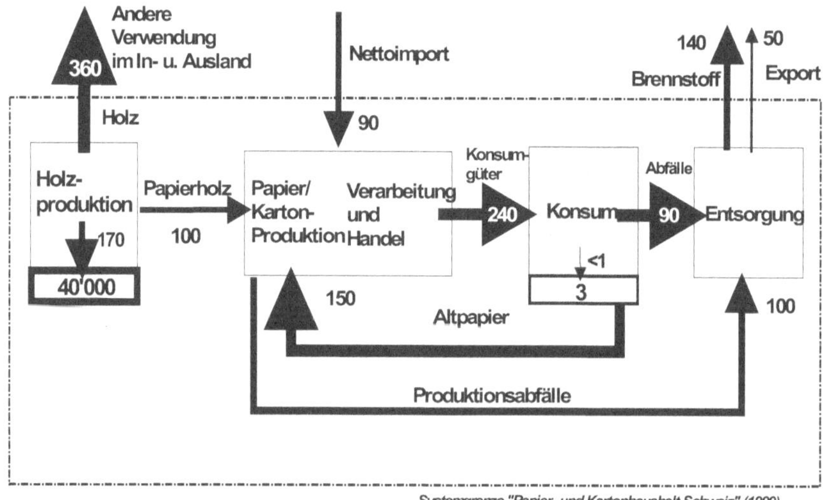

Abbildung 19.11 Papier- und Kartonhaushalt des urbanen Systems Schweiz Ende des 20. Jahrhunderts, Flüsse in kg/Kopf und Jahr, Lager in kg pro Kopf

Als drittes Beispiel seien Papier und Karton genannt (Abbildung 19.11). Es handelt sich dabei um kurzlebige Güter, mit welchen sehr kleine Lager gebildet werden. Ihre Flüsse in den Konsum hingegen sind in der gleichen Größenordnung wie jene für Eisen (Vergleich für das urbane System Schweiz), also rund 200-300 kg pro Einwohner und Jahr. Auch der dafür notwendige Energieaufwand liegt in der gleichen Größenordnung (einige GJ/Kopf und Jahr). Der Anteil des Altpapiers als Faserlieferant ist systemintern mit 150 Einheiten größer als die Primärfasern (100 Einheiten).

Voraussetzung für diese Art von Ressourcenhaushalt ist auf Konsumentenseite die ökologische Einsicht, dass Papier mit wiederverwerteten Fasern dort zu bevorzugen sind, wo sie die technischen und ästhetischen Ansprüchen von Neufasern erfüllen. Auf der Entsorgungsseite ist es notwendig, für nicht mehr rezyklierbares Material über dafür geeignete Verbrennungsanlagen zu verfügen, um schließlich die darin enthaltene Energie noch thermisch zu nutzen. Andernfalls führen internationale Schwankungen im Verhältnis Angebot/Nachfrage zu ernsthaften regionalen Störungen eines solchen Subsystems.

19.5 Schlussfolgerungen

Der Umbau urbaner Systeme ist eine gesellschaftspolitische Aufgabe, die höchste strategische Priorität erhalten sollte, heute jedoch wegen mangelnden urbanen Leitideen, einer untauglichen Raumplanung mit überholten Paradigmen und schwerfälliger politischer Strukturen, die aus dem Siedlungsmuster des 19. Jahrhunderts hervorgegangen sind, noch nicht konsequent angepackt wird. Die Kriterien für eine nachhaltige Entwicklung bleiben Makulatur, wenn sie in der alten Rangordnung nur unter einer Kombination von Wirtschafts- und Umweltpolitik eingereiht werden. Was späteren Generationen übergeben wird, sind schließlich Bauwerke als Altlasten. Ressourcenpolitische Konzepte für entwickelte Länder wie die „2000 Watt-Gesellschaft“ und das „Urban Mining“ sind nur dann zu realisieren, wenn diese in eine urbane Transformationsstrategie, welche großräumig und langfristig angelegt ist, gestellt werden. Sie eröffnen für die urbane Entwicklung große Chancen, denn sie schaffen nicht nur mehr vom Gleichen, welches weltweit verteilt wird, sondern neue Institutionen und Systemtechniken, welche all jene Regionen brauchen werden, die sich in den kommenden Jahrzehnten noch im Wachstumsprozess befinden.

19.6 Literatur

Baccini; P.; Brunner, P.H. (1991): *Metabolism of the Anthroposphere*, Springer Verlag

Baccini, P.; Bader, H.-P. (1996): *Regionaler Stoffhaushalt*, Spektrum Akademischer Verlag Heidelberg

Baccini, P.; Oswald, F. (Hrsg.) (1998): *Netzstadt - Transdisziplinäre Methoden zum Umbau urbaner Systeme*, vdf Hochschulverlag, Zürich

Baccini, P.; Imboden, D. (2001): *Technological Strategies for Reaching Sustainable Resource Management in Urban Regions, in: Our Fragile World: Challenges and Opportunities for Sustainable Development*, Forerunner to Encyclopedia of Life Support Systems, EOLSS Publ. Oxford, 2153-2173

Baccini, P. (2003): *Arteplage Schweiz: Zwischen Monolith und Manna*, in: Oswald, F.; Schüller, N. (Hrsg.), Neue Urbanität – Das Verschmelzen von Stadt und Landschaft, gta Verlag Zürich

Baccini, P. (2004): *Helvetische Abfallgeschichten* , in: *Abfall*, (Hrsg. Rusterholz, P., Moser, R.) Kulturhistorische Vorlesungen des Collegium generale der Univ. Bern, Peter Lang Verlag Bern

Baccini, P. (2006a): *Einführung zu „Bauwerk Schweiz und Exploration urbaner Lagerstätten“* in: Lichtensteiger Th. (Hrsg.): Bauwerke als Ressourcennutzer und Ressourcenspender in der langfristigen Entwicklung urbaner Systeme, vdf Zürich, 2006

Baccini, P. (2006b): *Langfristig orientierter Ressourcenhaushalt in neuen urbanen Systemen*, in: *Zukunftsfähigkeit städtischer Infrastruktur*, DASL, Berlin 2006 (im Druck)

Baccini, P. (2006c): *Überleben mit Umweltforschung?* GAIA 15/1 (2006), 24-29

BAFU (2006): *Von der Abfallpolitik zur nachhaltigen Rohstoffpolitik*, Bundesamt für Umwelt, Bern

Buitenkamp, M. ; Venner, H. ; Warms, T. (1993): *Action plan sustainable Netherlands* : report. Milieu Defensie, Friends of the Earth Netherlands

Faist, M.; Kytzia, S.; Baccini, P. (2000): *The impact of household food consumption on resource and energy management.* International Journal of Environment and Pollution Volume 15, No. 2: pp 183-199

Global 2000, *The global 2000 report to the president, 1981*, Washington D.C.

Hug, F.; Baccini, P. (2002): *Physiological Interactions Between Highland and Lowland Regions in the Context of Long-Term Resource Management*, Mountain Research and Development, Vol.22, No.2,177-185

Imboden, D.; Baccini, P. (1996): *"Konzepte für eine nachhaltige Schweiz: Mit welchen Ressourcen in welchen Siedlungen auf wessen Land?"*, in: "Nachhaltige Entwicklung oder hoher Lebensstandard"; Hrsg. St. Wehowsky und K. Pieren, CASS-Symposium 96, Konferenz der schweizerischen wissenschaftlichen Akademien, Postfach 8160, 3001 Bern

Müller, D.B. (1998): *Modellierung, Simulation und Bewertung des regionalen Holzhaushaltes*. Diss. ETHZ Nr. 12990, ETH Zürich

Müller, D.; Bader, H.-P.; Baccini, P. (2002), *Physical characterization of regional long-term timber management using a dynamic material and energy flow analysis*, Journal of Industrial Ecology, 8 (3), 65-88

Mumford, L. (1963) *Die Stadt – Geschichte und Ausblick, Kiepenheuer und Witsch*, Köln Berlin (Titel der englischen Originalausgabe: The City in History)

NFP (1989): *„Stadt und Verkehr“ (Nationales Forschungsprogramm)*, Bericht des Schweiz. Nationalfonds (Hrsg), Bern

Oswald, F.; Baccini P. (2003) : *Netzstadt – Einführung in das Stadtentwerfen*, Birkhäuser Verlag Basel

Pfister, F.; Baccini, P. (2005): *Resource Potentials and Limitations of a Nicaraguan Agricultural Region, Environment*, Development and Sustainability, 7, 337-361

Real, M. (1998): *A methodology for evaluating the metabolism in the large scale introduction of renewable energy systems*. Diss. ETH Nr. 12937 ETH Zürich

Redle, M. (1999): *Kies- und Energiehaushalt urbaner Regionen in Abhängigkeit der Siedlungsentwicklung*. Diss. ETH Nr. 13108, ETH Zürich

Redle, M.; Baccini P. (1998): *Stadt mit wenig Energie, viel Kies und neuer Identität. Metabolische Modelle für den Umbau urbaner Siedlungen am Beispiel der Wohngebäude*, GAIA 7/3 (1998) 184-195

Siebel, W. (2002): *Ist die Stadt ein zukunftsfähiges Modell?* in: Klotz et al. (Hrsg.):*Stadt und Nachhaltigkeit*,149ff., Springer Verlag Wien - New York

Wittmer, D. (2006): *Kupfer im regionalen Ressourcenhaushalt – Ein methodischer Beitrag zur Exploration urbaner Lagerstätten*, Diss ETH Zürich Nr. 16'325, vdf Zürich

Zeltner, Ch.; Bader, H.-P.; Scheidegger, R.; Baccin,i P. (1999): *Sustainable Metal Management Exemplified by Copper in the USA*. Regional Environmental Change 1 (1), 31-46

20 Plädoyer für den Systemwechsel[1]

Solare Technologiesprünge statt nuklear-fossiler Umwege

Hermann Scheer

Über Infrastrukturen der Energieversorgung nachzudenken heißt, die Eigenschaft von Energiequellen und die Ausrichtung von Energieunternehmen sowie den spezifischen Infrastrukturbedarf für beides ins Auge nehmen zu müssen. Energieinfrastrukturen sind nämlich nicht neutral gegenüber allen Energiequellen und allen Unternehmensformen. Dieser Aspekt wird in der Energiedebatte, von der wissenschaftlichen bis zur wirtschaftlichen und politischen, weitgehend ausgeklammert. Der determinierende Faktor eines Energiesystems sind die von diesem bereitgestellten Energiequellen. Von deren Wahl hängen alle weiteren Schritte ab: welche Techniken der Energieumwandlung und welcher Infrastrukturbedarf für deren optimalen Einsatz erforderlich sind, welche Unternehmensformen sich herausbilden – und welchem Ziel die Energiepolitik dient. Wir brauchen diesbezüglich einen energie-, technik- und wirtschaftssoziologischen Blick, um das Energiesystem von heute verstehen zu können – und um erkennen zu können, welche Konsequenzen sich aus dem anstehenden historischen Wechsel von fossilen und atomaren hin zu erneuerbaren Energien ergeben.

Die weit verbreitete Vorstellung, dass die eingeführte Infrastruktur der Energieversorgung ein energiewirtschaftliches Optimum sei und deshalb auch als Vorbild für Entwicklungsländer dienen müsse, ist irrig. Sie setzt beim dritten Schritt der Entwicklung des Energiesystems an – also nach der Wahl der Energiequelle und der für deren Nutzung eingesetzten Technologien – und betrachtet dessen Funktionsmuster mit seiner Infrastruktur als bleibenden und unverzichtbaren Faktor. Neue Energieoptionen werden dann daran gemessen, ob sie zu diesem System passen. Das System erhält damit axiomatischen Stellenwert, an dessen Notwendigkeit kein ernsthafter Zweifel mehr erlaubt ist und das vermeintlich keiner weiteren Begründung mehr bedarf. Für die gegenwärtige atomar/fossile oder auch nur fossile Energieversorgung, die auf Großkraftwerke (einschließlich großer Staudamm-Kraftwerke) gestützt ist, mag das stimmen. Für eine Energieversorgung aus überwiegend – und letztlich vollständig – erneuerbaren Energien stimmt das nicht mehr.

Auf erneuerbare Energien läuft aber die künftige Energieversorgung mit unübersehbarer Zwangsläufigkeit hinaus, früher oder später: Die Erschöpfung der fossilen Energiepotenziale ist unausweichlich, gleiches gilt für die Uranreserven. Für die Zukunft gibt es deshalb nur zwei Energieoptionen: erneuerbare Energien – oder Atomenergie aus Schnellen Brutreaktoren (weil auf der Basis der Wiederaufarbeitung abgebrannter atomarer Brennelemente und deren Einsatz in solchen Reaktoren das atomare Spaltmaterial etwa um den Faktor 60 gestreckt werden kann) und vielleicht aus Atomfusionsreaktoren. Doch die atomare Option ist eher eine theoretische als eine praktisch realisierbare. Einen funktionstauglichen Schnellen Brutreaktor im stabilen Dauerbetrieb gibt es bis heute nicht, trotz Milliardenaufwendungen für Forschung

---

[1] Zuerst erschienen in Reinhard Loske, Roland Schaeffer (Hg.): Die Zukunft der Infrastrukturen. Intelligente Netzwerke für eine nachhaltige Entwicklung, Metropolis-Verlag, Marburg 2005

und Entwicklung. Und ob ein Atomfusionsreaktor jemals zustande kommt, steht in den Sternen. In jedem Fall muss mit extrem hohen Kosten im Verhältnis zu den heutigen atomaren Spaltungsreaktoren gerechnet werden – abgesehen von erheblichen zusätzlichen Sicherheitsrisiken politischer und ökologischer Natur. Allein bezüglich der Kosten kann bereits jetzt nahezu ausgeschlossen werden, dass diese günstiger sein könnten als die der erneuerbaren Energien. Erneuerbare werden mit Sicherheit laufend kostengünstiger, im Zuge weiterer technischer Verbesserungen, neu hinzukommender Technologien, neuer Anwendungsformen und vor allem der Vermehrung der Anlagenproduktion und der Ausgestaltung von Produktionstechniken. Eine von der EU vorgelegte Studie, die die Atomfusion mit der Photovoltaik (der gegenwärtig teuersten Technologie der erneuerbaren Energien) und deren jeweiliges Entwicklungspotenzial verglichen hat, hat sehr eindeutig die wirtschaftlichen Vorteile der Photovoltaik herausgearbeitet (Negro 1995). Somit bleibt als realistische Option nur die der erneuerbaren Energien.

Diese Option schnell zu realisieren, ist ein „energetischer Imperativ“, wie er bereits Anfang des 20. Jahrhunderts von dem Chemie-Nobelpreisträger Wilhelm Ostwald formuliert wurde. Ostwald wies eindringlich darauf hin, dass die Menschheit von dem sich aufbrauchenden Kapital fossiler Energievorkommen lebe und ein dauerhaftes Wirtschaften nur über die laufende Energiezufuhr der Sonne möglich sei (Ostwald 1912). Doch der Wechsel dahin ist mehr als nur ein Auswechseln der Energiequelle. Er führt – wenn er in einer den Eigenarten der erneuerbaren Energien entsprechenden, kosteneffizienten und produktiven Weise erfolgt – zwangsläufig zu einer strukturellen Revolutionierung der gesamten Energieversorgung. Diese Zwangsläufigkeit ergibt sich daraus, dass es für jede Ressource ein ihr spezifisches Produktivitätsoptimum gibt. Worin dieses besteht, mit welchen Technologien und unter welchen äußeren Bedingungen (von politischen bis zu wirtschaftlichen Rahmen) es erreicht werden kann, wird selten von Anfang an erkannt. In der Regel nähert man sich diesem Optimum auf holprigen Umwegen.

20.1 Die Produktivitätslogik der Energiequellen

Aber dennoch gibt es eine erkennbare inhärente Produktivitätslogik, die durchaus im Vorhinein erkennbar ist, wenn man statt der isolierten Betrachtung einzelner Technologien den systemischen Zusammenhang bedenkt, der sich aus deren Nutzung erschließt. Um diesen zu erkennen, ist es notwendig, den Fluss einer genutzten Ressource von ihrem Anzapf- bzw. Sammelort bis zu ihrer finalen aktiven Nutzung zu betrachten. Der analytische Leitfaden dafür ist: Je mehr technische Umwandlungen zwischen Energieförderung und Endnutzern notwendig sind und je mehr Infrastruktur zur Durchleitung des Energieflusses erforderlich ist, desto ineffektiver, komplexer und letztlich kostspieliger ist das System. Dabei fällt insbesondere der entscheidende Unterschied zwischen nicht erneuerbaren und erneuerbaren Energien ins Auge: Während die finale aktive Energienutzung stets dezentral – also dort, wo Menschen arbeiten und leben – ist, erfolgt der erste Schritt des aktiven ‚Verfügbarmachens‘

- von *fossilen Energien* und der *Atomenergie* an verhältnismäßig wenigen Plätzen der Welt: in Kohlebergwerken, Öl- und Gasfeldern sowie Uranminen. Von dort aus wird die Energiekette zu den Energiekonsumenten allerorten gebildet, entlang der dafür organisierten Energieflüsse. Zwischen Anfang und Ende dieser Kette befindet sich die Infrastruktur der Energiebereitstellung, zugeschnitten auf die Energieflüsse: zunächst in immer konzentrierterer Form in deren ‚upstream‘ bis zur Umwandlung der Primärenergie in die eigentliche Nutzenergie und anschließend in deren sich weit verzweigendem, dekonzentrierendem ‚downstream' zu den Energienutzern,

- von *erneuerbaren Energien* hingegen an potenziell ungezählten Stellen, an denen sie mit technischen Mitteln (Windkraftanlagen, Photovoltaik-Module, Solarkollektoren, Energiepflanzen, Wellenenergieanlagen, Wasserkraftanlagen) geerntet werden müssen, da es sich um allerorten anfallende natürliche Umgebungsenergie handelt. Ausnahmen davon sind lediglich große Wasserkraftanlagen, deren Betrieb einen dafür angelegten Stausee oder eine große Stromschnelle voraussetzt, oder auch großflächig angelegte Solarkraftwerke in (semi-)ariden Weltgegenden und Offshore-Windparks. Ob diese jedoch tatsächlich wirtschaftlicher, d.h. kosteneffektiver Energie bereitstellen können, entscheidet sich wiederum an den dafür notwendigen Gesamtsystemkosten, d.h. am Installations-, Transport- und Verteilungsaufwand. Doch das umfangreiche, relativ leicht einzusammelnde Potenzial kommt aus den zahllosen und großen Gebieten mit besonders intensiver Sonneneinstrahlung oder Windhäufigkeit, mit besonders ertragreichen Böden oder waldreichen Regionen, mit vielen existierenden Fließgewässern. Dieses macht die Unterschiede im Erntepotenzial aus und bestimmt die jeweils bevorzugte Auswahl erneuerbarer Energien. Was allüberall vorhanden ist, ist die Solarstrahlung. Da das natürliche Energieangebot gleichzeitig eine geringere Energiedichte hat als die fossilen Energievorkommen, ist stets eine breite Streuung von Anlagen zur Energieernte notwendig.

20.2 Energiegewinnung und Energienutzung: Von der Entkoppelung zur Rückkoppelung

Auf der fossilen bzw. atomaren Energiebasis vollzog sich ein Prozess der zunehmenden Entkoppelung der Räume der Primärenergieförderung von denen des Nutzenergieverbrauchs, mithin entstand ein umfangreicher Infrastrukturbedarf. Aufgrund der Entstehung hoch verdichteter Wirtschaftsräume bei gleichzeitiger, laufender Erschöpfung von Primärenergiequellen und des Anwachsens des Energiebedarfs hat sich das konventionelle Energiesystem zwangsläufig immer mehr konzentriert, internationalisiert und schließlich globalisiert. Der Anteil der Infrastrukturkosten stieg laufend weiter an und liegt mittlerweile längst höher als die Förderkosten oder die Kosten des Kraftwerksbetriebs. Aber die Infrastrukturkosten fielen umso weniger ins Gewicht, je umfangreicher der Energiedurchsatz wurde. Dadurch konnten die anteiligen Anlagekosten relativ niedrig gehalten werden. Sie werden jedoch in dem Maße spürbarer, in dem weniger Energiemengen durch dieses System geschleust werden können, was unweigerlich zu insgesamt deutlich ansteigenden Endenergiekosten führen muss. Schon deshalb wehrt sich dieses System gegen die Substitution nicht erneuerbarer durch solche erneuerbaren Energien, die dieses System nicht in Anspruch nehmen müssen – oder es wird versucht, sie in dieses System zu zwängen.

Selbst Befürworter erneuerbarer Energien denken über dieses System nicht hinaus, weil auch sie dessen Infrastruktur – jedenfalls in der ‚downstream'-Kette – als eine ebenso eigenständige wie bleibende Größe ansehen. Man stellt sich dabei vor, das bestehende Energiesystem im Wesentlichen aufrechtzuerhalten und lediglich die Energiequellen auszutauschen. Erneuerbare Energien sollen in dieses System lediglich integriert werden. Aus einem solchen Blickwinkel stammen die Vorschläge, die künftige Energieversorgung auf Solarkraftwerke in der sonnenreichen Sahara oder auf große Offshore-Windparks in hoher See zu stützen, um dann wie gehabt den Strom in Hoch-, Mittel- und Niederspannungsnetze zu übertragen und zu verteilen. Oder auch – für den Kraftstoffbedarf – eine zentrale Wasserstofferzeugung vorzunehmen, um diesen dann weiträumig zu den Tankstellen zu bringen. Mit dem dafür erforderlichen Infrastrukturbedarf erscheinen deshalb auch die konventionellen Energieunternehmen, die diese Infrastruktur tragen, als unverzichtbar.

Doch ist dieses Muster für erneuerbare Energien allenfalls suboptimal. Die Möglichkeit breitflächiger natürlicher Primärenergieangebote ist gleichbedeutend mit der Rückkoppelung der Räume der aktiven Energienutzung mit denen der Energieernte – also mit geringerem und teilweise auch ohne jedweden Infrastrukturbedarf. Das bedeutet, dass die Richtung der Produktivitätssteigerung in der Senkung oder gar Vermeidung von Infrastrukturkosten liegt. Die Primärenergievoraussetzungen dafür sind gegeben. Die technologische Voraussetzung dafür ist, dass im Bereich der Stromversorgung komplementär zu den Anlagen zum Ernten und Umwandeln erneuerbarer Energien auch darauf bezogene Speichermöglichkeiten mobilisiert werden – Batteriesysteme, Schwungräder, Druckluft, Superkondensatoren, Wasserstoff, thermochemische Speicher und nicht zuletzt Hybridsysteme (Baxter 2005).

Dabei ist es eine oberflächliche Betrachtung, dass ein prinzipielles Manko erneuerbarer Energien der Mangel an Speichermöglichkeiten sei. Keine moderne Energiebereitstellung kommt ohne Speicherung aus, weil es keine Gleichzeitigkeit von Primärenergieförderung bzw. -ernte und Endenergienutzung gibt. Bei fossiler Energie liegt die Speicherfunktion nicht nur bei der Kohlehalde, dem Öltank oder Gaskessel, sondern auch bei den Transport- und Verteilungssystemen – also in der Infrastruktur, die die Funktion eines Zwischenlagers ausübt. Bei der erneuerbaren Energie der Biomasse ist das nicht anders, nur dass hier die Möglichkeit einer regionalen statt einer internationalen Bereitstellungskette besteht. Nur bei solarer Strahlungsenergie und Windkraft ist es nicht möglich, diese vor der Umwandlung in Strom zu speichern. Diese Rolle kann teilweise das Netz erfüllen, solange die auf diese Weise erzeugten Strommengen noch relativ gering sind. Aber das Optimum sind spezifische dezentrale Speichertechniken nach der Stromerzeugung.

Bliebe es alleine beim Netz, besteht die überkommene Infrastrukturabhängigkeit weiter. Es gibt dann allerdings die Chance, diese dadurch zu reduzieren, dass über eine breite räumliche Streuung der Wind- und Solarstromanlagen das Übertragungsnetz kaum oder gar nicht in Anspruch genommen wird, sondern nur regionale und lokale Netze. Der Strom, also im Mittel- und Niederspannungsbereich eingespeist und in dem jeweils selben wieder entnommen. Schon dieser Aspekt zeigt, warum es ein ökonomischer Betrachtungsfehler ist, zu behaupten, dass Solaranlagen in der Sahara oder Offshore-Windkraftanlagen aufgrund ihrer höheren Produktionserträge automatisch kostengünstiger seien als Solaranlagen in Mitteleuropa und Onshore-Windkraftanlagen. Die höhere Produktivität liegt also darin, auf die Infrastruktur der Übertragungsnetze verzichten zu können.

Wenn komplementäre Speichertechniken hinzukommen, womit zu rechnen ist, ändert sich das Bild vollends. Dann stehen bei einem Vergleich der jeweiligen Systemkosten

- diejenigen der herkömmlichen Energiebereitstellung (zusammengesetzt aus Primärenergie, Umwandlungs-, Transport- und Verteilungsinfrastrukturkosten, neben den Umweltfolgekosten)

gegen

- diejenigen der Energiebereitstellung aus erneuerbaren Energien mit ihren Anlage- und Speichertechnikkosten, aber – mit Ausnahme der Bioenergie – ohne laufende Brennstoffkosten und geringfügigen oder gar keinem Infrastrukturbedarf.

Von letztgenanntem System kann angenommen werden, dass es – auf der Basis einer Serienproduktion von Anlagen mit ihren Kostendegressionseffekten – nicht nur kostengünstiger wird als das überkommene System, sondern in vielfacher Hinsicht kulturell attraktiver. Es gibt dann nicht nur den ökologischen Nutzungsvorteil. Denn das System kann autonom betrieben werden, vermittelt eine garantierte Versorgungssicherheit und ist wirtschaftlich kalkulierbarer, weil es unabhängig von Energiepreisschwankungen ist. Es ist darüber hinaus schneller einführbar und vermeidet Unterversorgung ebenso wie Überkapazitäten, weil es modular operiert: Die Investitionen können bedarfsgerecht erfolgen, Fehlinvestitionen sind weitgehend vermeidbar. Die hohe Flexibilität ermöglicht hohe Kosteneffizienz. ‚Blackouts', die ganze Regionen erfassen können, sind dann ausgeschlossen. Dass es zu dieser Entwicklung kommt, ist – bei etwas technologischer Entwicklungsphantasie und vor dem Hintergrund der ökologischen und physischen Grenzen der herkömmlichen Energieversorgung – prognostizierbar. Was nicht vorhergesagt werden kann, ist der Zeitpunkt der Entfaltung solcher Entwicklungssprünge aufgrund der schnell erkennbaren Vorzüge.

Die Liberalisierung der Strommärkte wird diese Entwicklung begünstigen: Sie beeinträchtigt, wie jüngere Erfahrungen von Kalifornien bis Südeuropa zeigen, die Versorgungssicherheit großstrukturierter Systeme und mindert die Investitionsbereitschaft für die Aufrechterhaltung der Netzqualität. Sie dämpft auch die Investitionsbereitschaft für neue Großkraftwerke, weil deren Kapazitätsauslastung nicht mehr für Jahrzehnte zuverlässig gewährleistet ist. Hinzu kommt, dass die Risiken neuer Großkraftwerke tendenziell schwieriger zu versichern sind, je mehr unberechenbare Umweltkatastrophen eintreten, die zu empfindlichen Systemstörungen führen: sei es der Ausfall von Wasser (aufgrund von Dürren als Folge der bereits eintretenden Klimaveränderungen), ohne das große Staukraftwerke und Kondensationskraftwerke nicht betrieben werden können – und schon gar nicht Atomkraftwerke mit ihrem Kühlwasserbedarf; oder seien es Stürme, die Strommasten und -leitungen wegfegen, wie es z.B. in den USA in den letzten Jahren mehrfach geschehen ist.

20.3 Rückblick für den Vorblick

Damit kehrt im Bereich der Stromversorgung die Geschichte wieder zu der Vision zurück, die einst der Elektrizitätspionier Edison hatte. Es gab nämlich zwei unterschiedliche Grundkonzepte der Stromversorgung, die einen konzeptionellen (und unternehmerischen) Konflikt zwischen den beiden Pionieren Edison und Westinghouse in den USA hervorriefen. Die Idee Edisons war die eigene Stromversorgung in jedem Haus, in dem Gleichstrom produziert werden sollte. Westinghouse setzte dagegen auf Wechselstrom, um die Häuser über Stromleitungen mit Elektrizität zu versorgen. Letzterer hatte, unter den Bedingungen der anfänglichen Stromversorgung aus Wasserkraft und fossilen Brennstoffen, den für seine Zeit besseren ‚systemischen Blick': Strom aus Wasserkraft konnte nur über Kabel genutzt werden, und Stromleitungen ermöglichten den schnellsten und saubersten Energietransport. Die Vision Edisons setzte hingegen voraus, dass fossile Primärenergie umständlich und aufwändig in jedes Haus geliefert und zahllose breit gestreute Emissionsherde in Kauf genommen werden mussten. Deshalb hatte der bei isolierter Betrachtung kostengünstiger produzierbare Gleichstrom keine Chance. Die eigene Stromerzeugung mit laufenden organisatorischen Mühen um die Brennstoffbeschaffung sowie der Aufwand für dezentrale Stromspeicherung waren weniger attraktiv als der Anschluss an das Stromnetz. Deshalb wurden auch die über fünf Millionen Windstromanlagen, die es im ländlichen amerikanischen Mittelwesten in den 30er Jahren gab, in Windeseile aufgegeben, als die Stromleitungen gelegt worden waren – nachdem im Rahmen des ‚New Deal' von Präsident Roosevelt das Tennessee-Valley-Programm realisiert worden war, mit großen Wasser- und Kohlekraftwerken, deren Kapazitäten nur durch den Bau von Überlandleitungen zu den Farmen ausgelastet werden konnten. Die Farmer hatten dann rund um die Uhr ihren Strom, weil sie für den Strom aus Windmühlen keine oder nur geringfügige Speichermöglichkeiten hatten.

Diese seinerzeitigen Bedingungen werden mit den erneuerbaren Energietechniken und unter den Liberalisierungsvorzeichen hinfällig: Die Nutzung der solaren Strahlungsenergie in Städten, integriert in Dächer, Fassaden und Fenster sowie die Nutzung der Windkraft, selbst in großstädtischen Hochhäusern (wie sie im Neubau des New Yorker World Trade Centers erfolgen wird), erfordern keinen Brennstofftransport mehr. Die kostenlose Primärenergie wird noch schneller geliefert als Strom. Ergänzt um neue Stromspeicher wird das ‚Edison'sche Handicap' überwindbar. Die Möglichkeit der Verstromung von Biogas, gewonnen vor allem aus den umfangreichen Lebensmittelabfällen in Städten, erweitert das unmittelbar verfügbare Potenzial. In ländlichen Regionen gibt es noch vielfältigere Möglichkeiten mit Windkraft und Bioelektrizität oder durch die Umwandlung der Strömungsenergie von Fließgewässern in Strom. Notstromaggregate, die in zehntausenden großer Nutzgebäude – etwa Krankenhäusern – stehen, werden zu Hauptaggregaten. Die Auslastung der Kraftwerke sinkt und verteuert den Strom. Mit mehr und mehr autonomen Produzenten, die solche Optionen wählen, muss das vernetzte System seine Kosten auf weniger Kunden abwälzen. Das überkommene System veraltet und verliert seine wirtschaftlichen Vorzüge. Die Stromversorgung diversifiziert sich und zersplittert. Es entstehen individuelle Produktionen für den eigenen und den Nachbarschaftsbedarf sowie für gewerbliche Unternehmen, Inselversorgungen für Siedlungen und kleinere Städte, vollautonom oder ergänzt um Stromlieferungen über Stichleitungen.

Auch die Versorgung mit fernleitungsgebundenem Strom muss sich auf Schwerpunkte konzentrieren, um noch wirtschaftlich zu bleiben. Das Übertragungsnetz wird grobmaschiger: Je mehr Großkraftwerke ausfallen, desto mehr Hochspannungsleitungen werden funktionslos. Der Spannungsausgleich wird schwieriger, die Bereitstellung von Regelenergie komplizierter und teurer. Die Tendenz unter Großverbrauchern wird sein, die Spitzenlast selbst zu produzieren. Der Stellenwert der Mittelspannungsebene wird eher relativ größer, und dieser gegenüber der der örtlichen Verteilernetze. Aber kaskadenhaft sinkt auch die Auslastung dieser Ebene mit Zunahme der Eigenversorgung. Und mit jedem dieser Schritte steigt die Attraktivität dezentraler Lösungen und orientiert sich die technologische Kreativität auf diese. Es handelt sich um einen Prozess, der sich über längere Zeit erstreckt – so wie das heutige System der Stromversorgung eine Genesis von Jahrzehnten hatte.

Auch auf dem Wärmeenergie- und Kraftstoffmarkt bahnt sich eine ähnliche Entwicklung an, die sowohl die leitungsgebundene wie auch die nicht leitungsgebundene Energie betrifft. 3000 Häuser, die zur Befriedigung ihres Wärmebedarfs keine fossile Energie mehr brauchen, gibt es bereits in Deutschland. Dies multipliziert sich, je mehr die Energiepreise steigen. Spätestens bei einem Preis ab etwa 80 Dollar/Barrel amortisieren sich solarbeheizte Häuser durch die eingesparten Brennstoffkosten, bei Neubauten nach den optimierten Möglichkeiten ‚solaren Bauens' schon vorher. Der Kundenkreis für Erdgas und Erdöl verringert sich ebenso wie der Strombedarf – angesichts eines Anteils von 30% am Gesamtstrombedarf, der gegenwärtig in Deutschland für Heizung und Warmwasser nachgefragt und entweder durch PV-betriebene Erdwärmepumpen oder durch Solarthermie ersetzt wird. Markt- und Funktionseinbußen betreffen auch die Ferngasversorgung, während die Bedeutung von Biogas transportierenden lokalen Gasnetz-Inseln steigt.

Auch das weit verzweigte Vertriebssystem der Mineralölwirtschaft, das von wenigen zentralen Raffinerien aus die Ölhändler und die Tankstellen beliefert, regionalisiert sich. Regionale Biokraftstofferzeugungsstätten entstehen, die die Rohbiomasse verarbeiten und regionale Vermarktungsstrukturen aufbauen. Es bilden sich neue Produktionskooperativen für Biokraftstoffe, oder Stadtwerke übernehmen diese Aufgabe als Abnehmer der Biomasse. Sie werden gleichzeitig Anbieter der Zweitverwertungsprodukte, von Düngemitteln oder Futtermitteln aus den Reststoffen der Biokraftstoffproduktion. Neue lokale und regionale Synergien entstehen dadurch, dass es von der Kraft-Wärme-Kopplung aus, deren Ausbaubeschränkung oft der fehlende leitungsgebundene Wärmemarkt ist, etwa mit Hilfe des Stirling-Motors zum Dreischritt einer Kraft-Wärme-Kraft-Kopplung kommt, um aus Überschusswärme nochmals Strom für den Eigenbedarf zu produzieren oder in lokale Netze einzuspeisen.

20.4 Drei Phasen der Entwicklung

In meinem Buch „Solare Weltwirtschaft“ (2003, 5. Auflage) habe ich drei Prototypen von Energieversorgungssystemen gegenübergestellt: das gegenwärtige, das aus jeweils separat operierenden Anbietern und Nachfragern von Strom, Kraftstoffen und direkt genutzter thermischer Energie besteht; das von der Energiewirtschaft angestrebte und sich gegenwärtig herausbildende, das diese Funktionen in hochkonzentrierter Weise zu integrieren versucht; und das einer integrierten dezentralen Versorgungsstruktur, deren optimierte Funktionsmechanismen zuvor beschrieben worden sind, mit zahlreichen – hier nicht weiter ausgebreiteten – weiteren Variations- und Flexibilisierungsmöglichkeiten. Unterschieden wird dabei jeweils zwischen den Energiequellen (erneuerbare Quelle, eQ; konventionelle fossile Quelle, kQ); den Produzenten bzw. Anbietern von Energietechniken (T), den Anbietern der Nutzenergie (A) und den Energieverbrauchern bzw. -nutzern (V) sowie den Eigenerzeugern (E). Dabei muss bedacht werden, dass die Prototypen A und B aus langen Energieflüssen bestehen, der Prototyp C aus kurzen. Letzteres indiziert die geringere Systemkomplexität und damit die letztlich größere potenzielle Produktivität und Zuverlässigkeit, zu perspektivisch niedrigeren Kosten und gesicherter Preisstabilität (siehe die Abbildung 20.1).

Mehrere sich zunehmend bündelnde Faktoren treiben die Entwicklung in diese Richtung: die nahende Erschöpfung fossiler Reserven, der unübersehbare ökologische Handlungszwang, die technologisch-industrielle Profilierung erneuerbarer Energie-, Energieeffizienz- und generell dezentraler Energiewandler- und Speicheranlagen, die Entwicklung von stand-alone- und stand-by-Stromverbrauchsgeräten, die ihren Strom ganz oder teilweise selbst mit PV-Modulen und Mikro-Brennstoffzellen selbst produzieren – und eben die Liberalisierung der Strom- und Gasversorgung, obwohl deren Initiatoren das nicht beabsichtigten. Sie setzt, wie es auch alle Liberalisierungsgesetze zur Auflage gemacht haben, die funktionale Trennung von Produzenten, Transport- und Verteilungsnetzbetreibern voraus. Die Netze sollen dadurch im Verhältnis zu Energieanbietern und zu Konsumenten neutralisiert werden. Regulierungsbehörden sollen sicherstellen, dass dieses ‚natürliche Monopol‘ nicht für Monopolgewinne missbraucht wird, damit aus früheren wirtschaftlich risikofreien Gebietsmonopolen der Energieversorgung nicht Unternehmensmonopole werden. Funktioniert die Wächterfunktion für die Netzbetriebe, kann das ausgeschlossen werden. In Dänemark funktionierte es auf der Basis einer strengen Preiskontrolle für die Netzbenutzung so gut, dass die Betreiber der Übertragungsnetze in nur wenigen Jahren ihr Interesse daran verloren und im Sommer 2004 ihre Netze kostenlos an die dänische Regierung übereigneten. In Deutschland funktionierte es seit der 1998 eingeleiteten Liberalisierung nicht, so dass das Netz zur wichtigsten Gewinnquelle für die Stromkonzerne wurde. In der EU-Kommission häufen sich die Stimmen, die – um einer funktionierenden Liberalisierung willen – für einen Netzbetrieb unter öffentlicher Verantwortung, zumindest auf der Ebene lokaler Verteilungsnetze, plädieren.

Wenn künftig jedoch, durch die beginnende Substitution zentralisierter durch dezentrale Anbieter und durch die Entfaltung von Selbstproduzenten, die Übertragungs- und auch Verteilernetze immer weniger in Anspruch genommen werden, kommen alle Kalküle durcheinander. Während des im Einzelnen unvorhersehbaren Transformationsprozesses können gleichwohl die Netzbetriebe nicht aufgegeben werden, da immer noch viele – und manche dauerhaft – davon abhängig bleiben. Die Alternative zur Netzversorgung wäre die Pflicht zur Selbstversorgung, die aus funktionellen wie aus sozialen Gründen weder sinnvoll noch durchsetzbar wäre, weil sie zu zahllosen strukturellen Verwerfungen und extrem ungleichen Produktions- und Preisverhältnissen führen würde. Daraus ergibt sich zwangsläufig der Trend, um der allgemeinen Sicherung der Energiebereitstellung willen die Infrastruktur der Energieversorgung generell wieder zur öffentlichen Aufgabe zu machen und in kommunal-, regional- oder staatspolitischer Verantwortung zu gewährleisten. Hinzu kommt das Problem, dass private Netzbetreiber auf Dauer nicht damit rechnen können, dass sie die Landschaft kostenfrei in Anspruch nehmen dürfen. Allerdings ergibt sich daraus ein neues politisches Problem. Wenn es laufend weniger Benutzer der Infrastruktur gibt, müssen die daran angeschlossen bleibenden entweder immer höhere Anschlusskosten zahlen oder der Staat bzw. die Allgemeinheit subventioniert das Netz, damit die Kosten der daran Angeschlossenen nicht zu hoch ausfallen. Deshalb ist damit zu rechnen, dass der Staat letzteres durch Anschlusszwänge auch für diejenigen, die die Infrastruktur nicht brauchen, kompensiert – oder durch eine Besteuerung derjenigen, die nicht angeschlossen sind. Die beschriebene Entwicklung tendiert daher wieder zur Deliberalisierung, allerdings auch zu verstärkten Anstrengungen einer Effektivierung des Netzbetriebs. Diese muss jedoch nach dem Kriterium der gleichpreisigen Versorgungssicherheit für die von den Infrastrukturen abhängigen Energienutzer erfolgen und nicht nach dem Kriterium höchstmöglicher Kapitalerträge auf den ‚Rosinennetzen'. Es ist also ein öffentliches und kein privatwirtschaftliches Kriterium. Die beschriebenen Prototypen stehen für drei Phasen der Ressourcennutzung bzw. Technikentwicklung: Der Blick in die Vergangenheit moderner Energieversorgung zeigt, dass diese ohne öffentliche Infrastrukturbereitstellung nicht hätte entstehen können.

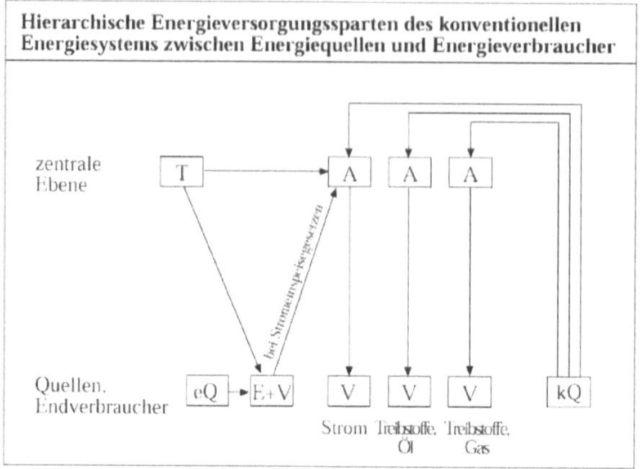

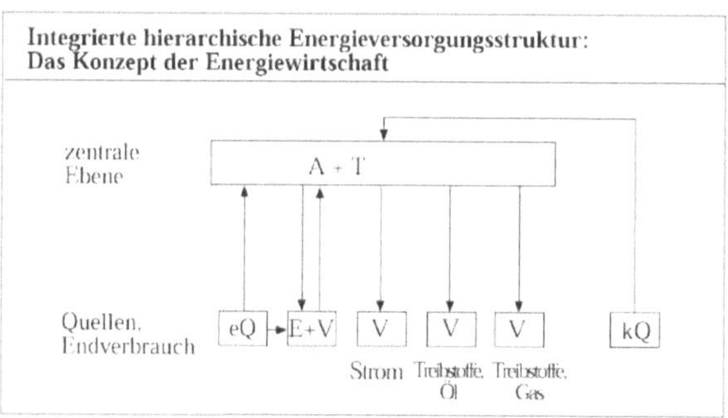

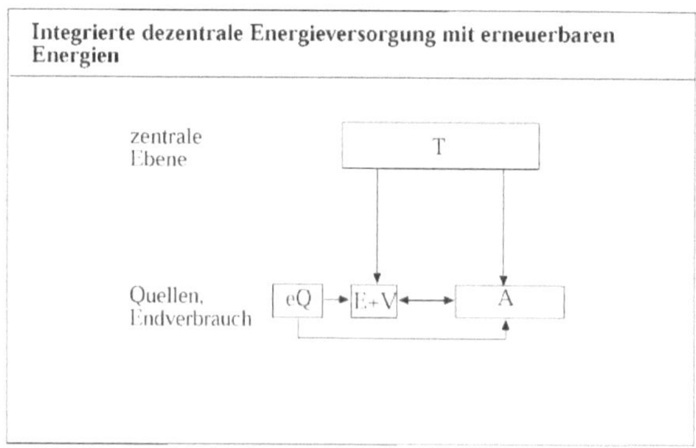

eQ = erneuerbare Quellen; kQ = konventionelle Quelle
E+V = Eigenerzeuger und Verbraucher
V = Verbraucher
A = Energie-Anbieter
T = Erzeugungstechnik

Abbildung 20.1 Struktur von Gesamtsystemen der Energieversorgung mit erneuerbaren Energien (Scheer 2003)

In dieser **ersten Phase** gab es zu wenige Nutzer, als dass sie privatwirtschaftlich rentabel gewesen wäre. Um die damit verbundenen Vorteile allen verfügbar zu machen, wurde die Vorleistung der öffentlichen Hand notwendig. Wo diese Vorleistung, wie in Entwicklungsländern, nur in Städten zur Verfügung gestellt wurde, weil die wirtschaftliche Kraft zu mehr nicht ausreichte, entstand das Gefälle zwischen Städten und ländlichen Räumen. Dies bewirkte das rapide Städtewachstum auf der Basis analoger Landflucht in der Dritten Welt, viel rapider und umfangreicher als in den Industrieländern. Es hat die Städte und die ländlichen Räume zugleich verelendet.

Die **zweite Phase** ist die der Gegenwart: Wo die Infrastruktur wie in den erfolgreichen Industrieländern flächendeckend ausgebaut werden konnte und alle zu ihren Nutzern wurden, erschien die öffentliche Infrastrukturvorsorge als nicht mehr nötig. Die Begehrlichkeiten wuchsen, diese Infrastruktur mit ihren scheinbar auf ewig davon abhängigen Nutzern zu privatisieren, als relativ risikofreies natürliches Monopolgeschäft. Doch je mehr die Infrastruktur aufgrund der skizzierten Entwicklung von Infrastrukturnutzern nicht mehr bezahlbar wird, kommt dieses Geschäft ins Schlingern. Schon das Eintreiben der Infrastrukturentgelte wird nicht mehr praktizierbar, wenn die Zahl der Menschen zu groß wird, die zu Selbstversorgern werden, oder die – wie in der Dritten Welt – die Rechnung nicht mehr bezahlen und das Netz einfach an zahllosen Stellen kostenfrei anzapfen. Werden sie jedoch vom Anschluss an die Infrastruktur ausgesperrt, ist Massenprotest die unausweichliche Folge. Dies ist ein Grund, warum die Privatisierung der Infrastruktur – Strom- wie Wassernetze – in Massenstädten der Dritten Welt scheiterte, weil aus dem erhofften Massengeschäft ein Zuschussgeschäft wurde.

Heute stehen wir am Beginn der **dritten Phase**, zumindest in der Strom- und Gasversorgung, in der die einst zusammengeführte Entwicklung auseinander läuft in die von den Infrastrukturen abhängige und unabhängige.

Die Idee und der funktionale Stellenwert der Infrastruktur für die Energiebereitstellung sind letztlich unvereinbar mit der Idee und der Funktionsweise privatwirtschaftlicher Konkurrenz und gefährden selbst diese. Erinnern wir uns daran, dass es – noch bevor Parteien der sozialen Bewegungen in die kommunalen Vertretungskörperschaften und die Parlamente einzogen – die Idee der Gewerbetreibenden selbst war, eine außerhalb ihrer Konkurrenzwirtschaft stehende Infrastruktur zu schaffen. Um diese gemeinschaftlich zu finanzieren, wurde von ihnen die Gewerbesteuer erfunden. Der Blick in die Zusammenhänge der Vergangenheit erleichtert den für die der Zukunft. Um für diese vorzusorgen, gehören Energieinfrastrukturen in die öffentlichen Hände, entkoppelt von Produktionsinteressen, transparent kontrolliert und nicht zu Renditezwecken geführt – und künftig, und das ist das neue Element, zwar mit gleichen Benutzungsrechten, aber nicht mehr mit gleichen Benutzungspflichten.

20.5 Literatur

Baxter, R. (2005): *The Energy Storage Book*, London

Negro, E. (1995): *Photovoltaics and controlled Thermonuclear Fusion*: A Case Study, in: European Energy Research, STOA, Working Documents of the European Parliament

Ostwald, W. (1912): *Der energetische Imperativ*, Leipzig

Scheer, H. (2003): *Solare Weltwirtschaft*, München

21 Pflanzen als Grundlage einer solaren Chemie

Hermann Fischer

21.1 Petrochemie: nur ein Wimpernschlag der Biosphärengeschichte

21.1.1 Die Geschichte des biosphärischen Stoffaufbaus

Seit Jahrmillionen findet in der Biosphäre Stoffaufbau und –abbau und damit „Organische Chemie" statt. Dabei hat sich ein Grundprinzip durchgesetzt, das bereits als „solare Chemie" bezeichnet werden kann: ausgehend von sehr einfachen, energiearmen Molekülen werden in lebenden Pflanzen hochkomplexe, energiereiche Moleküle synthetisiert.

Die niedermolekularen Ausgangsstoffe sind nahezu allgegenwärtige Bestandteile der Biosphäre; mengenmäßig dominieren mit Kohlendioxid und Wasser zwei lediglich dreiatomige Moleküle; hinzu kommen in geringerem Umfang niedermolekulare organische und anorganische Verbindungen von Stickstoff und Phosphor sowie Spurenelemente wie Magnesium. Diese wenigen, unkomplexen Rohstoffe bilden, im Sinne einer optimalen Nutzung des Vorhandenen, das Ausgangsmaterial für den schier unüberschaubaren Kosmos von komplexen Stoffen des Pflanzen- und Tierreiches.

Die Energie, die zur Aktivierung der zunächst reaktionsträgen Ausgangsstoffe und damit zur Initiierung hochkomplexer intermediärer Reaktionszyklen nötig ist, stammt aus dem Photonenstrom der Sonne. Der makroskopisch wahrnehmbare Gesamtprozess dieser Bildung komplexer Stoffe aus einfachen wird daher als „Photosynthese" bezeichnet.

Auch über längere Zeiträume der Evolution betrachtet hat sich dieses Prinzip als ausgesprochen eigenstabil erwiesen. Zwar hat es im Verlauf der Biosphärengeschichte immer wieder großräumige und tiefgreifende katastrophische Ereignisse gegeben, in deren Verlauf große Teile der bis dahin entwickelten Biodiversität zerstört wurden. Die Prinzipien des biosphärischen Stoffaufbaus wurden jedoch während dieser desaströsen Phasen nie vollständig verlernt, sondern stets weiter optimiert.

21.1.2 Das evolutionäre Spiegelbild: Veratmung und Bioabbau

Ein alleiniges Vorherrschen der komplexitätsbildenden Photosyntheseprozesse hätte im Verlauf der Evolution bereits nach kurzer Zeit in die Katastrophe geführt: der eindimensionale Substanzaufbau wäre an seinem eigenen Erfolg buchstäblich erstickt.

In einer genialen dynamischen Gegenbewegung entstanden daher parallel zu den Prinzipien des photosynthetischen Stoffaufbaus wirksame Dekonstruktionsprinzipien, die zu einer mehr oder minder ausgeglichenen Rate von Aufbau- und Abbauprozessen führten. Hauptträger dieser Abbauprozesse sind tierische und bakterielle Organismen sowie Pilze, die unter Energiefreisetzung die komplexen Photosyntheseprodukte verstoffwechseln.

Auch hier haben sich im Verlauf der Evolution hochintegrierte Stoffzyklen herausgebildet, in welchen die energiereichen Primärstoffe in raffinierten Kaskaden unter optimaler Freisetzung der enthaltenen Energiemengen (als Wärme, Bewegungsenergie und Stoffumbau) in niedermolekulare Stoffwechselprodukte umgewandelt werden.

Wesentliche Endprodukte dieses Abbaus sind wiederum Kohlendioxid und Wasser, so dass makroskopisch das Bild eines global vernetzen Stoffkreislaufes entsteht, der von Sonnenenergie angetrieben wird und damit einen perfekt an die Bedürfnisse der Organismen der Biosphäre angepassten Transfer solarer Energie in terrestrische Energie darstellt.

Letztere wird wiederum zur Vermeidung eines globalen Energiestaus, gemittelt über lange Zeiträume, praktisch vollständig und weitgehend als niederfrequente Strahlung ins Weltall dissipiert. Insgesamt resultierte, zumindest in Zeiten vor der anthropogenen Störung der eingespielten Gleichgewichte, eine im wesentlichen ausgeglichene Entropiebilanz der Biosphäre und damit der Erhalt eines bioverträglichen durchschnittlichen strukturellen Ordnungsniveaus.

21.1.3 Die Innovation aus dem Abfall: Teer- und Petrochemie

Das zuvor beschriebene „Patent der Biosphäre auf nachhaltige Stoff-Wechsel-Prinzipien" wurde über Jahrmillionen von den in die Biosphäre integrierten Lebewesen und seit Jahrtausenden auch von den Menschen für ihre jeweiligen stofflichen und energetischen Lebensbedürfnisse ohne wesentliche Beeinträchtigung des Gesamtsystems zu allseitigem Vorteil genutzt.

Eine zunehmende Loslösung von den biosphärischen Prinzipien des Stoffwechsels erfolgte erst etwa ab Mitte des 19. Jahrhunderts. Dabei stammten die primären Anstöße zu diesem Paradigmenwechsel nicht einmal aus dem Bereich der Chemie. Vielmehr war es die zu immer größerer Bedeutung anwachsende Herstellung von Koks aus Steinkohle, die zu einem zunehmend lästigen und in großen Mengen anfallenden Abfallprodukt führte: dem Steinkohlenteer.

Nur die gewünschten Verkokungsprodukte – Koks als Reduktionsmittel in Verhüttungsprozessen und Leuchtgas als Beleuchtungsmittel in städtischen Zentren – fanden anfangs Abnehmer, während der ebenfalls unvermeidbar entstehende Steinkohlenteer aufgrund seiner physikalischen, chemischen, ökologischen und toxikologischen Eigenschaften mehr und mehr zum Problemabfall wurde.

Erst das Ingenium kreativer Chemikerpersönlichkeiten fand etwa ab 1850 innovative Verwendungsmöglichkeiten des Steinkohlenteers. Die im Teer enthaltenen reaktionsfreudigen mono- und polyzyklischen aromatischen Kohlenwasserstoffe und deren stickstoffhaltige Derivate wie Anilin wurden auf diese Weise zunehmend begehrte Rohstoffe für eine rasch wachsende und sich ausbreitende „Teer-Chemie" (Garfield 2001)

21.1.4 Von der Basis-Innovation zur chemischen Massenproduktion

Erste Erfolgsprodukte der Teerchemie wurden synthetische Farbstoffe („Teerfarben") mit vom Publikum als sensationell empfundenen Farbton- und Brillianzeigenschaften; kurz darauf folgten mehr oder weniger systematisch aufgefundene erste pharmazeutische Wirkstoffe. In den Folgejahren des Jahrhunderts wurde aus den Inhaltsstoffen von Steinkohlenteer ein ganzer Kosmos von chemischen Alltagsprodukten synthetisiert.

Märchenhafte Gewinne bescherten der frühen Chemieindustrie ein zunehmendes wirtschaftliches und gesellschaftliches, aber auch politisches Gewicht – eine Stellung, die sie bis in das 21. Jahrhundert hinein nicht wieder verlieren sollte. Dabei ist auch die Wirkung der scheinbar unbegrenzten Möglichkeiten zur Synthetisierung völlig neuartiger, in der Natur nicht vorkommender Substanzen auf das Selbstbewusstsein der wissenschaftlichen und industriellen Community kaum zu überschätzen.

Auch in weiten Teilen der Öffentlichkeit galt diese Entwicklung als willkommene Emanzipation des Menschen von den Gebundenheiten und scheinbaren Begrenzungen der natürlichen Stoffentstehung und förderte den Glauben an unabsehbare Fortschritte der Menschheit durch wissenschaftlich-technisches Entwickeln und Handeln.(Lehmann 2005).

21.1.5 Wechsel der fossilen Basis: vom Teer zum Erdöl

Ab den 30er Jahren des zwanzigsten Jahrhunderts erlebte die noch junge industriell-organische Chemie einen allmählichen Wechsel ihrer Rohstoffbasis. Die abnehmende Verfügbarkeit und Bedeutung des Steinkohlenteers ging Hand in Hand mit einer stark zunehmenden Exploration und immer wirtschaftlicheren Gewinnung von Erdöl als ebenfalls fossiler Kohlenstoffquelle.

Die ursprüngliche Rolle von Leuchtgas und Koks als Co-Stimulantien der Mengenentwicklung und Verfügbarkeit von Steinkohlenteer wurde beim Erdöl abgelöst durch den ständig steigenden Bedarf an Treibstoffen für Fahrzeuge, Schiffe und Flugzeuge sowie durch die allmählich beginnende Verwendung von Erdölfraktionen in Kraftwerken und Wohnungsheizungen.

Für die chemische Industrie waren mit diesem Ressourcenwechsel besondere Herausforderungen verbunden, war doch die Mehrzahl der im Erdöl enthaltenen Kohlenstoffverbindungen eher reaktionsträge. Die Gruppenbezeichnung wichtiger Inhaltsstoffe als „Paraffine“ spricht hier eine deutliche Sprache (sinngemäß: „ohne Bindungstendenz“). Anders als beim Steinkohlenteer war bei diesen Erdöl-Rohprodukten eine relativ einfache chemische Aktivierung z.B. mit Salpetersäure nicht mehr möglich.

Als Folge dieses Wechsels zu eher reaktionsträgen Kohlenstoffquellen entwickelten sich Primärsyntheseprozesse unter Verwendung äußerst reaktiver Basischemikalien, von denen elementares Chlor eine prototypische Rolle einnahm. Chlor und andere Halogene waren in der Lage, praktisch jeden noch so reaktionsunwilligen Ausgangsstoff – auch Paraffine – in einen chemisch aktiven Zustand zu überführen, im einfachsten Fall durch Halogenierung von Teilen der Kohlenstoffkette.

Die so entstandenen Halogenkohlenstoffverbindungen konnten als funktionalisierte Intermediate dann relativ leicht und in großindustriellen Standardanlagen zu einem riesigen Portfolio an Basis- und Feinchemikalien weiterverarbeitet werden. Nicht selten kamen jedoch die halogenierten Verbindungen direkt als Inhaltsstoffe von chemischen Zubereitungen zum Einsatz, z.B. in Desinfektionsmitteln und anderen biozidbasierten Alltagsprodukten.

So ist die starke Dominanz der Chlorchemie eine direkte Folge der Entwicklung der industriellen organischen Chemie von der Teerchemie zur Petrochemie. Die höchst problematischen ökologischen und toxikologischen Nebenwirkungen dieser starken Abhängigkeit von hochreaktiven Basischemikalien (zu denen auch Ozon bzw. dessen ebenfalls hochreaktive organische Folgeprodukte zählen) sind anfangs kaum erkannt worden; sie waren aber ab den 1960er Jahren ein wesentlicher Grund für den enormen Ansehens- und Akzeptanzverlust der chemischen Großindustrie in der Bevölkerung („Stummer Frühling“, Holzschutzmittelskandale, Gewässerverseuchung etc.) (z.B. Carson 1962, Zeschmar und Lahl 1963, Fischer 1993, von Bernem und Lübbe 1997)

21.1.6 Das Ende des fossilen Interregnums

Mittlerweile ist bereits wieder das Ende diese „fossilen Interregnums" absehbar. Terminierende Impulse und Anstöße für den anstehenden erneuten Wandel zeigen sich sowohl im Bereich der Quellen als auch im Bereich der Senken und schließlich auch bei den Umwandlungsmechanismen petrochemischer Erzeugung von Produkten der Alltagschemie.

Aus dem Erreichen des Produktions- und Verwendungsmaximums beim Erdöl nach lediglich etwa 50 Jahren intensiven Gebrauchs lässt sich abschätzen, dass spätestens zur Mitte des gegenwärtigen Jahrhunderts Erdöl als Rohstoff für die Chemie wieder zu einem eher marginalen Faktor geschrumpft sein wird. Dabei ist es kaum entscheidend, ob der "Peak Oil" nun bereits erreicht oder erst um das Jahr 2025 zu erwarten ist. Für Fragen der chemischen Industrie kommt hinzu, dass sie aufgrund der qualitativ höheren Anforderungen an das Erdöl als Rohstoff ihren eigenen Peak Oil noch früher sehen muss als die Erdöl-Energiewirtschaft (Campbell et al. 2002).

Am ehesten hat diese Erkenntnis bislang in kleinen und mittleren Betrieben der Chemieindustrie zu Konsequenzen und einer konkreten Umorientierung auf eine erneuerbare Rohstoffbasis geführt. Tatsächlich stammten ab etwa 1975 die ersten verbrauchernahen Produkte der Alltagschemie, die aus nachwachsenden Rohstoffen hergestellt wurden, aus sehr kleinen Betrieben mit weniger als 50 Mitarbeiterinnen und Mitarbeitern.

Nach deren Initiativen haben in den 80er und 90er Jahren auch mittelgroße Chemieunternehmen das Potential der pflanzlichen Rohstoffe verstärkt genutzt, wobei kritisch anzumerken ist, dass es hierbei oft weniger um ein grundlegendes Umsteuern als um die Nutzung der Marketingmöglichkeiten ging, die sich aus der Verwendung nichtfossiler Grundstoffe ergeben. Andererseits sind inzwischen auch Szenarien renommierter wissenschaftlicher Institutionen veröffentlicht, in denen bereits für das Jahr 2090 ein Anteil von 90% der globalen Produktion organischer Chemikalien auf Basis erneuerbarer Rohstoffe prognostiziert wird (National Academy of Sciences 2003).

Auch in den international führenden Konzernen der chemischen Großindustrie ist man sich der Unausweichlichkeit der Entwicklung weg von der Petrochemie mehr oder weniger bewusst, wobei es durchaus starke Differenzierungen hinsichtlich der Umsetzung dieser Erkenntnis in konkrete Forschungs- und Entwicklungsprojekte und erste Produktionsanlagen gibt.

Manche Unternehmen beschwören einstweilen noch, dass die Petrochemie als Basis für unsere chemisch-technischen Alltagsprodukte „einfach nicht wegzudenken" seien. Diese Formel, die eine offenkundig innovationsfeindliche Grundtendenz ausstrahlt, zumindest jedoch auf ein wenig entwickeltes Vorstellungsvermögen schließen lässt, hat aber wohl eher mit der Tatsache zu tun, dass zahlreiche Anlagen der Großchemie, die auf die Verarbeitung petrochemischer Grundstoffe ausgelegt sind, noch lange Abschreibungszeiträume vor sich haben.

Es ist jedoch ungeachtet aller - im Grundsatz auch nachvollziehbarer - retardierender Tendenzen in manchen Bereichen der Chemieindustrie zu erwarten, dass innerhalb der kommenden 10 Jahre das Tempo der Abwendung vom Erdöl als Hauptrohstoff der organisch-chemischen Industrie sehr stark zunehmen wird.

21.1.7 Teer- und Petrochemie: ein Wimpernschlag der Weltgeschichte

Nach allen abschätzbaren Verfügbarkeiten und absehbaren Tendenzen können wir davon ausgehen, dass die Ära der Petrochemie lediglich etwa 100 Jahre lang den chemischen Alltag der Menschen bestimmt haben wird. Der (aus Sicht der Gesamtevolution der Biosphäre) marginale Charakter dieser Art von Chemie gilt übrigens nicht nur in zeitlicher, sondern auch in quantitativer Hinsicht: nie hat das Synthesevolumen der gesamten petrochemischen Industrie der Welt auch nur annähernd die Größenordnung dessen erreicht, was – zumeist ohne unser Zutun, jedenfalls ohne unseren Einfluss auf den Syntheseprozess selbst – an globalem Stoffumsatz durch Photosynthese gegeben war und ist[1].

Angesichts der Tatsache, dass in den Jahrhunderttausenden vor dieser Ära und – beim erhofften Erhalt der photosynthetischen Produktionskapazität der Biosphäre – auch in den kommenden Jahrhunderten und Jahrtausenden chemische Stofferzeugung und –umwandlung ohne Erdöl als Produktionsfaktor stattgefunden hat und stattfinden wird, ist festzustellen, dass eine Chemie auf fossiler Grundlage nicht viel mehr als einen „Wimpernschlag der Weltgeschichte" darstellt[2].

Dies kann allerdings nicht darüber hinwegtäuschen, dass die kurze Ära der fossilen Energie- und Stoffproduktion sehr tiefe, möglicherweise auf lange Zeit nicht beseitigbare Spuren in der Biosphäre hinterlassen hat, die noch viele kommende Generationen vor schwierige Aufgaben stellen wird. Umso dringlicher ist es, mit dem ohnehin unausweichlichen Stoff-Wechsel nicht länger zu zögern, sondern ihn als eine zentrale Zukunftsaufgabe zu begreifen und ihm eine angemessene Priorität in Forschung, Entwicklung und Produktion zu verleihen.

21.2 Die Zukunft der Chemie ist solar

21.2.1 Grundstoff-Vielfalt fördert Innovation

Einer der wesentlichen Unterschiede zwischen Petrochemie und solarer Chemie besteht in der Zahl der verfügbaren Grundstofftypen. Im Bereich der Petrochemie handelt es sich um ein in seiner Zusammensetzung und seinen Eigenschaften stets sehr ähnliches Stoffgemisch, so dass die darauf aufbauende Chemie stets den gleichen Grundsätzen gehorcht und von den gleichen Grundverfahren ausgeht.

Im Bereich der solaren Chemie finden wir völlig andere Voraussetzungen vor, nämlich eine geradezu unermessliche Vielfalt von Grundstoffen. Dies folgt allein aus der Tatsache, dass

---

[1] Die globale Photosynthese-Primärproduktion beträgt allein auf dem Festland etwa $2 \cdot 10^{11}$ Tonnen pro Jahr. Die gesamte Produktion der organischen Chemie beträgt demgegenüber ca. $3 \cdot 10^{8}$ Tonnen pro Jahr (Römpps 1990, Stichworte "Biomasse", "Erdöl" und "Petrochemie").

[2] Bei dem erwähnten gegenwärtigen Mengenverhältnis zwischen petrochemischer und biogener Stoffproduktion einerseits und mit der überschlägigen Annahme, dass dieses Verhältnis nach dem Ende einer relevanten Petrochemie etwa 150 Jahre Bestand gehabt haben wird, läuft über die Gesamtzeit der bisherigen biosphärischen Stoffproduktion von (sehr niedrig geschätzt) etwa 1 Milliarde Jahren der gesamte Anteil aller je getätigten und noch zu tätigenden Petrochemie-Produktion auf eine Größenordnung von $1: 10^{12}$ hinaus – das ist noch viel weniger als ein "Wimpernschlag".

jede einzelne Pflanzenart ein arteigenes Spektrum von Produkten ihres Sekundärstoffwechsels synthetisiert, welches sich von dem jeder anderen Pflanze unterscheidet. Es kommt hinzu, dass jede einzelne Pflanzenart nicht nur einen Stoff synthetisiert, sondern ein großes Spektrum sehr unterschiedlicher chemischer Stoffe.

So kann eine Pflanze beispielsweise in relevanten Mengen Zellulose in ihren Stängeln, Farbstoffe in ihren Blättern, Wachse auf der Blattoberfläche, Fette und Eiweiße in ihren Früchten sowie Duftstoffe und Harze in ihren Blüten erzeugen und jeden einzelnen dieser Stoffe wiederum nicht als chemisch reine Monosubstanz, sondern in einem großen Spektrum verschiedenen chemischer Identitäten. Pflanzen bringen also das Kunststück fertig, aus einem extrem begrenzten Reservoir an Basisatomen und –molekülen in ihrem sog. sekundären Stoffwechsel eine enorme stoffliche Diversität zu erzeugen.

Im unmittelbaren Vergleich mit moderner industrieller Petrochemie verfügt die pflanzliche Stoffproduktion – im Sinne ihrer Primärproduktion – nicht nur über eine etliche Größenordnungen höhere quantitative Produktivität, sondern – im Sinne der enormen Ausdifferenzierung der Resultate des pflanzlichen Sekundärstoffwechsels – auch über eine unvergleichlich viel höhere qualitative Varianz.

Es liegt nahe, dass diese ernorme Vielfalt eine ganz andere Art von Herausforderung für den Chemiker darstellt als das monotone und (ungeachtet zahlreicher Varietäten je nach Provenienz) vergleichsweise simpel aufgebaute Erdöl. Insofern stellen pflanzliche Rohstoffe besondere Anforderungen an die Pflanzenkenntnis der sie verwendenden Chemiker und Techniker und erfordern ein unvergleichlich viel höheres Maß an innovativer Praxis, Kreativität und Flexibilität.

21.2.2 „Haltet die Wasser hoch“

Die frühneuzeitlichen Bergleute im Erzgebirge und im Harz hatten in bestimmter Hinsicht ein sehr sensibles Bewusstsein für Energieniveaus und deren Erhalt entwickelt, waren sie doch in hohem Maße abhängig von der möglichst kontinuierlichen Verfügbarkeit von Wasserkraft zum Betrieb von Pumpen, Pochwerken, Blasebälgen etc. Um eine Vergeudung der mühsam in Hochlagen gesammelten und durch ausgeklügelte Transport- und Verteilungssysteme herangeführte Nutzwässer („Oberharzer Wasserregal“) zu vermeiden, wurde vor allem darauf geachtet, „die Wasser hoch zu halten“, d.h. jeden überflüssigen oder ungenutzten Verlust von potentieller Energie (die übrigens als Wasserkraft durchaus solaren Ursprungs ist) zu vermeiden.

Vor einem ganz ähnlichen Problem stehen diejenigen Chemikerinnen und Chemiker, die auf eine Nutzung pflanzlicher Grundstoffe für die Chemie der Zukunft setzen. Wie den frühen Bergleuten steht ihnen ein hohes energetisches Ausgangsniveau in Gestalt der Produkte des pflanzlichen Sekundärstoffwechsels zur Verfügung, das es nicht ohne Not zu vergeuden gilt.

Eine solche Vergeudung liegt grundsätzlich durchaus nahe, nämlich dann, wenn eine sehr grobe Variante der Pflanzenchemie einfach darin besteht, die Pflanzenstoffe als reine Kohlenstoffquelle zu nutzen, indem alle Pflanzenteile ungeachtet ihres strukturellen und funktionalen Niveaus in Analogie zur Petrochemie zunächst in einfache Grundbestandteile zerlegt werden (analog zum Cracken in der Petrochemie), um die so gewonnenen einfachen Moleküle dann mit genau den bekannten und bewährten Methoden der Petrochemie – und übrigens auch unter Fortnutzung der aus der Petrochemie stammenden Anlagen – unter erheblichem Energieeinsatz wieder zu komplexeren Molekülstrukturen zusammenzusetzen.

Es muss vielmehr das Ziel einer angepassten solaren Chemie sein, das in den pflanzlichen Grundstoffen bereits erreichte Energie- und Strukturniveau möglichst weitgehend zu erhalten. Aus diesem Grundsatz folgt das Prinzip einer möglichst schonenden Weiterverarbeitung und allenfalls geringfügigen chemischen Modifikation der Pflanzenstoffe. Statt eines tief eingreifenden Molekülumbaus sollte immer zunächst der Versuch unternommen werden, die gewünschte chemische Funktionalität in der Pflanzenwelt an anderer Stelle aufzufinden und zu nutzen, was bei der erwähnten Vielfalt in der Regel möglich sein sollte.

21.3 Fossile Energie und Petrochemie: verwandte Strukturen und Probleme

21.3.1 Konzeptionelle und politische Gemeinsamkeiten

„Energie“ und „Stoff“ sind die ökonomischen, ökologischen und sozialen Schlüsselthemen und Herausforderungen des 21. Jahrhunderts. Tatsächlich hängen diese beiden Bereiche untrennbar zusammen: die Probleme haben die gleichen historischen Wurzeln, die gleichen materiellen Quellen, die gleichen strukturellen Ursachen – und sie haben auch noch die grundsätzlichen Lösungsansätze gemeinsam:

- Es geht nicht um eine graduelle Optimierung, sondern um einen radikalen Wandel. Hermann Scheer drückte dies folgendermaßen aus: „Der Wechsel zur solaren Energie- und Rohstoffbasis wird einen bahnbrechenden Stellenwert für die Zukunftssicherung der Weltgesellschaft haben, dessen Tiefen-, Breiten- und Fernwirkungen nur mit jenen *der industriellen Revolution vergleichbar* sein werden“ (Scheer 1999, S. 17).
- Beide Problemfelder sind nicht durch rückwärtsgerichtete, gar nostalgisierende Ansätze dauerhaft zu lösen, sondern nur durch eine mutige, langfristig zukunftsorientierte Innovationsstrategie auf der Basis evolutionär bewährter Strategien der Natur.
- Beide Innovationsstrategien gewinnen ihre konzeptionelle Klarheit auch aus einer fundamentalen, prägnanten und verständlichen Kritik der historischen Entwicklungslinien und des bestehenden Zustandes im Bereich Energiegewinnung und Stoffgebrauch ("Harte" - fossil basierte - Energie wie "Harte" - ebenfalls weitgehend fossil basierte - Chemie). Diese Kritik muss zugleich bereit und fachlich in der Lage sein, sich mit zwei der wirtschaftlich und politisch mächtigsten Industrie- und Wissenschaftskomplexe auseinanderzusetzen.
- Beide Themen sind ausgesprochen alltags- und verbrauchernah. Jeder Mensch setzt im Alltag zahllose Prozesse zur Erzeugung und Umwandlung von Energie in Gang. Ebenso ist es im Stoffgebrauch: von der Körperpflege über Kleidung, Bau- und Wohnmaterialien, Verpackung bis zur Unterhaltung und Bildung ist jeder Mensch, zumindest in den entwickelten Gesellschaften, in ununterbrochenem und unvermeidlichem Kontakt mit Produkten der Petrochemie.
- Auf beiden Feldern stellt die Nutzung fossiler Ressourcen sowie die ökologischen, ökonomischen und sozialen Begleitumstände ihrer Gewinnung, Verteilung, Verarbeitung, Nutzung und Nachgebrauchseigenschaften den Kern der mit ihnen verbundenen Nachhaltigkeitsmängel dar. Ebenso schält sich in beiden Bereichen heraus, dass eine langfristig umweltverträgliche Entwicklung vor allem auf der Basis direkter und indi-

rekter Nutzung von Sonnenenergie stattfinden muss. Was die Zukunft unseres *Material*-Gebrauchs – also die Perspektiven für eine nachhaltige Chemie - betrifft, hinkt deren gesellschaftliche Akzeptanz wie deren praktische Realisierung um etliche Jahre hinter der solaren Energiewirtschaft hinterher.

- Breite Bevölkerungskreise verwenden chemische Produkte ohne Kenntnis der dahinterstehenden Stoff-Flüsse. Dies ist einerseits ein Problem des Bildungssystems, welches es nicht geschafft hat, die hochspannenden Vorgänge und Zusammenhänge der Chemie als selbstverständliches Element eines grundlegenden Bildungskanons zu verankern. Aber andererseits ist die Öffentlichkeitsarbeit der Chemieindustrie, die solche Zusammenhänge eher beschönigt und verschleiert als aufklärt und begründet, wirksamer denn je. Ein Bewusstsein der notwendigen radikalen Umstellung der Stoffgrundlagen besteht praktisch nicht. Die Situation ist vergleichbar mit der nahezu vollkommenen Abwesenheit jeglichen Bewusstseins über Quellen und nähere Umstände der Energiegewinnung noch vor 3 Jahrzehnten („bei uns kommt der Strom aus der Steckdose"). Das Erwachen aus dieser Steckdosen-Illusion steht uns im Bereich der Chemie („bei uns kommt das Plastik aus dem Supermarkt") erst noch bevor.
- Die politische Gestaltung beschränkt sich nach wie vor weitgehend auf die administrative Regulation von Schad- und Gefahrstoffen. Von einer wirksamen Förderung der Erforschung und Nutzung von Alternativen zu den fossilen Rohstoffquellen und den Verarbeitungsmethoden der Harten Chemie kann nur in Ausnahmefällen die Rede sein. Die bereits entwickelten Alternativen eines solaren Stoffgebrauchs haben im Gegenteil noch erhebliche Kostennachteile, da sie gesellschaftliche Folgekosten konzeptbedingt nicht, wie üblich, externalisieren, während z.B. petrochemische Produkte ihren z.T. überdimensionalen ökologisch-toxikologischen Rucksack nach wie vor der Gesellschaft und der Zukunft aufbürden und dadurch selbst „mit leichtem Handgepäck" ihre Globalisierungsstrategien durchziehen.
- Es gibt zwar zahlreiche praxisbewährte Konzepte zur Umsetzung einer „Solaren Chemie"[3], diese sind jedoch bislang trotz punktueller Erfolge ohne echte Wirksamkeit für die realen gesellschaftlichen Stoffflüsse geblieben. Es fehlt immer noch der Impuls zum Ausbruch aus dem „2%-Ghetto" (das ist etwa der gegenwärtige Anteil von "Bio-Produkten") in die Massenmärkte.

21.3.2 Gleiche Quellen-Probleme

Unsere Energieprobleme und unsere Materialprobleme haben gemeinsame historische Wurzeln, die wiederum mit den materiellen (fossilen) Quellen unserer heutigen Energieversorgung und Stoffversorgung verknüpft sind.

Unsere Abhängigkeit von fossilen Quellen für Energien und für viele Stoffe besteht erst seit – menschheitsgeschichtlich gesehen – sehr kurzer Zeit. Noch vor hundertfünfzig Jahren spielte Erdöl weder für die stoffliche noch für die energetische Versorgung der Menschen eine Rolle. Erdöl war ein exotischer, rarer Stoff, den man aus oberflächlich zu Tage tretenden Ölpfützen schöpfte und in Apothekerflaschen zur Behandlung von Krätze füllte. Tatsächlich überlebten es die Krätzmilben nicht, mit diesem lebensfeindlichen Stoffgemisch traktiert zu werden, das

---

[3] Beispiele dafür z.B. in: Hermann Fischer (1993), Kapitel "Zukunftsmodelle: Sanfte Chemie in der Praxis".

die Evolution wohlweislich bevorzugt in tiefgelegenen, geologischen „Sondermülldeponien" abgelagert hatte, fern von der Biosphäre und fern von den empfindlichen Zellmembranen der Lebewesen.

Mit der begrenzten Verfügbarkeit des Wirtschafts-Treibstoffs Erdöl ist das Problem allerdings noch nicht vollständig beschrieben. Ein zusätzliches Problem, das im Rang dem Verfügbarkeitsproblem nicht nachsteht, ist die weitgehende Monopolisierung, die uns das Erdöl als Energie- und Chemierohstoff beschert hat. In globalem Maßstab liegen Ressourcen und Verarbeitungsanlagen in der Verfügbarkeit nur weniger Regionen und Hände.

21.3.3 Gleiche Senken-Probleme

Auch auf der anderen Seite der Produktlinie decken sich die Problemlagen im Bereich von Energie und von Chemie weitgehend. In beiden Fällen bedingt die identische Basis – fossile Kohlenstoffträger – auch eine identische Senken-Problematik.

Auch hier ist nur die Energieseite schon einigermaßen ins Bewusstsein gerückt. Wir verheizen, verfahren und verstromen den Haupt-Rohstoff 3 Millionen Mal schneller als er wieder erzeugt wird. Dass bei einem solchen Mengenverhältnis die Folgeprodukte dieser Energieumwandlungsprozesse (vor allem Kohlendioxid) eine stete, längst messbare Anreicherung in der „Mülldeponie Atmosphäre" mit klimawirksamen Spurengasen verursacht, ist eine Konsequenz von geradezu zwingender Logik.

Die genannte Folge ist allerdings bei der stofflichen Verwertung von Erdöl ganz identisch mit derjenigen der energetischen Verwertung. Denn auch wenn Erdöl zunächst in petrochemischen Fabriken zu Syntheserohstoffen, anschließend in Chemieretorten zu Kunststoffen verarbeitet wird – irgendwann verrottet selbst der hartnäckigste und schwerst abbaubare Kunststoff, oder er wird verbrannt – jedenfalls ist das Ergebnis jeder petrochemischen Produktlinie am Ende wieder Kohlendioxid – ggf. angereichert um allerhand halogenierte Kohlenwasserstoffe, Nitroaromaten und was sonst noch an persistenten Folgeprodukten übrigbleibt.

Nicht zu vergessen sind bei dieser Bilanz die verschiedenen, von Scheer so genannten „Umwandlungsschäden" (Scheer 1999), die bereits weit vor dem Ende der Produktlinie zu einer Belastung aller Umweltsenken (Boden, Luft, Wasser, Organismen, Menschen) führen. Im Bereich der Energieerzeugung sind dies vor allem Schwermetallstäube, Stickoxide und Schwefelverbindungen sowie Abwärme.

Im Bereich der chemischen Umwandlung von Erdöl ist die Palette der Neben- und Abfallprodukte, die bei den heutigen Methoden chemischer Synthese unvermeidlich anfallen und nur teilweise herausgefiltert werden können, noch wesentlich reichhaltiger. Aber es sollte auch das Verdikt von Rainer Grieshammer (damals Öko-Institut Freiburg) bedacht werden, dass die wichtigsten Schadstoff-Emissionen der chemischen Industrie heute deren Produkte seien, die uns in netten Verpackungen als Waschmittel, Fliegenspray, Lippenstift, Kugelschreibermine oder Mikrofaserjacke ins Haus kommen (Grießhammer 1993).

Es bleibt jedenfalls festzuhalten: Energieerzeugung und chemische Produktion auf Basis von Erdöl führen zu einer inzwischen dramatischen Überlastung der Aufnahme- und Verarbeitungskapazitäten der stofflichen Senken unserer Biosphäre. Letztere ist mit der Menge der Emissionen und mit deren Art, für die sie im Verlauf der Evolution des Lebendigen nicht ausreichend „trainieren" konnte, vollkommen überfordert.

21.3.4 Gleiche Struktur-Probleme

Auch in struktureller Hinsicht sind die Ähnlichkeiten zwischen Energie- und Chemiesektor verblüffend. In beiden Bereichen haben wir es mit einer starken räumlichen Konzentration der Basisproduktion zu tun. Das ist kein Wunder: Energieerzeugung mit fossilen Energieträgern nach heutiger Art funktioniert um so produktiver und kostengünstiger, je größer die installierte Leistung des Kraftwerks ist. Chemikalienerzeugung auf petrochemischer Basis nach heutiger Art ist um so lukrativer, je größer die eingesetzten Reaktoren sind und je mehr aufeinanderfolgende Syntheseschritte der chemischen Wertschöpfungskette auf ein und demselben Gelände ablaufen. Es gibt in beiden Fällen eine starke Mengenabhängigkeit der Produktivität.

Beide eng verwandten Strukturprinzipien haben uns zentralisierte Großkraftwerke und die flächenmäßig riesigen Chemie-Komplexe Bayer, BASF; Aventis, DuPont usw. beschert. Nicht zufällig liegen beide Anlagentypen an den großen Flüssen. Bei der Produktion von Energie und von Basischemikalien treten die Nebenprodukte und Abfälle in starker lokaler Massierung auf: Rauch- und Kondensfahnen, belastete Abwässer und Geruchsemissionen zeugen von der hohen Verdichtung der Stoffumsätze an Energie- und Chemiestandorten; bei letzteren treten zudem im nie ganz auszuschließenden Stör-Fall hohe lokale Konzentrationen von Schadstoffen auf. Nicht zuletzt bilden beide stark auf Zentralisierung ausgerichtete Komplexe auch eine hohe regionale Konzentration von wirtschaftlicher und politischer Macht.

21.4 Solarenergie und Solare Stoffe: Gemeinsame Vorteile

Was für die zahlreichen Parallelen zwischen fossiler Energie- und Stofferzeugung gilt, das bedeutet jedoch im Umkehrschluss auch einen hohen Verwandtschaftsgrad zwischen erneuerbarer Energie und erneuerbaren Rohstoffen.

- Hier wie dort sind es regenerative Quellen, auf die sich die Produktion stützt und die sich schließlich alle auf den steten Energiestrom von der Sonne auf die Erde zurückführen lassen: die im Wind, in Fließgewässern und in der Biomasse gespeicherte Sonnenenergie oder deren direkte Umwandlung in Photovoltaikanlagen einerseits – die ausschließlich von der Energie des Sonnenlichtes angetriebene Photosynthese in den Pflanzen andererseits.
- Beiden Systemen ist statt des Prinzips der Einfalt das Prinzip der Vielfalt immanent: so wie ein sinnvoller Mix aus allen regenerativen Ernergiequellen vor Ort erst den vollen ökologischen und ökonomischen Sinn ergibt, so sind es hunderte, gar tausende verschiedener Pflanzenarten, in denen in den Sekundärprozessen der Photosynthese die gewünschten und in sich wiederum unerhört vielfältigen Pflanzeninhaltsstoffe entstehen, von den Farbstoffen über die Duftstoffe, Harze, Öle, Wachse, Eiweiße bis hin zu den pflanzlichen Fasern.
- In beiden Fällen funktioniert das Grundprinzip auf der ganzen Welt: überall, wo Wind weht, wo Flüsse fließen, wo Gezeiten walten, wo die Sonne scheint, wo Pflanzen wachsen – überall dort ist auch Energie- und Stofferzeugung auf solarer Grundlage möglich. Glücklicherweise sind dies auch genau die Gegenden, in denen die Menschen bevorzugt leben, welche der Energie und der Stoffe bedürfen: für die wenigen

Forscher in der Antarktis wird es genügen, dass Energie und Stoffe für sie an anderer Stelle erzeugt und dorthin transportiert werden.

- Neben der Vielfalt an Quellen ist den solaren Energien und Stoffen auch die Problemarmut der Senken gemeinsam: Energie aus Wind, Wasser, Sonne und Biomasse werden extrem emissionsarm erzeugt, beim Anbau solarer Rohstoffe auf dem Acker und in den Wäldern entsteht als wesentliches „Abfallprodukt" der uns lebensnotwendige Sauerstoff – andere Abfälle, z.B. in Gestalt weiterer Pflanzenteile, lassen sich entweder zu anderen Produkten verarbeiten oder sind notfalls problemlos kompostierbar und bilden auf diese Weise die Basis für den nächsten Produktionszyklus (siehe die Lebenszyklusbetrachtung am Beispiel von Biodiesel in den Beiträgen von Connemann und Reinhardt in diesem Band).
- Persistenzen, d.h. Anhäufungen von schwer abbaubaren Reststoffen, hat die Evolution durch eine kluge Balance von Stoffaufbau (Photosynthese) und Stoffabbau (Degradation durch Mikroorganismen) zu verhindern gewusst.
- Beiden Systemen sind im Übrigen auch die gleichen Strukturvorteile zu eigen. In beiden Fällen ist die Produktivität in wesentlich geringerem Umfang flächenabhängig als bei fossiler Energie- und Stoffproduktion. Eine kleine Solarzelle ist, auf die Fläche bezogen, praktisch ebenso effektiv wie eine große. Zehn Pflanzen produzieren durch Photosynthese eben nur zehnmal soviel solare Rohstoffe wie eine einzelne Pflanze. Es nützt – im Sinne einer gesteigerten Produktivität - wenig, die Produktion eines bestimmten pflanzlichen Rohstoffs über Dutzende Quadratkilometer hinweg auszudehnen, sondern schafft eher zusätzliche Probleme (höherer Schädlingsdruck in Monokulturen, Monotonie des Landschaftsbildes etc.)

Eine der positiven Folgen dieses Strukturprinzips ist, dass sich die Dezentralität der Produktion von selbst anbietet. Auf diese Weise werden hohe Aufwendungen für die Verteilung der entstehenden Energiemengen oder Stoffe vermieden – weniger Verkehr, weniger Emissionen, keine Strommasten, keine hohen Schornsteine, keine überdimensionierten Erschließungsmaßnahmen sind mehr nötig. Was vor Ort gebraucht wird, entsteht auch vor Ort: unter den kritischen Augen, Ohren und Nasen der Verbraucher, die sich auf diese Weise auch mit den "in our own backyard" entstandenen Produkten identifizieren können.

Mitbestimmung und Mitgestaltung der Lebensumwelt ist auf diese Weise in ganz anderem Umfang möglich als bei der heute üblichen extremen Entkoppelung von Herstellung und Bedarf – von den eingesparten Leitungsverlusten bei der Stromverteilung ganz zu schweigen.

Mit der regionalen und lokalen Produktion von Energie und Rohstoffen kehrt diese aus der Anonymität der „Irgendwo", „Irgendwie" und „Irgendwer" in die volle Transparenz und in die unmittelbare Verantwortung der betroffenen Menschen zurück.

Solarenergie und solare Rohstoffe haben aber noch viel mehr gemeinsam. Die (bei nachhaltiger Nutzung unter Erhalt der Produktivität) prinzipielle Unerschöpfbarkeit ihrer Quellen macht nachhaltige Zukunftsverträglichkeit erst möglich. Die Forderungen nach einem „sustainable development" sind ohne den Umstieg auf solare Energie- und Stoffproduktion eine Illusion.

Dies gilt insbesondere auch auf sozialem Gebiet. Die befriedigenden und sicheren Arbeitsplätze der Zukunft entstehen dort, wo es um die langfristige, umwelt- und gesundheitsverträgliche Sicherung von Grundbedürfnissen der Menschen geht – und solche Grundbedürfnisse sind eben die Versorgung mit Energie und die Versorgung mit Materialien des täglichen Bedarfs.

21.4.1 Exkurs: Denkparadoxa um „Nachwachsende Rohstoffe“

Wenn von nachwachsenden Rohstoffen als Grundlage für eine zukunftsorientierte Energieversorgung und Chemie die Rede ist, treten oft merkwürdige argumentative Paradoxa auf. Gerade Fachleute z.B. aus Naturschutzorganisationen wie BUND und NABU, die glaubwürdig und kompetent vor den ökologischen Risiken eines solchen Weges warnen, bleiben in dieser Warnung seltsam einseitig.

Sie weisen zu Recht auf mögliche Fehlentwicklungen hin – z.B. Monokulturen, Einschleusung von Gentechnik, Nahrungskonkurrenz – aber sie tun dies nicht an gleicher Stelle und mit gleicher Emphase bezüglich der Risiken eines Fortbestandes unserer petrochemischen Energie- und Stoffbasis.

Ungewollt erzeugen sie so ein allgemeines Unbehagen an der zunehmenden Verwendung biogener Rohstoffe und arbeiten damit ebenso ungewollt argumentativ denjenigen in die Hände, die jedes Interesse an einer Zementierung des „fossilen Status Quo“ haben oder diesen gar weiter ausbauen wollen (siehe den Beitrag von Connemann u. Reinhardt in diesem Band).

In den geschilderten Argumentationsweisen liegt übrigens eine weitere strukturelle Ähnlichkeit zu der Debatte um eine solare Energieautonomie: auch auf diesem Feld werden nicht selten Naturschutzbedenken zum hochwillkommenen Argument für den Status Quo – noch dazu aus scheinbar unverdächtiger Quelle. Allzuoft mündet dies letztendlich in die Forderung nach einem Erhalt oder gar Ausbau der Atomenergie. Gegenüber den nicht abweisbaren Risiken solarer Energieerzeugung geraten die ungleich größeren Risiken atomar oder fossil basierter Energieversorgung tendenziell ins optische Abseits.

21.5 Einige Fragen an die Solare Chemie

21.5.1 Solare Chemie und Nahrungserzeugung in Flächenkonkurrenz?

Ein grundsätzlicher und ernstzunehmender Einwand gegen eine Chemie auf der Grundlage nachwachsender Rohstoffe besteht in der Tatsache, dass die für Pflanzenproduktion global nutzbare Fläche nicht beliebig erweiterbar ist und sich damit im Zuge einer wachsenden Weltbevölkerung die Frage nach einer möglichen Konkurrenz zwischen Nahrungserzeugung und Grundstofferzeugung auf gleicher Fläche stellt.

Eine sehr grundsätzliche Antwort auf dieses Problem ist zunächst der Hinweis auf die unausweichliche Endlichkeit der fossil-basierten Stoffproduktion gegenüber der prinzipiellen zeitlichen Unbegrenztheit jeder Pflanzenproduktion. Mit anderen Worten: eine Rückkehr zur oder gar Ausweitung der petrochemischen Produktion kann keine Lösung des Flächenkonkurrenzproblems sein, auch wenn Anlagen zur Erdölförderung und –verarbeitung nur vergleichsweise geringe Flächen beanspruchen.

Die Menschheit wird mit Blick auf die gegebene Flächenkonkurrenz folglich um einen fairen Ausgleich zwischen dem menschlichen Grundbedürfnis nach Nahrung und dem ebenso gegebenen Grundbedürfnis nach chemisch-technischen Produkten des Alltags – von der Kleidung bis zur Körperpflege – finden müssen.

Ein Weg des Ausgleichs ist die Erhöhung der Ressourcenproduktivität auf beiden Gebieten. Für die chemischen Alltagsprodukte bedeutet dies: mit weniger Materialaufwand den gleichen gewünschten Anwendungsnutzen zu erzielen. Es gibt inzwischen zahllose Beispiele für eine solche erfolgreiche Extensivierung ohne wesentliche Nutzeneinbuße[4]. - Für die Erzeugung von Nahrungsmitteln bedeutet dies vor allem die Förderung bodenschonender Anbaumethoden, aber auch eine Verlagerung von tierischen hin zu pflanzlichen Produkten, da die Erzeugung tierischer Produkte pro Nahrungskalorie einen wesentlich höheren Flächenverbrauch bedingt als die Erzeugung pflanzlicher Produkte.

Es gibt allerdings auch andere, weniger einschränkende Möglichkeiten zur Vermeidung der genannten Flächenkonkurrenz. In der Betrachtung einer Pflanze als Rohstoff- und Energiequelle sind nämlich zwei sehr unterschiedliche Blickwinkel möglich:

a) Man kann die Pflanzen primär als regenerative Quelle von energiereichen Kohlenwasserstoffmolekülen betrachten. In diesem Fall interessiert die Vielfalt an einzelnen funktionalen Inhaltsstoffen nur ganz an Rande - deren chemische Struktur ist ohnehin in aller Regel "falsch". In der Konsequenz wird die ganze Pflanze einem tiefgreifenden chemischen Verarbeitungsprozess unterworfen, dessen Ziel ein möglichst homogenes Gemisch von Kohlenstoffverbindungen ist, z.B. als Ersatz für fossile Treibstoffe oder Heizenergieträger. Folgerichtig wird der Gesamtprozess als "Biomass to Liquid" (BTL) subsumiert. Die individuelle Pflanze wird quasi nur noch unter dem Aspekt eines maximalen Flächenertrags und unter Abstraktion von ihren spezifischen Syntheseleistungen gewertet.

b) Man kann die Pflanze aber auch als eine chemisch hochkomplexe Einheit sehen, mit einer Vielzahl unterschiedlicher chemischer Funktionalitäten, die in verschiedenen Pflanzenteilen zu finden sind und sich z.T. sehr stark unterscheiden. Man bemüht sich um eine „chemische Bestandsaufnahme“, bei der möglichst viele der chemischen Funktionalitäten (Zellulose, Öle, Wachse, Proteine, Farbstoffe, Duftstoffe etc.) auf möglichst einfache und schonende Weise (z.B. mechanisch, durch Erwärmung, Pressung, Mahlung, Flotation, Extraktion o.ä.) heraus getrennt werden, um sie jeweils für sich ganz unterschiedlichen Verwendungszwecken zuzuführen. Ein klassisches Beispiel für eine solche Mehrfachnutzung unter Erhalt der einzelnen chemischen und biochemischen Wertigkeiten ist die die in Abbildung 21.1 dargestellte integrierte Nutzung von Öllein als Ganzpflanze: bei der Ernte wird das Stroh als Faserlieferant abgetrennt, ebenso die Leinsamen. Letztere wiederum werden einem schonenden Kaltpressungsprozess unterworfen und ergeben so einen Pressrückstand (Kuchen), der infolge der Abwesenheit von chemischen Extraktionsmitteln als wertvolles Futtermittel darstellt. Das abgetrennte Leinöl zweiter Pressung dient dann als Industriegrundstoff z.B. zur Herstellung von Linoleum oder Naturfarben.

---

[4] Klassisches Beispiel dafür sind etwa die Wachs- und Ölprodukte einiger Naturfarbenhersteller. Sie bieten z.B. in der Behandlung von Holzmöbeln und –fussböden einen ausgezeichneten Schutz, ihr Verbrauch pro Quadratmeter liegt hingegen bei lediglich 20-30 Gramm (statt etwa 100-150 Gramm bei einer konventionellen Kunstharz-Versiegelung).

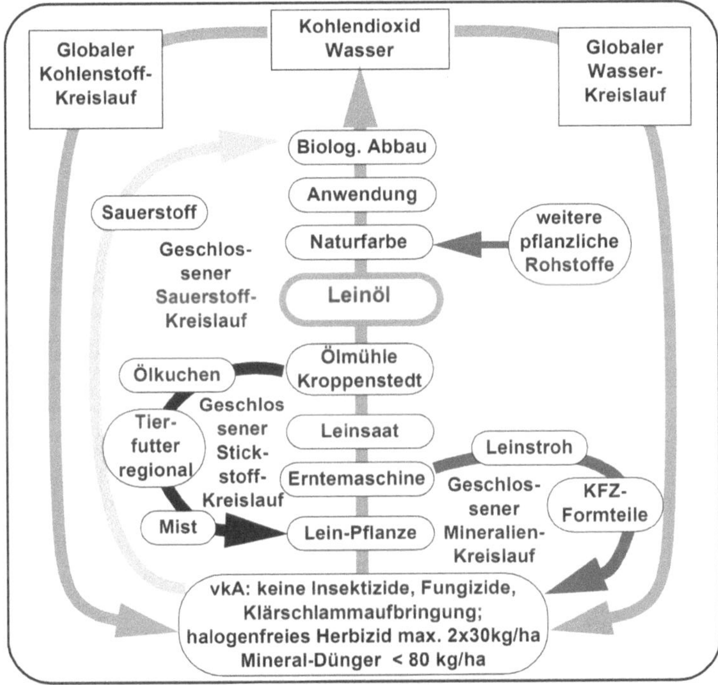

Abbildung 21.1: Ganzpflanzennutzung durch spezifische Nutzung verschiedener pflanzlicher Produkte am Beispiel des Öllein

Auf diese Weise werden wesentliche Wertstoffe aus dem sekundären Pflanzenstoffwechsel erhalten, eine ökonomische Mehrfachausbeute erzielt und nicht zuletzt die mögliche Nutzungskonkurrenz zwischen Nahrungsmittel und Industriegrundstoff minimiert.

21.5.2 Ökonomische Faktoren: wann werden solare Chemikalien konkurrenzfähig?

Die Ölpreisentwicklung der letzten Jahre hat gezeigt, dass in manchen Bereichen nachwachsende Rohstoffe bereits heute eine auch ökonomisch sinnvolle Alternative zu Petrochemikalien darstellen können. Dies gilt allerdings noch nicht auf breiter Basis.

Dennoch verschiebt sich das relative Preisniveau auf mittlere Sicht immer weiter zugunsten der regenerativen Rohstoffe. Während bei diesen züchterische Fortschritte und Verbesserungen der Anbau-, Ernte- und Verarbeitungstechniken zu einer tendenziellen Produktivitätssteigerung führen, wird die petrochemische Seite in zunehmendem Maße durch beginnende Verknappungstendenzen belastet – auch wenn diese in manchen Phasen immer noch eher psychologischer oder politischer Natur sind als echte Verfügbarkeitsengpässe widerspiegeln.

Es kann jedenfalls recht zuverlässig vorhergesagt werden, dass bereits lange vor der zu erwartenden Marginalisierung der Petrochemie, die - wie oben ausgeführt - etwa um das Jahr 2050 erreicht sein wird, der Kreuzungspunkt zwischen steigenden Preisen für Petrochemikalien und sinkenden oder zumindest sehr viel langsamer steigenden durchschnittlichen Preisen für pflanzenchemische Produkte zu verzeichnen sein wird, d.h. bereits irgendwann im Zeitraum zwischen den Jahren 2020 und 2030.

21.6 Zusammenfassung

Jede Wissenschaft und Technologie pflegt ihre faktischen Denktabus. Für die „moderne" Chemie gilt als ubiquitäres Verdikt, sie sei „aus dem Alltag der Menschen nicht wegzudenken". Die heuristisch spannende Gegenfrage lautet schlicht: „Wieso eigentlich nicht"? – und diese simple Replik hat überraschend schwer wiegende Indizien auf ihrer Seite.

Ein Indiz für die gebotene Wegdenkbarkeit der real existierenden modernen Chemie ergibt sich aus ihrem Alter. Sie entstand in Frühformen um 1860, existiert heute also noch nicht einmal 150 Jahre lang. Für einen tausendfach längeren Zeitraum davor können wir uns die moderne Chemie aus dem Alltag der Menschen ganz leicht wegdenken – sie war einfach nicht vorhanden. Das hat die Menschen keineswegs daran gehindert, chemische Stoffe in großen Mengen und reicher Vielfalt zu gewinnen, zu verarbeiten und zu nutzen.

Wenden wir einen reziproken Blick in die Zukunft. 150 Jahre von heute ist die moderne Chemie noch viel leichter „wegzudenken": sie wird im Jahre 2160 ebensowenig existieren wie sie im Jahr 1850 existierte, da es ihr so sehr an Quellen wie an Senken für ihre heute üblichen Stoffströme fehlen wird. Spätestens dann wird es sich rächen, auf einen endlichen, marginalen Rohstoff wie Erdöl und auf biosphärisch schwerverdauliches Moleküldesign á la Polymethacrylat (petrochemisches Bindemittel und Kunststoff) gesetzt zu haben.

Das chemische Denktabu vom Kopf auf die Füße zu stellen heißt demnach: ja, wir Chemiker müssen alle Fachkenntnis, Kreativität und Innovationskraft daran setzen, die „konventionelle moderne Chemie" so schnell als möglich wegzudenken und an ihre Stelle ein wissenschaftliches und industrielles Konzept zu setzten, das für länger als für einen bloßen Wimpernschlag der Erdgeschichte reichen kann.

Die Biosphäre selbst liefert uns das Grundmodell für ein solches Konzept eines nachhaltigen Gebrauchs der Stoffe. Durch den extrem langen Bewährungs- und Optimierungszeitraum über Millionen von Jahren belegt uns ihre Praxis eine überzeugende evolutionäre Nachhaltigkeits-Evidenz. Gerät die Nachhaltigkeit ins Wanken, so liegt die Ursache jedenfalls nicht in ihren Prinzipien, sondern daran, dass die Industriegesellschaften diese Prinzipien missachtet haben.

Die Grundidee einer nachhaltig zukunftsverträglichen Chemie liegt darin, die bewährten Stoffwechselprinzipien der belebten Natur mit der klugen Stoffumwandlungskompetenz heutiger Chemiker so zu verknüpfen, dass der immanente Reichtum, die überwältigende Funktionalität und die systemstabilisierende Flexibilität der biogenen Stoffzyklen erhalten bleiben.

Es gibt bereits zahlreiche Beispiele für eine solche Herangehensweise vorausschauender, unkonventioneller Chemiker an die alltäglichen stofflichen Bedürfnisse der Menschen. Dies gilt – teilweise auch schon industriell – für Bauen, Wohnen, Kleiden, Waschen, Reinigen, Pflegen und viele andere Alltagsbereiche.

21.7 Literatur

Garfield, S. (2001): *Lila. Wie eine Farbe die Welt veränderte*. Berlin: Siedler

Lehmann, K. R. (2005): *Formationen von Fortschritt. Die Entwicklung von Naturformaten im chemischen Raum*. Dissertation, Universität Bonn.

Carson, R. (1962): *The Silent Spring*. Boston : Mifflin

Zeschmar, B.; Lahl, U. (1963): *Gefährlich Wohnen. PCP in Holzschutzmitteln*. Bonn: BBU Verlag;

Fischer, Hermann: *Plädoyer für eine Sanfte Chemie: über den nachhaltigen Gebrauch der Stoffe*. Karlsruhe: Müller

Bernem, C. v.; Lübbe, T. (1997): *Öl im Meer. Katastrophen und langfristige Belastungen*, Darmstadt: WIss. Buchges.

Campbell, C. J.; Liesenborghs, F.; Schindler, J.; Zittel, W. (2002): *Ölwechsel! Das Ende des Erdölzeitalters und die Weichenstellung für die Zukunft*. München: dtv

National Academy of Sciences, National Research Council (USA) (2003): *Biobased Industrial Products: Priorities for Research and Commercialization*. National Academic Press, Washington DC, USA

Römpps *Chemielexikon* (1990), 9. Aufl 1990, Stuttgart: Franckh

Scheer, H. (1999): *Solare Weltwirtschaft. Strategie für die ökologische Moderne*. München: Kunstmann.

Grießhammer, R. (1993): *Gute Argumente - Chemie und Umwelt*. München: Beck 1993

22 Von der Verschränktheit der Nachhaltigkeits-Dimensionen

Stefan Gößling-Reisemann

22.1 Einleitung

Wie wir in den vorangegangenen Artikeln gesehen haben, beschäftigt sich die Industrial Ecology mit Ansätzen zu einer nachhaltigen Gestaltung industrieller Systeme, die zugleich mehrere Dimensionen betreffen. Zunächst geht es um die natürliche Umwelt, also die Schonung der Natur. Wir haben gesehen, wie Eingriffe in die Großsysteme Ozean und Atmosphäre diese aus dem Gleichgewicht bringen können, wenn deren Tragekapazitäten überschritten werden. Doch Nachhaltigkeit bedeutet mehr: sie besitzt drei Dimensionen (Enquête-Kommission 1994), neben der ökologischen Dimension (Umwelt/)Ökosysteme) sind das die soziale (Gesellschaften/Soziale Systeme) und die ökonomische Dimension (Wirtschaftssysteme). Eine nachhaltige Lebensweise bedeutet, (zumindest) einen Zusammenbruch in einer oder mehrerer dieser Dimensionen zu verhindern (von Gleich 2006). Eine naheliegende, aber nicht in allen Fällen ausreichende, Herangehensweise ist nun, für jede dieser Dimensionen spezifische Strategien zu finden, mit denen man die betroffenen Systeme nachhaltig, also selbst in der Veränderung dauerhaft, im Gleichgewicht halten kann. In dem vorangegangen Kapitel wurden entsprechende Ansätze vorgestellt, die zumeist auf einen der drei Aspekte der Nachhaltigkeit fokussieren, und dabei mehr oder weniger begrenzte Strategien verwenden.

22.2 Wechselwirkungen, Nebenwirkungen und Zielkonflikte

Bei einigen der in den vorangegangen Artikeln beschriebenen Ansätze klangen schon *Nebenwirkungen* an, welche zum Teil ihren Erfolg in Bezug auf Nachhaltigkeit gefährden. Reinhardt und Helms, zum Beispiel, beschreiben in ihrem Artikel wie der mengenmäßige Ersatz von Diesel durch Biodiesel zu einem ernsthaften Flächenproblem führen würde. Ferner käme es in gewissem Maße auch zu einer Verschiebung von Umweltproblemen: zwar würde die Emission von CO_2 deutlich reduziert, dafür würden aber erheblich mehr eutrophierende Substanzen in die Umwelt eingetragen. Wir sehen hier zunächst ein Beispiel dafür, wie innerhalb *derselben* Nachhaltigkeitsdimension eine *Wechselwirkung* mit einem zweiten Aspekt eine Strategiefindung zur Lösung des Problems erschwert. Die Verminderung einer Umweltbelastung (Klimawandel) gelänge nur auf Kosten einer anderen Umweltbelastung (Eutrophierung). Eine Hilfestellung bei der Entscheidungsfindung (für oder wider diese Strategie), ist hier immerhin noch, dass man eine lokale und teilweise reversible Umweltbelastung (Eutrophierung) geringer gewichten könnte, als eine globale und nahezu irreversible (Klimawandel). Somit könnte man den Wechsel zu Biodiesel tatsächlich als einen langfristigen Gewinn für die Umwelt interpretieren. Das Flächenproblem aber weist auf eine weitere Wechselwirkung hin, nämlich die zwischen Umwelt und Wirtschaft, also zwischen *verschiedenen* Dimensionen der Nachhaltigkeit, bei der eine solche Abwägung nicht mehr gelingt. Die (teilweise) Optimierung der Umweltdimension durch einen kompletten Ersatz von mineralischem Diesel durch Biodiesel, geht nämlich auch zu Lasten der wirtschaftlichen Flexibilität der Landwirtschaft und hätte darüber hinaus erhebliche Konsequenzen für die Eigenversorgung des Landes (oder der Region) mit Lebensmitteln. Ähnliche Wechselwirkungen zwischen den Dimensionen sehen wir auch bei dem Kalundborg Beispiel (siehe Jacobsens Artikel in diesem Band): die Nutzung von Abfall- und Reststoffströmen eines Unternehmens durch ein anderes schont zunächst die natürlichen Ressourcen. Auf der anderen Seite aber erhöht es die Abhängigkeit des einen Unternehmens von den Abfallströmen eines anderen Unternehmens und macht dieses also weniger flexibel in seiner Beschaffungsstrategie. Bei dieser Art von Wechselwirkung haben wir es mit einem typischen *Zielkonflikt* zu tun: das ökologische Ziel (Ressourcenschonung) lässt sich nur durch Eingeständnisse beim ökonomischen Ziel (unternehmerische Unabhängigkeit) erreichen[1]. Solche Zielkonflikte sind ständige Begleiter von an Nachhaltigkeit orientierten Entscheidungen und liegen quasi in der Natur der Sache. Nur selten lassen sich alle drei Dimensionen gleichzeitig und in gleichem Ausmaß verbessern, wir sprechen dann von einer *win-win-win Situation*. In einigen Fällen lassen sich diese Zielkonflikte über systematische Analyse und Einbeziehung aller Akteure handhaben, so dass es zu einem allgemein akzeptierten Lösungsweg (Kompromiss) kommt. Für unsere Betrachtung wollen wir jedoch festhalten, dass wir es bei Nachhaltigkeitsproblemen mit einer unweigerlichen Verschränkung der drei Dimensionen zu tun haben. Diese Verschränkung geht sogar noch über die angesprochenen Zielkonflikte hinaus. So haben Wirkungen in einer Dimension der Nachhaltigkeit oft *Folge- oder Nebenwirkungen* in den anderen Dimensionen, welche zum Teil die ursprüngliche Wirkung verstärken, zum Teil auch abschwächen. In Anlehnung an die Systemtheorie kann man hier von positiven und negativen Selbstverstärkungen (Feedbacks) sprechen. Ein Beispiel für Folgewirkungen innerhalb desselben Systems ist die Wirkung von CO_2-Emissionen auf das Klima. Diese führen zunächst zu einer Aufheizung der Atmosphäre, welche selbst ein komplexes System darstellt, und welche über mehrere solcher negativen und positiven Selbstverstärkungen verfügt, wie wir im Artikel von Johannes Feichter gesehen haben. So kommt es zu einer teilweisen Selbstregulierung der problematischen Wirkung von CO_2 in der Atmosphäre[2]. Auch zwischen den Großsystemen (Umwelt, Ökonomie, Gesellschaft) gibt es Folgewirkungen, die sich über Schleifenbildung entweder verstärkend oder abschwächend auf eine eingetretene Veränderung auswirken können. Die Wirtschaft beispielsweise ist zu einem hohen Maße vom Klima beeinflusst, sichtbar zum Beispiel an der Abhängigkeit der landwirtschaftlichen Produktivität von Temperatur und Niederschlag, oder an den Kosten für Kühlung und Heizung sowie Schutzmaßnahmen für Unwetter-Ereignisse und Überflutungen (Ruth and Lin 2006). Diese Wirkungen haben nun wiederum Folgewirkungen im sozialen Bereich, wenn beispielsweise mit steigender Temperatur und höheren Niederschlagsmengen auch die Ausbreitung von Krankheiten (wie z.B. Malaria)

---

[1] Ein noch eklatanterer Zielkonflikt, welcher auch in der Debatte um das Kyoto-Protokoll immer wieder auftritt, ist der zwischen Klimaschutz und wirtschaftlicher Entwicklung der ärmeren Länder. Zum einen gebietet der Schutz des Klimas eine Minderung des fossilen Energieverbrauchs, zum anderen gebietet die Gerechtigkeit, dass die reichen den armen Ländern die gleiche Chance auf Entwicklung geben, die sie selbst genossen haben. Das letztere geht aber zurzeit nur mit einer Steigerung des Verbrauchs an fossilen Energieträgern. Wolfgang Sachs beschäftigt sich mit derartigen Konflikten in seinem Artikel am Ende dieses Buches.

[2] Es gibt vielfältige Wechselwirkungen in der Atmosphäre, unter anderem zwischen CO_2-Gehalt, Temperatur, Vegetation, Wassergehalt und Wolkenbildung. Ein Teil dieser Selbstregulierung scheint abschwächend auf den Temperaturanstieg zu wirken, während die Summe allerdings, angetrieben durch den steigenden CO_2-Gehalt, zu einer Erwärmung führt..

zunimmt, unter der zumeist die ärmeren Bevölkerungsteile besonders zu leiden haben. Ferner können Landwirte in niederschlagsarmen Gebieten durch eine Verschiebung der Regengebiete ihrer Existenz beraubt werden[3]. Diese Entwicklung hätte wiederum erhebliche Folgen für die Wirtschaft und Gesellschaftsstruktur des betroffenen Landes oder der betroffenen Region. Es lässt sich leicht einsehen, dass auch diese Auswirkungen wieder auf das Klima zurück wirken können[4].

22.3 Rückbezüglichkeit, Lokalität und zeitliche Versetzung von Wechselwirkungen

Es gibt ein weiteres Merkmal von komplexen Systemen welches eine Navigation in Richtung Nachhaltigkeit erschwert: die positiven und negativen Rückkopplungen wirken oftmals zeitlich versetzt zueinander. Der Klimawandel hat sicherlich einige sofort spürbare Wirkungen und Rückkopplungen (wie z.B. die Zunahme der Niederschlagsmenge), aber viele Wirkungen zeigen sich erst nach hinreichend langer Zeit, wie z.B. die Ausbreitung von Krankheiten und die damit verbundenen Rückkopplungen. Solche zeitlichen Verschiebungen müssen bei der Erarbeitung von Strategien für eine nachhaltige Entwicklung mitbedacht werden. Ein bekanntes Beispiel für den sonst drohenden Misserfolg ist der sogenannte *Rebound* Effekt. Vereinfacht ausgedrückt führt dabei die Verringerung der Ressourcenintensität eines Produktes, also die Verringerung der für die Produktion, Nutzung und Entsorgung des Produktes benötigten Ressourcen, zwar zunächst zu einer Entlastung der Umwelt. Da es aber dabei zumeist auch zu einer Senkung der Kosten kommt, und das Produkt günstiger angeboten werden kann, kann es in Folge zu einem deutlichen Anstieg des Absatzes kommen, welches den zunächst erzielten Umweltentlastungseffekt vollständig aufheben kann. Im schlimmsten Fall kann es sogar zu einer gesteigerten Belastung der Umwelt kommen[5].

Aus den oben zitierten Beispielen lässt sich eine Systematik herauslesen, welche die Verschränktheit der Nachhaltigkeitsdimensionen in eine gewisse Ordnung bringt. Die Wechselwirkungen, die dem Gesamtsystem Umwelt-Wirtschaft-Gesellschaft seine Dynamik verleihen, können in ein Raster bezüglich ihres Ortes, ihres zeitlichen Verhaltens und ihrer Rückbezüglichkeit gebracht werden (s. Tabelle 22.1). Wir sehen also, dass es unter ungünstigen Umständen zu einer schwer zu überschauenden Wirkungskaskade kommen kann. Dies ist dann der Fall, wenn eine Veränderung des betrachteten Systems (beispielsweise die Einleitung von Kohlendioxid in die Atmosphäre) eine zeitlich versetzte Wechselwirkung mit einem anderen System nach sich zieht (die verstärkte Nutzung von Klimageräten einige Jahre oder Jahrzehn-

---

[3] Natürlich geht es auch anders herum, der Klimawandel wird aller Voraussicht nach auch positive Veränderungen in Gebieten mit bisher ungünstigen klimatischen Bedingungen (wie z.B. der russischen Tundra) bringen. Hier wäre dann ggf. sogar Landwirtschaft möglich, wo heute nichts angebaut werden kann.

[4] Eine zunehmende Klimatisierung von Gebäuden in Folge höherer Temperaturen hat z.B. einen höheren Energieverbrauch zur Folge, welcher sich, wenn er nicht durch regenerative Quellen gedeckt wird, wiederum negativ auf das Klima auswirkt. Hier hätten wir es also mit einem positiven Selbstverstärkungseffekt zu tun, der zwei der Nachhaltigkeitsdimensionen miteinander verbindet.

[5] Die zunehmende Miniaturisierung der Elektronik ist ein gutes Beispiel dafür. Obwohl kleinere und energiesparende Mobiltelefone sicherlich umweltgünstiger sind als große und energiehungrige, kommt es durch die wachsende Verbreitung von Mobiltelefonie eher zu einer wachsenden Belastung der Umwelt (vgl. die Artikel von Tobias et al. und Behrendt in diesem Band).

te später), welche die schädigende Wirkung im Ursprungssystem noch verstärkt (durch erhöhten fossilen Energieverbrauch). Dieses kann zu einem dramatischen Aufschaukeln von Wirkungen führen, die schwer zu steuern sind[6]. Ebenso wird sich ein Eingriff ins System weniger problematisch auswirken, wenn nur genügend selbstschwächende Rückkopplungsschleifen bestehen. Dann nämlich werden die möglichen Aufschaukelungen entsprechend gebremst[7]. Selbstverstärkende Wechselwirkungen treiben ein System also von einem Ausgangszustand weg, während selbstschwächende Wechselwirkungen einen gegenteiligen Charakter haben, das System also zum Ausgangszustand zurück bewegen. Beide Wechselwirkungstypen zusammen können dann dynamische Muster in Raum und Zeit erzeugen, welche, bei einem ausgewogenen Verhältnis, wiederum zu stabilen Strukturen führen können (siehe dazu auch den Artikel von Jischa).

Tabelle 22.1 Beziehungen von Wechselwirkungen bezüglich des Ortes, der Zeit und der Rückbezüglichkeit

Kriterium	Typen von Wechselwirkungen	
Ort	Wechselwirkungen innerhalb desselben Systems	Wechselwirkungen zwischen Systemen
Zeit	Instantane Wechselwirkungen	Zeitversetzte Wechselwirkungen
Rückbezüglichkeit	Selbstschwächende Wechselwirkungen	Selbstverstärkende Wechselwirkungen

22.4 Beispiele für Verschränkungen der Nachhaltigkeitsdimensionen

Wir finden in den folgenden Artikeln viele Beispiele dafür, dass sich die Probleme der Nachhaltigkeit nicht isoliert in den einzelnen Dimensionen lösen lassen. In den Beiträgen von Müller/Schneidewind und Back sehen wir einen Beleg für die unauflösliche Verschränkung der sozialen, ökonomischen und ökologischen Dimensionen. Wer die Umwelt entlasten und Stoffströme steuern will, muss sich mit den Werten und Symbolen der Entscheider in den Produktions- und Konsumtionsnetzwerken beschäftigen. Eine wohlgemeinte Entscheidung zugunsten der Umwelt kommt sonst womöglich gar nicht am Markt an, wie das dort diskutierte Beispiel der Textilbranche zeigt. So wie die Probleme miteinander verschränkt sind, so müssen es auch die Lösungen sein. Einfache Ansätze, die nur auf Technik oder nur auf Ökologie setzen, versagen weil sie nicht die Dynamik der Märkte und der Marktteilnehmer, ihre gesellschaftlichen Werte, ihre Wahrnehmungsfähigkeit, und ihre Interpretationsfähigkeiten berücksichtigen. Letztlich müssen sich Änderungen im Stoffstromsystem auch als Innovationen durchsetzen, mit all den Hürden, die das mit sich bringt.

---

[6] Natürlich ist auch der gegenteilige, aber harmlose Fall denkbar, nämlich eine instantane positive Wirkung auf das Ursprungssystem, ohne entfernte Wechselwirkungen und ohne Selbstverstärkung.

[7] Ein prominentes, und seit langem in der Diskussion befindliches Beispiel an der Schnittstelle zwischen ökonomischem und sozialem System ist die Einführung einer Steuer auf internationale Devisengeschäfte (Tobin-Steuer). Diese könnte eine solche bremsende Wechselwirkung im Finanzsektor darstellen, welche die aufgrund von Spekulationen zum Teil stark schwankenden Wechselkurse von Schwellenländern stabilisieren würde und zu einer stabileren Entwicklung dieser Länder beitragen könnte.

Ein noch konkreteres Beispiel für die Verschränkung der Nachhaltigkeitsdimensionen sehen wir in dem Beitrag von van der Voet, van Oers, de Bruyn, und Sevenster. Sie gehen der Frage nach, wie weit sich die Dimensionen „Umweltbelastung" und „Wirtschaftswachstum" voneinander trennen lassen. Ist wirtschaftliches Wachstum immer und notwendig mit steigender Umweltbelastung verbunden? Oder gibt es einen Punkt der Entkopplung? Wenn ja, wann wird dieser erreicht? Die Antworten sind leider nicht so eindeutig, wie wir das gerne hätten. Sicher ist, dass in den frühen Phasen der wirtschaftlichen Entwicklung der heutigen industrialisierten Welt eine enge Kopplung zwischen Wohlstand und Umweltbelastung bestanden hat. Ein ähnliches Bild bietet sich auch für die jetzigen Entwicklungsländer. Es gibt auch einen guten Grund, dieser Entwicklung zunächst ihren Lauf zu lassen, wie Sachs weiter hinten in diesem Buch ausführt. Dabei geht es nämlich um die Frage nach Gerechtigkeit, die nun mal nicht von der Frage nach wirtschaftlichem Wohlstand zu trennen ist (Zielkonflikt). Um dies zu gewährleisten, müssen die Umweltbelastungen durch die industrialisierten Nationen entsprechend weiter gesenkt werden. Nimmt man die Aussagen von van der Voet et al. und Sachs zusammen, so haben wir alle drei Dimension in einer schwer zu entwirrenden Gemengelage. Die wirtschaftliche Entwicklung ist zweifelsohne wichtig für die Stabilität eines Landes, aber sie schafft (scheinbar unvermeidlich) Umweltprobleme. Gleichzeitig ist sie der Garant für eine gerechte Welt, denn auch Errungenschaften wie Bildung, Gesundheitsfürsorge und Demokratie basieren auf der wirtschaftlichen Leistungsfähigkeit einer Region. Um das Gesamtsystem aus dieser Problemlage herauszuführen, braucht es also Ansätze, die diese Komplexität berücksichtigen. Wie wir im ersten Teil dieses Buches gesehen haben, sind zwar zum Teil auch weniger komplexe Ansätze zu einer Bewegung in die richtige Richtung in der Lage, aber sie haben ihre Grenzen, wenn sie auf solche Zielkonflikte führen, wie gerade skizziert.

22.5 Komplexe Systeme, Eigendynamik und Reaktionszeiten

Die Schwierigkeiten, mit denen wir hier zu kämpfen haben, scheinen ihren Grund in der Komplexität der beteiligten Systeme zu haben. Schon alleine jedes System für sich ist ja schließlich komplex genug, um seine Dynamik unüberschaubar werden zu lassen. Denken wir nur an die Unmöglichkeit das jährliche Wirtschaftswachstum korrekt voraus zu sagen. Für Ökosysteme und soziale Systeme sind vergleichbare Prognosen noch schwieriger. Wie komplex ist dann erst das Zusammenspiel dieser drei Systeme? Und eben darum geht es ja in der Nachhaltigkeitsdebatte. Doch so ganz ist diese geradezu lähmende Analyse nun wieder nicht richtig, schließlich kommen wir mit einfachen Antworten auf einige der Umweltprobleme doch schon ganz schön weit. Man denke nur an die gelungene Bewältigung des FCKW Problems, oder die erfolgreiche Kreislaufführung von Blei. Wie sollen wir also wissen, ob wir es mit einem intrinsisch komplexen Problem zu tun haben, welches eine entsprechende komplexe Herangehensweise erfordert, oder ob es sich um ein „einfaches" Problem handelt. Einen kleinen Einblick in diese Diskussion und Hinweise auf mögliche Lösungsansätze vermitteln die beiden Artikel von Jischa und Dörner. In Jischas Artikel lernen wir etwas über die grundsätzliche Verschiedenheit von linearen und nicht-linearen Phänomenen und wie uns unsere Alltagsintelligenz manchmal hilflos im Stich lässt, wenn wir es mit letzteren zu tun haben. Das liegt letztendlich daran, dass wir im alltäglichen Leben mit unserer linearen Denkweise ganz gut zu Recht kommen, und daher im Laufe unserer Entwicklung nicht unbedingt genötigt wurden, den Umgang mit Nicht-Linearitäten und komplexen Zusammenhängen zu erlernen. Hinzu kommt eine von Jischa zitierte „Gegenwartsschrumpfung", die letztlich unsere sonst hervorragend ausgebildete Reaktions- und Adaptationsfähigkeit an ihre Grenzen führt. Das heißt, erst durch die zunehmende Vernetzung der uns herausfordernden Probleme und ihre gesteigerte Dynamik kommt es zu einem Versagen der herkömmlichen Herangehensweisen. Dörner bringt dies schön zum Ausdruck, wenn er das Bild von einer viel-dimensionalen Federkernmatratze anführt, auf der wir uns befinden. Um einen bestimmten Zustand einiger dieser Federn zu erreichen (das von uns gesetzte Ziel), müssen wir eine große Anzahl anderer Federn im Blick behalten, festhalten, lösen oder gar in Bewegung halten. Um das Bild weiter auszudehnen, müssen wir auch damit leben und umgehen, dass diese Federn auch noch ein Eigenleben haben, einen eigenen Antrieb besitzen oder gar eigene Ziele entwickeln. Wir sehen schnell ein, dass wir es im Bereich der Umsetzung von Nachhaltigkeitszielen mit einem Wirrwarr von Abhängigkeiten und gegenseitigen Beeinflussungen zu tun haben. Eins der größten Probleme ist dabei unsere partielle Wahrnehmung der Welt, oder, wie Dörner es beschreibt, unsere Neigung dazu, nur das wahrzunehmen, was unser bereits vorgefasstes Weltbild zu bestärken scheint. Der Umgang mit Nachhaltigkeit setzt damit auch eine Auseinandersetzung mit unseren psychologischen Grundmustern voraus, weshalb wir genau hinhören sollten, wenn uns ein Psychologe, wie Dörner, vom Umgang mit Komplexität erzählt. Die historischen Beispiele dazu lassen uns erkennen, dass eine ungenügende Beachtung der Komplexität dramatische Auswirkungen haben *kann*, wenn auch nicht immer *muss*. Nur, wir können uns nicht einfach auf eine Selbstregulierung der Systeme verlassen (wie es zum Beispiel einige Kritiker der Klimaschutzdebatte tun), wenn wir eben diese Großsysteme an den Rand ihrer Belastbarkeit fahren. Soviel können wir mindestens von den nicht-linearen Phänomenen in Jischas Artikel lernen.

Und noch etwas lernen wir aus der Analyse von komplexen Systemen: Systeme haben ihre eigene Reaktionszeit, in der sie einerseits auf Störungen reagieren (das Klima z.B. ist extrem träge), andererseits nach Abklingen der Störung wieder in ihren Ausgangzustand zurückkehren. Dabei ist es auch nicht unerheblich, ob eine Störung schnell oder langsam abläuft, denn die Ausgleichsmechanismen im System selbst können nur reagieren, wenn sie genug Zeit dazu haben. Eine Rückkehr in den unausgelenkten Zustand kann also nur stattfinden, wenn das System erstens nicht *zu stark* ausgelenkt worden ist und es zweitens nicht *zu schnell* ausgelenkt wird. Somit eröffnen sich, je nach System, nur eingeschränkte Handlungsfenster, in denen eine Anpassung des menschlichen Wirkens stattfinden muss, um dramatische Entwicklungen bei diesen Großsystemen zu vermeiden[8]. Umgekehrt geschlossen haben aber auch menschliche Gesellschaften nur eine endliche Reaktionsgeschwindigkeit, die bei Eingriffen in die Großsysteme bedacht werden muss, insbesondere wenn mehrere Großsysteme gleichzeitig betroffen sind. Eingriffe sollten also, dem Vorsorgeprinzip folgend, so gestaltet werden, dass das eigene (menschliche, gesellschaftliche) Reaktionsvermögen und das der betroffenen Systeme ausreicht, um bei absehbaren dramatischen Entwicklungen noch eingreifen zu können. Derzeit treffen nun zwei problematische Tendenzen aufeinander: die ökologischen, sozialen und ökonomischen Großsysteme erhöhen ihre Veränderungsgeschwindigkeit (vornehmlich durch selbstverstärkende Interdependenzen), und die benötigte Zeit, um Reaktionen innerhalb von sozialen und ökonomischen Systemen auf den Weg zu bringen, nimmt zu (Bossel 1999; S. 1 u. 43). Damit wird die Zeit, die man zur Verfügung hat, um bedrohliche Entwicklungen in den Großsystemen zu erkennen (*respite time*), ständig kürzer, während die Zeit für angemessene Reaktionen (*response time*) immer länger wird.

---

[8] Letztendlich gibt uns die Resilienz der Systeme vor, wie weit wir sie belasten können. Darauf geht von Gleich detaillierter im Ausblick ein.

22.6 Fazit

Aus der systemtheoretischen Betrachtung von Nachhaltigkeit und den in diesem Buch diskutierten Beispielen ergeben sich einige Herausforderungen für die Nachhaltigkeitsforschung und damit für die Industrial Ecology:

- Identifikation von Abhängigkeiten und Wechselwirkungen innerhalb und zwischen den Dimensionen der Nachhaltigkeit
- Erkennen von zeitlich verschobenen Ursache-Wirkungsbeziehungen
- Bestimmung der charakteristischen Veränderungsgeschwindigkeiten der Großsysteme anhand von zu definierenden Indikatoren
- Bestimmung von zeitlichen Sicherheitsabständen für mögliche Korrekturen von eingeschlagenen Entwicklungspfaden
- Identifikation von Eingriffsmöglichkeiten in negative und positive Feedbackschleifen, um Entwicklungen in den Großsystemen zu beeinflussen.

Einige dieser Herausforderungen lassen sich unter dem Begriff *Adaptive Management* subsumieren, welcher zunächst für den Umgang mit nachwachsenden Ressourcen (z.B. Fischbestände, Wälder) entwickelt wurde (Holling 1980) und nun auch zunehmend als Strategie für nachhaltige Entwicklung diskutiert wird (siehe den Artikel von Ruth in diesem Buch). In diesem Zusammenhang ist auch die Auseinandersetzung der Industrial Ecology mit dem Konzept der Resilienz zu sehen (siehe Ausblick), welches die dynamische Stabilität eines Systems gegenüber Störungen beschreibt und aus dem sich Handlungsstrategien für den Umgang mit komplexen Systemen ableiten lassen.

22.7 Literatur

Bossel, Hartmut (1999): *Indicators for sustainable development: Theory, method, applications ; a report to the Balaton group*; IISD: Winnipeg

Enquête-Kommission "Schutz des Menschen und der Umwelt" des 13. Deutschen Bundestages (1994): *Die Industriegesellschaft gestalten: Perspektiven für einen nachhaltigen Umgang mit Stoff- und Materialströmen* ; Bericht der Enquête-Kommission "Schutz des Menschen und der Umwelt" - Bewertungskriterien und Perspektiven für umweltverträgliche Stoffkreisläufe in der Industriegesellschaft; Economica-Verlag: Bonn

Gleich, A. von (2006): *Sustainability strategies in field trial. Results of the Project "Sustainable Metal Industry in Hamburg".* In Gleich, A. von, Ayres, R. U., Gößling-Reisemann, S., (Hg.): Sustainable Metals Management. Dordrecht: Springer.

Holling, C. S. (1980): *Adaptive environmental assessment and management.* A Wiley-interscience-publication; Wiley: Chichester,: Vol. 3.

Ruth, M.; Lin, A.-C. (2006): *Regional energy demand and adaptations to climate change: Methodology and application to the state of Maryland, USA*. Energy policy , 34 (17), 2820–2833.

23 Management trotz Nichtwissen

Steuerung und Eigendynamik von komplexen Systemen

Michael F. Jischa

23.1 Die Ausgangslage

Es hat dem Schöpfer gefallen, unsere physische Welt so zu gestalten, dass sie durch ein System von *nichtlinearen* partiellen Differenzialgleichungen zweiter Ordnung beschrieben werden kann. Die Bilanzgleichungen für Masse, Impuls und Energie sind von dieser Art. Wir nennen sie Naturgesetze. Sie erlauben uns, die Veränderungen in unserer natürlichen Umwelt zu beschreiben. Dazu brauchen wir neben dem System von Differenzialgleichungen noch einige weitere Informationen, die das Material betreffen, das wir betrachten wollen. Denn ein Gletscher hat ein anderes Fließverhalten als ein Lavastrom, und ein Kormoran wird sich in der Luft anders fortbewegen als im Wasser. Nicht nur natürliche Systeme, auch technische Systeme unterliegen den gleichen Naturgesetzen. Das ist der Grund dafür, warum es so starke Analogien zwischen natürlichen und technischen Systemen gibt. So lässt sich etwa die Frage der Überfischung eines Gewässers mathematisch durch ein Gleichungssystem beschreiben, mit dem auch die Frage nach der Stabilität eines chemischen Reaktors behandelt werden kann (Jischa 2008).

Technische Systeme sind von Menschen gemacht. Das unterscheidet sie von natürlichen Systemen, in die wir durch unser Handeln zunehmend eingreifen. Neben den technischen Systemen haben wir politische, ökonomische und gesellschaftlichen Systeme entwickelt, wobei wir diese nahezu beliebig weiter ausdifferenzieren können. Wir sprechen von Bildungs-, Gesundheits- und Sozialsystemen, die es zu managen gilt. Auch derartige Systeme gehorchen gewissen Gesetzmäßigkeiten, die herauszufinden und zu beschreiben die zentrale Aufgabe der „anderen Kultur“ ist. Dies ist im Sinne der „Zwei Kulturen“ (Snow 1967) gemeint, der die Welt der Wissenschaftler in jene der Natur- und Ingenieurwissenschaftler und die der Geistes- und Gesellschaftswissenschaftler einteilt. Die großen Erfolge in den Natur- und Ingenieurwissenschaften durch die Mathematisierung, verbunden mit immer besseren und schnelleren mathematischen Auswertemethoden, haben die anderen Disziplinen stark beeinflusst. Auch Ökonomen, Politologen und Soziologen sprechen von „Gesetzen“, die jedoch von anderer Qualität sind als Naturgesetze.

Es ist offenkundig, dass letztere Systeme wesentlich schwieriger (wenn überhaupt) in Form von mathematischen Relationen zu beschreiben sind. Es ist hier nicht der Ort, darüber zu spekulieren, ob und in welcher Weise die Veränderungen ökonomischer und sozialer Zustandsgrößen durch Bilanzgleichungen (in Analogie zu den Naturgesetzen) beschrieben werden können. Aus meiner Sicht besteht jedoch kein Grund zu der Annahme, dass derartige „Gesetze“ prinzipiell anders aussehen sollten als die Bilanzgleichungen, die aus den Naturgesetzen folgen.

Wenn wir uns nun die Frage stellen, von welcher Art die Eigendynamik komplexer Systeme ist, und welche Probleme bei der Steuerung von komplexen Systemen auftreten (können), dann müssen wir uns dazu zunächst auf die Behandlung natürlicher und/oder technischer Systeme beschränken. Denn daran können wir sehr schön die grundsätzlichen Probleme studieren, die bei der Steuerung von komplexen Systemen jeglicher Art auftreten (können). Die Gründe dafür sind:

- Reale Systeme sind *nichtlinear*
- *Nichtlinearität* ist gleichbedeutend mit der Existenz von *Rückkopplungsmechanismen*. In nichtlinearen Gleichungssystemen werden Terme laufend mit sich selbst oder mit anderen gekoppelten Variablen verknüpft. Sie wirken auf sich selbst zurück und können einander aufschaukeln
- In nichtlinearen Systemen ist das Ganze stets mehr als die Summe seiner Teile. Während man bei linearen Differenzialgleichungen aus zwei bekannten Lösungen durch Überlagerung eine neue Lösung erhält (Prinzip der Superposition), gilt dies bei nichtlinearen Differenzialgleichungen nicht
- Reale Systeme können *chaotisch* reagieren. Dies hängt von den Parametern des Systems und von dessen Anfangs- und Randbedingungen ab

23.2 Die Erschütterung des Determinismus

S*eit wann* wissen wir um diese Probleme? Die erste Beschreibung des Phänomens *Nichtlinearität* ist von Galilei überliefert. Bedeutende Leistungen im Sinne unserer heutigen Mechanik, jener grundlegenden Disziplin zur Erklärung der Welt, sind von Galilei im Jahr 1638 in seinen berühmten „*Discorsi*" niedergelegt worden. Seine Untersuchungen über die Tragfähigkeit eines Balkens sind die wohl älteste Formulierung eines nichtlinearen Zusammenhangs, dass nämlich die Festigkeit eines belasteten Balkens von seiner Breite linear, aber von seiner Höhe quadratisch abhängt, Abbildung 23.1.

Galilei hat seine Überlegungen in einer damals üblichen Dialogform dargestellt. Darin diskutieren Simplicio, ein Anhänger der Lehren des Aristoteles, Sagredo, ein fortschrittlich gesinnter und gebildeter Laie und Salviati, ein die Lehren Galileis verfechtender Wissenschaftler, miteinander. Galilei nahm an, dass der Balken beim Zerbrechen an der unteren Kante des eingemauerten Endes dreht und an allen Stellen des Querschnittes dem Zerreißen den gleichen Widerstand entgegensetzt. Die Resultierende der Widerstandskraft $\sigma \cdot b \cdot h$, wobei σ die Spannung, b die Breite und h die Höhe des Balkens darstellen, greift im Schwerpunkt des Querschnittes an der eingemauerten Stelle an. Das Momentengleichgewicht um die untere Kante liefert die dargestellte Beziehung. Dabei ist l die Länge des Balkens und F die senkrecht nach unten wirkende Kraft. Wir wissen heute, dass Galileis Annahme von den gleichen Spannungen in dem Querschnitt falsch ist. Sein Resultat jedoch, dass die Bruchfestigkeit der Breite und dem Quadrat der Höhe direkt und der Länge umgekehrt proportional ist, ist qualitativ richtig. Eine Verdopplung der Balkenbreite b wird demnach die Bruchfestigkeit verdoppeln, eine Verdopplung der Höhe h wird diese jedoch vervierfachen. Galilei lässt Sagredo in seinen *Discorsi* sagen: „Von der Wahrheit der Sache bin ich überzeugt ..., warum bei verhältnisgleicher Vergrößerung aller Teile nicht im selben Maße auch der Widerstand zunimmt".

Zimmerleute haben aus Erfahrung die längere Kante eines Balkens stets senkrecht gelegt, um die Tragfähigkeit eines Balkens zu erhöhen.

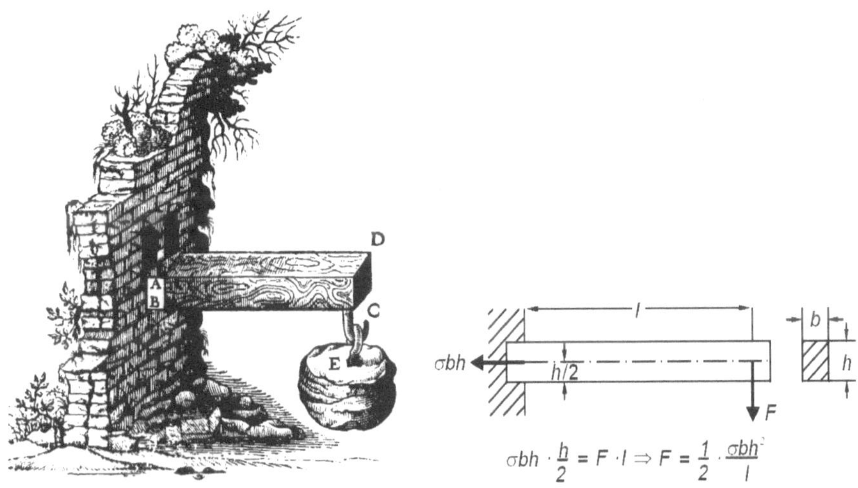

Abbildung 23.1 Balkentheorie nach Galilei, linkes Bild aus: Szabo, I. (1979) Geschichte der mechanischen Prinzipien. Basel: Birkhäuser

Ständig stoßen wir auf nichtlineare Zusammenhänge. Ein Mensch ist in der Lage, seine eigene Körpergröße zu überspringen. In dieser Beziehung übertrifft ihn jedoch der Floh bei weitem, während noch nicht beobachtet wurde, dass der sehr viel kräftigere Elefant einen Artgenossen zu überspringen vermag. Die Mechanik lehrt uns, warum man bei bloßer geometrischer Vergrößerung oder Verkleinerung keine gigantischen Mücken oder winzige Elefanten „konstruieren“ kann, oder warum Berge und Bäume nicht in den Himmel wachsen.

Poincaré (1854-1912) hat als erster den *Determinismus* in Frage gestellt und seine Zweifel überzeugend formuliert. Er tat dies am Beispiel der Himmelsmechanik, die ja gerade zu einem Triumph des Determinismus geführt hatte. Waren doch die Planeten Neptun und Pluto in unserem Sonnensystem erst vorausberechnet und anschließend entdeckt worden. Der Grund für Poincarés Frage nach der Stabilität des Sonnensystem war folgender: Die Newtonschen Gleichungen lassen sich aus mathematischen Gründen nur für ein System aus zwei Körpern (Sonne und Erde *oder* Erde und Mond) exakt lösen. Bei Systemen mit drei Körpern (Sonne, Erde *und* Mond) ist man auf Näherungslösungen angewiesen. Der kleine zusätzliche Einfluss, den der Mond auf die exakte Zweikörper-Lösung für das System Sonne-Erde hat, musste schrittweise durch eine Reihe von Näherungen hinzugefügt werden. Denn die Hoffnung lautete, der exakten Lösung nach theoretisch unendlich, praktischen aber endlich vielen Korrekturen näher zukommen.

Poincaré machte dabei die Erfahrung, dass das Näherungsverfahren für wenige Iterationen offenbar funktionierte. Er bemerkte jedoch auch, dass selbst bei winzigen Störungen einige Bahnen ein absolut unvorhersehbares Verhalten zeigen konnten. Mathematisch ist das Dreikörper-Problem nichtlinear. Eigenartigerweise sind die Untersuchungen von Poincaré zunächst nicht weiterverfolgt worden. Erst als in den sechziger Jahren die Chaosforschung begann, wurde auf seine Untersuchungen zurückgegriffen.

Es ist schon eine Ironie, dass erst der Computer das Chaos erforschbar machte. Wo doch der Computer der Inbegriff des Determinismus ist. Er trifft nach vorgegebenen Befehlen scharfe Entscheidungen mit hoher Genauigkeit und unvorstellbarer Geschwindigkeit. Erst numerische Rechnungen mit den Computer haben die Brisanz der Aussage „winzige Ursachen können katastrophale Wirkungen haben“ verdeutlicht. So wurde Poincaré wieder entdeckt.

Der Meteorologe Lorenz stieß 1963 erstmals auf praktische Konsequenzen dieser Erkenntnis. Und das war, wie so oft in der Wissenschaft, eher das Ergebnis eines Zufalls. Lorenz beschäftigte sich mit mathematischen Modellen zur Wettervorhersage. Seine stark vereinfachten Modellgleichungen bestanden aus einem System von drei gewöhnlichen, nichtlinearen, gekoppelten Differenzialgleichung erster Ordnung zur Beschreibung der durch Temperaturunterschiede hervorgerufenen Konvektionsbewegung der Atmosphäre. Das Gleichungssystem lässt sich nicht analytisch lösen. Man muss auf in der Mathematik geläufige Näherungsverfahren zurückgreifen. Zur Lösung benötigt man Anfangswerte. Erhalten wir diese Startwerte aus dem Experiment, was der Normalfall ist, so sind sie naturgemäß von beschränkter Genauigkeit. Für die Auswahl der Kleidung mögen ungenaue Angaben über die Temperatur ausreichen, doch als Startwert für eine Wettervorhersage sind sie zu grob.

Wir erkennen hier das prinzipielle Problem. Kein Experiment kann uns die Startwerte exakt liefern. Aber warum müssen diese überhaupt exakt sein? Ist es nicht denkbar, dass ein leicht ungenauer Startwert auf das Ergebnis der Modellrechnung einen vernachlässigbaren oder gar keinen Einfluss hat? Das ist in der Tat häufig der Fall, wenn in einem Modell negative Rückkopplungen dominieren. Es sind die positiven Rückkopplungen, die in vielen Modellen enthalten sind, welche aus ungenau bekannten Startwerten unsinnige Ergebnisse machen *können.*

Lorenz hatte nun, um unangenehm lange Rechenzeiten zu vermeiden, Zwischenergebnisse eines früheren Ausdrucks erneut als Startwerte in das Programm eingegeben. Über einen gewissen Zeitraum stimmten die neu errechneten Werte mit jenen der alten Rechnung überein. Doch nach einer gewissen Zeit war jede Ähnlichkeit mit dem vorherigen Resultat verschwunden. Das Modell entwickelte sich in dramatischer Weise anders. Die Ursache wurde rasch klar. Der Computer druckte weniger Stellen hinter dem Komma aus, während er intern mit mehr Stellen hinter dem Komma rechnete. Die von Lorenz eingegebenen Startwerte der Kontrollrechnung wiesen somit kleine Fehler auf. Diese winzigen Abweichungen in den Startwerten konnte das Klimamodell nicht verkraften. Damit waren alle Hoffnungen auf eine langfristige Wettervorhersage geplatzt, denn meteorologische Messdaten sind zwangsläufig ungenau. Lorenz erkannte als erster, dass man mit einem Computermodell durch Iterationen Chaos erzeugen kann. Er hat dafür den anschaulichen Begriff „Schmetterlingseffekt“ geprägt. Der Flügelschlag eines Schmetterlings *kann* irgendwo einen Wirbelsturm auslösen.

Lineare Systeme sind robust, sie verzeihen Ungenauigkeiten in den Anfangsbedingungen. Nichtlineare Systeme *können* dagegen außerordentlich sensibel auf winzige Abweichungen in den Anfangswerten reagieren. Mitte der siebziger Jahre ist dafür der Begriff *deterministisches Chaos* geprägt worden. Er verbindet die nur scheinbar widersprüchlichen Begriffe *deterministisch* (= vorbestimmt) und *Chaos* (= Unordnung) miteinander.

Das Nebeneinander von Chaos und Ordnung ist zu einem wahrhaft interdisziplinären Forschungsgegenstand ersten Ranges geworden. Es hat nicht nur Mathematiker, Naturwissenschaftler und Ingenieure in ihren Bann gezogen. Auch Gesellschafts- und Wirtschaftswissenschaftler befassen sich mit dem Chaos. Wirtschafts- und Börsenkrisen sowie das Zusammenbrechen von Kulturen und Herrschaftssystemen lassen sich oft auf kleine Ursachen zurückführen. Es wird zukünftigen Untersuchungen vorbehalten bleiben, das Auseinanderfallen des vorher scheinbar stabilen Ostblocks auf Rückkopplungsmechanismen zurückzuführen.

Halten wir als Fazit fest: Es kann immer dann zu einer Katastrophe, einer chaotischen Erscheinung kommen, wenn positive Rückkopplungen in einem nichtlinearen dynamischen System vorhanden sind, dessen Anfangswerte (zwangsläufig!) nicht absolut genau sein können. Und das ist in vielen Fällen die Realität der uns umgebenden Welt, unabhängig davon, welche Art von Systemen wir betrachten.

23.3 Deterministisches Chaos beispielhaft

Das zuvor Gesagte soll an einem einfachen mechanischen System erläutert werden. Denn nichts ist anschaulicher als eine bildhafte Darstellung. Als Beispiel wählen wir zwei (ungedämpfte) Pendel, Abbildung 23.2.

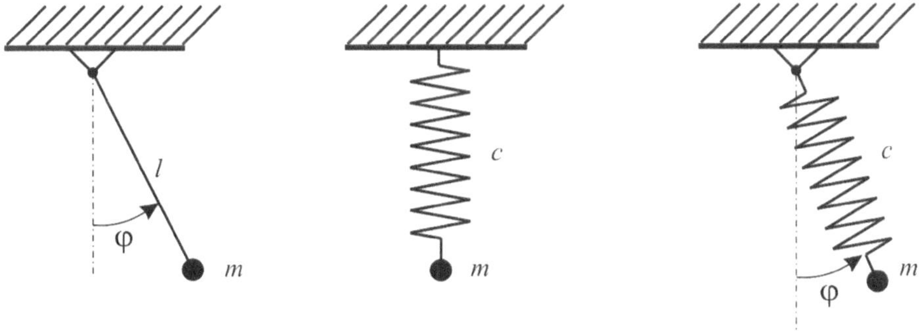

Abbildung 23.2 Punktpendel, Feder-Masse-Pendel, ebenes elastisches Pendel

Betrachten wir zunächst das Punktpendel, auch mathematisches Pendel genannt. Mithilfe des Drallsatzes oder des Energiesatzes kann die Schwingungsgleichung zur Bestimmung der Auslenkung ω als Funktion in der Zeit t ermittelt werden; sie lautet (für kleine Auslenkungen):

$$\ddot{\varphi} + \omega^2 \varphi = 0 \quad \text{mit} \quad \omega^2 = \frac{g}{l}$$

Die Schwingungsgleichung für das Feder-Masse-Pendel zur Bestimmung der vertikalen Auslenkung x als Funktion der Zeit t folgt aus dem Impulssatz:

$$\ddot{x} + \omega^2 x = 0 \quad \text{mit} \quad \omega^2 = \frac{c}{m}$$

Dabei wird ω Kreisfrequenz des schwingenden Systems genannt. Darin sind die relevanten Parameter des jeweiligen Systems zusammengefasst. Das sind die Erdbeschleunigung g und die Pendellänge l bei dem Punktpendel sowie die Federkonstante c und die Masse m bei dem Feder-Masse-Pendel. Beide Schwingungsgleichungen haben die gleiche Form. Dabei handelt es sich um eine lineare gewöhnliche Differenzialgleichung zweiter Ordnung, die analytisch gelöst werden kann. Sie führt auf eine periodische Sinus-Schwingung, wobei die Periodendauer einer Schwingung und deren Amplitude in eindeutiger Weise von der Kreisfrequenz abhängen.

Wenn wir die starre Stange des Punktpendels durch eine Feder ersetzen, dann erhalten wir das ebenfalls in Abbildung 23.2 dargestellte ebene elastische Pendel. Dieses besitzt nun zwei Freiheitsgrade im Gegensatz zu den beiden einfachen Pendeln mit jeweils einem Freiheitsgrad. Durch Anwendung des Impulssatzes in der horizontalen (x-) Richtung sowie der vertikalen (y-) Richtung kommen wir zu den folgenden Bewegungsgleichungen, die die Schwingungen dieses Pendels beschreiben:

$$\ddot{x} = \frac{c}{m} x \frac{\sqrt{x^2 + y^2} - l_0}{\sqrt{x^2 + y^2}} \quad ; \quad \ddot{y} = \frac{c}{m} y \frac{\sqrt{x^2 + y^2} - l_0}{\sqrt{x^2 + y^2}} + g$$

Wir erhalten nunmehr zwei gewöhnliche Differenzialgleichungen zweiter Ordnung, die *nichtlinear* sind. Der physikalische Grund für die *Nichtlinearitäten* liegt darin, dass die Pendellänge von der momentanen Federlänge abhängt. Das Gleichungssystem erlaubt keine analytische Lösung, es muss numerisch integriert werden. Dafür stehen Standardverfahren wie das Runge-Kutta-Verfahren zur Verfügung. Bei vorgegebenen Systemparametern m (Masse), c (Federkonstante) und l_0 (Ruhelänge der unbelasteten Feder) sowie der bekannten Erdbeschleunigung g hängen die Lösungen des Systems der beiden Differenzialgleichungen *nur* von den Anfangsbedingungen ab. Dabei können wir sowohl die Anfangsauslenkung (x_0 und y_0) sowie die Anfangsgeschwindigkeit variieren. Bei den in Abbildung 23.3 gezeigten Resultaten einer exemplarischen numerischen Simulation ist die Anfangsgeschwindigkeit zu Null angenommen worden, variiert wurde nur die Anfangsauslenkung.

Abbildung 23.3 zeigt drei verschiedene Fälle, die sich je nach Wahl der Anfangsbedingungen einstellen können. Es gibt Anfangswerte, die zu *periodischen* Bahnkurven (I) führen. Das Pendel läuft in der numerischen Simulation immer entlang der gleichen Lösungskurven. Von einer periodischen Bahn ausgehend findet man durch eine geringfügige Veränderung der Anfangswerte einen zweiten Bahntyp, die *quasiperiodischen* Bahnkurven (II). Bei weiterer Veränderung der Anfangswerte stellen sich *chaotische* Bahnkurven (III) ein. Selbst bei diesem einfachen mechanischen Modell mit nur zwei Freiheitsgraden können wir nicht *vorab* (d. h. *vor* einer numerischen Integration) entscheiden, welche der drei Bahnkurven sich einstellen wird.

In der Literatur finden wir zahlreiche Beispiele für dynamische, natürliche und technische Systeme, die aufgrund ihrer innewohnenden Nichtlinearitäten chaotisches Verhalten aufweisen können. Dabei liegt die Betonung auf *können*. Denn es hängt von den Parametern der Systeme und von deren Anfangsbedingungen ab, ob sie chaotisches Verhalten aufweisen oder nicht. Verallgemeinernd können wir sagen, dass kleine Veränderungen (entsprechend den Anfangsauslenkungen in dem besprochenen Beispiel) zu periodischen Lösungen führen. Wir können jedoch nicht vorab entscheiden, bei welchen „Anfangsauslenkungen" sich keine periodischen Lösungen mehr einstellen, wann also das Chaos beginnt. Dazu brauchen wir eine numerische Simulation, sofern das betrachtete System eine mathematische Modellierung und damit eine Simulation zulässt. Untersuchen wir Systeme außerhalb der Natur und Technik, also ökonomische, soziokulturelle oder politische Systeme, so kann nur das reale Experiment Aussagen machen (mit teilweise entsprechend katastrophalen und irreversiblen Folgen).

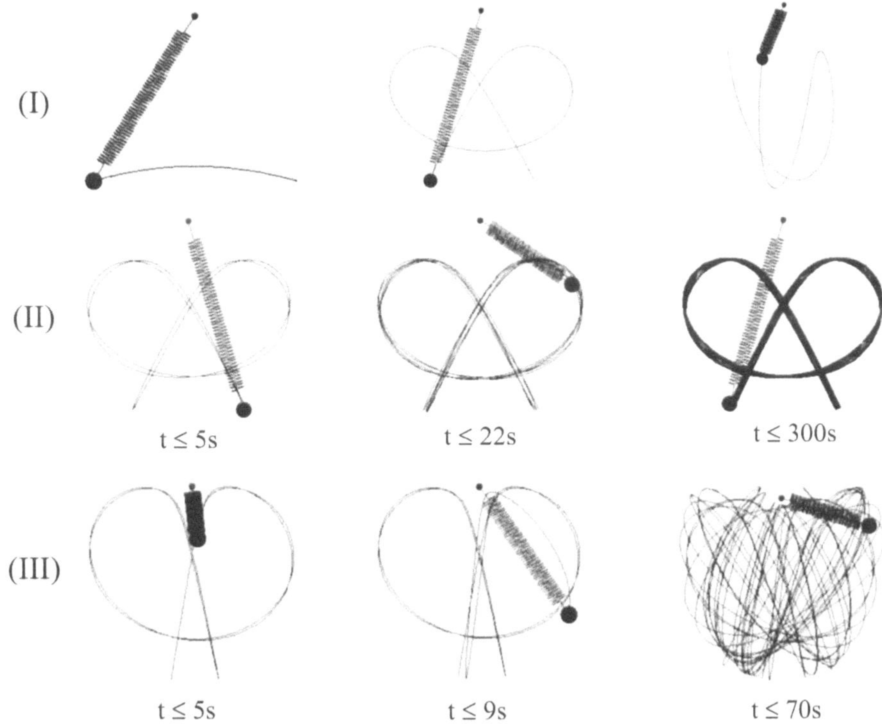

Abbildung 23.3 Mögliche Lösungskurven für das ebene elastische Pendel

Bevor ich auf Handlungsempfehlungen beim Umgang mit komplexen Systemen eingehe, möchte ich Gründe für unser offenkundiges Versagen anführen. *Ein* Grund liegt schlicht darin, dass wir gedanklich zumeist linearisieren. Das Verhängnisvolle ist, dass Linearisierungen komplexe Probleme nicht nur drastisch vereinfachen, sondern auch oft sehr erfolgreich sind!

23.4 Gründe für unser Versagen beim Umgang mit Komplexität

Beginnen möchte ich mit einer kleinen Rechenaufgabe. Stellen Sie sich bitte ein Blatt Papier von der Stärke 0,1 mm vor, das Sie fünfzig-mal falten würden. Das wird Ihnen aus praktischen Gründen schwerlich gelingen. Aber wie hoch schätzen Sie den Stapel ein, den Sie auf diese Weise erzeugen? Die Lösung lautet: Der Papierstapel entspricht dem 10.000 fachen des Erddurchmessers (Jischa 2005). Ähnlich verblüffend ist das indische Schachbrettmärchen. Oder die Frage, wie hoch der Betrag heute sein würde, wenn ein Vorfahre von Ihnen am Ende des dreißigjährigen Krieges eine bestimmte Summe Geldes für Sie angelegt hätte. Sicher eine theoretische Frage, aber das Ergebnis wäre dennoch überraschend.

Warum haben wir kein Empfinden, keinen Sensor für die katastrophale Dynamik des exponentiellen (oder gar des hyperbolischen) Wachstums? Weil wir es in der Natur und in unserem täglichen Leben meist mit kleinen Wachstumsraten, wie etwa eine niedrige Verzinsung zu tun haben, und weil wir letztlich immer in kurzen Zeiträumen denken. Dazu wollen wir uns den Fall des exponentiellen Wachstums für zwei unterschiedliche Zeiträume ansehen und insbesondere die oft bedenkenlos durchgeführte lineare Fortschreibung beleuchten, Abbildung 23.4 (Jischa 2004, 2005).

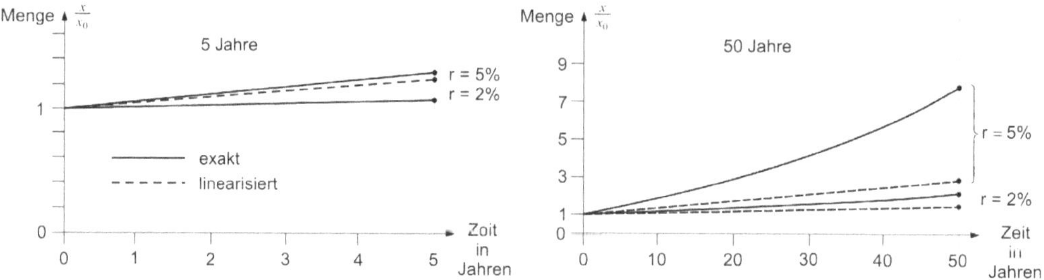

Abbildung 23.4 Zeiteinfluss bei exponentiellem Wachstum. Die Funktion $x/x_0 = \exp(r \cdot t)$ lässt sich in eine Reihe entwickeln: $x/x_0 = 1 + r \cdot t/1! + (r \cdot t)^2/2! + (r \cdot t)^3/3! + \ldots$, wobei z. B. $3! = 1 \cdot 2 \cdot 3$ bedeutet. Brechen wir die Reihentwicklung nach dem linearen Ausdruck ab, so erhalten wir die linearisierte Aussage $x/x_0 = 1 + r \cdot t$. Die beiden Darstellungen zeigen den Verlauf der Exponentialfunktion verglichen mit der linearisierten Form für zwei Wachstumsraten ($r = 2$ % und 5 %) sowie zwei Zeiträume (5 und 50 Jahre). Abweichungen zwischen den beiden Wachstumsverläufen werden erst später sichtbar.

Wir erkennen daran, dass bei kleinen Zeiträumen und kleinen Wachstumsraten durchaus linear extrapoliert werden darf. Mit zunehmenden Zeiträumen und auch mit zunehmenden Wachstumsraten werden die Abweichungen zwischen dem tatsächlichen und dem linearisierten Verlauf aber immer größer.

Der *zweite* Grund für unser Versagen beim Umgang mit Komplexität liegt darin, dass wir meist in Wirkungsketten und nicht in Wirkungsnetzen denken. An dieser Stelle möchte ich auf zwei „Altmeister“ zurückgreifen, auf den 2003 verstorbenen Biologen Frederic Vester und den Psychologen Dietrich Dörner. Auf Vester gehe ich ausführlicher ein, da Dörner in diesem Band selbst zu Wort kommt. Auf die typische Journalistenfrage, wie beide ihr Wirken in einem Satz zusammenfassen würden, hätten sie vermutlich folgende Antwort gegeben: Wir kämpfen ständig gegen das monokausale, lineare Denken, dass allzu dominant ist. Beide messen Simulationsspielen einen hohen Stellenwert in der didaktischen Vermittlung von Komplexität zu, und beide haben eigene Simulationsspiele entwickelt.

Zu Vester sei auf sein letztes Buch „Die Kunst vernetzt zu denken“ (Vester 1999) verwiesen, in dem seine Veröffentlichungen, seine Ausstellungen und seine Spiele aufgeführt sind. Das von ihm entwickelte Spiel Ökolopoly ist als Brettspiel und als Simulationsspiel in einer PC-Version erschienen, die in einer späteren Fassung Ecopolicy genannt wurde. Damit können in spielerischer Weise nichtlineare, gekoppelte Zusammenhänge zwischen den Variablen eines Systems in einem überschaubaren Wirkungsgefüge „erfahren“ werden. Dieses Spiel ist aus dem Thema Ökologie in Ballungsräumen entstanden, daher sind die (acht) gewählten Systemelemente, die Variablen, nach den dort herrschenden Lebensbereichen benannt. Dabei werden die Verknüpfungen zwischen den Variablen über Tabellenfunktionen (die von den Spielern verändert werden können) bereitgestellt. Diese Verknüpfungen sollen die realen Wirkungsverläufe möglichst gut wiedergeben, und sie sollen derart miteinander vernetzt sein, dass sich genügend Rückkopplungen und Zeitverzögerungen ergeben. Einige der Variablen sind mit sich selbst rückgekoppelt. Dies sei am Beispiel der Produktion erläutert. Eine Zunahme der Produktion wird zunächst eine weitere Zunahme der Produktion stimulieren. Zu hohe Produktion führt jedoch zu Überkapazitäten und Absatzproblemen, die Produktion wird einbrechen. Das Spiel erlaubt Eingriffsmöglichkeiten der Akteure über Aktionspunkte wie politisches Kapital, Handlungsspielraum und Entscheidungspotenzial. Sie bedeuten Einfluss und Vertrauen, Geld, Arbeit, Energie, Rohstoffe und gesicherte Nahrungsversorgung. Nicht vergebene Aktionspunkte werden auf die nächste Runde des Spiels (das nächste Haushaltsjahr) übertragen. Schulden können nicht gemacht werden, der Akteur muss mit den vorhandenen Aktionspunkten auskommen. Die Kunst des „Regierens“ besteht darin, diese Aktionspunkte weise zu verteilen. Ziel des Spiels ist es, eine gewisse Stabilität im Verhältnis der Systemteile zueinander zu erzeugen, ein Gleichgewicht herzustellen.

Was aus dem Simulationsspiel gelernt werden kann, sei in Anlehnung an Vester zusammengefasst: Kein Eingriff in ein vernetztes System bleibt ohne Folgen. In vielen Fällen wirkt ein Eingriff an einer Stelle mit Verzögerungen in teilweise überraschender Weise wieder auf diese Stelle zurück. Dadurch können sich zunächst positiv erscheinende Änderungen über entsprechende Zwischenglieder ins Gegenteil verkehren. Durch nichtlineare Wechselwirkungen können sich Prozesse derart beschleunigen, dass sie nicht mehr zu kompensieren sind (Bevölkerungswachstum, Umweltbelastung). Vorbeugende Maßnahmen ziehen zwar zunächst einen Teil des begrenzten Aktionskapitals ab, bringen jedoch, je früher man damit anfängt, umso größeren Profit beim Durchlaufen des Regelkreises. Als besonders kritisch erweisen sich Stellen mit positiver Rückkopplung, deren Kontrolle auch den stärksten Einsatz rechtfertigt. Eine Berücksichtigung großer Zeiträume und vorbeugendes Denken erspart kostspielige Gegensteuerungen (und Übersteuerungen) des Systems. Es ist effizienter und führt schneller zum Ziel als jedes isolierte Behandeln inzwischen eingetretener Symptome. Einen Nachteil lediglich als einen solchen zu korrigieren, führt ebenso wenig zu einem Gleichgewichtszustand wie das ständige Wiederholen zunächst richtiger Entscheidungen. Nur unter einer klugen dynamischen Folge sich wandelnder Entscheidungen entwickelt sich ein System zur stabilen Selbstregulation.

Als Ergänzung dazu seien Arbeiten von Dörner erwähnt, hier nenne ich den mehrfach aufgelegten Klassiker „Die Logik des Misslingens - Strategisches Denken in komplexen Situationen“ (Dörner 1989). Seine Erfahrungen mit Laien und Experten zeigen, dass beim Erfassen und Planen komplexer Systeme stets die gleichen schwerwiegenden Fehler gemacht werden. Es wird in eindimensionalen Wirkungsketten und nicht in Wirkungsnetzen gedacht. Und es werden zeitliche Abläufe, die Dynamik von Wirkungsgefügen, vernachlässigt.

Nunmehr kommen wir zu dem eigentlichen Anliegen dieses Beitrages, dem Management trotz Nichtwissen. Rezepte wird es hier nicht geben können, das sollte nach den vorangegangenen Ausführungen klar sein. Es kann nur darum gehen, Respekt vor komplexen Systemen zu erzeugen und vor Fehlern zu warnen, die insbesondere durch allzu rasches und forsches Eingreifen in bestehende Systeme hervorgerufen werden. Es geht um Reflexionen statt Rezepte. In einschlägigen Büchern findet man zahlreiche Beispiele für missglückte Eingriffe in komplexe Systeme mit katastrophalen Folgen. Hier sei ein Beispiel genannt, das ich während des Schreibens dieses Artikels in der FAZ vom 27.07.06 las: „Gentechnik in Reinkultur“, mit dem Untertitel „In China beklagt man Ertragseinbußen bei Baumwolle“. Daraus sei in Auszügen wörtlich zitiert:

„Chinesische Landwirte haben in der jüngsten Zeit erhebliche Einbußen beim Anbau insektenresistenter Baumwolle zu verzeichnen. Diese widersteht durch einen gentechnischen Eingriff dem wichtigsten Baumwollschädling, der Baumwollkapselraupe. Die Baumwolle bildet in ihren Blättern ein Gift ..., an dem die Raupen nach dem Fressen zugrunde gehen. China war eines der weltweit ersten Länder, das die neue Baumwollsorte großflächig anbaute. In den ersten Jahren erzielten die Bauern einen um 36 % höheren Gewinn als ihre Kollegen mit dem Anbau konventioneller Baumwolle. Doch ... begann der Gewinn nach drei Jahren zurückzugehen und liegt inzwischen unter dem der Bauern mit konventionellem Anbau. Die Ursache liegt in nachrückenden Schädlingen, gegen die das Bakterientoxin nicht wirkt. Um diese zu bekämpfen, mussten die Landwirte bis zu 20mal Pestizide spritzen, was ihre Gewinnmarge erheblich schmälerte.“

23.5 Management trotz Nichtwissen

Stellen wir uns das Unbekannte als einen riesigen Ozean vor und unser Wissen als kleine Inseln in diesem Ozean. Mit zunehmendem Wissen werden unsere Wissensinseln größer, aber gleichzeitig wachsen die Küstenlinien und damit die Grenzlinien zu dem Unbekannten. Es ist ein Paradoxon der Wissensgesellschaft, dass mit dem verfügbaren Wissen gleichzeitig auch das Nichtwissen zunimmt. Von daher ist die häufig verwendete Bezeichnung Wissensmanagement eigentlich irreführend. Denn bei Entscheidungsprozessen in Wirtschaft und Politik geht es nicht nur darum, das vorhandene Wissen zu managen, sondern mit Nichtwissen umzugehen und dieses Nichtwissen in Entscheidungsprozesse einzubauen. „Handeln trotz Nichtwissen“ (Böschen u. a. 2004) lautet die Herausforderung, es geht um das „Management komplexer Systeme“ (Ludwig 2001). In komplexen Systemen gibt es zwischen Wissen und Nichtwissen viele Schattierungen. Es gibt unscharfes und es gibt unsicheres Wissen, was nicht dasselbe ist. Nichtwissen kann bedeuten, dass wir es heute noch nicht wissen, oder dass wir es niemals wissen werden.

Unser Entscheiden reicht weiter als unser Erkennen. Dieser Satz ist über 200 Jahre alt, er stammt von Kant, und er ist ein schönes Plädoyer dafür, die Disziplin Technikbewertung in Lehre und Forschung auf breiter Front einzuführen. Kant hat einen weiteren Satz geprägt, der an dieser Stelle ebenfalls wunderbar passt: Die Notwendigkeit zu entscheiden ist stets größer als das Maß der Erkenntnis. Anders formuliert: Wie müssen wir mit Nichtwissen in Entscheidungsprozessen umgehen? Die Situation wird durch die unglaubliche Dynamik des technischen Wandels zusätzlich verschärft. Hierzu greife ich auf plastische Formulierungen zweier Philosophen zurück.

Wir leben in einer Zeit der „Gegenwartsschrumpfung“ (Lübbe 1994). Denn wenn wir Gegenwart als die Zeitdauer konstanter Lebens- und Arbeitsverhältnisse definieren, dann nimmt der Aufenthalt in der Gegenwart ständig ab. Als eine Folge der unglaublichen Dynamik des technischen Wandels rückt die unbekannte Zukunft ständig näher an die Gegenwart heran. Gleichzeitig wächst in der Gesellschaft die Sehnsucht nach dem Dauerhaften, dem Beständigen. Der Handel mit Antiquitäten, Oldtimern und Repliken blüht, weil sie das Dauerhafte symbolisieren.

Zugleich gilt eine für Entscheidungsträger ernüchternde Erkenntnis, die wir kurz das „Popper-Theorem" nennen wollen (Popper 1987). Es lautet etwa folgendermaßen: Wir können immer mehr wissen und wir wissen auch immer mehr. Aber eines werden wir niemals wissen, nämlich was wir morgen wissen werden, denn sonst wüssten wir es bereits heute. Das bedeutet, dass wir zugleich immer klüger und immer blinder werden. Mit fortschreitender Entwicklung der modernen Gesellschaft nimmt die Prognostizierbarkeit ihrer Entwicklung ständig ab. Niemals zuvor in der Geschichte gab es eine Zeit, in der die Gesellschaft so wenig über ihre nahe Zukunft gewusst hat wie heute. Gleichzeitig wächst die Zahl der Innovationen ständig, die unsere Lebenssituation strukturell und meist irreversibel verändert.

Der Umgang mit Komplexität ist *die* zentrale Herausforderung unserer Zeit. Dafür sind wir schlecht gewappnet, denn unsere Ausbildungsgänge an den Hochschulen sind nach wie vor reduktionistisch ausgerichtet. Der Reduktionismus ist eben so erfolgreich (gewesen!). Der Umgang mit Komplexität verlangt mehr. Wir brauchen ein „Denken der Zukunft: Lernen, in Beziehungen zu denken. Unterscheidungsvermögen und Anschlussfähigkeit ausbilden" (Mutius 2000, S. 258). Darauf beziehe ich mich bei meinen abschließenden Bemerkungen.

Von Mutius plädiert für eine neue Denkkultur. Denn die Wirklichkeit entzieht sich unseren einfachen Vorstellungen. Unsere gedankliche Ausrüstung ist antiquiert. Wir müssen lernen, in Beziehungen zu denken. Wir müssen dem „Dazwischen" mehr Beachtung schenken. Anschlussfähigkeit ist gefordert, um problemadäquat reagieren zu können. Er zitiert den ethischen bzw. „kybernethischen" Imperativ, den von Foerster formuliert hat: „Handle stets so, dass die Zahl der Wahlmöglichkeiten wächst!" Unser Handeln muß darauf ausgerichtet sein, Suchräume zu erweitern und nicht zu verengen, die Optionenvielfalt zu erhöhen und nicht einzuschränken.

Wir haben in der Wissenschaft das Zerlegen, Teilen und Auseinanderdividieren perfektioniert. Der Reduktionismus hat uns sehr weit gebracht, er hat jedoch einen wesentlichen Tatbestand verschüttet: Es geht primär um Systeme, deren Verhalten, Fragen nach deren Stabilität und Beeinflussbarkeit. Zweifellos bedarf die Analyse komplexer Systeme Kenntnisse über die einzelnen Bestandteile des Systems. Um eine chemische Anlage konzipieren und steuern zu können, müssen die einzelnen Komponenten und Verfahrensschritte beherrscht werden. Aber entscheidend ist das systemische Wissen, das kaum gelehrt wird. Erst in jüngerer Zeit taucht der Begriff „System" nach und nach in Studiengängen, in Vorlesungen, in Institutsbezeichnungen oder in Stellenbeschreibungen auf.

Da ich den geschilderten Missstand seit langem beklage, habe ich an der TU Clausthal ab 1991/92 im Rahmen des Studium Generale Vorlesungen systemischer Art angeboten. Zunächst die Vorlesung „Herausforderung Zukunft", die kurz darauf als Buch erschien (Jischa 1993), das zwischenzeitlich neu aufgelegt wurde (Jischa 2005). Alsdann die Vorlesung „Technikbewertung" (gemeinsam konzipiert und gehalten mit B. Ludwig) sowie die Vorlesung „Dynamische Systeme in Natur, Technik und Gesellschaft" . Letztere dient als Basis für ein in Arbeit befindliches Buch (Jischa 2008). Diese drei Vorlesungen sind (teilweise schon vor meiner Emeritierung 2002) von ehemaligen Mitarbeitern übernommen worden. Dies sind in der Reihenfolge der Vorlesungen Christian Berg, Ildiko Tulbure sowie Bjørn Ludwig.

Eines sollte klar sein. Die *durch* Technik erzeugten Probleme können nur *mit* Technik gelöst werden, nicht etwa ohne oder gegen die Technik. Die Technik ist die Antwort, aber wie lautet die Frage? Wir brauchen Ingenieure mit mehr Weitblick. In unseren Ausbildungsgängen herrscht nach wie vor ein eklatanter Mangel an Fächern, die systemisches Denken vermitteln.

Nachdenken über die sozialen und ökologischen Folgen unseres Handelns findet bei Ingenieuren kaum statt, es sei denn in Vorlesungen wie Technikbewertung oder Technikgestaltung. Bedauerlicherweise gibt es meines Wissens nur eine planmäßige Professur in den Ingenieurwissenschaften einer deutschen Universität, die diesen Themen gewidmet ist, jene von A. von Gleich an der Universität Bremen, dem Initiator der Vortragsreihe und Mitherausgeber dieses Bandes. Öffentliche Diskussionen über Akzeptanz und Folgen von Technik laufen zumeist ohne Ingenieure ab. Diese Abstinenz ist hausgemacht. Es ist seit langem mein Anliegen, dem entgegenzuwirken *und* junge Leute (wieder!) für Technik zu begeistern. Mit einer „mission to the moon" hatte J. F. Kennedy seinerzeit eine gewaltige Technikeuphorie entfacht. Warum sollte uns das mit einer „mission to the earth" nicht wieder gelingen?

Der Untertitel dieses Buches formuliert eine Idealvorstellung. Auch wenn diese nicht erreichbar ist, so ist sie als Leitbild unverzichtbar. In der Praxis sollten wir jedoch die Fragestellung umkehren. Es muss darum gehen, Verfahren, Prozesse, Produkte, Verhaltensweisen und Maßnahmen zu identifizieren und zu vermeiden, die in besonderer Weise *nicht* nachhaltig sind. Dazu müssen Korridore identifiziert werden, die wir nicht verlassen dürfen. In der Sprache der Mathematik geht es um obere und untere Schranken für unser Handeln. Dazu brauchen wir ein tiefes Verständnis über das Verhalten komplexer Systeme.

Abschließendes Fazit: Einfache Rezepte beim Umgang mit Komplexität wird es nicht geben. Die wahrnehmbare Welt ist nun einmal von Nichtlinearitäten geprägt und neigt daher zu Überraschungen. Darüber sollten wir alles andere als unglücklich sein. Denn in einer linearen Welt wäre alles vorhersagbar, wir würden die Zukunft vorausberechnen können. Das wäre nicht nur langweilig, sondern auch überaus erschreckend! Wenn wir schon keine Rezepte angeben können, dann zumindest Empfehlungen. Da jedes System charakteristische Totzeiten besitzt, die wir in der Regel nur ungenau kennen, und die stark unterschiedlich sein können (so reagiert die Luft sehr viel rascher als das Wasser, und das Wasser deutlich rascher als das Eis, was bei der Klimamodellierung zu beachten ist), so lautet eine erste Empfehlung, bei äußeren Eingriffen in ein komplexes System zunächst einige Zeit (wie lange?) abzuwarten, bevor ein neuer Eingriff vorgenommen wird. Eine zweite Empfehlung wäre, kleine Eingriffe vorzunehmen. Dem Autor ist klar, dass derartige Empfehlungen häufig nicht weiterhelfen. In Wirtschaft und Politik ist der (reale oder vermeintliche) Entscheidungsdruck zumeist hoch, während die Sachlage (das System!) ungewiss und die Fakten unsicher sind, die Entscheidung jedoch dringlich ist.

23.6 Literatur

Böschen, S.; Schneider, M.; Lerf, A. (2004): *Handeln trotz Nichtwissen.* Frankfurt am Main: Campus (Hrsg.)

Dörner, D. (1989): *Die Logik des Misslingens.* Reinbek: Rowohlt

Jischa, M. F. (1993): *Herausforderung Zukunft, Technischer Fortschritt und ökologische Perspektiven.* Heidelberg: Spektrum Akad. Verlag

Jischa, M. F. (2004): *Ingenieurwissenschaften.* Reihe *Studium der Umweltwissenschaften.* Berlin: Springer

Jischa, M. F. (2005): *Herausforderung Zukunft, Technischer Fortschritt und Globalisierung.* München: Elsevier/Spektrum Akad. Verlag

Jischa, M. F. (erscheint 2008): *Dynamik in Natur und Technik.*

Ludwig, B. (2001): *Management komplexer Systeme.* Berlin: Edition Sigma (Habilitationsschrift TU Clausthal 2000)

Lübbe, H. (1994): *Im Zug der Zeit.* Berlin: Springer

Mutius, B. von (2000): *Die Verwandlung der Welt.* Stuttgart: Klett-Cotta

Popper, K. (1987): *Das Elend des Historizismus.* Tübingen: Mohr

Snow, C. P. (1967): *Die zwei Kulturen.* Stuttgart: Ernst Klett

Vester, F. (1999): *Die Kunst vernetzt zu denken.* Stuttgart: DVA

24 Umgang mit Komplexität

Dietrich Dörner

Komplexität ist sehr beliebt. Nämlich als Entschuldigung. Wenn man darauf hinweist, dass „alles“ so komplex sei, kann man erklären, warum man Schwierigkeiten hatte, eine Entscheidung zu finden. Und „Komplexität“ erklärt auch, warum die gefundene Entscheidung leider falsch war. Was nun Komplexität eigentlich ist, welche Anforderungen sie stellt, ob sie den Menschen wirklich überfordert, welches die gewissermaßen „natürlichen“ Reaktionen von Menschen auf Komplexität sind, soll in diesem Aufsatz analysiert werden. Im Folgenden wird zunächst auf den Begriff 'Komplexität' genauer eingegangen, um zu zeigen, welche Eigenschaften ein komplexes System hat. Daraus wird abgeleitet, wie Komplexität „psychisch“ wirkt. Danach wird darauf eingegangen, welche Verhaltenstendenzen man bei Menschen beim Umgang mit komplexen Systemen findet.

Es gibt keine Naturgesetze im Umgang mit Komplexität. Die menschliche Denkfähigkeit ist plastisch. Wir denken nicht nach einem festen Regelwerk; unser Denken ist nicht vorprogrammiert! Wir können unser Denken formen und z.B. auch an „Komplexität“ anpassen. Auf der anderen Seite gibt es „Tendenzen“. Als Prozess der Informationsverarbeitung ist unser Denken z.B. ziemlich langsam. Der Informationsumsatz pro Zeiteinheit ist nicht besonders hoch. Das legt einen ökonomischen Umgang mit der begrenzten Ressource nahe. Und außerdem ist unser Denken von unseren Motiven abhängig und findet immer in einer bestimmten Atmosphäre von Gefühlen statt. Und so gibt es eben zwar keine unentrinnbaren Gesetze, aber doch einige, gewissermaßen naturwüchsige Tendenzen der Informationssammlung, der Hypothesenbildung, des Planens, des Entscheidens. Wir sollten diese kennen, um sie gegebenenfalls vermeiden zu können.

24.1 Was ist Komplexität?

Sie kennen sicherlich eine Sprungfedermatratze. Eine Sprungfedermatratze besteht aus einer Reihe von Spiralfedern, die durch Drähte miteinander verbunden sind (Abb. 24.1). Wenn man auf eine Feder drückt, bewegt sich nicht nur die eine Feder, sondern alles. Und wenn man an mehreren Stellen drückt, gibt es komplizierte Interaktionen; die Schwingungen verstärken sich wechselseitig oder heben sich auch auf; das kommt ganz darauf an, wann und wo man drückt oder zieht. Solche Sprungfedermatratzen sind Geflechte von Schwingkörpern, Resonatoren. Sie zu berechnen ist eine mühselige Aufgabe.

Was gehen Sie Sprungfedermatratzen an? Viel, denn Sie selbst sind Teil einer solchen. Wenn Sie Teil eines politischen Systems, einer Gemeinschaft, eines ökologischen Systems, eines ökonomischen Systems sind, so sind sie Teil einer solchen Sprungfedermatratze. Nur, dass diese Sprungfedermatratze viel größer ist als die, die sie auf der Abbildung 24.1 sehen können. Die entsprechende Matratze ist auch nicht nur zwei-, sondern mindestens dreidimensional. Außerdem verhalten sich die einzelnen Federn, aus denen die Matratze besteht, unterschiedlich. Die Sprungfedern einer „echten“ Matratze verhalten sich immer gleich. Sie schwingen auf und ab und kommen irgendwann zur Ruhe. Bei den „Sprungfedern“, aus denen ökologische oder politische Systeme bestehen, sieht das anders aus. Da gibt es große und kleine Federn, und manche verhalten sich auf die eine Weise und andere wiederum ganz anders. Außerdem sind die Federn aktiv. Sie bewegen sich nicht nur, wenn man auf sie drückt, sondern auch von allein. Sie haben ihre eigenen Zielsetzungen.

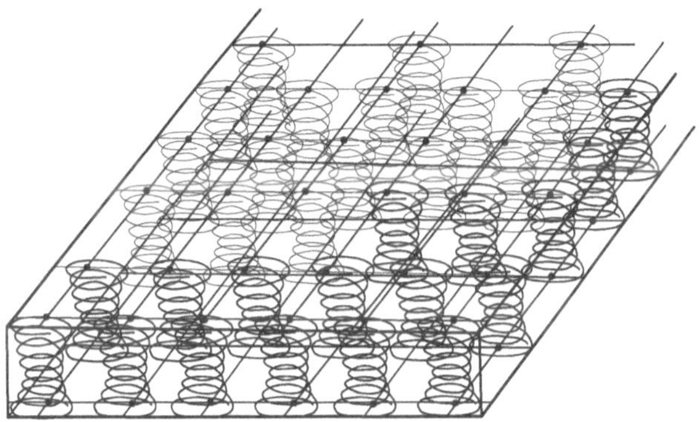

Abbildung 24.1 Eine Sprungfedermatratze.

Sprungfedermatratzen bieten ein einfaches Beispiel für ein komplexes System. Hier hängt alles mit allem zusammen und man weiß nicht genau, wie. Es ist auch schwer, in einem solchen System zielgerecht zu arbeiten. Wenn Sie das Ziel haben, dass eine bestimmte Feder oder eine bestimmte Gruppe von Federn sich in einer bestimmten Lage befindet, dann ist ziemlich unklar, wie Sie das machen können. Es ändert sich auch. Vielleicht ist es zum Zeitpunkt t richtig, wenn Sie auf die Federn 4, 8 und 12 drücken. Zum Zeitpunkt t+1 ist es, da sich die Zustände aller Feder geändert haben, überhaupt nicht mehr richtig, das so zu machen. Ähnliche Umstände verlangen unter Umständen sehr verschiedene Eingriffe, um ein Ziel zu erreichen. In sozialen Systemen ist das ähnlich. Wenn Sie sich z.B. für den Frieden einsetzen, so kann das die Folge haben, dass sich pazifistische Haltungen ausbreiten und die Welt friedlicher wird. Es kann aber auch genau die gegenteilige Wirkung haben. Denn militärische Aktionen gegen Pazifisten sind erheblich Erfolg versprechender als gegen Nicht-Pazifisten – Die Neben- und Folgewirkungen sind beim Umgang mit Sprungfedermatratzen schwer berechenbar. Und was gestern richtig war, ist heute falsch..

In Abbildung 24.2 sind einzelne Eigenschaften komplexer Systeme dargestellt. Komplexe Systeme bestehen aus vielen Variablen, die in schwer überschaubarer Weise miteinander verbunden sind. Dies bedeutet oft, dass sich die Systeme „chaotisch“ verhalten. Nicht chaotisch in dem Sinn, dass die Systeme indeterminiert sind; für denjenigen aber, der nicht genau hinsieht (oder nicht genau hinsehen *kann*), *erscheinen* sie so. Die Gesetze eines determinierten Chaos bedeuten aber auch, dass unter ähnlichen Verhältnissen oft nicht ähnliche Inputs zu dem gleichen Effekt führen. Es ist aber schwer, überhaupt die Zustände des gesamten Federwerks festzustellen, also die Bedingungen für das Handeln. Denn meist sind komplexe Realitäten intransparent; man sieht nicht alles, was man sehen möchte und weiß daher nicht genau, ob bestimmte Bedingungen für das Handeln gegeben sind oder nicht.

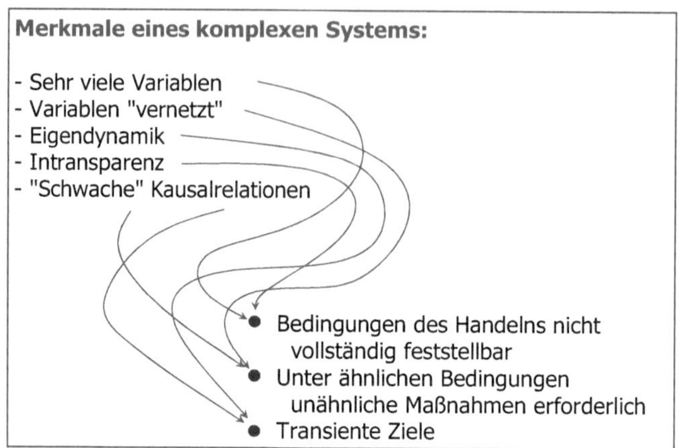

Abbildung 24.2 Merkmale eines komplexen Systems.

Man hat auch nicht genügend Zeit, um ausgiebig Erkundungen zu betreiben, denn die Realität wartet nicht, bis wir unsere Explorationen beendet haben, sondern entwickelt sich weiter. Gut wäre es nun, wenn wir wenigstens die Gesetze kennen würden, welche die Entwicklungen beherrschen, aber diese sind zum großen Teil verborgen. Dennoch sollten wir uns ein Bild machen von der Dynamik der Realität; wir sollten Hypothesen über die Entwicklungsformen haben, um auf diese Weise nicht allzu sehr ins Blaue hinein zu handeln.

24.2 Komplexität und die Gefühle

Komplexität macht Menschen Angst. Angst hat etwas mit Unbestimmtheit zu tun. Angst haben wir, wenn wir nicht wissen, wie sich alles weiter entwickeln wird. Angst haben wir, wenn alles unbestimmt ist. Das allein reicht aber nicht aus. Hinzukommen muss das Empfinden, den möglichen Gefahren der Zukunft hilflos gegenüber zu stehen, weil die Fähigkeiten fehlen, möglichen Gefahren zu begegnen. Angst signalisiert *Unbestimmtheit* und *Inkompetenz* (Abb. 24.3). Dazu kommen „Handlungsempfehlungen". Die Angst schlägt uns vor, was wir tun sollten, um sie loszuwerden. „Hau ab!" empfiehlt uns die Angst. „Zieh' dich in sichere Bereiche zurück!" Oder sie sagt: „Hau drauf!" – „Mach's kaputt!" Zusätzlich zu diesen „Fight-or-flight!" Vorschlägen gibt es aber noch andere, wir gehen gleich darauf ein!

Diese Handlungsempfehlungen sind in hohem Maße vorprogrammiert; es sind Instinkte oder Instinktreste. Bei Menschen aber werden sie nicht, wie bei Tieren, reflektorisch, in Verhalten umgesetzt, sondern es handelt sich mehr um *Vorschläge*, die wir annehmen oder ablehnen können. Und wir tun gut daran, über diese „Vorschläge" nachzusinnen, denn manche sind zwar vernünftig, aber nur unter bestimmten Umständen, unter anderen Umständen jedoch sehr unvernünftig! In Abbildung 24.3 sieht man diese „Vorschläge". Ganz oben sieht man die Grundalternative „Fight-or-Flight". „Mach' kaputt, was dich bedroht, wenn du es vermagst, sonst aber verschwinde so schnell wie möglich!" – Voraussetzung für das eine oder andere Tun ist die Antwort auf die Frage: Kannst Du es bewältigen oder nicht? Um diese Frage zu beantworten, braucht man ein aktuelles Bild der Situation. Zur Gewinnung dieses Bildes dient das *Sicherungsverhalten*, die Tendenz also, sowohl das Bild der Situation als auch das von den Entwicklungsmöglichkeiten der Situation, den Erwartungen, also aufzufrischen und zu erweitern. Sicherungsverhalten kann sehr gefährlich sein. Es kann die kognitiven Prozesse gewissermaßen überwuchern und keinen Raum mehr lassen für andere kognitive Prozesse, für das Nachdenken und das Planen. Der Ängstliche ist situationsverhaftet und verliert so leicht die Zukunft aus den Augen und den Blick für andere Handlungsmöglichkeiten.

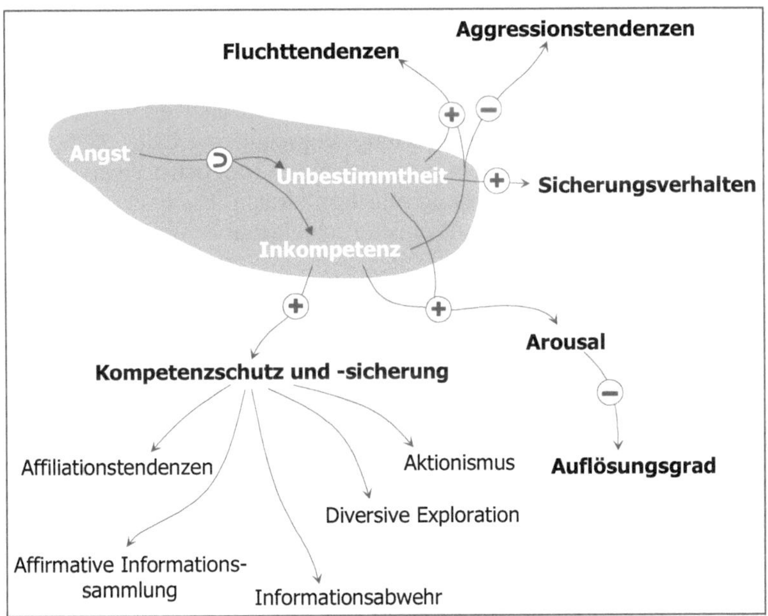

Abbildung 24.3 Komplexität und Gefühle.

Einen breiten Raum nehmen in Angst Maßnahmen des Kompetenzschutzes und der Kompetenzsicherung und -erweiterung ein. Die vielleicht wichtigste dieser Maßnahmen ist die Affiliationstendenz, das Bestreben, Schutz und Hilfe bei anderen zu suchen, sich mit anderen zusammenzutun. Wir werden allerdings sehen, dass die Gruppenbindung die Flexibilität des Handelns einengen kann.

Eine andere Form des Kompetenzschutzes liegt im Umgang mit Information. Neben Sicherungsverhalten kann Unbestimmtheit auch Abkapselung von der Realität auslösen. „Augen zu!“ Wenn die Realität nur Hiobsbotschaften vermittelt, so sollte man einfach die Augen zumachen. Dann sieht man das Unangenehme und Bedrohliche nicht mehr und behält so seinen Mut und Selbstvertrauen. Das ist „Wahrnehmungsabwehr“, und die findet man nicht nur bei Menschen, die lieber nicht zum Arzt gehen, wenn sie Blut im Stuhl finden, sondern auch bei Managern von Wirtschaftsunternehmen in Krisensituationen (Bazerman, Watkins, 2005).

Die Ergänzung zur Wahrnehmungsabwehr ist die *affirmative Informationssammlung*. Man kapselt sich nicht von der Realität ab, sondern nimmt nur solche Nachrichten wahr, die das eigene Weltbild bestätigen. Auf diese Weise *hat* man zwar nicht, aber *behält* recht. Und auf diese Weise kann man auch seinen Mut absichern. Bis es ggf. zu spät ist.

Die am meisten angemessene Form der Kompetenzsicherung ist die direkte Konfrontation mit der Unbestimmtheit. Man sucht die unbekannten Bereiche auf, welche die Angst erzeugen, um sie zu explorieren. Dann erkennt man die Gesetze, welche die Realität bestimmen und kann angemessen handeln. – Allerdings benötigt man für Exploration Mut. Denn die Konfrontation mit dem Ungewissen kann gefährlich sein, gefährlich für die eigenen Überzeugungen, die ins Wanken geraten können, gefährlich für die Gruppensolidarität, weil man u.U aufgrund der Ergebnisse der Exploration Grundnormen der eigenen Gruppe, der Partei, der eigenen Religion oder einer Weltanschauungsgemeinschaft anzweifelt, gefährlich sogar für Leib und Leben! Eine beliebte Form des Kompetenzschutzes ist die „starke" Aktion. Man zeigt, dass man etwas tun kann, indem man etwas tut! Möglichst etwas sehr Sinnfälliges, etwas was laut „knallt" und die Umgebung sehr beeindruckt. Vielleicht nützt die Aktion wenig im Hinblick auf die Lösung der anstehenden Probleme, aber sie sichert das Gefühl, effektiv handeln zu können.

Keine dieser Handlungstendenzen ist immer falsch. Unter bestimmten Umständen ist es vernünftig, in Krisensituationen Aktionsbereitschaft zu zeigen. Die Aktion demonstriert Mut und Entschlossenheit und macht ihrerseits dadurch anderen Mut. Und man bleibt dadurch „im Spiel", man gestaltet die Realität selbst mit und erfährt vielleicht sogar aus den Reaktionen auf die eigene Aktion einiges über die bislang unbekannten Seiten der Realität. Bis zu einem gewissen Grade ist auch das Übersehen von Krisensymptomen vernünftig. Der Pessimismus, der sich aus der negativen Ausdeutung von Nachrichten ergibt, hat zwar meist recht, zerstört aber auch den Handlungsmut, verleitet zur Passivität; und auf diese Weise findet man die Auswege nicht, die man vielleicht doch noch findet, wenn man exploriert.

Angst erzeugt Stress, eine erhöhte Aktivierung; diese wiederum ist mit einer Senkung des *Auflösungsgrades* verbunden. Der Auflösungsgrad ist das Ausmaß der Ausarbeitung der kognitiven Prozesse, die Genauigkeit der Wahrnehmung, die Tiefe und Breite der Erinnerung, die Konkretheit der Erinnerung, das Ausmaß, in welchem beim Planen von Handlungen Fern- und Nebenwirkungen in Rechnung gestellt werden, die Genauigkeit der Prüfung, ob die Bedingungen für die erfolgreiche Durchführung einer Aktion gegeben sind. Unter Stress kommt es zu einer Absenkung des Auflösungsgrades. Diese Schaltung hat wahrscheinlich ursprünglich den Zweck, in einer Notsituation zeitraubende kognitive Prozesse zu unterbinden, damit eine *schnelle* Aktion gewährleistet ist. Und das muss natürlich „bezahlt" werden! Man bezahlt die schnelle Aktion mit einer ungenauen Analyse der Handlungsmöglichkeiten, mit einer „überinklusiven" Wahrnehmung, die Ähnliches für gleich hält; insgesamt wird das Handeln risikoreicher (Siehe hierzu Dörner et al. 2002, S. 148f.)

24.3 Wie bewältigt man Komplexität (oder auch nicht)?

Um ein Problem zu bewältigen, muss man verschiedene Tätigkeiten durchführen. Abbildung 24.4 zeigt diese Tätigkeiten. Es handelt sich um fünf verschiedene Prozesse, die logisch aufeinander folgen sollten (es aber meist nicht tun).

Einmal geht es um die Ausarbeitung von *Zielen*, um die Zustände, die man anstreben oder vermeiden sollte. Ziele richten das Handeln aus, sind gewissermaßen die Leuchttürme oder die Warnbojen, nach denen man navigiert. Dann geht es um die Analyse der Situation. Um handeln zu können muss man die Situation kennen und wissen, in welchem Ausmaß die Bedingungen für bestimmte Aktionen gegeben sind. Zur Situationsanalyse gehört auch die Erforschung der Vergangenheit und der Zukunft. Nur aus der Vergangenheit lässt sich ersehen, auf welche Weise aus der Vergangenheit die Gegenwart wurde, welche Faktoren den Gang der Ereignisse bestimmten. Wenn man aber die Wirkfaktoren kennt, so weiß man auch, wie sich alles weiterentwickeln wird, was die Zukunft an Gelegenheiten oder Gefahren bietet

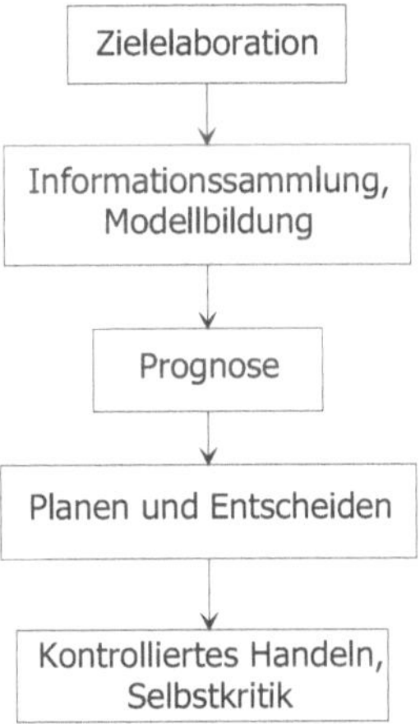

Abbildung 24.4 Stationen des Handelns.

Wenn man das alles weiß, muss man sich geeignete Aktionen überlegen, um seine Ziele zu erreichen. Vielleicht kennt man solche Aktionen schon. Vielleicht aber auch nicht. Dann muss man neue Aktionen oder Aktionsketten synthetisieren; man muss *planen*. Und dann hat man einen Plan, den man in konkretes *Handeln* umsetzen muss. Dabei darf man nicht vergessen, das Handeln ständig zu *kontrollieren*. Das sind die Anforderungen an den Handelnden. Wie bewältigen Menschen solche Anforderungen? Darauf wollen wir nun eingehen.

24.3.1 Ziele

Dass man sich Ziele klar machen sollte, erscheint als eine triviale Forderung. In der Realität aber wird oft dagegen verstoßen. Denn diese Forderung ist oft nicht einfach zu erfüllen. „Abstrakt" ist es einfach, sich Ziele zu setzen. Die Firma soll Geld abwerfen und zwar möglichst viel! Die Welt soll friedlicher werden, die Arbeitslosigkeit vermindert werden, die Graffitis sollen von den Hauswänden verschwinden, die Gewalt unter und von Jugendlichen eingedämmt werden. – Das sind Ziele! Und sie sind – für sich allein genommen – ziemlich unbrauchbar! Denn sie sind zu abstrakt; Handlungsrichtlinien kann man aus ihnen nicht ableiten! Soll man Jugendliche daran hindern, Graffitis auf öffentlichen Gebäuden anzubringen, indem man das *erlaubt* (und auf diese Weise dieser Art von Kreativität den Reiz des Verbotenen und Abenteuerlichen nimmt) oder indem man es nachhaltiger verfolgt? – Soll man höhere Gewinne anstreben, indem man in neue Produkte investiert, oder indem man sich auf Bewährtes konzentriert? Soll man die Arbeitslosigkeit bekämpfen, indem man die Steuern erhöht, um auf diese Weise staatliche Investitionen zu erlauben, oder indem man sie senkt, um so den Firmen mehr Raum für Investitionen zu geben?

Aus den gleichen Oberzielen lassen sich also gegensätzliche Unterziele ableiten; das zeigt, dass die Oberziele allein nicht brauchbar sind. (Aber als politisches Statement können sie allemal eindrucksvoll sein! „Das Hauptziel, dem wir uns mit aller Kraft widmen wollen, ist die Bekämpfung der Arbeitslosigkeit!“ Das klingt doch gut!) Wie aber soll man wissen, welche konkreten Ziele man sich setzen soll? Dies Wissen ist meist schwer zu erwerben, und so flüchtet man oft in ein *Reparaturdienstverhalten*. Man macht das heil, was kaputt ist. Das ist nicht unbedingt das Schlechteste. Man tut immerhin etwas! Allerdings steht man in der Gefahr, die Zukunft zu verlieren, denn das Reparaturdienstverhalten ist natürlich gegenwartsbezogen. Und es ist keineswegs sicher, dass es sich lohnt, z.B. bei einem lecken Schiff viel Mühe in die Beseitigung von Roststellen der Bordwand zu investieren.

24.3.2 Wie macht man sich ein Bild von einer komplexen Realität?

Um zu handeln, muss man wissen, was der Fall ist. Auf den ersten Blick ist das eine einfach zu erfüllende Forderung. Man guckt sich halt um und dann weiß man Bescheid! In komplexen Realitäten aber ist die Sache anders. Die Wahrnehmung der Gegebenheiten der unmittelbaren Umgebung reicht nicht aus. Man muss sich zusätzlich Kenntnisse verschaffen, die entfernte und zum Teil verborgene Bereiche betreffen. Z.B. wäre es in Wirtschaft und Politik ganz gut, wenn man die Absichten der Mit- und Gegenspieler kennen würde. Besonders letztere (aber auch erstere!) werden diese Absichten aber ungern offen legen. Dieser wichtige Bereich ist also verborgen und für die Aufklärung dieses Bereiches gibt es eigene Berufsstände, z.B. Geheimdienste. Viele Bestandteile der Realität können wir leider nicht dadurch kennen lernen, dass wir uns die Umstände angucken. Wir sind auf Berichte angewiesen. In diese Berichte gehen aber die Weltbilder und die Absichten derjenigen ein, die uns berichten. Selten aber sind die Berichterstatter interessenlos oder teilen unsere Interessen.

Kurz vor Weihnachten 2006 gab die Gesundheitsministerin Ulla Schmid, die wegen der geplanten Gesundheitsreform unter „Beschuss“ geraten war, ein Gutachten in Auftrag, welches, wie die Ministerin sagte, ihre Auffassung *bestätigen* werde (so die Ministerin wörtlich in Bayern 5). Nunmehr, zu Beginn des Jahres 2007, liegt dies Gutachten vor (Rürup-Gutachten), und es entspricht tatsächlich den Erwartungen! Man hat Professor Rürup für dieses Gutachten vermutlich ziemlich viel Geld gezahlt. Was ist aber ein Gutachten wert, welches nur die Funktion hat, den Erwartungen einer Politikerin zu entsprechen, stellt sich hier die Frage. – Dies ist ein Paradebeispiel für affirmative Informationssammlung. Hätte man sich das Gutachten nicht ganz sparen können?

Diese Geschichte zeigt sehr deutlich die Tendenz zur affirmativen Wahrnehmung, die uns Menschen den Zugang zur Wahrheit verstellt. Wenn wir Dinge zur Kenntnis nehmen müssen, die dem eigenen Weltbild widersprechen, so bedeutet das ja für den Handelnden sehr viel. Es bedeutet, dass sein bisheriges Handeln auf den falschen Grundlagen basierte, dass es aus diesem Grunde höchstwahrscheinlich falsch war. Es bedeutet, und dass man sich neue Maßnahmen ausdenken, sich vielleicht völlig umorientieren muss. Das ist alles sehr unbequem und unangenehm. Und deshalb ist es besser, nur diejenigen Nachrichten zu Kenntnis zu nehmen, die in das eigene Weltbild passen. – Und natürlich gehört auch die *Wahrnehmungsabwehr* zu diesem Thema. Wenn man nun widersprechende Informationen schon zur Kenntnis nehmen muss, wenn man sie nicht übersehen kann, kann man sie doch oft entweder weginterpretieren („falsch!“, „Lüge!“, „übertrieben!“, „verzerrt!“).

Man sollte sich darüber im Klaren sein, dass die Tendenz zur affirmativen Wahrnehmung und zur Wahrnehmungsabwehr nicht einer bösen Absicht zur Verfälschung entspringt, sondern einer uns meist nicht bewussten Tendenz recht *behalten* zu wollen. Das dient dem Selbstschutz! Und unser Kompetenzempfinden ist ein hohes Gut! Politik ist ein schwieriges Geschäft, in dem man Entscheidungen über eine Zukunft fällen muss, die man nicht kennt, und in dem die Entscheidungen auf unklaren Grundlagen basieren. Im Falle der Gesundheitsreform wurde in diesem Zusammenhang festgestellt – auch in Bezug auf das Rürup-Gutachten - dass die Zahlen nicht „belastbar"sind. Der Ausdruck „belastbar" ist in diesem Zusammenhang ein Euphemismus, denn was eigentlich gesagt werden soll, ist: „Mit großer Wahrscheinlichkeit sind die Zahlen falsch!". Die Wahl des Wortes „belastbar" verschleiert diesen Sachverhalt, gehört also auch unter die Rubrik „Wahrnehmungsabwehr". Denn wenn man schreiben würde: „Mein Gutachten basiert auf Zahlen, die wahrscheinlich falsch sind!", so würde das die Frage nach dem Wert des Gutachtens aufwerfen.

Eine weitere in komplexen Bereichen beliebte Tendenz der Realitätsanalyse ist die *Zentralreduktion*. Diese betrifft die Kausalfaktoren, die das Geschehen in einem bestimmten Realitätsbereich bestimmen. Komplexität bedeutet aber „Sprungfedermatratze". Und das bedeutet, dass die Geschehnisse meist von einem Bündel verschiedener Faktoren abhängig sind und außerdem von komplizierten Interaktionen. Das alles ist schwer zu durchschauen. Eine Möglichkeit aber, sich die Sache einfach zu machen, besteht darin, dass man *einen* Faktor sucht (und wer sucht, der findet!), der für „alles" verantwortlich ist. Politische oder religiöse Ideologien sind durch solche Zentralreduktionen gekennzeichnet. Wenn kein Sperling ohne Gottes Willen vom Himmel fällt, so ist eben Gott für alles verantwortlich, und wir können letzten Endes überzeugt sein, dass sich schon alles zum Besten wenden wird. In den säkularen Religionen unserer Zeiten wird Gott ersetzt durch den „Grundwiderspruch von Lohnarbeit und Kapital" bzw. durch das dunkle Wirken einer jüdischen Weltverschwörung.

Wir finden aber solche Tendenzen nicht nur in Ideologien, sondern durchaus in der Alltagspolitik. Kein Gewerkschaftsfunktionär, der für wirtschaftliche Flauten nicht die Profitgier der Unternehmer verantwortlich macht, und kein Unternehmer, der seinerseits die Wurzel allen Übels in den hohen Lohnnebenkosten bzw. direkt in den hohen Löhnen überhaupt sieht.

Im Lohhausen-Planspiel (siehe Dörner et al. 1995), in dem eine kleine (computersimulierte) Gemeinde (nämlich Lohhausen) durch Versuchspersonen als Bürgermeister verwaltet werden musste, fand sich eine „Bürgermeisterin", die der Meinung war, dass „alles" nur von der Zufriedenheit der Bewohner von Lohhausen abhängig sei. Die „Bürgermeisterin" war der Auffassung, dass z.B. der Krankenstand in den städtischen Ämtern und in der stadteigenen Uhrenfabrik von der Zufriedenheit abhängig war, dass das Ausmaß der Hausaufgabenhilfe davon abhängig sei und damit die Güte der Ausbildung und die Qualifikation der zukünftigen Arbeiter, dass von der Güte der Ausbildung wiederum der Produktionsausstoß der Uhrenfabrik abhängig sei. – Vandalismus, also das Zerlegen von Telefonhäuschen oder Zerschlagen von Parkbänken hängt natürlich auch von der Unzufriedenheit ab, usw... Also muss man hauptsächlich etwas für die Zufriedenheit der Bewohner tun, um die Probleme von Lohhausen zu lösen. Das am meisten geeignete Mittel hierzu meinte die 20jährige Germanistikstudentin im Veranstalten von Popkonzerten gefunden zu haben. (Das ist keine *ganz* neue Idee; sie erinnert an das römische „Brot und Spiele!".)

Diese zentralreduktionistische These ist deshalb interessant, weil sie in *allen* ihren einzelnen Bestandteilen durchaus richtig ist! *Alle* die Abhängigkeiten, welche die Bürgermeisterin annahm, waren wirklich so vorhanden (und sind es wohl auch in der „richtigen" Realität). Der entscheidende Punkt ist nur: Die Hypothese ist *unvollständig*, einmal im Hinblick darauf, dass die „Zufriedenheit" nicht als *Zentralvariable* hinter allem steht, sondern selbst wieder abhängig ist von anderen Variablen, z.B. von der Arbeitslosigkeit. Und außerdem gibt es viele andere Variablen, welche die Geschehnisse in Lohhausen beeinflussen.

Eine Grundforderung an denjenigen, der sich ein Bild von der Realität machen will, ist, dass er nicht nur die Gegenwart, sondern auch die Vergangenheit betrachtet. Denn nur die Betrachtung der Vergangenheit, die Betrachtung der Ereignisse, die zur Gegenwart führten, ermöglicht es, die Wirkfaktoren zu erkennen, die das Geschehen und damit die Gegenwart und Zukunft bestimmen. Diese Wirkfaktoren muss man meist kennen. Zugunsten einer Analyse der augenblicklichen Bedingungen wird das aber oft außer Acht gelassen. Ein „gutes Beispiel" für die Vernachlässigung der Wirkfaktoren ist der Irakkrieg im Jahre 2003 und seine desaströsen Folgen. Hier sahen die Amerikaner und ihre Verbündeten allein nur die (in der Tat abstoßende) Realität des Wirkens von Saddam Hussein und – höchstwahrscheinlich! – ihre Ölinteressen. Sie hätten aber in Betracht ziehen sollen, wie es zu Saddam Hussein gekommen war, welche Kräfte und Interessen wirtschaftlicher, religiöser und politischer Art in der Region wirksam sind, um sich Klarheit darüber zu verschaffen, dass es eigentlich auf Saddam Hussein nicht so sehr ankommt.

Die Tendenz, die Sinnfälligkeit des Augenblicks höher zu schätzen als die verborgene Vergangenheit, haben nicht nur amerikanische Präsidenten. Wir tragen sie alle in uns. Die Sinnfälligkeit des Augenblicks ist überzeugend und die dunklen, verworrenen Berichte aus der Vergangenheit blenden wir lieber aus. Das macht die Sache schwierig und wir wollen doch zu Entscheidungen kommen!

24.3.3 Und wie leitet man daraus Prognosen ab?

Man macht sich ein Bild von einer Situation nicht einfach so. Man macht sich ein Bild, damit man weiß, was der Fall ist, welches die Bedingungen für das eigene Handeln sind. Und man macht sich ein Bild, damit man die Zukunft voraussagen kann, damit man weiß, was geschehen wird.

In diesem Abschnitt geht es um die Prognosen. Die „natürliche", am meisten nahe liegende Form, der Prognose ist die Fortschreibung beobachteter Trends. Bei der „quantitativen" Fortschreibung handelt es sich oft um lineare Extrapolationen; man denkt sich die Entwicklung einfach geradlinig fortgesetzt. Das ist die einfachste Form der Trendfortschreibung. Man kann aber auch komplizierter Formen finden, indem man über die beobachteten Trends irgendwelche mathematischen Modelle legt, z.B. Wachstums- oder Verfallskurven (logistische Funktion, Gompertz-Funktion), und dann entsprechend dieser Gesetzmäßigkeiten fortschreibt. Im Prinzip ist das auch nichts anderes als eine lineare Extrapolation; hier ist die Funktion eben sehr einfach.

Wie wird die Zukunft sein? Genauso wie die Gegenwart, nur ein bisschen heller oder ein bisschen dunkler, ein bisschen wärmer, ein bisschen kälter, ein bisschen besser oder ein bisschen schlechter. Oder auch genauso wie die Gegenwart. Solche linearen Extrapolationen bewähren sich außerordentlich gut im Alltag. Wenn es jetzt regnet, wird es höchstwahrscheinlich in 5 Minuten auch noch regnen. Wenn jetzt die Sonne scheint, dann wird sie in 5 Minuten auch noch scheinen. – Für die Voraussage der nahen Zukunft ist die Trendfortschreibung eine sehr brauchbare Methode. Aber diese Methode ist nicht besonders gut geeignet, um Langfristprognosen zu machen. Langfristig entwickeln sich nämlich die Verhältnisse oftmals keineswegs trendentsprechend, sondern es gibt *Trendbrüche*. So haben z.B. wirtschaftliche Entwicklungen eine fatale Tendenz zur Beschleunigung. Leute werden vorsichtig, investieren nicht, weil sie nicht so recht das Vertrauen haben, dass sich die Investition auszahlen wird. Nicht investieren heißt, dass man von anderen nichts kauft, keine Maschinen, keine Bau-, keine Arbeitsleistungen. Das wiederum senkt die Hoffnung auf Gewinne bei den Leuten, die derlei anbieten. Die hören jetzt auch auf, zu investieren und so gibt es eine Lawine, die in kurzer Zeit zu einer schlimmen Situation führen kann. Solche Entwicklungen folgen also gewissermaßen einem epidemischen Modell. Die Hoffnungslosigkeit (oder aber die Hoffnung) breitet sich aus wie der Grippevirus und setzt sich keineswegs linear fort.

Die Fortschreibung von Trends hat unschätzbare Vorteile:

- Die Fortschreibung von Trends ist mit dem geringstmöglichen geistigen Aufwand verbunden, spart also kognitive Kapazität und damit auch das Gefühl, überfordert zu sein.
- Die Fortschreibung von Trends verschafft das beruhigende Gefühl, dass alles ungefähr so weitergehen wird, wie bisher. Und das bedeutet, dass man sich also auch in der Zukunft auf vertrautem Terrain befinden wird. Man braucht sich nicht auf etwas Neues einzustellen und höchstwahrscheinlich seine Verhaltensweisen auch nicht so sehr ändern, allenfalls muss man sie etwas an die neuen Verhältnisse adaptieren. Trendfortschreibung ist natürlich unvereinbar mit Trend*brüchen*.

Leider sind diese Vorteile hauptsächlich psychologischer Natur. Die Fortschreibung von Trends tut uns gut! (Das gilt besonders natürlich für positive Trends. Manche finden aber auch negative Trends durchaus befriedigend. Wenn doch alles „den Bach hinuntergeht", braucht man ja nichts mehr zu tun!) Ob die Trendfortschreibung tatsächlich nützlich ist, ist die Frage. Trendfortschreibungen als lineare Extrapolationen bzw. als qualitative Strukturextrapolationen, haben auch viel Unheil angerichtet.

In Abbildung 24.5 sieht man die Entwicklung der Aidsepedemie in der Bundesrepublik Deutschland oben von 1983 – 1987. In Abbildung 24.6 ist die Entwicklung von 1983 bis 1994 dargestellt. Im Jahr 1986 entschied sich das Bundesgesundheitsministerium, die in der Bundesrepublik vorhandenen Blutreserven *nicht* zu „screenen", das heißt auf den HIV-Virus zu untersuchen. Diese Entscheidung geschah gegen den Rat des Robert Koch Institutes. Den Verantwortlichen im Innenministerium erschien die Aidsentwicklung unproblematisch. Etwa 700 Aidsfälle bei einer anscheinend linearen Entwicklung. Tragisch für die Betroffenen! Aber im Vergleich zu den Opfern von Herz-Kreislauf- oder Krebserkrankungen eine zu vernachlässigende Entwicklung. Man unterließ das Screening und verurteilte damit 2000 Bluter zum HIV und damit ziemlich sicher zum Tode.

Die Voraussage von Trendbrüchen wird nicht leicht geglaubt! Hätten Sie am 10. September 2001 in ihrem Freundeskreis kundgetan, dass Sie es für möglich hielten, dass Terroristen zwei vollbesetzte Verkehrsmaschinen in das World Trade Center fliegen würden, hätte man Sie wahrscheinlich herzlich ausgelacht. (Immerhin gab es Leute, die so etwas vorausgesagt haben!) Mit Brüchen in der Entwicklung, mit Katastrophen haben Menschen ihre Schwierigkeiten. Das normale Lebensgefühl ist das Gefühl sich in einem relativ träge dahinfließendem Fluss zu befinden, der einen langsam von einem Ort zum anderen führt. Die Möglichkeit von Wasserfällen kalkulieren wir nicht ein.

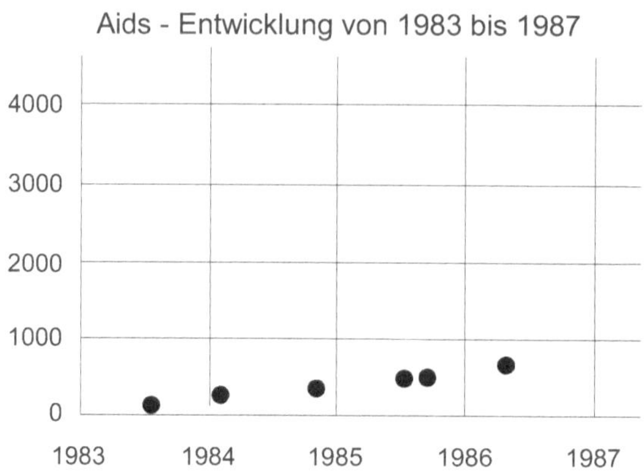

Abbildung 24.5 Die Entwicklung von Aids in der Bundesrepublik Deutschland bis 1986.

Wenn man sich in der Voraussage der Zukunft versucht, so sollte man nicht so sehr die Trends verfolgen, denn das geht relativ einfach. Wichtiger ist es, möglichen Trendbrüchen Aufmerksamkeit zu widmen. Denn Trendbrüche verlangen Umorientierungen, Verhaltensänderungen und deshalb sollte man sich darauf frühzeitig einstellen. Trends sind eigentlich uninteressant, denn sie bedeuten meist, dass man so weitermachen kann wie vorher. Weil wir aber dieses Gefühl der Sicherheit haben wollen, mögen wir keine Trendbrüche. Nach ihnen Ausschau zu halten ist eine „unmenschliche" Forderung. Und so meinen viele Leute zum Jahreswechsel 2006/07, dass nunmehr der Wirtschaftsaufschwung da sei, dass die Arbeitslosenzahlen sinken und die Löhne steigen werden. Man muss nur immer auf den Export setzen.

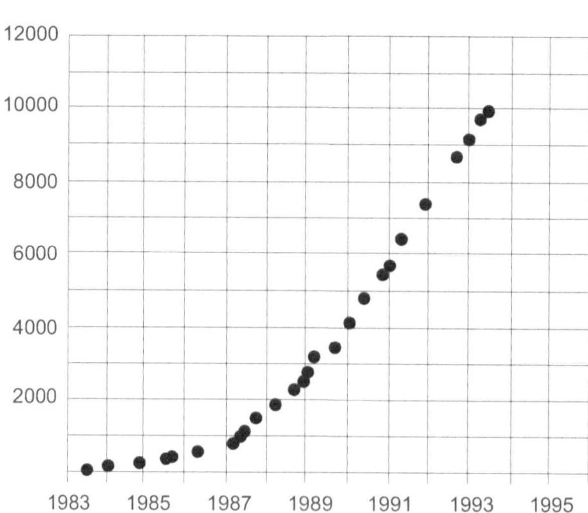

Abbildung 24.6 Die Entwicklung von Aids in der Bundesrepublik Deutschland bis 1994.

24.3.4 Und wie plant und entscheidet man entsprechend eines Bildes von der Realität?

Das Planen und Handeln ist leicht, wenn man alles weiß, wenn man seine Ziele kennt und weiß, was man vermeiden sollte, wenn man die Situation und Vergangenheit und Zukunft kennt, wenn man weiß, wie man die Objekte verändert und weiß wie man von einer Situation zur anderen wechseln kann.

Nur: In komplexen Situationen weiß man all das nie. Es bleibt immer Unbestimmtheit und Inkompetenz und damit sind auch die Determinanten des Handelns wirksam, die wir im Abschnitt 2 kennen gelernt haben

Dekonditionalisierung erleichtert das Planen ungemein. Was heißt Dekonditionalisierung? Es heißt, dass man die Bedingungen von Handlungen entfernt, sie nicht beachtet oder allenfalls in geringem Maße. Und dann plant man wie Rumpelstilzchen. Heute back′ ich, morgen brau′ ich, übermorgen hol′ ich der Königin ihr Kind.

Dieser Plan hätte besser so ausgesehen: „Wenn Mehl, Hefe und Sauerteig da ist und wenn der Backofen frei ist, dann gelingt es mir vielleicht, heute zu backen, sonst aber muss ich … Und wenn die Königin bis dahin meinen Namen nicht erfährt, dann kann ich das Kind abholen!“ Hätte sich also das Rumpelstilzchen die Bedingungen seines Handelns vergegenwärtigt, wäre es vielleicht erfolgreicher gewesen.

Dekonditionalisierte Pläne, Rumpelstilzchenpläne machen Mut und zeigen doch, dass man handeln kann. Nur: Wenn man sie dann umsetzen will, dann funktionieren sie nicht! Dies hat man übersehen und jenes vergessen und dann muss man sich um alle diese Sachen kümmern.

Immerhin: Wenn man dekonditionalisierend plant, traut man sich wenigstens an das Problem heran. Und dann findet man während der Umsetzung vielleicht auch Lösungen für die zunächst nicht berücksichtigten Probleme. Wenn man die Augen ein wenig vor den Schwierigkeiten verschließt, die auftreten können, dann traut man sich eher! Wenn aber dieser Augenschluss über ein bestimmtes Maß hinausgeht, wird sich nicht Handlungsmut, sondern Handlungs*scheu* ergeben. Man misstraut dann dem allzu „glatten“ Plan intuitiv und scheut davor zurück, ihn in die Tat umzusetzen. Man weiß irgendwie, dass er nicht funktionieren wird.

Dekonditionalisierung ist eine Form der Unterplanung. Man plant nicht alles, was man planen sollte. Neben der Unterplanung findet man auch das Gegenteil: Die Überplanung. Bei der Überplanung versucht man wirklich alle Bedingungen, Nebenwirkungen und Spätfolgen des Handelns zu berücksichtigen. Meist ist die Tendenz zum Überplanen ein Ergebnis der Angst. Man versucht im Plan, wirklich allen Eventualitäten gerecht zu werden. Auf den ersten Blick könnte man meinen, dass doch gegen ein Planen mit höchster Sorgfalt nichts einzuwenden ist. Doch, es ist zweierlei dagegen einzuwenden:

- Man schafft es gar nicht, *alles* zur berücksichtigen. Besonders, wenn Realitäten chaotisch sind, kommt es darauf an, alle Daten der Situation *genau* zu wissen, und zwar genau auf die 18. Stelle nach dem Komma! Dieses Wissen wird man aber *nie* haben. Deshalb sollte man nur im Hinblick auf die Aspekte genau planen, über die man auch wirklich etwas genaues weiß. Da man bei genauerem Hinsehen auch auf immer mehr Probleme stößt und man immer deutlicher sieht, dass man viele Kenntnisse, die man eigentlich bräuchte, nicht hat und auch nicht beschaffen kann, macht genaues Hinsehen auch immer unsicherer und deshalb immer weniger handlungsbereit. Das kann darin enden, dass man sich gar nicht mehr traut, oder aber es endet in völlig unreflektiertem Aktionismus (siehe unten).

- Je genauer man plant, desto wahrscheinlicher wird es, dass man auf einer nicht tragfähigen Grundlage plant, dass man, um planen zu können, Annahmen machen muss, die nicht „belastbar" sind. Man sollte sich in diesem Zusammenhang an die Ausführungen über Chaos-Gesetze erinnern: Auch kleine Fehler können – zwei Schritte weiter – große Fehler sein! Mit solchen Annahmen aber steigt die Wahrscheinlichkeit, dass sich der ganze mühsam erstellte Plan als Flop erweist. Das aber nun ist sicher sehr selbstwertschädigend; eine große Anstrengung war umsonst, viel denken war umsonst, die Mühen bei der Informationssammlung waren umsonst. Das drückt das Kompetenzempfinden bei weitem mehr, als wenn man gar nicht geplant hat und dann geht etwas schief.

In welchem Ausmaß man planen kann, also auch planen sollte, kann von Fall zu Fall sehr verschieden sein. In sehr chaotischen Bereichen ist es oft angebracht, überhaupt nicht zu planen, sondern ad hoc zu improvisieren.

Es war erwähnt worden, dass sich aus dem Überplanen oft *Aktionismus* ergibt. Das ist deshalb der Fall, weil sorgfältiges Planen Angst macht. Man sieht die Umstände immer genauer, sieht, wie schwierig doch alles ist und verliert immer mehr den Mut. Im wesentlichen ist Aktionismus eine „kompetenzhygienische" Maßname. Man tut etwas, was laut knallt und kracht, also etwas mit sehr sinnfälligen Effekten. An den Effekten sieht man doch, dass man etwas tun kann und das bringt den Mut zurück!

Jähzornsausbrüche kommen hier in Frage oder die radikale Veränderung der Organisationsstruktur. Man *tut* was, und jeder sieht das; ob die Maßname aber zielführend ist, ist zunächst einmal unwichtig. – Es liegt nahe, den Aktionismus abzulehnen; er mag aber seine Indikationsbereiche haben. Beispielsweise kann eine sinnfällige Aktion der Umgebung signalisieren, dass man nicht mutlos und handlungsunfähig ist.

Wohl die gefährlichste Tendenz bei der Planung von Maßnahmen ist der *Methodismus*. Was ist Methodismus? Die unreflektierte Anwendung einer Methode, weil sie sich in der Vergangenheit als erfolgreich erwiesen hat. Methodismus basiert auf dem Erfolg, allerdings auf dem vergangenen. Man tut das, was sich bewährt hat. – Warum aber soll man das, was sich in der Vergangenheit als erfolgreich erwiesen hat, nicht wieder tun? „Never change a winning team!". Es geht aber hier nicht um das Wiederholen erfolgreicher Maßnahmen. Beim Methodismus geht es um die *unreflektierte* Wiederholung. Wenn sich also eine Form der Werbung für ein Produkt erfolgreich erweist, sollte man sie durchaus weiter verwenden. Man sollte aber die Bedingungen nicht außer Acht lassen, unter denen die Maßnahmen wirksam sind. Man sollte nie von der unbedingten Annahme ausgehen: „Das ist unsere Cash-cow; die brauchen wir nur noch melken!". So etwas meinte man bei Volkswagen, als sich nach dem Krieg der „Käfer" als ein großer Erfolg erwies. Also baute man immer weiter Käfer. Fast bis ans bittere Ende. Denn irgendwann in der Mitte der 1950er Jahre änderte sich mit dem „Wirtschaftswunder" der Publikumsgeschmack. In einem lauten, engen Gefährt, fast ohne Kofferraum, wollte eigentlich keiner mehr an die Adria fahren. In letzter Minute wechselte Volkswagen zur Produktpalette mit Passat, Golf und Scirocco.

Man sollte sich aber davor hüten, anzunehmen, dass nur Automobilhersteller von ihren vergangenen Erfolgen fasziniert ist. Für andere Leute gilt das nicht minder. Es gilt generell für Menschen, die in Unbestimmtheit und Komplexität handeln müssen, die unsicher sind, was der Fall ist, die nach Sicherheit suchen und nach Kompetenz und die diese eben oftmals nur in der Vergangenheit finden.

Eng verwandt mit dem Methodismus ist die Methode der Analogieübertragung. Man löst einen neuen Fall, der einem älteren ähnlich sieht, mit einer analogen Methode, mit der man selbst oder ein anderer den älteren Fall gelöst hat. Als Einstieg ist eine analoge Betrachtung einer neuen Situation recht gut, aber Analogien stimmen nie vollkommen.

24.3.5 Eigentlich sollte man sein Handeln kritisch betrachten

Wenn man sich seine Hypothesen über die Welt zusammengebaut hat, wenn man die richtigen Methoden zur Problemlösung gefunden hat, so haben solche Hypothesen die Tendenz, ein Eigenleben zu entwickeln. Damit solche Hypothesen entlastend wirken, uns von der Angst befreien, müssen sie ihren Hypothesencharakter verlieren und zu *Wahrheiten* werden. Wahrheiten aber braucht man nicht zu kritisieren; dafür sind es ja Wahrheiten. Und deshalb kommt es in komplexen Realitäten schnell zum Ausfall der Kritik. Man beginnt, „ballistisch" zu handeln, „schießt" die Maßnahmen ab wie Kanonenkugeln; wohin sie fallen, braucht man nicht mehr zu kontrollieren, denn man weiß ja sicher, dass sie das Ziel treffen.

Wenn man aber doch zu Kenntnis nehmen muss, dass etwas fehlgeschlagen ist, dann sagt das noch gar nichts. Vielmehr kann man nun das betreiben, was Stefan Strohschneider *„immunisierende Marginalkonditionalisierung"* nennt. „Der Fehlschlag ist auf randständige Zufallsumstände zurückzuführen! Braucht man nicht ernst zu nehmen! Unwichtig! Kommt nicht wieder vor!"

Oder aber man konstruiert *Verschwörungstheorien*. Man wollte ja das Beste und hat das Richtige getan, aber leider nicht mit der verderbten Hinterhältigkeit der Gegner gerechnet, der die schönsten Bemühungen zunichte machte. Die Kolchosivierung der Landwirtschaft in der Ukraine im Jahre 1928 war natürlich nicht die Ursache der nachfolgenden Missernten, sondern diese waren zurückzuführen auf das unheilvolle Wirken des „Klassenfeindes" in der Gestalt der Kulaken (der Mittelbauern) bzw. auf deutsche und Entente-Agenten.

24.3.6 „Gemeinsam geht es besser!" (Oder auch nicht!)

Jeder, sieht man ihn einzeln, ist leidlich klug und verständig, Sind sie in corpore, gleich wird euch ein Dummkopf daraus. (Friedrich Schiller)

Menschen handeln nicht allein, sondern in Gruppen. Das ist sehr bedeutsam, dass dafür eine eigenständige Motivation existiert, die Motivation zur „Affiliation", zur Zugesellung. Wir brauchen ständig „Legitimitätssignale". Signale, die uns mitteilen, dass wir integratives Teil einer Gruppe sind, dass die Gruppe uns schätzt, uns akzeptiert und uns gegebenenfalls zur Hilfe eilt, wenn das notwendig wird. Die Legitimitätssignale wie der freundliche Gruß, das Lächeln, der Klaps auf die Schulter, werden nicht explizit als solche Versprechen verstanden, aber implizit schon. Versuchen sie einmal eine Art von Legitimitätsdeprivation durchzuführen. Verzichten Sie auf die Legitimitätssignale, verschließen Sie sich in Ihren vier Wänden, bleiben Sie einsam. Was wird die Folge sein? Einsamkeit bedeutet, dass Sie sich allein fühlen und das bedeutet auch zugleich, dass Sie sich hilflos fühlen, sich nicht „kompetent" fühlen, sich ausgeliefert fühlen. Das ist das Unangenehme an der Einsamkeit. Deshalb sorgen wir Menschen in regelmäßigen Abständen dafür, unseren „Affiliationstank" gewissermaßen aufzufüllen, indem wir uns mit Kollegen, Freunden, usw. unterhalten, Neuigkeiten austauschen, uns anlächeln, uns Komplimente machen, höflich zueinander sind. Wir sind auch bereit, für

Legitimitätssignale gewissermaßen zu zahlen, indem wir anderen helfen, ihnen Ratschläge geben, ihnen Gefälligkeiten erweisen, ihnen Geschenke machen.

Die Gruppeneinbindung ist ein wesentlicher Teil unserer Kraft. Dies zeigt sich auch darin, dass in Zeiten von Not und Gefahr die sozialen Beziehungen einen großen Wert bekommen. Als 1991 die „Wende“ über die Bewohner Ostdeutschlands hereinbrach, als sich ziemlich schnell alle Lebensumstände änderten, als man sich auf Institutionen, auf die man sich lange verlassen hatte, nicht mehr verlassen konnte. Als Regeln, die bislang galten, nicht mehr galten, als das, was verehrt und für wichtig gehalten wurde, nicht mehr galt, geschah allerlei. Es sanken z.B. die beträchtlichen Scheidungsraten enorm, auch in der ehemaligen DDR. Die DDR-Bewohner entdeckten ihr soziales Netz und zwar im Wesentlichen das soziale Netz ihrer Familie als Basis, auf das man sich verlassen konnte.

Was hat das nun mit der Bewältigung von Komplexität zu tun? Komplexität macht Angst. Und sie macht umso mehr Angst, je mehr die unverstandenen und unvoraussagbaren und nicht zu bewältigenden Umstände nicht nur Marginalien, sondern zentrale Aspekte unseres Lebens betreffen, unseren Lebensunterhalt, die Gesundheit. Unter solchen Umständen bekommt die soziale Einbettung einen hohen Wert.

Die soziale Einbettung betrifft aber nicht nur das Lächeln. Es betrifft auch die Meinungen, die Auffassungen, die man von der Welt hat. Die soziale Kohäsion basiert in hohem Maße auf der Akzeptierung eines gemeinsamen Weltbildes. Es ist schwer, Solidarität mit Personen zu pflegen, die in grundlegenden Dingen anderer Meinung sind als man selbst. An den Rändern sind Abweichungen gestattet. Die Grundprinzipien aber müssen gleich sein An den Grundprinzipien ist eine Kritik nicht erlaubt. Kritik an den Grundprinzipien gefährdet die Gruppenkohäsion. Und deshalb werden in Notzeiten die Meinungen und Weltauffassungen homogenisiert. Eine Meinung, eine Auffassung ist nicht nur eine Meinung, die man zur Diskussion stellen kann, eine Auffassung, die kritisiert werden kann, sondern sie ist ein sittliches Gut, sie hat moralischen Gehalt.

Gero von Randow wies in einem Leitartikel der Frankfurter Allgemeinen im Frühjahr 2003 darauf hin, dass in westlichen intellektuellen Kreisen beispielsweise die Frage der Atomkraft kaum diskutiert werden kann, da die Ablehnung der Atomenergie zu den wenigen Grundverständnissen der modernen westlichen Industriegesellschaften gehört. Sieht man genau hin, dann gibt es relativ viele Themen dieser Art, die sachlich zu diskutieren ziemlich schwer fällt. Dazu gehört beispielsweise der Tierschutz, der Schutz ungeborenen Lebens, das Klonverbot.

Wir zahlen für die Affiliation, für die Gruppenzugehörigkeit, für das Gefühl der Solidarität, für das Gefühl, uns auf die Hilfe anderer verlassen zu können, auf ihren Beistand, ihre Unterstützung, sind wir bereit, Informationen zu selektieren, der Kritik zu entheben, für wahr zu halten, was nur eine Auffassung, eine Meinung, eine Hypothese ist.

Gruppen basieren auf Normen, auf bestimmten Grundauffassungen über die Welt, über die Art und Weise, wie man Probleme anpacken soll, über die Herkunft der Dinge und über den Fortgang der Ereignisse. Natürlich gibt es wichtige und minder wichtige Normen. Wenn Sie auf die Idee kommen, dass man am Freitag doch ruhig Fleisch essen könne, dann wird das für Sie als Christ kaum dazu führen, dass man Sie zwangsweise aus der Kirchengemeine entfernt oder man mit Ihnen keine Gemeinschaft mehr haben möchte. Wenn Sie aber sagen, dass Sie das mit dem lieben Gott sowieso und das mit Christus im Besonderen, besonders aber das mit der Auferstehung für Humbug halten, dann wird es schon etwas komplizierter mit ihrem weiteren Verbleib innerhalb der Gemeinde.

Die Zugehörigkeit zu einer Gruppe ist für uns eine, vielleicht die wichtigste Quelle der Kompetenz, des sich Stark-Fühlens, des sich den Dingen-gewachsen-Fühlens. Dagegen können Sie ziemlich wenig machen; dass die Einbindung in eine Gruppe, die Affiliation, eine wesentliche Basis des Kompetenzempfindens ist, ist uns als politischen Wesen einprogrammiert. Wenn Sie nun mit Ihrer Gruppe hinsichtlich zentraler „Meinungen" (die von der Gruppe als Wahrheiten betrachtet werden) abweichen, wenn Sie sich mit der Gruppe hinsichtlich solcher zentraler Auffassungen überwerfen, passiert etwas Ähnliches. Die Gruppe wird Sie ausstoßen. Sie werden vielleicht ein wenig Bedenkzeit bekommen, sich das alles noch einmal zu überlegen, aber eine Chance, mit ihrer abweichenden Meinung weiterhin innerhalb der Gruppe zu existieren, bekommen Sie nicht. Die Gruppe müsste sich dann ja selbst aufgeben, wenn sie den Grundkonsens durch Sie gefährden ließe.

Höchstwahrscheinlich wird Sie das zur Raison bringen. Wenn Ihnen wirklich an der Gruppe etwas liegt, dann werden Sie seine abweichende Meinung aufgeben. Und das wird Ihnen nicht allzu schwer fallen, denn die Meinungen, von denen wir hier reden, gewöhnlich nicht auf unmittelbar sichtbaren Tatsachen basieren. Es geht nicht darum, ob vor Ihnen auf dem Tisch ein Apfel liegt oder nicht. Solche Sachverhalte kann man leicht entscheiden. Es geht um andere Dinge, die nicht direkt sichtbar sind. Und hinsichtlich dieser kann man im Grund die Meinungen schnell wechseln, und wenn man zur anderen Meinung gekommen ist, auch die alte schnell wieder aufgreifen. Denn es geht um nichts, was durch die Anschauung unmittelbar bestätigt oder widerlegt würde. Besonders in Krisenzeiten, wenn Sie keine andere Kraftquellen mehr haben, außer die Gruppe, dann werden Sie der Gruppe zuliebe ihre Auffassung beibehalten.

Manche heutzutage fragen sich, wie es kommt, dass die Deutschen bis zum 8. Mai 1945 Gehorsam und Gefolgschaft leisteten. Man macht sich hierbei nicht klar, dass sehr viel von dieser „Gefolgschaftstreue" auf dem Bedürfnis basierte, das Einzige, was in schwierigen Zeiten Halt bot, das Einzige, was die Garantie dafür war, dass man gegebenenfalls ein Stück Brot abkriegte, das Einzige, was der Garant dafür war, dass man aus einem verschütteten Keller frei gebuddelt wurde, eben die Gruppe war. Und so wurden die Gruppennormen eben kaum in Frage gestellt. Die Affiliation ist in kritischen Zeiten ein so hoher Wert, dass ihm die Wahrheit ohne weiteres geopfert wird.

Ein Effekt der Affiliationstendenzen ist das, was Janis (1972) „Gruppendenke" („groupthink") nennt. „Gruppendenke" ist ein Prozess, der im Wesentlichen darauf beruht, dass die Mitglieder einer Gruppe in Notzeiten der gemeinsamen Auffassung von der Welt einen hohen Wert beimessen. Abbildung 24.7 zeigt, was daraus entstehen kann.

Ausgangspunkt ist die Unsicherheit der Gruppe hinsichtlich einer Entscheidung. Unsicherheit bedeutet Angst, und das bedeutet starke Affiliationstendenzen. Und das bedeutet, dass das gemeinsame Weltbild einen hohen Wert erhält. Das wiederum führt dazu, dass man seine eigene Meinung an die Gruppenmeinung angleicht und dass man Kritik an dieser Meinung nicht mehr zulässt. Man verschanzt seine (gruppenkonforme) Meinung. Die Mechanismen dieser Verschanzung haben wir schon kennen gelernt: Wahrnehmungsabwehr und affirmative Wahrnehmung. – Und das garantiert Gruppenkonformität *und* falsche Entscheidungen!

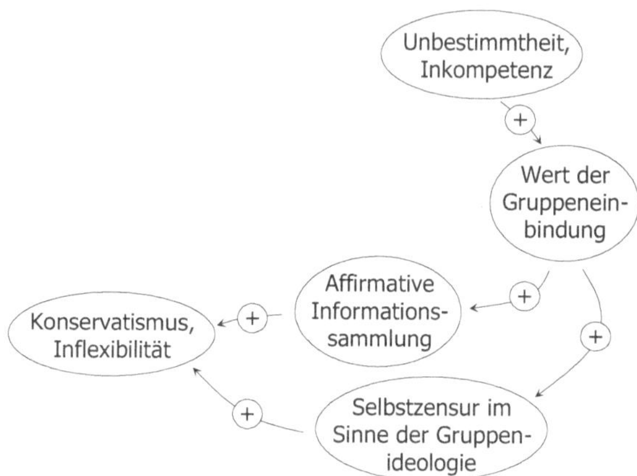

Abbildung 24.7 „Gruppendenke"

Janis demonstriert, dass „Gruppendenke" Weltpolitik machen kann. Ein Beispiel für die „Gruppendenke" ist die Entscheidung der Kennedy-Regierung, im Jahre 1962 Kuba durch Exilkubaner angreifen zu lassen. Man hatte in Florida aus Exilkubanern einige militärische Einheiten gebildet und setzte diese in der „Schweinebucht" in Kuba an Land. Die Auffassung war, dass das restliche Kuba wie ein Mann gegen Fidel Castro aufstehen würde und dass eine Revolution das kommunistische Regime hinwegfegen würde. Das geschah aber nicht. Vielmehr nahmen die Soldaten Fidel Castros die Exilkubaner nach etlichen Schusswechseln einfach gefangen und eine Massenerhebung fand nicht statt. – Ein politisches Desaster, unnötige Opfer von Menschenleben und das alles aufgrund der Tatsache, dass die Kennedy-Regierung sich in ihr Bild von der Welt verrannt hatte und daran unbeirrbar festhielt.

Abbildung 24.8 zeigt ein anderes Beispiel für die Wirksamkeit der affiliativen Bedürfnisse bei Gruppenprozessen. Wir nennen den Prozess „Loyalitätszirkel". Was heißt das?

Ein Stab oder ein Führungsgremium in einer Krisenzeit fühlt sich unsicher. Die Nachrichten sind unklar, die Situation ist sehr komplex, viele Nachrichten sind wahrscheinlich falsch, man weiß aber nicht welche, es ist unklar, was man eigentlich tun soll, und was die Folgen sein werden. Aber irgendetwas muss getan werden! Aber wenn nun einer etwas dagegen hat? Muss das sein? Die Probleme sind kompliziert genug und nun noch ein Stänkerer in der Gruppe. Rauswerfen, entfernen, abschieben. Und das gilt auch für Leute, die ständig die „falschen" Nachrichten überbringen. – Wenn das die Haltung innerhalb des Stabes ist, so hat das Folgen. Es kommt zu einer Ansammlung von Ja-Sagern innerhalb der Gruppe und außerdem sinkt die Gruppenintelligenz. Warum? Dafür gibt es zwei Gründe.

- Ja-Sagen und Mundhalten ist die Strategie der Karriereristen. Damit kann man aufsteigen. Und derjenige, der den Führenden nach dem Munde redet, der die Gruppenmeinung unterstützt und vehement vertritt, hat in bestimmten Gruppen die besten Chancen zum Aufstieg.
- Und der andere Grund? Das ist das, was man schlicht und einfach als Dummheit bezeichnen kann. Leute, die langsam sind, die Verhältnisse in der Welt nicht durchschauen, die Komplexität noch nicht einmal wahrnehmen, brauchen Anleitung, brau-

chen Hinweise über das, was in der Welt der Fall ist, brauchen feste Schablonen zur Beurteilung der Sachverhalte. Solche Leute sind gut brauchbar als ausführende Organe. Sie stellen keine Fragen, glauben, dass das, was sie machen, richtig ist, weil man es ihnen ja so gesagt hat, und wenn es vielleicht leise Ansätze von Zweifeln gibt, werden sie durch die Krisensituation erstickt werden.

Auf diese Weise wird die Gruppe homogen, und Zweifel und Irritationen werden ausgeschaltet. Die Tatsache, dass so viele Menschen der Führung bedürftig sind, schmeichelt außerdem der Führung. Sie zeigt ihr doch, wie überlegen sie ist, wie sehr es notwendig ist, dass sie eben führt. Selbst eine mittelmäßige Intelligenz wird auf diese Weise den Eindruck bekommen, „Spitze“ zu sein, denn der relative Abstand ist bedeutsam.

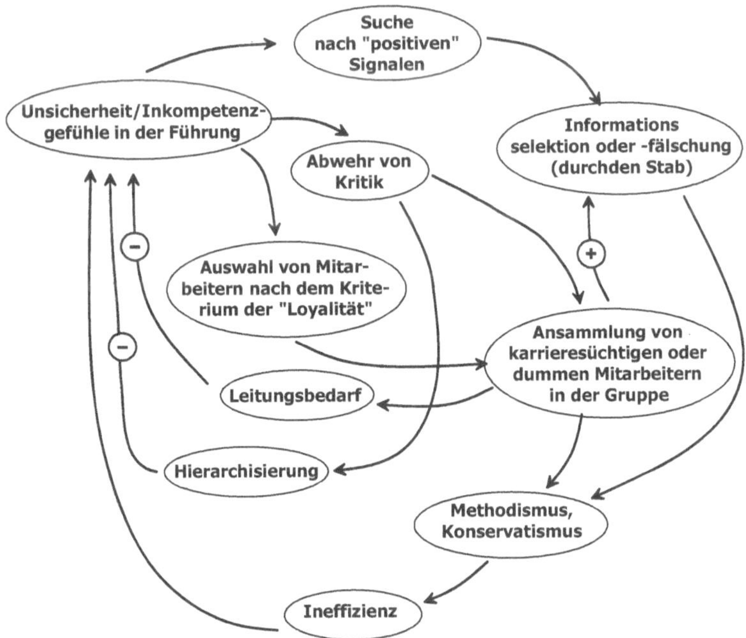

Abbildung 24.8 Der „Loyalitäts“ – Zyklus.

24.4 Was tun?

Was kann man tun, um mit Komplexität vernünftig umzugehen? Das ist schwer zu sagen. Höchstwahrscheinlich sind Probleme in komplexen Realitäten nicht berechenbar. Höchstwahrscheinlich sind die Probleme „nichtdeterministisch – polynomial“. Das bedeutet, dass es keine *allgemeinen* Algorithmen gibt, um die Lösung zu bestimmen. Dass ein Problem ein NP-Problem ist, bedeutet nicht, dass für ein konkretes Problem kein Lösungsverfahren existiert. Das lässt sich durchaus finden. Aber man muss bei jedem Problem immer wieder neu nachdenken.

Man kann noch nicht einmal sagen, dass die Vermeidung der aufgeführten Verhaltensweisen auf jeden Fall anempfohlen werden kann. Es kann vorkommen, dass affirmative Wahrnehmung, „immunisierende Marginalkonditionalisierung“, die Suche nach „Verschwörern“, Zentralreduktion, usw. „lokal“ durchaus vernünftig sind. An einigen Stellen haben wir ja darauf hingewiesen. Methodismus und die vernünftige Wiederholung vorher erfolgreicher Maßnahmen unterscheiden sich nicht sehr.

Was also tun? Rezepte gibt es nicht. Aber an einige Dinge sollte man immer denken:

- Die meisten Geschehnisse sind nicht nur von *einem* Faktor abhängig. Deshalb ist eine Zentralreduktion allenfalls zeitweise vernünftig, wenn wirklich einmal ein Faktor überragende Bedeutung hat.
- Die Bedingungen wandeln sich. Deshalb sollte man bei der notwendigen Konzentration auf die aktuelle Aufgabe nie den Hintergrund außer Acht lassen.
- Allgemeinen Regeln sollte man misstrauen!
- Es ist nicht immer richtig, sorgfältig zu planen; manchmal ist das vergeudete Zeit.
- Man sollte sich bei jeder Maßnahme fragen: „Warum machst Du das?“ Wenn der Hauptgrund in irgendeiner Form von „Kompetenzhygiene“ liegt, ist die Maßnahme wahrscheinlich nicht angebracht. Für diese Analyse ist die Liste der Angst-determinierten Maßnahmen vielleicht eine Hilfe.

24.5 Literatur

Bazerman, M.: Watkins, M. (2005): *Predictable Outcomes*. Harvard: Harvard Business School Press.

Dörner, D. (1989): *Die Logik des Mißlingens*. Rowohlt: Reinbek bei Hamburg.

Dörner, D.; Bartl, Ch.; Detje, F.; Gerdes, J.; Halcour, D.; Schaub, H.; Starker, U. (2002): *Die Mechanik des Seelenwagens*. Bern: Huber.

Dörner, D.; Kreuzig, H.W.; Reither, F.; Stäudel, Th. (Eds) (1983): Lohhausen: *Vom Umgang mit Unbestimmtheit und Komplexität.* Bern: Huber.

Englund, P. (1993): *Die Marx-Brothers in Petrograd*. Berlin: Basis-Druck.

Janis, I. (1972): *The Victims of Groupthink*. Boston: Mifflin.

Tuchman, B. (2001): *August 1914*. Frankfurt am Main: Fischer. 31-46

Das Lernen von der Natur und die wissenschaftliche Einordnung und Dynamik der Industrial Ecology

25 Industrial Ecology auf dem Weg zur Wissenschaft der Nachhaltigkeit?

Ralf Isenmann

25.1 Einführung

Die Geburtsstunde der Industrial Ecology lässt sich wohl am Aufsatz „Strategies for Manufacturing“ von Frosch und Gallopoulos (1989) im Scientific American festmachen, selbst wenn die intellektuellen Wurzeln des noch jungen Forschungs- und Handlungsfeldes, die diversen Vorläuferkonzepte und frühen Anfänge historisch sehr viel weiter und systematisch in verschiedene Wissenschaftsdisziplinen zurückreichen. Zumindest hat der Aufsatz eine katalytische Wirkung entfaltet und zu Aktivitäten inspiriert, die für die weitere Entwicklung des Forschungs- und Handlungsfeldes bedeutsam waren. Frosch und Gallopoulos (1989, 152) schlugen in ihrem Aufsatz vor, Industriesysteme in Analogie zu Ökosystemen in der Natur zu betrachten, die augenscheinlich nach Prinzipien einer Kreislaufwirtschaft funktionieren. Das Gestaltungsziel, so ihr Vorschlag, besteht dann in einem „industrial ecosystem“, in dem der Einsatz von Energien und Materialien verbessert sowie Abfälle und Emissionen reduziert sind, „and there is an economically viable role for every product of a manufacturing process“.

In den knapp 20 Jahren seit dieser Veröffentlichung hat sich die Industrial Ecology sehr dynamisch entwickelt. Derzeit befindet sie sich in einem Umbruch, ohne dass zum gegenwärtigen Zeitpunkt bereits klar erkennbar ist, wohin und mit welchen Auswirkungen die Reise geht (Graedel 2000): Während einige Vertreter aus den Natur- und Ingenieurwissenschaften in der Industrial Ecology eher den technischen Kern der Nachhaltigkeit sehen (Raha 1999), plädieren andere für eine verstärkte Integration der Sozialwissenschaften (Vermeulen 2006), darunter prominente Vertreterinnen wie z.B. Marina Fischer-Kowalski und Helga Weisz. Ohne hier bereits ein definitives oder Zwischenfazit ziehen zu können, sprechen einige Anzeichen dafür, dass sich die Industrial Ecology in Richtung einer Wissenschaft der Nachhaltigkeit entfaltet, so wie dies z.B. Ehrenfeld thematisiert (2004a und in diesem Buch).

In einem solchen wegweisenden Entwicklungsstadium der Industrial Ecology mit durchaus weitreichenden Konsequenzen für die Scientific Community, die Praktiker sowie darüber hinaus auch für das grundsätzliche Verständnis von Wissenschaft ist Orientierung wichtig und hilfreich. Insofern scheint es angebracht, die mögliche Zukunft der Industrial Ecology zu beleuchten und über ihre weitere Entwicklung nachzudenken. Dies soll hier mit drei Schwerpunkten geschehen:

- Die Entwicklung der Industrial Ecology in den vergangenen knapp 20 Jahren wird anhand dreier Stufen nachgezeichnet, von den frühen Anfängen in den späten 1980er Jahren über den Aufschwung Mitte der 1990er Jahre bis hin zur organisatorischen Verankerung als International Society for Industrial Ecology (ISIE, http://www.is4ie.org) im Jahr 2001.
- Parallel zum Bedeutungszuwachs der Industrial Ecology und ihrer Institutionalisierung verläuft ein Prozess der Profilbildung, der das neue Forschungs- und Handlungsfeld im Vergleich zu anderen Ansätzen, Konzepten und Disziplinen in den Umwelt- und Nach-

haltigkeitswissenschaften unterscheidet. Diese Diskussion wird anhand der einschlägigen Fachliteratur in ihren Grundzügen skizziert.

- Mit der sichtbaren Verankerung in der Wissenschaftslandschaft als internationale Gesellschaft einerseits und der Diskussion um das Selbstverständnis der Industrial Ecology andererseits ist die Basis gelegt, um erste Konturen für ein eigenständiges Profil der Industrial Ecology im Kanon der Umwelt- und Nachhaltigkeitswissenschaften zu identifizieren. Es werden Überlegungen angestellt, wie der zukünftige Weg der Industrial Ecology zur Wissenschaft der Nachhaltigkeit aussehen könnte und welche Implikationen eine solche Entwicklung mit sich brächte.

25.2 Entwicklung der Industrial Ecology

Die Industrial Ecology hat sich in den vergangenen knapp 20 Jahren dynamisch entwickelt, von einer „smarten Idee“ (Frosch 1992, 800) über ein „etwas unscharfes (somewhat fuzzy) Konzept“ (Ehrenfeld 2000, 229) zu einem „mächtigen Prisma („powerful prism“) (ISIE 2006). In den frühen 1990er Jahren lag der Schwerpunkt der Industrial Ecology zunächst darin, ein vergleichsweise neues Denken zu etablieren und dabei die Erkenntnisse der Ökosystemforschung für die Gestaltung industrieller Systeme fruchtbar zu machen. Die methodischen Grundlagen liefert die Analogiebildung. So schlagen Frosch und Gallopoulos (1989) vor, industrielle Systeme nach dem Vorbild ökologischer Systeme so zu organisieren, dass Abfallstoffe und Kuppelprodukte weiter als Sekundärrohstoffe genutzt werden. Der Vorgang ist den Nahrungsketten in Ökosystemen nachempfunden, mit den Materie- und Energieflüssen zwischen Grünpflanzen als Produzenten, Tieren als Konsumenten und (Mikro)Organismen wie Würmer, Asseln, Bakterien und Pilze als Destruenten und Recycler. Graedel (1994) hat diese Grundidee aufgegriffen, konzeptionell verfeinert und durch drei Typen von Ökosystemen populär gemacht: Der Typ I verkörpert einen einfachen linearen Verlauf der Materialflüsse, in dem Ressourcen unbegrenzt zufließen und Abfälle entstehen. Hier handelt es sich um das Modell einer Durchlaufwirtschaft.. Im Gegensatz dazu steht der Typ III: Hier sind die Materialflüsse zirkulär gestaltet und werden lediglich durch Sonnenenergie gespeist. Gemäß eines „Wirtschaftens nach dem Vorbild von Ökosystemen“ repräsentiert der Typ III das Ideal für eine Kreislaufökonomie in industriellen Systemen.

Dieses erfrischende Denken hat seitdem mehr und mehr Wissenschaftler, Forscher und Entscheidungsträger in Politik, Wirtschaftssektoren und Unternehmen zu Untersuchungen ermuntert. In der Industrial Ecology entstanden zahlreiche Forschungsvorhaben und Industrieprojekte, darunter Ressourcenstudien und sozial-ökonomische Analysen, aber auch praxisnahe Aktivitäten zur Produkt- und Prozessgestaltung, Dematerialisierung und Dekarbonisierung im Sinne eines Ecodesign sowie zu Industrial-Symbiosis-Projekten z.B. zur Gestaltung von Eco-Industrial Parks. Die hohe konzeptionelle Integrationsfähigkeit der Industrial Ecology begünstigte sicherlich, dass bislang weitgehend eigenständige Forschungsbereiche wie Lebenszyklusanalysen (Life Cycle Assessment), Material- und Energieflussanalysen (Material Flow Analysis) sowie auch umfangreiche branchenweite und länderübergreifende Untersuchungen zum industriellen Metabolismus (Industrial Metabolism) und zu dynamischen System-Modellierungen (System Dynamics, Dynamic Modeling) unter dem gemeinsamen Dach der Industrial Ecology zusammenfanden bzw. ihr thematisch-methodisch zugeordnet wurden.

In gewisser Weise erinnert diese institutionelle Vereinigung an eine ähnliche Entwicklung, wie sie der Wissenschaftshistoriker Thomas S. Kuhn (2006, 191) Mitte des 19. Jahrhunderts in der Physik identifizierte: Bis dahin gab es keine eigene Gemeinschaft der Physiker. Sie bildete sich erst, indem die zuvor getrennten Gemeinschaften der Mathematiker und Naturphilosophen miteinander verschmolzen. Auch wenn die Herausbildung eines eigenständigen Profils insgesamt erst im Entstehen ist, so scheint sich in der rasch anwachsenden Fachliteratur zur Industrial Ecology in jüngster Zeit schrittweise durchaus eine Grundstruktur herauszubilden. Spätestens seit der Gründung der International Society for Industrial Ecology im Jahr 2001 dürfte das Forschungs- und Handlungsfeld den Kinderschuhen entwachsen sein. Im Gegensatz zur smarten Idee vor rund 20 Jahren bietet die Industrial Ecology heute ein „powerful prism" (ISIE 2006), bestehend aus einer Vielzahl spezifischer Instrumente, Projekte, Studien, Publikationen und Forschungsressourcen durch Institute, Lehrstühle und Ausbildungsprogramme sowie weiteren Merkmalen, die eine Wissenschaftsdisziplin ausmachen (Ehrenfeld 2000; 2001). Aus der und zur Industrial Ecology gibt es mittlerweile eine umfassende akademische und praxisorientierte Literatur.

Die auf Industrial Ecology ausgerichtete Buchliteratur ist weitgehend englisch-sprachig (ausgenommen z.B. Isenmann und von Hauff 2007 und dieses Buch, ferner: Bringezu 2004a; Kreibich und Simonis 2000). Eine empirische Untersuchung zum Stellenwert der Industrial Ecology in der Hochschulausbildung von Leal (2007) macht deutlich, dass die Angebote in der Universitätsausbildung im angloamerikanischen Raum deutlich stärker verankert sind als in Europa. In Deutschland hat sich die Industrial Ecology noch nicht in Form eigenständiger Studiengänge etabliert, sondern allenfalls durch Module und Kurse an Universitäten und Fachhochschulen. Erste Aktivitäten gibt es z.B. an der Universität Bremen und an der TU Kaiserslautern, darüber hinaus an der TU Braunschweig, an der Hochschule Bremerhaven sowie an der TU München in Kooperation mit der Nanyang Technical University, Singapur. Für die Zukunft ist zu erwarten, dass sich die Industrial Ecology zu einem wichtigen Aufgabenfeld der eher ökologisch sowie technisch und managementorientierten Nachhaltigkeitsforschung entwickelt, wie dies z.B. Bringezu (2004b) thematisiert, mit einem großen Potenzial gerade auch für Deutschland.

Insgesamt haben die drei hier hervorgehobenen Entwicklungsstadien der Industrial Ecology ihre Funktion in der betreffenden Zeit erfüllt. Sie waren zum einen konzeptionell offen genug, um viele Wissenschaftler und Entscheidungsträger zu Forschungsprojekten und anderen Aktivitäten in der Industrial Ecology anzuregen. Zum anderen waren sie verbindend und mit der Entwicklung wohl auch hinreichend verbindlich, so dass sich die Mehrheit der Protagonisten in der Industrial Ecology wiederfinden und sich eine gemeinsame konzeptionelle Grundstruktur sowie eine vereinigende Gemeinschaft herausbilden konnte. Eine zu enge und rigorose Grenzziehung der Industrial Ecology ohne Anknüpfung an andere Bereiche und ohne Überschneidungen mit weiteren Scientific Communities hätte im Verlauf der Entwicklung vermutlich weder die Attraktivität ausgestrahlt noch die Integrationskraft vermittelt, um Interessenten in Wissenschaft, Politik, Verwaltung und Unternehmen als Industrial Ecologists zu vereinen. Heute zählt die International Society for Industrial Ecology mehr als 500 Mitglieder.

25.3 Profilbildung der Industrial Ecology

In den frühen Entwicklungsstufen eines sich neu formierenden Forschungs- und Handlungsfeldes stehen erfahrungsgemäß oftmals quantitative Analysen und „harte", empirisch gewonnene Befunde im Vordergrund. Mit zunehmender Reife treten i.d.R. dann allerdings auch verstärkt wissenschaftshistorische, -theoretische und -soziologische Aspekte hinzu. Solche Prozesse der Profilbildung, Differenzierung und Abgrenzung sind für jedes Forschungs- und Handlungsfeld relevant. Dies trifft für fest etablierte Wissenschaftsdisziplinen wie Physik, Biologie und Wirtschaftswissenschaften genauso zu wie für die noch junge Industrial Ecology. In einem Forschungs- und Handlungsfeld, dessen intellektuelle Wurzeln in verschiedenen Wissenschaftsdisziplinen gründen, verläuft die Profilbildung sicherlich sehr lebendig. Lifset (1998, 1999) und Allenby (1998) haben Debatten zu diesen Prozesse bereits vor rund 10 Jahren initiiert:

- Für die Entwicklung des Profils der Industrial Ecology sah Lifset (1998) zwei grundsätzliche Möglichkeiten: auf der einen Seite ein monolithisches Theoriegebäude, so wie es für eine kohärente Wissenschaftsdisziplin typisch ist, auf der anderen Seite eine Modulstruktur als methodologische Ergänzung zu anderen Forschungs- und Handlungsfeldern. Allenby (1998) argumentierte dafür, die traditionelle technisch-ökonomische Perspektive der Industrial Ecology zu öffnen für soziale Kontextfaktoren. In eine ähnliche Richtung gingen die Vorschläge von Ruth (1998) sowie in generalisierter Form von Müller-Merbach (1988), wonach der technologische Fortschritt zwar ein wichtiger Treiber auf dem Weg zur Nachhaltigkeit bzw. bei jeder sozio-ökonomischen Entwicklung sei, der aber stets im Verbund mit sozialem Wandel und ökonomischer Prosperität wie in einem Dreiklang betrachtet werden müsse.
- Eine teilweise hitzige Diskussion, die immer wieder aufkommt, entfacht sich um die Frage, inwieweit die Industrial Ecology eine normative oder eine objektive Wissenschaftsdisziplin sei. Stellvertretend für die Auseinandersetzung kann hier der Disput zwischen Allenby (1999b) einerseits sowie Boons und Roome (2001) andererseits angeführt werden. Während Allenby (1999b) dafür plädierte, Objektivität in der Industrial Ecology anzustreben und sich möglichst normativer Positionen zu enthalten, verwiesen Boons und Roome (2001) darauf, dass bereits mit der Empfehlung, was einem Forschungs- und Handlungsfeld zugerechnet werden sollte, normative Implikationen einhergehen. In diesem Zusammenhang schlug schließlich Allen (2001) vor, die für die Industrial Ecology leitenden Grundannahmen, Prinzipien und Instrumente offenzulegen und damit auch die Wertebasis und mögliche versteckte Werturteile transparent zu machen.
- Bey (2002, 2007) sowie Bey und Isenmann (2005) erinnerten an die ökologischen Wurzeln der Industrial Ecology mit der Aufforderung, diesem Bereich mehr Aufmerksamkeit bei ihrer strategischen Ausrichtung zu widmen, zumal die Ökologie für das Forschungs- und Handlungsfeld namensgebend sei. Insbesondere sei es angebracht, so das generelle Anliegen, die neueren Erkenntnisse in der theoretischen Ökologie und Komplexitätstheorie (Schneider und Kay 1994; Spiegelman 2003) in der Theoriebildung der Industrial Ecology zu berücksichtigen, nicht nur die frühen Meilensteine der Ökosystemtheorie z.B. von Odum (1969). Für Bey (2007) ist es angezeigt, die vereinfachende Idee der Nahrungsketten als ökologische Grundannahme der Industrial Ecology zu verfeinern und auf eine tragfähige Basis zu stellen, indem die Modelle dynamisiert sowie stärker thermodynamische Effekte der Energie-Dissipation berücksichtigt werden.
- Die Arbeiten von Ehrenfeld widmen sich im Grunde drei Aspekten, die für die Profilbildung relevant sind: (i) Entwicklung der Industrial Ecology von den frühen Anfängen bis zu ihrer Institutionalisierung als internationale Gesellschaft (Ehrenfeld 2001); (ii) Einsatz

und Nutzen von Metaphern der Ökosystemtheorie und Analogien aus der Biologie für die Industrial Ecology (Ehrenfeld 2004b) sowie (iii) ihre strategische Ausrichtung als Wissenschaft der Nachhaltigkeit (Ehrenfeld 2004a und in diesem Buch). Zweifelsohne erfüllen Metaphern und Analogien eine wichtige Funktion für ein Forschungs- und Handlungsfeld, insbesondere im Entdeckungszusammenhang, um neue Einsichten zu gewinnen, sowie im Verwendungszusammenhang, um Einsichten auf anschauliche Weise zu vermitteln. Insofern bilden Metaphern und Analogien wohl zu Recht ein wichtiges Instrument in der Industrial Ecology. Die fortwährende Diskussion entzündete sich allerdings an einem unzweckmäßigen Gebrauch der Metaphern im Begründungszusammenhang, wenn damit Einsichten gerechtfertigt werden sollen. Andererseits besteht offensichtlich weiter Klärungsbedarf im angemessenen Gebrauch der Metaphern für die Fundierung eines der Industrial Ecology angemessenen Naturverständnisses (Isenmann 2003a, 2003b; 2003c und in diesem Buch).

- Im „Handbook of Industrial Ecology" (Ayres and Ayres 2002) liefern Lifset und Graedel (2002) einen Überblick zum Stand der Forschung, einschließlich Forschungsziele und Schlüsseldefinitionen. Dabei stellen sie fest (Lifset und Graedel 2002, 14), „there is no authoritative epistemology in industrial ecology." Es ist klar, dass die Grenzen der Industrial Ecology nicht rein abstrakt ohne Anwendungen und Handlungsfelder definiert werden können. Allerdings klingt ihr Resümee mehrdeutig, da es zu Missverständnissen führen kann bzw. zu Kritik einlädt; (i) einige mögen es im Sinne eines methodologischen Pluralismus verstehen und insofern als ein Zeichen intellektueller Offenheit betrachten; (ii) Kritiker hingegen könnten vermuten, dass es keine wissenschaftlichen Qualitätsstandards gäbe; insofern (iii) könnten einige daraus schließen, dass Theoriebildung und -entwicklung eine untergeordnete Rolle spielen und insgesamt nicht sorgfältig betrieben würden. Dass wissenschaftstheoretische Aspekte bislang möglicherweise zu wenig Beachtung finden, ist weder als prinzipielle Kritik aufzufassen noch spezifisch für die Industrial Ecology, sondern trifft im Grunde für jedes sich herausbildende Forschungs- und Handlungsfeld zu. Tacconi (1998) nimmt z.B. an, dass auch das benachbarte Feld der ökologischen Ökonomie am Beginn einer wissenschaftstheoretischen Entdeckungsreise steht. Ein Grund könnte darin liegen, dass für solche neuen Wissenschaftsdisziplinen die Merkmale einer „post-normal science" (Funtowicz und Ravetz 1994) zutreffen, für die der Umgang mit Nicht-Wissen, Management von Unsicherheiten, Multiperspektivität, Wissenspluralismus und gesellschaftlicher Diskurs charakteristisch sind.
- Eine exponierte Position im Diskurs um die Profilbildung in der Industrial Ecology vertritt Bourg (2003). Vor dem Hintergrund einer geistesgeschichtlichen Analyse postuliert er: „Industrial ecology has developed into a *discipline in its own right*" (Bourg 2003, 13, eigene Hervorhebung). Er stützt seine Einschätzung insbesondere auf die Einbindung der Industrial Ecology in die umfassenderen gesellschaftlichen Entwicklungen der industriellen Transformation und ökologischen Modernisierung sowie auf ihre engen Verbindungen zur ökologischen Ökonomie und politischen Theorie.
- Im ISIE-Newsletter hat Allenby (2005, 3 und 6) die Diskussion zur Profilbildung nochmals angeregt. Unter der Überschrift: „What is Industrial Ecology" führte er aus: „It is a rare confab that does not at some point raise the question of what industrial ecology 'really is'. Some argue metaphor; some are adamant in defense of analogy; some argue discipline; and a few urge competency, to be applied as appropriate to existing disciplines. […] a resolution does not appear imminent." In ähnlicher Weise, nämlich als Problem der

disziplinären Zugehörigkeit, greift er das Thema in einem Aufsatz zur Theoriebildung der Industrial Ecology auf (Allenby 2006). Erste Ansätze zur Abgrenzung zu benachbarten Ansätzen, Konzepten und Disziplinen liegen mittlerweile vor, darunter z.B. zu Cleaner Production (Jackson 2002), zum Supply Chain Management (Seuring 2004), zu Environmental Engineering (Tilley 2003), zu Ecological Economics (Kronenberg 2006) sowie zur Ecological Modernization (Huber 2000). Einen kursorischen Überblick über den Stand der Diskussion zur Profilbildung in der Literatur zur Industrial Ecology liefert z.B. Isenmann (2007) und Keitsch (2006).

25.4 Industrial Ecology – Wissenschaft der Nachhaltigkeit?

Der thematische Schwerpunkt in der Industrial Ecology liegt ursprünglich in den Schnittstellen zwischen den Natur- und Ingenieurwissenschaften und den Wirtschaftswissenschaften mit dem Fokus auf Umweltökonomie und Umweltmanagement (Ayres und Ayres 1996, 6-7). Dieser traditionell eher technische Fokus wird mehr und mehr ergänzt durch sozioökonomische Anteile, zum einen durch eine stärkere Anbindung an die Wirtschaftswissenschaften (van den Bergh und Jansen 2005) einschließlich Managementlehre. Die Zeitschrift: Progress in Industrial Ecology (PIE, https://www.inderscience.com) ist auf managementbezogene Aspekte ausgelegt. Zum anderen ist eine verstärkte Integration der Sozialwissenschaften zu beobachten. Neben einer soliden theoretischen Basis versprechen sich die Vertreter der Industrial Ecology damit auch einen besseren Zugang zu gesetzlichen Weichenstellungen und politischen Entscheidungsprozessen sowie ferner eine ökonomisch effiziente Umsetzung der Prinzipien der Industrial Ecology in globalen Marktstrukturen, Wirtschaftsbranchen, Industriesektoren, Unternehmen, Städten, lokalen Verwaltungen und Bildungsinstitutionen. „The main value of adding economics to industrial ecology can best be summarized as increasing policy realism", so van den Bergh und Jansen (2005, 3).

Diese programmatische Entwicklung bringt Graedel (2000, 28A) auf den Punkt: „No longer focusing on technology, industrial ecology is beginning to address sustainability through metadisciplinary partnerships". Damit eröffnet sich für die Industrial Ecology auf ihrem Weg die Chance, den Graben der „Two Cultures" (Snow 1959; Rickert 1986 [1926]), zu überwinden (Fischer-Kowalski 2003), nämlich die für grundlegend erachtete Differenz zwischen den „harten" Natur- und Ingenieurwissenschaften auf der einen Seite und den „weichen" Geistes- und Sozialwissenschaften einschließlich der Wirtschaftswissenschaften auf der anderen Seite. Ob damit allerdings bereits ein Schritt zu einer Wissenschaft der Nachhaltigkeit bzw. zur „science of sustainability" (Allenby 1999a; IEEE 2000) vollzogen ist, bleibt abzuwarten. Ungeachtet der möglichen Vorzüge ist zu hoffen, dass alle Beteiligten in diesen Prozess gleichermaßen einbezogen werden und die Entwicklung nicht in einem Verdrängungswettbewerb der Disziplinen mündet. Hier gilt es insbesondere für die Natur- und Ingenieurwissenschaftler, diese Prozesse aktiv zu gestalten, Entwicklung und Profil der Industrial Ecology mit zu prägen und sich nicht auszuklinken.

In diesem Zusammenhang machen Faber et al. (1998) auf den wichtigen Punkt aufmerksam, dass jedes Konzept für Nachhaltigkeit, das auf das traditionelle Vorgehen in der Wissenschaft vertraut und allein auf Technik und Ökonomie gründet, prinzipiell ungeeignet und deshalb zum Scheitern verurteilt sei, zum einen aus Gründen des Nicht-Wissens, zum anderen aufgrund der Grenzen geplanter Steuerung. Faber et al. (1998, 84) veranschaulichen ein solches Unterfangen mit einem Feuerwehrmann, der in der einen Hand einen Feuerlöscher hält, um den Brand zu bekämpfen, während er mit der anderen Hand zugleich Öl ins Feuer gießt. Die Voraussetzung für Nachhaltigkeit, so ihre Argumentation, liege insbesondere in der Bereitschaft der Menschen, dieses Ideal anzustreben. Den Dreh- und Angelpunkt sehen sie dabei in der (Re-)Integration der Ethik in Wissenschaft und Forschung und insofern in einer gesellschaftlichen Diskussion, wie die Menschen leben wollen: auf der ganzen Welt, heute sowie in einer langzeitlichen Perspektive. Im Kern geht es also um die kantische Frage: Was sollen wir tun? (Kant 1800 [1996], A 25).

Bei einem solchen „normativen Comeback", das auf dem Weg zur Wissenschaft der Nachhaltigkeit notwendig wäre, bietet es sich an, dem Zusammenhang zwischen Industrial Ecology und Normativität nachzugehen (grundlegend: Zwierlein 1994): In einem ersten Schritt lässt sich das Vorgehen in der Industrial Ecology mit ihrem Kern als Natur- und Ingenieurwissenschaft als rationaler und methodisch strukturierter Suchprozess verstehen, mit dem Ziel, sichere, begründete und rechtfertigbare Erkenntnisse über reproduzierbare empirische Erfahrungen zu erlangen. Die untersuchten Objekte können im weitesten Sinne als „wertfreie Tatsachen" betrachtet werden. Der wissenschaftliche Suchprozess wird seinerseits oftmals mit Begriffen wie „objektiv", „neutral" und „wertfrei" gekennzeichnet. Aus den „Tatsachen" und „Fakten" als dem Bereich des Seins, womit sich die Industrial Ecology als Wissenschaft beschäftigt, und bedingt durch die Art der Beschäftigung mit diesen Gegenständen, lässt sich nichts Normatives und Präskriptives im Sinne eines Sollens ableiten. Gleichwohl können Normen und Werte z.B. zu Produktionsbedingungen, Konsumgewohnheiten und Lebensstilen selbst Gegenstände der Wissenschaft darstellen.

Zur näheren Bestimmung des Verhältnisses zwischen Industrial Ecology und Normativität bietet sich im zweiten Schritt an, eine elementare wissenschaftstheoretische Architektur heranzuziehen, die allen Forschungs- und Handlungsfeldern zuzukommen scheint. Danach ist die Industrial Ecology vereinfachend aus vier Ebenen aufgebaut:

- Die Basisebene enthält die theoretischen Grundannahmen, Eingangsvoraussetzungen, Überzeugungen, Prämissen, Axiome und Postulate, die zusammen als Essentialien den Charakter und die grundsätzliche Herangehensweise prägen. Beispielhaft für die Industrial Ecology seien genannt der Systemansatz sowie vor allem die spezifische Sichtweise der Natur als ein vorbildhaftes Modell (Isenmann in diesem Buch).
- Die Methodenebene umfasst die als zulässig erachteten Operationen und Untersuchungsmöglichkeiten, also die einzusetzenden Instrumente, die anzuwendenden Prinzipien, Techniken und Werkzeuge. In der Industrial Ecology gehören dazu z.B. Life Cycle Assessment, Material Flow Analysis, Substance Flow Analysis, Design for Environment, thermodynamische Analysen, Modellierung (Modeling) sowie neue Formen des Managements (siehe dazu Ruth in diesem Buch).
- Die Objektebene enthält die verschiedenen Untersuchungsgegenstände, Analyseobjekte, betrachteten Themen, Themenausschnitte, relevanten Forschungsaspekte und Handlungsfelder. In der Industrial Ecology werden z.B. behandelt: Produkte, Dienstleistungen, Prozesse, Abfall, Stoff- und Energieströme sowie auch Umgang mit Information, Raum und anderen Ressourcen.
- Die Aussagenebene umfasst das relevante Wissen in Form von Feststellungen, Behauptungen, Urteilen und Prognosen über untersuchte Tatsachen und Fakten sowie über die Basis-, Methoden- und Objektebene. Dieses Wissen ist in der einschlägigen Fachliteratur

wie z.B. Artikeln, Büchern und Zeitschriften sowie in praxisgerechten Checklisten, Handlungsanweisungen und Gestaltungsempfehlungen dokumentiert.

Diese elementare Architektur ist um weitere Gesichtspunkte zu ergänzen, z.B. um den gesellschaftlichen Kontext, in den Wissenschaftler und Forscher mitsamt ihrer Infrastruktur eingebunden sind. Ferner ist sie eingelassen in eine wissenschaftshistorische Komponente, in der geschichtliche Voraussetzungen und Forschungstraditionen vorgezeichnet sind. Vor diesem Hintergrund lässt sich das Verhältnis zwischen Industrial Ecology und Normativität genauer bestimmen: Aus der lebensweltlichen Einbettung ergibt sich zunächst ihre mehrfache Wertbindung. Diese äußert sich in allgemeinen Relevanzgesichtspunkten, die in der jeweiligen Kultur beheimatet sind, aber auch durch spezifische Relevanzvorstellungen, die Staat und Unternehmen über die Vergabe von Forschungsgeldern und Bildungsinvestitionen auf bestimmte Ausbildungs- und Bildungsformen regeln. Darüber hinaus sind Relevanzgesichtspunkte durch die Wissenschaftsgeschichte vorgeprägt. So ist das, was in der Industrial Ecology als wichtig und wissenswert erachtet wird, auch das Ergebnis von Forschungstraditionen und Denkschulen.

Da Staat, Unternehmen und Gesellschaft einerseits Forschung zur Industrial Ecology mitfinanzieren und damit quasi als ihr Auftraggeber auftreten, andererseits aber zugleich von den faktischen politischen, ökologischen, sozialen und anderen Wirkungen betroffen sind, erwarten sie eine Verantwortung der Wissenschaft (siehe dazu Sachs in diesem Buch) im Sinne einer Nichtschädigung der Auftraggeber und weiterer, als schützenswert erachteter, Anspruchsgruppen. Die Verantwortung auf Nichtschädigung konkretisiert sich in erster Linie in einer Pflicht zur möglichst offenen, fairen und transparenten Information über potenzielle Chancen und Risiken von Entscheidungen und Handlungen. Darüber hinaus ist aber auch die Offenlegung der forschungsleitenden Grundannahmen und Prinzipien, die Transparenz über die eingesetzten Instrumente und damit schließlich die Wertebasis sowie mögliche implizit transportierte Werturteile inbegriffen. Diese Facetten der Wertbindung machen insgesamt deutlich, dass die Industrial Ecology als spezifische Handlung ein wertbezogener Vorgang ist, der in einen Kontext an Werten eingebunden ist und somit unter ethischem Vorbehalt steht. Im Unterschied zu den Wertbindungen lässt sich die Normativität in der Industrial Ecology im Rückgriff auf die wissenschaftstheoretische Architektur in folgender Weise formulieren:

- Die Selektion auf der Basisebene verweist auf die Wahl von Grundannahmen, Prämissen und Axiomen und damit auf eine stets partielle und fragmentarische Sichtweise in den Wissenschaftsdisziplinen.
- Die methodische Abstraktion auf der Methodenebene betrifft das Absehen von mehreren denkbaren Untersuchungsmöglichkeiten sowie die Fokussierung auf einen eingegrenzten Werkzeugkasten (Industrial Ecology Toolset) von als zulässig erachteten Instrumenten in einer Wissenschaftsdisziplin.
- Die thematische Reduktion auf der Objektebene bezieht sich auf die Einschränkung des betrachteten Gegenstandes auf einzelne ausgewählte Gesichtspunkte.

In der Industrial Ecology wie in jeder anderen Wissenschaftsdisziplin wird also durch die Selektion der forschungsleitenden Grundannahmen in Kombination mit der methodischen Abstraktion auf der Objektebene eine thematische Reduktion erzeugt. Neutralität bzw. normative Abstinenz auf der Objekt- und Aussagenebene sind insofern das Ergebnis einer besonderen Sichtweise, in der auf gezielt-präparierte Weise Werte und Normativität aus der Optik der wissenschaftlichen Beschäftigung ausgeblendet werden. Auf einer rein beschreibenden Objekt- und Aussagenebene sind dann Tatsachen nicht mehr mit Werten und Normen zu vermischen, da dies methodische und thematische (natur-)wissenschaftliche Regeln vorschreiben. Hier wird es also für die Industrial Ecology schwierig, politisch-normative oder andere wertende Empfehlungen in Richtung Nachhaltigkeit auszusprechen, ohne sich einem ideologischen Verdacht auszusetzen.

Es ist klar, dass sich dort keine Normativität mehr herausholen lässt, wo sie zuvor bereits herausdefiniert wurde: Tatsachen (auf Objekt- und Aussagenebene) ohne Erinnerung an ihre Wertbindung repräsentieren „pure Faktizität". Für dieses Konstrukt aber trägt die Wissenschaft letztlich Verantwortung. „Wo sich die Wissenschaft vom Lebensbezug und der Wertgebundenheit entkoppelt und von ihren vor- und außerwissenschaftlichen Voraussetzungen zu ‚emanzipieren' unternimmt, wird sie gefährlich und suizidal" (Zwierlein 1994, 36). In diesem Sinne ist der Industrial Ecology eine Entwicklung zu wünschen, in der die Akteure aufgeschlossen sind für profilbildende Aspekte zur klaren Positionierung des Forschungs- und Handlungsfelds in den Umwelt- und Nachhaltigkeitswissenschaften. Ferner ist zu hoffen, dass das Nachdenken über Objektivität und lebendig bleibt auf dem Weg der Industrial Ecology zu einer (reflektierten) Wissenschaft der Nachhaltigkeit, so wie z.B. Ehrenfeld (2006) dazu ermuntert.

25.5 Literatur

Allen, D. (2001): A set of core principles and tools? *Journal of Industrial Ecology* 4(4): 1-2.

Allenby, B.R. (1998): Context is everything. *Journal of Industrial Ecology* 2(2): 6-8.

Allenby, B.R. (1999a): *Industrial ecology: Policy framework and implementations*. Englewood Cliffs (NJ): Prentice Hall.

Allenby, B.R. (1999b): Culture and industrial ecology. *Journal of Industrial Ecology* 3(1): 2-4.

Allenby, B.R. (2005): The great game: What is industrial ecology. *ISIE news* 5(2): 3 und 6.

Allenby, B.R. (2006): The ontologies of industrial ecology? *Progress in Industrial Ecology* 3(1/2): 28-40.

Ayres, R.U.; Ayres, L.W. (1996): *Industrial ecology. Towards closing the material cycle*. Cheltenham (UK), Brookfield (USA): Edward Elgar.

Ayres, R.U.; Ayres, L.W. (eds..) (2002): *A handbook of industrial ecology*. Cheltenham, Northampton: Edward Elgar.

Bergh van den J.C.M. et al. (eds.) (2005): *Economics of industrial ecology. Materials, structural change, and spatial scales*. Cambridge (Mass.): MIT Press.

Bergh van den J.C.M.; Janssen, M.A. (2005): Introduction and overview. *Economics of industrial ecology. Materials, structural change, and spatial scales*. Cambridge (Mass.): MIT Press, 3-12.

Bey, C. (2002): Quo vadis industrial ecology? Realigning the discipline with its roots. *Greener Management International* 34 (summer): 35-42.

Bey, C. (2007): Grenzen der Kreislaufwirtschaft. *Industrial Ecology: Mit Ökologie zukunftsorientiert wirtschaften*, hrsg. von R. Isenmann; M. von Hauff. München: Elsevier, 75-87.

Bey, C.; Isenmann, R. (2005): Human systems in terms of natural systems? Employing non-equilibrium thermodynamics for evaluating industrial ecology's ecosystem metaphor. *International Journal of Sustainable Development* 8(3): 189-206.

Boons, F.; Roome, N. (2001): Industrial ecology as a cultural phenomenon. *Journal of Industrial Ecology* 4(2): 49-54.

Bourg, D. (2003): Introduction. *Perspectives on Industrial Ecology*, hrsg. von D. Bourg; S. Erkman. Sheffield: Greenleaf, 13-18.

Bringezu, S. (2004): *Erdlandung – Navigation zu den Ressourcen der Zukunft*. Stuttgart: Hirzel.

Bringezu, S. (2004): Industrial Ecology – das kommende Aufgabenfeld für Umweltwissenschaftler. *Mitteilungen der Fachgruppe Umweltchemie und Ökotoxikologie* 4: 9-11.

Ehrenfeld, J.R. (2001): Industrial ecology begets a society. *Journal of Industrial Ecology* 4(3): 1-2.

Ehrenfeld, J.R. (2000): Industrial ecology. Paradigm shift or normal science. *American Behaviour Scientist* 44(2): 229-244.

Ehrenfeld, J.R. (2004a): Can industrial ecology be the "science of sustainability? *Journal of Industrial Ecology* 8(1/2): 1-3.

Ehrenfeld, J.R. (2004b): Industrial ecology: A new field or only a metaphor? *Journal of Cleaner Production* 12: 825-831.

Ehrenfeld, J.R. (2006): Advocacy and objectivity in industrial ecology. *Journal of Industrial Ecology* 10(4): 1-4.

Faber, M. et al. (1998): *Ecological economics. Concepts and methods*. Cheltenham, Northampton: Reprinted edition, Edward Elgar.

Fischer-Kowalski, M. (2003): On the History of Industrial Metabolism. *Perspectives on Industrial Ecology*, hrsg. von D. Bourg; S. Erkman. Sheffield: Greenleaf, 35-45.

Frosch R, Gallopoulos N (1989): Strategies for manufacturing. *Scientific American* 261(September special issue): 94-102.

Frosch, R.A. (1992): Industrial ecology: A philosophical introduction. *Proceedings of the National Academy of Science USA* 89(2): 800-803.

Funtowicz, S.O.; Ravetz, J.R. (1994): The worth of a songbird: Ecological economics as a post-normal science. *Ecological Economics* 10(3), 197-207.

Graedel, T. (2000): The evolution of industrial ecology. *Environmental Science & Technology* 34(1): 28A-31A.

Graedel, T.E. (1994): Industrial ecology: Definitions and implementation. *Industrial ecology and global change*, hrsg. von R. Socolow et al.. Cambridge: Cambridge University Press, 23-41.

Huber, J. (2000): Towards industrial ecology: Sustainable development as a concept of ecological modernization. *Journal of Environmental Policy and Planning* 2(4): 269-285.

Institute of Electrical and Electronics Engineers, Inc. (IEEE), Electronics & the Environment Committee (E&E): *White paper on sustainable development and industrial ecology*. Online: <http://computer.org/tab/ehsc/ehswp.htm>, Zugriff 2000-09-01.

International Society for Industrial Ecology (2006): *History of industrial ecology.* Online: <http://www.is4ie.org//history.html?PHPSESSID=98bdc90db854cdb321ce83df28b62f9b>, Zugriff 2006-12-16.

Isenmann R (2003a): Further efforts to clarify industrial ecology' hidden philosophy of nature. *Journal of Industrial Ecology* 6(3/4): 27-48.

Isenmann R (2003b): *Natur als Vorbild. Plädoyer für ein differenziertes und erweitertes Verständnis der Natur in der Ökonomie.* Marburg: Metropolis.

Isenmann, R. (2003c). Industrial ecology: Shedding more light on its perspective of understanding nature as model. *Sustainable Development* 11(3): 143-158.

Isenmann, R. (2007): Unifying architecture for industrial ecology communication and education. *Information technologies in environmental engineering (ITEE 2007)*, hrsg. von J. Marx Gómez et al.. Berlin, Heidelberg: Springer, 293-302.

Isenmann, R.; Hauff von, M. (Hrsg.) (2007): *Industrial Ecology: Mit Ökologie zukunftsorientiert wirtschaften.* München: Elsevier.

Jackson, T. (2002): Industrial ecology and cleaner production. *A handbook of industrial ecology*, hrsg. von R.U. Ayres; L.W. Ayres. Cheltenham, Northampton: Edward Elgar, 36-43.

Kant, I. (1800 [1996]): *Schriften zur Metaphysik und Logik 2.* Werkausgabe in 12 Bänden. Band VI, hrsg. von W. Weischedel. Frankfurt am Main: 9. Auflage, Suhrkamp [Erstveröffentlichung 1800].

Keitsch, M. (Ed.) (2006): Theoretical dimensions of industrial ecology. Double Special Issue, *Progress in Industrial Ecology* (1/2). Inderscience Publishers.

Kreibich, R.; Simonis, U.E. (Hrsg.) (2000): *Global Change – Globaler Wandel. Ursachenkomplexe und Lösungsansätze.* Berlin: Berlin Verlag.

Kronenberg, J. (2006): Industrial Ecology and ecological economics. *Progress in Industrial Ecology* 3(1/2): 95-113.

Kuhn, T.S. (2006): *Die Struktur wissenschaftlicher Revolutionen.* Zweite revidierte und um das Postskriptum von 1969 ergänzte Auflage. Frankfurt am Main: Suhrkamp.

Leal, W.L. (2007): Ausbildung in Industrial Ecology. *Industrial Ecology: Mit Ökologie zukunftsorientiert wirtschaften*, hrsg. von R. Isenmann; M. von Hauff. München: Elsevier, 279-288.

Lifset, R. (1998): Setting the boundaries? *Journal of Industrial Ecology* 2(2): 1-2.

Lifset, R. (1999): On becoming an industrial ecologist. *Journal of Industrial Ecology* 2(3): 1-3.

Lifset, R.; Graedel, T.E. (2002): Industrial ecology: Goals and definitions. *A handbook of industrial ecology*, hrsg. von R.U. Ayres; L.W. Ayres. Cheltenham, Northampton: Edward Elgar, 3-15.

Müller-Merbach, H. (1988): Der Dreiklang. Technischer Fortschritt, wirtschaftliches Wachstum, gesellschaftlicher Wandel. *technologie & management* 37(3): 6-9.

Odum, E. (1969): The strategy of ecosystem development. *Nature* 18: 262-270.

Raha, S. (1999): Industrial ecology – analogy, or the technical core of sustainability? *Green Business Opportunities* 5(2): 5.

Rickert, H. (1986). *Kulturwissenschaft und Naturwissenschaft.* Stuttgart: Reclam [Erstveröffentlichung Tübingen 1926].

Ruth, M. (1998): Mensch and mesh. Perspectives on industrial ecology. *Journal of Industrial Ecology* 2(2): 13-22.

Schneider, E.D.; Kay, J.J. (1994): Complexity and thermodynamics – towards a new ecology. *Futures* 26: 626-647.

Seuring, S. (2004): Industrial ecology, life-cycles, supply chains – differences and interrelations. *Business Strategy and the Environment* 13(5): 306-319.

Snow, C.P. (1992): *The two cultures: And a second look. An expanded version of „The two cultures and the scientific revolution".* Reprinted. Cambridge: Cambridge University Press.

Spiegelman, J. (2003): Beyond the food web: Connections to a deeper industrial ecology. *Journal of Industrial Ecology* 7 (1): 17-23.

Tacconi, L. (1998): Scientific methodology for ecological economics. *Ecological Economics* 27(1): 91-105.

Tilley, D. (2003): Industrial ecology and ecological engineering – opportunities for symbiosis. *Journal of Industrial Ecology* 7(2): 13-32.

Vermeulen, W. (2006): The social dimension of industrial ecology: on the implications of the inherent nature of social phenomena. *Progress in Industrial Ecology* 3(6): 574-598.

Zwierlein, E. (1994): Verantwortung in der Risikogesellschaft. *Verantwortung in der Risikogesellschaft. Ethische Herausforderungen in einer veränderten Welt*, hrsg. von E. Zwierlein. Idstein: Schulz-Kirchner, 19-44.

26 Ein Pragmatiker auf dem Weg zum Vorausschauenden Management industrieller Systeme

Matthias Ruth

26.1 Einleitung

Die Tatsache, dass Volkswirtschaften, ganz ähnlich wie ihre Bürger, zumindest auf lange Sicht nicht über ihre Verhältnisse leben dürfen, ist seit längerem unbestritten. Im Falle der Volkswirtschaften sind Überschreitungen extern veranlasster Beschränkungen temporär oder regional möglich, indem man auf die Ausgleichsfähigkeit des Systems in seiner Gesamtheit setzt. Langfristige Begrenzungen für das Wachstum der Volkswirtschaften bestehen jedoch in Form von Beschränkungen hinsichtlich des Vorhandenseins und der Ströme der natürlichen Ressourcen wie auch der Kapazitäten zur Aufnahme von Umweltbelastungen (Georgescu-Roegen 1971, Daly 1973, 1992, Ruth 1993). Auch auf kurze Sicht gelten bestimmte Einschränkungen, wie die Gesetze der Thermodynamik, die das Ausmaß beschränken, in dem Stoffe und Energie zu einem beliebigen Zeitpunkt transformiert werden können.

Andere Beschränkungen sind weniger mit natürlichen Prozessen oder Gesetzen verbunden, sondern sind das Produkt der menschlichen Organisation. Zu jedem Zeitpunkt beschränken vorhandene Infrastrukturen, wie z.B. die „grauen“ Gebäudestrukturen und –netze, Transport- und Kommunikationsnetze, mögliche Maßnahmen. In ähnlicher Weise versuchen die „weichen“ Strukturen von Institutionen, wie Markt- oder Regulierungsbehörden, eine gewisse „Ordnung“ zu schaffen oder aufrechtzuerhalten, und hemmen somit Veränderungsprozesse. Alldem zugrunde liegen die transluzenten Strukturen gesellschaftlicher Normen und Konventionen, Erwartungen und Ziele, die gelegentlich z.B. in Gestalt neuer Vorschriften oder Veränderungen an unserer baulichen Umgebung konkrete Formen annehmen. In diesem Kontext versuchen wir, die Vielzahl der Interaktionen zu „managen“ – in der Hoffnung, die Effizienz und Effektivität des Stoff- und Energieeinsatzes zur Erfüllung der menschlichen Bedürfnisse zumindest in Teilen zu verbessern (Weston und Ruth 1997). Manche Bemühungen zielen auf die Veränderung der Verbraucherpräferenzen oder der Verhaltensnormen ab, andere auf die Weiterentwicklung der Technologien oder der Institutionen. Nahezu ein halbes Jahrhundert Umweltpolitik hat uns gelehrt, dass gesellschaftliche (Normen, Verhaltensweisen), wirtschaftliche, technische und institutionelle Fragen gleichzeitig behandelt werden müssen, um politische Maßnahmen langfristig wirksam werden zu lassen.

Da sich die Rahmenbedingungen für das Management ständig verändern, wird keine Maßnahme jemals die gewünschten langfristigen Resultate erzielen. Folglich wurde der Ruf nach einem so genannten adaptiven Management (Holling 1978, Gunderson et al. 1995, Ruth 2006) laut, das die Auswirkungen der getroffenen Entscheidungen verfolgt und rückmeldet, um nachfolgende Assessment- und Entscheidungsrunden *ad infinitum* zu informieren und beeinflussen. Das Ziel ist nicht nur ein ständig verfeinerter Problemlösungsansatz, sondern als Grundvoraussetzung das fortlaufend verbesserte Verständnis und die Berücksichtigung der Systemdynamik (und der damit verbundenen Ungewissheiten) mit fortschreitender Entwicklung des Systems. Dieses Kapitel geht kurz auf den Einsatz von Ursache-Wirkungs-Modellen im Bereich der Umweltinvestitionen und –politik ein, wobei verstärkt Augenmerk auf Fragestellungen gelegt wird, welche für die Industrial Ecology von besonderem Belang sind. Anschließend werde ich begriffliche und praktische Fragen zur Dynamik und Komplexität industrieller Ökosysteme untersuchen, wobei Erfahrungen aus jüngsten Fallstudien zur Verdeutlichung dienen. Das Kapitel endet mit einer Zusammenfassung und Überlegungen zum adaptiven und vorausschauenden Management industrieller Ökosysteme.

26.2 Ursache-Wirkungs-Modelle in Umweltinvestitionen und –politik

Eines der wichtigsten Leitprinzipien der Industrial Ecology ist die Effektivität, mit der Ökosysteme Stoffe und Energie nutzen – durch nahezu perfekte Stoffzyklen und häufig hochfein abgestimmte Nahrungsketten, durch die die Stoffe und die darin enthaltene Energie von einem Bestandteil zum anderen weitergegeben werden (Ayres und Simonis 1994, Graedel und Allenby 1995). Mindestanforderungen bezüglich des Gehalts an recyceltem Material und die Rücknahme von Verpackungen und weiteren „unerwünschten" Bestandteilen eines Produkts sollen in industriellen Systemen geschlossene Kreisläufe schaffen bzw. Abfall reduzieren, um auf diese Weise die Funktionsweise von Ökosystemen zu imitieren. Die diesem Verfahren zugrunde liegende Weltsicht beruht sehr stark auf dem Ursache-Wirkungs-Prinzip: Werden die Abfallströme zu groß, schafft man Mechanismen mit dem Ziel, Hersteller und Verbraucher zu abfallbewusstem Verhalten zu veranlassen: durch Vorschriften für reduzierten Materialeinsatz oder ein Recyclinggebot für Altmaterialien, oder durch zusätzliche Auflagen für die für den Materialeinsatz-Verantwortlichen, indem sie dazu verpflichtet werden, (zumindest prinzipiell) die Abfallmaterialien zu entsorgen, die anderswo im System angefallen wären und für die von anderer Seite hätten Lösungen gefunden werden müssen. Zu den bekanntesten Beispielen zählen die deutschen Rücknahmegesetze für Altmaterialien und die für Beschaffungen der US-Regierungsbehörden geltenden Vorschriften für den Mindestgehalt an Recyclingmaterialien. Zwischen Firmen – mit der Aussicht auf geschäftliche Vorteile – freiwillig geschlossene Vereinbarungen, durch die Entwicklung industrieller Netze geschlossene Stoffkreisläufe zu schaffen, sind eine Variante (selbst)regulierender Politiken für den Stoff- (und Energie-) einsatz.

Die Einführung von Standards für (oder die Regulierung von) Stoffkreisläufen ist eine Form der Internalisierung der durch den Stoffeinsatz verursachten Externalitäten. Mandate steuern Entscheidungen mehr schlecht als recht in mechanistischer Façon. Solche Eingriffe in Entscheidungsprozesse sind häufig dann gerechtfertigt, wenn Ursache-Wirkungs-Beziehungen – im Zeitverlauf und geographisch gesehen – unmittelbar gegeben und erkennbar sind, wenn wenig Spielraum besteht, um Mandate ignorieren, umgehen oder unterminieren zu können, und wenn Volumen oder Gefahrenpotenzial der Stoffströme groß oder schwerwiegend genug sind, um Eingriffe in Entscheidungen privater Haushalte oder Unternehmen zu rechtfertigen.

Die bei Volkswirtschaftlern beliebtesten Methoden zur Internalisierung von Externalitäten sind — da sie für private Haushalten und Firmen keine speziellen Handlungsoptionen vorlegen — die Erhebung von Steuern oder sonstige monetäre, marktbasierte Instrumente (Tietenberg 1990 1996, Hoeller und Wallin 1991, OECD 1994 1995). Ein relativer Preisanstieg material- und energieintensiver, abfallerzeugender oder gesundheitsschädlicher Produkte führt zur Umverteilung der Unternehmens- und Haushaltsausgaben hin zu preisgünstigeren Produkten und Prozessen. Welche Produkte und Prozesse das dann sein werden, wird den Entscheidungsträgern nicht vorgeschrieben. Durch Steuern erzielte Einnahmen können weiter zum Ausgleich von Wohlstandsverlusten und Umweltbelastungen oder zur Förderung von Investitionen in neue Produkte und Prozesse verwendet werden.

Die Erhebung einer Steuer (und die Leistung von Ausgleichs- oder Subventionszahlungen aus dem resultierenden Steueraufkommen) erfordert für Behörden häufig – zumindest prinzipiell – nur wenige Informationen über die jeweiligen Produkte und Prozesse, um die es dabei geht. Und häufig bestimmt dieser als gering eingeschätzte Informationsbedarf die Entscheidung für marktbasierte umweltpolitische Instrumente. Beispielsweise bedarf es für die Einführung einer CO_2-Steuer zum Klimaschutz keinerlei Informationen über die Prozesse, bei denen Kohlendioxid in die Atmosphäre abgegeben wird, oder darüber, wie Kohlenstoff sich durch biogeochemische Zyklen bewegt. Sind die Umweltkosten von Kohlenstoffemissionen positiv, können positive Kohlenstoffsteuern dazu beitragen, den Emittenten ein entsprechendes Signal und Anreize zur Reduktion der Kohlenstoffemissionen zu geben. Die Steuerniveaus lassen sich in dem Bestreben, gesellschaftlich optimale Emissionslevel zu erreichen, grundsätzlich anpassen.

Da die diversen Brenn- und Kraftstoffe einen unterschiedlichen Kohlenstoffgehalt aufweisen, verändern sich durch die Besteuerung ihre absoluten und relativen Preise. In dem Bemühen, die durch die Klimaschutzpolitik verursachte steuerliche Belastung zu reduzieren, wird von der Wirtschaft erwartet, den Einsatz fossiler Brennstoffe durch Reduzierung des Outputs zu verringern, die Energieeffizienz durch technische Innovationen zu erhöhen, stark kohlenstoffhaltige Brennstoffe durch andere Brennstoffe zu ersetzen, oder mit einer Kombination all dieser Maßnahmen zu reagieren (Hoeller und Wallin 1991, Pearce 1991). Handelbare Emissionsrechte und Energiesteuern würden sich ähnlich auf das Verhalten der Wirtschaft auswirken. Im Gegensatz zu einer Kohlenstoffsteuer und handelbaren Emissionsrechten wird eine Energiesteuer jedoch nicht den Einsatz stark kohlenstoffhaltiger Brennstoffe bremsen, sondern Kraft- und Brennstoffe generell verteuern. Alles was man grundsätzlich zur Festlegung der Höhe einer CO_2-Steuer oder den Umfang von Emissionsrechten benötigt, sind Informationen über den Kohlenstoffgehalt der Brennstoffe und deren jeweilige Einsatzmenge. Generell gilt: Je höher die tatsächliche (oder angenommene) Umweltbelastung, desto weniger veränderungsbereit sind die Emittenten, und je stärker die Steuer als „Hintergrundgeräusch" des Preissignals wahrgenommen wird, desto höher muss sie sein, um die gewünschten Reduktionen der Kohlenstoffemissionen zu erzielen.

Die Wirksamkeit von Standardinstrumenten der Wirtschaftspolitik ist bei Nicht-CO_2-Treibhausgasen jedoch weniger offensichtlich. Victor (1991) untersucht die Möglichkeit, auch N_2O, CH_4 und troposphärisches O_3 (Ozon) in ein globales System handelbarer Emissionsrechte einzubinden. Seine Schlussfolgerung: Da die Quellen und Senken der Nicht-CO_2-Treibhausgase mit Unsicherheiten behaftet und nicht problemlos zu überwachen sind, wäre ein System handelbarer Emissionsrechte nur kompliziert und kostenaufwändig zu managen. Er schlägt daher Steuerungs- und Überwachungspolitiken zur Regulierung der Nicht-CO_2-Treibhausgase vor. CFC (die Ozonschicht schädigende Verbindungen) werden beispielsweise bereits über das „Montreal Protocol on Substances that Deplete the Ozone Layer" und seine Ergänzungen reguliert.

Sind wünschenswerte Instrumente der Klimaschutzpolitik einmal identifiziert, stellt sich die Frage, wann und in welchem Umfang sie eingesetzt werden sollten. Hierzu reichen die Empfehlungen an die Politik von der Forderung nach „ziemlich aggressiven" politischen Reaktionen (Pearce 1991) über die Empfehlung einer „sequentiellen“ und vorbeugenden Entscheidungsfindung (Hourcade und Chapuis 1995) bis zu der Aufforderung „noch abzuwarten, bis wir weitere Erkenntnisse gewonnen haben“ (Kolstad 1993). Dieses breite Spektrum in der Politikberatung ist angesichts der Komplexität der Fragestellung und der Vielfalt der methodischen Vorgehensweisen, auf denen die Studien zur Untermauerung der Entscheidungsfindung für die Politik beruhen, nicht überraschend.

Die Mehrzahl der Studien, die sich mit dem optimalen Timing und Umfang umweltpolitischer Maßnahmen befassen, wägen den erwarteten Nettobarwert des wirtschaftlichen Ertrags der Maßnahmen gegen die Kosten für die Umsetzung einer Politik ab (z.B. Nordhaus 1991). Annahmen über optimales Firmen- und Haushaltsverhalten und über den Satz, zu dem Kosten und Nutzen von Klimaschutzpolitiken diskontiert werden, bestimmen entscheidend das optimale Timing und den Umfang der aus ökonomischen Modellen von Klimaschutzpolitiken abgeleiteten realisierten politischen Maßnahmen. Große Unterschiede lassen sich feststellen zwischen den Diskontfaktoren, die von ökonometrischen Modellen der Gesamtwirtschaft und denjenigen, die aus „bottom-up“-Engineering- und Branchenanalysen abgeleitet werden (DeCanio 1994, 1996, Grubb 1997). Daraus wird erneut ersichtlich, dass unterschiedliche Standpunkte unterschiedliche Einsichten mit sich bringen, aber nicht unbedingt sämtliche Unbestimmtheiten, Unsicherheiten und Unklarheiten beseitigen, und dass es notwendig ist, sich gleichzeitig mit den normativen, verhaltensbezogenen, wirtschaftlichen, technologischen und institutionellen Fragen zu befassen, die in Verbindung mit Umweltproblemen auftreten.

Um einige der verbleibenden Unsicherheiten in Bezug auf das optimale Eingreifen in industrielle Ökosysteme zu klären, haben einige Forscher vorgeschlagen, das Verhalten einzelner Industrien auf eine Art und Weise zu modellieren, die ihren technischen und wirtschaftlichen Besonderheiten sowie ihren verhaltensbezogenen und organisatorischen Merkmalen Tribut zollt (siehe z.B. Ruth et al. 2004). Viele der vorliegenden Fallstudien beginnen mit der Spezifikation von Angebotskurven zur Darstellung der technischen Potenziale der Energieeinsparung (*conservation supply curves*), die für einzelne Industrien konstruiert wurden, indem alternative Technologien entsprechend ihren Grenzkosten für die eingesparte Energie in einer Rangordnung aufgeführt werden (Meier et al. 1983, Joskow und Marron 1993). Prinzipiell könnte man ähnliche Ansätze auch für eine Bewertung des Stoffeinsatzes verfolgen. Auf der Basis solcher Angebotskurven wurden in Bezug auf die Potenziale bei der Verbesserung der Energieeffizienz innerhalb einzelner Branchen (Ross et al. 1993) sowie länderübergreifend (Worrell 1994) Vergleiche angestellt und dabei für alle großen Branchengruppen und Industrieländer große Potenziale festgestellt (Woodruff et al. 1997).

Diese Angebotskurven sind deshalb beliebt, da sie explizit aus technischer Sicht wichtige Merkmale einzelner Technologien aufgreifen, für die sich die Branchen entscheiden können. Gleichzeitig wird eine Beziehung zwischen technischen Merkmalen und Kosteneinsparungen und somit eine direkte Verbindung zur wirtschaftlichen Entscheidungsfindung auf Unternehmens- und Branchenebene geschaffen. Sobald eine Beziehung zwischen den Grenzkosten der Energie- oder Stoffeinsparung und den Preisen hergestellt ist, lässt sich der Einfluss politischer Maßnahmen auf die Technologiewahl anhand der Auswirkungen von Steuern und Subventionen auf die relativen Kosten der Einsparung, Brennstoffe und Stoffe beurteilen.

Statistisch ermittelte Beziehungen zwischen Grenzkosten und Energie- oder Stoffeinsparung – so genannte *conservation supply curves* – werden häufig dazu benutzt, Computermodelle für Investitions- und Politikentscheidungsfindung zu erstellen. Es hat sich jedoch erwiesen, dass die den meisten Studien zugrunde liegenden *conservation supply curves* im strikten wirtschaftswissenschaftlichen Sinne keine echten Angebotskurven und dafür anfällig sind, die Einsparungspotenziale zu hoch anzusetzen, und – nach entsprechender Modifizierung – bei schwankenden Faktorpreisen nicht anwendbar sind (Stoft 1995). Ein direkter Vergleich der Wirkungsgrade künftig einzuführender moderner Technologien mit den Wirkungsgraden aktuell eingesetzter Technologien lässt Wirkungsgradgewinne außer acht, die sich dank der Verfeinerung aktueller Technologien erzielen lassen. Infolgedessen weisen die *conservation supply curves* häufig große, unerkannte Lücken in Bezug auf technische Verbesserungen und Möglichkeiten der Abfallreduktion auf.

Conservation supply curves finden verbreitet Anwendung in sektoralen Energieanalysen, in Modelle der nationalen Energienutzung haben sie jedoch bisher nicht in nennenswerter Weise Eingang gefunden. So werden beispielsweise Spezifikationen potenzieller Wirkungsgradsteigerungen und Veränderungen des Brennstoffmix im National Energy Modeling System (NEMS) in den USA und abgeleiteten Studien (Geller und Nadel 1994, Train et al. 1995) ohne *conservation supply curves* erstellt; statt dessen wird der Energieverbrauch pro Dollar Output in nicht energieintensiver Fertigung als ökonometrisch berechnete Funktionen der Energiepreise und des autonomen technischen Wandels quantifiziert (EIA 1997). Für energie intensive Fertigung wird eine Aufspaltung nach Prozessschritten vorgenommen, und für jeden Produktionsschritt werden auf der Basis von technischen Beurteilungen der in der Branche realistischerweise erzielbaren Energieeinsparungen so genannte *technology possibility curves* berechnet. Dieser Ansatz wurde kritisiert, weil er den Rückgang der relativen Kosten der Technologien aufgrund der durch den Energiepreis und neue Erkenntnisse veranlassten Verbesserungen nur unzureichend erfasst, weil er die Modelle auf eine Technologiewahl festlegt, die bestehende Muster begünstigt, und weil diese sich wiederum auf Annahmen der Profit- und Nutzenmaximierung stützen (DeCanio und Laitner 1997).

Eine Reflektion der vorstehenden kurzen Diskussion über konventionelle Maßnahmen zur Beeinflussung der Energie- und Stoffnutzung in industriellen Ökosystemen ergibt mehrere Feststellungen: Ein Großteil der Attraktivität ökonomischer Instrumente zur Internalisierung von Externalitäten leitet sich aus der partiellen Gleichgewichtsperspektive der modernen Mikroökonomie ab – sie geht davon aus, dass sich die Wirtschaft gedanklich von ihrer physikalischen Umgebung abkoppeln lässt und dass einzelne Komponenten des industriellen Ökosystems voneinander konzeptionell getrennt werden können. Nachdem sie gedanklich separiert sind, werden Politikinstrumente, die das Verhalten einer Komponente optimal beeinflussen, anschließend gefördert, um das Gesamtsystem in die gewünschte Richtung zu lenken.

Die Perspektive auf die Wirtschaft wird häufig von der Gleichgewichtsanalyse gelenkt –dabei haben wir es, wenn sich die Analyse auf einen einzelnen Wirtschaftssektor beschränkt, mit einem partiellen Gleichgewicht oder aber mit einem generellen Gleichgewicht zu tun, wenn man die Anpassungen der Verbraucher- und Herstellergruppen in der Reaktion auf die wechselseitigen Kaufentscheidungen verfolgt. Wählt man eine traditionelle Perspektive des generellen Gleichgewichts zur Bewertung von Kosten und Nutzen einer Politik für die Wirtschaft als Gesamtsystem, ist die Auflösung, mit der einzelne Komponenten modelliert werden, häufig notwendigerweise zu grob, um die technischen oder Verhaltensmerkmale von Haushalten oder Firmen angemessen zu erfassen, die letztendlich darüber entscheiden, ob eine bestimmte politische Maßnahme wünschenswert ist. Zudem wird weitgehend davon ausgegangen, dass Normen, Verhaltensweisen und institutionelle Zwänge exogen und konstant sind.

In jedem Falle vernachlässigt die Gleichgewichtsperspektive die evolutionäre Natur der Wechselbeziehungen innerhalb der industriellen Ökosysteme sowie zwischen Wirtschaft und

Umwelt. Folglich können daraus Vorschläge für Verfahrensweisen hervorgehen, welche unerwünschte langfristige Rückkoppelungseffekte haben, die dem politischen Ziel zuwider laufen. Es ist zum Teil diese letztere Perspektive, die zur Förderung der dynamischen Analyse und Modellierung industrieller Ökosysteme beigetragen hat.

26.3 Dynamik und Komplexität industrieller Ökosysteme

Die vorstehende Diskussion betonte die Notwendigkeit, sich gleichzeitig mit den Normen, welche die Entscheidungen der Verbraucher und Unternehmen lenken, mit den wirtschaftlichen und technischen Aspekten der Transformation von Stoffen und Energie in die gewünschten Endprodukte und Abfälle, sowie mit dem institutionellen Kontext, innerhalb dessen Umweltinvestitionen getätigt werden und politische Entscheidungen fallen, zu befassen. In dieser Diskussion habe ich mich auf die zugrunde liegende Ursache-Wirkungs-Weltsicht konzentriert, auf der das konventionelle Verständnis von Verhaltens-, technologischen und institutionellen Veränderungen beruht. In den Wirtschaftswissenschaften und verwandten Disziplinen gibt es jedoch eine lange intellektuelle Tradition, welche alternative Weltsichten erforscht.

Die Notwendigkeit für die Wirtschaftswissenschaften, sich mit der Vorstellung evolutionären Wandels anzufreunden statt die Volkswirtschaften als mechanistische Systeme zu betrachten, ist seit langem anerkannt. In diesem Zusammenhang werden häufig Wirtschaftswissenschaftler des 19. und 20. Jahrhunderts zitiert, wie Thorstein Veblen, der als einer der ersten die Frage stellte: „Why is economics not an evolutionary science?“[1] (1919, S. 56) und Alfred Marshall, der bemerkte „that in the later stages of economics better analogies are to be got from biology than from physics“[2] (1898, S. 314). Uneinigkeit besteht indes nach wie vor darüber, wie die Umstellung von mechanistischen Ursache-Wirkungs-Modellen hin zu den in Biologie und Ökologie entwickelten Konzepten zu leisten ist, um unser Verständnis wirtschaftlicher Prozesse zu verbessern (Barham 1990, Khalil 1993). Ähnliche Debatten kamen in der Industrial Ecology auf und resultierten in Forderungen, man solle sich von Analogien verabschieden und zu stichhaltiger Analyse wechseln, um die quantitativen und qualitativen Veränderungen industrieller Ökosysteme besser verstehen und einschätzen zu können. Bisher wurden auf dem Weg in diese Richtung nur geringe Fortschritte erzielt. Wo Fortschritte gemacht werden, geht es entweder um grundlegende physikalische (thermodynamische) Beschreibungen industrieller Prozesse oder die gewonnenen Einsichten werden ziemlich locker angewandt – wie zugegebenermaßen zu einem gewissen Grad auch von mir in einigen der nachstehenden Beispiele.

Jüngste Fortschritte in der Nichtgleichgewichtsthermodynamik, in der Bifurkationstheorie und der Systemtheorie haben dazu beigetragen, jene Debatten zu untermauern, da die zum Verständnis der Nichtgleichgewichtssysteme entwickelten Begriffe und mathematischen Tools Eingang in die Biologie und Ökologie gefunden haben (Prigogine und Stengers 1987, Tiezzi 2002). Auf diesem Wege wurden Verbindungen zwischen Industrial Ecology und der Theorie komplexer Systeme hergestellt (Ruth 2006). Mit Hilfe der Thermodynamik, der ihr verwandten Informationstheorie, werden (i) die Qualität und Quantität der Stoff- und Energieströme, von Information und Wissen, (ii) Struktur- und Funktionsänderungen von Syste-

---

[1] „Warum ist die Wirtschaftswissenschaft nicht eine evolutionäre Wissenschaft?“

[2] „dass in den späteren Stadien der Wirtschaftswissenschaft bessere Analogien in der Biologie als in der Physik zu finden seien“

men als Reaktion auf Gradienten, die einem System auferlegt werden, und (iii) Interaktionen zwischen System und Umgebung dargestellt. Die Thermodynamik bietet jedoch nicht unmittelbar eine Verbindung zu menschlichen Werturteilen in Bezug auf Stoff- und Energieströme, Information, Wissen oder Systemveränderung. Um die thermodynamischen Begriffe Information und Wissen auf die Evolution ökonomischer Systeme anwenden zu können, sind umfassende Forschungen und Fallstudien auf unterschiedlichen Ebenen erforderlich – von den einzelnen Entscheidern bis hin zu großen sozioökonomischen Systemen. Mit sehr wenigen Ausnahmen (z.B. Kay 1984, Kay und Schneider 1991) bewegt sich der aktuelle Stand der Forschung in diesem Bereich weiter im Reich der Analogien.

Natürlich werden wir niemals in der Lage sein, sämtliche relevanten sozialen, wirtschaftlichen und institutionellen Möglichkeiten und Einschränkungen perfekt zu beschreiben, welche auf die Entwicklung industrieller Ökosysteme Einfluss haben. Dieser Vorbehalt stellt für die Anwendung nichtdeterministischer Modelle, die umfassende Nutzung experimenteller Ansätze für die ökonomische Evolution und die systematische Beteiligung der Stakeholder am wissenschaftlichen Prozess jedoch eher einen Anreiz als eine Einschränkung dar. Eine solche verstärkte Modellierung und Experimentiertätigkeit wird dazu beitragen, die Komplexität zu reduzieren und unser Verständnis der Systemprozesse zu verbessern. Die folgenden beiden Beispiele veranschaulichen die Verwendung materieller Konzepte, wenn es darum geht, für die Rolle von Information und Wissen als Ausgangspunkt für empirische Analyse, Experimentiertätigkeit und Modellentwicklung Verständnis zu entwickeln.

Zunächst stellen wir uns eine primitive Gesellschaft vor, die Stoffe nutzt, welche sich leicht in ihrer Umgebung finden lassen. Diese Stoffe lassen sich mit Hilfe von menschlicher und tierischer Arbeitskraft und unter Einsatz minderwertiger Brennstoffe, wie Holz oder Torf, von einer unerwünschten zu einer gewünschten Form verarbeiten. Das Produktionsergebnis ist im Vergleich zum Einsatzmaterial etwas verfeinert, so dass die Produkte an Wert gewinnen. Die unerwünschten Produktionsergebnisse, wie Abfallstoffe, unterscheiden sich in ihrem thermodynamischen Zustand nicht grundsätzlich von den Stoffen, die in den Produktionsprozess eingehen. So wird beispielsweise Ton aus der Umwelt gewonnen, mit Hilfe einfacher Techniken von Hand geformt, anschließend in der Sonne getrocknet oder in einem Ofen gebrannt. Im Verlaufe des Verarbeitungsprozesses gehen kleine Tonpartikel in Form von Absplitterungen oder in dem beim Töpfern benutzten Wasser verloren. In beiden Fällen unterscheiden sich die Abfallprodukte nicht sehr stark von den Rohstoffen. Die Veränderungen in der Qualität der Energie sind unbedeutend. Der Produktionsprozess kennzeichnet sich durch geringe Informationsflüsse über die Grenze des Systems Wirtschaft-Umwelt hinweg. Der Beitrag zum Wissen der Gesellschaft, zu ihrer Fähigkeit, in ihrer Umwelt künftig autonom Veränderungen hervorzubringen, ist ebenfalls gering, aber nicht vernachlässigbar, wie die Geschichte der Menschheit nach dem Aufkommen der Töpferkunst beweist. Die Technologien werden durch Beobachtung der Ursache-Wirkungs-Beziehungen, die mit den Veränderungen der Stoffzustände und Energiequalität verbunden sind, und im Zuge der Weitergabe dieses Wissens an die nachfolgenden Generationen in Form von mündlichen Anleitungen oder schriftlichen Niederlegungen verfeinert.

Mit zunehmendem Wissen wächst die Fähigkeit, eine Vielzahl von Stoffen und Energiequellen zu nutzen und daraus zunehmend spezialisierte Produkte herzustellen. Infolgedessen erhöht sich die Fähigkeit, in der physikalischen, aber auch in der biotischen und sozioökonomischen Umgebung der einfachen Gesellschaft aktiv Veränderungen zu bewirken. Das Bemühen, den Aufstieg und Niedergang von Gesellschaften in Beziehung zu Stoff- und Energienutzung, zu der Komplexität der Produktion und der Verteilung von Gütern und Dienstleistungen — kurz gesagt, zum Wissen einer Gesellschaft — zu sehen, hat in der Anthropologie eine lange Tradition (Cronon 1983, Debeir et al. 1986, Tainter 1988, Perlin 1989). Die Inbezugsetzung von sozioökonomischen und institutionellen Veränderungen zum Austausch von Stoffen, Energie und Information innerhalb und zwischen einfachen Ökonomien und ihre Beziehung zum Wissen mag für die Industrial Ecology durchaus ein lohnenswertes Unterfangen darstellen.

Als zweites Beispiel stellen wir uns folgendes Szenario vor: eine Gruppe von Firmen, jeweils ausgestattet mit einer bestimmten Menge an Stoffen und Energie und einer Ausgangswissensbasis, die in ihren Maschinen, Arbeitnehmern und Organisationsstrukturen verankert ist. Stoffe und Energie werden von einer Firma genutzt, um ein gewünschtes Ergebnis und unerwünschte Abfallprodukte zu erzeugen. Einige dieser Stoffe stammen aus der Ausstattung des Unternehmens, andere werden von anderen Firmen erworben. Im Zuge der Produktion verändern sich Stoffzustand und Energiequalität. Diesen Veränderungen entsprechend bilden sich Informationsflüsse, die Teil der Wissensausstattungen werden können. Dies ist das klassische Learning by Doing - häufig in Lernkurven zusammengefasst, in denen beobachtete Kostensenkungen (oder Effizienzgewinne) mit kumulativen Produktionsmengen in Verbindung gesetzt werden.

Da ein Unternehmen durch den Erwerb von Stoffen und Energie, die Freisetzung von Abfallprodukten und den Verkauf der gewünschten Produktionsergebnisse mit seiner Umgebung interagiert, gehen die Informationsflüsse auch über das System Wirtschaft-Umwelt hinaus. Teil der Umgebung sind andere Firmen, die im Waren- und Dienstleistungsaustausch als Lieferanten oder Abnehmer fungieren. Mit diesem Austausch verändert sich ihr Wissen. Beispielsweise können sie die entsprechenden Waren und Dienstleistungen direkt in ihren Produktionsprozessen einsetzen und auf diese Weise Learning by Doing auslösen, oder sie lernen aus der Beobachtung der Stoff- und Energieströme und ziehen Schlüsse hinsichtlich der Technologien anderer Firmen, welche sie dazu veranlassen, ihre Wettbewerber zu imitieren.

Einige der Interaktionen der Firmen mit ihrer Umgebung erfolgen über den Austausch von Waren und Dienstleistungen mit den Endverbrauchern. Manche der konsumierten Güter tragen zur Aufrechterhaltung und Wohl ihrer „Organismen“ bei, während manche Dienstleistungen individuelles und gesellschaftliches Wissen erweitern. Eine dritte Art der Interaktion von Unternehmen kann sich auf Regierungsbehörden beziehen, z.B. diejenigen Institutionen, die für die Steuereinziehung, die Überwachung der Produktionsprozesse oder der Produktionsergebnisse zuständig sind. Beispielsweise werden die Emissionen am Schornstein gemessen, um einen Anhaltspunkt für die wahrscheinlichen Auswirkungen auf Struktur und Funktion von Ökosystemen im Fallwind und die menschliche Gesundheit zu gewinnen. Diese aus Messungen der Stoff- und Energieströme abgeleiteten Informationen liefern die Basis zur Besteuerung der Umweltschadstoffe und zur Veranlassung von Anpassungen der Stoff- und Energienutzung, der Technologien und der Organisationsstruktur von Produktionsprozessen. Auch hier werden Informationsflüsse genutzt, um das mit Stoff- und Energieumwandlungen verbundene Wissen zu verändern.

Sind die Märkte vollkommen, dann sind die Preise die maßgeblichen Surrogate für sämtliche Informationsflüsse im industriellen Ökosystem. Doch gerade die Möglichkeit der Nichtweiterführung und der Einführung von Neuheiten halten die Märkte davon ab, sämtliche Informationen über alle möglichen aktuellen und künftigen Zustände des Systems weiterzugeben. Infolgedessen besteht keine Chance, dass diese Märkte jemals vollkommenes Wissen generieren können, welches die Entscheider in die Lage versetzt, sich auf künftige Zustände perfekt vorzubereiten, indem sie die notwendigen Anpassungen in der Gegenwart vornehmen. Information selbst wird ein Gut, für das Unternehmen, Verbraucher und Regierung bereit sind, knappe Ressourcen aufzuwenden (Laffont 1989) und infolgedessen das Umfeld verändern, innerhalb dessen Entscheidungen zu treffen sind.

Der Austausch und Beitrag von Information zu Wissen lässt sich physikalisch messen (Eriksson et al. 1987). Der Wert, den es für die Firma, den Verbraucher oder die Regierungsbehörde hat, ist jedoch aus anthropozentrischer Perspektive zu bestimmen. An dieser Stelle können Experimente, Spiele und Simulationen die Wirtschaftswissenschaften bereichern. Die jüngsten Fortschritte in der Computermodellierung bieten beispielsweise wirkungsvolle Instrumente zur Entwicklung nichtlinearer dynamischer Modelle komplexer Interaktionen zwischen Wirtschaft und Umwelt. Eine große Zahl von Einzelpersonen, jeweils mit ihrer eigenen charakteristischen Stoff-, Energie- und Wissensausstattung, lassen sich in ihrer Interaktion miteinander und mit ihrer physikalischen und biotischen Umgebung modellieren. Allen und McGlade (1986, 1987) liefern eine einfache Anwendung solcher Modelle für die Evolution von Fischereistrategien und Fischereimanagement. Ruth und Hannon (1997) modellieren den Handel um Waren und Dienstleistungen durch Einzelpersonen mit unterschiedlichen Strategien und Wissensausstattungen. Mit jedem neuen Angebot im Prozess des Verhandelns werden für die Entscheider neue Informationen verfügbar, welche möglicherweise zum Austausch von Stoffen und Energie führen und ihr Wissen bereichern. Und ein weiterer überaus wichtiger, womöglich entscheidender Punkt: Die Entstehung leicht zu entwickelnder und leicht bedienbarer Computermodelle bietet Fachleuten die Möglichkeit, Informationen über komplexe Systeme zusammenzustellen; man kann den Modellen problemlos Systemkomponenten hinzufügen und sie wieder entfernen, was eine flexible Ausführung von Modellen für ein breit gefächertes Spektrum von Szenarios ermöglicht – und all dies geschieht auf eine für die Stakeholder verständliche Art und Weise.

Es ist diese Verbindung zu den Stakeholdern, die dazu beitragen kann, die Industrial Ecology von dem einfachen Ursache-Wirkungs-Verständnis eines industriellen Ökosystems zu lösen und zu einem Verständnis zu bringen, das – zumindest implizit – diverse normative, verhaltensbezogene, technische, wirtschaftliche und institutionelle Fragen einschließt, die andernfalls von einer Analyse ausgeschlossen sind. Der Ansatz nutzt die Komplexitätstheorie zwar nicht explizit, stellt aber ein pragmatisches Bemühen dar, den vielen Erkenntnissen, die sie hervorbringt, gerecht zu werden. Der folgende Abschnitt veranschaulicht für zwei sehr unterschiedliche politische Fragestellungen den Einsatz von Stakeholder basierter Forschung, die sich damit befasst, in Erwartung äußerer Einflüsse auf große industrielle Ökosysteme geeignete Managementstrategien zu finden.

26.4 Adaptives und Vorausschauendes Management in der Industrial Ecology

26.4.1 Implikationen der Klimaschutzpolitik für die Industriesektoren

Viele Industrien sehen sich gezwungen, sich rasch an Veränderungen auf ihren Märkten in Bezug auf Einsatzstoffe und Produktionsergebnisse wie auch an Veränderungen des politischen Umfeldes, in dem sie tätig sind, anzupassen. Die für die Anpassung an diese Veränderungen notwendigen Investitionen sind in der Regel hoch, und die Folgen der entsprechenden

– guten oder schlechten – Entscheidungen sind oft Jahrzehnte lang spürbar. Anpassungen in einem Teil der Industrie können Anpassungen anderswo erforderlich machen – und auslösen. Die daraus resultierende Dynamik des industriellen Systems als Gesamtsystem ist hoch komplex, und angesichts des vorherrschenden Beharrungsvermögens müssen Entscheidungen häufig unter Vorwegnahme wichtiger Einflüsse getroffen werden, und zwar lange vor einem Zeitpunkt, an dem alle Unsicherheiten hinreichend geklärt sind. Der Zeitrahmen für solche Entscheidungen wird dabei ständig kleiner, bedingt durch die zunehmende Beschleunigung des wirtschaftlichen Entwicklungsprozesses („Gegenwartsschrumpfung“, siehe Jischa und Dörner in diesem Buch und deren Verweis auf Lübbe 1994)

Angesichts dieser Dynamik müssen die Entscheider sich detailliertes Wissen über die Branche und gleichzeitig von dem kumulierten Verhalten verschaffen, das sich insgesamt aus den Veränderungen in jedem einzelnen Teil ergibt. Die Entwicklung eines dynamischen Computermodells kann dazu beitragen, die Einzelteile zusammenzufügen und somit Einblick in die wahrscheinlichen Reaktionen des Gesamtsystems zu geben, wenn es mit Markt– und Politikveränderungen konfrontiert ist (Costanza und Ruth 1998).

Ein Satz dynamischer Modelle von US-Industrien wurde in enger Zusammenarbeit mit Beiträgen von Experten aus Industrie, Politik und Wissenschaft konstruiert, um mögliche Verbesserungen der Energieeffizienz und Reduktionen der Kohlenstoffemissionen zu untersuchen (z.B. Davidsdottir und Ruth 2005). Eine Grundlinie für die wahrscheinliche künftige Energienutzung und die Emissionen wurde auf der Basis von Zeitreihenanalysen der Industrie festgelegt. Mit Hilfe - in unterschiedlichem Umfang berücksichtigter - technisch begründeter Prognosen für Technologiepotenziale und einer Vielzahl unterschiedlicher Annahmen zu Klimaschutzpolitiken wurden alternative Szenarios definiert. Die Modelle werden eingesetzt, um diejenigen Segmente innerhalb der Industrie zu identifizieren, die am stärksten auf einzelne politische Regelungen reagieren, und um für die entsprechenden Maßnahmen hinsichtlich ihrer Wirksamkeit bei der Reduktion von Kohlenstoffemissionen eine Prioritätenliste zu erstellen.

Über einen Zeitraum von mehr als drei Jahren kamen die Entscheidungsträger aus Politik und Industrie in einer Reihe von Workshops zusammen, um sich mit den möglichen Auswirkungen der Klimaschutzpolitiken auf die Stoff- und Energienutzung durch die Industrie und auf die Kohlenstoffemissionsprofile zu befassen. Die Gruppen waren in Bezug auf ihr Wissen über die Industrie, ihre analytischen Fertigkeiten und ihr Interesse und ihre Fähigkeit, an dem Modellierungsprojekt mitzuwirken, relativ homogen. Ihre vordringliche Aufgabe war es, anwendbare Systemgrenzen für die Modellentwicklung und wesentlichen Datenquellen zu identifizieren sowie Überlegungen zu der Angemessenheit des Modellverhaltens und den Modellergebnissen bei unterschiedlichen Annahmen hinsichtlich der künftigen Märkte, Technologien und Politiken anzustellen.

Die Altersstruktur des Kapitalstocks wurde in den Modellen besonders berücksichtigt (Ruth 1998, Davidsdottir und Ruth 2006), da die *sunk investments* in der Industrie häufig relativ groß sind und hinsichtlich der Möglichkeit zur Erweiterung, Umrüstung und anderweitigen Verbesserung der Effizienz merkliche jahrgangs-spezifische Unterschiede bestehen. Der Einsatz unterschiedlicher Jahrgangsklassen von Kapitalveränderungen über den Zeitverlauf als Funktion von (i) der aktuellen und voraussichtlichen Nachfrage nach Produkten in Bezug auf Kapazität und Kapazitätsausnutzungsgrade, (ii) Produktionskosten und Produktpreis, (iii) Merkmale des neuen Kapitalstocks (relative Effizienz von Alt- zu Neukapital), und (iv) Politiken, die die Abschreibung beschleunigen, fördert Investitionen in neues Kapital und erhöht die relative Effizienz von Neu- zu Altkapital (z.B. F&E-Politiken). Eine technologische Bindung (Lock-in) (Arthur 1990) kann die Wirksamkeit von Politiken beeinträchtigen, die auf Veränderungen der Stoff- und Energienutzung und der Emissionsprofile abzielen.

Eine Perpetual-Inventory-Methode (Kumulationsmethode) (Jorgenson 1968, 1996) wurde gewählt, um für einen diskreten Zeitraum die Höhe des Kapitalstocks am Jahresende als Funktion der neuen Bruttoanlageinvestitionen, des bestehenden Kapitalstocks und der Ersatzrate zu beschreiben. Neue Bruttoanlageinvestitionen führen nicht automatisch zu Veränderungen des Kapitalstocks – zwischen der Tätigung der neuen Bruttoinvestition und der tatsächlichen Kapitalveränderung liegt eine Wirkungsverzögerung. Diese steht für die Umsetzung des gewünschten Maßes der Veränderung des Kapitalstocks (oder der idealen Höhe des Kapitalstocks) in die tatsächlichen Veränderungen des Kapitalstocks.

Die Tatsache, dass es mit dem Modell möglich ist, das vergangene Systemverhalten nachzubilden, ist häufig entscheidend, um die Stakeholder davon zu überzeugen, dass das Modell bei der Erklärung des Systemverhaltens in der Tat von Nutzen ist. Es wurden Sensitivitätsanalysen durchgeführt, z.B. durch die Variation statistisch festgelegter Parameter innerhalb des Vertrauensintervalls von 95 %, um Bereiche der Modellverbesserung zu bestimmen. Die Verwendung von Gleichungen aus der Zeitreihenanalyse zur Untersuchung des künftigen Systemverhaltens erfordert eine Auseinandersetzung mit den Themen Unbestimmtheit, Neuartigkeit und Unvorhergesehenes. Das Modell ist hierzu in beschränkter Weise in der Lage, indem es das System (zufälligen) exogenen Schocks aussetzt und den Stakeholdern aus Industrie und Politik Gelegenheit gibt, das Systemverhalten zu überprüfen.

Die Modellergebnisse weisen Stoff- und Energienutzung und die Kohlenstoffemissionen für jeden industriellen Prozess und für eine Branche insgesamt aus, wobei ein Satz technologischer, politischer und Investitionsszenarios zugrunde gelegt wird. Vergleiche zwischen unterschiedlichen Szenarios können Entscheidungsträgern nützlich sein

- bei der Erforschung intelligenter Politiken, um branchenspezifische Potenziale zur Emissionsreduktion optimal auszunutzen, anstatt einem Vergleich einzelner politischer Instrumente verhaftet zu bleiben
- bei der Identifikation bevorzugter Strategien und ihrer kurz-, mittel- und langfristigen Implikationen für die Performance der Industrie
- bei der Aufstellung von Prioritäten hinsichtlich politischer Alternativen und Investitionsoptionen.

26.4.2 Auswirkungen des Klimawandels auf städtische Infrastruktursysteme und -dienste

Die Familie der CLIMB- („Climate's Long-term Impacts on Metro Boston") und CLINZI-Projekte („Climate's Long-term Impacts on New Zealand Infrastructure") sind Pilotprojekte größeren Maßstabs, welche die potenziellen Auswirkungen des Klimawandels auf die Infrastruktur in ausgewählten städtischen Gebieten untersuchen und Strategien zur Risikovermeidung, -minderung bzw. zum Risikomanagement empfehlen (siehe z.B. Kirshen et al. 2006, Jollands et al. 2006). Die Studien untersuchten, wie steigende Meeresspiegel, höhere Sommerhöchsttemperaturen und häufigere, stärkere Stürme die Hauptinfrastruktursysteme einer Region potenziell beeinflussen können – angefangen bei Wasserversorgung und Wasserqualität über Abwassersammlung und -behandlung, Wasserhaltung und Hochwassermanagement bis zu den Transport-, Kommunikations- und Energiesystemen.

Die Mehrzahl der Infrastruktureinrichtungen hat eine Lebensdauer von mehreren Jahrzehnten und kann einer Volkswirtschaft weit über ihre Lebensdauer hinaus in Bezug auf Landnutzung und wirtschaftliche Aktivitäten ihren Stempel aufdrücken. Das Projekt berücksichtigte auch, wie diese potenziellen Auswirkungen miteinander in Beziehung stehen und welche Effekte sie für die Wirtschaft, die öffentlichen Haushalte, die Rollen und Funktionsweise der Institutionen und die Gesellschaft insgesamt haben könnten. Heute vorhersehen zu können, wie die klimainduzierten Auswirkungen auf bestehende und künftige Infrastruktur aussehen werden, ist fundamental für Planungs- und Investitionsentscheidungen. Die Entscheidungsträger in der Politik dazu zu bringen, ihr Augenmerk auf die langfristige Planung zu richten, ist dabei womöglich die größte Herausforderung.

Die Beteiligung der Stakeholder an den CLIMB- und CLINZI-Projekten war sehr weitreichend und umfasste eine Projektberatungsgruppe aus Fachleuten für die einzelnen Infrastruktursysteme und –dienste, die jedoch nicht dem Forschungsteam angehören. Gemeinsam entwickelten die Fachleute aus Wissenschaft und Praxis Struktur und Inhalt der dynamischen Computermodelle, welche die Basis für den Dialog mit einer größeren Stakeholder Community bildeten – über 100 Personen im CLIMB-Projekt und mehrere Dutzend bei CLINZI.

Die Wissenschaftler und Ingenieure wurden von einer Stakeholder-Beratungsgruppe unterstützt, welche die Funktion hatte, sicherzustellen, dass die Projekte alle relevanten Stakeholdergruppen ansprachen und sie wirkungsvoll erreichten. Die Stakeholder selbst deckten ein breites Spektrum ab: interessierte Bürgerinnen und Bürger, Vertreter der Wirtschaft sowie des öffentlichen und des gemeinnützigen Sektors. Sie alle waren mit einer Reihe von Workshops, Arbeitsgruppensitzungen und regelmäßigen Briefings an dem Projekt beteiligt.

Die CLIMB- und CLINZI-Projekte ergaben ein analytisches Tool, das als Hilfsmittel dienen soll: (1) bei der Datenorganisation, (2) bei der Modellierung der sozioökonomischen und Umweltdynamik und der Wechselwirkungen der Infrastruktursysteme und –dienste untereinander, (3) bei der Untersuchung der Unbestimmtheiten der analysierten Systeme, und (4) bei der Kommunikation der Projektergebnisse. Die Ergebnisse der Modelle beinhalteten nicht nur die numerische Berechnung der möglichen Auswirkungen des Klimawandels auf die Infrastruktur in den Regionen im Zeitverlauf für ein breites Spektrum unterschiedlicher Szenarios, sondern ermöglichten auch - als womöglich entscheidenden Punkt - Wissenschaftlern und Entscheidern ein verbessertes Verständnis der zugrunde liegenden Interdependenzen bei den Infrastruktursystemen. Dieses Verständnis hat dazu beigetragen, die Komplexität der in den Regionen anstehenden Umweltinvestitionen und politischen Entscheidungen zu reduzieren und hat die Entscheidungsträger in die Lage versetzt, die Auswirkungen ihrer Entscheidungen auf Infrastrukturen und Sektoren im Raum und im zeitlichen Verlauf zu untersuchen.

26.5 Zusammenfassung und Schlussfolgerungen

In diesem Kapitel lag der Akzent auf folgender These: Voraussetzung für die Lenkung des Verhaltens industrieller Ökosysteme ist das Verständnis (und die Modellierung) der Einflüsse von Normen, Verhaltensweisen, Technologien, Wirtschaft und Institutionen auf Stoff- und Energieeinsatz, Umweltveränderungen und sozioökonomische Dynamik. Bisher haben sich die diversen akademischen Disziplinen nur mit einem Teil dieser Einflüsse schwerpunktmäßig befasst - idealerweise sind diese jedoch alle gleichzeitig zu erfassen, will man unliebsame Überraschungen in Form von nicht vorhersehbaren Gegenreaktionen auf eine Investitions- oder politische Entscheidung vermeiden. Ist es im Prinzip eher einfach, den Stoff- und Energieeinsatz einer Branche beispielsweise aus thermodynamischer Sicht oder die Verzweigungen einer CO_2-Steuer auf die Wirtschaftsleistung zu modellieren, werden eng gefasste disziplinäre Ansätze dem Anspruch, die zahlreichen normativen, verhaltensbezogenen und institutionellen Fragen anzusprechen, welche für das Verhalten des Gesamtsystems relevant sind, häufig nicht gerecht. Eine Möglichkeit, letztere zu würdigen bzw. zu erfassen, ist der Einsatz formaler, transparenter Computermodelle, welche die maßgeblichen Materialien und ökonomischen Attribute eines industriellen Ökosystems weitgehend berücksichtigen, und diese Modelle anschließend in einem strukturierten, iterativen Diskurs mit den Stakeholdern zu nutzen.

Stakeholder aus der Wissenschaft, Politik, Industrie, gemeinnützigen Organisationen, der Öffentlichkeit und vielen weiteren Kreisen können zu dem Modellierungsprozess wertvolle Beiträge leisten; ihre Einbeziehung in diesen Prozess kann eine Plattform für den konstruktiven Dialog über alternative Investitionen und politische Entscheidungen und Maßnahmen schaffen. Ein solcher Dialog kann wesentlicher Bestandteil für das vorausschauende Management sozioökonomischer Systeme im Lichte des Klimawandels und zahlreicher weiterer komplexer Szenerien werden, in denen Entscheidungen zu treffen sind, bei denen viel auf dem Spiel steht und die mit großen Unsicherheiten behaftet sind.

Es gibt nicht nur *einen* richtigen Weg, auf dem dieser Dialog in Gang gesetzt und gepflegt werden kann, doch lassen die in diesem Kapitel diskutierten Erfahrungen darauf schließen, dass dies auch mit relativ großen, heterogenen Gruppen im Kontext höchst komplexer industrieller, gesellschaftlicher und naturwissenschaftlicher Fragestellungen möglich ist. Bisher haben die Forschungs-Communities, die sich mit Industrial Ecology befassen, beispielsweise jedoch wenig Erfahrung mit der Stakeholder-Beteiligung. Die vorstehend beschriebenen Projekte sind ein Schritt auf dem Weg zu solchen Erfahrungen. Ein weiterer Schritt beinhaltet die Ausbildung einer neuen Generation von Führungskräften, die über Investitionen und Umweltfragen entscheiden und die formale Modellierung als wesentliche Komponente des Wissensgenerierungsprozesses ansehen, aber dennoch einsichtig und realistisch genug sind, um zu erkennen, dass ein hervorragendes Modell lediglich Teil des Kontexts ist und einen narrativen Beitrag zur Problemlösung leistet. Die neue Generation der „Stakeholder-Wissenschaftler" muss in der Lage sein, grundverschiedenes Wissen zu nutzen, die Gräben zwischen den wissenschaftlichen Disziplinen, zwischen Wissenschaft und Öffentlichkeit und die Klüfte zwischen dem Bekannten und dem Unbekannten zu schließen (siehe Jischa und Dörner in diesem Band). Diese Wissenschaftler müssen die höchstmöglichen wissenschaftlichen Standards einhalten und diesen Standards auch mit ihrem persönlichen und beruflichen Verhalten im sozialen Diskurs genügen. Hierin liegt zum einen eine große Herausforderung für unsere Universitäten und weitere Ausbildungsstätten und zum anderen möglicherweise eine großartige Chance für die Menschheit, mit vielen Herausforderungen fertig zu werden, die sich der modernen Zivilisation stellen.

26.6 Literatur

Allen, P.M.; McGlade, J.M.. 1986: *Dynamics of Discovery and Exploitation: The Scotian Shelf Fisheries*, Canadian Journal of Fisheries and Aquatic Sciences, Vol. 43.

Arthur, B. 1990: *Positive Feedback in the Economy,* Scientific American, pp. 92 – 99.

Ayres, R. U.; Simonis, U. E. (Editor), 1994: *Industrial Metabolism.* United Nations University Press, New York

Barham, J. 1990. A *Poincaréan Approach to Evolutionary Epistemology*, Journal of Social and Biological Structures, Vol. 13, pp. 193 - 258.

Boulding, K., 1966. *The Economics of the Coming Spaceship Earth.* In: Jarrett, H. (Editor), Environmental Quality in a Growing Economy. The Johns Hopkins University Press, Baltimore, pp. 3-14.

Costanza, R.; Ruth, M. 1998. *Using Dynamic Modeling to Scope Environmental Problems and Build Consensus,* Environmental Management, Vol. 22, pp. 183 - 195.

Cronon, W. 1983. *Changes in the Land: Indians, Colonists, and the Ecology of New England,* Hill and Wang, New York.

Daly, H. E. (Editor), 1973. *Toward A Steady-State Economics.* W. H. Freeman and Company, San Francisco.

Daly, H. E. 1992. *Is the entropy law relevant to the economics of natural resource scarcity? - Yes, of course it is!* Journal of Environmental Economics and Management, 23: 91-95.

Davidsdottir, B.; Ruth, M. 2006. *Industrial Inertia and Environmental Performance: Opportunities and Constraints for Environmental Policy,* International Journal of Environmental Technology and Policy, in press.

Davidsdottir, B.; Ruth, M. 2005. *Pulp Non-Fiction: Dynamic Modeling of Industrial Systems,* Journal of Industrial Ecology, Vol. 9, No. 3, pp. 191-211.

Debeir, J.-C.; Deléage, J.-P.; Hémery, D.. 1986. In the Servitude of Power: *Energy and Civilization Through the Ages*, Zed Books, Ltd., London.

DeCanio, S.; Laitner, J. 1997. *Modeling technological change in energy demand forecasting: A generalized approach,* Technological forecasting and Social Change, Vol. 55, pp. 249-263.

DeCanio, S.J. 1994. *Energy efficiency and managerial performance: improving profitability while reducing greenhouse gas emissions*, in Feldman D., (Hrsg.) Global climate change and public policy, Nelson-Hall publishers, Chicago.

DeCanio, S.J. 1996. *Understanding the diffusion process in modeling the development of energy efficiency technologies*, paper prepared for the Climate change analysis workshop, Springfield Virginia, June 6-7, 1996.

Dupuy, D. 1997. *Technological change and environmental policy: The diffusion of environmental technology*, Growth and Change, Vol. 28, pp. 49-66.

EIA. 1997. *Industrial Sector Demand Module of the National Energy Modeling System*, Office of Integrated Analysis and Forecasting, Department of Energy /Energy Information Administration, Washington, D.C.

Eriksson, K.-E.; Lindgren, K.; Månsson, B.A. 1987. *Structure, context, complexity, organization : physical aspects of information and value,* Singapore ; Teaneck, N.J. : World Scientific.

Geller, H.; Nadel, S.. 1994. *Market Transformation Strategies to promote End Use efficiency*, Annual Review of Energy and Environment, Vol. 19, pp. 301-346.

Georgescu-Roegen, N., 1971. *The Entropy Law and the Economic Process.* Harvard University Press, Cambridge, Massachusetts.

Graedel, T. E.; Allenby, B. R., 1995. *Industrial Ecology.* Prentice Hall, Englewood Cliffs

Grubb, M. 1997. *Technologies, energy systems and the timing of CO2 emissions abatement: an overview of economic issues*, Energy Policy, Vol. 25, pp. 159-172.

Gunderson, L. C.; Holling, S; Light, S. (Hrsg.). 1995. *Barriers and bridges to the renewal of ecosystems and institutions.* Columbia University Press, New York. 593 pp.

Hoeller, P.; Wallin, M. 1991. *Energy Prices, Taxes and carbon dioxide emissions*, OECD Economic Studies, Vol. 17, pp. 91-105.

Holling, C. S. (Hrsg.). 1978. *Adaptive environmental assessment and management.* Wiley, London.

Hourcade, J-C.; Chapuis, T. 1995. *No-regret policies and technical innovation*, Energy Policy, Vol. 23, pp. 433-445.

Jollands, N.; Ruth, M.; Bernier, C.; Golubiewski, N. 2006. *The Climate's Long-term Impacts on New Zealand Infrastructure (CLINZI)* Project, Journal of Environmental Management, in press.

Jorgenson, D.W. 1968. *Optimal Capital Accumulation and Investment Behavior,* Journal of Political Economy, 76(3): 1123-1151.

Jorgenson, D.W. 1971. *Econometric Studies of Investment Behavior*: A review, Journal of Economic Literature, 9(4):1111-1147.

Jorgenson, D.W. 1996. *Investment.* MIT Press, Cambridge.

Joskow, P.; Marron, D. 1993. *What does utility subsidized energy efficiency really cost?* Science, Vol. 260, pp. 281,370.

Kahlil, E.L. 1993. *Is Poincaréan Nonlinear Dynamics the Alternative to the Selection Theory of Evolution?* Journal of Social and Evolutionary Systems, Vol. 16, pp. 489 - 500.

Kay, J.J. 1984. *Self-Organization in Living Systems*, Ph.D. Thesis, Systems Design Engineering, University of Waterloo, Waterloo, Ontario.

Kay, J.J.; Schneider, E.. 1991. *Thermodynamics and Measures of Ecological Integrity*, Mimeo, Environment and Resource Studies, University of Waterloo, Waterloo, Ontario.

Kirshen, P.H.; Ruth, M.; Anderson, W. 2006. *Climate's Long-Term Impacts on Metro Boston*, in Ruth, M., K. Donaghy and P.H. Kirshen (Hg.) Regional Climate Change and Variability: Impacts and Responses, Edward Elgar Publishers, Cheltenham, England, chpt. 7.

Kolstad, C.D. 1993. *Looking vs. leaping: the timing of CO2 control in the face of uncertainty and learning*, in Y. Nakicenovic, et al. (Hg.) Costs, Impacts and benefits of CO2 mitigation, IIASA, Laxenburg, Austria.

Laffont, J.-J. 1989. *The Economics of Uncertainty and Information*, MIT Press, Cambridge, Massachusetts.

Marshall, A. 1898. *Mechanical and Biological Analogies in Economics*, in A.C. Pigou (Hg.) Memorials of Alfred Marshall, Macmillan and Co., Ltd., London, 1925.

Meier, A. et al. 1983. *Supplying energy through greater efficiency: the potential for conservation in California's residential sector*, University of California Press, Berkeley.

Nordhaus, W.D. 1991. *To slow or not to slow: The economics of the greenhouse effect*, The Economic Journal, Vol. 101, pp. 920-937.

OECD. 1994. *Managing the Environment: the role of economic instruments*, OECD, Paris.

OECD. 1995. *Environmental Taxes in OECD Countries*, OECD, Paris.

Pearce, D. 1991. *The role of carbon taxes in adjusting to global warming, The Economic Journal, Vol. 101, pp. 938-948.*

Perlin, J. 1989. *A Forest Journey: The Role of Wood in the Development of Civilization*, Norton, New York.

Prigogine, I.; Stengers, I. 1987. *Order out of Chaos*, Bantam Books, New York.

Ross, M.; Thimmapuram, P.; Fisher, R.; Maciorowski, W. 1993. *Long-term Industrial Energy Forecasting (LIEF) Model (18 Sector Version)*, Argonne National Laboratory, Argonne, IL.

Ruth, M. 1993. *Integrating Economics, Ecology and Thermodynamics*, Kluwer Academic Publishers, Dordrecht, The Netherlands.

Ruth, M. 1998. *Energy Use and CO_2 Emissions in a Dematerializing Economy: Examples from Five US Metals Sectors*, Resources Policy, Vol. 24, pp. 1 – 18.

Ruth, M. 2006. *The Economics of Sustainability and the Sustainability of Economics*, Ecological Economics, Vol. 56, No. 3, pp. 332-342.

Ruth, M.; Hannon, B.. 1997. *Modeling Dynamic Economic Systems*, Springer-Verlag, New York.

Ruth, M.; Davidsdottir, B.; Amato, A. 2004. *Climate Change Policies and Capital Vintage Effects: The Cases of US Pulp and Paper, Iron and Steel and Ethylene*, Journal of Environmental Management, Vol. 7, No. 3 , June 2004, pp. 221-233.

Stoft, S. 1995. *The economics of conserved-energy "supply" curves*, The Energy Journal, Vol. 16, pp. 109-137.

Tainter, J.A. 1988. *The Collapse of Complex Societies*, Cambridge University Press, Cambridge.

Tietenberg, T.H. 1990. *Economic Instruments for Environmental Regulations*, Oxford Review of Economic Policy, Vol. 6, pp. 17 - 33.

Tietenberg, T.H. 1996. *Managing the transition to sustainable development: The role of economic incentives,* in, P.H. May and R.S. da Motta, (Hg.) Pricing the Planet: Economic Analysis for Sustainable Development, Columbia University Press, New York, pp. 123 - 138.

Tiezzi, E. 2002. *The Essence of Time*, WIT Press, Southampton, England.

Train, et al. 1995. *Rebates, loans, and customer's choice of appliance efficiency level: combining state-and revealed preference data*, Energy Journal, Vol. 16, pp. 55-69.

Veblen, T. 1919. *The Place of Science in Modern Civilisation and Other Essays*, New York, Huebsch.

Weston, R.F.; Ruth, M.. 1997. *A Dynamic Hierarchical Approach to Understanding and Managing Natural Economic Systems*, Ecological Economics, Vol. 21, No. 1, pp. 1 - 17.

Woodruff, M. et al. 1997. *The potential for industrial energy efficiency technology to reduce US greenhouse gas emissions*, in 1997 ACEEE Summer Study on Energy Efficiency in Industry, Proceedings, ACEEE, Washington.

Worrell, E. 1994. *Potentials of improved use of industrial energy and materials*, Ph.D. Dissertation, Utrecht University, The Netherlands.

27 Lernen vom Vorbild Natur: Naturverständnis in der Industrial Ecology

Ralf Isenmann

27.1 Einführung

Die Industrial Ecology ist ein noch junges, aber rasch aufstrebendes interdisziplinäres Forschungs- und Handlungsfeld in den Umwelt- und Nachhaltigkeitswissenschaften. Es hat seinen thematischen Schwerpunkt in den Schnittstellen zwischen den Ingenieurwissenschaften einerseits und den Wirtschaftswissenschaften mit dem Fokus auf Umweltökonomie und Umweltmanagement andererseits (Ayres und Ayres 1996). Gleichwohl wird deutlich, dass technisch-ökonomische Ansätze zur Gestaltung nachhaltiger industrieller Systeme alleine kaum greifen. Insofern kommt der Integration der Sozialwissenschaften für die zukünftige Entwicklung der Industrial Ecology eine steigende Bedeutung zu (Graedel 2000).

Im Vergleich zu anderen Ansätzen, Konzepten und Wissenschaftsdisziplinen kennzeichnet die Industrial Ecology ein unmittelbar ins Auge springendes Merkmal: ihr spezifisches Verständnis der Natur als Vorbild, von der wir bei der Gestaltung nachhaltiger industrieller Systeme, also beim Umgang mit Stoffen, Energie, Information, Raum und Zeit auf dem Weg in eine nachhaltige Entwicklung, lernen können. Insofern könnte man sagen: „Lernen vom Vorbild Natur" profiliert die Industrial Ecology. Diese leitbildhafte Formel verleiht ihr ein identitätsstiftendes Alleinstellungsmerkmal und macht das Forschungs- und Handlungsfeld in der Landschaft der „scientific communities" in gewisser Weise einzigartig. Dieses unorthodoxe Verständnis der Natur als Vorbild, vom dem wir lernen können, erweitert insbesondere die für viele Wissenschaftsdisziplinen noch weithin prägende instrumentelle Sichtweise, nach der die Natur lediglich als ein „Sack von Ressourcen" (Hampicke 1977, 622) gilt.

In diesem Beitrag steht das „Lernen vom Vorbild Natur" im Zentrum, so wie es für das Naturverständnis der Industrial Ecology charakteristisch ist:

- Zunächst wird das Naturverständnis der Industrial Ecology erläutert, einschließlich der damit zusammenhängenden Kriterien und der herangezogenen Begründungsstrukturen. Eine Gegenüberstellung mit anderen Naturverständnissen aus Umweltökonomie und Umweltmanagement verdeutlicht das identitätsstiftende Merkmal, das das Naturverständnis für die Positionierung der Industrial Ecology in der Landschaft der „scientific communities" liefert.
- Als Teil eines Selbstfindungsprozesses, der in der Industrial Ecology in vollem Gange ist, wird das spezifische Verständnis der Natur als Vorbild verständlicherweise noch oftmals unterschwellig mittransportiert. Voraussetzungen, Reichweite und Grenzen kommen bei der kommunikativen Vermittlung zuweilen zu kurz; Begründungsstrukturen verwischen. Insofern bietet das spezifische Naturverständnis und vor allem dessen leitbildhafte Formel: „Lernen vom Vorbild Natur" sowohl Stoff für interne Diskussionen als auch Anlass für externe Kritik. Das Spektrum der Positionen reicht von einem klaren Bekenntnis bis zu strikter Ablehnung. Oftmals erschweren dabei Un-

schärfen die Argumentation. Deshalb sei hier der Versuch unternommen, die in der Diskussion wiederkehrenden zentralen Missverständnisse zum Naturverständnis der Industrial Ecology einer Klärung zuzuführen.

- Auf dieser Grundlage wird anschließend die leitbildhafte Formel: „Lernen vom Vorbild Natur" näher beleuchtet, und es wird ein Ansatz zur Methodenlehre präsentiert. Zur Operationalisierung bieten sich zwei Fragen an: zum einen, wie ein solches Lernen methodisch funktioniert (Wie-Frage) und zum anderen, welche beispielhaften Gestaltungsfelder von einem naturinspirierten Lernen profitieren können (Was-Frage).

Insgesamt zielt der Beitrag auf eine Vermittlung des für die Industrial Ecology charakteristischen Naturverständnisses, präzisiert durch einen Vorschlag zur Methodenlehre für ein „Lernen vom Vorbild Natur". Zur Profilierung der Industrial Ecology, so wird argumentiert, bietet sich ihr Verständnis der Natur als Vorbild an, von der wir im Sinne eines möglichen Orientierungspunkts bei der Gestaltung nachhaltiger industrieller Systeme lernen können.

27.2 Naturverständnis in der Industrial Ecology

Die institutionalisierte Form der Industrial Ecology als „scientific community" mit einer Internationalen Gesellschaft (ISIE: http://www.is4ie.org) hat zwar eine noch recht junge Vergangenheit und geht auf das Jahr 2001 zurück. Gleichwohl reichen die intellektuellen Wurzeln, diversen Vorläuferkonzepte und frühen Anfänge der Industrial Ecology sehr viel weiter und in viele Wissenschaftsdisziplinen zurück.

Mit der Herausbildung der „scientific community" in der Industrial Ecology hat eine rasche Entwicklung des Forschungs- und Handlungsfeldes eingesetzt. Parallel zu dieser dynamischen Entwicklung verläuft eine Diskussion um ein charakteristisches Selbstverständnis. Aufgrund der jungen Entwicklungsgeschichte sind die intellektuellen Konturen verständlicherweise bislang noch im Entstehen, und die Herausbildung eines eigenständigen wissenschaftlichen Profils ist insgesamt noch im Fluss.

Ungeachtet des augenblicklichen Status Nascendi spielt für die Industrial Ecology von Beginn an das „Lernen vom Vorbild Natur" eine zentrale Rolle. Bereits aus dem Namen des Forschungs- und Handlungsfeldes: Industrial Ecology lässt sich ableiten, dass die Natur für technisch-ökonomische Gestaltungsaufgaben als eine geeignete Innovationsquelle herangezogen und z.B. als Inspirationshilfe beim Aufbau industrieller Verwertungsnetzwerke und ressourceneffizienter Kreislaufwirtschaftkonzepte erfolgreich genutzt werden kann. „(I)ndustrial ecology looks to non-human ‚natural' ecosystems as models for industrial activity", so die prägnante Kurzdefinition von Lifset und Graedel (2002, 3).

Den methodischen Dreh- und Angelpunkt für das augenfällige Naturverständnis bildet eine doppelte Deutungsanalogie mit einem wechselseitigen Modelltransfer zwischen den Wissenschaftsdisziplinen (Zoglauer 1994) mit dem Schwerpunkt Ökosystemforschung in der Biologie und Betriebswirtschaftslehre in den Wirtschaftswissenschaften:

- Einerseits wird unser technisch-ökonomisches Industriesystem als ein lebendiges Ökosystem betrachtet. Diese Deutungsanalogie entspricht einem Transfer von der Ökosystemforschung aus der Biologie in die Betriebswirtschaftslehre als Fachdisziplin der Wirtschaftswissenschaften.

- Andererseits wird die Natur im Sinne einer ursprünglichen Ökonomie der Erde als nahezu mustergültige Kreislaufwirtschaft interpretiert. Diese Deutungsanalogie repräsentiert einen Transfer von der Betriebswirtschaftslehre in den Wirtschaftswissenschaften in die Ökosystemforschung in der Biologie.

Vereinfachend könnte man sagen, dass im ersten Fall die Ökonomie mit einer „ökologischen Brille" interpretiert wird, während im zweiten Fall eine „ökonomische Brille" die Perspektive auf die Ökologie bestimmt. Diese wechselseitigen Modelltransfers haben eine lange Tradition und gehen bis in die Anfänge der jeweiligen Wissenschaftsdisziplinen zurück (siehe hierzu z.B. die Zusammenstellung von Bey und Isenmann 2005).

27.2.1 Natur als Vorbild: Charakteristikum der Industrial Ecology

Eine Analyse der einschlägigen Fachliteratur verdeutlicht die Einschätzung, dass die Sichtweise der Natur als Vorbild für die Industrial Ecology insgesamt prägend ist (Tab. 27.1). In der Industrial Ecology kommt der Vorbildcharakter der Natur sprachlich zumeist durch Metaphern aus dem Bereich der Ökosystemforschung („natural ecosystem metaphor") zum Ausdruck, gestützt durch Analogien aus der Biologie („biological analogy"), die bildliche, funktionale oder gesetzesmäßige Ähnlichkeiten zwischen Industriesystemen und Ökosystemen abbilden (Isenmann 2003b). Solche, die Kreativität anregenden Instrumente verhelfen, aus den oftmals eingefahrenen Denkschemata auszubrechen, etablierte gedankliche Blockaden zu überwinden und durch neue Sichtweisen auch unkonventionelle ökologische Innovationen aus dem Ideenpool der Natur für technisch-ökonomische Gestaltungsaufgaben nutzbar zu machen.

In puncto Analogieforschung als methodisches Moment und im Naturverständnis als wissenschaftstheoretisches Moment weisen Industrial Ecology und Bionik offensichtliche Gemeinsamkeiten auf. Beide repräsentieren Forschungs- und Handlungsfelder, die unter der leitbildhaften Formel: „Lernen vom Vorbild Natur" antreten.

- Während die Industrial Ecology den ökosystemaren Bereich abdeckt und dabei Stoff- und Energieströme bis hin zum großindustriellen, globalen Maßstab analysiert,
- ist die Bionik – eine junge Wissenschaftsdisziplin an den Schnittstellen zwischen Biologie und Technik (z.B. von Gleich 2001) – eher dem Verhältnis biologischer Strukturen und ihren Funktionen zugewandt, um smarte Phänomene, Effekte, Strategien und Funktionsprinzipien im Kleinen auf technisch-ökonomische Gestaltungsaufgaben zu übertragen.

27.2.2 Vier typische Naturverständnisse

Ein Vergleich der Naturverständnisse zwischen Industrial Ecology und anderen Wissenschaftsdisziplinen vermag die Profil gebende Sichtweise der Natur als Vorbild für die Industrial Ecology zu unterstreichen. Dieser Vergleich ist hier beispielhaft als Gegenüberstellung zu den Sichtweisen in Umweltökonomie und Umweltmanagement konkretisiert, in einer Typologie forschungsmethodisch ausgeführt (Tab. 27.2) und als Matrix mit vier Spalten und sieben Zeilen illustriert (Isenmann 2003a).

Tabelle 27.1: Literaturanalyse mit 28 Zitaten zum Verständnis der Natur in der Industrial Ecology (Isenmann 2003a, 288, erweitert und aktualisiert bei Bey und Isenmann 2005, 191-192)

Autoren	Zitate zum Naturverständnis als Vorbild und zum Lernen vom Vorbild Natur
Frosch und Gallopoulos (1989, 94)	Industrial ecology would function „as an analogue of the biological system"
Tibbs (1992, 2)	Industrial ecology „takes the pattern of the natural environment as a model"
Simonis (1993, 131)	„Lernen von der Natur" heißt, „wir müssen ‚ökologischen Nachhilfeunterricht' nehmen"
Allenby und Cooper (1994, 343)	„Sustainable structure will resemble a mature ecological community"
Andrews et al. (1994, 471)	Nature is „instructive to explore in some detail what an industrial ecosystem could involve"
Graedel (1994, 24)	„The ideal anthropogenic use of materials would be one similar to the biological model"
Richards et al. (1994, 3 und 8)	„Natural ecosystems as no-waste ecology"
Ring (1994, 92 und 1997, 243)	„Lernen von der Natur" bedeutet „Anlehnung an bzw. Anwendung von ökologischen Prinzipien"
Socolow (1994, 4)	„Nature is the measure of man"; nature „as the principal shaper of global human activity"
Graedel und Allenby (1995, 10)	Nature is understood as „master of recycling"
Ayres und Ayres (1996, 273)	„Industrial ecosystems, designed from 'scratch' to imitate nature"
Schwarz und Steininger (1997, 48)	„The model of an industrial recycling network is an attempt to integrate principles of natural ecosystems into the traditional production economy"
Erkman (1997, 1)	The „industrial system can be seen as a certain kind of ecosystem"
Wernick und Ausubel (1997, 7)	Industrial ecology „implies that models of non-human biological systems are instructive for industrial systems"
Strebel (1998, 2)	„Die belebte Natur betreibt eine Kreislaufwirtschaft in sog. Ökozyklen"
Allenby (1999, 43)	„The concept of industrial ecology [is] based on the biological analogy"
Cleveland (1999, 148)	It is characteristic for industrial ecology to „look to the natural world for models of efficient use of resources"
Manahan (1999, 23)	„Industrial ecology mimics natural ecosystems"
Chertow (2000, 317)	„The underlying concept of industrial symbiosis is the metaphor of an industrial ecosystem that mimics a natural ecosystem"
Côte (2000, 11)	„Famously, industrial ecologists look to biological ecosystems as analogies or metaphors in the study of production and consumption"
Ehrenfeld (2000, 237)	„Natural ecosystems offer the only example of long-lived, robust, resilient living systems"
Korhonen (2001, 57)	„Ecosystems are the master of recycling ecosystem metaphor provides a sustainable model"
Lifset (2002, 1)	„Natural systems cycle resources extensively"
Allenby (2003, 4)	„An obvious part of the attraction of 'industrial ecology' is the suggestion that industrial systems can fruitfully be analogized to natural ecosystems"
Cohen-Rosenthal (2003, 14)	„(I)ndustrial ecology dream that, as in natural systems, waste equals food and that linking one company's 'throw-aways' to another's need will provide better environmental and business outcomes"
Deutz und Gibbs (2004, 348)	„Industrial Ecology is a strategy to promote the reduction of the environmental impact of industry by learning from an analogy with natural systems"
Durney (2004, 8)	„The industrial metabolism concept can be applied so that it resembles most closely that of a sustainable biological organism, with low material input, throughput and output"
Journal of Industrial Ecology (2005)	Industrial ecology „looks to the natural world for models"

Die Spalten repräsentieren vier charakteristische Sichtweisen, wie die Natur interpretiert wird. Die Zeilen enthalten die fünf für die Typenbildung und -beschreibung herangezogenen Merkmale sowie ihre spezifischen Ausprägungen. In den beiden letzten Zeilen sind Beispiele angeführt, so wie sie z.B. auf volkswirtschaftlicher Ebene in der Umweltökonomie und auf betriebswirtschaftlicher Ebene im Umweltmanagement ausgestaltet sind .

Tabelle 27.2: Typologie zur Interpretation der Natur in der Ökonomie (Isenmann 2003a, 223)

	Typ 1		**Typ 2**	**Typ 3**	**Typ 4**
Naturverständnis	Natur als Objekt		Natur als Grenze	Natur als Vorbild	Natur als Partner
Naturverhältnis	Nutzung der Natur	Schonung der Natur	Verzicht auf Nutzung der Natur	Lernen von der Natur	Kooperation mit der Natur
Erkenntnisinteresse an der Natur	Eingriff in die Natur	Schutz der Natur	Respekt vor der Natur	Orientierung an der Natur	Koproduktion mit der Natur
Beziehung Mensch-Natur	Herrschaft		Pflegschaft	Begegnung	Partnerschaft
Naturethik	Anthropozentrismus		aufgeklärter Anthropozentrismus		Physiozentrismus
Umweltökonomie	neoklass. Umwelt- und Ressourcenökonomie		"Raumschiff-Wirtschaft"	ökologische Ökonomie Industrial Ecology	Bio-Ökonomie
Umweltmanagement	faktortheoretischer Ansatz		systemtheoretischer Ansatz	sozial-ökologischer Ansatz	

Die Matrix ist von links nach rechts zu lesen, wobei jede spezifische Sichtweise die jeweils links stehenden Perspektiven stets mit einschließt. Damit lässt sich insgesamt eine Entwicklung nachzeichnen, von einer rein instrumentellen Interpretation der Natur als Objekt der Verfügung (Typ 1) bis hin zu graduellen Abstufungen auch mit systemisch-holistischen Zugängen als Grenze (Typ 2), gedankliches Vorbild (Typ 3) und Partner (Typ 4). Der Typ 1 steht für die neoklassische Umwelt- und Ressourcenökonomie auf volkswirtschaftlicher Ebene bzw. den faktortheoretischen Ansatz auf betriebswirtschaftlicher Ebene. Der Typ 2 kennzeichnet die „Raumschiff-Wirtschaft" (economy of the spaceship earth) auf volkswirtschaftlicher Ebene bzw. den systemtheoretischen Ansatz auf betriebswirtschaftlicher Ebene. Der Typ 3 repräsentiert die Industrial Ecology, die hier akzentuierend der volkswirtschaftlichen Ebene zugeordnet wird, und den sozialökologischen Ansatz auf betriebswirtschaftlicher Ebene. Der Typ 4 schließlich ist für den Bereich der Bio-Ökonomie prägend, ohne Differenzierung zwischen volks- und betriebswirtschaftlicher Ebene.

Die Typologie basiert auf einem naturphilosophischen Rahmenkonzept (Honnefelder 1994). Aus diesem Rahmenkonzept wurden konstitutive typenbildende und explikative typenbeschreibende Merkmale abgeleitet. Ferner baut sie auf einer umfassenden Inventur mit 12 einschlägigen Systematisierungen von Naturverständnissen in den Wirtschaftswissenschaften auf. Aus den herangezogenen Systematisierungen wurden die Merkmalsausprägungen extrahiert. Das zugrunde liegende naturphilosophische Rahmenkonzept setzt sich aus einer fünfteiligen Merkmalssystematik zusammen, darunter: Naturverständnis, Naturverhältnis, erkenntnisleitendes Interesse an der Natur, Beziehung Mensch-Natur sowie naturethischer Ansatz:

Das Naturverständnis bezieht sich darauf, wie die Natur im Theoriegebäude interpretiert und im Lichte bestimmter Denkschulen, Forschungstraditionen und Methoden rezipiert wird. Es verkörpert dabei ein Set an Grundannahmen, wie Menschen sich selbst, die Beziehung Mensch-Natur und die Natur betrachten, z.B. als Objekt, Grenze, Vorbild oder Partner.

Das Naturverhältnis lässt sich als eine charakteristische Art des Umgangs, der Behandlung und der Handhabung von Natur verstehen. Es bestimmt die Art und Weise, wie mit den Ressourcen der Natur bzw. der Natur als Ganzes umgegangen wird. Mit einem spezifischen Naturverständnis ist ein korrespondierendes Naturverhältnis vorgeprägt, darunter: Nutzung der Natur, Schonung der Natur, Verzicht auf (Über-)Nutzung der Natur, Lernen von der Natur und Kooperation mit der Natur.

Naturverständnis und korrespondierendes Naturverhältnis sind ihrerseits durch ein spezifisches Erkenntnisinteresse an der Natur überformt. Mit dem Erkenntnisinteresse kommt zum Ausdruck, dass das Nachdenken über die Natur stets durch menschlich-vitale Bedürfnisse voreingestellt ist. Demzufolge betrifft es die meta-theoretischen Aspekte, darunter die fünf Ausprägungen: Eingriff in die Natur, Schutz der Natur, Respekt vor der Natur, Orientierung an der Natur, Koproduktion mit der Natur.

Da jedes Nachdenken über die Natur in die philosophische Anthropologie mündet und mit dem menschlichen Selbstverständnis untrennbar verknüpft ist, sind die Typen beschrieben, wie sich die Menschen selbst in Relation zur Natur begreifen und welche Rolle sie dabei einnehmen und der Natur zusprechen. Hier wird zwischen vier Ausprägungen differenziert: Herrschaft, Pflegschaft, Begegnung und Partnerschaft.

Zur näheren Charakterisierung dient ferner ein naturethischer Ansatz. Die Naturethik bezeichnet die ethische Basis, auf der die Begründung und die Reichweite der menschlichen Verantwortung im Umgang mit der Natur aufbauen. Sie zielt in normativer Absicht auf die ethischen Aspekte, die mit den anderen Merkmalen einhergehen. Letztlich wird dadurch deutlich, wie der Mensch mit der Natur, ihren Ressourcen und Diensten umgehen *soll*, sei es streng humanzentriert und analytisch ausgerichtet als Anthropozentrismus auf der einen Seite, nachdrücklich lebenszentriert und holistisch ausgerichtet als Physiozentrismus auf der anderen Seite oder als Zwischenposition im Sinne eines „aufgeklärten" Anthropozentrismus.

Neben der Merkmalssystematik sind in die Typologie weitere konzeptionelle Querbeziehungen abgebildet sowie Plausibilitätsüberlegungen und auch empirische Befunde eingeflossen. Sie dienen der Illustration. So wirkt ein spezifisches Naturverständnis strukturgebend und handlungsleitend auf den Umgang mit der Natur; die Theorie leitet die Praxis kann man in Anlehnung an Popper sagen. Naturverständnis und -verhältnis ihrerseits lassen sich durch den Zusammenhang mit dem Erkenntnisinteresse an der Natur erklären. Das theoretische Verstehen der Natur und der praktische Umgang mit ihren Ressourcen sind demnach durch ein basales Vorverständnis und eine erkenntnisleitende Motivation beeinflusst, deren Wurzeln in den menschlichen Vitalinteressen begründet sind. Umgekehrt erscheint es plausibel, dass ein spezifisches Erkenntnisinteresse an der Natur, wie z.B. in die Natur einzugreifen, sie zu schützen, so wie sie ist, oder in ihr nach vorbildlichen Phänomenen, Bezugspunkten und Orientierung zu suchen, entsprechende Schlüsse für den Umgang mit der Natur nach sich ziehen, wie z.B. die Natur zu nutzen, sie zu schonen oder von ihr lernen zu wollen. Untersuchungen zur Raumordnung und Naturnutzung an der niederländischen Küste haben diese Zusammenhänge empirisch bestätigt (Ruijgrok et al. 1999).

Insgesamt lassen sich mit der hier angelegten Merkmalssystematik spezifische Sichtweisen der Natur zu vier charakteristischen Typen verdichten. Dabei ist eine Vielzahl an Aspekten berücksichtigt, darunter meta-theoretische Aspekte (Erkenntnisinteresse an der Natur), theoretische Aspekte (Naturverständnis), praktische Aspekte (Naturverhältnis), anthropologische Aspekte (Beziehung Mensch-Natur) sowie ethische Aspekte (Naturethik).

27.2.3 Natur in der Industrial Ecology: Mehr als ein „Sack von Ressourcen"

Die Typologie der Naturverständnisse veranschaulicht die verschiedenen Perspektiven, aus denen die Natur interpretiert wird und welche Implikationen sich für praktische Gestaltungsaufgaben daraus ergeben können. Vor allem zeigt sich die Besonderheit des Naturverständnisses, so wie es für die Industrial Ecology typisch ist, in einem umfassenderen Zusammenhang. Da das Naturverständnis zu den Basisannahmen dieses Forschungs- und Handlungsfeldes zählt und insofern in der Architektur der Industrial Ecology in den Grundlagen verankert ist (Isenmann und von Hauff 2007), repräsentiert das Verständnis der Natur als Vorbild einen grundlegenden Perspektivenwechsel im Sinne eines Paradigmenwandels (Ehrenfeld 2000; Isenmann 2003c).

Im Ergebnis wird der Natur in der Industrial Ecology auf dem Weg in eine nachhaltige Entwicklung eine weiter gehende ‚Rolle' zugeschrieben als ein bloßes Ressourcenreservoir für Stoffe und Energie: Insbesondere die belebte Natur lässt sich in vielerlei Hinsicht als vorbildliche Innovationsquelle bei der Gestaltung nachhaltiger industrieller Systeme in Anspruch nehmen. Methodisch bietet sie eine Entdeckungsheuristik, um von ihren smarten Phänomenen, ihren Strategien im Umgang mit Stoff, Energie, Information, Raum und Zeit sowie ihren funktionalen Grundprinzipien auf dem Weg zu einer nachhaltigen Entwicklung zu lernen.

27.3 Klärung von Missverständnissen zum Naturverständnis der Industrial Ecology

Im Vergleich zu den traditionellen Sichtweisen erscheint das spezifische Naturverständnis mit seiner leitbildhaften Formel: „Lernen vom Vorbild Natur" zuweilen kühn bis revolutionär, vor allem aus der Perspektive der Kritiker aus den analytisch geprägten Wissenschaftsdisziplinen. Doch Diskussionen und Einwände entstammen nicht nur dem externen Umfeld. Auch innerhalb der Industrial Ecology bestehen noch Zweifel, ob das spezifische Naturverständnis tatsächlich tragfähig sei. Ferner bleiben Unsicherheiten bei der kommunikativen Vermittlung des Naturverständnisses. Darüber hinaus liefert eine oberflächliche Inanspruchnahme in Werbeslogans (z.B. Fuchs 1994; Baumgartner-Wehrli 2001) weitere Gründe, sich von Übervereinfachungen abzugrenzen, die oft kaum mehr als „Oberflächenkosmetik" und „greenwashing" darstellen und so die Idee der Industrial Ecology eher behindern als fördern.

Deshalb sei der Versuch unternommen, vier in der Diskussion um das Naturverständnis der Industrial Ecology beobachtete Missverständnisse einer sachdienlichen Klärung zuzuführen:

- Ontologisches Missverständnis: Das Naturverständnis in der Industrial Ecology übersteigt die rein instrumentelle Interpretation der Natur als Sack von Ressourcen, so wie sie z.B. für die Denkschule der neoklassischen Umwelt- und Ressourcenökonomie prägend ist. Deren Befürworter vertreten einen rein analytischen Zugang zur Natur. Darüber hinausgehende Zugänge mit systemisch-holistischen Aspekten werden als rein spekulativ kritisiert. Diese anmaßende Definitionsherrschaft, derzufolge das Wesen „der" Natur eindeutig und nur analytisch bzw. einfach empirisch beobachtend bestimmt werden kann, dürfte allerdings argumentativ kaum haltbar sein (ontologisches Missverständnis). Vielmehr scheint eine Verwechslung vorzuliegen, so der Klärungsansatz, zwischen einer orthodoxen Perspektive und einem instrumentellen Verständnis der Natur als Objekt (Typ 1) einerseits und weiteren durchaus legitimen Perspektiven, bei denen in graduellen Abstufungen auch systemisch-holistische Aspekte berücksichtigt sind und sich argumentativ stützen lassen (Typ 2 bis 3).

- Normatives Missverständnis: Mit ihrer Deutung als Vorbild kommt der Natur eine normative Maßstabsfähigkeit zu. Der Vorbildcharakter der Natur legt eine Handlungsorientierung mit präskriptiver Bedeutung nahe. Hiermit geht ein Problem einher: Denn die Natur als normativen Maßstab zu betrachten, der man sowohl folgen kann als auch folgen sollte, stellt ein kontrovers diskutiertes Thema in der Naturethik dar. Auch wenn die Natur keinen eindeutigen normativen Maßstab zu bieten vermag – sie liefert nämlich Beispiele von „vorbildlicher" Grausamkeit und Fürsorge, von Kampf und Kooperation, von Knappheit und Fülle –, so lässt sich die Natur doch als bedingt normativ maßstabsfähig verstehen. Im Sinne eines gedanklichen Schnittmengenmodells sind Natur und normativer Maßstab untrennbar miteinander verbunden (zur ausführlichen Begründung siehe Isenmann 2003a, 116-156). Sie sind weder identisch, wie dies im Extremfall eine sozialdarwinistische Position – Natur als normativer Maßstab – suggeriert noch sind sie völlig disjunkt, wie dies im anderen Extremfall eine soziobiologische Position – Natur ohne normativen Maßstab – impliziert (normatives Missverständnis). Einen klärenden Ausweg eröffnet die Einsicht, dass mit der Inanspruchnahme der Natur als Vorbild Vorbehalte einhergehen: Die Natur bietet keine Kopiervorlagen. Sie repräsentiert lediglich ein partielles und hypothetisches Vorbild. Ein „Lernen vom Vorbild Natur" ist deshalb methodischen Einschränkungen unterworfen, lässt sich als Entdeckungsheuristik nutzen, bietet aber keine Garantie auf Nachhaltigkeit, und funktioniert deshalb nur indirekt über entsprechende Transfers inklusiver entsprechender Verträglichkeitsprüfungen in den anvisierten Gestaltungsfeldern.
- Epistemologisches Missverständnis: In der Industrial Ecology spielen Metaphern aus dem Bereich der Ökosystemtheorie und Analogien aus der Biologie eine hervorgehobene Rolle. Lifset und Graedel (2002, S. 4) bezeichnen diese als „core elements or foci in the field". Die Kritik entzündet sich an einer Überstrapazierung, wenn solche erkenntnis-entdeckenden und -veranschaulichenden Forschungsinstrumente zur alleinigen Begründung des Naturverständnisses herangezogen werden (epistemologisches Missverständnis). Ayres (2004, 425) bekräftigt: „Attempts to use ecological concepts in an economic context are often misleading and unjustified." Eine Klärung des in diesem Zusammenhang entstehenden Missverständnisses ergibt sich insbesondere, wenn sich der Einsatz von Metaphern und (bildlichen) Analogien auf die – nach wissenschaftlichen Standards – legitimen Bereiche im Entdeckungszusammenhang und im Verwendungszusammenhang konzentrieren, nicht aber eine inhaltliche Fundierung und methodische Rechtfertigung im Begründungszusammenhang ersetzen (Isenmann 2003a, Bey und Isenmann 2005).
- Methodisches Missverständnis: In der Industrial Ecology stehen eine umfassende und akzeptierte Theorie sowie ein klares Bekenntnis der „scientific community" zum expliziten Verständnis der Natur als Vorbild auf breiter Basis noch aus. Dieser Status Nascendi kann z.B. Anlass bieten, die methodisch noch oftmals auf Metaphern und Analogien fokussierte Fundierung dieser spezifischen Sichtweise prinzipiell in Frage zu stellen (methodisches Missverständnis). Gleichwohl liegt mittlerweile eine Reihe

neuerer Fachaufsätze vor, die aus verschiedenen Zugängen wie z.B. Thermodynamik (Spiegelman 2003; Bey und Isenmann 2005), Ingenieurwesen (Levine 2003), Biologie (Bey 2007), Umweltökonomie (Bey 2001; Isenmann 2003a) und Philosophie (Isenmann 2003b) zu einer soliden methodischen Grundlegung beitragen und damit das „Lernen vom Vorbild Natur“ insgesamt auf eine belastbare und weithin akzeptable Basis stellen.

27.4 Ansatz zur Methodenlehre für ein Lernen vom Vorbild Natur

In gestaltungsorientierter Hinsicht steht das „Lernen vom Vorbild Natur“ im Zentrum des für die Industrial Ecology charakteristischen Naturverständnisses: „'Learning from nature' is the core philosophy of Industrial Ecology”, so Bey (2001, 1) in seiner umfassenden Literaturanalyse. Doch trotz der Faszination, die ein „Lernen vom Vorbild der Natur“, intuitiv auszulösen vermag, steht eine Methodenlehre zur Lösungsfindung in der Industrial Ecology – und ähnlich in der Bionik – noch weithin am Anfang. Hier wird deshalb ein Ansatz zur Operationalisierung entworfen. Dabei stehen zwei übergeordnete Fragen im Vordergrund:

- Wie funktioniert ein „Lernen vom Vorbild Natur“ (Wie-Frage)? Welchen Erklärungsgehalt hat ein „Lernen vom Vorbild der Natur“?
- Welche beispielhaften Gestaltungsfelder profitieren von einem naturinspirierten Lernen (Was-Frage)? Welche Themen eignen sich für einen „ökologischen Nachhilfeunterricht“ (Ring 1994, 92)?

27.4.1 Differenzierte Aussagekraft beim Lernen vom Vorbild Natur

Der Ansatz zur Methodenlehre geht von der Überzeugung aus, dass der Erklärungsgehalt beim „Lernen vom Vorbild Natur“ differenziert zu betrachten ist. Der Erklärungsgehalt bestimmt sich hier danach, auf welcher logischen Ebene in der Architektur eines Forschungs- und Handlungsfeldes das Lernen angesiedelt ist, z.B. auf der Ebene der Basis, der Methoden, der Objekte oder der Aussagen (Abb. 27.1): So macht es sicherlich einen Unterschied, z.B. auf der sprachlichen Ebene bei Aussagen etwa im Rahmen eines Brainstorming Metaphern aus der Natur zu verwenden, um Denkblockaden bei der Ideengenerierung zu überwinden, oder aber in der Natur nach vorbildlichen Phänomenen auf der Ebene konkreter Objekte zu suchen bzw. auf der Methodenebene die in der Natur zugrunde liegenden Wirkprinzipien zu studieren, um diese dann auf industrielle Gestaltungsaufgaben zu übertragen:

- Das Lernen auf der Basisebene beruht auf dem Experimentieren mit sogenannten biokybernetischen Grundprinzipien, wie sie z.B. de Rosnay (1977) und Vester (1991) beschrieben haben. Solche Grundprinzipien können grobe Anhaltspunkte bei der Gestaltung nachhaltiger industrieller Systeme bieten, zumindest in erster Näherung. Das Lernen fußt auf verallgemeinerten und durch praktische Erfahrung bewährten Überlebensprinzipien in der Biologie. Solche Prinzipien bilden ein Kontinuum zwischen groben Daumenregeln und Gesetzeshypothesen. Die biokybernetischen Grundprinzipien umfassen generelle Funktions-, Organisations- und Strukturprinzipien, darunter z.B. die Prinzipien der negativen Rückkopplung, der Mehrfachnutzung und des Recyclings.

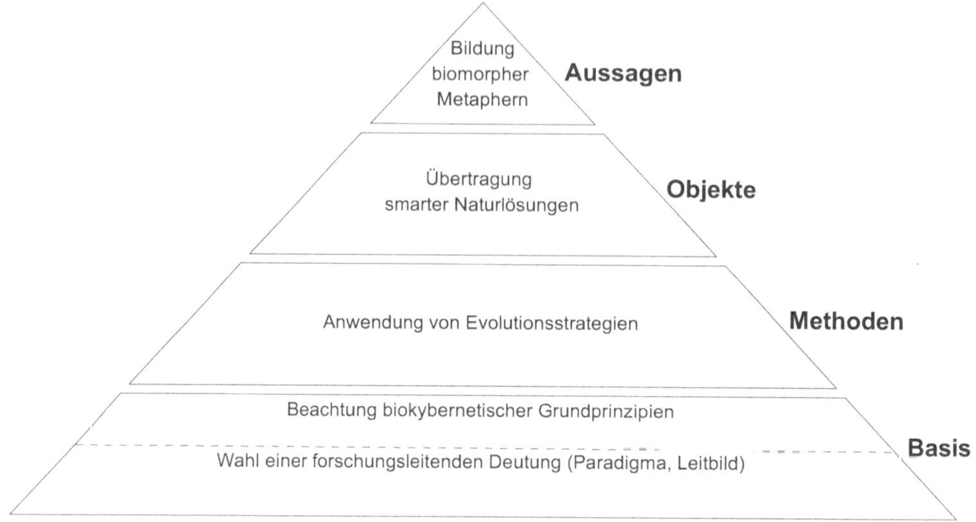

Abbildung 27.1 Vier Ebenen beim „Lernen vom Vorbild Natur"

- Das Lernen auf der Ebene der Methoden bezieht sich auf die Übertragung von Strategien, Verfahren, Tendenzen und Gesetzmäßigkeiten, die sich bei der Entwicklung in der Natur „bewährt" haben, d.h. evolutiv erprobt und robust sind. Diesem Lernen von Methoden sind z.B. erkennbare Entwicklungsgrundsätze in Ökosystemen zuzuordnen. Diese beschreiben die Dynamik und Anpassungsstrategien in Ökosystemen und umfassen z.B. Grundsätze zur Nutzung der Kategorien Stoff, Energie, Information, Raum und Zeit, so wie sie z.B. Ring (1997) als evolutionäre Strategien für die Umweltpolitik formuliert hat.
- Das Lernen auf der Ebene der Objekte zielt auf die Übertragung smarter Naturlösungen. Es basiert vor allem auf funktionalen Ähnlichkeitsbeziehungen und ist auf den Transfer von als vorbildlich erachteten Phänomenen gerichtet wie z.B. den Einsatz von Pflanzenfasern für Verpackungen, den Unterwasser-Klebstoff von Miesmuscheln und die Seide von Seidenspinnen. Dabei können identifizierte Funktions-, Struktur- und Organisationsanalogien übertragen und nutzbar gemacht werden. Das Lernen nutzt hier die Ergebnisse evolutionärer Optimierungsprozesse. Dabei können Phänomene in der Natur zur Gestaltung industrieller nachhaltiger Systeme genutzt werden.
- Beim Lernen auf der Ebene der Aussagen geht es um die Bildung von Metaphern aus der Natur. Das Lernen gründet hier auf bildhaften Ähnlichkeitsbeziehungen, die sprachlich ausgedrückt werden und auf Anleihen aus der Natur aufbauen. Dieses Lernen hat vorwiegend didaktische Funktion, um die Phantasie bei der Ideengenerierung zu unterstützen, Denkblockaden zu überwinden und Assoziationen auszulösen, kurz: um Kreativität freizusetzen. Indem z.B. bestehende Problemlösungen, etablierte Produkte und eingefahrene Prozesse verfremdet werden, kann Bekanntes in einem neuen Licht erscheinen, und es lassen sich neuartige Zusammenhänge „ent-decken".

Die hier vorgeschlagene Differenzierung beim „Lernen vom Vorbild Natur" ist angelehnt an eine idealtypische Architektur, die als inter-disziplinärer Bauplan allen Forschungs- und Handlungsfeldern zuzukommen scheint. Die Grundlagen dieser Architektur liegen in der Wissenschaftstheorie (Zwierlein 1994) und Wissenschaftssoziologie (Krüger 1987), eine Anwendung gibt es z.B. in den Naturwissenschaften (von Gleich 1989). Die in der Architektur unterscheidbaren einzelnen Ebenen lassen sich weiter zurückverfolgen in die Philosophie (Rickert 1926[1986]) und in die Wirtschaftswissenschaften (Amonn 1927). Insgesamt illustriert die Architektur, was eine wissenschaftliche Perspektive ausmacht. Die Architektur korrespondiert ferner mit dem wissenschaftstheoretischen Ansatz eines Paradigma im Sinne Thomas S. Kuhns (2006, Postskriptum 186-220), wonach eine spezifische Ausprägung von Grundannahmen, Theorien, Methoden sowie symbolischen und sprachlichen Konventionen die Charakteristik einer Wissenschaftsdisziplin kennzeichnen.

Der hier vorgeschlagene Ansatz zur Methodenlehre knüpft an eine Unterscheidung zum „Lernen von der Natur" in der Bionik an, die auf von Gleich (1998a) zurückgeht. Von Gleich (1998a, VI) differenziert in der Bionik zwischen einem Lernen von Grundprinzipien, Methoden und Ergebnissen der Evolution. Diese Dreiteilung korrespondiert mit dem hier vorgeschlagenen Ansatz:

- Das Lernen durch Grundprinzipien kommt dem Lernen durch die Beachtung biokybernetischer Grundprinzipien auf der Basisebene gleich.
- Das Lernen durch Methoden korreliert mit dem Lernen durch die Anwendung von Evolutionsstrategien auf der Ebene der Methoden.
- Das Lernen von den Ergebnissen entspricht das Lernen durch die Übertragung smarter Naturlösungen auf der Ebene der Objekte.

27.4.2 Gestaltungsfelder zum Lernen vom Vorbild Natur

Nach der formal-methodischen Differenzierung zum Erklärungsgehalt werden nachfolgend Beispiele zusammengetragen, die von einem „Lernen vom Vorbild Natur" für die Gestaltung nachhaltiger industrielle Systeme profitieren können. In Anlehnung und ergänzend an von Gleich (1998b, 10-11) lassen sich vier inhaltliche Bereiche herausheben, die derzeit in der Diskussion stehen (Tabelle 27.3):

- Ressourceneffizienz,
- Kreislaufwirtschaft,
- naturverträglichere Technik sowie auch
- organische Organisation.

In diesen Gestaltungsfeldern kann das für die Industrial Ecology charakteristische Naturverständnis eine Katalysatorfunktion übernehmen. Denn, so formulieren Meyer-Krahmer und Jochem (1997, 71) in ihrer Zukunftsschau zu den Perspektiven ökologischer Innovationen, neuer Verfahren, Stoffkreisläufen und längerer Produktnutzungsdauer: „Ökologische Innovationen brauchen technische Visionen und neue industrielle Leitbilder".

Tabelle 27.3 Vier beispielhafte Gestaltungsfelder, in denen ein Lernen vom Vorbild Natur praktiziert wird (Isenmann 2003a, 322, und Isenmann 2001, 233)

Ressourceneffizienz	Kreislaufwirtschaft	Naturverträglichere Technik	Organische Organisation
• Elektrotechnik (Marguerre 1991) • Informationstechnik (BMBF 1996) • Computer- u. Automatisierungstechnik (Aurifeille und Deissenberg 1998) • Konstruktionstechnik (Hill 1997; Rechenberg 1994) • Design, Formgebung (Nachtigall 1998; von Gleich 1997; VDI 1993)	• Stoffströme (Pasckert 1997; Pfohl und Schäfer 1997; Schmid 1996; Kaluza und Pasckert 1994; Zahn und Schmid 1992) • Verwertungsnetzwerke (Strebel 1998; Seidel 1994; Schwarz 1994; Enquête-Kommission 1994 Liesegang 1993) • Logistik (Fischer 1995; Wendt 1995) • Verpackung (Küppers und Tributsch 2002)	• „Sanfte Chemie“ (von Gleich 1997, 1994; Sturm und Fliege 1994; Heydemann 1994; von Osten 1991) • Biomimetische Werkstoffe (BMBF 1997) • Technologische Entwicklung (von Gleich 1998; Kursawe 1997)	• Organismus (Scholz 1997, Morgan 1997; Mellerowicz 1973; Ottel 1962) • Organisatorischer Wandel (Möller 1996) • Führung (Rüdenauer 1991) • Lernen (Arnold 1993)

27.5 Fazit

Das Verständnis der Natur als Vorbild ist ein charakteristisches Merkmal der Industrial Ecology. Eine Literaturanalyse lieferte dazu empirische Evidenz. Ihr Naturverständnis schärft das Profil der Industrial Ecology, prägt die Identität des Forschungs- und Handlungsfeldes und hilft insofern bei der Einordnung im Kanon der Umwelt- und Nachhaltigkeitswissenschaften.

Gleichwohl liefert das erfrischend unorthodoxe Naturverständnis auch Anlass für rege Diskussionen, sowohl innerhalb der Industrial Ecology als auch für externe Kritik. Das Spektrum der Positionen reicht dabei von bekenntnishaften Formeln bis hin zur kategorischen Ablehnung. Der Grund für die zum Teil leidenschaftlich geführten Auseinandersetzungen liegt oftmals in einer Reihe von Unschärfen, die die Argumentation prägen. Deshalb wurde hier der Versuch unternommen, die wiederkehrenden zentralen Missverständnisse zum Naturverständnis in der Industrial Ecology aufzuklären, indem für einige unüberbrückbar anmutende Extrempositionen ein Lösungsweg skizziert wurde.

Den gestaltungsorientierten Kern des Naturverständnisses bildet das „Lernen vom Vorbild Natur“. Diese leitbildhafte Formel teilt die Industrial Ecology auch mit der Bionik, einem benachbarten Forschungs- und Handlungsfeld an den Schnittstellen zwischen naturerforschender Biologie einerseits und der Übertragung der naturinspirierten Lösungsideen auf technisch-ökonomische Gestaltungsaufgaben andererseits. Obwohl das „Lernen vom Vorbild Natur“ zum Standardrepertoire in der Literatur zur Industrial Ecology – sowie zur Bionik – zählt, besteht hinsichtlich einer Methodenlehre für diese spezifische Art des Lernens noch ein erheblicher Nachholbedarf. Zur Operationalisierung wird deshalb ein Ansatz vorgeschlagen, bei dem zwischen vier Ebenen des „Lernen vom Vorbild Natur“ differenziert wird, je nachdem, auf welcher forschungslogischen Ebene das Lernen angesiedelt ist:

- Lernen auf der Basisebene durch die Beachtung biokybernetischer Grundprinzipien,
- Lernen auf der Ebene der Methoden durch die Anwendung von Evolutionsstrategien,
- Lernen auf der Ebene der Objekte durch die Übertragung smarter Naturlösungen sowie
- Lernen auf der Ebene der Aussagen durch die Bildung biomorpher Metaphern.

Dieser Ansatz folgt der zuvor skizzierten Architektur und bietet sich in seiner formalen Struktur sowohl für die Industrial Ecology als auch für die Bionik (Isenmann 2001) an. Das „Lernen vom Vorbild Natur" ist bislang vornehmlich auf vier Gestaltungsfelder ausgerichtet: Ressourceneffizienz, Kreislaufwirtschaft, naturverträglichere Technik und organische Organisation. Alle diese Gestaltungsfelder sind thematisch einschlägig für die Industrial Ecology.

Trotz des erst ansatzweise ausgeschöpften Potenzials, das ein „Lernen vom Vorbild Natur" in Aussicht stellt, soll das differenzierte und perspektivisch erweiterte Naturverständnis der Industrial Ecology nicht überstrapaziert werden. Denn die Entscheidung, die Natur als Vorbild zur Gestaltung nachhaltiger industrieller System heranzuziehen, sie also nicht nur als Objekt im Sinne eines „Sack von Ressourcen" zu nutzen, sondern ihre Grenzen zu respektieren und den für vorbildlich erachteten Lösungsanregungen zu folgen, steht unter Vorbehalt. Die Sichtweise ist nicht zwingend. Die Anerkennung der Natur als Vorbild, als eine plausible Sichtweise, *kann* für die Industrial Ecology methodisch als eine fruchtbare Entdeckungsheuristik dienen und z.B. bei der Entwicklung ökologischer Produkt- und Prozessinnovationen nützlich sein. Eine solche Anerkennung unterscheidet sich aber von solchen Vereinfachungen, in der die Natur z.B. als eine mustergültige Kreislaufwirtschaft dargestellt wird, wie dies zuweilen Unternehmensberater vermitteln, einige Autoren in der Industrial Ecology fälschlicherweise annehmen sowie Kritiker der Industrial Ecology gelegentlich unterstellen.

Denn das spezifische Naturverständnis hat z.B. seine konzeptionellen Grenzen darin, dass die hier zugrunde gelegten elementaren Ausgangspositionen und Begründungsstrukturen nicht ohne weiteres von allen geteilt werden bzw. nicht einfach miteinander zu verknüpfen sind. Das Verständnis der Natur als Vorbild wird hier also weder als Werbegag überhöht noch zur Leerformel degradiert, nach der die Natur alles umfasse und doch nichts aussage.

Neben die konzeptionellen Grenzen durch die Wahl der Ausgangspositionen und Begründungsstrukturen treten methodische Grenzen. Diese sind vor allem im partiellen und hypothetischen Status des Verständnisses der Natur als Vorbild berücksichtigt. Mit anderen Worten: Die Erkenntnisse aus dem „Lernen vom Vorbild Natur" *können* eine Hilfe bei der Entdeckung neuer Erkenntnisse bieten. Das Naturverständnis mit dem „Lernen vom Vorbild Natur" kann dann ein sinnvolles Unterfangen darstellen, wenn die gestaltenden Akteure sowohl ungefähr wissen, welche Herausforderungen zu bewältigen sind, als auch, wenn sie sich vergewissert haben, wie die ungefähre Lösungsrichtung aussehen könnte. Nach Simonis (1993) liegt die Quintessenz der Industrial-Ecology-Sichtweise darin, von der Weisheit der Natur zu lernen.

27.6 Literatur

Amonn, A. (1927): *Objekt und Grundbegriffe der theoretischen Nationalökonomie*. Leipzig, Wien: 2. Auflage, Franz Deuticke.

Ayres, R.U. (2004): *On the life cycle metaphor: Where ecology and economy diverge*. Ecological Economics 48: 425-438.

Ayres, R.U.; Ayres, L.W. (1996): *Industrial ecology. Towards closing the material cycle.* Cheltenham (UK), Brookfield (USA): Edward Elgar.

Baumgartner-Wehrli, P. (2001): *Bioting. Unternehmensprozesse erfolgreich nach Naturgesetzen gestalten.* Wiesbaden: Gabler.

Bey, C. (2001): *Sustainable production, allocation, and consumption: Creating steady-state economic structures in industrial ecology.* Dissertation. University of Edinburgh.

Bey, C. (2007): Grenzen der Kreislaufwirtschaft. In: *Industrial Ecology: Mit Ökologie zukunftsorientiert wirtschaften*, hrsg. von R. Isenmann; M. von Hauff. Heidelberg et al.: Elsevier, 75-87.

Bey, C.; Isenmann, R. (2005): *Human systems in terms of natural systems? Employing non-equilibrium thermodynamics for evaluating industrial ecology's ecosystem metaphor.* International Journal of Sustainable Development 8(3): 189-206.

Ehrenfeld, J.R. (2000): *Industrial ecology. Paradigm shift or normal science.* American Behaviour Scientist 44(2): 229-244.

Fuchs, J. (Hrsg.) (1994): *Das biokybernetische Modell. Unternehmen als Organismen.* Wiesbaden: 2. Auflage, Gabler.

Gleich von, A. (1989): *Der wissenschaftliche Umgang mit der Natur: Über die Vielfalt harter und sanfter Naturwissenschaften.* Frankfurt am Main: Campus.

Gleich von, A. (1998a): Vorwort. *Bionik. Ökologische Technik nach dem Vorbild der Natur?* Stuttgart et al.: 1. Auflage, Teubner, V-VII.

Gleich von, A. (1998b*): Was können und was sollen wir von der Natur lernen? Bionik. Ökologische Technik nach dem Vorbild der Natur?* Stuttgart et al.: 1. Auflage, Teubner, 7-34.

Gleich von, A. (Hrsg.) (2001): *Bionik. Ökologische Technik nach dem Vorbild der Natur?* Stuttgart et al.: 2. Auflage, Teubner.

Graedel T.E. (2000): *The evolution of industrial ecology.* Environmental Science & Technology 34(1): 28A-31A.

Hampicke, U. (1977): *Landwirtschaft und Umwelt. Ökologische und ökonomische Aspekte einer rationalen Umweltstrategie, dargestellt am Beispiel der Landwirtschaft der Bundesrepublik Deutschland.* Dissertation Technische Universität Berlin.

Honnefelder, L. (1992): *Natur-Verhältnisse. Natur als Gegenstand der Wissenschaften. Eine Einführung. Natur als Gegenstand der Wissenschaften*, Hrsg. von L. Honnefelder: Freiburg im Breisgau, München: Alber, 9-26.

Isenmann, R. (2001): *Innovationsquelle Natur – Was wir von der Natur zur Ableitung von ökologischen Innovationen lernen können.* Technische Biologie und Bionik 5, hrsg. von. Wisser, A.; Nachtigall; W.: Mainz: Akademie der Wissenschaften und der Literatur, 224-242.

Isenmann, R. (2003a): *Natur als Vorbild. Plädoyer für ein differenziertes und erweitertes Verständnis der Natur in der Ökonomie.* Marburg: Metropolis.

Isenmann, R. (2003b): *Further efforts to clarify industrial ecology's hidden philosophy of nature.* Journal of Industrial Ecology 6(3/4): 27-48.

Isenmann, R. (2003c): *Industrial ecology: Shedding more light on its perspective of understanding nature as model.* Sustainable Development 11(3): 143-158.

Isenmann, R.; Hauff, M. von (2007): *Einführung in die Industrial Ecology. Industrial Ecology: Mit Ökologie zukunftsorientiert wirtschaften*, Hrsg. von R. Isenmann; von Hauff, M.: Heidelberg et al.: Elsevier, 1-15.

Kuhn, T.S. (2006): *Die Struktur wissenschaftlicher Revolutionen.* Zweite revidierte und um das Postskriptum von 1969 ergänzte Auflage. Frankfurt am Main: Suhrkamp.

Levine, S. (2003): *Comparing products and production in ecological and industrial systems.* Journal of Industrial Ecology 7(2): 33-42.

Lifset, R.; Graedel, T.E. (2002): *Industrial ecology. Goals and definitions. A handbook of industrial ecology,* hrsg. von Ayres, R.U.; Ayres, L.W..:Cheltenham (UK), Northampton (USA): Edward Elgar, 3-15.

Meyer-Krahmer, F.; Jochem, E. (1997): *Perspektiven ökologischer Innovationen aus technologischer Sicht. Neue Verfahren, Stoffkreisläufe und längere Produktnutzungsdauern. Surfen auf der Modernisierungswelle? Ziele, Blockaden und Bedingungen ökologischer Innovation,* hrsg. von Gleich, A. von et al. :Marburg: Metropolis, 71-91

Rickert, H. (1986): *Kulturwissenschaft und Naturwissenschaft.* Stuttgart: Reclam [Erstveröffentlichung Tübingen 1926].

Ring, I. (1994): *Marktwirtschaftliche Umweltpolitik aus ökologischer Sicht. Möglichkeiten und Grenzen.* Stuttgart, Leipzig: Teubner.

Ring, I. (1997): *Evolutionary strategies in environmental policy.* Ecological Economics 23(3): 237-249.

Rosnay, J. de (1977): *Das Makroskop. Neues Weltverständnis durch Biologie, Ökologie und Kybernetik.* Stuttgart: Deutsche Verlags Anstalt.

Ruijgrok, E. et al. (1999): *Dealing with nature.* Ecological Economics 28(3): 347-362.

Simonis, U.E. (1993): *Von der Natur lernen? Über drei Bedingungen zukunftsfähiger Wirtschaftsentwicklung. In: Natur als Vorbild. Was können wir von der Natur zur Lösung unserer Probleme lernen, hrsg. von E. Zwierlein.* Idstein: Schulz-Kirchner, 115-133.

Spiegelman, J. (2003): *Beyond the food web: connections to a deeper industrial ecology.* Journal of Industrial Ecology 7(1): 17-23.

Vester, F. (1991): *Neuland des Denkens. Vom technokratischen zum kybernetischen Zeitalter.* München: 7. Auflage, Deutscher Taschenbuch Verlag.

Zoglauer, T. (1994): *Modellübertragungen als Mittel interdisziplinärer Forschung. Technomorphe Organismuskonzepte. Modellübertragungen zwischen Biologie und Technik,* hrsg. von Maier, W.; Zoglauer, T.. Stuttgart: Frommann-Holzboog, 12-24.

28 Kann Industrial Ecology die „Wissenschaft der Nachhaltigkeit“ werden?

John R. Ehrenfeld

28.1 Industrial Ecology im normativen Kontext

Hat Industrial Ecology als Fach oder Disziplin eine eigene Daseinsberechtigung oder fristet sie lediglich ein Schattendasein im Kontext von Nachhaltigkeit oder nachhaltiger Entwicklung? Bezieht man sich auf eine der meistzitierten Definitionen des Fachgebietes, lautet die Antwort vermutlich „nein, Nachhaltigkeit ist nicht unverzichtbar.“ Als das Fach noch in den Kinderschuhen steckte, definierte Robert White, Präsident der US National Academy of Engineering, Industrial Ecology als:

> …the study of the flows of materials and energy in industrial and consumer activities, of the effects of these flows on the environment, and of the influences of economic, political, regulatory, and social factors on the flow, use and transformation of resources (White, 1994, p. v.)[1]

Whites Definition lässt in keiner Weise auf einen normativen Kontext für dieses Fachgebiet schließen. Doch im nächsten Satz fährt er fort: "The *objective* (my emphasis added) of industrial ecology is to understand better how we can integrate environmental concerns into our economic activities[2]." Mit dieser Zweckbestimmung fügte er eine normative Dimension hinzu, die eine fortgesetzte Debatte darüber auslöste, ob die Industrial Ecology ein eindeutig wissenschaftliches Unterfangen oder aber ein Suchen nach Lösungen für eine Reihe gesellschaftlicher Probleme darstellt, deren Behandlung als ein „Muss“ oder „Soll“ im Raum steht.

Der letztgenannte Anspruch gleicht in hohem Maße den Prämissen jedes aktuellen technischen Fachgebiets, welches sich für Untersuchungs- und Gestaltungszwecke auf die Naturwissenschaften stützt, zwecks Problemlösung aber mit normativen Zielvorstellungen arbeitet. Die Biotechnologie beispielsweise kombiniert Erkenntnisse aus der Molekularbiologie und der chemischen Verfahrenstechnik, um Lösungen für Probleme zu schaffen, die z.B. die menschliche Gesundheit betreffen, oder anderes wie die Lebensmittelverarbeitung oder die chemische Grundstoffproduktion. Der normative Charakter ergibt sich aus der unausgesprochenen Behauptung, dass es gut ist, gesund zu sein. Im Falle der Industrial Ecology wurde der normative Anspruch mit der Gesundheit der Umwelt verknüpft. Ist der Organismus der Welt, in der wir leben und von der unsere Existenz abhängt, nicht gesund, dann ist das Wohlergehen unserer Spezies bedroht, und das von uns angestrebte gute Leben wird möglicherweise unerreichbar. Im Vergleich zur Biotechnologie ist der normative Kontext bei der Industrial Ecolo-

---

[1] „… das Studium der Stoff- und Energieströme in Industrie- und Verbraucheraktivitäten, der Auswirkungen dieser Ströme auf die Umwelt sowie des Einflusses wirtschaftlicher, politischer, regulativer und sozialer Faktoren auf Ressourcenströme, deren Nutzung und Transformation (White, 1994, p. v.)“

[2] „Das Ziel (Hervorhebung durch den Autor) der Industrial Ecology ist es, besser zu verstehen, wie wir Umweltbelange in unsere ökonomischen Aktivitäten integrieren können“.

gy komplizierter, da unsere Definition von Wohlergehen normalerweise über rein biologische Funktionen (Gesundheit) hinausgehende Aspekte umfasst und auch wirtschaftliche und soziale Maßnahmen einschließt.

28.2 Analogien und das wissenschaftliche Fundament der Industrial Ecology

Wie jedes andere aktuelle technische Fachgebiet bemüht sich die Industrial Ecology um ein solides wissenschaftliches Fundament. Die Biotechnologie gründet sich auf der Biologie, die chemische Verfahrenstechnik auf Chemie und Physik. Der Ursprung der Industrial Ecology ist, wie ihre Bezeichnung nahelegt, die Ökologie. Robert Frosch, einer der geistigen Begründer dieses Fachgebiets, äußerte sich in seinen einleitenden Worten anlässlich einer der ersten öffentlichen Veranstaltungen zum Thema Industrial Ecology hierzu wie folgt:

> The idea of an industrial ecology is based on a straightforward analogy with natural ecological systems. In nature an ecological system operates through a web of connections in which organisms live and consume each other and each other's wastes. The system has evolved so that the characteristic of communities of living organisms seems to be that nothing that contains available energy or useful material will be lost. There will evolve some organism that will manage to make its living by dealing with any waste product that provides available energy or useful material. Ecologists talk of a food web: an interconnection of uses of both organisms and their wastes. In the industrial context we may think of this as being use of products and waste products. The system structure of a natural ecology and the structure of an industrial system, or economic system, are extremely similar. (Frosch, 1992, S. 800)[3]

Die Vorstellung der Ähnlichkeit oder Analogie in wissenschaftlichen oder technischen Fachgebieten legt nahe, dass mathematische oder naturgesetzähnliche Formeln, welche Verhaltensweisen in einem System beschreiben, auf ähnliche Weise in einem anderen System für deskriptive oder konstruktive Zwecke benutzt werden können. Auf die Beschränkungen von Analogien wurde jedoch vielfach hingewiesen. Ruth (1996) beispielsweise kritisierte die evolutionäre Ökonomie dahingehend, dass sie sich zu stark auf bloße Analogien verlässt und es versäumt, die theoretischen Grundlagen auf den Grundprinzipien aufzubauen. Ich werde mich zur Industrial Ecology ähnlich äußern und gleichzeitig auf die Nichtgleichgewichts-

[3] „Die Idee einer industriellen Ökologie beruht auf einer einfachen Analogie zu natürlichen ökologischen Systemen. Ein ökologisches System in der Natur funktioniert wie ein Netz von Beziehungen, in welchem Organismen leben und sich voneinander und von ihren Abfallstoffen ernähren. Das System hat sich dahin entwickelt, dass folgende Aussage wohl als Wesensmerkmal von Gemeinschaften lebender Organismen gelten kann: Nichts, was verfügbare Energie oder verwertbares Material enthält, geht verloren. Irgendein Organismus wird sich schon entwickeln, der es schafft, sich durch ein Abfallprodukt, das verfügbare Energie oder einen verwertbaren Stoff bereitstellt, am Leben zu erhalten. Die Ökologen sprechen von einem Nahrungsnetz: einer Wechselbeziehung, in der sowohl die Organismen als auch ihre Abfallprodukte genutzt werden. Im industriellen Kontext lässt sich diese Wechselbeziehung auf die Nutzung von Produkten und Abfallprodukten übertragen. Die Systemstruktur einer natürlichen Ökologie und die Struktur eines industriellen oder ökonomischen Systems ähneln sich frappant." (Frosch, 1992, S. 800)

Thermodynamik und komplexe Systeme als mögliche Ausgangspunkte für die Entwicklung einer Theorie hinweisen.

Das wichtigste gestalterische Ziel, das die Industrial Ecology in ihren Anfängen vorantrieb, war eine Art Dematerialisierung. Dieses Thema kam in der Zeit auf, als vielen Mitgliedern der Scientific Community klar wurde, dass man die Menge der Stoffe, welche der Umwelt entnommen und ihr wieder zugeführt werden, reduzieren muss (Ehrlich und Holdren, 1972). Im Vergleich zu Wirtschaftssystemen verwerten Ökosysteme Stoffe durch Kreislauf- statt durch Einmal- oder Durchflussnutzung effektiver und versorgen damit diejenigen Organismen, die solche Gemeinschaften bilden. In einem Bestseller, der sich mit möglichen Lösungen zur Bewältigung der Umweltkrise befasste, schrieben die Autoren: "Only one percent of the total North American materials flow ends up in, and is still being used within products six months after their sale[4]." Frosch und andere, wie Robert Ayres, argumentierten direkt oder implizit, dass ein Umbau industrieller Ökonomien als Nachbildung der weitgehend geschlossenen Stoffkreisläufe von Ökosystemen moderne Wirtschaftssysteme in diese Richtung lenken würde. Ayres sprach von „industriellem Stoffwechsel“ und nutzte damit explizit einen Begriff, den Biologen zur Beschreibung von Energie- und Stoffflüssen in lebenden Organismen verwenden, und welcher später auf ökologische Gemeinschaften angewandt wurde (Ayres, 1994).

Eine weitere Analogie zu Ökosystemen entstand mit der Popularisierung des Begriffs Industrial Symbiosis, der eng miteinander vernetzte Industriekomplexe beschreibt, in denen die dort ansässigen Unternehmen ihre Abfallstoffe und Nebenprodukte wechselseitig austauschen. Diesem Aspekt der Industrial Ecology folgte die „Entdeckung“ der symbiotischen industriellen Gemeinschaft im dänischen Kalundborg (siehe Artikel Jacobsen in diesem Buch). Ein grundlegender Artikel dazu erschien in der ersten Ausgabe des Journal of Industrial Ecology (Ehrenfeld und Gertler, 1997). Der Begriff ist direkt der Ökologie entlehnt, wo er Interaktionen zwischen Spezies beschreibt, die sich für eine der beteiligten Arten positiv auswirken, ohne negative Auswirkungen für die andere Spezies zu haben. Mutualismus, bei dem beide Partner von der Beziehung profitieren, ist vielleicht ein genauerer Begriff.

Der Großteil aller Forschungsaktivitäten im Bereich der Industrial Ecology und ihrer Anwendungen entfällt auf zwei thematische Schwerpunkte: 1) Energie- und Stoffströme (Stoffwechsel) und 2) strukturelle Beziehungen und Systeme (Symbiose). Die Stoffwechselanalogie hat die Entwicklung von Tools und Methoden zur Verfolgung der Stoffströme entlang der Produktlebenszyklen (LCA), durch ganze Volkswirtschaften (MFA), oder entlang der Pfade einzelner Stoffe (SFA) hervorgebracht. Diese Tools wurden mit dem Ziel der Reduzierung des Stoffverbrauchs eingesetzt, wie von White, Frosch und anderen hinsichtlich der Gestaltung von Produktsystemen mit geringerer Umweltbelastung angeführt wurde. Lebenszyklusmanagement (LCM), das die Planung des gesamten Produktsystems bezeichnet, ist weitgehend eine natürliche Folge der Anwendungen von LCA und der zunehmenden Kenntnis von Stellen, an denen vermeidbare Effekte im Gesamtzyklus auftreten. In geringerem Ausmaß wurden diese Tools zur Analyse politischer Instrumente mit dem Ziel Dematerialisierung anzustoßen benutzt.

Industrial Symbiosis (IS) , auch unter der Bezeichnung ökoindustrielle Netze (*eco-industrial networks* - EIN) oder ökoindustrielle Entwicklung (*eco-industrial development* - EID) be-

[4] „Lediglich 1 % der gesamten Stoffströme Nordamerikas fließt in Produkte ein und wird auch sechs Monate nach dem Verkauf noch in Produkten genutzt“. (Hawken, Lovins, et al., 1999)

kannt, ist das zweite Thema ökologischen Ursprungs, das einen ansehnlichen Teil der Aktivitäten in diesem Feld auf sich vereint. Geht man von den in den wichtigsten verfügbaren Fachpublikationen veröffentlichten Beiträgen aus, entsteht auch hier der Eindruck, dass Industrial Symbiosis im Verhältnis zur früheren Dominanz der Stoffwechselanalogie an Bedeutung gewinnt.

28.3 Metaphern und normative Vision der Industrial Ecology

Metaphern haben in der Entwicklung der Industrial Ecology eine bedeutende Rolle gespielt – jedoch nicht ohne Kontroversen. In diesem Zusammenhang ist es wichtig, den Unterschied zwischen Metapher und Analogie zu verstehen, da sie das Fach jeweils in eine andere Richtung lenken (Ehrenfeld, 2003). Sämtliche Arbeiten von Ayres oder Frosch und anderen Autoren entspringen der Analogie der Ströme (Stoffwechsel) oder bestimmter Arten der Interaktion (Symbiose). Die Analogie setzt die Struktur und den Prozess, die in den beiden Systemen bereits existieren, miteinander in Beziehung. Einen Großteil der in diesem Fach geleisteten Arbeit könnte man als objektive Analyse bezeichnen, wobei die normative Zielvorstellung von White weit in den Hintergrund rückt. Den Begriff objektive Analyse verwende ich hier absichtlich, um den Gedanken an wissenschaftliche Forschung zu umgehen, da wenig oder nichts, was in der Industrial Ecology für Forschung steht, dem herkömmlichen Sinn wissenschaftlichen Bemühens entspricht.[5]

Die Orientierung der Industrial Ecology am Vorbild von Ökosystemen kann über die Konzepte von Stoffwechsel oder Symbiose hinauswachsen, aber nicht durch Analogien. Analogien beruhen auf Ähnlichkeiten zwischen bereits existierenden Phänomenen: Das ökologische Nahrungsnetz gleicht den Stoffströmen einer Industriewirtschaft. Meine eigene normative Vision für die Industrial Ecology basiert auf einer Metapher, die Ökosysteme als blühend und gedeihend oder als nachhaltig bezeichnet. Die Metapher unterscheidet sich von der Analogie insoweit, als sie generativ sein und neue Visionen einer anderen möglichen Welt erzeugen kann. Analogie ist grundsätzlich ein analytischer Ausdruck von Ähnlichkeit und ist in der Technik (als Verbindung von Theorie und Praxis) und bei der Problemlösung von Nutzen.

Lakoff und Johnson (1980) haben eine brauchbare Erkenntnis zum Wesen der Metapher zu bieten: "The essence of metaphor is understanding and experiencing one kind of thing in terms of another[6]." Der Begriff Nachhaltigkeit löst bei mir die Vorstellung blühenden Lebens aus, ich assoziiere damit nicht eine verbesserte Form der Entwicklung. In meiner eigenen Arbeit definiere ich Nachhaltigkeit als "the possibility that human and other forms of life will

---

[5] Der Begriff „Wissenschaft" im Sinne dieses Artikels bezieht sich auf ihr klassisches Fundament als epistemologische Methode, die auf eine bestimmte Art von Wahrheit hinausläuft. Wissenschaftliche Wahrheit ist privilegiert durch die „wissenschaftliche" Methode, die hohe Genauigkeit und Reproduzierbarkeit ihrer Anwendung sowie durch ihr Vermögen, generelle Phänomene zu erklären. Diese klassische Bedeutung von Wissenschaft wurde in der jüngsten Zeit verzerrt durch neue praktische Fachgebiete, die sich mit dem Zusatz „Wissenschaft" schmücken, wie Management-, Entscheidungs- oder Risiko-Wissenschaft.

[6] „Das Wesen der Metapher liegt darin, dass man eine Gegebenheit in Form einer anderen nachvollziehen und erfahren kann."

flourish on the planet forever[7]” (Ehrenfeld, 2004). Der normative Imperativ der Nachhaltigkeit entspringt ihrer Abwesenheit in der heutigen Welt. Alle Zeichen deuten auf eine Schwächung sowohl des menschlichen Potenzials als auch der Resilienz (Elastizität) des natürlichen Systems hin, aus dem wir entstanden sind.

Begreift man natürliche Systeme als komplexe Systeme, wie nachstehend diskutiert, weisen sie ganzheitliche emergierende Eigenschaften auf, wie *resilience* oder Gesundheit, ein anderer Begriff für Blühen und Gedeihen. Blühen und Blüte sind etymologisch miteinander verwandt. Die Natur vermittelt uns ein Bild von dauerhafter Qualität, Reproduktion, Regeneration und vielen weiteren Begriffen, welche mitbezeichnen, was mit Nachhaltigkeit gemeint ist, auch wenn eine präzise Definition schwer fassbar ist. Ist erst einmal die metaphorische Verbindung hergestellt, kommt die Frage auf, was denn das Besondere an natürlichen Systemen ist, das sie zum Blühen und Gedeihen bringt. Die Pioniere der Industrial Ecology (beispielsweise Ayres (1994) und Frosch (1992)) betrachteten Stoffwechsel und Symbiose als Grundzüge, die als nachahmenswert zu gelten hatten, da beide bereits wichtige Merkmale von Industriewirtschaften waren. In einigen meiner frühen Arbeiten nannte ich weitere Besonderheiten von Ökosystemen, die ebenfalls übertragbar schienen (Ehrenfeld, 1994). Mein Rahmen war im Gegensatz zu definierten Problemstellungen paradigmatisch, das heißt, angesprochen wurde die zugrunde liegende kulturelle Struktur mit dem Argument, dass viele Merkmale des modernistischen Paradigmas den vergleichbaren Wesensmerkmalen natürlicher Systeme entgegengesetzt sind und Nachhaltigkeit eher denkbar ist, wenn die betreffenden Elemente durch entsprechende, der Natur entlehnte Konzepte ersetzt werden können.

Tabelle 28.1 Paradigmatische Parameter, abgeleitet von der Ökosystem-Metapher

Modernistisches Paradigma	Nachhaltigkeits-Paradigma
reduktionistisch	vernetzt
Einfachheit	Komplexität
Determinanz	Indeterminanz
atomistisch	ganzheitlich
mechanistisch	organisch
anthropozentrisch	biozentrisch
individualistisch	gemeinschaftsbezogen
quantitativ	qualitativ
Desillusionierung	Enthusiasmus
Wettbewerb	Kooperation
geopolitische Grenzen	natürliche Grenzen
linear, vorhersehbar	nichtlinear, unvorhersehbar
Gleichgewicht	quasi Steady-State, weit entfernt vom Gleichgewicht

Beispielsweise steht der zentrale und für liberale Politiken so charakteristische Begriff der Unabhängigkeit dem Konzept der wechselseitigen Abhängigkeit entgegen, auf dem praktisch sämtliche ökologischen Modelle beruhen. Tabelle 28.1 führt einige Parameter des vorherrschenden modernistischen kulturellen Paradigmas auf und stellt diesen die aus der Ökosys-

---

[7] „die Möglichkeit, dass menschliche und andere Lebensformen auf dem Planeten auf Dauer blühen und gedeihen können“

tem-Metapher abgeleiteten gegenteiligen Begriffe gegenüber.[8] Selbst wenn unsere Kultur diese natürlichen Merkmale aufwiese, gäbe es keine Garantie dafür, dass sich Nachhaltigkeit im Sinne von Blühen und Gedeihen einstellen würde. Klar scheint jedoch, dass ein Großteil der Nöte der modernen Welt unserer eingeschränkten und folglich nicht vollständigen Sicht dieser Welt zuzuschreiben ist. Der Reduktionismus der Wissenschaft lässt häufig etwas aus und bemüht sich um Lösungen, wo eindeutig hoch vernetzte Erscheinungen, z.B. Phänomene der globalen Erwärmung, im Spiel sind. Die vom Grundsatz her linearen analytischen Modelle, anhand derer ein Großteil des Lebens dargestellt wird, können die Unbestimmtheit und Unvorhersagbarkeit nichtlinearen Verhaltens nicht wiedergeben. Im Alltag unterscheiden wir nicht zwischen kompliziert und komplex. Die wissenschaftliche Notwendigkeit, die Welt im Mikroskop des Wissenschaftlers klein und einfach genug zu machen, um Reproduzierbarkeit und Konsistenz zu gewährleisten, verbirgt gerade diejenigen Phänomene, darunter auch die Komplexität, die es vordringlich zu verstehen gilt.

Zusätzlich zu diesen parametrischen Aspekten eines Nachhaltigkeits-Paradigmas kann man eine Reihe systemischer Eigenschaften aufzählen, die als Zeichen von Nachhaltigkeit gelten können: Blühen und Gedeihen, Stabilität, Resilienz, Integrität und Anpassungsfähigkeit.[9] Gesundheit generell ist eine Systemeigenschaft, die sich nicht einfach (das heißt, durch einen Satz naturgesetzlicher (nomologischer) Erklärungen) mit den separaten Systemelementen in Beziehung setzen lässt. Gesundheit und Krankheit sind keine Gegensätze, da Krankheit im Allgemeinen mit der Dysfunktion bestimmter Teile des Systems verbunden werden kann. Dieselbe Disparität gilt für Nichtnachhaltigkeit und Nachhaltigkeit. Nichtnachhaltigkeit, d.h., das Vorhandensein einer Dysfunktion in der natürlichen und der sozialen Welt, ist nicht nur die „Kehrseite" der Nachhaltigkeit. Eine Verringerung der Nichtnachhaltigkeit - als Antriebskraft für Dematerialisierung, Ökoeffizienz und andere mit nachhaltiger Entwicklung verbundene Strategien - wird nicht automatisch Nachhaltigkeit produzieren. Nachhaltige Entwicklung ist ein fehlerhaftes Konzept, weil sie nicht die systemische Quelle der Probleme erkennt, die sie angeblich lösen möchte. In dem Maße, wie die Industrial Ecology durch die Anwendung der Stoffwechsel- und Symbiose-Analogien in vergleichbarer Weise auf ökoeffiziente Lösungen beschränkt bleibt, kann sie bestenfalls zu einer gewissen Verringerung der Nichtnachhaltigkeit beitragen.

28.4 Industrial Ecology als Wissenschaft der Nachhaltigkeit?

Braden Allenby hat die Industrial Ecology als „(Natur)Wissenschaft der Nachhaltigkeit" bezeichnet. Ich halte diese Bezeichnung aus mehreren Gründen für falsch. Erstens entspricht die Industrial Ecology, wie sie bisher konzipiert und praktiziert wurde, nicht der klassischen Definition einer Wissenschaft. Wäre sie die „Wissenschaft der Nachhaltigkeit", müsste man ein „Laboratorium" errichten, in dem man Nachhaltigkeit untersuchen könnte, und außerdem geeignete Tools entwickeln, um sich Nachhaltigkeits-„Fakten" zu beschaffen. Die äußere

---

[8] Viele dieser Eintragungen ergeben sich aus den von Thomas Gladwin entwickelten Tabellen, welche zudem noch weitere Parameter dessen enthalten, was er als "the unsustainable and the sustainable mind" [„den nichtnachhaltigen und den nachhaltigen Geist"] bezeichnet (Gladwin, et al., 1997).

[9] Lebende Systeme blühen und gedeihen nicht immer oder weisen diese positiven Charakteristika auf. Der normative Imperativ der Nachhaltigkeit entsteht aus der Sorge, dass das Weltsystem faktisch nicht gesund ist und sich sein Zustand ohne gezielte Veränderungsmaßnahmen weiter verschlechtern wird.

Welt kann bei geeigneter Abgrenzung vielen Disziplinen, wie Forstwirtschaft oder Geologie, als Labor dienen. Nachhaltigkeit ist eine Eigenschaft der Welt in ihrer Gesamtheit - gigantisch und diffus - und stets im Wandel begriffen auf eine Art und Weise, die sich nicht steuern lässt – mit der Folge, dass die für wissenschaftliche Untersuchungen notwendigen Bedingungen nicht geschaffen werden können.

Zweitens befasst sich die Industrial Ecology am jetzigen Punkt ihrer Entwicklung nicht mit Nachhaltigkeit. Die Zielvorstellungen von White sind weit von Nachhaltigkeit entfernt. Das klassische ökologische Modell beinhaltet nicht soziale Gerechtigkeit und Ökonomie, zwei der drei Dimensionen der Standarddefinition nachhaltiger Entwicklung. Menschen mit der Fähigkeit, zu gestalten und zu wählen, eignen sich nicht für den mathematischen und strukturellen Unterbau des Modells. Die ökonomischen und Gerechtigkeitsziele nachhaltiger Entwicklung liegen außerhalb der Industrial Ecology, solange diese sich nur auf die Stoffwechsel- und Symbioseanalogien bezieht. Emergenz, das Auftreten von Phänomenen, die für das gesamte System charakteristisch sind, ist nicht Teil der Standardtheorie. Emergenz ist nicht dasselbe wie Evolution, obwohl bestimmte emergierende Eigenschaften eventuell erst mit der Entwicklung eines Systems über einen bestimmten Punkt hinaus sichtbar werden.

Diese Beschränkung der ökologischen Analogie lässt sich durchbrechen, wenn man die Analogie durch eine Metapher und die klassische ökologische Theorie durch die jüngere Interpretation von Ökosystemen als selbstorganisierende, hierarchische, offene Systeme ersetzt. Das Werk des kürzlich verstorbenen James Kay und seiner Mitarbeiter ist von zentraler Bedeutung – sowohl für die Entwicklung der Komplexitätstheorie der Ökosysteme als auch für ihre Beziehung zur Industrial Ecology (Kay, 2002).

Dieses Werk spiegelt eine Verlagerung des Schwerpunktes wider, weg von der reinen Umweltproblematik zu dem allgemeineren Gedanken, dass sowohl die Natur als auch die menschlichen Gesellschaften nicht gesund sind. Dieser neue Fokus hat wenig gemein mit den früheren Umweltbelangen, die sich konkret auf unterschiedliche Elemente der natürlichen Welt bezogen: Luftverschmutzung, globale Erwärmung, Ozonloch, Habitatverlust und so weiter. Es gibt nun ein Bewusstsein dafür, dass die Probleme systemischer sind und die Gesundheit betreffen, also eine emergierende Eigenschaft komplexer Systeme, sowohl der Menschen als auch der Natur. Diese Verschiebung — von der Sicht nachhaltiger Entwicklung als Lösung spezifischer Probleme in Teilen der sozialen Struktur zur Sicht von Nachhaltigkeit als Streben nach Blühen und Gedeihen — verlangt eine fundamental andere Denkweise hinsichtlich der Problemursachen und der Ansätze zur Behandlung der „Ursachen". Ich setze Ursachen in Anführungszeichen, weil die Vorstellung von der mechanisch miteinander verbundenen Ursache und Wirkung in komplexen Systemen nicht mehr durchweg gültig ist.

Diese Schwerpunktverschiebung bietet der Industrial Ecology als einem in der Entwicklung befindlichen Fach auch die Möglichkeit, die Wissenschaft der Nachhaltigkeit zu werden, wie von ihren frühen Verfechtern postuliert. Jedoch nicht in Form einer konventionellen, auf Tatsachen beruhenden Wissenschaft, sondern eher wie eine post-normale Wissenschaft in dem Modell von Funtowicz und Ravetz (1993). In ihrem Modell der neuen Wissenschaft kann man Werte bei der Gestaltung sozialer und technischer Strukturen innerhalb komplexer Systeme nicht einfach außer Acht lassen. Angesichts der Tatsache, dass in einem komplexen System niemand für sich beanspruchen kann, die Wahrheit zu kennen, müssen Entscheidungen, welche die Öffentlichkeit betreffen, unter Bedingungen fallen, in denen die zugrunde liegenden Werte und Annahmen klar erkennbar sind.

Durch die Einbeziehung von Gedankengut aus der komplexen Theorie ökologischer Systeme kann die Industrial Ecology über die Grenzen der Stoffwechsel- und Symbioseanalogien hinausgehen. Insbesondere zwei Wissenschaftler, James Kay und C. S. Holling, haben den Weg dazu aufgezeigt. Kay habe ich bereits erwähnt. Ein Großteil seiner Arbeit bezog sich auf die Theorie der ökologischen Systeme, wobei er insbesondere den Begriff der Nichtgleichgewichts-Thermodynamik und die Theorie komplexer Systeme einführte. Kay, wie auch viele andere, argumentiert, dass sich das Verhalten von Ökosystemen im Zeitverlauf mit den klassischen Gleichgewichtspopulationsmodellen von Odum und anderen nicht angemessen beschreiben lässt. Er charakterisierte Ökosysteme als komplexe, anpassungsfähige, selbstorganisierende, hierarchische, offene Systeme (*self-organizing hierarchical open systems* - SOHO) (Kay, 2002).

Der Pionierarbeit von Prigogine folgend weist dieses Modell auf die Entwicklung von Strukturen in offenen Systemen hin, welche von außen wirkenden Energie- (oder Stoff)gradienten unterworfen sind (Prigogine und Stengers, 1984). Der auf das System einwirkende Fluss führt es weg von einem Gleichgewicht, das vor der Öffnung des Systems existiert haben mag. Prigogine stellte folgendes fest: Wenn das System vom Gleichgewicht entfernt wird, bildet sich eine Struktur mit der Tendenz zur Stabilisierung des Systems heraus, diese wirkt der weiteren Abweichung vom Gleichgewicht entgegen und dissipiert den durch den externen Fluss vermittelten Gradienten. Bleibt der Fluss konstant, richtet sich das System in einem vom Gleichgewicht weit entfernten, stationären Zustand ein. In einem großen System, wie z.B. einem Ökosystem, kann sich dieser Prozess auf unterschiedlichen Ebenen manifestieren und dabei einen Satz in sich verschachtelter Strukturen bilden; hieraus ergibt sich der hierarchische Deskriptor.

Wird der Fluss erhöht, kann sich mehr Struktur bilden, die auch wieder die Abweichung vom Gleichgewichtszustand einschränkt und den Fluss dissipiert, bis das System eventuell überfordert ist: An diesem Punkt kann die vorhandene Struktur den Fluss nicht mehr dissipieren, und das System bricht in einen chaotischen Zustand zusammen. Daran anschließend können, müssen aber nicht, neue Strukturen entstehen – das System kann auch einfach auseinanderfallen. Wie vorstehend ausgeführt, organisiert sich jeder neue stationäre Zustand um einen Attraktor; damit bezeichnet man die Umgebung, in der sich das System in Reaktion auf kleine Störungen unter Beibehaltung der Grundstruktur bewegt. Die Fähigkeit zur Bewahrung der Grundstruktur bezeichnet man als Resilienz oder Anpassungsfähigkeit.

Kay (2002) behauptet weiter: "natural ecosystems and societal systems cannot be understood without understanding them as SOHO systems. Industrial Ecology must take into account these considerations of complexity and self-organization[10]." Und aufgrund des hierarchischen Charakters – mit Prozessabläufen auf sehr unterschiedlichen zeitlichen und räumlichen Skalen – kann keine Disziplin oder Zielvorstellung erklären, was geschieht. Die Emergenz von Systemeigenschaften und die Unberechenbarkeit und Unvorhersehbarkeit, mit der ein System von einem Attraktor zum anderen „überläuft", kann man nicht übersehen – dies gilt auch für klassische Wissenschaftler, die gerne glauben möchten, dass ihre nomologischen Modelle noch Gültigkeit haben. Die Industrial Ecology war von Beginn an multidisziplinär; ihre historische Entwicklung deckt sich folglich mit Kays Ansichten darüber, was notwendig ist, um

---

[10] „natürliche Ökosysteme und gesellschaftliche Systeme kann man nur verstehen, wenn man sie als SOHO-Systeme begreift. Die Industrial Ecology muss diese Aspekte der Komplexität und Selbstorganisation berücksichtigen".

der Komplexität gerecht zu werden. Um der Herausforderung Nachhaltigkeit zu begegnen, wird es jedoch noch einer weitaus größeren Vielfalt von Standpunkten und Sichtweisen bedürfen.

Kay vertritt im Vergleich zu Whites Definition von Industrial Ecology einen ganz anderen Standpunkt, denn er verleiht ihr explizit ein normatives Fundament in Bezug auf ökologische Integrität und nachhaltige Lebensführung. Seine Definition ist erwähnenswert:

> Industrial Ecology is taken to be the activity of designing and managing human production-consumption systems, so that they interact with natural systems, to form an integrated (eco)system, which has ecological integrity and provides humans with a sustainable livelihood [11](Kay, 2002).

In seinem Verständnis nähert sich Kay eher der Triade der Brundtland-Definition nachhaltiger Entwicklung. Kays Grundprinzip in Sachen Nachhaltigkeitsmanagement erweitert unsere gegenwärtige Vorstellung der Degradation von Ökosystemen und legt nahe, dass der hierfür übliche technokratische Ansatz unzureichend und auch engstirnig ist - angesichts der Tatsache, dass die Natur die Welt in einen für uns ziemlich ungemütlichen und unangenehmen Zustand versetzen kann, wenn wir das System zu weit treiben. Wir müssen unsere Bemühungen auf die Struktur der Natur *abstimmen* (Hervorhebung im Original), und nicht umgekehrt.

Der zweite Wissenschaftler, dessen Arbeit für die Industrial Ecology relevant ist, ist C. S. Holling, der bereits vor einigen Jahren das Konzept des adaptiven Managements entwickelte. In jüngster Zeit beschrieben er und seine Mitarbeiter mit Hilfe der Theorie komplexer Systeme das Verhalten von Ökosystemen und verliehen damit dem Konzept des adaptiven Managements mehr Substanz. Ausgehend von derselben grundlegenden Theorie der komplexen Systeme wie Kay, beschreiben sie Ökosysteme als „Panarchie“, ein verschachteltes Gebilde selbstorganisierender, sich jeweils zyklisch verhaltender Systeme (Gunderson und Holling, 2002). Holling ist ebenso wie Kay der Auffassung, dass sich dieses Modell sowohl auf die menschlichen Sozialsysteme als auch auf natürliche Systeme anwenden lässt (Holling, 2001). Jedes Teilsystem in einer Panarchie durchläuft „Anpassungszyklen“ - beginnend mit Ausbeutung (r-Wachstum in klassischen Modellen), gefolgt von Erhaltung (k-Wachstum in klassischen Modellen). Er fügt zwei weitere Stufen hinzu: Freisetzung (oder schöpferische Zerstörung, wie einige diese Stufe bezeichnet haben) und Neuorganisation. Die beiden letzten Stufen entsprechen in etwa dem Prozess der Neuordnung, der in der Verlagerung eines komplexen Systems zu einem neuen Attraktor oder zum Originalzustand stattfindet. Nach einem Brand (Freisetzung) kann ein Wald nach Durchlaufen der r- und k-Stufen zu seiner ursprünglichen Zustandsform zurückkehren oder aber sich zu einem anderen System mit anderen Spezies oder auch – im Extremfall – zu Ödland entwickeln.

Holling zieht hier folgende Schlussfolgerung: Mit der zunehmenden Entwicklung von Struktur während der k-Phase tendieren die Systeme dazu, zu erstarren und an Resilienz, d.h. an Fähigkeit, die Neuordnung im Umfeld desselben Attraktors aufrechtzuerhalten, zu verlieren. Bezogen auf Ökosysteme lässt sich dieses Verhalten in der Abwärtsspirale von der produktiven Nutzung kultivierbaren Savannenlandes hin zur Wüstenbildung beobachten, die anfäng-

---

[11] „Unter Industrial Ecology ist die Aktivität der Gestaltung und des Managements menschlicher Produktions- und Konsumsysteme zu verstehen, so dass sie mit natürlichen Systemen interagieren und ein integriertes (Öko)System bilden, das ökologisch integer ist und den Menschen ein nachhaltiges Auskommen ermöglicht“ (Kay, 2002).

lich durch Überweidung verursacht wurde. Da Überweidung das System degradiert, verliert es die Fähigkeit zur Regeneration, auch wenn es nicht mehr als Weideland genutzt wird. Bei der Kabeljaufischerei an der Nordostküste Nordamerikas gibt es bedrohliche Anzeichen dafür, dass der Ursprungszustand auch nach der Einführung sehr restriktiver Fangquoten nicht mehr erreicht werden kann. Bei sozialen Systemen lassen sich ähnliche Verhaltensmuster feststellen, wie beispielsweise in Ladakh, einer Enklave im Himalaya, wo die Sozialstruktur nach der Einführung einer westlich geprägten Entwicklungsstrategie zusammenbrach.

Eine Zeitlang argumentierte Holling (2001), Anpassungszyklen seien eine grundlegende Eigenschaft lebender Systeme; zudem könnten sich diese Systeme Belastungen so anpassen, dass jedes Nachfolgesystem Eigenschaften beibehält, die als gesund erachtet werden. Er definierte den Begriff Nachhaltigkeit als "the ability to create, test, and maintain adaptive capacity[12]" und definiert Entwicklung als "the process of creating, testing, and maintaining opportunity[13]". In seiner Argumentation verwendet er normative Begriffe, wie Resilienz, Wohlstand/Fülle und Möglichkeit/Chance, um eine bestimmte Form der Aufeinanderfolge zu charakterisieren, bei der jeder Zyklus viele der positiven Eigenschaften des vorhergehenden beibehält und möglicherweise weitere wünschenswerte Eigenschaften hinzufügt. Anders gesagt, Holling legt den Schluss nahe, dass richtig gemanagte Anpassungszyklen nachhaltige Entwicklung darstellen. Obwohl die Ausdrucksweise der Brundtland-Definition nachempfunden ist und darin die Vorstellung von Nachhaltigkeit aus der früheren Behauptung Allenbys anklingt, kommt diese Bedeutung meiner Definition von Nachhaltigkeit als Blühen und Gedeihen sehr nahe.

Löst sich das Feld Industrial Ecology von seinen derzeitigen Inspirationsquellen aus der klassischen Ökosystemtheorie, der Stoffwechselanalogie und der Analogie der Interaktion der Arten untereinander, kann meines Erachtens das Ansinnen, Wissenschaft der Nachhaltigkeit zu werden, eventuell Realität werden. Forschung und Praxis müssen sich jedoch weitaus dynamischer verhalten und eine evolutionäre Position beziehen, welche sich verstärkt auf den Verlauf der (öko)industriellen Entwicklung konzentriert und sich bemüht, diejenigen Faktoren zu identifizieren und zu verstehen, die das Verharren in der Umgebung eines Attraktors aufrechterhalten, ebenso wie diejenigen Faktoren und Bedingungen, die zur Emergenz einer neuen Struktur in denjenigen Teilen der Panarchie führen, welche die sozio-ökonomischen Interessensgebiete umfassen. Schlussendlich ist auch ein vollkommen neuer Ansatz für die Gestaltung/Planung und das Management gefordert.

Konventionelle Managementpraktiken beruhen auf deterministischen Vorstellungen und müssen neu überdacht und definiert werden. Ein kritisches Ergebnis der Arbeiten von Kay oder Hollings und ihren jeweiligen Mitarbeitern ist: Komplexe Systeme erfordern einen grundlegend anderen Managementansatz als lediglich komplizierte Systeme. Kay argumentiert folgendermaßen: Wir haben keine andere Wahl als anzuerkennen und zu akzeptieren, dass unsere Gesellschaften und die sozio-ökonomischen Systeme, welche sie ausmachen, Teil des natürlichen Systems sind, und dass wir uns in diese Systeme integrieren müssen – nicht umgekehrt. Sowohl Holling als auch Kay sprechen dann weiter von *Adaptive Management*, das heißt, sorgfältige Beobachtung des Ergebnisses der praktischen Umsetzung menschlicher Entwürfe und Anpassung der sozialen und technischen Strukturen, um den Wechsel zu einem anderen Attraktor zu vermeiden. Die Gestaltung sollte flexibel sein und die Anpassung an

[12] „Fähigkeit zur Schaffung, Erprobung und Erhaltung von Anpassungsfähigkeit“

[13] „Prozess der Schaffung, Erprobung und Erhaltung von Möglichkeiten/Chancen“

sich verändernde Bedingung ermöglichen. Überwachung des Systemverhaltens und das Ziehen entsprechender Schlussfolgerungen sind wichtige Elemente; solcherart neu gewonnene Erkenntnisse sind jedoch keinesfalls gleichzusetzen mit Gewissheit. Weisheit und Klugheit müssen an die Stelle technischer Vorhersagbarkeit treten. Der Gedanke der Neustrukturierung der der etablierten industriellen Einrichtungen war vielfach Zielsetzung in der Industrial Ecology Community, doch die dafür verwendeten Modelle stammten aus der klassischen Theorie der Ökosysteme - ohne jede besondere Berücksichtigung der Komplexität.

Dies bedeutet eine zunächst einschüchternde und widersprüchliche Aufgabe für das Fach Industrial Ecology sowie für alle, die umfassende normative Absichten verfolgen. Offensichtlich funktioniert die Welt so nicht, wie sie ist, und wir müssen etwas ändern. Wenn wir die Welt aber so weit „umwälzen“, dass wir ein anderes System bekommen, lässt sich nicht vorhersehen, auf welchen Zustand sich die neue Welt letztendlich einpendeln wird. Diese Situation hat häufig lähmende Wirkung, da die Experten sich immer stärker darum bemühen, die Zukunft vorherzusagen, wie derzeit im Falle der globalen Erwärmung in den Vereinigten Staaten. Mein persönlicher Eindruck (angesichts der beschriebenen Unvorhersehbarkeit kann es nur ein Eindruck sein) ist folgender: Der beste Weg zur Nachhaltigkeit lässt sich ausarbeiten, indem man die Elemente des modernistischen sozialen Paradigmas durch der Natur nachgebildete neue Elemente ersetzt. Gleich, ob Wissenschaft oder nicht, die Industrial Ecology kann das Fundament für solch eine Veränderung bereitstellen.

28.5 Literatur

Ayres, R. U. (1994). *Industrial metabolism: Theory and policy*. Industrial Metabolism. Ayres, R. U.; Simonis, U. E.. Tokyo, United Nations University Press: 3-20.

Ehrenfeld, J. R. (1994). *Industrial Ecology: A Strategic Framework for Product Policy and Other Sustainable Practices*. Green Goods: 2nd International Conference on Products and Environmental Policy, Stockholm, Sweden.

Ehrenfeld, J. R. (2003). *"Putting a Spotlight on Metaphors and Analogies in Industrial Ecology."* Journal of Industrial Ecology 7(1): 1-4.

Ehrenfeld, J. R. (2004). "Searching for Sustainability: No Quick Fix." *Reflections* 5(8): 1-13.

Ehrenfeld, J. R.;. Gertler, N. (1997). *"Industrial Ecology in Practice: The Evolution of Interdependence at Kalundborg."* Journal of Industrial Ecology 1(1): 67-79.

Ehrlich, P. R.; Holdren, J. P. (1972). *"One-Dimensional Ecology."* Bulletin of the Atomic Scientists 28(5): 16-27.

Frosch, R. (1992). *"Industrial ecology: A philosophical introduction."* Proceedings of the National Academy of Sciences 89(February): 800-803.

Funtowitz, S. O.; Ravetz, J. (1993). *"Science for the post-normal age."* Futures 25: 1-17.

Gladwin, T.; Newburry, W. E., et al. (1997). *Why is the Northern Elite Mind Biased Against Community, the Environment, and a Sustainable Future*. Environment, Ethics, and Behavior: The Psychology of Environmental Valuation and Degradation.. Bazerman, M. H.; Messick, D. M.; Wade-Benzoni, K. A. San Francisco, The New Lexington Press: 234-274.

Gunderson, L. H.; Holling, C. S. (Hg.). (2002). *Panarchy: Understanding Transformations in Human and Natural Systems.* Washington, DC, Island Press.

Hawken, P.; Lovins, A., et al. (1999). *Natural Capitalism: Creating the Next Industrial Revolution.* Boston, Little, Brown and Company. p. 81.

Holling, C. S. (2001). *"Understanding the Complexity of Economic, Ecological, and Social Systems."* Ecosystems 4: 390-405.

Kay, J. J. (2002*). On complexity theory, exergy, and industrial ecology: Some implications for construction ecology.* Construction ecology: Nature as a basis for green buildings. Kibert, C. J.; Sendzimir, J.; Guy, G. B. London, Spon Press: 72-107.

Lakoff, G.; Johnson, M. (1980). *Metaphors We Live By.* Chicago, IL, University of Chicago Press.

Prigogine, I.; Stengers, I. (1984). *Order out of Chaos.* Toronto, Bantam.

Ruth, M. (1996). *"Evolutionary Economics at the Crossroads."* Journal of Social and Evolutionary Systems 19(2): 125-144.

White, R. M. (1994). Preface. *The Greening of Industrial Ecosystems.* B. R. Allenby and D. J. Richards. Washington, DC, National Academy Press: v-vi.

29 Fair Future

Begrenzte Ressourcen und globale Gerechtigkeit

Wolfgang Sachs

Das Buch neigt sich dem Ende zu. Da kann es nützlich sein, einen Schritt zurückzutreten und sich der Gründe für die ins Auge gefasste Umgestaltung der industriellen Zivilisation zu vergewissern. Ich möchte mit den folgenden Gedanken, jene Großkonfliktlage zu Beginn des 21. Jahrhunderts andeuten, zu deren Lösung beizutragen, „Industrial Ecology" angetreten ist.

29.1 Sonderweg

Zivilisationen, so unanfechtbar in ihrer Macht und so beeindruckend in ihrem Glanz sie zu Zeiten auch erscheinen mögen, sind nicht selten Ausnahmefälle; sie beruhen auf Sonderbedingungen, die weder überall gelten noch auf ewig halten. So war die römische Zivilisation angewiesen auf Nahrungsimporte aus den Peripherien des Mittelmeers, oder die Mittelchinesische Zivilisation auf die Regulierung von Wasservorkommen und Wasserverbrauch im Deltagebiet des Yangtse. Nicht anders verhält es sich mit der euro-atlantischen Zivilisation des 19. und 20. Jahrhunderts. Um ihre Vorherrschaft gegenüber dem Rest der Welt zu erklären, haben Historiker einen Kranz unterschiedlicher Faktoren ausgemacht; aber gerade die neueste Forschung (Pomeranz 2000) rückt besonders die Rolle des Ressourcen-Zugangs ins Licht. Während nämlich der Entwicklungsstand Chinas bis 1750 in etwa mit jenem Englands vergleichbar war, schaffte England in den darauf folgenden hundert Jahren den entscheidenden Durchbruch. Es konnte sich aus der Fessel begrenzter Ressourcen befreien, namentlich aus der beschränkten Verfügbarkeit von Boden. Knappes Land konnte nicht Holz und Wolle für die Industrie und zugleich Nahrung für die Arbeiter hervorbringen; erst als Kohle das Holz und Agrarimporte aus Nordamerika das fehlende Land ersetzten, konnte der Aufschwung beginnen. Mit anderen Worten, der Aufstieg der euro-atlantischen Industriekultur verdankt sich zu einem guten Teil dem Zugriff auf zwei wichtige Ressourcen-Bestände: die fossilen Rohstoffe aus der Erdkruste und die biotischen Rohstoffe aus den (Ex-)Kolonien. Ohne die Mobilisierung von Ressourcen aus den Tiefen der geologischen Zeit und den Weiten des geografischen Raums hätte sich die Industriezivilisation in ihrer heutigen Gestalt nicht herausgebildet.

29.2 Verzweigung

Jenes Feuerwerk an Ressourcen, das Europa abgebrannt hat, um groß zu werden, ist nicht wiederholbar, schon gleich gar nicht an vielen Orten der Welt und mit ungleich größeren Bevölkerungen. Denn die beiden Bestände, welche die Sonderrolle Europas ermöglichten, stehen nicht mehr ohne weiteres zur Verfügung: Die fossilen Rohstoffe destabilisieren das

Klima und gehen zur Neige, und für die biotischen Rohstoffe stehen keine Kolonien mehr in Übersee bereit. Rohstoffe müssen zu mehr oder weniger teuren Preisen eingekauft oder Teile des eigenen Landes de facto in Kolonien verwandelt werden – wie sich in Brasilien oder Indien beobachten lässt. Wer heute den historischen Entwicklungsgang der Industriezivilisation – ungeachtet aller Produktivitäts-Fortschritte in seinem Gefolge – einfach nachahmen möchte, macht die Rechnung ohne den Wirt: Ressourcen sind weder so leicht zugänglich noch so billig zu haben. Jeder wirtschaftliche Aufstieg heute muss, von den zu erwartenden Folgeschäden einmal abgesehen, mit Ressourcenbeschränkungen rechnen, mit denen die überkommenen Produktions- und Konsummuster nicht vereinbar sind. Es ist nicht erkennbar, wie etwa der automobile Verkehr, der klimatisierte Bungalow oder ein auf einem hohen Fleischanteil gegründetes Nahrungssystem allen Weltbewohnern zugänglich werden kann. Wohlstand für wenige wird dann das ungewollte Ergebnis real-industrieller Entwicklung sein, eben weil die Demokratisierung ressourcen-intensiven Wohlstands an wirtschaftlich oder ökologisch unüberwindliche Knappheitsgrenzen stößt. Weil das unter Sonderbedingungen entstandene Wohlstandsmodell der euro-atlantischen Zone sich nicht auf die Welt übertragen lässt, ist es strukturell nicht gerechtigkeitsfähig – oder nur um den Preis, den Globus ungastlich zu machen.

In diesem Dilemma zeichnet sich langsam aber deutlich eine Verzweigung für den Gang der Entwicklung ab, jedenfalls in stark schematisierter Weise, denn in der wirklichen Welt werden sich immer Mischformen zutragen. Entweder bleibt wirtschaftliches Wohlergehen für eine Minderheit auf der Erde reserviert, weil das herrschende Wohlstandsmodell nicht mehr hergibt. Oder ressourcen-leichte Wohlstandsstile gewinnen Raum und halten die Chance auf eine Welt auskömmlichen Wohlergehens für alle offen. Gerechtigkeitsfähig werden jedenfalls nur Wohlstandsmodelle sein können, welche der Biosphäre nicht zuviel abverlangen. Ohne Ökologie ist im 21. Jahrhundert keine Gerechtigkeit mehr zu haben.

29.3 Kontraktion und Konvergenz

Um sich zu vergegenwärtigen, welche Entwicklungswege die Welt zu größerer Ressourcengerechtigkeit bringen können, hat sich das Denkmodell „Kontraktion und Konvergenz" bewährt. Es entstammt der Forschung über zukünftige Klimapolitik (Meyer 2000) und konzentriert sich auf zwei Entwicklungspfade, einen für die Industrieländer und einen anderen für die Entwicklungsländer.

Im Zukunftsmodell „Kontraktion und Konvergenz" suchen die Nationen der Welt bei der Ressourcennutzung Wege, welche sie im Laufe gut eines halben Jahrhunderts in die Lage versetzen, die Absorptions- und Regenerationsfähigkeit der Biosphäre nicht mehr zu überfordern. Das naheliegendste Beispiel ist eine Reduktion der CO2-Emissionen bis zum Jahre 2050 um global ca. 50% gemessen an 1990, um die Erhöhung der mittleren globalen Temperatur unter 2° Celsius zu halten. Weil nun keine Nation ein Anrecht auf einen überproportional großen Anteil am globalen Umweltraum besitzt, streben in diesem Modell alle Länder in ihrer Entwicklung – bei Anerkennung spezifischer Unterschiede – auf einen gemeinsamen Zielkorridor zu, also auf einen Stoff- und Energieumsatz ihrer Volkswirtschaften, der mit den gleichwertigen Ansprüchen anderer Länder vereinbar ist und gleichzeitig innerhalb der Tragekapazität der Biosphäre verbleibt. Um beim Beispiel des Klimaschutzes zu bleiben: Das würde für ein Land wie Deutschland einen Rückbau an Emissionen um 80-90% - je nach Bevölkerungsentwicklung - bedeuten. Für eine andere Verteilung global relevanter Ressourcen gibt es schließlich keine Rechtfertigung; das Recht aller Nationen auf eine selbst bestimmte und ebenbürtige Entwicklung gestattet jedem Land nur ein Muster des Ressourcenverbrauchs, das im Grundsatz auch von allen anderen Nationen übernommen werden kann. Das zumindest entspräche einem von Kant inspiriertem Gerechtigkeitsdenken, dass nämlich politische und wirtschaftliche Institutionen ungerecht sind, wenn sie auf Prinzipien gründen, die nicht von allen Nationen übernommen werden können. (Wuppertal Institut 2005).

Von den Industrieländern verlangt dieses Zukunftsbild eine Kontraktion, also eine Verminderung des Ressourcenverbrauchs. Die Ressourcengerechtigkeit in der Welt hängt entscheidend davon ab, ob die Industrieländer imstande sein werden, sich aus der Übernutzung des globalen Umweltraums zurückzuziehen. Am Beispiel der Treibhausgase lässt sich der Entwicklungspfad eines schrumpfenden Ressourcenverbrauchs veranschaulichen: Bis zur Jahrhundertmitte müssen, wie oben angedeutet, die Überverbraucher die Beanspruchung der Atmosphäre durch die Verbrennung fossiler Energieträger um 80 bis 90 Prozent zurückbauen, um den Geboten der Ökologie wie auch der Fairness gerecht zu werden. Da die fossilen Energien den Löwenanteil des gegenwärtigen Ressourcenbudgets der reichen Länder ausmachen, hat es sich bewährt, vom „Faktor 10“ zu sprechen (BUND/Misereor 1996). Bis zur Jahrhundertmitte müssen sie mit einem Ressourcenverbrauch auskommen, der um einen Faktor 10 unterhalb des Verbrauchs von 1990 liegt. Die Formel vom Faktor 10 charakterisiert dabei lediglich die Größenordnung; im einzelnen mögen niedrigere oder auch weitergehende Zielwerte anzustreben sein. Obwohl Faktor 10 sich auf fossile Ressourcen bezieht, gilt Vergleichbares für den Verbrauch biotischer Ressourcen. Zwar kann dort der Rückbau weniger stark ausfallen, aber die begrenzte Bodenfläche legt auch dort Grenzen nahe.

Die Entwicklungsländer durchlaufen nach der Modellvorstellung eine ansteigende Kurve im Ressourcenverbrauch. Es steht außer Frage, dass ärmere Länder ein Recht darauf haben, zumindest eine untere *dignity line* an Ressourcennutzung zu erreichen, also ein Niveau, das ein menschenwürdiges Auskommen für alle erlaubt. Denn ohne Zugang zu Kerosin oder Biogas, ohne eine Infrastruktur an Energie und Transport lassen sich schwerlich die grundlegenden Bedürfnisse des Lebensunterhalts gewährleisten. Darüber hinaus wird jedes Land unterschiedliche Vorstellungen und Formen einer blühenden Gesellschaft zu realisieren suchen, eine Ambition, die die Verfügung über Ressourcen wie Energie, Material und Fläche verlangt. Doch die Aufwärtsbewegung kann nicht in eine exponentielle Kurve einmünden; sie wird nach einem linearen Anstieg abschwingen und in dem gemeinsamen Zielkorridor mit der der Industrieländer in Konvergenz treten, also zusammenlaufen. Die Naturgrenzen setzen den Rahmen für die Gerechtigkeit. Das Zukunftsmodell von „Kontraktion und Konvergenz“ kombiniert so Ökologie und Gerechtigkeit: Es beginnt mit der Einsicht in die Endlichkeit des Umweltraums und endet mit seiner fairen Aufteilung unter den Bürgerinnen und Bürgern der Welt.

29.4 Effizienz-Konsistenz-Suffizienz

Forschungen und Initiativen unter dem Stichwort „Industrial Ecology“ suchen nach Wegen, diesen Übergang von einer ressourcen-verzehrenden zu einer ressourcen-leichten und naturverträglichen Wirtschaft zu bewerkstelligen. Eine große Schar von Ingenieuren, Managern, Aktivisten und Wissenschaftlern hat sich in den letzten dreißig Jahren daran gemacht, die Herausforderungen dieses Übergangs zu erkunden. Sucht man die großen Linien dieser Erkundung zu verstehen, dann kehren drei Denk- und Strategieansätze immer wieder: Effizienz, Konsistenz und Suffizienz.

Beim ersten Ansatz, der Effizienz im Ressourcenverbrauch, geht es darum, den Einsatz von Stoffen und Energie pro Ware oder Dienstleistung zu verringern. Das geschieht durch verbesserte Technik und Organisation, durch Wiederverwendung und Abfallvermeidung. Beispiele gibt es zuhauf: Wasser und Strom sparende Waschmaschinen, Leichtbau-Fahrzeuge, frequenzgesteuerte Industriemotoren, Kraftwerke mit erhöhtem Wirkungsgrad, wieder verwendbare Produkte etwa bei Zeitschriften oder Sitzmöbeln. Initiativen zur Ressourceneffizienz konzentrieren sich auf das Design der Produkte, um deren Lebensdauer und wiederholte Nutzung voranzubringen, auf den Produktionsprozess, um Energie- und Stoffflüsse zu verringern, sowie schließlich auf die Unternehmensstrategien, um den Verkauf von Produkten zugunsten ihrer Nutzung zurückzufahren (z.B. Weizsäcker/Lovins/Lovins 1995).

Doch hat die Effizienzstrategie auch eine Achillesferse. Sie kann den spezifischen Ressourceneinsatz, also den Material- und Energie-Aufwand pro Einheit vermindern, verhindert aber nicht einen höheren Gesamtverbrauch. Denn die Summe aller Einsparungen, die erzielt werden, kann durch die weltweit wachsende Nachfrage nach Gütern und Dienstleistungen aufgezehrt und überkompensiert werden. Wenn die wachsende Nachfrage von den Effizienzgewinnen angeregt wird, spricht man vom ‚rebound effect', doch sie wird auch durch allerlei Wachstumseffekte – schneller, komfortabler, stärker – angetrieben. Deshalb hat die Effizienzstrategie ein großes Anfangspotential (Jochem 2003), stößt aber, sobald der Anstieg der Gütermenge und des Energieverbrauchs die Einsparungen übersteigt, an ihre Grenzen.

Beim Ansatz der Konsistenz hingegen geht es um die Vereinbarkeit von Natur und Technik. Das Prinzip lautet: Industrielle Stoffwechselprozesse dürfen die natürlichen nicht stören. Beide sollen einander möglichst ergänzen oder gar verstärken. Sofern das nicht möglich ist, sollen Natur schädigende Stoffe störsicher in einem eigenen technischen Umlauf geführt oder – wenn das nicht gelingt – ausgemustert werden (Braungart/McDonough 2003). Im Übrigen gilt: In intelligenten Systemen gibt es keine Abfälle, nur Produkte. In den Rückständen der Bierproduktion wachsen Pilzkulturen, Kraftwerke stellen mit der Stromerzeugung auch Abwärme zur Fernheizung bereit. Eine Wirtschaft kann etwa in höherem Grad so aufgebaut werden, dass – von der unausweichlichen Entropie abgesehen – aus dem Abfall der einen Nutzungsstufe Rohmaterial für die nächste wird (Pauli 1999). Dabei ist es weniger wichtig, Energieverbrauch und Materialflüsse zu verringern als sie naturverträglich zu bewirtschaften. Solar erzeugter Wasserstoff zum Beispiel könnte langfristig eine Energieversorgung ohne Schädigung der Atmosphäre ermöglichen. Ähnliches gilt für die Möglichkeiten der Bionik, einer am Vorbild der Natur orientierten und sie nachahmenden Technik (von Gleich 2001).

Auch die Konsistenzstrategie ist kein Allheilmittel. Autos mit Wasserstoff betriebenen Brennstoffzellen z.B. belasten zwar nicht mehr die Atmosphäre, doch brauchen und verbrauchen sie Flächen, Infrastrukturen, begrenzt verfügbare Materialien. Auch die Brennstoffzelle muss hergestellt und entsorgt, auch der Wasserstoff muss bevorratet und transportiert werden. Nicht alle Abfälle können zu Rohstoffen neuer Produkte werden. Es sind ja gerade natürliche Stoffe wie Kohlendioxid oder aber Gülle, die in hohen Quantitäten ökologische Probleme verursachen.

Die Suffizienz wiederum fragt nach dem, was genug ist, was der Wirtschaft und den Lebensweisen gut bekommt. Die Wortbedeutung führt auf die Spur: Das lateinische sufficere, gebildet aus sub und facere, bedeutet in seiner transitiven Fassung *den Grund legen*, im intransitiven Gebrauch *zu Gebote stehen, hinreichen, genug sein, im Stande sein, vermögen* (Linz 2004). Die Pointe der Suffizienz liegt also darin, nicht dem Übermaß und der Überforderung zum Opfer zu fallen, sondern nur soviel an Leistungen in Anspruch zu nehmen, wie für das Wohlergehen der Einzelnen und des Ganzen zuträglich ist. Während – nach einem Wort von Paul Hawken – die Effizienz verlangt, die Dinge richtig zu tun, strebt die Suffizienz danach, die richtigen Dinge zu tun. Denn es ist zweifelhaft, ob die im Zeitalter des Ressourcenüberflusses eingeführten Leistungserwartungen auch im Zeitalter der Ressourcenschonung bestehen bleiben können. Erdbeeren im Winter, Geländewagen im Stadtverkehr, Tag und Nacht Heißwasser auf Vorrat, solcherart Komfortleistungen bringen wenig, aber kosten viel. Daher ist eine ressourcen-leichte Wirtschaft besser beraten, sich auf mittlere Niveaus an Leistung einzustellen. Die Frage „Wie viel ist genug?“ lässt sich nicht vermeiden (Segal 1999; Sachs 2002). Weil es dabei um Verhaltensänderungen geht und damit auch um eine veränderte Beziehung zu Gütern und Dienstleistungen, steht Öko-Suffizienz in einem engen Zusammenhang mit dem, was seit der Antike und bis heute als das rechte Maß, als gutes Leben, als Lebenskunst bedacht worden ist. Und es mag durchaus sein, dass die Beweggründe zur Öko-Suffizienz auch aus der Einsicht in die Lebensklugheit jenes antiken Satzes „Von nichts zuviel“ kommen. Den Übergang zu einer nachhaltigen Wirtschaft kann man sich von daher nur zweigleisig vorstellen: durch eine Neuerfindung der technischen Mittel und durch eine Orientierung an Lebensqualität statt an Gütermenge.

29.5 Literatur

Braungart, M.; McDonough, W. (2003): *Einfach intelligent produzieren.* Berlin: Berliner Taschenbuch Verlag

BUND/Misereor (Hrsg.) (1996): *Zukunftsfähiges Deutschland.* Eine Studie des Wuppertal Instituts. Basel: Birkhäuser.

Gleich, A. v. (Hrsg.) (2001): *Bionik. Ökologische Technik nach dem Vorbild der Natur?* Wiesbaden: Teubner

Jochem, E. (2003): *Energie rationeller nutzen: Zwischen Wissen und Handeln.* Gaia, Nr. 1/2003, 9-14

Linz, M. (2004): *Weder Mangel noch Übermaß. Über Suffizienz und Suffizienzforschung.* Wuppertal Paper Nr. 145. Wuppertal: Wuppertal Institut

Meyer, A. (2000): *Contraction and Convergence. A Global Solution to Climate Change.* Totnes: Green Books

Pauli, G. (1999): *UpCycling. Wirtschaften nach dem Vorbild der Natur für mehr Arbeitsplätze und eine saubere Umwelt.* München: Riemann

Pomeranz, K. (2000): *The Great Divergence: China, Europe, and the Making of the Modern World Economy.* Princeton: Princeton University Press

Sachs, W. (2002): *Nach uns die Zukunft. Der globale Konflikt um Gerechtigkeit und Ökologie.* Frankfurt: Brandes & Apsel

Segal, J.M. (1999): *Graceful Simplicity: Towards a Philosophy and Politics of Simple Living.* New York: Henry Holt & Company

WBGU (2003b): Hauptgutachten 2003: *Welt im Wandel: Energiewende zur Nachhaltigkeit.* Berlin: Springer

Weizsäcker, E. U, v., Lovins A. und Lovins, H. (1995): *Faktor Vier. Doppelter Wohlstand – halbierter Naturverbrauch.* München: Droemer

Wuppertal Institut (2005): *Fair Future. Begrenzte Ressourcen und globale Gerechtigkeit.* München: C.H. Beck

30 Ausblick

Arnim von Gleich

Zukunft braucht Herkunft heißt es nicht ohne Grund. Deshalb soll dieser Ausblick durch einen Rückblick eingeleitet werden. Um zu Aussagen über die möglichen Zukünfte der Industrial Ecology zu kommen, wird versucht, anhand wichtiger Stationen und Entwicklungsphasen die bisherige Dynamik der wissenschaftlichen Ökologie und Ökosystemtheorie von ihren Anfängen bis heute mit der aktuellen und möglichen zukünftigen Dynamik der Industrial Ecology in Beziehung zu setzen. Auf diese Weise sollten sich Hinweise finden lassen für mögliche (und ggf. auch nötige) Weiterentwicklungen der Industrial Ecology.

30.1 Ökologie, Ökosystemtheorie und Industrial Ecology

Zunächst muss allerdings geklärt werden, wovon genau die Rede ist. Schließlich stellen die Ökosystemtheorie und erst Recht die noch viel länger existierende Ökologie keine klar abgrenzbaren wissenschaftlichen Disziplinen dar. Hier soll deshalb unter Ökologie in Anlehnung an die erste Definition von Ernst Haeckel ein Teilgebiet der Biologie verstanden werden, das sich mit den Wechselbeziehungen zwischen Organismen und ihrer natürlichen Umwelt beschäftigt. Ein Merkmal zumindest zu Beginn der Ökosystemtheorie als Teil der Ökologie war demgegenüber ein starker „physikalischer" Zugang mit Konzentration auf Energie-, Stoff- und Informationsflüsse durch die organischen und anorganischen Komponenten der Systeme. Später wurde der Zugang „organismischer" mit Betrachtungen der Wechselbeziehungen zwischen Organismen(gruppen), mit Fokus auf informationellen und Skalenbeziehungen sowie emergenten Eigenschaften (Müller et al 1997).

Der Mangel an einer allgemein akzeptierten Definition gilt in noch viel stärkerem Maße für die Industrial Ecology (IE). Sie ist eher ein mehrere Disziplinen umgreifendes Forschungsprogramm. Als Kernpunkt ihres Ansatzes kann man den Stoffwechsel zwischen Industriegesellschaften mit ihrer Umwelt (bzw. mit der Natur) formulieren, wobei als Vorbild für eine nachhaltige Form dieses Stoffwechsels der Stoffwechsel von Ökosystemen gesehen wird. Allenby formulierte folgende Definiton der IE: "the study of the flows of materials and energy in industrial and consumer activities; the effects of these flows on the environment; and the influence of economic, political, regulatory, and social factors on the flow, use, and transformation of resources."[1] (Allenby 1995).

Wenn wir darüber hinausgehend versuchen, die Industrial Ecology in den Rahmen derjenigen Wissenschaften einzuordnen, die sich auf Nachhaltigkeitsprobleme konzentrieren, lässt sie sich durch folgende fünf Merkmale charakterisieren:

---

[1] Sinngemäß: Das Studium von Stoff- und Energieflüssen industrieller und konsumtiver Aktivitäten, der Wirkungen dieser Flüsse auf die Umwelt sowie des Einflusses ökonomischer, politischer und sozialer Faktoren auf den Fluss, den Verbrauch und die Transformation von Ressourcen

- Der Schwerpunkt der IE liegt bei den eher natur- und ingenieurwissenschaftlichen einschließlich der unternehmensbezogenen, managementorientierten Fragestellungen und Problemen der Nachhaltigkeit.
- Im Fokus ihrer Arbeit liegt die Erfassung, Bewertung und Optimierung von Stoff- und Energieströmen (und der sie begleitenden Informationsflüsse) einschließlich der Technologien bzw. Arten und Weisen des Umgangs mit ihnen sowie deren Wirkungen auf die belebte und unbelebte Umwelt.
- Mit Blick auf die Tatsache, dass der Schwerpunkt der IE nicht auf den sozialen, sondern eher auf den ökologischen und Ressourcen orientierten (ökonomischen) Nachhaltigkeitsproblemen liegt, könnte man sie als die „Natur- und Ingenieurswissenschaft der Nachhaltigkeit" (science of sustainability) bezeichnen.
- Die IE beschäftigt sich mit der Gestaltung von industriellen Systemen nach dem Vorbild der Natur und kann insofern mit ihrem Versuch, von Ökosystemen zu lernen, bei den „bionischen" Ansätzen eingeordnet werden[2].
- Die Entwicklung von Formen eines „angemessenen Umgangs mit (in der Regel) komplexen Systemen" wird für sie damit zu einer zentralen Herausforderung.

30.2 Entwicklung der Ökosystemtheorie als theoretisches und handlungsleitendes Konzept

Zumindest für einen ersten grob vereinfachenden Blick sieht es so aus, als ob die Entwicklung der IE als Forschungsprogramm die Entwicklung der quantifizierenden und modellierenden Ökosystemtheorie historisch in gewisser Wese nachzeichnet.

In der Entwicklung der Ökologie bzw. Ökosystemtheorie lassen sich grob vereinfachend folgende Phasen unterscheiden:

30.2.1 Harmonie und Ökonomie der Natur

In der qualitativ arbeitenden (Proto-)Ökologie in der Tradition der Naturgeschichte lag das Hauptaugenmerk auf dem wunderbaren Zusammenspiel der verschiedenen Populationen und Organismenarten untereinander und mit Blick auf ihre jeweiligen physikalisch-chemischen Rahmenbedingungen. Die Anpassungsleistungen der Organismen an ihre Umgebungsbedingungen in Wasser, Luft und Boden faszinierten genauso, wie das Zusammenspiel von Insekten und Blütenpflanzen. Die von diesem Zusammenspiel ausgehende Faszination, die mit Begriffen wie „Harmonie der Natur" aber auch schon „Ökonomie der Natur" (Linée 1749), Naturhaushalt, Kreislauf und Gleichgewicht (Derham 1713) zu beschreiben versucht wurde, lässt sich zurückverfolgen bis in die Anfänge der Ökologie im 18. Jahrhundert. In jener Zeit versuchten die sogenannten „Naturtheologen" (insb. die Physico-Theologen Derham, Lesser

---

[2] Die Bionik konzentrierte sich allerdings bisher vor allem auf die Zusammenhänge zwischen Form und Funktion auf der organismischen Ebene. Sie hatte dort auch ihre bisher größten Erfolge, angefangen vom Flugzeugflügel über den Klettverschluss bis hin zum Lotuseffekt (vgl. Nachtigall 2002). In den vergangenen Jahren entwickelte die Bionik sich aber zunehmend in andere Dimensionen hinein. Sie arbeitet zunehmend auf der Nanoebene und auf der Ebene größerer komplexer Systeme. Mit Blick auf die letztgenannten beschäftigt sie sich u. a. mit Managementsystemen und trifft sich somit auch mit der Industrial Ecology.

und Mussenbroek) mit dem Hinweis auf dieses „wohleingerichtete Zusammenspiel“ das Wirken Gottes zu beweisen (vgl. Trepl 1987 S. 81 ff., Schramm 1984 S. 25 ff und S. 41).

30.2.2 Frühe Ökosystemtheorie: Stoff- und Energieströme

In einer ersten Phase der Physikalisierung orientierte sich ein stärker am Ideal der exakten Wissenschaften orientierter Zweig der Ökologie zunehmend an mathematischen, physikalischen und technischen Modellen (nicht zuletzt an den Modellen des Schwingkreises, der Kybernetik, des Regelkreises und der Nachrichtentechnik). Schon im Vorlauf der Ökosystemtheorie waren mathematische Modelle für die Berechnung von Tierpopulationen eingeführt worden (Lotka 1925, Volterra 1926). Der Ökosystembegriff (Tansley 1935) und das der Thermodynamik entstammende Konzept des Fließgleichgewichts (vgl. dazu von Bertalanffy 1953) ermöglichten es, ökologische Zusammenhänge als physikalische zu behandeln. Thermodynamische Betrachtungen mit Fokus auf Energieströme, trophische Ebenen und Nahrungsketten wurden in den Vordergrund gerückt (Schramm 1984 S. 17f.). Dadurch wurde es möglich, die Produktivität von Ökosystemen zu analysieren. Insbesondere Lindemann (1944) und darauf aufbauend Odum (1953) fokussierten in den 40er und 50er Jahren des 20. Jh. auf die quantitative Erfassung und Modellierung der energetischen und stofflichen Ströme in und durch Ökosysteme. Zentrale Themen wurden die „Produktivität“ von ökologischen Einheiten (Thienemann 1931) (nicht zuletzt mit Blick auf das, was die Menschen dem ökologischen Gefüge entnehmen können, ohne das Gleichgewicht dauernd zu stören (Demoll 1927)) und in diesem Zusammenhang die ökosystemaren und globalen Energie- und Stoffflüsse, insbesondere die Kreisläufe des Wassers aber auch von Kohlenstoff, Stickstoff und Phosphor usw. Der Versuch, Ökosystemtheorie als Physik zu betreiben mit ihren technischen Modellen und ihrem Fokus auf Produktivität und Stoffwechsel, kann somit auch als eine theoretische Voraussetzung für ein mögliches Ökosystemmanagement angesehen werden, selbst wenn ein derartiges Unterfangen zu jener Zeit noch in weiter Ferne lag (vgl. dazu Trepl 1987, S. 177 ff.).

Parallel dazu wurden die wohleingerichteten (aber im Zusammenwirken anfangs eher „statisch“ interpretierten) organismischen Beziehungen in den Ökosystemen durch die Entwicklung der Evolutionstheorie und die Erforschung von Sukzessionen (z. B. in einem über Jahrzehnte bis Jahrhunderte langsam verlandenden Binnensee) zunehmend dynamisiert.

30.2.3 Resilienz

In einer zweiten Phase der Ökosystemtheorie gerieten die implizit mitgeschleppten Harmonie- und Stabilitätsvorstellungen weiter unter Druck. Unter Stabilität verstand man nun weniger statische Zustände (inkl. Fließgleichgewicht), sondern die Fähigkeit von Systemen zur Rückkehr in bestimmte Zustände nach Auslenkungen bzw. Störungen. Verstärkt interessierten die Fähigkeiten von Ökosystemen zur Adaptivität, zur Selbstregulierung und Selbstorganisation. Nicht mehr allein die „unberührte“ Natur, sondern auch die „Störungen“ und Belastungen durch menschliche bzw. gesellschaftliche Einflüsse und Eingriffe und deren Wirkungen auf die Systeme kamen zunehmend in den Blick. Ein zentraler Ansatz war das u. a. von C. S. Holling entwickelte Konzept der Resilienz (vgl. Holling 1973). Zu diesem Konzept gibt es, ähnlich wie zum Konzept der Tragekapazitäten und zur Ökosystemtheorie als ganzer eine lange und intensive Debatte (vgl. Brand 2005). Hier soll nur eine der aktuellen Definitionen herausgegriffen werden. Holling und Gunderson definierten Resilienz folgendermaßen: „the magnitude of disturbance that can be absorbed before the system changes its structure by changing the variables and processes that control behavior“[3] (Holling & Gunderson 2002, p.4).

Mit dem Konzept der Resilienz wurde ein dynamisches Verständnis ökologischer Stabilität entwickelt. Bildlich gesprochen kann man sich ein Ökosystem vorstellen, das um einen Stabilitätsbereich herum schwingt. Innere und äußere „Störungen“ führen zu mehr oder minder starken „Auslenkungen“ von Eigenschaften des Systems. Die Fähigkeit des Systems, mit solchen Störungen fertig zu werden, durch Rückkehr zum Ausgangszustand, ist aber nicht unbegrenzt. Das heißt, es gibt Grenzen der Fähigkeit des Systems, „Auslenkungen“ zu kompensieren. Wenn diese Grenzen überschritten werden, gerät das System unter den Einfluss anderer „Attraktoren“, es „kippt um“. Das bekannteste Beispiel hierfür ist ein „umgekipptes Gewässer“, bei dem durch Eutrophierung und darauf folgenden Sauerstoffmangel die Kapazität zum Abbau organischer Substanz überfordert wird. Das System kippt von einem aeroben in einen anaeroben Stoffwechsel und erfährt damit eine für viele Organismen mehr oder minder „dramatische Dynamik“. Die Fähigkeit eines Ökosystems, mit Störungen fertig zu werden, dadurch, dass es den Störungen nachgibt, aber ohne in solche dramatischen Entwicklungen zu geraten, kann man also als „Resilienz“ bezeichnen.

30.2.4 Selbstorganisierende, adaptive komplexe dynamische Systeme - Panarchie und SOHOS

In der dritten Phase wurden nun auch diese Resilienzvorstellungen, durchaus in Rückgriff auf die Ergebnisse der Sukzessionsforschung, noch einmal komplexer, z. T. durch eine komplexere „Architektur“ der betrachteten Systeme, z. T. durch die Einführung bestimmter verallgemeinerbarer dynamischer Verläufe. Mit dem von Holling und Gunderson entwickelten Konzept der Panarchy (Gunderson & Holling 2002) sowie mit dem von James Kay entwickelten Konzept der „Self Organizing Holarchic Open (SOHO) Systems’ (vgl. Kay 2000 und 2002) wird zum einen der Tatsache Rechnung getragen, dass natürliche und gesellschaftliche Systeme in der Regel keine homogenen Gebilde sind, sondern dass sie je nach betrachteter Größenordnung bzw. Hierarchieebene (cross scale) nicht nur sehr verschieden aufgebaut sind, sondern auch sehr verschieden reagieren können. In Absetzung zur verbreiteten hierarchischen ‚top down’ Betrachtung (hierarchy) nennen Holling und Gunderson die von ihnen gemeinte skalenübergreifende Struktur und Dynamik ‚pan’archisch, durchaus mit bewusstem Anklang an den griechischen Natur-Gott Pan und die ihm in der griechischen Mythologie zugeschriebenen Funktionen und Eigenschaften (unberechenbar, wild, anarchisch, ekstatisch). In diesen ineinander verschachtelten Hierarchieebenen (nested hierarchies) folgen die Subsysteme ihren je eigenen Entwicklungslogiken und reagieren auf Störungen und andere Einflüsse mit je unterschiedlichen Geschwindigkeiten (*nested adaptive cycles*). Holling und Gunderson versuchen zumindest einige skalenübergreifend verallgemeinerbare Entwicklungsverläufe und -phasen herauszuarbeiten. Je nachdem in welcher Phase sich das Gesamtsystem und die Subsysteme befinden, kann Konstanz oder Dynamik vorherrschen, kann die weitere Entwicklung mehr oder weniger vorhersehbar sein und kann sich auch die Resilienz

[3] Sinngemäß: „Das Höchstmaß an Störung, das vom System absorbiert werden kann, ohne dass sich seine Struktur ändert, indem Variablen und Prozesse verändert werden, die das Verhalten des Systems kontrollieren“. Vielfach wird unter Resilienz die Fähigkeit zur Rückkehr nach Störungen verstanden (gemessen als Rückkehrgeschwindigkeit) und von Resistenz unterschieden, als der Fähigkeit, Störungen auszuhalten ohne sich zu verändern.

dieser Systeme stark unterscheiden. Sie eröffnen damit möglicherweise eine Perspektive, in der es in Zukunft möglich werden könnte langfristige adaptive (evolutionäre) Systementwicklungen zu erfassen bzw. zu konzipieren, in denen das Testen, Revolutionieren, Gelegenheiten ergreifen und Lernen einerseits und das Stabilisieren und Bewahren andererseits miteinander verbunden sind[4]. Dies kompliziert allerdings das Verständnis und die Anforderungen an ein adaptives Management in einem enormen Ausmaß.

30.2.5 Nachhaltigkeit und Adaptives Management

Nachhaltigkeit hat sich als Leitbild gesellschaftlicher Entwicklung weitgehend durchgesetzt. Gemäß der Formulierung des Brundtland-Reports geht es um eine gesellschaftliche Entwicklung, die den Bedürfnissen der heutigen Generation entspricht, ohne die Möglichkeiten künftiger Generationen zu gefährden, ihre eigenen Bedürfnisse zu befriedigen und ihren Lebensstil zu wählen (Hauff 1987). Zentraler Gedanke ist somit die Generationen übergreifende Gerechtigkeit. Neu am Nachhaltigkeitskonzept ist die Verbindung zwischen Ansätzen, die ihrerseits eine lange Vorgeschichte haben, dies sind 1. Langfristorientierung, 2. die integrierte Berücksichtigung der sozialen, ökologischen und ökonomische Aspekte und 3. das schon erwähnte Bemühen um das Offenhalten von Wahlmöglichkeiten und Optionen für zukünftige Generationen (was wiederum viel mit der Berücksichtigung von Tragekapazitäten zu tun hat).

So gesehen kann eine nachhaltige Entwicklung als ein Weg in die Zukunft definiert werden, auf dem zumindest skalenübergreifende großflächige und irreversible Systemzusammenbrüche in den ökologischen, sozialen und ökonomischen Systemen vermieden werden. Es geht um die Fähigkeit zur Adaptivität und darum, Handlungsoptionen zumindest aufrecht zu erhalten, wenn nicht gar neue zu eröffnen. In diesem Sinne kann man die auf der Entwicklung des Panarchy-Konzeptes und den Arbeiten von Kay aufbauenden Arbeiten der ‚Resilience Alliance' zum ‚Adaptiven Management' (Folke et al 2002) als das derzeit aus systemtheoretischer Sicht am weitesten entwickelte Modell für eine praktische Umsetzung des hochfliegenden Ziels der Industrial Ecology betrachten. Es geht um nicht weniger als die Einbettung des gesellschaftlichen Stoffwechsels in den natürlichen, ein Vorgang, von dem bisher wenig bekannt aber eines schon klar ist, dass beide Systeme nicht so bleiben können wie sie sind.

Selbstverständlich hat auch das ‚Adaptive Management' schon eine längere Vorgeschichte, die bis auf Arbeiten Hollings in den 1970er Jahren zurück reicht (Holling 1978). Das Konzept berücksichtigt von vornherein die enormen Wissenslücken und Unsicherheiten angesichts der erwartbaren Reaktionen komplexer Systeme und ist adaptiv in dem Sinne, dass erkennbare Reaktionen sofort wieder (als Lernschritte) in das Konzept Eingang finden („policies are experiments, learn from them!" Lee 1993 p. 9). Das Konzept des Adaptiven Managements wurde bisher schwerpunktmäßig vor allem in den Bereichen Naturschutz und agrarischer Entwicklung, also insbesondere mit Blick auf die Vereinbarkeit von agrarischen Systemen und Naturschutzzielen sowie in den Bereichen Ressourcennutzung und Ressourcenschutz in der Fischerei und der Forstwirtschaft entwickelt (Ecology and Society 2006). Bis zur Einbettung des industriellen Stoffwechsels in den natürlichen ist von dort aus aber noch ein weiter Weg.

---

[4] Wobei darauf geachtet werden muss, dass die mit dieser Auffassung zumindest tendenziell mitgedachte Analogie zwischen Organismus und Ökosystem höchst kontrovers diskutiert wird (vgl. Kirchhoff 2006)

30.3 Entwicklung und Zukunft der Industrial Ecology

Vor dem Hintergrund dieser zugegebenermaßen grob vereinfachenden Darstellung von Phasen der Ökosystemforschung können nun auch einige Phasen – und womöglich eben auch einige zukünftige Perspektiven – der Industrial Ecology skizziert werden.

30.3.1 Industrieller Metabolismus

Auch in der IE stand zunächst die Bilanzierung, Modellierung und Bewertung von Stoff- und Energieströmen mit den Methoden der Energiebilanzen, der Materialflussanalyse und der Ökobilanz im Vordergrund. Die Energiebilanzen haben dabei die längste Tradition. Schließlich sind sie erheblich einfacher zu realisieren als Stoffbilanzen mit ihrer unendlichen Vielfalt verschiedener Stoffe. Bei den Stoffbilanzen ging es zunächst um die Analyse und Modellierung des Eintrags von z. B. Schwermetallen in Flusseinzugsgebiete (Ayres & Ayres 1988). Später ging es um Bilanzierungen von Stoff- und Energieströmen bezogen auf Produkte, Prozesse und Unternehmen und schließlich auch von ganzen Regionen und Nationen (Adriaanse et al 1997, Matthews et al 2000). Der Begriff des Stoffwechsels (Metabolismus) wurde aus der Biologie bzw. Physiologie entlehnt und auf industrielle Systeme übertragen (vgl. Ayres, Simonis 1994), so als ob industrielle Systeme wie große komplexe Organismen eben auch energiereiche Nahrung zu sich nehmen, sie verdauen und damit ihre eigene Struktur erhalten und weiterentwickeln und auf der anderen Seite Abfälle ausscheiden würden (Ayres 1994). Immerhin kam durch diese Analogie zumindest tendenziell von Anfang an eine thermodynamische Betrachtungsweise der Qualität der Stoff- und Energieströme in den Blick, selbst wenn diese Betrachtung bis heute in vielen Energiebilanzen und Materialflussanalysen noch keine Berücksichtigung finden. Es geht um offene, im Fließgleichgewicht befindliche Systeme, die exergiereichen Input aufnehmen und entropiereichen Output produzieren. Der Verbrauch an Ressourcen kann dann als Entropieproduktion beschrieben werden. Die Schließung von Stoffkreisläufen ist nur möglich, wenn nutzbare freie Energie (von der Sonne oder eben aus fossilen Quellen) zugeführt wird. Ein Problem bei diesem Zugang bestand von Anfang an darin, dass Stoffqualitäten (sowohl im Sinne der Giftigkeit als auch hinsichtlich der Unterscheidung zwischen nachwachsend und nicht-nachwachsend, biologisch abbaubar oder nicht) nicht adäquat berücksichtigt werden konnten.

30.3.2 Interne Vernetzung als Industrielle Symbiose

Einen zweiten Strang bildete von Anfang an der am idealisierten Bild der geschlossenen Stoffkreisläufe orientierte Versuch der Gestaltung von (regionalen) Industriesystemen nach dem Vorbild von Ökosystemen. Das Beispiel von Kalundborg wurde so zum Vorbild für viele weitere ‚eco-industrial parks'. Typisch für dieses auch als industrielle Symbiose bezeichnete Modell (vgl. Chertow 2007) ist die Konzentration auf Möglichkeiten der internen Vernetzung von Stoffkreisläufen und Energienutzungskaskaden. Im Kern geht es also um die Erhöhung der Ressourceneffizienz durch Mehrfachnutzung bzw. Kaskadennutzung. Berühmt geworden ist das Bild einer Region, in der der Abfall der einen Firma zum Rohstoff für die nächstgelegene wird.

Bei den im vorigen Abschnitt erwähnten Energie- und Materialflussanalysen galt das Hauptinteresse denjenigen Strömen, die die analytische Grenze zwischen der Ökosphäre und der Technosphäre bzw. zwischen ökologischen und industriellen Systemen überschreiten. Sowohl die ökologischen als auch die industriellen Systeme wurden dabei als ‚black boxes' behandelt.

Dies ändert sich nun zumindest auf der Seite der industriellen Systeme. Diese Öffnung der black box ist von enormer strategischer Bedeutung. Die Energie- und Materialflussanalysen zwischen ökologischen und industriellen Systemen waren und sind selbstverständlich wichtig für eine Diagnose der Nachhaltigkeitsprobleme, die dann eben als Probleme der Ressourcenverfügbarkeit und Probleme der Tragekapazitäten für Emissionen in den Blick kamen. Diese Nachhaltigkeitsprobleme sind aber an den Schnittstellen zwischen ökologischen und industriellen Systemen, also durch Ressourcen- und Emissionsmanagement nicht wirklich zu lösen. Für weitreichende Lösungsansätze muss zunächst die black box Technosphäre geöffnet, analysiert und gestaltet werden. Entscheidend ist schließlich der Umgang mit den Energien und Stoffen in der Technosphäre. Veränderungen in der Qualität und im Umgang mit den Stoffen und Energien entfalten die entscheidende Hebelwirkung zur Verminderung und Gestaltung der Ströme zwischen den jeweiligen Systemen.

Ein erst noch anstehender Schritt auf dem Weg zu einer Einbettung der industriellen in die natürlichen Systeme wird nicht umhinkommen, eine solche Öffnung der black box auch mit Blick auf die ökologischen Systeme zu vollziehen und in der Folge zumindest auch denjenigen Teil natürlichen Systeme, der diese Einbettung zu ‚tragen' hat, zu analysieren und zu gestalten.

30.3.3 Innovation und Transformation

Derzeit steht insbesondere die Dynamisierung sowohl der Bilanzierungsansätze als auch der ‚Formen des Umgangs' also insbesondere der Technologien, Prozesse und Produkte im Mittelpunkt des Interesses der IE. Erst durch diese Blickserweiterung kam auch der Konsum stärker in den Blick der Industrial Ecology. Weitere wichtige Themen beziehen sich auf die Qualität von Stoffen und Technologien. Es geht um den Übergang zu regenerativen Ressourcen und die Substitution von Gefahrstoffen (Green Chemistry, Nachhaltige Chemie), um Technologien der Energiegewinnung und –wandlung, um Transportsysteme und inzwischen auch um Chancen und Risiken der Nanotechnologien.

Nicht zufällig wurde die verstärkte Beschäftigung mit den Voraussetzungen und den Dynamiken von gesellschaftlicher und technischer Innovation von Brad Allenby auf der Abschlussveranstaltung der Industrial–Ecology-Tagung 2005 in Stockholm als Aufgabe der IE-Community propagiert (Allenby 2005). Mit explizitem Hinweis auf die Debatte über die Konvergenz von Technologien wie Nanotechnologie, Biotechnologie, Informationstechnologie und Kognitionsforschung forderte er ein Bemühen um ein besseres Verständnis technologischer Evolution. Und seine zweite Forderung bezog sich auf die Beschäftigung mit komplexen adaptiven Systemen, in denen technische Systeme, natürliche Systeme, kulturelle, politische und ökonomische Systeme miteinander verwoben sind. Letzteres führe zumindest dazu, dass Reflexivität und damit prinzipielle Unvorhersagbarkeit in viele Systeme eingeführt wird. Die von ihm angesprochenen Beispiele reichten von regionalen Ressourcen-Regimen in der Ostsee oder den Everglades, über Kohlenstoff, Stickstoff und Phosphorkreisläufe bis hin zu städtischen Systemen (ebd. S.12).

Diese Dynamisierung und die Entwicklung von Strategien für einen angemessenen Umgang mit komplexen Systemen sind zentral für die Lösung der drängender werdenden Nachhaltigkeitsprobleme in den zu gestaltenden stofflichen, energetischen sowie in den technischen Bereichen. Sie führt aber auch zu verstärkten Orientierungsproblemen und erzwingt auf diese Weise ein genaueres Verständnis der Tragekapazitäten der Ökosysteme, wie es nicht zuletzt am Beispiel der Klimafolgenforschung im Artikel von Feichter ausführlicher beschrieben wurde. Perspektivisch geht es dabei um nicht weniger als die Einpassung der gesellschaftlichen Stoff- und Energieströme in die natürlichen. Damit werden das Verständnis und ein angemessener Umgang mit komplexen Systemen zu einer der wichtigsten Herausforderungen der IE.

30.3.4 Industrielle und ökologische Systeme - Von der Einbettung zur Co-Evolution

Eine mögliche und notwendige nächste Phase wird sich vermutlich stärker auch mit einer weiteren Dynamisierung der bisher allzu dualistischen Einpassungs- und Resilienzvorstellungen befassen müssen. Die ökologischen und die sozio-technischen Systeme lassen sich gar nicht in einer derartigen Weise auseinanderhalten, dass von einer ‚Einpassung' der sozio-technischen in die natürlichen Systeme gesprochen werden kann. Es geht eher um das Management ihrer Co-Evolution.

Ganz im Sinne des ‚Adaptiven Managements' auf Basis der Panarchy und SOHOS-Konzepte wird es in Zukunft darum gehen, die industriell-ökologischen Strukturen (insbesondere die ineinander verschachtelten Hierarchien) und Dynamiken (insbesondere die ineinander verschachtelten adaptiven Zyklen), ihre Stärken und Verletzlichkeiten nicht nur zu verstehen, sondern sie auch so zu gestalten und zu managen, dass im Sinne der Nachhaltigkeit zumindest skalenübergreifende großflächige und irreversible Systemzusammenbrüche vermieden sowie Optionen, Kompetenzen und Fähigkeiten zur Adaption verbessert, zumindest aber aufrechterhalten werden.

Die nachhaltige Integration der industriellen in die ökologischen Systeme kann nicht als Einbahnstraße der Anpassung gedacht werden, sondern nur als Co-Evolution. Sie wird nicht möglich sein, ohne auch weit reichende Veränderungen der ökologischen Systeme. Letzteres aber nicht als unerwünschte Nebenwirkung, sondern als iterativer und kybernetischer Prozess. Eine wichtige Erweiterung des Ansatzes besteht damit auch in der Gestaltung derjenigen ökologischen Systeme, welche in Zukunft die Industriesysteme nachhaltig ‚tragen' sollen. Deren Produktivität und deren Tragekapazität und Resilienz sind dabei die entscheidenden Parameter. Vorbilder, wie die Produktivität ökologischer Systeme gesteigert werden kann, bieten frühe Formen der Kultivierung des Landes in Mitteleuropa, also vorindustrielle Formen der Landnutzung, die – nicht zuletzt aufgrund noch geringer technischer Eingriffsmöglichkeiten und stark beschränkter Besiedlungsdichten - als eher kleinschrittige Kultivierung des Landes vollzogen wurden. Diese frühen Formen der Entwicklung einer ‚intakten Kulturlandschaft', deren großflächige Zerstörung wir derzeit beobachten können, waren schon Formen eines ‚Adaptiven Managements'[5].

An die moderne, beim Übergang zum nachhaltigen Wirtschaften anstehende, Variante – für die bisher leider noch keine vorzeigbaren Beispiele existieren - werden enorme Anforderungen gestellt. Denn nun geht es nicht nur um eine Erhöhung der Produktivität innerhalb der ‚natürlichen' Grenzen der Tragekapazitäten und der Resilienz, sondern auch um Ansätze zu deren Gestaltung bzw. Steigerung. Wenn die Industrial Ecology hier eine wichtige Rolle spielen soll, geht es um die Weiterentwicklung ihrer Erkenntnismöglichkeiten, ihrer Lernfähigkeit und nicht zuletzt – gerade weil das Adaptive Management auf das Lernen über komplexe

---

[5] Einen weiteren interessanten Ansatz bietet möglicherweise die Permakultur (Mollisson Holmgren 1984)

Systeme durch Experimente mit komplexen Systemen setzt - auch um angemessene Formen der Umsetzung des Vorsorgeprinzips.

30.4 Literatur:

Adriaanse, A.; Bringezu, S; Hammond, A.; Moriguchi, Y.; Rodenburg, E.; Rogich, D.; Schütz; H. (1997): *Resource Flows: The Material Basis of Industrial Economies*, World Resources Institute, Washington, D.C.

Allenby, B.R.; Richards, D.J. (Hg.) (1994): *The Greening of Industrial Ecosystems* (Washington: National Academy Press, 1994), 211; IE-UNEP (Oct. 1995): 44.

Allenby, B.R. (2005): *Still the Beginning: Future Research Areas in Industrial Ecology*, International Society for Industrial Ecology, ISIE News 2 Special Issue 2005, New Haven

Ayres, R. U.; Simonis, E. U. (Hg.) (1994): *Industrial Metabolism – Restructuring for Sustainable Development,* United Nations University Press Tokyo, New York, Paris

Ayres, R. U.; Ayres, L. W. (1988): *An historical reconstruction of major pollutant levels in the Hudson-Raritan basin 1800-1980.* National Oceanic and Atmospheric Administration, Rockville, MD.

Ayres, R.U. (1994): *Industrial metabolism: theory and policy.* In: Ayres, R. U.; Simonis, E. U. (Hg.): Industrial Metabolism – Restructuring for Sustainable Development, United Nations University Press Tokyo, New York, Paris

Bertalanffy, L. von (1953): *Biophysik des Fliessgleichgewichts*, Braunschweig

Brand, F. (2005): *Ecological Resilience and its Relevance within a Theory of Sustainable Development* (http://umwethik.botanik.uni-greifswald.de/diplomarbeiten/dipl_brand.pdf), Greifswald

Chertow, M. R. (2007): *"Uncovering" Industrial Symbiosis,* Journal of Industrial Ecology 11(1):11

Ecology and Society: Special Issue (11, 1 2006): *Exploring Resilience in Social-Ecological Systems Through Comparative Studies and Theory Development*. Guest Editors: Walker, B. H.; Anderies, J. M; Kinzig, A.-P.; Ryan, P.

Folke, C. et al. (2002): *Resilience and Sustainable Development – Building Adaptive Capacity in a World of Transformation*, Environmental Advisory Council, Ministry of the Environment, Stockholm

Gunderson, L. H.; Holling, C. S. (Hg.) (2002): *Panarchy: understanding transformations in human and natural systems,* Island Press, Washington DC

Hauff, V. (1987): *Unsere gemeinsame Zukunft*. Der Brundtland-Bericht der Weltkommission für Umwelt und Entwicklung, Bonn

Holling, C.S.; Gunderson, L.H. (2002): *Resilience and Adaptive Cycles*. In: Gunderson, L.H.; Holling, C.S (Hg.): Panarchy: understanding transformations in human and natural systems, Island Press, Washington DC

Holling, C. S. (1973): *Resilience and Stability of Ecological Systems*, Annual Review of Ecology and Systematics, Vol. 4, 1973, pp. 1-23

Holling, C. S. (Hg.) (1978): *Adaptive Environmental Assessment and Management*. Caldwell, NJ: Blackbury Press

Kay. J. (2000): *Ecosystems as Self-organizing Holarchic Open Systems : Narratives and the Second Law of Thermodynamics"* in Jorgensen, S. Erik; Müller, F. (Hrsg.): Handbook of Ecosystems Theories and Management, CRC Press - Lewis Publishers, pp 135-160

Kay, J. (2002): *On Complexity Theory, Exergy and Industrial Ecology: Some Implications for Construction Ecology"* in Kibert, C.; Sendzimir, J.; Guy, B. (Hg.): Construction Ecology: Nature as a Basis for Green Buildings, Spon Press, pp.72-107.

Kirchhoff, T. (2006): *Systemauffassungen und biologische Theorien. Zur Herkunft von Individualitätskonzeptionen und ihrer Bedeutung für die Theoriebildung in der Ökologie*, Diss. TU München

Lee, K.N. (1993): *Compass and gyroscope: Integrating science and politics for the environment.* Island Press, Washington, DC

Matthews, E.; Amann, C.; Bringezu, S.; Fisher-Kowalski, M.; Huttler, W.; Kleijn, R.; Moriguchi, Y.; Ottke, C.; Rodenburg, E.; Rogich, D.; Schandl, H.; Schutz, H.; Van der Voet, E.; Weisz, H. (2000): *The Weight of Nations,* World Resources Institute, Washington, D.C.

Mollison, B.; Holmgren, D. (1984): *Permakultur. Landwirtschaft und Siedlungen in Harmonie mit der Natur*, pala-verlag

Müller, F.; Breckling B.; Bredemeier M.; Grimm V.; Malchow H.; Nielsen S.N.; Reiche E.W. (1997): *Emergente Ökosystemeigenschaften.* In: Fränzle, O.; Müller, F.; W. Schröder (Hg.): Handbuch zur Ökosystemforschung, ecomed Kap. III-2.5

Nachtigall, W. (2002): *Bionik.* – 2. Auflage, Springer Verlag: Berlin

Odum, E. P. (1980): *Grundlagen der Ökologie* (Fundamentals of Ecology 1953) Stuttgart

Schramm, E. (Hrsg.) (1984): *Ökologie-Lesebuch – Ausgewählte Texte zur Entwicklung ökologischen Denkens,* fischer alternativ, Frankfurt. M.

Trepl, L. (1987) *Geschichte der Ökologie – Vom 17. Jahrhundert bis zur Gegenwart*, Athenäum Taschenbücher, Frankfurt M.

Stichwortverzeichnis

A

B

C

D

E

F

G

H

I

K

L

M

N

O

P

R

S

T

U

W

Z

Aus dem Programm Energietechnik

Biesenack, Hartmut / George, Gerhard / Hofmann, Gerhard u. a.
Energieversorgung elektrischer Bahnen
2006. XXVI, 728 S. mit 386 Abb. u. 96 Tab. Geb. EUR 98,00
ISBN 978-3-519-06249-3

Twele, Jochen / Gasch, Robert (Hrsg.)
Windkraftanlagen
Grundlagen, Entwurf, Planung und Betrieb
5., bearb. u. erg. Aufl. 2007. XXVI, 569 S. mit 427 Abb. Br. EUR 36,90
ISBN 978-3-8351-0136-4

Heier, Siegfried
Windkraftanlagen
Systemauslegung, Netzintegration und Regelung
4., überarb. u. akt. Aufl. 2005. X, 450 S. mit 305 Abb. u. 14 Tab. Geb. EUR 39,90
ISBN 978-3-519-36171-8

Zahoransky, Richard
Energietechnik
Systeme zur Energieumwandlung. Kompaktwissen für Studium und Beruf
3., überarb. u. akt. Aufl. 2007. XXVIII, 359 S. mit 295 Abb. u. 30 Tab.
(Studium Technik) Br. EUR 27,90
ISBN 978-3-8348-0215-6

Abraham-Lincoln-Straße 46
65189 Wiesbaden
Fax 0611.7878-400
www.viewegteubner.de

Stand Januar 2008.
Änderungen vorbehalten.
Erhältlich im Buchhandel oder im Verlag.

Arnim von Gleich | Stefan Gößling-Reisemann (Hrsg.)

Industrial Ecology